Web开发典藏大系

网页制作与 网站建设实战大全

丁士锋　等编著

清华大学出版社

北　京

内 容 简 介

  本书将网站建设所需要掌握的各种重要技术进行了逐一详解,通过大量的实例,详细介绍网站建设的生命周期各过程,剖析了网站的策划、设计、代码编写、测试、推广以及 SEO 优化等网站建设过程。同时配以 3 个接近真实网站的案例,让读者了解网站建设的完整过程。本书附带 1 张 DVD,包括作者为本书录制的全程多媒体语音教学视频及本书所涉及的源代码。

  本书分为 5 大篇共 24 章,涵盖的内容主要有网站建设流程、HTML 标记语言、CSS 样式表、JavaScript 脚本语言、JQuery、HTML 5、PHP 和 MySQL 进行动态网站建设、Photoshop、Fireworks、Flash、Dreamweaver、网站发布、网站维护、网站推广与优化、网站建设实战案例等。

  本书从网站建设人员的视角,从基础知识到实战应用都提供了指导性的指南,通过对每个知识点进行概而全的深入详解,让读者能够知其然知其所以然,适合于进行网站建设的开发人员、网页设计人员,对网站建设有兴趣的学生及爱好者,同时对于平面设计人员、企业 IT 运维人员具有很强的指导性作用。

图书在版编目(CIP)数据

网页制作与网站建设实战大全 / 丁士峰等编著. —北京:清华大学出版社,2013.7(2021.8重印)
(Web 开发典藏大系)
ISBN 978-7-302-31728-9

Ⅰ.①网…　Ⅱ.①丁…　Ⅲ.①网页制作工具②网站—建设　Ⅳ.①TP393.092

中国版本图书馆 CIP 数据核字(2013)第 051381 号

责任编辑:	夏兆彦
封面设计:	欧振旭
责任校对:	徐俊伟
责任印制:	刘海龙

出版发行:清华大学出版社
  网 址:http://www.tup.com.cn,http://www.wqbook.com
  地 址:北京清华大学学研大厦 A 座   邮 编:100084
  社 总 机:010-62770175   邮 购:010-83470235
  投稿与读者服务:010-62776969,c-service@tup.tsinghua.edu.cn
  质 量 反 馈:010-62772015,zhiliang@tup.tsinghua.edu.cn

印 装 者:三河市龙大印装有限公司
经 销:全国新华书店
开 本:185mm×260mm   印 张:50.75   字 数:1267 千字
      (附光盘 1 张)
版 次:2013 年 7 月第 1 版   印 次:2021 年 8 月第 15 次印刷
定 价:89.00 元

产品编号:049072-01

前　　言

为什么要写这本书

一个设计精良的网站，不仅能够带来视觉上的体验，还能够发掘潜在的网络客户，因而网站建设已经成为很多传统企业越来越重视的问题。网站建设涉及的技术繁多，而且各种技术日新月异，常常让初学者感到茫然，而很多网站建设人员仅关注于某一个知识点，没有全面从网站建设的生命周期的角度来了解网站建设必需的各种技术，导致很多网站建设人员缺乏全局意识，没有综合的网站建设能力。

目前网站建设相关技术图书较多，但大多数偏重于某一知识点，比如 HTML、CSS、jQuery 等，而网站建设涉及策划、美工、程序设计、测试、推广和优化等多方面的工作，这些工作虽然可以交由团队中不同的人员，但是它们往往又结合紧密，比如不理解 SEO 优化往往导致产生的页面无法满足搜索引擎的优化标准；不懂得程序设计的美工又常常让开发人员犯难。本书作者站在一线网站建设人员的视角，以简洁轻松的文字，简短精炼的示例代码，力求让不同层次的开发人员尽快全面掌握网站建设过程，同时在本书最后还提供了 3 个接近真实的网站，让开发人员能够通过项目学习网站建设，提高实际的网站建设通力。

本书有何特色

1. 附带多媒体语音教学视频，提高学习效率

为了便于读者理解本书内容，提高学习效率，作者专门为本书每一章内容都录制了大量的多媒体语音教学视频。这些视频和本书涉及的源代码一起收录于配书光盘中。

2. 涵盖网站建设生命周期的各种技术细节，提供系统化的学习思路

本书涵盖了网站建设在实际工作中需要重点掌握的所有方面，包含网站基础、HTML 标记语言的应用、JavaScript 脚本编程、CSS 样式表语言、网页色彩的理解、DIV+CSS 布局技术、Photoshop 和 Fireworks 图像处理软件使用，以及 Flash 动画技术的应用，同时详细介绍了 Dreamweaver 网站建设工具、PHP+MySQL 动态网站建设、网站的推广、搜索引擎优化及网站的日常维护等知识点。

3. 对网站建设的各种技术做了原理分析和实战体验

全书使用了简洁质朴的文字，配以大量的插图，对一些难以理解的原理部分进行了重点剖析，让读者不仅知晓实现的原理，通过图形化的展现方式，更能加强对原理的理解。同时书中配以大量的示例，对技术要点在实际工作中的应用进行了详解，让读者能尽快

上手。

4. 应用驱动，实用性强

对每段示例代码都进行了仔细的锤炼，提供了各种实际应用的场景，力求让应用开发人员将这些知识点尽快应用到实际的开发过程中。

5. 项目案例典型，实战性强，有较高的应用价值

本书最后一篇提供了 3 个项目实战案例。这些案例来源于作者所开发的实际项目，具有很高的应用价值和参考性。这些案例分别使用不同的网站建设技术实现，便于读者融会贯通地理解本书中所介绍的技术。这些案例稍加修改，便可用于实际网站开发。

6. 提供完善的技术支持和售后服务

本书提供了专门的技术支持邮箱：bookservice2008@163.com。读者在阅读本书过程中有任何疑问都可以通过该邮箱获得帮助。

本书内容及知识体系

第 1 篇　网站基础（第 1～3 章）

本篇介绍了网站建设的基本原理和网站建设的基本流程。主要包括网页入门知识和网站建设工具，讨论了 HTML 超文本标记语言、CSS 样式表语言的使用，让用户理解网站建设的基本知识。

第 2 篇　网页设计与制作（第 4～15 章）

本篇讨论了网页设计需要理解的重要知识点，包含如何创建吸引人的网站、如何使用 Dreamweaver 进行可视化网页设计、如何在 Dreamweaver 中创建和管理 Web 站点、DIV 和 CSS 的页面布局设计应用、JavaScript 脚本编程语言的应用、如何用 JavaScript 脚本语言编写网页特效、使用 jQuery 操纵网页及 HTML 5 技术在网页开发中的应用。同时介绍了通过 Photoshop、Fireworks 及 Flash 等各种设计工具的应用来设计网页。

第 3 篇　动态网站开发（第 16～18 章）

在这一篇讨论了如何使用 PHP+MySQL 开发动态网站，讨论了动态网站的基础知识、PHP 语言的应用，包含 PHP 的常量、变量、运算符和表达式、流程控制及函数的使用。在 MySQL 部分介绍了 MySQL 的管理，包含创建表和数据库，如何使用 SQL 语句向数据库中增加、删除和修改数据。最后通过一个示例介绍了如何在 Dreamweaver 中可视化地开发一个基于 PHP+MySQL 的图书管理网站。

第 4 篇　网站维护与优化（第 19～21 章）

网站建设完成后必须经过完善的测试，然后发布到互联网上。本篇首先讨论了网站测试流程及网站发布方式，然后讨论了网站日常维护的一般方式，介绍了如何管理网页内容、如何进行网页的安全性管理，以及 MySQL 数据库的日常维护管理工作。在网站推广部分，

介绍了网站推广方式和搜索引擎优化 SEO 的相关知识，并详细介绍了如何创建搜索引擎友好的网页。

第 5 篇　综合案例（第 22～24 章）

本篇通过 3 个实际的项目示例，从网站的前期策划、风格的定位及网站的总体结构开始，详细讨论了企业门户网站、内容管理网站及基于 HTML 5+CSS 3 的房屋管理网站的应用，介绍了网站建设的完整流程，通过对这些示例的一步一步体验，让用户能够立即上手网站建设，培养出较强的动手能力。

配书光盘内容介绍

为了方便读者阅读本书，本书附带 1 张 DVD 光盘，内容如下：

- ❏ 本书所有实例的源代码；
- ❏ 本书每章内容的多媒体语音教学视频；
- ❏ 与网站建设和开发相关的教学视频及资料。

适合阅读本书的读者

- ❏ 需要全面学习网站建设技术的人员；
- ❏ 广大网页设计人员；
- ❏ 网站后台开发人员；
- ❏ 前端开发工程师；
- ❏ 前端设计工程师；
- ❏ 专业网页与网站建设培训机构的学员；
- ❏ 网站建设项目经理；
- ❏ 需要一本案头必备查询手册的前端开发人员。

阅读本书的建议

- ❏ 没有网站建设基础的读者，建议从第 1 章开始。顺次阅读并演练每一个实例。
- ❏ 有一定网站建设基础的读者，可以根据实际情况有重点地选择阅读各个技术要点。
- ❏ 对于每一个知识点和项目案例，先通读一遍有个大概印象，然后对于每个知识点的示例代码，都在开发环境中操作一遍，加深对知识点的印象。
- ❏ 结合光盘中提供的多媒体教学视频再理解一遍，这样理解起来更加容易，也会更加深刻。

本书作者

本书由丁士锋主笔编写。其他参与编写、资料整理和程序调试的人员有陈世琼、陈欣、陈智敏、董加强、范礼、郭秋滟、郝红英、蒋春蕾、黎华、刘建准、刘霄、刘亚军、刘仲义、柳刚、罗永峰、马奎林、马味、欧阳昉、蒲军、齐凤莲、王海涛、魏来科、伍生全、谢平、徐学英、杨艳、余月、岳富军、张健和张娜。在此一并表示感谢！

　　笔者写作本书虽然耗费了大量精力，力争消灭错误，但恐百密难免一疏。若您在阅读本书的过程中发现任何问题，或者有任何疑问，都可以随时提出，笔者将尽最大努力解决。

编著者

目　　录

第 1 篇　网站基础

第2篇 网页设计与制作

第 3 篇 动态网站开发

第 4 篇　网站维护与优化

第 5 篇　综合案例

第 1 篇　网站基础

第1章　网站开发入门

随着计算机软硬件的飞速发展，互联网已经与人们的生活紧密相关，网页与网站基本上已经成为人们生活中的一部分。回想起 10 年前，"网民"还是一个比较新潮的词汇，而现今的世界，人们可以通过智能手机、平板电脑、台式机或笔记本电脑、种种移动终端设备实时上网，随时掌握最新的资讯，进行网上娱乐、购物、听音乐、玩游戏等。

由于硬件与网络设施的飞速发展，互联网对于内容的需求量也日益增大，网页设计与网站建设就显得颇为需要了。比如随着电子商务的热门，人们在淘宝上购物已经不再是一件新鲜而又充满风险的事情了。很多人希望有自己的电子商务网站来开展互联网生意，不少传统的企业也都开始向电子商务靠拢，他们都迫切需要网站的建设来提升企业的竞争力，或者开创新的营销渠道。而不少已经在电子商城开了网店的用户希望通过设计良好的网页来向用户更好地展示自己的产品，提升客户的购买欲望，比如淘宝店的模板设计等。

1.1　Web 网站入门

Web 这个单词原本的意思是指蜘蛛网，它同时也是 World Wide Web 的简称，World Wide Web 中文名为全球信息网，又称为万维网，对它的另外一种简称是 WWW。万维网是由遍及全球信息资源组成的系统，可以包含的内容不仅可以是文本、图像、表格，还可以是音频、视频文件及多媒体游戏。用比较专业的话来说是指：运行在 Internet 之上的所有 HTTP 服务器软件和其所管理对象的集合。人们通过浏览器（比如 IE 或 Firefox）来访问这些服务器上的丰富的网络信息。

1.1.1　认识网页与网站

图 1.1 所示是一个用户上网的流程结构，通过这个图可以更容易地理解用户浏览网页的一个具体的过程。

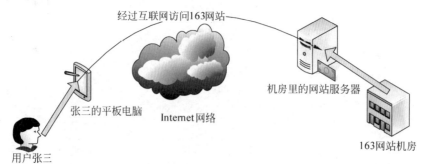

图 1.1　用户上网示意图

在图 1.1 中，用户张三通过他的平板电脑，访问网易网站。用户张三要浏览该网站，必须要首先在他的平板电脑中打开浏览器，在浏览器的地址栏中输入网易的网址。浏览器将根据这个网址，通过互联网网络连接，到网易网站的服务器中提取浏览内容，将文本、图像、声音等信息下载到本地，然后在浏览器窗口中呈现。

注意：浏览器是操作系统上安装的一个软件，用来将互联网上找到的超文本标记网页转换成人可浏览的格式良好的页面，这是浏览网页必备的工具之一。目前主流的浏览器有 Internet Explorer、Firefox 及 Google Chrome 浏览器。

"网站"的英文是 Website，是由一个个网页组成的。以网易站点为例，这个门户网站包含了大量的新闻、娱乐等资讯。一般用户访问这个网站是为了浏览该网站提供的页面，因此可以说网站与网页的关系是一对多的关系。网页是网站的主要呈现方式，可以看作是一个应用程序的用户界面，以张三浏览网易网站为例，网页和其组成的网站的关系如图 1.2 所示。

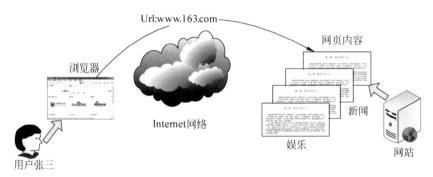

图 1.2　网站与网页的组成关系示意图

网站是网页的宿主，由于网站要维护网页在网站服务器上的良好运行，并使得客户可以访问到网页，因此网站需要提供在 Internet 上的访问域名、网页存放的空间以及网站的安全性管理等方面，网站的组成相对网页要复杂得多。

1.1.2　网站的组成结构

网站（Website）是网页的存放位置，用来负责维系网页的正常运作，以使互联网用户能够正常地浏览和操作网页的内容。用户通过浏览器访问网站，网站将用户请求的一个个网页解析为浏览器可以理解的格式后，通过 HTTP 协议发送给用户端的浏览器。

注意：HTTP 协议的全称是 Hypertext Transport Protocol，中文名称为：超文本传输协议。HTTP 协议规定了浏览器和网站服务器之间通信的规则，是访问网站服务器上网页的基本的数据传输协议。

一个网站主要由如下的 3 个部分组成。
- ❑ 域名（Domain Name）：是指网站服务器所在的地址，比如网易网站的域名是www.163.com，用户可以通过这个域名进入网页进行浏览。域名就好像普通的家庭住址一样，用来定位网站的位置。

❑ 空间：可以看作是一块磁盘空间，用来存储网站提供的内容信息，比如网站的网页、音频、视频及下载的软件等。网站的空间可以是由空间服务商提供的虚拟主机或虚拟空间，也可以是网站建设人员自己架设的网站的空间信息。

❑ 程序：是指用来解析网页的服务器程序，比如 ASP.NET 需要 IIS 服务器程序，而 PHP 程序则需要 Apache 这样的服务器程序来解析，以便于将网页程序代码转变成浏览器可以识别的格式。

以张三访问网页为例，用户张三通过网站域名 www.163.com 请求访问网易网站，网易网站从空间中取出网页内容，经过网站程序解析为浏览器可以识别的格式，通过 HTTP 协议，发送给张三，整个过程如图 1.3 所示。

图 1.3　网站组成结构示意图

1.1.3　常见的网站分类

网站的分类方式非常多，比如可以按用途、按功能或按网站的持有者来分类等，这样的分类是大家日常生活中听过或见过得较多的。

❑ 综合性网站：包含门户网站，比如新浪、搜狐、网易这样大型的综合性的网站。以新浪网站为例，当进入该网站的首页后，可以看到丰富的新闻、资讯、娱乐、体育等信息，包罗万象，种类非常丰富，俗称网络超市或网络的百货商城。

❑ 电子商务类网站：这类网站提供了一些商务信息，通俗地说就是购物类网站，比如淘宝、当当、亚马逊这类网站都可称为电子商务类网站。

❑ 娱乐资讯网站：随着互联网硬件的更新换代，现在在互联网上看电影、听音乐、玩游戏已经成了人们日常生活当中的一部分，这类网站有优酷、土豆、酷狗、迅雷看看等。

❑ 社区交流型网站：随着 Web 2.0 时代的到来，涌现了很多这类交互式的网站，比如微博、博客、豆瓣、人人网等 Web 2.0 产品。传统的以论坛形式进行交互的网站依然是主流，比如天涯、猫扑及程序员相关的 CSDN 和 IT PUB 等网站。

随着互联网的普及及网络世界对于网站的需求，各种各样的网站远比上面介绍的要丰富，而且网站的分类日新月异。比如 10 年前对网站进行分类的时候，会发现网站的类别比较有限，但是如今已经发展得热火朝天，所以读者如果对网站分类感兴趣，可以参考一些专门进行网站分类的网站，这类网站提供了互联网中多数网站的分类链接。

1.1.4　如何设计吸引人的网站

随着涌入互联网的网民的增多，各种各样网站也层出不穷，如何创建一个吸引人的网站就显得非常重要了。如果是一个收益性的网站，良好的设计将能吸引诸多的潜在消费者；如果是一个社区性的网站，清晰的网站将能吸引大众的热情。本书第 4 章将会专门介绍如何创建一个吸引人的网站，本小节将对几个大的方面进行概要性的介绍。

在构建和规划网站时，对网站的目标群体和网站提供的服务要有一个清楚的定位。

⌨**注意**：在设计网站时，要谨记以需求为指导，网站结构明晰，页面具有高可读性，语言简洁明了，整体设计风格保持一致性。

下面就对网站的结构、内容和风格进行概述。

1．网站结构清晰明了

网站要想吸引网民的眼球，相信最重要的是结构的清晰明了。随着互联网内容的日益增多，网站必须给用户一个清晰明了的整体结构，以方便用户直接进入其所需的部分，这样能挽留住部分网民眼球。举个例子，世界知名的数据库软件厂商 Oracle 公司的网站，提供了大量的软件和文档资讯，很多 Oracle 用户需要到该网站上去阅读 Oracle 产品文档，了解产品的最新资讯。Oracle 公司网站的结构非常明了，尽管信息量巨大，但是普通用户也很容易找到自己所需要的信息，如图 1.4 所示。

图 1.4　Oracle 网站导航结构

2．网站内容通俗易懂

现在的网民由于要面对互联网上海量的信息量，这迫使他们养成了一种快速浏览的习惯。要能吸引网民的目光，网站的文字必须简明易懂，使用户可以一眼就能获取他们想要的信息，而不是面对一大堆长篇大论的文字或者是晦涩难懂的艰深语句。

在设计网站的内容时，应该总是保持网站内容的单一职责性，不要在一个主题中混入太多模糊的信息，以免用户在扫描网站内容时产生不耐烦的心理。比如微软中国的网站，简洁大气，用户很容易找到自己所需要的信息。图 1.5 展示了微软公司的 Visual Studio 2010 产品介绍的网页，简洁的文字内容，清晰的导航结构，能提起人们对于这个产品的兴趣。

图 1.5　简洁的文字内容网站示例

试想，如果微软公司在这个页面放置大量关于 Visual Studio 如何优越、如何先进的信息，相信很多人很快就会头大，不想继续看下去。

3．统一的设计风格

尽管不同类型的网站风格迥异，但是网站设计人员应该总是确保整个网站具有统一的风格。网站风格的设计也就是网站的主题设计，需要设计人员与网站内容编辑针对网站的定位进行网站的颜色、布局、文字排列的整体设计，确保网站能提供统一的浏览体验。试想用户刚刚浏览了清晰自然的一页，切换到一个链接时，却变成了一片大红大紫，浏览者会有一种杂乱无章的感觉，很快便会放弃对这种网站的关注。

举个例子，随着微软 Metro 风格的流行，可以发现微软公司的网站也变成了 Windows 8 的 Metro（米雀）显示风格，这样的显示风格贯穿微软公司的相关产品，使得用户在浏览网站时，就有了对产品的感性的认识。微软中国网站首页如图 1.6 所示。

网站风格设计的主旨在于：

❑　整体风格要有特色、有创意，搭配具有一致性。
❑　要能适合网站主题的自身性质。
❑　网站的风格要能满足目标群体的心理特征。

网站风格设计的主要元素包含颜色的运用、设计元素的选择以及字体的选择，这些方面将会在第 4 章中进行详细的介绍。

总而言之，网站要能吸引住用户，本身要有丰富的内涵，同时风格要新颖、有创意，能准确表达出网站主题，比如具有创意网站 CI 设计，这些都是让网民过目不忘的优秀网站的基础。

图 1.6　设计风格统一的网站示例

注意：CI（Corporate Identity）即企业形象识别，CI 设计是对企业名称、标志、字体、颜色等进行统一的视觉形象识别设计，比如苹果公司的 CI 设计，就是非常经典的案例。

1.1.5　网站开发的相关技术

如今网站开发的相关技术非常多，对于初入网站设计领域的新手来说，选择适合自己的网站建设技术非常重要。本小节将介绍目前这个领域最为流行的技术与工具。在熟练掌握了网站建设的这些技术之后，可以触类旁通地选择其他的辅助工具。

1．网页设计工具

网页设计与平面设计相关但又有明显的区别，如果读者是一名平面设计师，那么会很容易理解网页的设计；但是如果读者没有任何平面设计相关的知识，那么就需要了解一些平面设计的基本理论，比如视觉表现、审美能力、构图与布局的原理等。

与网页设计相关的工具有 Photoshop、Illustrator、CorelDRAW、Fireworks、Flash 和 Dreamweaver 等工具，相信一些工具对于从事平面设计工作的朋友来说非常熟悉了。下面是对这几个软件的简要介绍。

❑ Photoshop 图像处理软件：Adobe 公司出品的图像处理软件，是目前最受欢迎的功能强大的图像处理软件之一。该工具的专长是对已有的图像进行编辑加工处理，添加一些特殊的效果。目前互联网界比较流行的"PS 图"，就是指经过 Photoshop 软件处理过的图片。

🔔**注意**：图像处理与图形创造是两个概念，图像处理是对已有的图像进行加工处理，而图形创造则是按照自己的构思来设计绘制图形。Photoshop 的强项是对已有的图像进行处理工作，Adobe 的 Illustrator 和 Photoshop Creative Suite 则主要用来进行图形创造。

- ❏ Adobe Illustrator 矢量绘图软件：是 Adobe 用来进行图形创造的矢量绘图软件，主要用于印刷和出版领域，不少网页设计者也用该软件来设计网页图形。
- ❏ CorelDRAW 矢量绘图软件：这款软件专注于矢量图形创造，除用于平面构图设计之外，网页设计师经常使用该工具来设计网站的原型，它的强大的图形创造能力给了设计师无限的创造空间。
- ❏ Adobe Dreamweaver 网页设计软件：简称 DW，最初是由 Macromedia 公司开发的，与 Fireworks 和 Flash 并称网页设计三剑客。Dreamweaver 注重于网页的排版设计，它提供了所见即所得的方式来设计网页，并自动产生超文本语言标记（即 HTML）。Dreamweaver 提供了网站设计生命周期管理工具，比如可以用来管理网站、设计模板、与远程网站同步等。
- ❏ Adobe Fireworks 网页图形软件：这款软件是 Adobe 公司专门用于网页图形制作的软件，可以加速 Web 的设计与开发，是设计网站原型的理想工具。
- ❏ Adobe Flash 动画设计软件：Flash 软件是一款用于网页上动画设计的软件，它可以创建非常吸引人的网页动画，比如网站片头、动画导航栏、视频内容等。它是通过矢量图形来实现动画播放的，具有体积小、响应速度快等特点，一经推出就被广泛使用。

在网站建设过程中，除了 Dreamweaver 是必须要掌握的之外，其他的几个工具可以在工作中根据需要来进行学习。

2．网站建设语言

网站建设语言包含 HTML、CSS 和 JavaScript 这 3 类，虽然 Dreamweaver 这样的设计工具会把页面元素自动转换成 HTML 语言，但对于一名合格的网页设计师来说，HTML 是首先必须掌握的一门语言。

HTML 的英文全称是 HyperText Markup Language，中文称为超文本标记语言，是一种用来描述网页上页面元素的一种语言。实际上在使用浏览器浏览网页时，浏览器通过下载 HTML 和其他相关的网页元素来呈现出网页。以 Firefox 为例，在网页上右击鼠标，从弹出的快捷菜单中选择"查看页面源代码"，Firefox 将弹出 HTML 代码窗口，如图 1.7 所示。

举个例子，如果想在浏览器中显示一条信息，可以新建一个文本文件，在文件中输入如下的 HTML 代码：

```
<html>
<head>
<title>HTML 示例</title>
</head>
<body>
  这是一个 HTML 网页
</body>
</html>
```

图 1.7　网页 HTML 源代码

将该文本文件另存为 firstpage.html，然后在浏览器中打开，可以看到果然在网页中显示出了网页内容。浏览器的标题列显示"HTML 示例"，浏览器的主体区显示"这是一个 HTML 网页"，如图 1.8 所示。

图 1.8　HTML 标签示例

注意：虽然学习 HTML 需要记忆较多的标记语法，但是借助于 Dreamweaver 这样的可视化设计工具，可以像编辑 Word 文档一样编写 HTML 网页。

除了 HTML 语言之外，网站建设人员还应该深入理解 CSS。CSS 的中文全称是层叠式样式表，是 Cascading Style Sheet 的简称，用来格式化 HTML 网页。CSS 是网页格式化的利器，主要用来统一网站的整体设计风格。

举例来说，如果想将前面编写的 HTML 网页的文字字号变大，并使用"微软雅黑"字体，则可以编写如下所示的一段 CSS 代码：

```
<html>
<head>
<title>HTML 示例</title>
<style type="text/css">
body {
    font-family: "微软雅黑";
    font-size: 12pt;
}
```

```
</style>
</head>
<body>
   这是一个 HTML 网页
</body>
</html>
```

在 HTML 中，样式表使用<style>标记，通过为 HTML 的<body>标签指定样式和字体，就可以改变网页中主体的显示格式，使得最终呈现为理想的显示格式，如图 1.9 所示。

图 1.9　使用 CSS 格式化网页的效果

可以看到，现在网页内容果然变成了微软雅黑字体显示格式，并且字号也变大了。

HTML 和 CSS 都只能表达静态的内容，为了让网页的内容动起来，还需要学习 JavaScript 程序设计语言。JavaScript 语言可以用来操作 HTML 和 CSS 标记，让网页充满交互式的动态效果。

注意：JavaScript 是一种脚本语言，通常简称 JS。JS 通过嵌入在浏览器中执行，它不像 Java 那样是一门面向对象的编程语言，需要经过编译和链接后才能执行。

举个例子，要在网面上显示一个动态时钟，这个功能单纯用 HTML 和 CSS 是无法实现的，而 JavaScript 就提供了这样的功能，只需要在页面上添加如下所示的代码：

```html
<html>
<head>
<title>HTML 示例</title>
<style type="text/css">
body {
    font-family: "微软雅黑";
    font-size: 12pt;
}
</style>
<Script type="text/javascript">
    setInterval("JsTimer()",1000);        //设置每秒钟执行一次 JsTimer()函数
      function JsTimer(){
      var ClockTime =new Date();         //创建时间对象
      var ClockHours = ClockTime.getHours();     //获得当前系统时间中的小时
      var ClockMinutes = ClockTime.getMinutes();    //获得分钟
      var ClockSeconds = ClockTime.getSeconds();    //获得秒
      if (ClockHours <= 9)                 //如果小于或等于 9，前面加个 0
      ClockHours = "0"+ClockHours;
      if (ClockMinutes <= 9)
      ClockMinutes = "0" +ClockMinutes;            //如果小于或等于 9，前面加个 0
      if (ClockSeconds <= 9)
```

```
        ClockSeconds ="0"+ClockSeconds;          //如果小于或等于 9,前面加个 0
        //把时间写入到 ID 为 JsClock 的标签中
        JsClock.innerHTML= ClockHours+":"+ClockMinutes+":"+ClockSeconds;
    }
</Script>
</head>
<body>
  这是一个 HTML 网页
  <br/>
  <!--显示时钟的 HTML 标签 -->
  <span id="JsClock"></span>
</body>
</html>
```

可以看到 JavaScript 代码使用<script>标记包起来,在代码中它调用了 HTML 标签 JsClock(使用 id 属性进行标识),为其赋予动态变化的时间值。当在浏览器中执行时,可以看到,果然有个动态变换的时钟显示出来了,如图 1.10 所示。

图 1.10　使用 JavaScript 编制的动态时钟

3. 网站服务器端编程语言

前面所介绍的几种语言都是客户端被浏览器解释执行的语言,对于一些更加复杂的应用,需要网站建设人员使用服务器端编程语言。

很多初学者不太理解服务器端编程语言与客户端编程语言的区别,图 1.11 解释了这两类编程语言之间的不同之处。

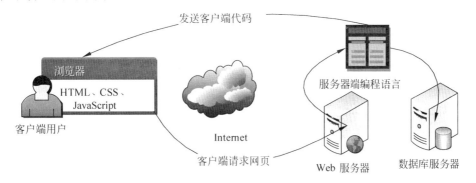

图 1.11　服务器端编程语言与客户端编程语言的区别

当客户端用户请求网页时,Web 服务器将使用服务器端程序编译并执行服务器端的脚本,这些脚本是使用服务器端的编程语言编写的。这些服务器端的编程语言将完成必要的业务逻辑处理工作,比如访问数据库来获取最新的新闻信息,然后服务器端将结果以

HTML、CSS 或 JavaScript 这些客户端浏览器能够理解的语言来呈现。

🔔注意：客户端的浏览器不能直接执行用服务器端编程语言编写的网页。

1.1.6　创建一个简单的网页

到目前为止，笔者已经创建了一个简单的名为 firstpage.html 的网页，为了让大家对网页创建有个更清楚的认识，下面创建一个简单的留言本网页，这个网页允许用户输入留言信息，在用户单击"提交"按钮时，将留言内容显示在网页上。

很明显，手工输入 HTML 代码是一件低效且容易犯错的工作，不要说是网站建设的新人，就是一个具有多年网页设计经验的老手，也不一定能够一气呵成地写出无错的 HTML 代码，因此在这个示例中选择使用 Dreamweaver 工具，如果读者的计算机上没有安装该工具，请参考本章 1.2 节关于 Dreamweaver 工具的介绍。

首先打开 Dreamweaver 工具，笔者电脑上安装的是 Dreamweaver CS5，按照如下所示的步骤完成这个留言板的创建。

（1）首次启动 Dreamweaver 时，会显示 Dreamweaver 的欢迎页面，在该页面的新建栏中单击"HTML"链接，将创建一个新的 HTML 文件，如图 1.12 所示。

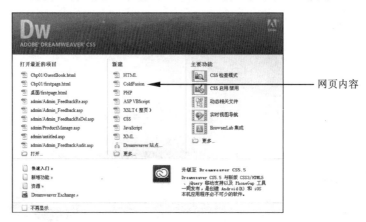

图 1.12　Dreamweaver 的欢迎页面

（2）当 Dreamweaver 创建了一个 HTML 页面后，就会自动创建一个基本的 HTML 代码模板，如果读者的 Dreamweaver 当前模式不是设计视图，请先切换到设计视图，并在标题标中输入"留言板"作为网页的标题，如图 1.13 所示。

（3）可以看到，在设计视图窗口中有一个光标键，首先直接输入一行文本"欢迎使用留言本"，然后按一下回车键，Dreamweaver 此时会帮助用户添加相应的 HTML 标记，用户暂时可以不用理会 Dreamweaver 产生的标记代码。

（4）接下来向设计窗口添加一个表格，首先单击导航菜单的"窗口│插入"菜单项，或者按 Ctrl+F2 快捷键，将在右侧的导航面板中显示一个可以插入元素的工具栏。在工具栏面板中单击"表格"按钮，将弹出如图 1.14 所示的表格对话框。

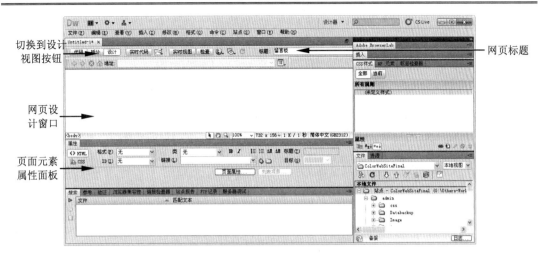

图 1.13　Dreamweaver 主窗口

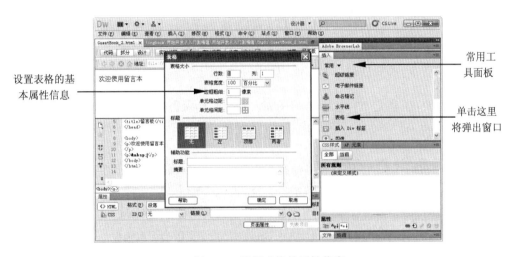

图 1.14　设置表格的属性信息

在这里设置表格行和列均为 1，指定表格宽度为 100%，这样表格可以占满整个页宽。其他的保持默认值，单击"确定"按钮将会在设计视图上添加一个表格，如图 1.15 所示。

图 1.15　新添加的表格设计窗口

在表格内部右击鼠标，从弹出的快捷菜单中选择"表格|选中表格"，然后在属性面板窗口指定 Id 为 guestTable，如图 1.16 所示。

图 1.16　设置表格属性

在表格内部单击鼠标，输入一行文本"已经留言的内容"。

（5）在插入面板上单击"常用"按钮下面的小箭头，从弹出的菜单中选择"表单"工具面板，将显示出所有可供插入的表单按钮，单击"文本区域"插入按钮，将弹出如图 1.17所示的窗口。

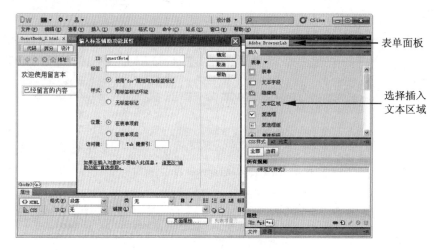

图 1.17　插入文本区域

在文本区域中，仅指定 ID 值为 guestNote，其他的均保留默认值即可，单击"确定"按钮，Dreamweaver 将询问用户是否添加一个表单标签，单击"是"按钮，Dreamweaver将在页面上添加一个文本输入框。

（6）在文本框的下面，但是在表单标签的内部，按回车键，添加一个换行，然后从表单工具栏中选择"按钮"工具，将弹出如图 1.18 所示的窗口。

图 1.18　插入提交按钮

为按钮指定 ID 为 btnOk，然后单击"确定"按钮，将会在设计面板上看到新添加的"提交"按钮。选中该按钮，在"属性"面板中将"动作"复选框勾选"无"，不使用表单的提交功能。

（7）现在留言本的网页界面设计出来了，很简单吧，基本上没有编写一行 HTML 代码。

接下来需要编写当有人输了留言之后的显示问题。这里需要使用到 Javascript 脚本，因此不能偷懒，必须在代码视图的<head>标记处添加如下所示的 JavaScript 代码。

```
<head>
<meta http-equiv="Content-Type" content="text/html; charset=gb2312" />
<title>留言板</title>
<script type="text/javascript">
  function saveGuestBook()
  {
    objTable=document.getElementById("guestTable");  //获取网页上的表格对象
    objRow=objTable.insertRow(objTable.rows.length);  //向表格中插入一行
    objCell=objRow.insertCell();                      //在行中插入一列
    objCell.innerText=document.getElementById("guestNote").value;
                                                      //指定列的文本

  }
</script>
</head>
```

当用户在文本框中输入了信息后，单击"提交"按钮时，将首先使用 document.getElementById 获取网页上面的表格对象。然后向表格中插入一行，以便存放用户输入的留言内容，在表格行中插入一个单元格，将用户在文本区域中输入的留言内容写入这个单元格中。

在代码编辑器窗口可看到输入后的效果如图 1.19 所示。

图 1.19　代码编辑器窗口

（8）在完成了这些工作后，将这个 JS 函数与按钮 btnOk 进行绑定，在代码编辑器窗口中找到 btnOk 的定义位置，添加 onClick 事件处理器，如下所示。

```
<input type="button" name="btnOk" id="btnOk" value="按钮" onclick=
"saveGuestBook()" />
```

现在这个简单的留言本已经做好了，接下来就可以单击工具栏上的 🌏 按钮，打开浏览器开始执行了。可以看到当在文本框中输入了留言内容并提交时，会自动显示在表格中，如图 1.20 所示。

虽然这个例子非常简单，而且效果也不是非常精美，但是至少让学习网站的初学者对网页设计有了整体的认识，通过对本书各个章节的深入学习，要开发出精美的网站并不是难事。

图 1.20　简单留言本的运行效果

1.2　网站开发工具

本节将介绍网站开发经常使用的工具，了解了这些工具的使用方法后，就已经可以开始做一些简单的网站了。但是要成为一名合格的网站建设人员，必须要学好前面所列的客户端语言，比如 HTML 就是每一个网站开发人员都必须掌握的标记语言。

1.2.1　Dreamweaver 设计工具

Dreamweaver 是目前最流行的网站开发工具，它具有所见即所得的网页设计功能，同时又可以编辑 HTML 代码。对于代码开发人员，它提供了强大的代码编辑器，支持 PHP、JSP、ASP、ASP.NET 等服务器端语言的编辑；对于网页设计人员，它的可视化设计器简单易用，灵活而又强大。

注意：Dreamweaver 最初是由 Macromedia 公司开发的，后被 Adobe 收购，它具有 Mac 和 Windows 系统的版本，目前 Adobe 也正开发 Linux 版本的 Dreamweaver。

目前 Dreamweaver 的最新版本是 Dreamweaver CS6，如果读者的计算机上没有安装 Dreamweaver 软件，可以先从 Adobe 公司的网站下载该软件的试用版本，下载网址如下：

```
http://www.adobe.com/cfusion/tdrc/index.cfm?product=dreamweaver&loc=cn
```

单击如图 1.21 所示的"立即下载"按钮，即可下载 Dreamweaver 的最新试用版。
Adobe 的软件试用版需要安装 Adobe Download Assistant 软件。

安装 Dreamweaver 需要 Windows XP 以上的操作系统，内存 512MB 以上，1GB 以上的可用磁盘空间，目前大多数的电脑硬件配置都能够满足要求。

笔者的电脑上同时安装了 Dreamweaver CS5 和 Dreamweaver CS6，虽然两者在界面和编辑功能上很相似，但是 Dreamweaver CS6 的新建窗口中可供选择的项有了一些变化，比如 Dreamweaver CS6 的 HTML 模板中现在有了 HTML 5 的选项，如图 1.22 所示。

单击这里下载
软件试用版

图 1.21 下载免费试用的 Dreamweaver CS6

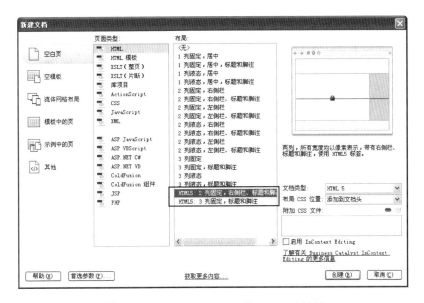

图 1.22 Dreamweaver CS6 的 HTML 5 模板

除此之外，CS6 版本对于移动 jQuery、CSS3 转换和更新的实时视图都提供了增强，本书第 11 章将会更详细地讨论这些内容。

注意：HTML 5 是目前 HTML 语言的最新版，仍处于发展阶段，目前使用广泛的仍然是 HTML 4.01 版。

下面来认识一下 Dreamweaver 的界面组成。Dreamweaver 提供了面板式的软件操作体验，所有的工具都以面板的形式提供，面板方式能提供即时查看的效果，相信随着了解的深入，会越来越离不开这样的面板管理界面。

首次进入 Dreamweaver 时，将显示欢迎页面，欢迎页面包含了最近打开的项目列表、可供新建的文件类型及 Dreamweaver 的学习链接，如图 1.23 所示。

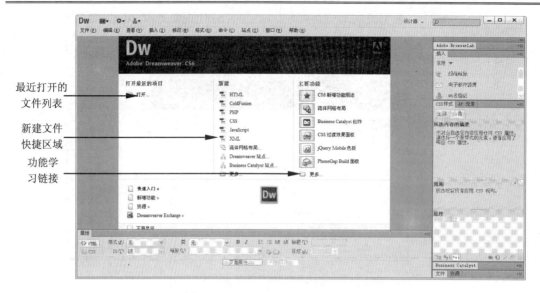

最近打开的
文件列表

新建文件
快捷区域
功能学
习链接

图 1.23　Dreamweaver 的欢迎页面

在新建了一个文件或打开了一个现有的文件后，就可以看到如图 1.24 所示的界面。

快速工具栏

层叠式的
操作面板

程序工具栏

代码视图

设计视图

选中的元素
的属性面板

图 1.24　Dreamweaver 工作区主面板

在本书第 5 章介绍该工具的具体使用时，还会在一些练习中深入介绍 Dreamweaver 工
具的使用，需要马上了解的读者请参考本书第 5 章的内容。

1.2.2　图像处理工具 Photoshop

Photoshop（简称 PS）是一款业界领先的图像处理软件。Photoshop 的功能非常强大，
具有图像修复、图像的处理、图像制造、广告创意、图像输入/输出等功能，是目前图像处

理领域必不可少的软件之一。

Photoshop 目前最新的版本是 Photoshop CS6，可以从 Adobe 的官方网站来了解关于 Photoshop 的最新信息，网址如下：

```
http://www.adobe.com/cn/products/photoshopfamily.html
```

如果读者目前使用较老版本的 Photoshop，可以在 Adobe 的官方网站下载 Photoshop CS6 进行试用，与 Dreamweaver CS6 的下载方式类似，首先进入如下的网址：

```
http://www.adobe.com/cfusion/tdrc/index.cfm?product=photoshop&loc=cn
```

单击页面上的"立即下载"按钮，网站将会开启 Adobe Download Assistant 进行下载（前提条件是必须根据提示下载和安装 Adobe Download Assistant），该软件的界面如图 1.25 所示。

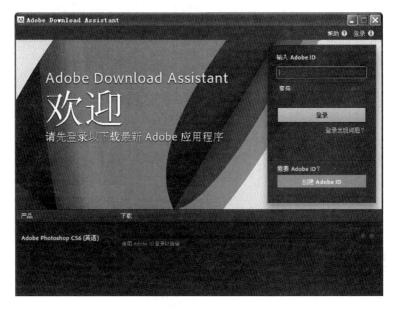

图 1.25　使用 Adobe Download Assistant 下载 Photoshop 试用版

国内的一些下载门户网站也提供了对试用版软件的下载，嫌麻烦的用户可以直接用百度搜索相关信息，使用便捷的方式进行下载试用。

Photoshop CS6 的安装程序有 1.2GB 左右的大小，最好是在 Windows XP 以上的操作系统平台上进行安装。Photoshop 对于 CPU 的浮点运算和内存的要求较高，因此内存建议至少 1GB，CPU 建议为普通双核以上的 CPU，这样才能流畅运行。

Photoshop 的安装与 Adobe 的其他软件基本相似，如果没有授权的序列号，可以先选择安装试用版本。如果曾经使用过 Photoshop 以前的版本（笔者之前一直使用 Photoshop CS2），在安装了 Photoshop CS6 之后，会发现界面发生了一些变化，首先可以看到整体界面颜色变成了黑色，如图 1.26 所示。

不习惯的用户可以通过主菜单的"编辑|首选项|界面"菜单项，在弹出的窗口中设置界面为自己喜欢的颜色。实际上除了界面的变更外，大部分的操作方式与老版本的相似。现在来认识一下 Photoshop 工作区的各个元素的作用，如图 1.27 所示。

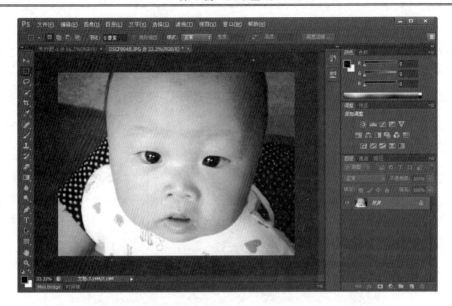

图 1.26 Photoshop 的黑色界面

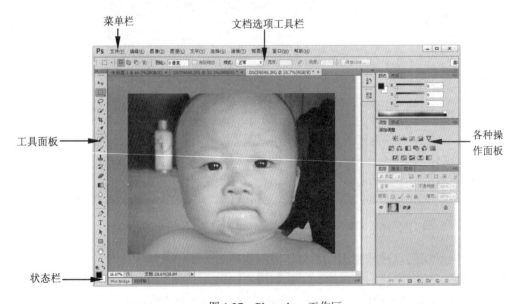

图 1.27 Photoshop 工作区

要游刃有余地操作 Photoshop,还需要掌握一些颜色相关的知识,好在 Photoshop 提供了一份详细的中文帮助文档。读者应该仔细研究一下这份文档,本书第 13 章将会通过实例的方式带领大家使用 Photoshop 软件。

1.2.3 网页图形工具 Fireworks

Fireworks 最初是 Macromedia 公司推出的一款网页作图软件,后来被 Adobe 公司收购。Fireworks 用来加速 Web 的设计与开发,是一款与 Dreamweaver 结合紧密的工具。如果说 Photoshop 主要用来帮助设计人员处理图像,那么 Fireworks 则可以将图像轻松地制作成

GIF 动画，实现大图切割、网页动态按钮、翻转图片等。它提高了在 Web 页面上处理图像的效率，并且与 Dreamweaver 和 Flash 紧密集成，因此深受网站建设人员的喜爱。

　　Fireworks 目前的最新版本是 Fireworks CS6，可以通过如下的网址下载该软件的试用版进行试用。

```
http://www.adobe.com/cfusion/tdrc/index.cfm?product=fireworks&loc=zh_cn
```

　　Fireworks 的试用版本有 450MB 左右的大小，下载完成后可以直接双击安装程序进行安装。与 Adobe 系列的其他软件安装类似，在出现安装界面后，提示用户选择试用还是已经有了正式许可证号的正式用户。如果没有可用的序列号，选择试用安装即可，如图 1.28 所示。

　　在安装过程中，安装程序会登录到 Adobe 网站进行用户 ID 进行验证，如果嫌麻烦，可以直接将网络关闭，通过"开始 | 控制面板 | 网络连接"菜单项，打开网络连接窗口，右击本地连接，选择禁用即可。安装程序检测不到网络时，会弹出如图 1.29 所示的信息，单击"稍后连接"按钮，即可进行下一步的安装。

图 1.28　指定安装选项

图 1.29　断开网络连接安装

　　Fireworks 的界面风格与 Dreamweaver 非常相似，首次启动时会包含一个欢迎窗口，在该窗口中可以打开历史工作文件，创建新的图片文件，以及查看一些 Fireworks 的学习教程，如图 1.30 所示。

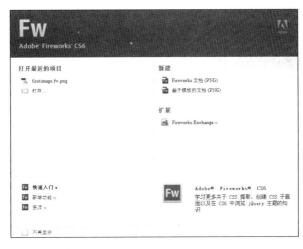

图 1.30　Fireworks CS6 欢迎窗口

Fireworks CS6 的主界面如图 1.31 所示。

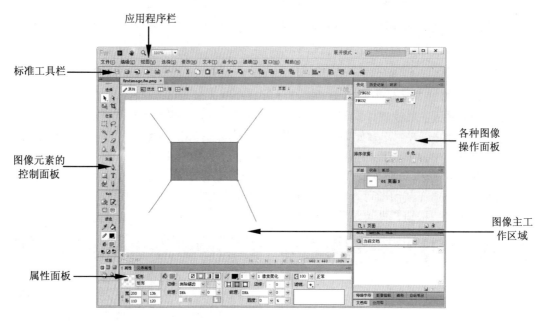

图 1.31　Fireworks 的主界面

本书第 14 章将会通过例子来介绍这个工具的使用，想马上了解该工具使用情况的读者可以先通过菜单栏的"帮助 | Fireworks 帮助"查看由 Adobe 提供的简体中文帮助文档。

1.2.4　网页动画设计工具 Flash

在网页上添加多媒体内容是网页吸引客户的重要手段之一，而 Flash 软件专注于网页动画设计，是目前互联网上呈现多媒体内容最流行的方式之一。Flash 最初是由 Macromedia 公司推出的 Web 动画软件，Adobe 公司将其收购后，继续开发和完善 Flash 软件，目前最新的版本是 Flash CS6，可以从 Adobe 公司的网站下载试用版本。

可以从 Adobe 公司的网址下载 Flash CS6 的试用版本来进行本书的学习，下载网址如下：

```
http://www.adobe.com/cfusion/tdrc/index.cfm?product=flash&loc=cn
```

与 Adobe 系列的其他软件一样，首次启动 Flash 时，将会显示一个欢迎页面，该欢迎页面包含了创建 Flash 文件的快捷链接及相关的学习资源，如图 1.32 所示。

Flash 根据操作人员的角色，提供了不同的工作区布局。操作人员的角色分为 ActionScript 开发人员和 Flash 动画的设计人员。在网站建设的过程中基本上都是使用 Flash 设计人员这样的界面布局，主界面如图 1.33 所示。

Flash 创建的动画在输出为网页可用的格式后，将产生一个名为.swf 结尾的文件，这个文件需要 Flash Player 来进行播放，目前大多数浏览器已经整合了 Flash Player 这个工具，因此当将 swf 文件嵌入到网页中时，一般都能够正常播放。

Flash、Dreamweaver 和 Fireworks 并称网页设计三剑客，由 Dreamweaver 提供网页的布局设计，Fireworks 进行网络图像优化切割，而 Flash 则提供绘声绘色的网页动画，让整个网页充满生气。

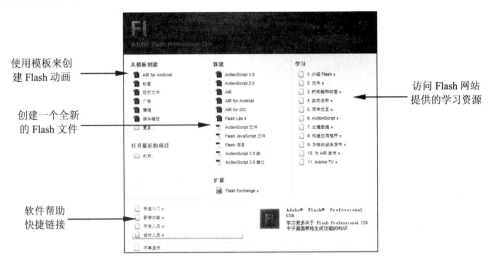

图 1.32　Flash 启动时的欢迎页面

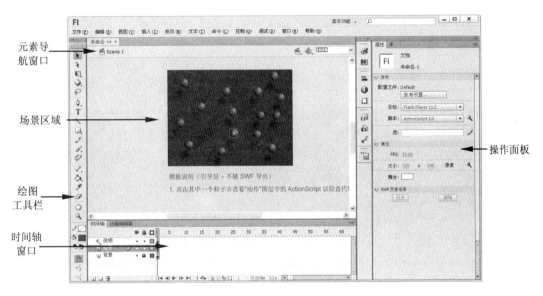

图 1.33　Flash CS6 主界面

📢注意：Flash 动画既可以作为 HTML 网页的一部分嵌入到网页页面上，也可以创建一个
完全由 Flash 实现的网页。

在过去，Flash 网站的经典示例网站 2Advanced，将 Flash 动画技术的效果发挥到了极
致，这个网站纯粹由 Flash 动画组成，读者可以通过如下的网址来欣赏这个精彩的网站：

http://www.2advanced.com/#/home

通过 2Advanced 网站可以发现，实际上网站能做的工作，Flash 也能实现，并且更具生
动和吸引人的效果，首页如图 1.34 所示。

图 1.34　使用 Flash 技术实现的网站示例

1.3　网站建设的基本步骤

网站建设实际上并没有太固定的基本规范，但是必须要有一个指导性的步骤，让网站的建设有条不紊地进行。本节将归纳出网站建设的一般步骤，以便于大家在开发网站时能够提升效率，减少网站建设的错误。

1.3.1　网站的定位

网站的定位主要用来确定网站的内容，也就是网站用来做什么。网站的定位通常由网站的策划人员根据市场需求、环境、目标群体等来进行分析和定义。网站定位解决的问题就是网站用来做什么，要提供什么样的服务或者是传达什么样的概念。

注意：网站的定位是网站建设的核心策略，网站的结构、内容和风格等都将依据网站的定位来进行，因此良好的网站定位是一个网站成功的关键。

举个例子，在为一家婴幼儿网站定位网站时，经过了如下几个方面的分析。

（1）网站的功能：让宝宝健康成长，婴幼儿产品与咨询网站。

（2）网站目标群体：新生儿妈妈、新生儿爸爸。

（3）自身的优势：站长本身从事婴幼儿护理多年，对婴幼儿产品和护理非常熟悉。

（4）竞争对手：目前婴幼儿类的网站繁多，但是不够精细化，本站将主要面向初出生的婴儿，提供专业的护理知识。

（5）可行性分析：就资金、技术和美工及后期的维护进行可行性分析。

（6）赢利模式：通过广告赢利。

通过以上的策划和分析，网站的创建有了一个清楚的目的，因此客户决定将这个网站做下去。

1.3.2　确定网站的结构

当有了明确的网站定位之后，下一步就要确定网站的结构。网站的结构是指网站所要提供的服务的一种逻辑表示形式，从物理上来说，也可以看作是网站中网页之间的层次关系。良好的网站结构有助于为用户提供一致性的服务，并且也便于搜索引擎优化。

网站结构的确定可以通过纸和笔画出来进行探讨，也可以使用 Visio 之类的工具绘制网站结构的层次图形，例如对于婴儿护理这个网站，笔者绘制了如图 1.35 所示的层次结构：

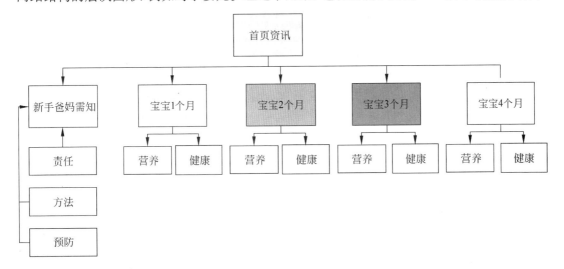

图 1.35　网站结构图

由于新手爸妈时间都比较紧张，而且睡眠的质量也因为宝宝而变得比较差，因此网站必须要让他们能简单容易地找到他们所需的信息。网站通过对宝宝按月导航的结构，根据宝宝月度来组织资料，这样使得新手爸妈们可以立即找到想看的资料。

1.3.3　设计网站的主题风格

网站的主题设计实际上就是把网站的定位转换成视觉呈现的一个过程。网站的主题风格要能充分吸引访问者的注意力，为访问者提供愉快的网站访问体验。网站的主题必须将网站的内容与网页设计的相关原理紧密结合起来。

网站的主题风格的设计需要由网站设计人员参与，留给网站访问者一个良好的整体形象。因此网站的主题要从如下的几个方面进行考虑。

（1）设计能反映网站内容的 logo，并且将 logo 放在网站的醒目位置。

（2）网站的颜色要统一，要突出网站的主调色彩。

（3）相同类型的图像要具有相同的效果，比如对于婴幼儿护理网站来说，整站都使用了圆角边框的图形来表达一种卡通风格的效果。

（4）网站要有一句明晰的宣传标语。

　　以一个经典的儿童玩具网站为例，这个网站统一的色调为深蓝色，符合该公司一直以来的整体形象，网站的 logo 放置在页面的左上角，网站的文字使用了统一风格的大小和样式，网站的宣传标语是"More to love"，很好地体现了儿童玩具网站的主题，如图 1.36 所示。

图 1.36　某儿童玩具类网站的主题设计

1.3.4　制作网页

　　网页的制作是将对网站主题的设计转换为具体的 HTML 代码的过程。网页的制作使用本章前面介绍的工具，使用 HTML、JavaScript、CSS 等语言将网站的设计转换为具体的技术实现。

　　当网站进入网页制作阶段时，笔者通常会在 Dreamweaver 中创建一个站点，然后在站点中定义好网站文件夹的物理文件夹结构，如图 1.37 所示。

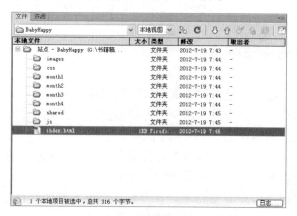

图 1.37　网站的物理文件结构

　　网站的物理结构应该能够反映出网站的逻辑结构，以便于后期的网站维护和修改。当定义了网站的物理结构之后，接下来就可以使用 Dreamweaver、Photoshop 或 Flash 等工具根据网站的内容进行网站的具体实现了。

注意：在本书第 6 章将会详细介绍创建和管理网站方面的详细知识。

1.3.5   网站的测试

网站创建完成之后，必须经过一系列的测试，比如链接是否错乱、是否兼容不同的浏览器，以及网站的安全性测试，以确保网站发布到复务器后不会出现一些错误。

Dreamweaver CS6 内建了一系列的测试代具用来辅助网站测试，它可以用来测试网站链接，不同浏览器之间的兼容性及拼写检查等，例如当单击"文件|检查页|浏览器兼容性"菜单项后，Dreamweaver 将弹出如图 1.38 所示的测试检查窗口，在该窗口中可以查看测试的一些结果。

图 1.38   Dreamweaver 提供的网站测试检查工具面板

在本书第 19 章，还会继续讨论网站的测试与发布的问题，在这里需要明白网站的测试是网站建设生命周期中非常重要的一个过程，每个网站建设人员在建站过程中都应该随时测试，以便保证网站的质量。

1.3.6   申请网站域名

在网络世界里，计算机与计算机之间的定位是通过 IP 地址来确定的，IP 地址是每个连接到互联网上的主机的一个地址，用二进制数表示。人们一般将 IP 地址写成十进制表示形式，中间使用"."号分开，比如笔者的电脑目前的 IP 地址是 192.168.0.2。IP 地址不便于记忆，为使用户面对成百上千的网站时，可以容易记忆并能快速访问网站，域名应时而生。

域名要能够与 IP 地址转换，以便于当用户通过一个友好的，像 www.sina.com.cn 这样的网址访问新浪网时，能够将域名转换成对应的 IP 地址，这个过程通常称为域名解析。

注意：域名并不是随意可取的，需要通过域名服务提供商提供域名，域名的管理是由位于美国的 ICANN（The Internet Corporation for Assigned Names and Numbers，互联网名称与数字地址分配机构）来进行管理的。

如果要给自己的网站准备一个有意义的地址，必须要到域名提供商那里申请域名，目前互联网上有大量的域名提供商，在申请域名前必须查询所要申请的域名是否已被使用，然后注册申请。例如图 1.39 所示是万网的域名查询网页，有兴趣的读者可以具体操作一下。

图 1.39　域名查询网页

本书 19 章将会带领读者注册一个域名，细节可以参考 19 章的内容。

1.3.7　购买网页空间

网页空间（Web Space）是用来在互联网上存放自己网站的地方。网站要能被互联网上的用户访问得到，必须要放在一个可以让外部用户访问的空间中，这通常需要有一个可以被外部访问的 IP 地址（可以向电信运营商申请分配）、一个好用的域名及可以向外部提供网站服务的服务器。域名、IP 地址和空间的示意可以如图 1.40 所示。

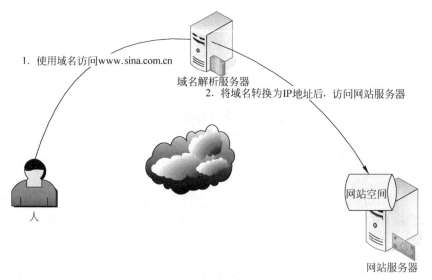

图 1.40　域名、IP 地址和空间的组成示意图

由于搭建自己的服务器、注册域名等需要较高的成本，比如需要专人维护，需要有一台性能强劲的服务器，还需要申请固定的 IP 地址，因此中小型企业的用户都会选择购买互联网空间提供商提供的空间。图 1.41 所示是某空间服务提供商提供的网页空间服务的详细信息。

图 1.41　购买互联网上的虚拟主机

网页空间也称为虚拟主机空间，虚拟主机是通过虚拟技术将一台运行在互联网上的服务器划分成多个虚拟的服务器，每一个虚拟服务器与真实的服务器一样，都具有独立的域名和空间的服务，各自独立。在购买了网页空间后，还需要将申请的域名与虚拟主机的 IP 地址绑定，这样外部的用户就能通过域名访问到网站空间的内容了。

1.3.8　使用 FTP 上传网站

在域名、空间申请好之后，当网站开发并测试完成后，就可以将网站上传到自己的网页空间里供互联网用户访问了。目前大多数虚拟主机都提供了 FTP 上传的服务，可以使用 FTP 客户端工具（比如 CuteFTP 或 Dreamweaver 自带的 FTP 工具）将网站的所有文件上传到服务器上。

FTP 简称文件传输协议，英文全称是 File Transfer Protocol，通过 TCP/IP 协议与网络上的其他计算机上传或下载文件。以 Dreamweaver 为例，在网站的管理中，可以为服务器指定网站上的 FTP 服务器，这样就可以使用 Dreamweaver 网站管理的同步、上传或下载功能进行网站文件的上传和下载了，如图 1.42 所示。

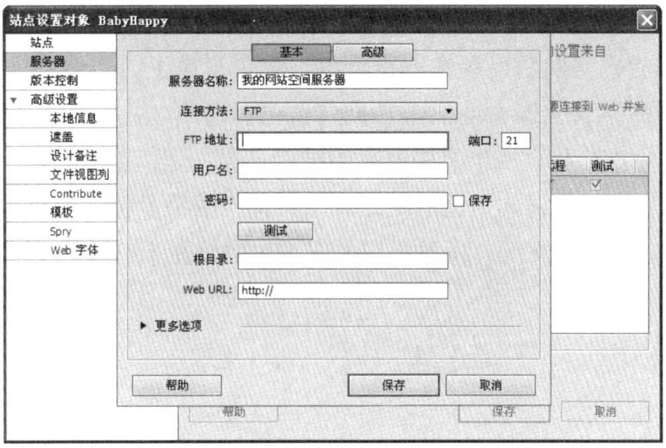

图 1.42　使用 Dreamweaver 内置的 FTP 管理工具

Dreamweaver 的站点管理工具提供了本地和远程 FTP 服务器上的文件视图，以方便用户处理本地与远程服务器的管理，如图 1.43 所示。

图 1.43 Dreamweaver 的本地与远程 FTP 管理视图

在本书第 19 章中将会通过具体的例子来介绍如何将本地的网站文件上传到网站空间的服务器中。

1.3.9 浏览并优化网站

无论测试的环境有多么完备，在网站上传到服务器并开始真正运营和推广之前，都必须要对网站进行进一步的优化，这个过程需要对网站进行一系列的测试，以确保网站能让用户得到最佳的体验。

网站的优化包含对网站的程序、内容、布局等多方面的优化调整，比如要满足搜索引擎的排名靠前，即网站的 SEO，需要增强网站的被搜索到的概率。网站在各种不同条件下的性能检测及网站的安全性方面，都必须进行进一步的测试，以免网站在运营过程中出现故障而造成公司或个人的损失。本书第 21 章将会深入介绍网站优化的细节。

1.3.10 推广自己的网站

前面的步骤都如愿实现后，现在万事皆备，只欠东风了。当然不能被动地等待网民来主动访问网站，网站站长应该主动出击来推广自己的网站，提高网站的知名度。

简单地说，网站推广与真实世界中产品的推广一样，是让更多的客户知道网站，让尽可能多的潜在用户尽快了解并访问自己的网站。网站推广的手段包含通过传统的广告宣传、使用链接、网络广告及编写软文等。网站推广的详细内容将在本书第 21 章进行具体介绍。

1.4 小 结

本章概要性地介绍了网站开发的一些入门知识，为本书后续的学习打下一个坚实的基础。本章从网页与网站的概念开始，讨论了网站的组成和常见的分类，创建吸引人的网站的一些方法和相关技术。在网站开发工具小节中，介绍了目前最热门的几大网站开发工具，通过介绍如何下载并了解这些工具的基本界面，让大家能够对这些工具有个基本的认识。在网站建设的基本步骤部分，介绍了目前网站开发中的 10 个步骤，这些是目前网站建设过程中最常见的步骤。了解了这些概念性的知识后，下一章将从 HTML 开始，学习建设网站的整个过程。

第 2 章　使用 HTML 语言编写网页

HTML 的中文全称是超文本标记语言，英文缩写是 HyperText Markup Language。它主要用来描述网页。也可以说 HTML 就是网页，因为浏览器知道如何解析 HTML 文件并呈现出内容。HTML 目前已经成为一种规范标准，对于网站建设者来说，必须要认真学好这门语言，才能开发出质量优秀的网站。

2.1　认识 HTML 语言

HTML 虽然带有语言之名，但实际上它不属于编程语言的范畴，主要用来描述页面元素的排版、布局和格式化信息，使用 W3C 定义的 HTML 标签来描述网页的元素。所有的 HTML 标签是用尖括号包起来的，并且必须成对出现。例如每个 HTML 文档都以<html>开始，并以</html>结束。浏览器通过读取这些标签来呈现实际的内容。

🖢注意：虽然使用 Dreamweaver 等工具可以帮助用户生成 HTML 代码，但是作为基础巩固的过程，笔者将选择使用 Notepad++这样的工具来手工创建网页，以加深对 HTML 语言的印象。Notepad++工具的下载地址为：http://notepad-plus-plus.org/。

2.1.1　HTML 是什么

由于 HTML 文档中是由一个个标记来表达页面元素的，因此被称为标记语言，但是为什么会称为超文本标记语言？这是因为 HTML 网页并不是一个独立的元素，它可以为文本添加链接，让 HTML 文档链接起来，而这些链接通常称为超级链接。除此之外，还可以为 HTML 文档添加音频、视频、图片、动画等多媒体元素，由于不仅限于传统的文字信息，因此将 HTML 称为超文本标记语言。

举个例子，在一个网站中创建了两个网页，分别称为 A 网页和 B 网页，当用户单击 A 网页中的某一行文字时将跳转到 B 网页，同时在 B 网页中有一个"返回"链接又可以回退到 A 网站，实现步骤如下所示。

（1）打开 Notepad++，通过文件菜单或使用 Ctrl+N 快捷键创建一个新的文本文件，输入如代码 2.1 所示的 HTML 代码：

代码 2.1　创建链接到其他页面的网页 A.html

```
<!--具有超级链接功能的 HTML 网页 A-->
<html>
```

```
<head>
<title>A 网页</title>
</head>
<body>
<h1>我的超文本标记的网页</h1>
<h3><a href=B.html target=_self>单击这里链接到 B 页面</a></h3>
</body>
</html>
```

可以看到 HTML 文档是由一些尖括号括起来的标记来定义的，每个标记都是成对出现的。笔者之所以选择 Notepad++作为编辑工具，是因为这个工具可以高亮显示首尾标签，如图 2.1 所示。

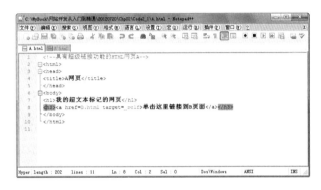

图 2.1　使用 Notepad++的标记自动匹配功能

> 🔖注意：在 HTML 中，由<!--和-->括起来的部分表示是注释，注释是不被浏览器解释和执行的，仅用于对代码的标注。

稍后将会具体介绍 HTML 标签的具体作用。将这个网页保存为 A.html，此时用浏览器打开来看一看，果然看到了一个包含下划线文本的网页。

（2）在 Notepad++中新建一个文件，创建一个与代码 2.1 类似的 HTML 文件，如代码 2.2 所示：

代码 2.2　创建超链接页面 B.html

```
<!--具有超级链接功能的 HTML 网页 B-->
<html>
<head>
<title>A 网页</title>
</head>
<body>
<h1>我的超文本标记的网页</h1>
<h3>欢迎大家进入到我的网页</h3>
<br/>
<!--返回到 A 网页-->
<a href=A.html target=_self>返回</a>
</body>
</html>
```

将该页面保存为 B.html，注意 A.html 和 B.html 必须保存在相同的文件夹中。接下来运行 A.html，可以看到有一个超链接，单击这个超链接就链接到了 B.html，如图 2.2 所示。

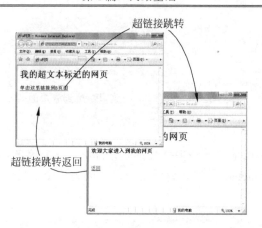

图 2.2　网页链接运行结果

⊙注意：在保存 HTML 文件时，既可以使用.htm 也可以使用.html 作为文件的扩展名，实际上这两种扩展名表达的意思是相同的，都表示 HTML 网页。

　　HTML 标记语言实际上并不区分大小写，因此<HTML>与<html>实际上表示相同的意思，不过出于代码美化的要求，W3C 建议在编写 HTML 标记时尽量使用小写字符。

　　在这个示例中，可以看到有由尖括号括起来的标记，有控制跳转的链接。虽然这个示例非常简单，但是很清晰地展示了 HTML 网页的原理。一个大的网站实际上就是由无数个 HTML 网页组成的，这些网页之间彼此链接，允许用户通过一个网页转到另一个网页，直到浏览到整个网站。

2.1.2　HTML 标签、元素和属性

　　通过前面的示例代码，可以发现 HTML 元素就是由一些尖括号包起来的标签组成的。比如每个 HTML 文档都以<html>开始，并以一个</html>结束。在 HTML 中，标签通常都是由开始标签和结束标签组成的，开始标签一般都使用"<标签名称>"来表示，而结束标签多了一个"/"符号，一般表示为"</标签>"，起始标签与结束标签之间通常会包含标签的内容，或者是子标签。比如 h2 标签中间包含一行文字，则会将中间的文字显示为标题 2 格式，语句如下所示：

```
<html>
  <body>
    <h2>这里是标题区</h2>
    <br/>
  </body>
</html>
```

　　一些标签内部并不包含内容，可以不具有一个结束标签，直接在起始标签尾部加一个\符号，比如
表示换行，可以直接使用
表示一个换行符。

　　整个 HTML 文档是由一个个 HTML 元素定义的，HTML 中的元素是指开始标签和结束标签之间的代码，而元素的内容是指开始标签与结束标签之间的内容。举个例子，下面有一行 HTML 段落元素的标记代码：

```
<p>这是 HTML 文档中的一个段落</p>
```

<p>元素表示是 HTML 中的一个段落，它由起始的<p>和结束的</p>这两个 HTML 标签组成，它的元素的内容是"这是 HTML 文档中的一个段落"。

一个 HTML 元素一般都由一个起始标签和一个结束标签组成，一些元素可以嵌入其他的 HTML 元素，比如<body>元素内部就可以嵌入任何用来表示 HTML 格式的元素。一些元素也可以不包含任何元素内容，这类元素称为空元素，空元素一般都在开始标签中关闭。比如
、<hr/>等元素。

💧注意：一些浏览器并不强制要求结束标签，因此仅有起始标签的 HTML 也能被浏览器解析呈现，但是这类代码不易维护，很容易造成页面的混乱，因此对于每个起始元素，都应该有一个匹配的结束元素。

通常一个元素不能表达所有的内容，元素还需要定义一些其他的特性，HTML 标签提供了属性，比如前面见到的<a>元素，在内部有 herf 属性和 target 属性的设置。例如下面定义了一个链接元素：

```
<a href="http://www.w3school.com.cn" target=_self>w3c 网络学院</a>
```

属性总是在 HTML 元素的开始标签中规定，它使用名称/值对的形式出现，一般的语法是：属性名称="属性值"这样的表示形式，代码 2.3 演示了如何在 HTML 元素中使用属性：

<div align="center">代码2.3　在 HTML 元素中使用属性</div>

```
<html>
  <head>
    <title>html 属性演示</title>
  </head>
<body bgcolor="yellow">
  <h1 align="center">居中对齐的标题格式</h1>
  <a href="http://www.w3school.com.cn/html/" target="_self">W3 学院中文版
  </a>
</body>
```

在定义属性时，既可以为属性值添加单引号，也可以添加双引号，只要成对匹配，都没有问题。实际上还可以不为属性添加引号。不过 HTML 总是建议始终为属性添加引号，如果属性值本身有双引号，那么属性外面只能使用单引用括起来，如示例代码 2.4 所示：

<div align="center">代码2.4　在 HTML 元素属性中使用引号</div>

```
<html>
  <head>
    <title>html 属性演示</title>
  </head>
<body bgcolor="yellow">
  <h1 align="center">居中对齐的标题格式</h1>
  <!--属性值本身包含双引号-->
  <a href="http://www.w3school.com.cn/html/" target="_self" title='这是
  "学习好去处"'>W3 学院中文版</a>
  <!--属性值本身包含单引号-->
```

```
<a href="http://www.w3school.com.cn/html/" target="_self" title="这是
'学习好去处'">W3 学院中文版</a>
 <!--属性值用单引号包起来-->
<a href="http://www.w3school.com.cn/html/" target="_self" title='这是学
习好去处'>W3 学院中文版</a>
 <!--属性值用双引号包起来-->
<a href="http://www.w3school.com.cn/html/" target="_self" title="这是学
习好去处">W3 学院中文版</a>
 <!--属性值不使用任何引号，不建议使用-->
<a href="http://www.w3school.com.cn/html/" target="_self" title=这是学
习好去处>W3 学院中文版</a>
</body>
```

　　<a>元素的 title 属性用来在链接上面显示提示信息，在上面的代码中演示了当属性值中包含单引号时，使用双引号括起属性值，当属性值中包含双引号时，用单引号引起来。同时也演示了不使用引号的表示方式。如果属性值中既包含单引号又包含双引号，笔者通常不在属性值中使用引号以免引起混乱。

2.1.3　HTML 文件组成

　　通过上一节的学习，可以知道每个 HTML 文档都以<html>标签开始，并以</html>标签结束。在 HTML 中，虽然标签使用起来非常灵活，但是它也遵循了 HTML 文档的基本结构。从大的方面来看，一个 HTML 文档包含如下两部分。
- □　HTML 文档头：使用<head>标签定义文档头，是所有 HTML 头元素的容器，比如可以放置 HTML 引用的 JavaScript 脚本、样式表引用及 HTML 的元信息等。
- □　HTML 主体部分：主体部分由<body>和</body>标签定义，它包含了文档呈现出来的所有内容，比如文本、图像、动画、链接、表格等。

　　因此一个 HTML 文档的整体结构归纳起来如图 2.3 所示。

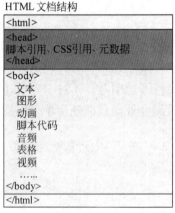

图 2.3　HTML 文档结构图

　　HTML 文档中这两部分是每一个网页都必须实现的，但是这两部分并不是必不可少的。可以创建一个没有<head>或者是<body>的网页，浏览器依然能够顺利解析，但是这样是不合理的。通常一个 HTML 网页应该总是包含文档头部分和文档主体部分的内容，因此在查看一个 HTML 文档时，应该总是能看到如下代码所示的结构：

```
<html>
  <head>
    <title>页面显示在浏览器上的标题</title>
  </head>
  <body>
    页面主体内容
  </body>
</html>
```

🔔注意：在编写自己的 HTML 文档时，应该总是根据层次结构添加缩进，使代码美观且容易维护。

2.2　HTML 文档头标记

在了解了 HTML 的组成部分之后，本节来学习 HTML 的文档头部分常用的标记，主要介绍一下文档类型、文档标题、HTML 元数据和对脚本与样式表的链接等内容。

2.2.1　文档类型声明<!DOCTYPE>

虽然前面说过一个 HTML 文档总是以<html>元素开始，但是在使用 Dreamweaver 这样的工具创建一个 HTML 网页时，会发现在页面头部总是会添加一个<!DOCTYPE>标签，如代码 2.5 所示：

代码 2.5　具有 DOCTYPE 标签的 HTML 网页

```
<!DOCTYPE html PUBLIC "-//W3C//DTD XHTML 1.0 Transitional//EN"
 "http://www.w3.org/TR/xhtml1/DTD/xhtml1-transitional.dtd">
<html xmlns="http://www.w3.org/1999/xhtml">
<head>
<!--HTML 页面的元数据信息-->
<meta http-equiv="Content-Type" content="text/html; charset=utf-8" />
<title>无标题文档</title>
</head>
    这里使用了<!DOCTYPE>标签
<body>
</body>
</html>
```

<!DOCTYPE>总是位于<html>标签之前，这个标签的作用是告知浏览器使用哪种 HTML 或 XHTML 规范来解析 HTML。HTML 从诞生至今已经发展了多个不同的版本，目前最常用的是 HTML 4.01，而 HTML 5 也正在紧锣密鼓地加紧测试与完善。文档类型的定义将用来告诉浏览器，当前解析的页面符合哪种 HTML 的规范。

🔔注意：虽然不定义文档类型也是可行的，但是定义良好的文档类型可以确保 HTML 网页的呈现效果的一致性。

目前网站建设的主流依然是 HTML 4.01，HTML 4.01 的语言规范分别定义了三种文档类型：Strict、Transitional 及 Frameset，例如代码 2.4 中使用了 transitional.dtd 文档类型。对于初学者来说，文档类型的具体含义涉及的东西比较专业，感兴趣的读者可以参考 W3C 的网站来了解关于文档类型的更多信息。

2.2.2　文档头标签<head>

HTML 文档头标签是<head>，它是一个存放 HTML 头元素的容器。<head>标签中的子元素并不会在浏览器中呈现出来，但是它内部包含的一些子元素非常重要，可以用来决定浏览器对于文档体中内容的具体呈现方式。表 2.1 列出了可以放在文档头标签中的常见的标签及其含义。

表 2.1　HTML文档头中可以使用的标签列表

标签	描　　述
<base>	标签为页面上的所有链接规定默认地址或默认目标
<link>	标签定义文档与外部资源的关系，最常见的用途是链接样式表
<meta>	元素可提供有关页面的元信息（meta-information），比如针对搜索引擎和更新频度的描述和关键词
<script>	script 元素既可以包含脚本语句，也可以通过 src 属性指向外部脚本文件。必需的 type 属性规定脚本的 MIME 类型
<style>	用于直接在 HTML 页面中为网页定义样式信息
<title>	指定网页的标题

虽然位于<head>标签中的这些元素并不会在页面上呈现为具体的可视化元素，但是它们非常重要。以 W3School 中国网站为例，如下所示：

```
<!--文档类型定义-->
<!DOCTYPE html PUBLIC "-//W3C//DTD XHTML 1.0 Strict//EN"
 "http://www.w3.org/TR/xhtml1/DTD/xhtml1-strict.dtd">
<!--文档起始标签-->
<html xmlns="http://www.w3.org/1999/xhtml">
<head>
<!--指定 HTML 的文档类型定义-->
<meta http-equiv="Content-Type" content="text/html; charset=gb2312" />
<!--指定 HTML 的文档内容语言-->
<meta http-equiv="Content-Language" content="zh-cn" />
<!--定义网页搜索引擎索引方式-->
<meta name="robots" content="all" />
<!--定义网页作者信息-->
<meta name="author" content="w3school.com.cn" />
<!--定义网页版权信息-->
<meta name="Copyright" content="Copyright W3school.com.cn All Rights
Reserved." />
<!--部分内容省略-->
<!--定义 CSS 文件的链接-->
<link rel="stylesheet" type="text/css" href="/c3.css" />
<!--指定 HTML 的标题-->
<title>HTML 标签</title>
</head>
```

可以看到在文档的开头是文档类型定义，在<head>元素中，包含了很多关于页面头部信息的定义，这些 HTML 元素的作用包含 HTML 文档的语言、网页作者及版权等信息，本书后面的小节将介绍几个常用的文档头标签。

2.2.3　文档基地址<base>

<base>为页面上的所有链接指定默认的地址或默认的目标，当指定了 base 之后，对于在链接标签<a>中指定的相对路径，浏览器将会基于<base>标签链接到具体的网址。如果不指定<base>，则浏览器将根据当前文档的路径（即 URL 地址）提取相应的元素来获取完整的 URL 地址。

<base>标签具有如下两个属性。

- ❑ href：指定文档的基底地址。
- ❑ target：定义打开页面的窗口。

举个例子，下面的代码在<head>区指定了图片的基底地址，然后在<img>元素中使用相对地址，如代码 2.6 所示：

代码 2.6　使用<base>指定页面基底地址

```html
<head>
  <!--指定页面的基底地址-->
  <base href="http://www.w3school.com.cn/i/" />
  <base target="_blank" />
</head>
<body>
  <!--src 表示一个相对的路径，浏览器将会与基底地址合并-->
  <img src="eg_smile.gif" />
  <a href="http://www.w3school.com.cn">欢迎访问网页网站学习基地</a>
</body>
```

<img>元素用来在 HTML 页面上放一幅图片，src 属性指定图片的链接地址，也就是图片的 URL，在代码中直接指定了一个图片文件名，并没有相应的地址信息，这种指定路径的方式称为相对路径，在本书后面还会详细讨论。浏览器会与<base>元素中的 href 属性值进行合并，因此最终的图片路径将指向：

```
http://www.w3school.com.cn/i/eg_smile.gif
```

整个页面的预览效果如图 2.4 所示。

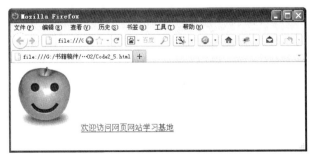

图 2.4　<base>标签使用效果

2.2.4　文档链接<link>

<link>标签主要用来链接一个外部的样式表文件。样式表文件称为 CSS 文件，以.css 作为扩展名，用来改变页面的样式。例如下面定义了一个名为 Theme.css 的样式表文件：

```
body {
    font-family: "微软雅黑";
    font-size: 12pt;
}
```

这个样式表文件用来改变<body>标签的显示字体，为了引用这个样式表文件，就可以在 HTML 文档的<head>区中使用<link>标签，如代码 2.7 所示：

代码 2.7　使用<link>指定网页的样式表文件

```
<html>
  <head>
    <link rel="stylesheet" type="text/css" href="Theme.css" />
    <title>html 属性演示</title>
  </head>
<body>
    引用一个外部的样式表文件 Theme.css 来改变<body>标签的字体显示
</body>
```

当指定了样式表文件之后，<body>标签中的元素内容就会被应用<link>指定的样式表。

2.2.5　网页标题<title>

HTML 的<title>标签实际上会将网页的标题显示在浏览器窗口的标题栏或状态栏，而且在用户使用"添加收藏"功能的时候，将会使用标题作为文档链接的默认名称。如果不指定<title>，浏览器将会在标题栏中显示"无标题文档"。

🔔注意：对于每一个网页，都应该使用<title>标签来设置一个网页标题，<title>是<head>文档头中唯一要求应该包含的元素。

<title>标签的示例如代码 2.8 所示：

代码 2.8　在 HTML 文档中定义网页标题

```
<html>
  <head>
    <title>HTML 标题栏，每个文档都应该有</title>
  </head>
  <body>
    文档的内容
  </body>
</html>
```

当在浏览器中运行时，可以看到标题信息，如图 2.5 所示。

浏览器标题信息

标签页也显示了标题

图 2.5　文档标题介绍

可以看到对于标签式的浏览器来说，标题栏会显示在标签位置，因此对于用户来说可以依据标题栏来找到浏览的网页，HTML 强烈要求每个 HTML 文档都必须有一个标题栏。

2.2.6　元数据定义<meta>

<meta>用来为网页提供描述性的元数据信息，以便被搜索引擎收录，一般可以在<meta>中添加针对搜索引擎和更新频度的关键词，这样可以加快网页被发现的几率。<meta>元数据并不会显示在任何地方，比如不会显示在页面的标题或页面的内容中，仅用来描述当前的网页。

<meta>元素主要由 3 个属性组成，分别如下所示。

❑ name 属性：当以名称/值的方式定义元数据时，name 表示关键字，另一个属性 content 表示属性的值。

❑ content 属性：这个属性用来定义元数据关键字的值。

❑ http-equiv 属性：这个属性包含了要传送给浏览器的 HTTP 头信息，比如要传送给浏览器的 MIME 类型。

不管是使用 name 属性还是 http-equiv 属性，都必须具有 content 属性来指定关键字的值，下面通过几个例子来讲解，以便于理解<meta>元素的作用。

1. 使用name属性定义网页描述信息

通过 name 属性，可以定义网页的描述性信息，比如页面的作者、修订信息、网页的编辑器、描述和搜索关键字等，代码 2.9 演示了如何为页面定义描述元数据：

代码 2.9　为网页添加描述信息

```html
<html>
 <head>
 <!--指定网页作者-->
 <meta name="author" content="Web 设计工作室">
 <!--网页修订描述-->
 <meta name="revised" content="王小华,2012-05-15">
 <!--网页的编辑器-->
 <meta name="generator" content="Dreamweaver CS6">
 <!--网页内容的描述-->
 <meta name="description" content="meta 元数据示例">
 <!--网页内容关键字，用来被搜索引擎搜索，可以提升访问量-->
 <meta name="keywords" content="HTML, DHTML, CSS, XML, XHTML, JavaScript,
```

```
VBScript">
  <!--网页内容的版权信息-->
  <meta name="copyright" content="WebWork 工作室版权所有">
  </head>
<body>
  <p>演示 meta 元数据的使用</p>
</body>
</html>
```

值得注意的是 keywords 关键字，这个关键字用来提供网站内容的精简描述，搜索引擎通过检索这些关键字，来提高网站被搜索到的几率，这样可以提升网站的人气。

⚠注意：关键字以逗号分隔，一定要使用英文状态下的逗号，如果使用中文状态下的逗号，将不能被搜索引擎识别。

2. 使用name属性定义网页描述信息

http_equiv 用于向客户端的浏览器发送一些有用的信息，相当于 http 的文件头，这样可以要求浏览器正确地显示内容，一般比较常用的有 content-type 和 refresh。content-type 用来指定浏览器将要使用的字符集设置，而 refresh 可以刷新页面，比如可以将页面重定向到另一个地址。代码 2.10 演示了 http-equiv 的使用，如下所示：

代码 2.10　使用 http-equiv

```
<html>
  <head>
    <!--设置当前的文档类型和字符集，以便浏览器可以使用简体中文字进行浏览-->
    <meta http-equiv="Content-Type" content="text/html; charset=gb2312" />
    <!--每 5 秒刷新页面到微软公司的网站-->
    <meta http-equiv="Refresh" content="5;url=http://www.microsoft.com">
  </head>
  <body>
    <p>5 秒内被重定向到微软公司的网站</p>
  </body>
</html>
```

Content-type 的值为 text/html，表明要求浏览器解析为 HTML 文档，charset 指定字符集，gb2312 表示简体中文字符集，因此浏览器将默认使用简体中文显示。Refresh 的 content 值为 5，表示每 5 秒刷新一次，url 指定要刷新到的目标网址，如果不指定 url 属性，将会自己刷新自己。

2.3　基本的 HTML 标签

本节将介绍常用的几个标签，这几个标签在 HTML 中出现的频率非常高。首先会介绍 <body> 标签，它提供了非常丰富的属性来控制页面的呈现效果。接下来会介绍标题标签、换行标签及水平线标签的用法。

⚠注意：虽然本节会讨论一些格式控制的属性，但是在实际的网站建设中，网页的样式主要由 CSS 样式表来控制。

2.3.1　<body>主体标签

<body>标签表示页面的主体部分，也就是网页中实际呈现的部分内容。<body>标签本身提供了很多属性来控制整个网页的外观，尽管这些属性现在建议通过 CSS 来设置，但是掌握这些属性的用法在笔者看来也是很有作用的。<body>标签的基本属性列表如表 2.2 所示。

表 2.2　<body>标签的属性列表

属性名称	属 性 值
alink	规定文档中活动的链接的颜色
background	规定文档的背景图像，指定一个图像的 URL
bgcolor	规定文档的背景颜色
link	规定文档中未被记问的链接的颜色
text	规定文档中所有文本的颜色
vlink	规定文档中已经被访问的链接的颜色

这些属性的作用域范围是整个文档，例如下面的示例演示了如何使用<body>标签的这些属性来控制整个文档的外观，如代码 2.11 所示：

代码 2.11　使用<body>标签的属性控制外观

```
<!DOCTYPE html PUBLIC "-//W3C//DTD XHTML 1.0 Transitional//EN"
"http://www.w3.org/TR/xhtml1/DTD/xhtml1-transitional.dtd">
<html xmlns="http://www.w3.org/1999/xhtml">
<head>
<meta http-equiv="Content-Type" content="text/html; charset=utf-8" />
<title>body 标签的属性</title>
</head>
<!--定义网页整体外观的属性-->
<body alink="#99FFCC" background="bg.jpg" bgcolor="#99FFFF"
  link="#99FF99" text="#CC0000" vlink="#009900" >
  <h2>这里将演示 body 标签的一些属性的设置</h2>
  <a href="http://w3school.com.cn">去 W3 网络学院学 HTML</a>
</body>
</html>
```

在完成这个示例时，笔者没有使用 Notepad++，而是选择了使用 Dreamweaver CS6 的代码编辑器，这个工具有代码提示的功能，这样在无法记住某些标签时，可以借助于这个工具的代码提示来找到标签，而且最有用的是在输入颜色值时，Dreamweaver 会提供颜色选择器，如图 2.6 所示。

通过对这几个标准属性进行设置，当运行这个网页时，就会发现现在网页的显示背景、字体、链接的样式都发生了改变，运行效果如图 2.7 所示。

2.3.2　设置页面边距

除了上面所列的几个属性外，<body>标签还具有如下的几个与显示相关的属性，这几个属性用来设置页面的边距，分别如下所示。

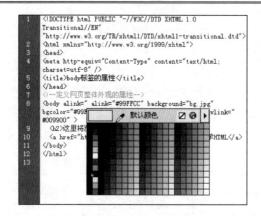

图 2.6　使用 Dreamweaver 的颜色选择器设置颜色

图 2.7　使用<body>标签属性设置页面的显示效果

❑ topmargin 属性：设置页面的上边距。

❑ leftmargin 属性：设置页面的左边距。

❑ bottommargin 属性：设置页面的底边距。

❑ rightmarign 属性：设置页面的右边距。

❑ marginwidth 属性：设置或返回框架的左侧和右侧边缘的页面空白（以像素为单位）。

❑ marginheight 属性：设置或返回框架的顶部和底部页空白（以像素为单位）。

这些属性目前已经很少在<body>标签中直接使用，而是在 CSS 中来控制，本书在介绍 CSS 的内容时也会对背景与页边距的设置进行讨论，感兴趣的读者可以通过阅读 W3School 中<body>标签的介绍来了解。

所谓边距，是指内容与浏览器边框之间的距离。举个例子，如果放一幅图片在<body>标签下作为第 1 个元素，可以看到图片与浏览器边框之间的距离，示例如代码 2.12 所示：

代码 2.12　不使用边距属性时的代码

```html
<html xmlns="http://www.w3.org/1999/xhtml">
<head>
<meta http-equiv="Content-Type" content="text/html; charset=utf-8" />
<title>边距示例</title>
</head>
```

```
<body>
<!--在页面上放一幅图片-->
<img src="desktopbg.jpg" width="447" height="405" alt="图片" />
</body>
</html>
```

可以看到在<body>标签下面，直接放置了一幅图片，在运行时可以看到如图 2.8 所示的效果。

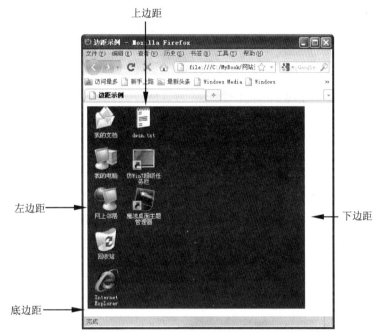

图 2.8　网页边距示例

可以看到，默认情况下，图片与浏览器的边框之间总是存在一些边距，而通过<body>标签的这些与边距有关的属性，就可以调整这种边距的设置。

💬注意：不同的浏览器边距是不一样的，对于 IE，左边距是 10px，上边距是 15px；对于 Firefox，左边距是 8px，上边距也是 8px。

下面的代码将设置这幅图片的左边和上边的边距为 0 且 marginwidth 和 marginheight 都为 0：

```
<body leftmargin="0" topmargin="0" marginwidth="0" marginheight="0">
<!--在页面上放一幅图片-->
<img src="desktopbg.jpg" width="447" height="405" alt="图片" />
</body>
```

经过上面代码的设置，如果再次运行网页，可以看到图片果然已经与浏览器边框紧密粘合在一起。如果在设置网页 Logo 时需要图片紧贴浏览器，就可以使用这 4 个属性。

2.3.3　常用的标签列表

接下来将介绍几个非常有用的标签，这几类标签的使用频率非常高。虽然很多格式化的功能已经被 CSS 取代，但是掌握 HTML 本身提供的功能是每个网站建设人员必须具备的技能。这些常用的标签如表 2.3 所示。

表 2.3　常用的格式化标签列表

标签名称	描　　述
<h1>到<h6>	定义网页标题 1 到标题 6 的格式
<hr>	水平线标签
<p>	定义文本段落的标签
 	换行标签
<!--和-->	注释标签

　　每种类型的标签都有一些属性来控制其呈现的风格，下面的几个小节将通过例子来展示如何使用这些标签。

2.3.4　标题标签<h1>至<h6>

　　在 HTML 中，可以使用 6 个标题标签，分别是<h1>到<h6>，它们按从大到小的顺序排列，例如代码 2.13 分别定义了 6 个标题栏，运行时可以看到每种标题栏不同的字体显示效果：

代码 2.13　标签使用示例

```
<html xmlns="http://www.w3.org/1999/xhtml">
<head>
<meta http-equiv="Content-Type" content="text/html; charset=utf-8" />
<title>标题标签示例</title>
</head>
<body>
    <h1>这是标题 1</h1>
    <h2>这是标题 2</h2>
    <h3>这是标题 3</h3>
    <h4>这是标题 4</h4>
    <h5>这是标题 5</h5>
    <h6>这是标题 6</h6>
</body>
</html>
```

在代码中依次定义了 6 个标题，运行时可以发现，这 6 个标题按照从大到小的顺序排序，也就是说标题 1 字体最大，而标题 6 字体最小，如图 2.9 所示。

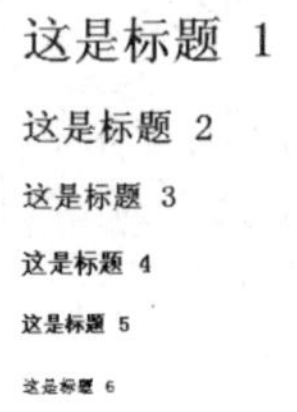

这是标题 1

这是标题 2

这是标题 3

这是标题 4

这是标题 5

这是标题 6

图 2.9　标题标签运行效果

网页的标题标签会将网页描述为一个具有层次结构的文档，它不仅仅是变大和缩小字号的问题。比如<h1>标签就用来描述网页上顶层标题，有些类似于 Word 格式化中的标题样式，这样标题样式允许被收集来制作文档的层次化目录。而网页的标题标签将被搜索引擎用来检索网页的内容概要，提供有意义的搜索信息，因此应该郑重看待<h1>至<h6>这几个标签。

注意：不要将网页的标题标签用来作为改变字号大小的一种方式，这会引起层次的混乱。如果对标题标签不满意，可以通过 CSS 来改变标签的显示样式。

2.3.5　换行标签

用于在网页上插入一个换行符，当输入一行很长的文本时，可以使用
要求换行。
是一个空元素，不需要有结束标签，一般的用法是用
表示一个换行符。例如下面的 HTML 代码使用了多个换行符来对一长段文本进行排版，如代码 2.14 所示：

代码 2.14　使用
进行换行排版

```
<html xmlns="http://www.w3.org/1999/xhtml">
<head>
<meta http-equiv="Content-Type" content="text/html; charset=utf-8" />
<title>使用 br 进行换行</title>
<style type="text/css">
body,td,th {
    font-family: "黑体", "微软雅黑";
    font-size: 9pt;
}
</style>
</head>
<body>
接下来将介绍几个非常有用的标签，<br />
这几类标签的使用频率非常高，<br />虽然很多格式化的功能已经被 CSS 取代，<br />但是掌握
HTML 本身提供的功能是每个网站建设人员必须具备的技能，<br />这些常用的标签如表 2.3 所示。
</body>
</html>
```

在上面的 HTML 代码中，使用 CSS 指定了<body>区的字体和大小，这样能显示出比较好看的字体效果。在<body>区中写了一些文本，每个标点符号都用
进行了换行，这样显示出来的效果如图 2.10 所示。

图 2.10　使用换行标签后的文本显示效果

如果在 Dreamweaver 中排版，只有按下 Ctrl+回车键，Dreamweaver 才会产生换行符
，如果直接回车，Dreamweaver 将产生一个段落标记<p>。接下来将介绍段落标记的作用。

2.3.6　段落标签<p>

HTML 中的段落格式就如 Word 文档中的段落一样，浏览器将自动在段落的前后添加空行，使得看起来就好像是书中的一个段落。<p>标签与
不一样，需要显式地指定起始标签<p>和结束标签</p>，位于起始和结束标签之间的内容就是一个段落。

下面的示例演示了如何使用<p>标签来进行段落的排版，如代码 2.15 所示：

代码 2.15　使用<p>进行段落排列

```
<body>
<p>  HTML 中的段落格式就如 Word 文档中的段落一样,浏览器将自动在段落的前后添加空行，使得看起来就好像是书中的一个段落。&lt;p&gt;标签与&lt;br&gt;不一样，需要显式地指定起始标签&lt;p&gt;和结束标签&lt;/p&gt;,位于起始和结束标签之间的内容就是一个段落。</p>
<p>  下面的示例演示了如何使用&lt;p&gt;标签来进行段落的排版，如代码 2.13 所示。</p>
</body>
```

上面的代码中，定义了两个段落，在运行时可以发现，<p>标签会在前后各自添加一个空行，因此两个段落之间会有空白行出现。

注意： 表示一个空格符，这是 HTML 中表示空格的一种特殊字符，在后面介绍文字和链接时会再次介绍。

需要注意的是不要将<p>与
混淆，
只是简单地开始一个新的行，行与行之间并无空行，而<p>会在相邻的段落之间插入一些间距，运行效果如图 2.11 所示。

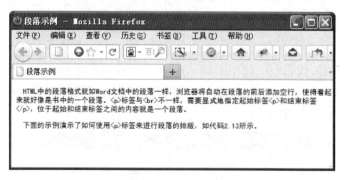

图 2.11　段落示例

2.3.7　水平分割线标签<hr>

在进行 HTML 网页的设计时，经常需要对多个不同的内容进行一些视觉上的分割，此时可以使用 HTML 提供的水平线标签<hr>，这个标签类似于
，不需要有结束符，因此直接使用<hr/>即可。举个例子，对于图 2.12 中的段落示例，如果想在段落之间加一条水平线，则可以使用如下的代码：

```
<body>
<p>  HTML 中的段落格式就如 Word 文档中的段落一样，浏览器将自动在段落的前后
添加空行，使得看起来就好像是书中的一个段落。&lt;p&gt;标签与&lt;br&gt;不一样，需要显
式地指定起始标签&lt;p&gt;和结束标签&lt;/p&gt;，位于起始和结束标签之间的内容就是一个
段落。</p>
<hr/>
<p>  下面的示例演示了如何使用&lt;p&gt;标签来进行段落的排版，如代码 2.13
所示。</p>
</body>
</html>
```

现在运行示例，可以看到在段落之间果然添加了一条水平线，如图 2.12 所示。

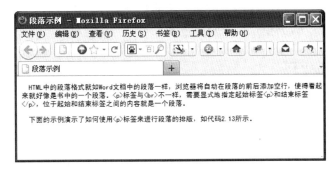

图 2.12　在段落之间添加水平线

<hr>提供了一些属性来控制水平线的外观，虽然不建议在标签中控制样式，而应该将样式的控制移到 CSS 样式表中，但是掌握这些属性的用法还是很有必要的。<hr>的属性如表 2.4 所示。

表 2.4　<hr>标签的属性列表

属性名称	描　　述
align	可能的取值有：center、right、left，指定水平线的对齐方式
noshade	指定是否在水平线下显示阴影
size	规定 hr 元素的高度（厚度），以是像素或百分比
width	规定 hr 元素的宽度，可以是像素或百分比

实际上默认的水平线的样式有些不太好看，为了呈现好看的效果，可以使用 noshade 来设置取消阴影，并使用 size 来指定其高度，也可以通过标准属性 color 来控制其颜色。示例 2.16 通过属性改变了<hr>标签的呈现样式：

代码 2.16　使用 HTML 属性改变<hr>标签的样式

```
<html xmlns="http://www.w3.org/1999/xhtml">
<head>
<meta http-equiv="Content-Type" content="text/html; charset=utf-8" />
<title>在段落之间添加水平线</title>
<style type="text/css">
body,td,th {
```

```
    font-family: "黑体", "微软雅黑";
    font-size: 9pt;
}
</style>
</head>
<body>
<p>  HTML 中的段落格式就如 Word 文档中的段落一样,浏览器将自动在段落的前后
添加空行, 使得看起来就好像是书中的一个段落。&lt;p&gt;标签与&lt;br&gt;不一样,需要显
式地指定起始标签&lt;p&gt;和结束标签&lt;/p&gt;,位于起始和结束标签之间的内容就是一个
段落。</p>
<hr align="center" noshade="noshade" size="1px" color="#FF0000"/>
<p>  下面的示例演示了如何使用&lt;p&gt;标签来进行段落的排版,如代码 2.13
所示。</p>
</body>
</html>
```

可以看到在标签<hr>中, 使用了前面介绍的几个属性, 比如对齐方式为居中; 取消了
阴影显示; 高度为 1 个像素单位, 以及颜色为红色。

2.3.8　HTML 的注释

注释用来在源代码文件中加入一些对代码的编写情况的描述, 并不会影响到具体的代
码执行。也就是说注释是给网站建设人员或相关专业人员自己看的, 不会呈现在浏览器上。

注释使用<!--和-->标签来表示, 最简单的注释表示形式如下所示。

```
<!--这是关于文本段落的一段注释。注释不会在浏览器中显示。-->
<p>这是一段普通的段落。</p>
```

良好的注释能带来非常好的可维护性, 很多公司都会对代码制定一些注释方案, 以便
当不同的人进行维护时, 减少维护的成本。例如以引用样式表的 HTML 代码为例, 代码
2.17 对 HTML 文档进行了详尽的注释:

代码 2.17　为 HTML 文档添加注释

```
<!------------------------------
代码编号: 2.16
代码功能: 演示为 HTML 引用样式表文件
代码作者: WebWork 工作室
修订日期: 2012-12-30
修订历史: (请依顺序添加)
-->
<html>
  <head>
    <!--引用外部的样式表文件-->
    <link rel="stylesheet" type="text/css" href="Theme.css" />
    <title><link>标签演示</title>
  </head>
<body>
    引用一个外部的样式表文件 Theme.css 来改变<body>标签的字体显示
</body>
```

这里使和了一个较标准的注释风格, 在每个 HTML 文档的开头都用注释描述这份文档
的功能和作者, 这样便于跟踪这份 HTML 文档的历史, 同时在代码的关键部分, 比如示例

中的引用外部样式表文件的部分，添加了注释来标注。

🖰注意：无论是编写个人网页还是公司的应用程序，都应该养成为应用代码添加注释的良
好习惯。

2.4　文字和链接

为了让网页上呈现的内容丰富多彩，文字的格式化工作非常重要。与文字格式化相关
的包含字体、字号、颜色、对齐、缩进、文字方向等。而链接则是网页非常重要的一部分，
可以用文字、图片、动画、视频等作链接来导航到不同的网页，本节将详细地进行讨论。

2.4.1　文本格式化标签

文本格式化标签是相对于文字来说的，比如可以将文字加粗、变大、着重、变为斜体
等，常用的文本格式化标签如表 2.5 所示。

表 2.5　文本格式化标签

标　　记	描　　述
\<b\>	定义粗体文本
\<big\>	定义大号字
\<em\>	定义着重文字
\<i\>	定义斜体字
\<small\>	定义小号字
\<strong\>	定义加重语气
\<sub\>	定义下标字
\<sup\>	定义上标字
\<ins\>	定义插入字
\<del\>	定义删除字
\<pre\>	定义预格式的文本

这些标签用来改变文本的显示，就如在 Word 中选中文本对其应用格式化的效果一样。
先来看一个例子，以便于理解，文本格式化的示例如代码 2.18 所示：

代码 2.18　为 HTML 文本添加格式化标签

```
<!--文档类型标签-->
<!DOCTYPE html PUBLIC "-//W3C//DTD XHTML 1.0 Transitional//EN"
 "http://www.w3.org/TR/xhtml1/DTD/xhtml1-transitional.dtd">
<html xmlns="http://www.w3.org/1999/xhtml">
    <!--文档标题区-->
    <head>
        <meta http-equiv="Content-Type" content="text/html; charset=utf-8" />
        <title>文本格式化标签示例</title>
```

```
  </head>
   <!--文档主体区-->
  <body>
      <b>这是粗体文本</b>
      <br />
      <strong>这是加强字文本</strong>
      <br />
      <big>这是大字体文本</big>
      <br />
      <em>这是增强型文本</em>
      <br />
      <i>这是斜体字文本</i>
      <br />
      <small>这是小字体文本</small>
      <br />
      下面的文本包含 <sub>下标</sub>
      <br />
      <br />
      下面的文本包含 <sup>上标</sup>
      <br />
      <del>这是删除了的字</del>
      <br/>
      <ins>这是插入的文字</ins>
  </body>
</html>
```

上述的代码为文本产生了各种非常有趣的效果，可以通过图 2.13 看出。

图 2.13　文本格式化标签的使用效果

文本格式化标签在处理文本排版时非常有用，比如要加强显示某行文本显示或要标记某行文本的删除状态等。

还有一个称为预格式化标签<pre>，当要保持在编辑器中的原始输入格式，特别是处理代码的显示时非常有用。之所以出现这个标签，是因为浏览器只认识一些预定义好的标签，比如空格用 ，换行用
等，它并不会对代码中用空格键敲出的空格保留其格式，而是会直接将其忽略，因此如果不使用<pre>，将产生非常混乱的效果，如以下示例代码：

```
<body>
<!--在不使用 pre 元素时，代码在网页上显示得相当零乱-->
inherited KeyPress(Key);
```

```
  if not AutoComplete then exit;
  if Style in [csDropDown, csSimple] then
    FFilter := Text
  else
  begin
   if GetTickCount - FLastTime >= FAutoCompleteDelay then
     FFilter := '';
   FLastTime := GetTickCount;
  end;
</body>
```

浏览器忽略了代码中的空格和换行，将所有的代码显示为一整行，如图 2.14 所示。

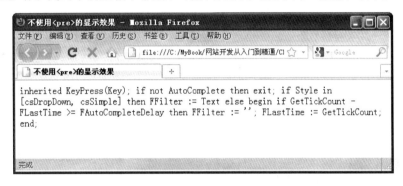

图 2.14　不使用<pre>时的显示效果

通过在代码前面添加<pre>标签，就可以让代码保留为预定义的格式，因此对上述 HTML 进行修改，在代码前包含一个<pre>，在代码结束位置包含一个</pre>，如代码 2.19 所示：

代码 2.19　使用<pre>预格式化标签

```
<!--使用<pre>预格式化文本的显示-->
<!DOCTYPE html PUBLIC "-//W3C//DTD XHTML 1.0 Transitional//EN"
 "http://www.w3.org/TR/xhtml1/DTD/xhtml1-transitional.dtd">
<html xmlns="http://www.w3.org/1999/xhtml">
<head>
<meta http-equiv="Content-Type" content="text/html; charset=utf-8" />
<title>不使用&lt;pre&gt;的显示效果</title>
</head>
<body>
  <!--使用了预格式化标签<pre>后，代码将按原样进行显示-->
  <pre>
  inherited KeyPress(Key);
  if not AutoComplete then exit;
  if Style in [csDropDown, csSimple] then
    FFilter := Text
  else
  begin
   if GetTickCount - FLastTime >= FAutoCompleteDelay then
     FFilter := '';
   FLastTime := GetTickCount;
  end;
  </pre>
</body>
</html>
```

上述代码使用了<pre>，将保留代码的原始输出格式，因此运行结果如图 2.15 所示。

图 2.15　使用<pre>标签之后的输出效果

2.4.2　文本引用与缩进

本小节介绍一些比较有趣的 HTML 元素，这些元素在实际的网页开发中用得不多，但是掌握了它们的作用，可以在以后的工作中有一些备选。首先要介绍的就是缩写与首字母缩写。考虑一个内容很紧凑的网页，网页开发人员想对一些名词进行缩写，在用户的鼠标放在上面时将显示全名，此时可以使用如下两个标签。

❑　abbr 标签：提供一个缩写的描述。

❑　acronym 标签：只取首字母缩写的文本。

下面通过一个例子来展示如何使用这两个标记，如代码 2.20 所示。

代码 2.20　缩写示例代码

```
<body>
<abbr title="世界知名的软件公司，操作系统提供商">微软</abbr>
<br />
<acronym title="蓝色巨人">IBM</acronym>
</body>
</html>
```

可以看到这两个元素都有 title 属性，用来提供对于缩写词的完整描述，而这些完整描述会被搜索引擎、翻译系统等利用来提供完整信息。在浏览器上，当鼠标经过这两个元素的内容时，会显示 title 属性中定义的完整提示，如图 2.16 所示。

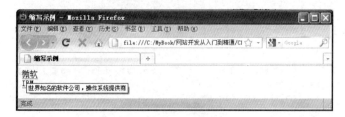

图 2.16　缩写词网页效果

另外一个有趣的 HTML 特性是对文本的引用，可以使用两个引用相关的 HTML 元素。

❑ <blockquote>标签：<blockquote>与</blockquote>之间的所有文本会从常规文本中分离开，比如提供左右两边的缩进，有时会使字体倾斜，提供文本引用的效果。

❑ <q>标签：浏览器会在引用的周围添加引号，主要用于比较短的句子的引用。

<blockquote>和<q>的使用示例如代码 2.21 所示：

代码 2.21　blockquote 的使用示例

```
<html xmlns="http://www.w3.org/1999/xhtml">
<head>
<meta http-equiv="Content-Type" content="text/html; charset=utf-8" />
<title>文本引用示例</title>
<style type="text/css">
body,td,th {
    font-family: Verdana, Geneva, sans-serif;
    font-size: 9pt;
}
</style>
</head>
<body>
关于歌德的介绍：
<blockquote>
    歌德，德国诗人，剧作家，小说家。一生创作活动达 60 年之久，作品非常丰富，其主要作品有
《浮士德》、《少年维特之烦恼》、《葛兹·封·伯里欣根》、《威廉·迈斯特》等。</blockquote>
歌德的作品：<q>《罗马哀歌》，作于 1788 年至 1790 年 </q>
</body>
</html>
```

上面的代码分别使用<blockquote>和<q>引用了一个长的句子和一个短的句子，最终可以看到在呈现方面具有明显的不同，如图 2.17 所示。

图 2.17　引用标签使用示例

浏览器会在引用的周围添加引号，主要用于比较短的句子的引用，而<q>则会在引用的文本上添加双引号。对于要在 HTML 中引用句子来说，这两个标签都非常有用。

本小节最后要介绍的一个有趣的标签是<bdo>，这个标签用来更改文字的默认方向，比如默认情况下文字从左向右显示，使用这个标签可以让文本从右向左显示。<bdo>的 dir 属性用来控制文字的显示方向，默认从左向右显示，即属性值为 ltr，如果要从右向左显示，则为该属性赋 rtl 值即可。bdo 的使用示例如代码 2.22 所示：

代码 2.22　bdo 标签使用示例

```
<body>
    <bdo dir="rtl">贝多芬是德国最伟大的音乐家之一，被尊称为乐圣。<bdo>
</body>
```

代码运行后，可以看到文本内容果然被进行了反转，如图 2.18 所示。

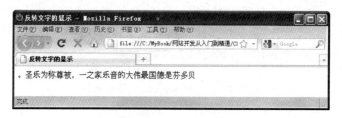

图 2.18　被反转的文本内容

2.4.3　文本输入字符

前面介绍过，浏览器会自动忽略掉在 HTML 代码中预留的空格，因此即便在代码编辑器中定义了良好的格式，在运行时，由于浏览器忽略了这些空白，将使得排版变得比较混乱。实际上在前面的小节中曾经介绍过，在 HTML 中空格用 代替，可以手工输入或者使用 Dreamweaver 在设计视图按空格键，将产生空格符。

与此类似，HTML 在输入方面还有其他的一些要求，比如如果想要在 HTML 中输入标签作为文本内容，那么必须将<和>替换为其他字符，否则浏览器会将这些标签解析为内容呈现。这些需要替换的字符如表 2.6 所示。

表 2.6　HTML中的特殊字符列表

HTML 字符串	替换字符串	描　　　述
&lt;	<	小于号或显示标记
&gt;	>	大于号或显示标记
&amp;	&	可用于显示其他特殊字符
&quot;	"	引号
&reg;	®	已注册
&copy;	©	版权
&trade;	™	商标
		半个空白位
		一个空白位
		不断行的空白

代码 2.23 演示了如何在 HTML 文本中使用这些特殊的字符：

代码 2.23　在 HTML 文档中使用特殊字符

```
<body>
<p>这是一本介绍&quot;HTML &quot;技术的书，它包含了很多的知识。</p>
<p>Microsoft&trade;&amp;NOKIA&trade;合作开发智能手机。</p>
<p>NOKIA 商标&reg;，Microsoft&copy;版权所有.</p>
</body>
```

在 HTML 代码中，随便输入了一些文字，不过引用了多个特殊的字符，运行效果如图 2.19 所示。

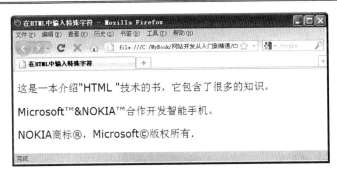

图 2.19　特殊字符的显示效果

一般情况下很少直接手工输入这些特殊的字符，Dreamweaver 的插入工具面板中就包含了一个特殊字符面板，允许选择所要插入的特殊字符进行插入，如图 2.20 所示。

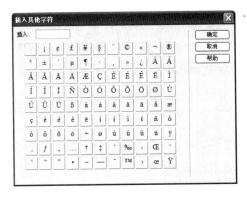

图 2.20　使用 Dreamweaver 提供的特殊字符插入窗口

2.4.4　字体和颜色设置

前面介绍了关于排版的基本功能，在设计网页时，字体与字号和字体颜色的设置也是非常重要的。在 HTML 中与字体相关的设置主要有如下两个标签。

❑ <font>标签：规定文本的字体类型、字号大小和字体颜色。

❑ <basefont>标签：定义规定文档的基准字体，即文档中所有文本的默认字体、颜色和大小等。

这两个元素各自都具有 3 个用来设置字体、颜色和字体大小的属性，如表 2.7 所示。

表 2.7　<font>和<basefont>元素的属性列表

属　性　名	属　性　描　述
color	指定文本的颜色
face	指定文本的字体
size	指定文本的大小

虽然 HTML 规范建议使用 CSS 来实现字体字号的设置，而且目前流行的网页设计领域已经鲜有人直接在 HTML 设置字体，但是掌握在 HTML 中的设置仍然是每个网页设计者不能逃避的一门功课，主要是因为可以根据 HTML 的设置来变通到 CSS 方面的代码

编写。

下面分别对这 3 个属性进行讨论。

1. 设置字体

使用<font face=字体名称 1,字体名称 2>字体</font>这样的格式来设置字体，字体名称可以借助于一些工具，比如 Dreamweaver 的字体设置面板来查找系统中安装的字体。

注意：不要使用一些太特别和少见的美化字体作为 Web 页面的字体，这些字体仅在本地计算机上可用，Internet 上的其他计算机不一定具有和你一样的字体设置，因此在考虑字体时，应该总是使用一些通用型的字体，对于特殊的字体可以使用图像来代替。

使用<font>的 face 属性设置字体示例如代码 2.24 所示：

代码 2.24　使用<font>标签的 face 属性设置 HTML 字体

```
<html xmlns="http://www.w3.org/1999/xhtml">
<head>
<meta http-equiv="Content-Type" content="text/html; charset=utf-8" />
<title>文本字体设置示例</title>
</head>
<body>
<p>
<!--使用 font face 属性设置文本的字体-->
<font face="黑体, 宋体">白日依山近, </font>
<font face="Verdana, Geneva, sans-serif">黄河入海流。</font>
</p>
<p>
<font face="华文行楷, 宋体">欲穷千里目,
</font><font face="华文彩云, 黑体">更上一层楼。</font></p>
</body>
</html>
```

可以看到，在指定字体时，使用以逗号分隔的方式定义了多个字体，这是因为当浏览器不能找到第 1 个字体时，便会去依序寻找下一个字体，因此对于网站建设者来说，应该总是将最普通的比如宋体放在最后，以便于在浏览器无法找到特定的字体时能够正常地显示。上述代码的运行时效果如图 2.21 所示。

图 2.21　文本字段设置示例

2. 设置字号大小

<font>的 size 属性用来设置字号的大小，该属性的可选的值为+1～+7、-1～-7，其中 1

是最小字号，7 是最大字号，默认的字号是 3。它是一种相对的字体表示形式，是相对于默认字体而言的一种表示方式。1 号和 2 号比默认的 3 号要小，而 4 号和 5 号比默认的字体要大一些。

⚲注意：HTML 总是强烈建议在 CSS 中为其指定字体，在 CSS 中可以指定像素（px）或者点（pt）的表示形式。

字体设置的示例如代码 2.25 所示：

代码 2.25　使用<font>标签的 size 属性设置字体大小

```html
<html xmlns="http://www.w3.org/1999/xhtml">
<head>
<meta http-equiv="Content-Type" content="text/html; charset=utf-8" />
<title>文本字体大小示例</title>
</head>
<body>
<!--使用 font size 属性设置文本大小-->
<font size=1>白日依山近，</font><br />
<font size=2>黄河入海流。</font><br />
<font size=3>欲穷千里目，</font>--标准字体大小<br />
<font size=4>更上一层楼。</font><br />
<font size=5>举头望明月，</font><br />
<font size=6>低头思故乡。</font><br />
<font size=7>床前明月光，</font><br />
</body>
</html>
```

由于 3 号字是默认的大小，因此无论是否指定，字号总是 3 号字。示例的运行效果如图 2.22 所示。

图 2.22　文本字号大小使用示例

3. 设置字体的颜色

使用<font>的 color 属性可以设置字体的颜色，为其指定一个颜色值。颜色值可以指定颜色名称作为颜色，比如下面的语句：

```html
<font color="red">颜色名称的颜色值</font>
```

也可以使用十六进制的颜色值，比如下面的语句：

```
<font color="#ff0000">十六进制的颜色值</font>
```

还可以指定 rgb 代码的文本颜色，比如可以使用如下的语句：

```
<font color="rgb(255,253,0,0)">rgb 代码的文本颜色</font>
```

笔者自己一般会使用 Dreamweaver 自带的取色器来设置字体的颜色，这样便于以所见即所得的方式来设置文字的格式，颜色示例如代码 2.26 所示：

代码 2.26　使用<font>标签的 color 属性设置字体颜色

```
<html xmlns="http://www.w3.org/1999/xhtml">
<head>
<meta http-equiv="Content-Type" content="text/html; charset=utf-8" />
<title>文本字体颜色示例</title>
<style type="text/css">
body,td,th {
    font-size: 24pt;
}
</style>
</head>
<body>
<!--使用 font color 属性设置文本的颜色-->
<font color="#009933">白日依山近，</font><br />
<font color="red">黄河入海流。</font><br />
<font color="rgb(255,200,0,0)">欲穷千里目，</font><br />
<font color="#336633">更上一层楼。</font><br />
</body>
</html>
```

在实际的工作中，经常将字体、字号与颜色一起设置，这会造成 HTML 的代码变得非常不整洁，而且也不便于整体对显示的风格进行更换，必须要对不同的标签进行更替，这也是强烈推荐使用 CSS 的原因之一。

2.4.5　超级链接<a>标签

Internet 中包含一个巨大的信息库，这是因为所有的信息都通过链接将它们进行了串连，也可以这样认为，超链接造就了互联网。所以网站中的超链接相当重要，而 HTML，中文称为超文本标记语言，也是说在文本上加上链接，给了普通的文档更强的能力。

在 Internet 网中，每个网页都有一个唯一的地址，这个地址被称为 URL，也就是统一资源定位符，英文全称是 Uniform Resource Locator。举个例子，当在浏览器中输入 www.microsoft.com 时，将会重定向页面到 http://www.microsoft.com/en-us/default.aspx，default.aspx 就是访问的默认网页。而这个网址就称为 URL。

如果要在自己的网站中创建一个到微软公司网站的链接，当用户单击一行文本时，就可以在一个新的窗口中打开微软的网址，那么可以使用<a>标签。它有 4 个属性，如表 2.8 所示。

表 2.8　链接标签\<a\>的相关属性列表

属性名称	描　　述
href	所要链接到的目标地址
name	链接的名称
title	链接显示的文字，即鼠标停在链接上空时，将显示的提示性文本
target	链接将要显示的目标窗口位置

代码 2.27 演示了如何在自己的网页中创建一个到微软公司网站的链接：

代码 2.27　使用\<a\>创建超级链接示例

```html
<html>
<body>
<font color="#009933">欢迎访问我的网址</font><br />
<!--使用<a>标签创建超级链接-->
单击<a href="http://www.microsoft.com/default.aspx"
     target="_blank"
     title="微软公司是世界知名的软件公司">这里
     </a>
去看微软公司网站
</body>
</html>
```

可以看到，href 属性指向了微软公司的网站首页，title 将会在鼠标结过链接时，显示一行对链接的描述性的文本，target 是指定要链接到的目标位置，其描述如表 2.9 所示。

表 2.9　\<a\>标签的target属性的可选取值

属 性 值	属 性 描 述
_blank	在新窗口中打开被链接文档
_self	默认。在相同的框架中打开被链接文档
_parent	在父框架集中打开被链接文档
_top	在整个窗口中打开被链接文档
framename	在指定的框架中打开被链接文档

_blank 和_self 用在普通的网页上较多，而后面的 3 项主要用于框架页面相关，这个主题将在本章后面介绍。代码 2.27 的运行效果如图 2.23 所示。

图 2.23　超链接文本的运行效果

对于链接，默认情况下将会在文本上显示一个下划线，鼠标经过链接的时候，鼠标指针变为手形，单击该鼠标的时候将弹出一个新的浏览器窗口或打开一个新的标签页，显示出微软公司的首页。可以看到，链接的默认样式如下：

- ❑ 未被访问的链接带有下划线而且是蓝色的。
- ❑ 已被访问的链接带有下划线而且是紫色的。
- ❑ 活动链接带有下划线而且是红色的。

可以使用<body>标签的属性更改默认的样式，最常见的方法是使用本书第 3 章将要介绍的 CSS 来改变默认的链接样式。

2.4.6　相对路径和绝对路径

在上一小节讨论链接 URL 时，其实介绍的是绝对路径，URL 以 http 开始，一直到具体的页面，这是因为网页将要链接到一个外部的网页，这种链接方式称为"外部链接"，而链接的 URL 称为绝对路径。还有一种链接方式是相对于整个网站的链接，也就是说要在整个网站内部建立链接，这种链接方式称为"内部链接"，在指定网站内部的链接时，通常不需要指定网页的完整路径，可以使用一种称为相对路径的 URL 表示方式。

如果要对同一网站的不同页面进行链接，最好的选择是相对路径。相对路径有一个层次的关系，对于一个网站来说，一般首页位于网站的根部，也就是顶层，然后在其下面创建不同的文件夹来放置不同的网页。以 BabyHappy 这个婴幼儿护理网站为例，层次结构的顶部是 index.html，在其下面创建了不同的文件夹来存放各自的分类网页，网页的结构如图 2.24 所示。

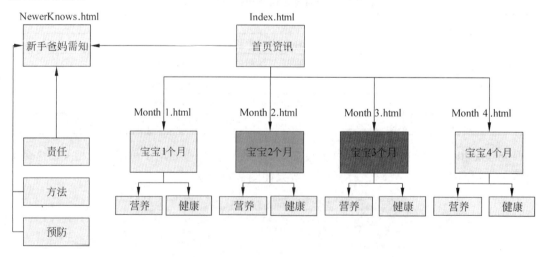

图 2.24　HappyBaby 的网站文件与文件夹层次结构

由图 2.24 中可以看到 NewerKnows 与 Index.html 位于同一层，因此 Index 要链接 NewerKnows.html，可以直接链接文件名，如果要链接到不同文件夹下面的文件，则要先输入目录名，再添加"/文件名"这样的格式。例如在首页中要分别链接到不同的页面，可以使用如下的链接语句：

```
<body>
<p><a href="newerknows.html">新手爸妈需知</a></p>
```

```
<p><a href="month1/month1.html">宝宝 1 个月大</a></p>
<p><a href="month2/month2.html">宝宝 2 个月大</a></p>
<p><a href="month3/month3.html">宝宝 3 个月大</a></p>
<p><a href="month4/month4.html">宝宝 4 个月大</a></p>
</body>
</html>
```

如果要从子目录下的文件夹链接到父目录的网页，应该以"../"开头，表示向上进入到父目录，如果要进入到父目录的父目录，则重复地输入"../"。下面以位于 month4/health/bodyhealth.html 网页为例，说明如何向上链接到其父级目录中的文件：

```
<body>
<p><a href="../../newerknows.html">新手爸妈需知</a></p>
<p><a href="../../month1/month1.html">宝宝 1 个月大</a></p>
<p><a href="../../month2/month2.html">宝宝 2 个月大</a></p>
<p><a href="../../month3/month3.html">宝宝 3 个月大</a></p>
<p><a href="../month4.html">宝宝 4 个月大</a></p>
</body>
</html>
```

可以看到，通过向上的符号"../"，果然可以链接到父一级的文件。浏览器会根据这些符号及当前的基底 URL 来合并成绝对路径，以便访问到指定页面。

2.4.7　页内跳转超级链接

页内跳转链接又称为书签链接，是指当一个页面的内容过长时，或者为方便用户跳转到他们想看的内容，在网页内部进行的一种跳转链接。要使用这种类型的跳转，需要使用到<a>标签的 name 或 id 属性，通常要在页面内跳转分为如下两部分。

❑　为要跳转到的目标位置添加锚定标记，使用<a name=标记名称>这样的标签。

❑　使用<a href=#标记名称>跳转到添加了锚定标记的位置。

下面演示一下锚定标记的使用。代码模拟了一段较长的文本，通过为小节添加锚定，然后在页面的头部添加页面内链接，使用户可以直接导航到想要查看的链接位置，如代码 2.28 所示：

代码 2.28　使用<a>创建超级链接示例

```
<body>
<p>请使用下面的链接导航到具体的小节：</p>
<p><a href='#C1'>1, 设置字体</a><br />
  <a href='#C2'>2, 设置字号大小</a><br />
  <a href='#C3'>3, 设置字体颜色</a>
</p>
<p><strong><a name='C1'>1, 设置字体</a></strong><br />
  <!--省略内容，请参见配套源代码-->
  <strong><a name='C2'>2, 设置字体大小</a></strong><br />
  <!--省略内容，请参见配套源代码-->
  <a name='C3'>3, 设置字体的颜色</a></strong><br />
  <!--省略内容，请参见配套源代码-->
</p>
</body>
```

代码由两个大的段落组成，第 1 个段落中的链接，即<a>标签中链接到了第 2 个段落中使用<a name=锚定名称>定义的锚点上。当使用<a href=#锚定名称>时，必须要记得在锚定名称的前面添加#号，以告诉浏览器这是一个页面内的锚定的链接。

上述代码运行时，单击页面顶部的链接，浏览器将自动跳转到相应的小节区域，这大大便利了用户的浏览。

除了在页面内锚定之外，还可以在页面之间使用锚定，只要知道目标页面的链接。比如笔者经常要访问 Oracle 网站的文档，Oracle 文档库对于不同的小节提供了锚定链接，在编写自己的网页时，直接在网页名称后面添加"#锚定名称"即可链接到不同页的特定位置，如以下示例所示：

```
http://docs.oracle.com/cd/E11882_01/server.112/e10897/intro.htm#BHCCGABJ
```

上述链接将链接到 Oracle 文档库中关于数据库介绍的特定小节，这样便满足了不同页面之间跳转的要求。

2.4.8　电子邮件链接 mailto

在网页中经常会留下一些方便联系的电子邮件信息，可以在电子邮件上面建立一个链接，当用户单击这个链接后，系统将会启动客户机上的默认的电子邮件软件，比如 Outlook 或者是 Foxmail 等，在收件人地址栏中填入链接的地址，这样大大方便了用户发送电子邮件。

电子邮件地址链接的格式为：

```
<a href="mailto://电子邮件地址?subject=邮件主题&cc=抄送收件人&bcc=暗送收件人">
电子邮件</a>
```

mailto://电子邮件地址后面的问号用来为邮件链接添加参数，比如添加了 subject 之后，将会自动在邮件软件的邮件主题部分填写这里指定的主题文本。一共有 3 个这样的参数，如表 2.10 所示。

表 2.10　电子邮件链接参数

属性值	属 性 描 述
subject	电子邮件主题，如果邮件主题中包含空格，应该用"%20"符号取代，否则会导致最终用户的主题框中显示了不正确的字符
body	邮件内容主体
cc	抄送的收件人
bcc	暗送的收件人

代码 2.29 演示了如何创建邮件链接：

代码 2.29　使用 mailto 创建邮件链接示例

```
<body>
<p>
请联系:
<a href="mailto:someone@example.com?subject=Hello,Please note your work
arragements.">发送邮件</a>
```

```
</p>
<p>
请联系并抄送和暗送给其他人：
<a href="mailto:someone@example.com?cc=someoneelse@example.com
        &bcc=andsomeoneelse2@example.com
        &subject=New holiday will come%20%20 Bejing!">发送邮件！</a>
</p>
</body>
```

由代码可以看到，第一个链接是一个标准的邮件链接，也是目前最通用的邮件链接方式，第 2 个链接包含了抄送 cc 和暗送 bcc 的邮件收件人，在 subject 主题中将空格替换成了%20，在笔者的 Foxmail 上显示的效果如图 2.25 所示。

图 2.25　Foxmail 中的邮件链接显示效果

可以看到，mailto 在用户创建联系信息时非常有用，可以让用户非常快捷地发送电子邮件。

2.5　图片和列表

网页中的图片可以让网页变得更加丰富多彩，但是由于网络的速度和效率问题，放在网页上的图片应该尽可能小。列表类似于 Word 中的项目符号和编号，可以给文本添加项目符号或编号，目前列表和 CSS 相结合，可以创造出非常漂亮的效果。

2.5.1　网页图像格式

在 Windows 操作系统中标准的图像文件格式是 BMP（以.bmp 为扩展名），它的图像信息丰富，还原真实，但是由于它不对图像进行压缩，因此一般体积非常大，比如一张 800×600 的图像有可能接近 1MB。这对于要求高速响应效果的网页来说，是无法接受的。目前应用于网页上的图像主要有 3 种，分别是 JPEG、PNG 和 GIF，下面对这 3 种图像格式进行简短介绍。

- ❑ JPEG 图像：文件的扩展名为.jpg 或.jpeg，JPEG 本身是联合图像专家组的缩写，它将图像进行有损压缩，减小图像的大小，但是又保留了图像的高品质，是目前网页上显示静态图像的主要格式。
- ❑ GIF 图像：文件的扩展名为.gif，通常简称为动画图像格式，它也是一种压缩的图像格式，但是可以在网页上表现出动画效果，因为它内部可存储多幅图像数据，并逐幅读出显示到屏幕上，构成简单的动画效果。它的特点是文件的大小特别小，缺点是只能显示 256 位色，色彩会比较失真，是目前主要的动画图像格式。

❑ PNG 图像：扩展名为.png，是一种主要用于网页的图像格式，原来的目的是取代 JPEG 和 GIF。它不像 JPEG 那样有损压缩，它使用了一种无损压缩算法，可以保证图像的质量，同时又提供可以类似于 GIF 图像的动画效果，但是比 GIF 的色彩要丰富，这是目前推荐的格式。

对于图像格式的选择，笔者在下面给出了一些建议。

❑ 如果要显示一些静态尺寸较大的图像，可以优先考虑 JPEG 格式，它虽然是有损压缩格式，但是只要不是过度压缩，基本上肉眼较难分辩。比如产品图片、宣传彩页、展示图片等。

❑ 网页的 LOGO、简短的广告图片、卡通图片或图标等，一般建议用 GIF 格式，它体积较小，同时又能表现丰富的动画效果。

❑ 如果要显示较真实的图片，又要具有较高的图像质量，应该考虑 PNG 图片，它表现的图像色彩鲜艳，效果细腻，一般背景、按钮、导航条等图片都首选 PNG 图片。

实际上目前很多前沿的网页设计师会主要使用 PNG 格式，因为它实在是一种优秀的文件格式，大小合适，品质较高，但不是强制性的。在具体的设计场合，根据实际的设计需要，可以在这 3 种图像格式中任选其一。

2.5.2　图像标签<img>

在 HTML 中，插入图像使用<img>标签，它具有一个 src 属性用来指定所要插入的图像 URL，可以是相对路径格式，也可以是绝对路径格式。例如下面的语句将插入来自 Oracle 公司网站的 Logo，这里通过绝对路径使用了外部的图像链接，如下所示：

```
<body>
<!--使用<img>标签链接到 Oracle 公司的 Logo-->
<img src="http://www.oracleimg.com/us/assets/oralogo-small.gif"/>
</body>
```

在这个示例网页在浏览器中运行以后，可以看到果然显示了 Oracle 网站的 Logo。上面的例子只是插入图像最简单的一种方式，<img>提供了一些属性，允许用来控制插入图像的显示，这些属性如表 2.11 所示。

表 2.11　<img>标签的属性

属　　性	属　性　描　述
src	图像的源文件
alt	图像无法显示时的提示文本
width	指定图像显示时的宽度
height	指定图像显示时的高度
border	图像的边框
title	鼠标经过时显示的提示文本
vspace	图像的垂直间距
hspace	图像的水平间距
align	图像的对齐方式

在这些属性中，src、alt、width、height 和 border 用来控制图像的呈现，alt 是指当图像无法显示出来时，用户在浏览器中将能看到的文本。width 和 height 是控制图像在网页上显示的大小，而不是修改图像原来的大小，图像只是被缩放以适应显示格式，本来的大小并无改变。border 可以在显示图像时添加一个外边框，这几个属性的使用示例如代码 2.30 所示：

代码 2.30　<img>标签使用示例

```html
<html xmlns="http://www.w3.org/1999/xhtml">
<head>
<meta http-equiv="Content-Type" content="text/html; charset=utf-8" />
<title>显示图像</title>
</head>
<body>
<p>
很好看的山水风景(jpeg 格式)：<br />
<img src="Blue hills.jpg" alt="山水风景画"
    title="这是一幅 JPEG 图像"
    width="128" height="128">
</p>
<p>
一个小表情(gif 格式)：<br />
<img src="eg_cute.gif" alt="一幅动画图片"
    border=1 width="50" height="50">
</p>
</body>
</html>
```

在这个示例中使用了两个<img>元素，第 1 个链接到一幅 JPEG 图像，指定了 src、alt、title、width 和 height 属性，当鼠标移动到图片上时会显示一个提示，这个提示的内容是 title 中的文本。alt 是指当图片不可用时，在图片显示的占位符的位置显示的文本。width 和 height 指定了图片显示的大小。第 2 个<img>标签链接到一幅 GIF 图片，与第一个<img>的不同之处在于使用 border 属性指定图形的边框，运行效果如图 2.26 所示。

图 2.26　图片链接网页运行效果

如果故意将图片指向一个不存在的位置，那么浏览器将显示 alt 指定的占位符文本，只是不同的浏览器的显示方式不一样，IE 将显示一个指定 width 和 height 的占位符，在占位符内部显示 alt 文本。例如下面的代码将链接指向一个不存在的图片文件：

```
<p>
很好看的山水风景(jpeg 格式)：
<!--为了示范 alt 的作用，故意指向一个不存在的位置-->
<img src="Blue hills1.jpg" alt="山水风景画"
    title="这是一幅 JPEG 图像"
    width="300" height="100">
</p>
```

网页在 IE 中运行时，将显示如图 2.27 所示的结果。

图 2.27　图像替换文本在 IE 中的显示效果

2.5.3　用图像作为链接

使用图像作为链接时，一般有如下两种链接方式。

（1）将整幅图像链接到一个目标 URL，用户单击图片的任何地方都会导航到目标地址。

（2）图像被分割为多个区域，每个区域都会导航到不同的 URL 地址。

对于第 1 种链接方式，只需要直接在<img>标签外部使用一个<a>标签进行链接即可。例如下面的语句将链接一幅图片到 Google 搜索网站：

```
<p>
  <a href="http://www.microsoft.com" target="_blank">
    <img src="microsoft_header.png" alt="微软公司网站首页" />
  </a>
</p>
```

这样用户在单击图片的任何位置时，将开启一个新的浏览器窗口链接到微软公司的网站。

第 2 种链接方式是将一幅图片分割为多个区域，比如一幅地图，可以在用户单击不同的位置时进入到不同区域的网站，此时需要对图像进行链接分割。分割地图需要使用 usemap 属性，usemap 提供了客户端图像映身机制，它通过特殊的<map>和<area>标签，将一个图像按坐标进行超链接的分割。客户端浏览器会将鼠标在特定坐标位置上的单击链接到该映射区域的 URL 地址。

usemap 和<map>标签的使用示例如代码 2.31 所示：

代码 2.31　图像分割链接示例

```
<p>
<!--href 指定链接的基底地址，具体的网页由<map>标签上的 href 指定-->
```

```
<a href="/example/map">
 <!--usemap 属性指向一个命名的<map>标签-->
 <img src="maps.jpg" ismap="ismap" usemap="#map" />
</a>
<!--指定图像与链接的映射区域-->
<map name="map">
 <area coords="89,99,138,148" href="link1.html">
 <area coords="289,123,338,172" href="link2.html">
 <area coords="130,165,179,214" href="link3.html">
 <area coords="221,158,270,207" href="link4.html">
</map>
</p>
```

上面的代码可以可以概括为如下的几个步骤：

（1）使用标准的链接语法，对<img>标签添加链接，链接的 href 指定基地址，并没有指向到具体的页面。

📢注意：也可以不添加<a>标签，直接在图片中指定 usermap 属性，因为<map>标签中的 href 将链接到具体的地址。但是在添加了链接后，整个图像就是一个大的链接，当单击到不同区域的坐标以内时，会链接到不同的页面。

（2）在<map>标签内，指定其 name 属性与 usemap 相匹配的名称，然后使用<area>标签的 coords 属性指定坐标，coords 属性的格式为：

```
x1,y1,x2,y2,x3,y3…
```

也就是说指定多个点作为坐标点，形成一个形状，area 还有一个 shape 属性，可以用来指定具体的区域形状。

（3）在<area>标签内部使用 href 属性指定此图片区域链接的具体地址。

看上去步骤挺多，最麻烦的是要知道热点区域的坐标，幸好 Dreamweaver 提供了可视化的图像链接工具，如图 2.28 所示。

在图形上直接绘制，选中热点区域可以单独设置链接

选择要绘制的地图形状

图 2.28　图像链接热点设计工具

例如笔者选择了圆形热点进行绘制，Dreamweaver 将产生如下的代码：

```
<area shape="circle" coords="83,239,41" href="#" alt="华中地区" />
```

因此使用 Dreamweaver 提供的设计工具，就可以让这件看起来比较复杂的工作变成了鼠标的拖拉操作，大大提高了网页设计的效率。

2.5.4　有序列表（项目列表）

列表类似于 Word 中的项目符合和编号，在 HTML 中，通过<ol>和<ul>标签，可以在网页上创建列表。HTML 中的列表分为如下两种类型。

- ❑　有序列表：有序列表是一列项目，列表项目使用数字进行标记，使用<ol>标签。
- ❑　无序列表：项目使用粗体圆点（典型的小黑圆圈）进行标记，使用<ul>标签。

列表中的列表项均使用<li>标签进行表示，列表项内部可以使用段落、换行符、图片、链接及其他列表来表示。

有序列表又称为排序列表，可以对列表中的项目进行数字标记。有序列表的使用示例如代码 2.32 所示：

代码 2.32　定义有序列表

```
<body>
<!--定义一个有序列表-->
<ol>
    <!--定义有序列表的列表项-->
    <li>网站建设从入门到精通</li>
    <li>网页设计大全</li>
    <li>Windows Phone 8 程序设计实例大全</li>
    <li>PHP 程序设计实例大全</li>
</ol>
</body>
```

该网页运行之后，可以看到果然出现了数据排列的 HTML 列表，如图 2.29 所示。

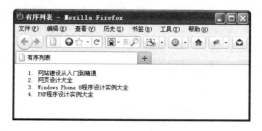

图 2.29　有序列表示例

默认情况下，有序列表使用数据表示其序号，<ol>有一个 type 属性，可以用来指定有序类型，可选的取值有 A、a、l、i 和 1，其中 1 表示是数据序号，代码 2.33 演示了这些不同类型的具体呈现效果：

代码 2.33　有序列表类型定义

```
<body>
<h4>数字列表：</h4>
<ol>
```

```
 <li>苹果</li>
 <li>香蕉</li>
 <li>柠檬</li>
 <li>桔子</li>
</ol>
<h4>字母列表：</h4>
<ol type="A">
 <li>苹果</li>
 <li>香蕉</li>
 <li>柠檬</li>
 <li>桔子</li>
</ol>
<h4>小写字母列表：</h4>
<ol type="a">
 <li>苹果</li>
 <li>香蕉</li>
 <li>柠檬</li>
 <li>桔子</li>
</ol>
<h4>罗马字母列表：</h4>
<ol type="I">
 <li>苹果</li>
 <li>香蕉</li>
 <li>柠檬</li>
 <li>桔子</li>
</ol>
<h4>小写罗马字母列表：</h4>
<ol type="i">
 <li>苹果</li>
 <li>香蕉</li>
 <li>柠檬</li>
 <li>桔子</li>
</ol>
</body>
```

示例的最终运行效果如图 2.30 所示。

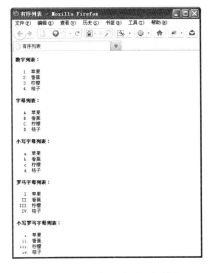

图 2.30　有序列表类型示例

2.5.5　无序列表

无序列表不是以有序序列而是以特定的项目符号开头的，默认为粗体圆点作为无序列表的开头，列表项之间没有顺序级别之分。无序列表使用\<ul\>、\<li\>及 type 属性来定义。一个简单的无序列表的示例如代码 2.34 所示：

代码 2.34　简单的无序列表示例

```
<body>
<!--定义一个无序列表-->
<ul>
    <!--定义无序列表的列表项-->
    <li>网站建设从入门到精通</li>
    <li>网页设计大全</li>
    <li>Windows Phone 8程序设计实例大全</li>
    <li>PHP程序设计实例大全</li>
</ul>
</body>
```

可以看到，定义的方式除了将原来的有序列表的\<ol\>替换成了\<ul\>之外，列表项的\<li\>与有序列表完全相同，运行效果如图 2.31 所示。

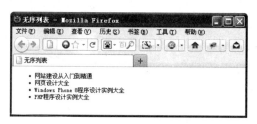

图 2.31　无序列表示例

与有序列表类似，无序列表也具有 type 属性用来定义无序列表符号的显示样式，可选的值有 disc、circle 和 square 这几种，分别用来指定无序列表的类型。使用 type 属性的无序列表的示例如代码 2.35 所示：

代码 2.35　无序列表的类型

```
<body>
<!--使用 ul 的 type 属性定义无序列表-->
<h4>Disc 项目符号列表：</h4>
<ul type="disc">
 <li>苹果</li>
 <li>香蕉</li>
</ul>
<h4>Circle 项目符号列表：</h4>
<ul type="circle">
 <li>苹果</li>
 <li>香蕉</li>
</ul>
<h4>Square 项目符号列表：</h4>
<ul type="square">
```

```
<li>苹果</li>
<li>香蕉</li>
</ul>
</body>
```

在指定了 type 之后，无序列表将用指定的形状来显示无序列表，如图 2.32 所示。

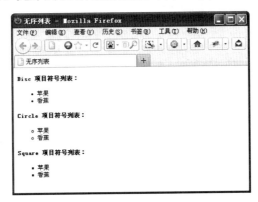

图 2.32　无序列表的类型

2.5.6　嵌套列表

列表可以嵌套，也就是说一个列表的列表项可以是一个列表，这是因为<li>可以是任何元素，因此在<li>中可以是任何的 HTML 元素，比如段落、图像、链接、表格等。一个简单的嵌套列表示例如代码 2.36 所示：

代码 2.36　嵌套列表使用示例

```
<body>
<!--嵌套的列表示例-->
<h4>中文图书一览表：</h4>
<ul>
  <li>计算机</li>
  <li>网页设计类
    <!--在列表项中嵌套另一个无序列表-->
    <ul>
    <li>HTML 从入门到精通</li>
    <li>CSS 花园/li>
    </ul>
  </li>
    <!--在列表项中嵌套另一个有序列表-->
  <li>网站建设类
    <ol type="I">
    <li>亮剑 PHP</li>
    <li>亮剑 ASP.NET</li>
    </ol>
  </li>
</ul>
</body>
```

定义了嵌套列表之后，使得列表具有树形的效果，示例运行效果如图 2.33 所示。

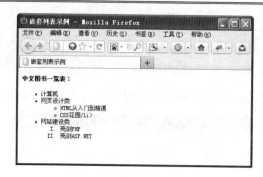

图 2.33 嵌套列表示例

2.6 表格和框架

表格是 HTML 中非常重要的一个元素，可以用来呈现行列式的内容。HTML 的框架允许在一个浏览器窗口中显示多个 HTML 页面，它提供了整合多个 HTML 页的能力。本节将分别对这两个 HTML 中比较重要的元素进行详细讨论。

2.6.1 创建基本表格

HTML 的表格主要用来呈现行列式的内容，类似于 Excel 工作表，表格由表格行和表格列组成，用来呈现一些二维表格式的内容。HTML 表格的组成结构如图 2.34 所示。

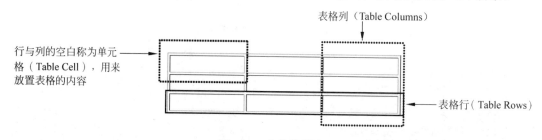

图 2.34 表格结构图

HTML 的表格由<table>标签来创建，它包含一系列的子标签，比如每个表格由一系列表格行组成，表格行由子标签<tr>表示，表格行中包含了多个单元格，一起组成列格的列，这些表格中的单元格由<td>表示。还可以为表格定义表格表头，一般用来作为表格的行标题头，由<th>表示。代码 2.37 演示了如何创建基本的表格。

代码 2.37 基本表格的创建

```
<body>
<!--创建具有 1 个边框的 HTML 表格-->
<table border="1">
<tr>
<!--表格的标题-->
<th>员工姓名</th>
```

```
<th>员工性别</th>
<th>员工工号</th>
<th>员工职级</th>
<th>员工年龄</th>
</tr>
<!--tr 表示表格行-->
<tr>
<!--td 表示表格中的单元格，
    td 的个数要匹配，以便形成表格列-->
<td>张大千</td>
<td>男</td>
<td>02393</td>
<td>工程师</td>
<td>30</td>
</tr>
<tr>
<td>李世民</td>
<td>男</td>
<td>02394</td>
<td>高级经理</td>
<td>33</td>
</tr>
</table>
</body>
```

在上面的示例代码中，定义了一个人事信息管理的具有边框的表格。它具有表格标题部分，在标题部分定义了表格的表头，比如人员姓名等。在表体部分，定义了表格的具体数据，示例运行效果如图 2.35 所示。

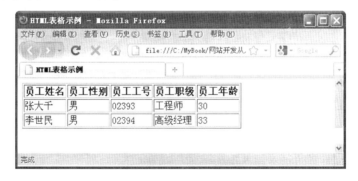

图 2.35　表格运行效果图

除了上面的<tr><th>和<td>标签以外，对于一个复杂的 HTML 表格来说，也可能包括 caption、col、colgroup、thread、tfoot 及 tbody 元素等。<table>标签的常用属性如表 2.12 所示。

表格 2.12　<table>标签的常用属性

属　　　性	属　性　描　述
align	规定表格相对周围元素的对齐方式，可选的值有 left、center 和 right
bgcolor	指定表格的背景颜色
background	指定表格的背景图片
border	规定以像素（pixels）为单位的表格边框宽度

续表

属　　性	属　性　描　述
cellpadding	规定单元格边缘位置与单元格内容之间的空白区域
cellspacing	规定单元格与单元格之间的空白
frame	指定表格外侧的边框哪些是可见的，可选的值有 void、below、hsides、lhs、rhs、vsides、box、border
rules	指定表格内侧的边框哪些是可见的，可选的值有 none、groups、rows、cols、all
summary	指定表格内容的摘要
width	指定表格的宽度

表格的这些属性将影响到表格的呈现样式，下面几节将分别介绍这些属性的具体作用。

2.6.2　表格的边框和背景

如果不指定表格的 border 属性，则表格将不具有边框。在过去使用表格进行布局的场合，网页设计人员经常不需要显示边框，以便进行版式的布局工作。例如如果去掉了代码 2.36 的 border 属性设置，运行时将显示没有边框的表格，如图 2.36 所示。

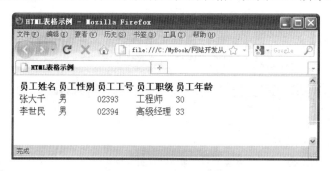

图 2.36　没有边框的表格

在过去进行版式设计时，笔者通常会做一些细线边框的表格，以增强表格的美观性，这可以通过 border 相关的几个属性来实现，实现代码如下：

```
<table border="1" bordercolordark="#FFFFFF" bordercolorlight="#000000"
cellpadding="0" cellspacing="0">
```

bordercolordark 和 bordercolorlight 分别表示的是边框颜色中的内边框与外边框的颜色，将外边框的颜色设为与背景一样的颜色。由于 cellpadding 和 cellspace 会影响到边框的粗细，因此在这里统一设为 0，这样一个细边框的表格就呈现出来了，显示效果如图 2.37 所示。

🔔注意：bordercolordark 和 bordercolorlight 仅在 IE 浏览器中支持，在 Firefox 中要实现同
　　　样的效果，需要借助于 CSS。

要想给表格一个好看的外观，可以为表格添加背景颜色或背景图片，添加背景颜色使用 bgcolor 属性，背景图片使用 background 属性。例如可以使用如下的代码设置表格的背景颜色：

图 2.37　细边框的表格示例

```
<table bgcolor="#99CC99">
```

如果要使用背景图片，则可以使用如下的语句：

```
<table background="maps.jpg">
```

添加了背景图片之后的效果如图 2.38 所示。

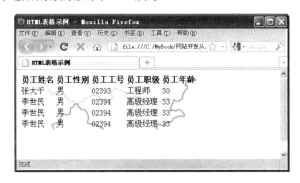

图 2.38　为 HTML 表格添加背景图片

表格的每个单元格也有 bgcolor 和 background 属性，可以为单个的单元格设置这些属性来改变表格单元格的显示。设置示例代码如下。

```
<tr>
<!--td 表示表格中的单元格,
    td 的个数要匹配,以便形成表格列-->
<td bgcolor="#996600">张大千</td>
<td>男</td>
<td>02393</td>
<td>工程师</td>
<td>30</td>
</tr>
<tr>
<td>李世民</td>
<td>男</td>
<td>02394</td>
<td background="eg_cute.gif">高级经理</td>
<td>33</td>
</tr>
```

在示例中，分别为不同的单元格设置了背景颜色和背景图片，运行效果如图 2.39 所示。

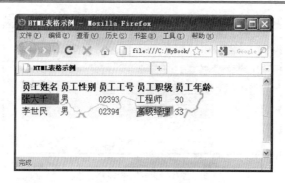

图 2.39　为表格单元格指定背景色和背景图

2.6.3　合并表格单元格

在做一些表格式的报表页面时，合并单元格非常重要，<table>提供了如下两个属性用来实现单元格的合并。

❑ rowspan 属性：合并单元格行。

❑ colspan 属性：合并单元格列。

这两个属性的使用示例如代码 2.38 所示：

代码 2.38　合并表格的单元格

```
<!--使用 colspan 合并单元格列-->
<h4>合并单元格列的示例：</h4>
<table border="1">
<tr>
  <th>姓名</th>
  <th colspan="3">联系地址</th>

</tr>
<tr>
  <td>乐然</td>
  <td>中国广东省广州市</td>
  <td>中国上海 IT 设计工作室</td>
  <td>湖南长沙水度生态保护区</td>
</tr>
</table>
<!--使用 rowspan 合并单元格行-->
<h4>合并单元格行的示例：</h4>
<table border="1">
<tr>
  <th>姓名</th>
  <td>乐然</td>
</tr>
<tr>
  <th rowspan="3">地址</th>
  <td>中国广东省广州市</td>
</tr>
<tr>
  <td>湖南长沙水度生态保护区</td>
</tr>
```

```
<tr>
 <td>湖南长沙水度生态保护区</td>
</tr>
</table>
```

代码中使用 spancol 合并了表格的 3 列，可以看到 colspan 的属性值是指定要合并的列，在指定了要合并的列之后，表格标题部分的<th>就可以省略了。rowspan 示例的表格使用的<th>是竖向排列的，也就是所有行的第 1 列都是表格标题，rowspan 指定合并 3 行，因此省略了后面的<th>。

示例的运行效果如图 2.40 所示。

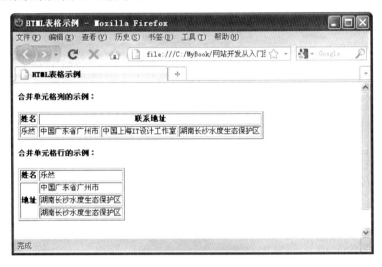

图 2.40　单元格合并效果

对于表格的合并，笔者一般使用 Dreamweaver 的合并功能，只要选中所要合并的单元格，单击属性面板的合并按钮，即可轻松地完成合并，如图 2.41 所示。

图 2.41　使用 Dreamweaver 的表格合并功能

可以看到，Dreamweaver 提供的合并功能非常简单，因此网站建设人员只需要设计好表格，然后使用类似于 Excel 中的合并按钮即可。

2.6.4　表格的间距与边距

表格的边距和间距是指表格单元格与单元格之间的一些空间预留的问题，在<table>标签中可以指定如下两种表格间距类型。

❑ 单元格边距 cellpadding 属性：指定单元格内部的内容与单元格边框之间的空白。

❑ 单元格间距 cellspacing 属性：指定单元格与单元格之间的距离。

通过例子能很容易地理解这两个属性产生的效果，如示例代码 2.39 所示：

代码 2.39　单元格边距与间距示例

```
<body>
<h4>不为表格指定 cellpadding 和 cellspacing 时的默认样式：</h4>
<table border="1">
<tr>
  <td>西瓜长在地里</td>
  <td>苹果结在树上</td>
</tr>
<tr>
  <td>香蕉挂在叶子上</td>
  <td>荔枝吊在果树上</td>
</tr>
</table>
<h4>为表格指定 cellpadding 为 10 时的样式：</h4>
<table border="1"
cellpadding="10">
<tr>
  <td>西瓜长在地里</td>
  <td>苹果结在树上</td>
</tr>
<tr>
  <td>香蕉挂在叶子上</td>
  <td>荔枝吊在果树上</td>
</tr>
</table>
<h4>为表格指定 cellspacing 为 10 时的样式</h4>
<table border="1"
cellspacing="10">
  <tr>
  <td>西瓜长在地里</td>
  <td>苹果结在树上</td>
</tr>
<tr>
  <td>香蕉挂在叶子上</td>
  <td>荔枝吊在果树上</td>
</tr>
</table>
</body>
```

示例代码中创建了 3 个表格，一个是未指定 cellpadding 和 cellspacing 属性的默认设置，另外两个是分别指定 cellpadding 和 cellspacing 为 10 的表格。通过运行，可以很容易地看出两种属性作用于单元格的区别，如图 2.42 所示。

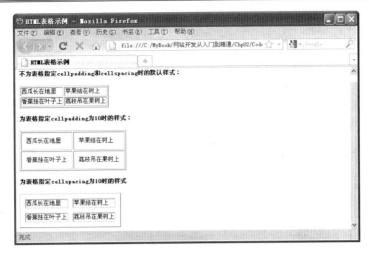

图 2.42　cellpadding 和 cellspacing 的示例运行效果

可以看到，cellpadding 主要是文字与边框线之间的距离，而 cellspace 则是两个单元格之间的边框。

2.6.5　框架结构标签<frameset>

框架结构是网页上的一个有趣的应用，它可以在一个浏览器窗口中显示多个 HTML 的内容。框架结构将一个网页分割成多个区域，在每个区域中显示一个 HTML 网页的内容。框架中的网页基本上互相独立，但是通过链接，可以在一个区域中改变另一个区域的内容。

比如对于一些网页版的应用程序来说，窗口内容经常变化，但是窗口的导航栏和菜单栏基本上不会改变，如果做成这种框架结构，可以用导航栏和菜单栏来控制某个区域，这样可以减少网络的往返流量，提升应用程序的可用性。图 2.43 是一个网页订单管理系统，它使用了框架结构。

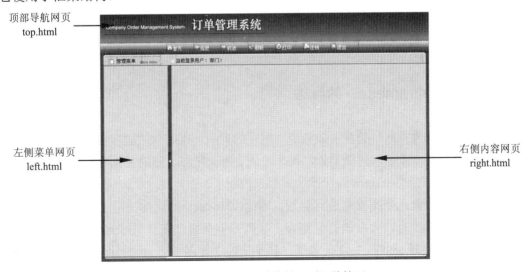

图 2.43　基于框架结构的网页订单管理

在图 2.43 中，组织这些不同的页面的就是<frameset>框架集标签，而每个页面之所以能显示在一个网页上，是由<frameset>的子标签<frame>确定的，例如图 2.43 所示的结构，实际上代码非常简单，代码 2.40 所示。

代码 2.40 框架集和框架的使用示例

```
<html xmlns="http://www.w3.org/1999/xhtml" >
<head>
    <title>企业订单管理系统</title>
</head>
<!--使用 frameset 定义框架集-->
<frameset rows="127,*,11" frameborder="no" border="0" framespacing="0">
    <!--使用 frame 定义框架页面-->
    <frame src="Admin_Top.aspx" name="topFrame" scrolling="No"
        noresize="noresize" id="topFrame" />
    <frame src="Middel.html" name="mainFrame" id="mainFrame" />
    <frame src="Down.html" name="bottomFrame" scrolling="No"
        noresize="noresize" id="bottomFrame" />
</frameset>
<!--当浏览器不支持框架时显示这里的内容-->
<noframes>
<body>
</body>
</noframes>
</html>
```

可以看到，在一个<frameset>中包含了多个<frame>，每一个<frame>指向一个不同的网页，从而形成框架结构的网页，用户只要请求包含<frameset>这个结构的网页，例如本例中为 Order.html，则可以访问到框架中所有其他的网页。

在 HTML 中，每一个<frameset>称为框架集，而框架集中的每一个<frame>则称为一个框架。当在一个网页中使用<frameset>定义了框架集后，就不能再使用<body>标签定义网页的内容了。

🔔注意：<frameset>与<body>是二选一的，也就是说当一个页面使用了<frameset>后，就不能再使用<body>标签显示内容了，可以在<noframes>标签中指定当浏览器不支持框架集时显示的内容，此时可以使用<body>标签。

2.6.6 框架集<frameset>的属性

框架页面一般放在网站的首页或某个功能性的页面，比如网站的后台管理页面。创建框架页面时，首先一步是创建框架集，那么在创建框架集时，要确定框架集中框架的个数与显示方式，就要通过<frameset>标签的属性来控制了。

实际上框架只能水平或垂直进行分割，因为<frameset>的属性决定了框架集中的框架要么水平分割为多少行，要么垂直分割为多少列，但是通过在一个<frame>中嵌入另一个<frameset>，可以实现类似图 2.43 的效果。不过图 2.43 使用了另一种页内框架技术 iframe，稍后会介绍到。

<frameset>框架集的常用属性如表 2.13 所示。

表 2.13　<frameset>框架集的常用属性

属　　性	属 性 描 述
cols	用于定义框架集垂直分割时的列数，该属性与 rows 是互斥的，也就是说在 cols 和 rows 之间只能二选一。可以指定列宽的像素数，也可以指定百分比值，其中*符号表示占满剩余部分
rows	用于定义框架集水平分割时的行数，该属性与 cols 是互斥的，也就是说在 cols 和 rows 之间只能二选一。可以指定行高的像素数，也可以指定百分比值，其中*符号表示占满剩余部分
border	设置边框粗细，默认是 5 像素
bordercolor	设置边框颜色
frameborder	指定是否显示边框，no 代表不显示边框，yes 代表显示边框
framespacing	表示框架与框架间的保留空白的距离

在上面的这些属性中，需要深入理解 cols 和 rows 属性，下面对这两个属性进行详细的介绍。

1．cols设置垂直分割的框架

cols 主要在水平方向对浏览器进行分割，cols 属性的值以逗号分隔，要分割几个窗口，就设置几个值，值与值之间以逗号分隔。值定义可以是以像素为单位的宽度，也可以是百分比和剩余值，即*号。

注意：用*表示的剩余值表示所有窗口设定之后的剩余部分，当"*"只出现一次时，表示该子窗口的大小将根据浏览器窗口的大小自动调整，当"*"出现一次以上时，表示按比例分割剩余的窗口空间。

下面的示例演示了如何使用百分比来分配框架集中的框架大小，如代码 2.41 所示：

代码 2.41　垂直分割的框架集示例

```html
<html xmlns="http://www.w3.org/1999/xhtml">
<head>
<meta http-equiv="Content-Type" content="text/html; charset=utf-8" />
<title>框架集示例</title>
</head>
<!--定义框架集，使用 cols 指定百分比-->
<frameset cols="25%,50%,25%" frameborder="yes">
  <!--cols 指定了多少栏，就要指定多少个框架页-->
  <frame src="framea.html" noresize="noresize">
  <frame src="frameb.html">
  <frame src="framec.html">
</frameset>
<noframes>
<!--如果浏览器不支持框架页，将显示这里定义的内容-->
</noframes>
<body>
</body>
</html>
```

在这个示例中使用了百分比进行空间的分配，第 1 栏占用总空间的 25%的空间，第 2

栏占用了总空间的 50%的空间，第 3 栏占用了 25%的空间。

还可以使用*号指定类似的效果，如下面的代码所示：

```
<frameset cols="25%,2*,*" frameborder="yes">
```

这里的意思是指，第 1 栏占用总空间的 25%，第 2 栏占用余下空间的一半，这里指定了 2*，是指如果将余下的空间等分，这里用了余下 75%空间中的 3 等分的 2 倍剩余空间，即 50%，最后一栏就是 25%了。

在代码中同时指定了 frameborder 为 yes，表示显示边框，运行效果如图 2.44 所示。

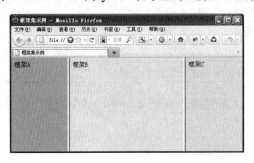

图 2.44　垂直框架集示例

2．rows设置水平分割的框架

水平分割的框架是指将框架结构分割为多个行，除了使用 rows 取代 cols 之外，其他的设置与 cols 基本相同，因此将上面的垂直分割更改为水平分割可以直接替换代码 2.41 中的 cols，代码如下：

```
<frameset rows="25%,2*,*" frameborder="no">
```

在这里对 frameborder 的值更改为 no，以便不显示框架边框，运行效果如图 2.45 所示。

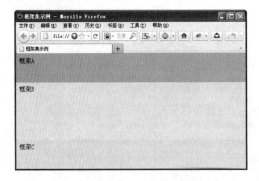

图 2.45　水平框架集示例

2.6.7　框架<frame>的属性

上一小节介绍了<frameset>标签的一些设置方式。<frame>标签主要用来定义框架集中的页面，它具有一些属性来控制其呈现的方式，如表 2.14 所示。

表 2.14　<frame>框架的常用属性

属　　性	属　性　描　述
longdesc	一个 URL 地址，规定一个包含有关框架内容的长描述的页面
marginheight	以像素为单位，定义框架的上方和下方的边距
marginwidth	以像素为单位，定义框架的左侧和右侧的边距
name	指定框架的名称
noresize	属性值也是 noresize，指定框架是否允许调整大小
scrolling	规定是否在框架中显示滚动条，可选值有 yes、no 和 auto
src	规定在框架中显示的文档的 URL

在使用<frame>时，多数情况下都会将边框去掉，有时需要允许滚动条，但不允许调整其大小，可以使用如代码 2.42 所示的示例：

代码 2.42　框架页属性设置示例

```
<html xmlns="http://www.w3.org/1999/xhtml">
<head>
<meta http-equiv="Content-Type" content="text/html; charset=utf-8" />
<title>框架页示例</title>
</head>
<frameset rows="25%,2*,*" frameborder="no">
  <!--框架页不允许调整大小，具有滚动条，并且每个都具有名称-->
  <frame src="framea.html" noresize="noresize" scrolling="yes" name=
  "framea">
  <frame src="frameb.html" name="frameb">
  <frame src="framec.html" name="framec">
</frameset>
<noframes>
<!--如果浏览器不支持框架页，将显示这里定义的内容-->
</noframes>
<body>
</body>
</html>
```

在这个例子中，framea 不能调整大小，具有滚动条，运行效果如图 2.46 所示。

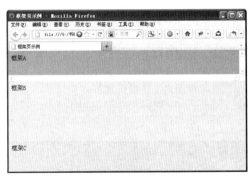

图 2.46　框架页示例

2.6.8　框架页导航

可以从一个框架页面中用链接更改另一个框架页的呈现页面，即更改其他框架页的 src

属性指定的 URL,这个特性要通过 HTML 的链接标签<a>的 target 属性来设置。通过将 target 属性指向不同的框架名称,就可以让页面显示在指定的框架中。

下面的代码在框架页 A,即 frameA.html 中定义了一些链接,通过 target 属性指向不同的框架名称来实现将页面加载到不同的网页:

```
<body bgcolor="#00FFFF">
框架 A
<br />
<a href ="frameA.html" target ="framec">在框架 C 中显示 frameA.html</a><br />
<a href ="frameB.html" target ="frameb">在框架 B 中显示 frameB.html</a><br />
<a href ="frameC.html" target ="framec">在框架 C 中显示 frameC.html</a>
</body>
```

这样在运行时就可以单击链接,在同一个浏览器页面的不同区域中看到不同的网页,运行效果如图 2.47 所示。

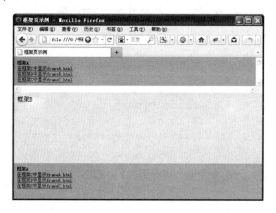

图 2.47　框架页导航示例

2.6.9　使用<noframes>标签

在创建标签页时,必须考虑到一些不支持框架页面的浏览器,此时可以在<noframes>标签中指定一些内容,以便这些无法支持框架的页面可以显示出具体的内容,因此对代码 2.41 进行完善,在<noframes>标签中添加一些提示性的内容,如下所示:

```
<frameset rows="25%,2*,*" frameborder="no">
  <!--cols 指定了多少栏,就要指定多少个框架页-->
  <frame src="framea.html" noresize="noresize" scrolling="yes" name=
  "framea">
  <frame src="frameb.html" name="frameb">
  <frame src="framec.html" name="framec">
</frameset>
<noframes>
<!--如果浏览器不支持框架页,将显示这里定义的内容-->
<body>
    <h2>您的浏览器不支持框架,请浏览其他的网页! </h2>
</body>
</noframes>
```

经过上述的设置,如果客户端的浏览器不支持框架显示,将会显示一行友好的信息。

2.7　表　　单

表单用来为网页提供交互式的效果，比如可以收集用户的输入，为用户提供个性化的信息。在 Web 2.0 时代，表单基本上已经随处可见，比如写微博的那个输入框就是一个表单输入界面。HTML 提供了一系列的表单控件，允许用户轻松地创建一个表单。

2.7.1　表单标签<form>

一个 HTML 表单是指<form>和</form>内部的区域，表单元素是指<form>中输入信息的元素，比如可以包含文本框、下拉列表框、单选按钮、复选框等输入信息的元素。一个最简单的例子就是登录框，在表单内部包含文本框用来输入文本。图 2.48 是微软公司 MSN 的表单登录界面。

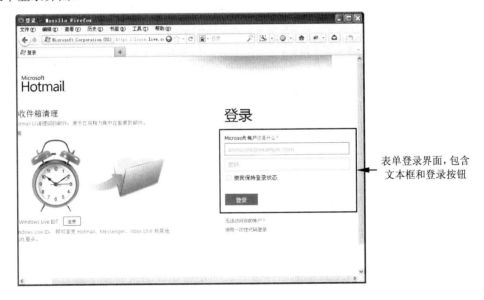

图 2.48　表单输入界面

如果要构建一个类似这样的登录界面，只需要定义<form>标签，然后插入一些表单控件。代码 2.43 演示了如何创建一个基本的登录界面：

代码 2.43　使用表单创建基本的登录界面

```
<body>
<h2>单击这里登录</h2>
<!--登录表单-->
<form action="register.php" method="get">
  <!--文本输入框-->
  <p>用户名: <input type="text" name="lnusername" /></p>
  <p>密码: <input type="password" name="lnpassword" /></p>
  <input type="submit" value="登录" />
```

```
</form>
</body>
```

在这个示例中使用了<form>表单，在表单内部添加了两个 input 输入控件，分别用来输入用户名和密码，当用户单击"登录"按钮时，会将表单中的内容提交给<form>标签的 action 属性指定的后台处理页面。

📢注意：一般表单控件建议放在<form>标签内部，以便统一提交到 action 指定的 URL 地址，但这不是强制性的，可以将一些控件放在<form>表单的外面，然后通过手动编写 JavaScript 脚本的方式进行处理。

<form>表单标签具有如表 2.15 所示的几个属性。

表 2.15　<form>表单的常用属性

属　　　性	属　性　描　述
action	一个 URL 值，当表单被提交时，表单中所有的数据将被发送到这个 URL 地址指向的页面，可以是 ASP、PHP 等后台处理程序页面
accept	规定通过文件上传来提交的文件的类型，比如在上传文件时，可以指定这里的值仅接受指定的类型，例如：accept="image/gif, image/jpeg"，表示只接受 GIF 和 JPEG 图像类型
accept-charset	表示服务器接受的字符集，一般用默认的 UTF-8 即可
enctype	规定在发送到服务器之前应该如何对表单数据进行编码
method	用来指定表单如何向服务器发送表单数据，可选值有 get 和 post。get 方法会将表单数据附加到 URL 中进行发送，最大不超过 8192 个字符；而 post 方式会分段传输数据，可以传送较长的字符串，它不会附加到 URL 后面，因此具有比 get 方法更强的保密性
name	指定表单的名称
target	指定打开表单 action 页面的位置，与链接标签<a>相同

目前实际上比较常用的是 name、method 和 method，其他的属性保持默认值即可。

2.7.2　HTML 表单控件

表单本身其实并不会出现在页面上，它只是一个块级的占位符，表单中的控件才会显示在页面上。HTML 提供了如表 2.16 所示的几个表单控件。

表 2.16　HTML表单控件列表

控件标签	控　件　描　述
<input>	输入控件，比如可以是普通的文本框，或者是密码输入框及按钮等
<textarea>	定义多行文本输入框
<label>	定义一个显示标签，主要用来显示文本，但是它具有输入焦点
<fieldset>	定义字段集，就是一个包含多个内容的容器控件
<legend>	定义字段集的标题
<select>	定义一个选择列表
<optgroup>	定义选项组
<option>	定义下拉列表中的选项
<button>	定义一个按钮

通过使用这些控件，就可以编写出一些比较专业的表单输入界面允许用户输入了。下面的几个小节将对这几种控件的具体用法进行介绍。

2.7.3 Input 表单输入控件

Input 表单输入控件用来为表单提供输入域。其实这个标签根据其 type 属性的不同，可以转换为多种输入控件类型，<input>的 type 属性可选值如表 2.17 所示。

表 2.17 <input>输入域的type属性值

属 性 名 称	属 性 描 述	属 性 名 称	属 性 描 述
text	文本输入框	button	普通按钮
password	密码输入框	submit	提交按钮
file	文件选择框	reset	重置按钮
checkbox	复选框	hidden	隐藏域
radio	单选按钮	image	图像提交按钮

<input>统一了输入域的属性控制，但是不同类型的控件类型具有一些特定的属性，比如 checkbox 和 radio 就具有 checked，以便指示控件的选中或未选定状态。text 类型的文本输入框，具有 maxlength 和 size 属性等。常见的属性列表如表 2.18 所示。

表 2.18 <input>常见的属性值列表

属性名称	属 性 描 述
Alt	定义图像输入的替代文本，用于图像输入控件
checked	此属性的值为"checked"，用于 type 类型为 radio 和 checkbox 的控件，当指定了此属性时表示控件被选中
disabled	指定控件是否被禁用，控件默认是启用状态，所有控件适用
maxlength	指定输入字段中的字符串的长度，适用于文本输入控件
name	定义 input 元素的名称
readonly	指定输入字段为只读，适用于文本输入控件，type 属性为 text、password 及 file 类型的控件
size	定义输入字段的宽度，主要适用于文本输入控件
src	图像输入控件的图像的 URL
value	规定 input 元素的值，适用于文本输入控件

有时候对于一些控件该用什么属性，初学者容易迷糊，幸好使用 Dreamweaver 的属性面板，对于各种不同类型的控件该使用哪些属性一目了然了。图 2.49 显示了当选中 text 这个输入控件时，属性面板将根据这个控件类型显示适用的编辑窗。

为了演示这些控件的具体使用方法，下面创建了一个综合的示例，用来模拟人事系统的人员信息输入界面，它使用了<input>标签的多种不同的类型，实际上笔者是在 Dreamweaver 中完成了这个示例。读者在学习这个例子的时候，可以试着用 Dreamweaver 来查看这些控件的用法，实现效果如图 2.50 所示。

由图 2.50 可以看到，它包含了人事输入的基本界面，有文本框、密码输入框、单选按钮、复选框及文件选择框、图片选择框和一个下面将要介绍的文本域，HTML 代码如代码

2.44 所示：

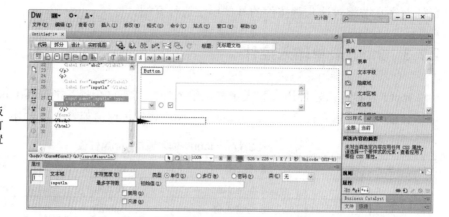

图 2.49　Dreamweaver 的属性面板自动适应输入控件的属性

选中这个文本框，在属性面板上可以看到它可以用的属性设置

图 2.50　Input 控件示例效果

代码 2.44　使用文本域创建人事信息录入界面

```
<body>
<form action="HrInput.aspx" method="post" enctype="multipart/form-data"
name="form1" id="form1">
  <table width="500" border="0">
    <tr>
      <td colspan="2">人事系统录入界面<hr/></td>
    </tr>
    <tr>
      <td align="right">姓名：</td>
      <td width="405"><label for="lnname"></label>
      <input name="lnname" type="text" id="lnname" size="20" maxlength=
      "100" /></td>
    </tr>
    <tr>
      <td align="right">性别：</td>
      <td>男
        <input type="radio" name="Sex" value="Male" checked="checked">
        女
        <input type="radio" name="Sex" value="Female">
```

```
        <br />
      </td>
    </tr>
    <tr>
      <td align="right" nowrap="nowrap">初始密码: </td>
      <td><input type="password" name="idsalary2" id="idsalary2" /></td>
    </tr>
    <tr>
      <td align="right">要求工资: </td>
      <td><label for="idsalary"></label>
      <input name="idsalary" type="text" id="idsalary" size="10" maxlength=
      "20" /></td>
    </tr>
    <tr>
      <td align="right">上传照片: </td>
      <td><label for="idfile"></label>
      <input type="file" name="idfile" id="idfile" />
          <input type="image" name="idpic" id="idpic" src="eg_cute.gif"
          /></td>
    </tr>
    <tr>
      <td align="right">个人描述: </td>
      <td><label for="idmemo"></label>
      <textarea name="idmemo" cols="50" rows="5" id="idmemo"></textarea>
      </td>
    </tr>
    <tr>
      <td> </td>
      <td><input type="submit" name="btnsubmit" id="btnsubmit" value="提交" />
      <input type="reset" name="btnreset" id="btnreset" value="重置" /></td>
    </tr>
    <tr>
      <td> </td>
      <td><input type="hidden" name="idNumber" id="idNumber" /></td>
    </tr>
  </table>
</form>
```

可以看到，除了<textarea>标签比较陌生之外，这些输入控件都是<input>标签，只是属性不同而呈现了不同的效果。代码使用了传统的表格式布局方式，这也是目前进行表单界面布局时最常用的一种方式。

2.7.4　文本域和下拉列表控件

文本域用来输入多行文本，使用<textarea>标签，基本的属性与<input>的单行文本输入类似。<textarea>具有 cols 和 rows 属性来规定文本域的宽度和高度，例如在图 2.50 中笔者使用了一个文本域来输入个人描述，它的 cols 列值为 50，而 rows 为 5，如果是使用 Dreamweaver，可以在可视化的状态下调整这两个属性值到自己满意的效果。

下拉列表框是目前选择型控件中比较流行的一种控件，它提供了一系列的选项让用户从中选择。HTML 提供了<select>标签来实现下拉列表选择。

<select>标签提供了如下两种显示的风格。

- 下拉列表框：当用户单击右侧的按钮时，动态弹出一系列的选择项，用户一次只能选择一项。

❑ 选择列表框：所有的选项都列出来供用户选择一个或多个。

这两种选择框在外观上的不同之处如图 2.51 所示。

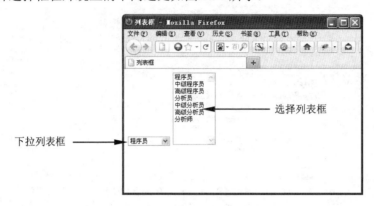

图 2.51 下拉列表框与选择列表框

<select>标签的 size 属性决定了是使用下拉列表框还是选择列表框。只要<select>标签中包含了 size 属性，就会变为一个选择列表框。<select>标签的常用属性如表 2.19 所示。

表 2.19 <input>常见的属性值列表

属性名称	属 性 描 述
disabled	指定禁用列表框，用户不能进行选择
multiple	指定是否允许多选，只在选择列表框中才有用
name	指定下拉列表框的名称
size	规定下拉列表中可见选项的数目

<select>中的每一个项都是一个<option>标签，通常需要为<option>标签指定一个 value 属性，这个属性值将被返回给用户。图 2.51 中两个列表框的实现过程如代码 2.45 所示：

代码 2.45 使用文本域创建人事信息录入界面

```
<body>
<!--下拉列表框-->
<select name="lst">
  <option value="1" selected="selected">程序员</option>
  <option value="2">中级程序员</option>
  <option value="3">高级程序员</option>
  <option value="4">分析员</option>
  <option value="5">中级分析员</option>
  <option value="6">高级分析员</option>
  <option value="7">分析师</option>
</select>
<!--选择列表框，允许多选-->
<select name="lst" size="10" multiple="multiple">
  <option value="1" selected="selected">程序员</option>
  <option value="2">中级程序员</option>
  <option value="3">高级程序员</option>
  <option value="4">分析员</option>
  <option value="5">中级分析员</option>
  <option value="6">高级分析员</option>
```

```
 <option value="7">分析师</option>
</select>
</body>
```

由代码可以看到，选择列表框多了 size 和 multiple 属性的设置，其余的设置与下拉列表框基本相同。<otpion>还具有一个 selected 的属性，当需要选中某一项时，将这一项的 selected 属性设置为 selected 即可。

2.8　小　　结

本章对 HTML 标记语言进行了讨论，这是任何一名合格的网站建设人员必须具备的基本功。本章用 7 个部分讨论了 HTML 标记语言的方方面面。首先介绍了 HTML 语言的功能和概念，然后对 HTML 的文档头和文档主体标签进行了详细的讨论，其中包含基本的 HTML 标签、文字和链接、图片和列表，以及表格和框架等，最后介绍了表单的知识。通过对本章的学习，并配合一些 W3School 的教程，相信读者能很轻松上手 HTML。

第 3 章　CSS 定义网页样式

CSS 的英文全称是 Cascading Style Sheets，中文全称是层叠样式表。在第 2 章学习 HTML 时，笔者曾经多次提到过 HTML 中的很多属性都已经被 CSS 取代，也就是说不建议在 HTML 中直接使用格式化属性。CSS 通过将 HTML 中的格式化指令提取到一个独立的位置，实现了 HTML 的内容与 HTML 格式的分离，使得网站建设者可以很轻松地维护和更改网站的呈现样式。

3.1　CSS 概述

样式表通过将网页的内容与格式化分离，不仅使网站建设人员可以轻松地更改网页的外观，网站的用户也可以根据他们的偏好来选择自己喜欢的样式，将之应用到 HTML 网页。这其实是提供了对页面布局的全局控制能力。CSS 可以嵌入在 HTML 文件中，但是一般都会放在一个单独的扩展名为.css 的文件中，在 HTML 中通过链接引用这个 CSS 文件。

3.1.1　CSS 的作用

相对于标准的 HTML 格式化控制而言，CSS 提供了更强大的格式化能力，它能够对网页中的 HTML 元素进行精确的格式控制，同时可以利用时下流行的 DIV 和 CSS 的布局能力，创建性能优越的网站。要理解 CSS 的作用，通过实例来学习是最好的学习方法。代码 3.1 创建了一个基本的 HTML 网页，它包含\<p\>、\<h1\>、\<h2\>及链接等 HTML 元素。

代码 3.1　一个不包含 CSS 的 HTML 网页

```
<body>
<h1>关于是否在 HTML 网站中应用 CSS 的通知</h1>
<hr />
<p>
 由于本公司网站规模扩大，HTML 格式化难以维护又不够精准，公司经过商议，决定使用 CSS 控制
网站的格式化内容，不懂 CSS 的可以参考如下的 CSS 教程：
 <br />
<a href="http://www.w3school.com.cn/css/css_intro.asp" target="_blank">W3
学院 CSS 教程</a> </p>
<h4>
公司管理部<br />
xxxx 年 xx 月 xx 日
</h4>
</body>
```

这个 HTML 网页显示了一个通知，它使用了<h1>大标题、<hr>水平线、<p>段落，这些 HTML 元素都具有一定的格式化样式，但是都不能满足美观的要求。

下面在 Dreamweaver 中创建一个 CSS 文件，名为 Code3_2.css，将它保存在与这个 HTML 网页相同的目录位置，然后分别为这个 HTML 网页上的所有元素应用 CSS 样式，如代码 3.2 所示：

代码 3.2　使用样式控制 HTML 元素的呈现

```
/*Code3_1.html 所要应用的样式*/
/*body 和 p 元素的字体和字号的设置*/
body,p {
    font-family: Verdana, Geneva, sans-serif;
    font-size: 9pt;
}
/*标题 h1 元素的样式*/
h1 {
    font-family: "黑体", "微软雅黑";
    font-size: 18pt;
    font-style: italic;
    text-decoration: underline;
}
/*标准的链接样式*/
a:link {
    color:#FF0000;
    text-decoration:underline;
}
/*已经浏览过的链接的样式*/
a:visited {
    color:#00FF00;
    text-decoration:none;
}
/*鼠标放在链接上面时的样式*/
a:hover {
    color:#000000;
    text-decoration:none;
}
/*单击链接时的样式*/
a:active {
    color:#FFFFFF;
    text-decoration:none;
}
/*结尾落款 h4 元素的样式*/
h4 {
    text-decoration: underline;
    text-align: right;
}
/*水平线的样式*/
hr {
    color: #060;
    height:0px;
    border-top:1px;
}
```

看起来这个样式表比较长，实际上代码非常容易理解，可以看到最开头都是 HTML 元素名称，两个花括号之间的就是样式了，这些样式定义了 HTML 元素的字体、字号、是否显示下划线等。接下来在 Code3_1.html 的 head 区添加一行引用这个 CSS 文件的代码：

```
<head>
<meta http-equiv="Content-Type" content="text/html; charset=utf-8" />
<title>CSS 使用示例</title>
<!--引用 CSS 样式表文件-->
<link href="Code3_2.css" rel="stylesheet" type="text/css" />
</head>
```

经过上述设置后，如果在浏览器中运行 Code3_1.html，可以发现现在网页的内容果然已经变得非常醒目，如图 3.1 所示。

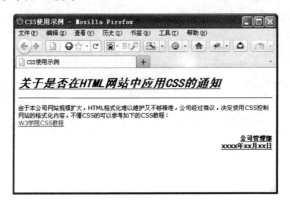

图 3.1　应用 CSS 后的网页效果

这似乎做了更多的工作，原本在 HTML 中可以完成的事情现在多了一个文件。CSS 的好处在于表现与呈现内容的分离，如果在 HTML 文件中进行任意的修改，比如添加一些新的<p>标签，多加几个链接，将都会自动应用这些样式，这避免了网站建设人员重复性地进行页面的设置。最有用的是这个 CSS 文件可以应用于网站中的其他文件，这样就可以为整个网站提供一致性的外观。如果想对样式进行调整，就可以只修改 CSS，这样一次性就能将所有引用到这个 CSS 文件的网页统一进行更新，从而大大提高了网站建设的效率。

3.1.2　CSS 样式表的类型

CSS 的应用非常灵活，在上一小节中将 CSS 直接创建在一个文件中让 HTML 引用，如果 HTML 页面本身比较特别，不会与别的网页共用一个 CSS 文件，也可以将 CSS 直接嵌入到网页内部。CSS 的使用方式一般可以分为如下 4 类。

- ❑ 外部样式表文件：使用<link>标签引用一个样式表文件，HTML 在需要使用样式时会查找文件中的样式，它的优先级比下面两类要低。
- ❑ 内嵌样式表：在 HTML 页面的 head 区直接使用<style>标签定义一个页面内嵌的样式表，它的优先级高于外部样式表文件，低于行内样式表。
- ❑ 行内样式表：在一些 HTML 元素内部使用 style 属性定义样式表，行内样式表具有最高优先级。
- ❑ 引用样式表：可以在一个样式表内部使用@import 语句引用其他的样式表文件。

🔔注意：外部样式表文件仅在需要时才会被浏览器加载并应用，如果没有引用到样式表文件中的样式，则不会加载，这种方式可以减少对资源的占用，提高网页的性能。

外部样式表文件 3.1.1 小节已经介绍过，下面来看一看内嵌式样式表是如何定义的。一个内嵌式样式表的示例如代码 3.3 所示：

代码 3.3　内嵌式样式表示例

```
<html xmlns="http://www.w3.org/1999/xhtml">
<head>
<meta http-equiv="Content-Type" content="text/html; charset=utf-8" />
<title>CSS 使用示例</title>
<!--引用 CSS 样式表文件-->
<link href="Code3_2.css" rel="stylesheet" type="text/css" />
<!--在内嵌的样式表文件中改变<h1>的样式，将覆盖外部样式表文件的设置-->
<style type="text/css">
h1 {
    font-family: "黑体", "微软雅黑";
    font-size: 16pt;
    color: #090;
    font-style: normal;
    text-decoration:none;
}
</style>
</head>
<body>
<!--省略与代码 3.1 相同的部分-->
</body>
</html>
```

以上是与代码 3.1 相同的一个公司公告 HTML，除了引用外部样式表文件之外，在 head 区还嵌入了一个内嵌的样式表，这个样式更改了<h1>标签的显示方式，它将覆盖在外部样式表文件中定义的样式，因此运行时可以发现，现在标题部分的字号果然变小并且去掉了下划线，如图 3.2 所示。

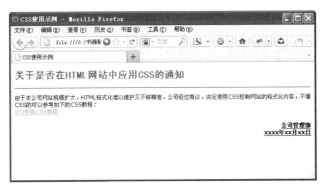

图 3.2　内嵌式样式表的使用效果

而行内样式表实际上是指可以在 HTML 标签内部使用 style 属性指定样式，这种方式现在不被推荐使用，因为增加了维护的成本，并没有真正实现样式与内容的分离。例如在行内样式表中改变<h4>的显示样式：

```
<h4 style="text-decoration:underline;font-style: italic">
公司管理部<br />
xxxx 年 xx 月 xx 日
</h4>
```

可以看到代码为 h4 元素的字体添加了下划线，并且使得字体样式变成了斜体，这个样式将具有最高优先级，除非为了显式地改变某些特殊的呈现，一般不建议直接在 HTML 中使用行内样式表。

@import 也可以用来引用一个外部样式表文件，它可以实现在样式表中引用样式表，例如下面的代码在一个内嵌式的样式表中引用 Code3_2.css 样式表文件：

```
<head>
<meta http-equiv="Content-Type" content="text/html; charset=utf-8" />
<title>CSS 使用示例</title>
<style type="text/css">
@import url("Code3_2.css");  /*导入一个外部样式表文件*/
</style>
</head>
```

可以看到，在<head>区中通过@import 导入了 Code3_2.css 样式表文件，这似乎与使用<link>标签类似，它们之间的最大的区别在于：

- ❑ @import 会在页面加载之初就将样式表全部加载到客户端浏览器中，这增加了网络的开销。
- ❑ <link>标签仅在网页需要样式表时，才会去加载指定的样式表，因此能够显著提升网站的性能。

因此在能够使用<link>标签的情况下，尽量使用<link>，如果非要在一个样式表文件中引用另一个样式表文件，则可以考虑命名用@import。

3.1.3　CSS 语句的语法

CSS 语法非常简单，一个 CSS 基本上就是由两部分组成的，如下所示：

```
选择器{样式属性名称:属性值;样式属性名称:属性值;}
```

选择器是需要改变的 HTML 元素，或者可以是一个自定义的 CSS 类，在 3.2 节介绍 CSS 选择器时会进行详细讨论。多个选择器可以用逗号分隔。位于花括号内的是属性名/值对，而这些属性是选中的元素可以应用的样式属性，例如在 Code3_2.css 中出现的一个样式如下：

```
body,p {
    font-family: Verdana, Geneva, sans-serif;
    font-size: 9pt;
}
```

这里将同时对 body 和 p 应用相同的样式，在花括号内部，分别指定 font-family 和 font-size 这个属性，冒号后面为这两个属性各自指定了相应的值，超过一个的属性/值之间需要用分号进行分隔。每一个属性/值对又称为一个 CSS 样式声明。

3.1.4　在 Dreamweaver 中创建 CSS

对于初学者来说，要记住 CSS 的一些属性和可以赋的属性值比较有难度，即便是有一定经验的老手也常常会忘记一些 CSS 属性的使用方式，而 Dreamweaver 提供了方便易用的

CSS 创建工具，可以轻松地创建一个内嵌式的或者是外部 CSS 文件。

当在 Dreamweaver 中打开一个文档后，比如打开本书配套源代码的 Code3_3.html 文件，然后单击菜单栏的"窗口|CSS 样式"菜单项，或者是使用 Ctrl+F11 快捷键，Dreamweaver 将打开 CSS 属性面板，如图 3.3 所示。

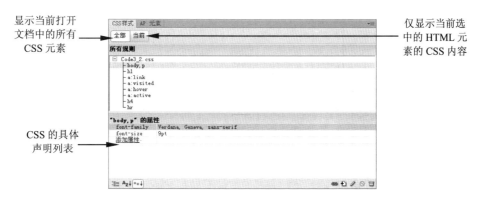

图 3.3　Dreamweaver 的 CSS 属性面板中当前页的 CSS

在属性面板中，单击"全部"按钮，将显示当前打开的 HTML 页面中所包含的所有 CSS 规则的树状显示视图，可以在这个规则列表中选中某一个 CSS，在属性面板中将显示这个规则的 CSS 详细信息。用户可以在这个详细信息面板中使用 Dreamweaver 提供的下拉式选择工具或添加或更改 CSS 属性值。可以在规则列表中右击鼠标，从弹出的快捷菜单中选择"新建"来创建一个新的 CSS。

如果在 HTML 网页中选中了一个元素，单击"当前"按钮，则 CSS 样式面板会显示当前选中元素所应用的所有属性，以及 CSS 规则列表，如图 3.4 所示。

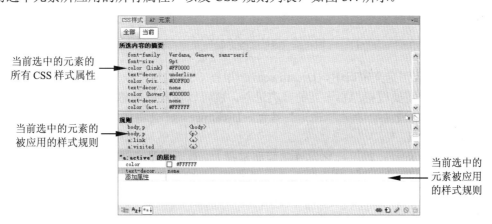

图 3.4　当前选中的元素的 CSS 列表

如果要创建一个新的 CSS，可以在属性面板使用如下的步骤来创建。

（1）在 CSS 属性面板右击鼠标，从弹出的快捷菜单中选择"新建"菜单项，将弹出如图 3.5 所示的新建 CSS 窗口。

选择器类型将在 3.2 节中进行详细介绍，对于标签类型，是指将重新对 HTML 标签应用样式。本章前面的内容都是对标签类型的选择器应用样式。

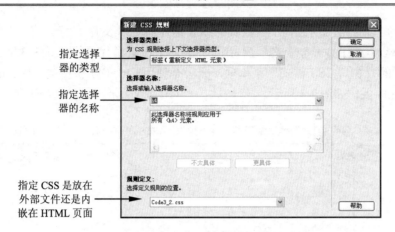

图 3.5　新建 CSS 规则

（2）当确认了新建 CSS 规则的属性后，单击"确定"按钮，Dreamweaver 将弹出如图 3.6 所示的 CSS 详细设置窗口。

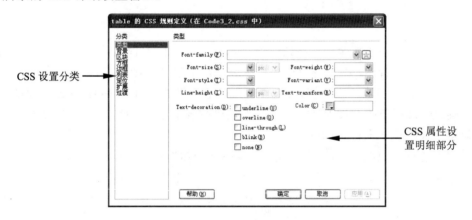

图 3.6　CSS 属性详细设置窗口

在 CSS 的规则定义窗口中，Dreamweaver 根据 CSS 的属性设置特性将 CSS 进行了分类，这样用户只需要根据想要设置的分类进入，就可以在详细信息面板设置 CSS 了。

（3）设置完成之后，单击"确定"按钮，Dreamweaver 会将用户的设置写入到 CSS 文件或嵌入到 HTML 中。

可见 Dreamweaver 的可视化设置功能非常强大，对于初学 CSS 的用户来说，如果不太了解 CSS 的具体作用，可以先以 Dreamweaver 作为入门级的工具。目前很多网站建设专业人员出于效率的考虑，也会先使用 Dreamweaver 设置一个基本的 CSS 样式表文件，然后再进行细化和修订。

3.2　CSS 选择器

CSS 选择器是 CSS 的核心。选择器其实就是指为要应用的样式进行分类，以便不同的类别可以应用到不同的 HTML 元素上。以前介绍的标签选择器，其实就是对 HTML 元素中的某一个或某几个标签来应用样式，CSS 还提供了其他几种自定义的选择器类型，分别是类别选择器、ID 选择器及特殊的选择器等，实际上 CSS 的选择器种类非常丰富，但是日常使用的基本上也就是本章介绍的几种。简单地说，选择器的作用就是提供样式的分组功能，以便于 HTML 可以灵活地设置和应用这些 CSS 集合。

3.2.1　标签选择器

标签选择器又称为 HTML 元素选择器或类型选择器，是 CSS 中最基本的选择器，它主要是选择某些标签类型，为 HTML 网页上所有使用了这个标签的内容应用这个样式。

标签选择器使用非常简单，其基本的语法格式如下：

```
HTML 标签名称{属性名称:属性值;属性名称:属性值}
```

这样的选择器 3.1 节已经演示过，不了解的读者可以先看看 3.1 节的内容。关于标签选择器有一个问题，如果一个页面有\<h1>到\<h6>6 个标题，如果需要将这些标题的颜色统一进行改变，那么是不是要定义如下 6 个样式？

```
h1{color:red}
h2{color:red}
h3{color:red}
...
h6{color:red}
```

这样的设计是非常冗余的，如果以后又要更改标题的颜色，那么不得不对每一个标题元素样式进行更改。CSS 提供了选择器分组功能，因此可以这样编写样式：

```
<style type="text/css">
    h1,h2,h3,h4,h5,h6 {
        color: red;
    }
</style>
```

这种一次性将多个标签写到一个 CSS 规则中的方式称为分组，元素与元素之间用逗号分隔，这样以后要更改不同标题的字体颜色时，只需要修改一个 CSS 规则即可。

在学习 HTML 时曾经了解到，所有的网页呈现内容都是放在\<body>标签内部的，如果对\<body>标签设置了一些样式，那么网页内部所有的其他子元素都会继承其上层元素的样式。例如下面的 CSS 片段：

```
<style type="text/css">
    /*页面的根元素级别指定字体和颜色*/
    body {
        font-family: "黑体", "微软雅黑";
        color: #333;
        font-size: 9pt;
    }
    /*HTML 标签子元素将继承 body 的字体设置*/
    h1,h2,h3,h4,h5,h6 {
        color: red;      /*但是标题自己的颜色设置保留*/
    }
</style>
```

在这个 CSS 中，为 body 标签指定了字体、字号和颜色，所有未明确指定格式的标签都会应用该设置，这称之为 CSS 的继承。但是\<h1>至\<h6>又自己定义了 color 属性，指定了标题的颜色，子元素的设置将覆盖父元素的设置，因此标题虽然继承了<body>的字体设置，但是颜色设置依然保持红色。

🔊**注意**：CSS 的继承需要考虑到不同浏览器之间的兼容性，CSS 中的很多属性在不同的浏览器中都具有不同的效果，因此需要深入理解不同浏览器之间的差异性。

再来看关于标签选择器的另一个问题，例如在 HTML 页面有下面一个有序列表：

```
<!--在段落里面包含 strong 来强化显示内容-->
<p><strong>网页设计是一件需要耐性的工作，需要网站建设人员仔细考虑和不断修改，以达到理想的效果</strong></p>
<ol>
<!--在列表项中也包含了<strong>来强化某个列表项的内容-->
<li><strong>网页设计人员需要懂很多设计、布局、代码以及美工方面的知识</strong></li>
<li>网站建设可以不用写程序，但是要能写标记语言</li>
</ol>
```

样式定义需求是对<p>中的<strong>和<li>中的<strong>分别应用不同的样式，此时如果只是简单地添加一个 strong 标签样式，则<p>和<li>中的内容都会受到 strong 样式的影响。

正确的做法是使用 CSS 的上下文标签选择器或派生选择器，CSS 实现如代码 3.4 所示：

<center>代码 3.4　派生选择器使用示例</center>

```
/*为 li 中的 strong 标签应用样式*/
li strong {
font-style: italic;
font-weight: normal;
color:#060
}
/*为 p 中的 strong 标签应用样式*/
p strong {
font-style:normal;
font-weight: normal;
color:#F00
}
```

可以看到，在选择器中指定了父元素，父元素和子元素之间留了一个空格，这样就可以限制所有<p>下面的<strong>标签使用这个样式，<li>下面的<strong>标签使用不同的样式，因此本小节示例的运行效果如图 3.7 所示。

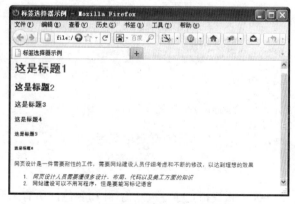

<center>图 3.7　标签选择器示例运行效果</center>

如果还需要更进一步进行细化控制，比如希望某些<p>标签用一种样式，而另外的一些<p>标签用其他的样式，则可以使用类别选择器。

3.2.2　类别选择器

在标签选择器中，总是对一些标签的样式进行设置，如果要同时为多个标签设置相同的样式，比如<div>和<span>具有相同的背景和字体颜色，则可以使用类别选择器，也称为类选择器。

类别选择器的实现过程分为如下两个步骤：

（1）在 CSS 中定义好类别选择器的样式，类别选择器的名称前面有一个点号。

（2）在 HTML 元素中指定这个已经定义好的 CSS 类。

在 CSS 中，类别选择器的定义语法如下：

```
.center {text-align: center}
```

可以看到与标签选择器不同的是，在 center 前面多了一个点号，center 这个名称不是任何 HTML 标签或者预定义保留字，它只是一个自定义的能够代表格式含义的友好名称。

在定义了 CSS 类之后，接下来需要在 HTML 标签中使用 class 属性指定这个 CSS 类名称，如以下代码所示：

```
<h1 class="center">这是标题 1</h1>
<h2 class="center">这是标题 2</h2>
```

经过这样的设置后，现在<h1>和<h2>标签就居中显示了，还可以将 class 应用到其他任何想要应用的 HTML 标签中，只要这些标签具有相应的属性设置，那么其样式就都会受到影响。

可以看到，与标签选择器相比，类别选择器具有更大的灵活性，但是由于要求在每个标签位置指定 class，因此一般的做法是先使用标签选择器设置基本的样式，然后再使用类别选择器对一些需要特殊对待的元素应用 CSS 类。

与标签选择器一样，类别选择器也可以定义派生选择器，其定义语法与标签选择器的定义相似，如以下示例代码所示：

```
/*定义派生选择器*/
.para strong{
    font-family:Verdana, Geneva, sans-serif;
    font-size:9pt;
    color: #f60;
    background: #666;
    }
```

这个派生选择器告诉浏览器，应用了 para 样式类的任何标签内部的 strong 标签都将应用这个样式，例如下面的 HTML 标记所示：

```
<!--在段落里面包含 strong 来强化显示内容-->
<p class="para"><strong>网页设计是一件需要耐性的工作，需要网站建设人员仔细考虑和不
断的修改，以达到理想的效果</strong></p>
```

<p>标签指定了 para 类，那么<p>标签内部的<strong>将应用在派生类选择器中定义的

样式，下面再看一种有趣的用法，如以下代码所示：

```
li.listyle strong{
    font-family:Verdana, Geneva, sans-serif;
    font-size:9pt;
    color:#060
}
```

　　这个 CSS 告诉浏览器，去查找<li>标签中具有类名为 listyle 的元素，对其中的<strong>标签应用定义的样式，这说明元素可以基于其类而被选择器选择，这样如果 listyle 被分配给了多个<li>标签，那么所有这些<li>标签都将应用这里定义的样式，HTML 的<li>标签指定 class 的示例如代码 3.5 所示：

<p style="text-align:center">代码 3.5　类别选择器示例</p>

```
<html xmlns="http://www.w3.org/1999/xhtml">
<head>
<meta http-equiv="Content-Type" content="text/html; charset=utf-8" />
<title>类别选择器示例</title>
<style type="text/css">
  /*定义 CSS 类别*/
  .center {text-align: center}
   /*定义 para 类*/
  .para strong{
      font-family:Verdana, Geneva, sans-serif;
      font-size:9pt;
  color: #f60;
      background: #666;
      }
   /*元素可以基于其 class 进行选择*/
  li.listyle strong{
      font-family:Verdana, Geneva, sans-serif;
      font-size:9pt;
      color:#060
  }
</style>
</head>
<body>
<!--应用类别，浏览器将根据类别应用 CSS-->
<h1 class="center">这是标题 1</h1>
<h2 class="center">这是标题 2</h2>
<!--根据类别查找元素的例子-->
<p class="para"><strong>网页设计是一件需要耐性的工作，需要网站建设人员仔细考虑和不
断修改，以达到理想的效果</strong></p>
<ol>
<li class="listyle"><strong>网页设计人员需要懂很多设计、布局、代码以及美工方面的
知识</strong></li>
<li>网站建设可以不用写程序，但是要能写标记语言</li>
</ol>
</body>
</html>
```

　　在<li>标签中，指定 class 为 listyle，这样就可以被 CSS 的类别选择器找到一个 class
为 listyle 类别，因此便应用了定义的样式。通过在一个页面上混合使用类别选择器，可以
达到比较灵活的效果，示例运行效果如图 3.8 所示。

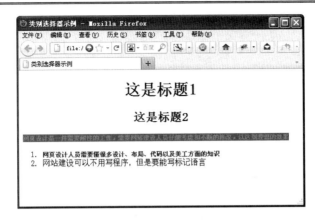

图 3.8　类别选择器示例运行效果

　　类别选择器也可以通过逗号分隔的方式进行组合，请参考标签选择器中关于组合部分的介绍。

3.2.3　id 选择器

　　基本上每个 HTML 元素都可以指定一个标准的 id 属性的属性值，这个属性值用来唯一地标识一个 HTML 元素。而 id 选择器是根据 HTML 的这些 id 值作为选择条件来应用 CSS 样式的。

　　如果要在 CSS 中使用 id 选择器，那么必须对 HTML 元素应用 id 属性，例如下面的代码分别为<h1>和<h2>进行了 id 属性的设置：

```
<h1 id="title1">这是标题 1</h1>
<h2 id="title2">这是标题 2</h2>
```

　　id 选择器与类别选择器最大的不同就是 id 选择器的前缀是#号，因此要为 id 为 title1 和 id 为 title2 的元素设置 id 选择器，示例代码如下：

```
#title1,#title2{
    font-family:Verdana, Geneva, sans-serif;
    font-size:9pt;
color: #f60;
   background: #666;
   }
```

　　可以看到 id 选择器是通过"#"号来定义的，而"#"号后面跟的是具体的 id 值，因为 CSS 将根据这些 id 值去 HTML 中查找相应的 id 属性匹配的值。

　　id 选择器也可以定义为派生选择器，例如只想要让 id 号为 listyle 中的<strong>标签的样式发生改变，则可以定义派生选择器代码。id 选择器的示例如代码 3.6 所示：

代码 3.6　id 选择器示例

```
<html xmlns="http://www.w3.org/1999/xhtml">
<head>
<meta http-equiv="Content-Type" content="text/html; charset=utf-8" />
<title>类别选择器示例</title>
<style type="text/css">
```

```
    /*使用 id 选择器设置样式*/
    #title1,#title2{
        font-family:Verdana, Geneva, sans-serif;
        font-size:9pt;
        color: #f60;
       background: #666;
        }
    /*指定 id 选择器的派生选择器*/
    #listyle strong{
        font-family:Verdana, Geneva, sans-serif;
        font-size:9pt;
        color:#060
    }
    #para strong{
        font-family:Verdana, Geneva, sans-serif;
        font-size:9pt;
        color:#060
    }
</style>
</head>
<body>
<!--需要为要应用样式的元素指定 id 属性-->
<h1 id="title1">这是标题 1</h1>
<h2 id="title2">这是标题 2</h2>
<!--指定 id 属性，派生选择器将改变该属性的<strong>标签的样式-->
<p id="para"><strong>网页设计是一件需要耐性的工作，需要网站建设人员仔细考虑和不断修
改，以达到理想的效果</strong></p>
<ol>
<!--指定 id 属性，派生选择器将改变该属性的<strong>标签的样式-->
<li id="listyle"><strong>网页设计人员需要懂很多设计、布局、代码以及美工方面的知识
</strong></li>
<li>网站建设可以不用写程序，但是要能写标记语言</li>
</ol>
</body>
</html>
```

可以看到，对于 id 选择器，必须要有与之匹配的 id 属性值，而对于 HTML 元素来说，要求一个 id 值在整个 HTML 页面中保持唯一，因此一个 id 选择器一般只能对某个具体的 HTML 元素应用样式，它比类别选择器更加精细化，示例运行效果如图 3.9 所示。

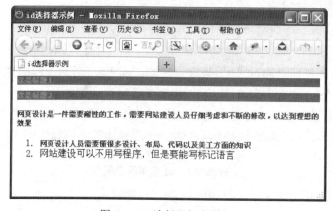

图 3.9　id 选择器运行效果

实际上 id 选择器在页面的布局方面应用得相当广泛，比如用 DIV 进行页面布局时，

由于布局元素一般在一个页面中都保持唯一，在本书第 7 章介绍布局方面的内容时，还会看到关于 id 选择器的具体应用。

3.2.4　通配符选择器

在 CSS 中还可以使用* 选择器，也就是用一个*号作为选择符，它表示对页面上所有的元素应用样式。在 Windows 系统中，*表示是匹配所有的文件或文件夹，CSS 利用这个特性也创建了一个类似的通配符选择器，例如要使 HTML 中所有元素的字体颜色为绿色，则可以定义如下的 CSS：

```
*{  /*使得页面上所有元素的字体颜色变为绿色*/
    color:#060
}
```

有了上面的 CSS，除非在某个特定的元素上显示的设置了字体颜色，否则都将使用*通配符提定的颜色。

3.2.5　属性选择器

使用 CSS 选择器，还可以直接对拥有特定属性的 HTML 元素应用样式，不仅仅局限于类 class 或 id 属性值。在定义属性选择器时，属性名称用中括号包起来。例如下面的 CSS 将对 HTML 元素中包含 title 属性的元素应用样式：

```
/*对具有title属性的HTML元素应用样式*/
[title]{
    font-family:Verdana, Geneva, sans-serif;
    font-size:9pt;
    color:#090
}
```

接下来就可以定义一些具有 title 属性的元素，这些元素将自动被应用到这里指定的样式，例如下面的代码创建了一些链接，这些链接中有的使用了 title 属性，有的没有，则仅有应用了 title 属性的元素会被应用到样式：

```
<body>
  <!--将被应用属性选择器样式-->
  <a href="www.microsoft.com" title="微软公司网站">微软全球</a>
  <br />
  <!--将被应用属性选择器样式-->
  <a href="www.oracle.com" title="Oracle 公司网站">Oracle 网站</a>
  <br />
  <!--将被应用属性选择器样式-->
  <a href="www.ibm.com" title="ibm">IBM 网站</a>
  <br />
  <!--这个链接不会应用属性选择器样式-->
  <a href="www.nokia.com">诺基亚网站</a>
</body>
```

上面的代码在页面上添加了很多 HTML 链接，一些链接指定了 title 属性，就会被应用到属性选择器的样式，而诺基亚网站的链接没有 title 属性，因此不会应用样式。

除了直接指定属性应用于样式外，还可以指定属性和值的样式，也就是说只有当特定的属性和其拥有的值相匹配时，才应用样式，如下面的示例所示：

```
/*使得 Oracle 公司网站的字体加粗*/
[title=Oracle 公司网站]
{
    font-weight:bold
}
```

这个代码将判断 title 属性值为 Oracle 公司网站的 HTML 元素，为其应用粗体字，运行之后可以发现，现在 Oracle 网站链接果然变成了粗体，如图 3.10 所示。

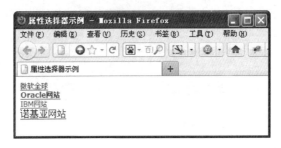

图 3.10　属性选择器示例

如果需要进行不完整匹配，比如只想要匹配在 title 属性的值中包含"微软"这两个字的元素，则可以在属性等于号后面加一个"~"符号，如下面的示例所示：

```
[title~=微软]
{
    font-style:italic;
    color:red;
}
```

但是这种方式只能查找"微软"这个词，也就是说"微软"是一个用空格隔开的词汇，只有下面的 HTML 语句才能匹配：

```
<!--将被应用属性选择器样式-->
<a href="www.microsoft.com" title="微软 公司网站">微软全球</a>
<br />
<!--这一行被会被应用到属性值样式-->
<a href="www.microsoft.com.cn" title="微软中国有限公司">微软中国</a>
```

所以在使用属性值选择器时应该要注意到这一点。

关于属性值选择器的应用，最后可以看一个更改表单样式的案例。表单输入域 input 元素通过不同的属性来设置不同的表单控件，通过属性值选择器，可以控制不同的控件的呈现效果，示例如代码 3.7 所示：

代码 3.7　使用属性值选择器控制表单控件

```
<html xmlns="http://www.w3.org/1999/xhtml">
<head>
<meta http-equiv="Content-Type" content="text/html; charset=utf-8" />
<title>属性选择器示例</title>
<style type="text/css">
    /*输入控件的字体设置统一为 9pt*/
```

```
    input{
        font-size:9pt
    }
    /*仅对文本框进行样式设置*/
    input[type="text"]
    {
      width:150px;
      display:block;
      margin-bottom:10px;
      background-color:yellow;
      font-family: Verdana, Arial;
    }
    /*仅对按钮进行样式设置*/
    input[type="button"]
    {
      width:120px;
      margin-left:35px;
      display:block;
      font-family: Verdana, Arial;
    }
</style>
</head>
<body>
 <!--HTML 表单-->
<form name="input" action="" method="get">
  <input type="text" name="Name" value="案例" size="20">
  <input type="text" name="Name" value="研究" size="20">
  <input type="button" value="网站建设">
</form>
</body>
</html>
```

在 CSS 区域，首先对 input 应用了标签选择器，使得所有的输入控件都具有 9 号字体，接下来对 type 属性为 text 的也就是文本框控件设置样式；然后对 type 属性为 button 的也就是按钮设置样式。可以看到使用属性选择器对于这种由于属性的不同而导致的呈现效果不同的元素非常方便，运行效果如图 3.11 所示。

图 3.11　属性和值选择器修改表单样式示例

本节中介绍了一些常用的属性选择器类型。CSS 选择器部分本身包含了非常丰富的选择器特性，但是日常应用的基本上也就是本节列出的几种类型，更多关于 CSS 的介绍，比如伪列和伪对象，请读者参考互联网上的资料。

3.3　格式化文本

网页中文字显示的效果直接影响到网站整体的风格，优美排版的文本总能给人一种赏心悦目的感觉。反之无论图像布局多么优美，当浏览者静下心来去看文字时，被杂乱的排版，扭曲的文字所影响，也会导致对网页的整体印象变得相当差。

Dreamweaver 软件根据 CSS 所应用的格式化特性将 CSS 属性分成了 9 大部分，这可以从图 3.12 的样式规则定义图中看到，可以看到首个分类"类型"就是用来设置字体、字号、颜色、字体装饰的。下面将介绍这些属性的具体作用。

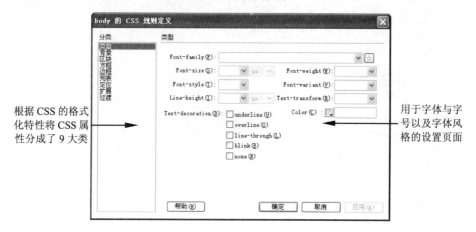

根据 CSS 的格式化特性将 CSS 属性分成了 9 大类　　　　　　用于字体与字号以及字体风格的设置页面

图 3.12　CSS 的样式分类与字体设置页面

3.3.1　设置字体

CSS 提供了多种与字体设置相关的属性，在本章前面的示例中已经多次看到 font-family 和 font-size 等属性，这些属性用来提供美观的字体显示效果。网页设计者应该了解的是，网页发布以后将可以被世界上任何地方的用户所访问，而这些用户一般会使用操作系统的默认字体来浏览网页。为了让不同地区的用户得到统一的效果，在字体的选择上一般应该总是选择比较通用的字体。

对于微软中文版 Windows 系统来说，默认字体是宋体或新宋体，英文版 Windows 为 Arial，Windows 7 版本以后的字体是微软雅黑字体。如果网站仅在 Windows 7 以上的系统上浏览，可以选择这个字体，否则应该总是使用默认字体显示。在 CSS 中与字体设置相关的属性如表 3.1 所示。

表 3.1　CSS字体设置属性

属性名称	属 性 描 述
font-family	用一个或多个字体名称指定页面元素要使用的字体，如果首个字体不可用，HTML 元素将选择使用下　个字体，依此类推
font-size	字号大小设置
font-weight	指定字体的粗细，如果指定 bold 值，字体将显示为粗体
font-variant	设置英文大小写转换

下面分别对这几个字体设置属性进行说明。

1．设置字体系列

font-family 其实就是一系列逗号分隔的字体名称，笔者一般会使用 Dreamweaver 的字体设置功能，因为它内置了一系列的字体簇，而且可以创建自定义的字体簇。下面通过步骤来演示一下如何在 Dreamweaver 中设置 font-family 属性。

（1）打开 Dreamweaver，从欢迎页面选择"新建｜HTML"项，创建一个新的 HTML文件，然后单击"文件｜保存"菜单项，命名为：Code3_8.html，Dreamweaver 将打开新创建的文档，首先切换到代码视图，然后单击"窗口｜CSS 样式"菜单项，或者是通过 Shift+F11 快捷键，Dreamweaver 将在面板区域中打开 CSS 操作面板。

（2）在 CSS 窗口中单击鼠标右键，从弹出的快捷菜单中选择"新建"菜单项，在弹出的"新建 CSS 规则"窗口中，指定选择器类型为"标签（重新定义 HTML 元素"，指定要应用样式的标签为 body，在规则定义中指定"（仅限该文档）"，然后单击"确定"按钮，Dreamweaver 将弹出如图 3.13 所示的窗口。

图 3.13　单击编辑字体列表

（3）单击图 3.13 中的 Font-family 下拉列表框，可以看到 Dreamweaver 为用户内置了很多的字体簇，直接选择即可。如果对这些字体系列不满意，可以单击下拉项底部的"编辑字体列表..."项。

（4）在选择了编辑字体列表之后，系统将弹出如图 3.14 所示的字体列表窗口，该窗口由 3 个子列表框组成：

图 3.14　选择并编辑字体

❑ 字体列表窗口：这里列出的是已经编辑好的字体系列。

❑ 可用字体：Dreamweaver 从操作系统中获取的字体列表。

❑ 选择的字体：通过单击 |≪| 按钮和 |≫| 按钮可以在选择的字体和可用字体之间切换，最终选择的字体列表将被添加到字体列表中。

在编辑完成单击"确定"按钮之后，就可以从 Font-family 的下拉列表框中找到所添加的字体信息了。

（5）选择新设置的字体，单击"确定"按钮，Dreamweaver 将在<head>区添加一个 CSS 样式的定义，笔者定义的字体列表产生的代码如下：

```
<style type="text/css">
    body {
        font-family: "方正舒体", "方正姚体", "黑体";
    }
</style>
```

2．设置字号大小

字号大小的设置，在 Dreamweaver 中提供了很多的选择项，一般分为两部分设置：

❑ 相对字号大小：比如 xx-small、x-small 或百分比，这是相对于标准字号大小的设置，由于是相对字号设置，因此当周围的字号变化时，相对字号大小也会发生改变。

❑ 绝对字号大小：是指定一个数字和一个单位，比如 10pt、10px 等指定的绝对的字号大小，这种大小不允许在浏览器中变化。

在实际的网页开发中，需要用到相对字号的地方很少，一般都是基于像素 px 或者是点 pt 的字号设置，例如笔者就经常使用 9pt 作为默认的文本显示字号，这种字号方方正正，是一种标准的 Web 美观字体。

例如下面的代码，将字号大小设为 9pt（pt=point，px=pixel），即 9 个点，如以下代码所示：

```
<style type="text/css">
    body {
    font-size: 9pt;
    font-family: "宋体", "宋体-方正超大字符集", "新宋体";
    }
</style>
```

应用了这种字体的网页的运行效果图 3.15 所示。

图 3.15　字号大小示例效果

3．设置字体粗细

font-weight 用于设置字体的粗细，既可以指定数字值，也可以指定 bold 表示粗体，normal 表示一般字体。其中数字值 400 相当于关键字 normal，700 相当于 bold。

例如下面的代码会将字体进行加粗显示，如下所示：

```
<style type="text/css">
    body {
    font-size: 9pt;
    font-family: "宋体", "宋体-方正超大字符集", "新宋体";
    font-weight: bold;
    }
</style>
```

在实际工作中一般极少对这个属性设置数字值，不过有兴趣的读者可以试一试不同值的具体显示效果。

4．设置字体样式

字体样式是指字体的标准或倾斜效果，它具有如下 3 种可选值：

❑ normal：标准字体，默认设置。

❑ italic：倾斜字体，字体呈倾斜效果。

❑ oblique：倾斜字体，基本上与 italic 相同，用在中文字体之外的字体上。

下面的 CSS 样式设置会将页面上所有的文本显示为斜体字：

```
<style type="text/css">
    body {
    font-size: 12pt;
    font-family: "宋体", "宋体-方正超大字符集", "新宋体";
    font-weight: bold;
    font-style: italic;
    }
</style>
```

斜体文字的显示效果如图 3.16 所示。

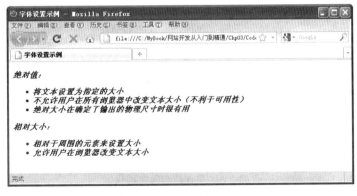

图 3.16　斜体字的显示效果

5，设置英文大小写

font-variant 用来设置英文字体的大小写，具有如下 3 种可选值。

- □　normal：默认值，显示一个标准的字体。
- □　small-caps：显示大写字母的字体。
- □　inherit：从父元素继承 font-variant 属性的值。

使用示例如以下代码所示：

```
/*设置段落字体的大小写，使用类选择器*/
p.normal {font-variant: normal}
p.small {font-variant: small-caps}
```

在<body>区添加了如下的两行代码：

```
<!--指定段落-->
<p class="normal">This is a paragraph</p>
<p class="small">This is a paragraph</p>
```

网页运行以后，果然可以看到 CSS 被设置为 small-caps 的英文字母都变成了大写。

3.3.2　文本的排版

上一节介绍了文字显示的效果。当大量的文字排在一起的时候，需要使用文本排版样式。文本排版样式主要包含字符间距、文字的修饰、文本的排列、文本的缩进及行高设置等。与排版相关的属性如表 3.2 所示。

表 3.2　CSS文本排版属性

属 性 名 称	属 性 描 述
color	设置文本颜色
direction	设置文本方向
line-height	设置行高
letter-spacing	设置字符间距
text-align	对齐元素中的文本
text-decoration	为文本添加修饰
text-indent	缩进元素中文本的首行
text-transform	控制元素中的字母
white-space	设置元素中空白的处理方式
word-spacing	设置字间距

实际上对文字的排版与在 Word 中对段落的排版非常相似，例如段落开头总是要缩进两个字符，段落中文本的行高不能太紧凑，字与字之间的间距不能设计得密密麻麻，以降低阅读者的难度，可以设置段落整段文本的左对齐、居中对齐或居右对齐等。

代码 3.8 演示了如何使用这些文本排版属性对一个段落进行格式化：

代码 3.8　基本的段落排版示例

```
<html xmlns="http://www.w3.org/1999/xhtml">
<head>
<meta http-equiv="Content-Type" content="text/html; charset=utf-8" />
<title>文本排版示例</title>
<style type="text/css">
```

```
body{
    font-size: 9pt;
}
/*为段落 id 为 p1 的段落应用样式*/
#p1 {
    text-indent: 10pt;        /*缩进 10 个 point*/
    font-size: 14px;          /*字体大小为 14 像素*/
    letter-spacing: 1px;      /*字符间距为 1 像素*/
    white-space:normal;       /*处理元素间的空白为标准*/
    word-spacing:1px;         /*指定字间距为 1 像素*/
    line-height:2em;          /*指定行高*/
    color:#060                /*指定字体颜色*/
}
/*为段落 id 为 p2 的段落应用样式*/
#p2 {
    text-indent: 1em;         /*指定段落缩进为 1em*/
    letter-spacing: 0.75em;   /*指定字符间距*/
    word-spacing: 1px;        /*指定元素间距*/
    line-height:2em;          /*指定行高*/
    text-align:justify;       /*指定文本对齐方式*/
}
</style>
</head>
<body>
<p id="p1">上一章介绍对于文字的显示的效果，当大量的文字排在一起的时候，需要使用文本排
版样式，文本排版样式主要包含字符间距、文字的修饰、文本的排列、文本的缩进以及行高设置等
等，与排版相关的属性如表 3.2 所示。
</p>
<p id="p2">实际上对于文字的排版与在 Word 中对段落的排版非常相似，例如对于段落开头总是
要缩进两个字符，段落中文本的行高不能太紧凑，字与字之间的间距不能设计得密密麻麻，以降低
阅读者的难度，可以设置段落整段文本的左对齐、居中对齐或者是居右对齐等等。</p>
</body>
</html>
```

在这个例子中，分别对段落 p1 和段落 p2 应用了不同的文本排版样式。对于段落 p1 来说，样式应用如以下描述所示。

（1）text-indent 文本缩进：这个属性将段落的首行缩进，其属性值为长度单位的值，可以设置的度量单位有 px、pt 和 em，在这里指定了 10pt 的缩进单位。

注意：px（pixel）表示像素，是屏幕上显示数据的基本的点，pt（point）表示点，是印刷业常用单位，表示 1/72 英寸。1px=9.75pt，而 1em=16px。em 是一个相对单位，通常在国外的网站用得比较多，它表示一个比率。

（2）letter-spacing：指定两个字符之间的距离，它是单个文字比如字母或字符之间的间隔。在这里指定为 1px，表示间隔 1 个像素。

（3）white-space：这个设置会对文本中的空格换行和 tab 字符进行处理，它具有如表 3.3 所示的几种可选值。

表 3.3 white-space属性值列表

属 性 名 称	属 性 描 述
normal	空白会被浏览器忽略,这是默认设置
pre	空白会被浏览器保留。其行为方式类似于 HTML 中的\<pre\>标签
nowrap	文本不会换行,文本会在同一行上继续,直到遇到\<br\>标签为止
pre-wrap	保留空白符序列,但是正常地进行换行
pre-line	合并空白符序列,但是保留换行符
inherit	规定应该从父元素继承 white-space 属性的值

如果将这个示例中的 normal 更改为 nowrap,运行网页可以发现,整段段落不会换行,它仅会显示 1 行,除非显式地在代码中添加\<br\>标签。

(4)word-spacing:增加或减少单词间的空白(即字间隔),它表示的是一个英文单词,对于中文文字没有太明显的效果。可以指定属性值 normal 或者是一个长度值。

(5)line-height:该属性用于设置行与行之间的间距,它定义了该元素中基线之间的最小距离而不是最大距离,它具有如表 3.4 所示的几种属性值。

表 3.4 line-height属性值列表

属 性 名 称	属 性 描 述
normal	使用默认的行间距设置
长度数字	设置数字,此数字会与当前的字体尺寸相乘来设置行间距
length	设置固定的行间距
%	基于当前字体尺寸的百分比行间距
inherit	规定应该从父元素继承 line-height 属性的值

在示例中,使用了固定长度的行间距 2em。

(6)color:指定字体的颜色,直接指定一个颜色值即可。

段落 p2 的 CSS 样式设置基本上与 p1 类似,不同之处在于不同的属性值设置。通过图 3.17 可以看出两个段落之间的区别。

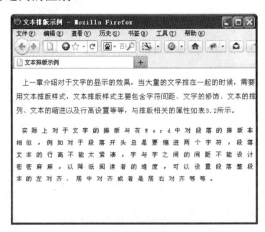

图 3.17 文本排版 CSS 效果

可以看到应用了文本排版效果后,现在段落的文字果然变得清爽一些,p2 段落还应用了 text-align 属性，该属性具有如表 3.5 所示的几种可选值。

表 3.5　text-align属性值列表

属 性 名 称	属 性 描 述
left	默认值，文本从左向右对齐
right	实现从右到左对齐文本效果
center	实现居中对齐文本效果
justify	实现两端对齐文本效果
inherit	规定应该从父元素继承 text-align 属性的值

这个属性类似于在 Word 中的文本对齐，比如 justify 两端对齐，它会调整字符或单词之间的间距，以使得各行长度恰好相等，这在印刷打印领域中非常有用。文本对齐示例如代码 3.9 所示：

代码 3.9　文本对齐效果示例

```
<title>文本对齐示例</title>
<style type="text/css">
body{
    font-size: 9pt;
}
/*文本对齐示例*/
h1 {text-align: center}     /*居中对齐文本效果*/
h2 {text-align: left}       /*向左对齐文本效果*/
h3 {text-align: right}      /*向右对齐文本效果*/
h4 {text-align:justify}     /*两端对齐文本效果*/
</style>
</head>
<body>
<h1>居中对齐文本效果</h1>
<h2>文本从左向右对齐</h2>
<h3>从右到左对齐文本效果</h3>
<h4>两端对齐文本效果</h3>
</body>
```

在示例代码中，分别演示了这几种不同的对齐方式的具体呈现效果，运行时如图 3.18 所示。

图 3.18　文本对齐效果示例

最后一个要重点介绍的是 text-decoration 属性，它可以为文本提供很多非常有趣的效果。text-decoration 主要用来为文本提供修饰效果，它具有如表 3.6 所示的几种可选值。

表 3.6　text-decoration属性值列表

属 性 名 称	属 性 描 述
none	默认值，不具有任何文本特效
underline	定义文本下划线
overline	定义文本上划线
line-through	定义穿过文本下的一条线
blink	定义闪烁的文本
inherit	规定应该从父元素继承 text-decoration 属性的值

可以看到，这个属性主要用来为文本添加下划线、上划线或删除线之类的效果，代码
3.10 演示了各种不同属性值的显示效果：

代码 3.10　文本修饰效果示例

```
<style type="text/css">
body{
    font-size: 9pt;
}
/*文本修饰示例*/
h1 {text-decoration: overline}
h2 {text-decoration: line-through}
h3 {text-decoration: underline}
h4 {text-decoration:blink}
/*标准的链接样式*/
a:link { text-decoration:none; }
/*已经浏览过的链接的样式*/
a:visited {text-decoration:none; }
/*鼠标放在链接上面时的样式*/
a:hover {text-decoration:underline; }
/*单击链接时的样式*/
a:active {text-decoration:none;}
</style>
</head>
<body>
<h1>带条上划线</h1>
<h2>带条删除线</h2>
<h3>带条下划线</h3>
<h4>闪烁文本</h3>
<br />
<a href="www.microsoft.com" target="_blank">微软中国</a>
</body>
```

在这个代码段中，使用 text-decoration 的不同属性来修饰标题文本。对于最后的一个
链接，可以看到使用的选择器似乎有些不同，这种选择器是<a>的伪类，伪类是指根据元
素的不同行为的一种选择器。超链接有 4 个伪类选择器。分别对应链接在不同的状态下的
效果，因此在示例中默认情况下链接不显示下划线，当鼠标移动到链接上面时，将显示下
划线，示例运行效果如图 3.19 所示。

可以发现闪烁文本总是在一闪一闪地，给用户一种醒目的提醒效果。

⌂注意：闪烁特性对于不同的浏览器可能会具有不同的效果，例如 IE 浏览器就不支持闪
　　　烁文本的动态效果。

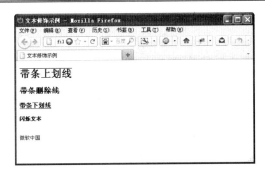

图 3.19　文本修饰效果示例

3.3.3　表格和边框

在本书第 2 章介绍了 HTML 表格的使用方法，表格的很多格式化样式都可以使用 CSS 来控制，它使得用户可以创建一些非常漂亮的有个性的表格。在对表格元素，比如 table、td、tr 应用 CSS 样式时，可以使用本章前面介绍的多种样式。除此之外，还可以使用与表格设置相关的如下属性。

- ❑ border-collapse：设置是否把表格边框合并为单一的边框。
- ❑ border-spacing：设置分隔单元格边框的距离。
- ❑ caption-side：设置表格标题的位置。
- ❑ empty-cells：设置是否显示表格中的空单元格。
- ❑ table-layout：设置显示单元、行和列的算法。

在介绍 HTML 表格时，笔者曾经演示了如何用 HTML 属性创建单线的边框，实际上当时的解决方案并不是很完美，而通过 border-collapse 属性，则可以创建出非常漂亮的单线边框，创建示例如代码 3.11 所示：

代码 3.11　表格边框示例

```
<title>单线边框的表格</title>
<style type="text/css">
table
  {
  border-collapse:collapse;    /*定义表格边框折叠为单一边框*/
  font-size:9pt;
  }
table, td, th
  {
  border:1px solid black;    /*指定表格的边框宽度、样式和颜色*/
  }
</style>
</head>
<body>
<!--定义一个 3 行 3 列的表格-->
<table>
<tr>
<th>学生姓名</th>
<th>学生姓别</th>
<th>职位</th>
```

```
</tr>
<tr>
<td>张三丰</td>
<td>男</td>
<td>武当派掌门人（BOSS）</td>
</tr>
<tr>
<td>觉远大师</td>
<td>男</td>
<td>藏经阁看管</td>
</tr>
<tr>
<td>郭襄</td>
<td>女</td>
<td>娥媚派创始人</td>
</tr>
</table>
</body>
```

之所以默认情况下表格会具有双线条的边框，是因为 table、th 及 td 元素都有自己独立的边框，而 border-collapse 则会将这些边框折叠为单一边框。在 CSS 中使用了一个新的属性 border，它用来为表格定义边框。除了表格，还可以使用它来为任何 HTML 元素定义边框。单线边框的表格运行效果如图 3.20 所示。

图 3.20　单线边框的表格示例

可以看到，现在这个表格美观多了。border-collapse 具有如表 3.7 所示的 3 种可选值。

表 3.7　border-collapse属性值列表

属性名称	属 性 描 述
separate	默认值。边框会被分开。不会忽略 border-spacing 和 empty-cells 属性
collapse	如果可能，边框会合并为一个单一的边框。会忽略 border-spacing 和 empty-cells 属性
inherit	规定应该从父元素继承 border-collapse 属性的值

应用于表格的其他 CSS 样式在实际的工作中其实应用得并不多，有兴趣的读者可以参考 W3School 网络学院中关于这些属性的介绍。

在定义单线边框表格时，使用了 border 属性来为表格指定边框，border 属性可以应用于任何的 HTML 元素，例如可以是标题、段落、链接等。边框就是元素背景之后的边界线，每个边框又包含宽度、样式和颜色，这些属性的值可以直接写在 border 属性中，例如代码 3.11 所示的 table 的例子：

```
table, td, th
  {
  border:1px solid black;    /*指定表格的边框宽度、样式和颜色*/
  }
```

它指定了 table、td 和 th 这 3 个元素的边框分别为 1 像素宽，实心线条且颜色为黑色。

border 的定义总是同时应用于边框的 4 个边，例如示例 3.12 演示了如何为一个段落添加一个边框：

代码 3.12 使用 border 属性添加边框

```
<title>边框使用示例</title>
<style type="text/css">
  p{
     font-size:9pt;
     border:5px dotted #090        /*5 像素边框，虚线条，绿色*/
  }
</style>
</head>
<body>
<!--定义一个段落用于应用样式-->
<p>
在定义单线边框表格时，使用了 border 属性来为表格指定边框，border 属性可以应用于任何的
HTML 元素，例如可以是标题、段落、链接等等。边框就是元素背景之后的边界线，每个边框又包
含：宽度、样式和颜色，
</p>
</body>
```

在代码中，指定边框宽度为 5 像素，dotted 样式表示定义虚线边框，颜色值为#090 值。上面示例的运行效果如图 3.21 所示。

图 3.21 border 示例运行效果

如果在 Dreamweaver 中查看 CSS 边框设置项，例如对于标签选择器 p，如果编辑其 CSS 样式，可以看到 Dreamweaver 实际上显示 border 同时对 4 个边设置了宽度、样式和颜色，如图 3.22 所示。

图 3.22 Dreamweaver 的边框设置窗口

这也就是说，其实边框的每一条边都可以分别进行设置，拆分出来的属性列表如表 3.8 所示。

表 3.8　边框详细属性列表

宽度属性名称	宽度属性描述	样式属性名称	样式属性描述	颜色属性名称	颜色属性描述
border-top-width	上边框宽度	border-top-style	上边框样式	border-top-color	上边框颜色
border-right-width	右边框宽度	border-right-style	右边框样式	border-right-color	右边框颜色
border-bottom-width	下边框宽度	border-bottom-style	下边框样式	border-bottom-color	下边框颜色
border-left-width	左边框宽度	border-left-style	左边框样式	border-left-color	左边框颜色

下面的示例将使用这些属性仅为段落添加一条底边框线：

```
<style type="text/css">
  /*为段落添加一条底边框线*/
  p{
    font-size: 9pt;
    border-top-width: 0px;
    border-right-width: 0px;
    border-bottom-width: medium;
    border-left-width: 0px;
    border-top-style: none;
    border-right-style: none;
    border-bottom-style: solid;
    border-left-style: none;
    border-bottom-color: #090;
  }
</style>
```

可以看到，CSS 中的边框可以分别进行控制。对于需要显示特殊装饰效果的网页来说，使用边框是非常有用的，段落下边框示例运行效果如图 3.23 所示。

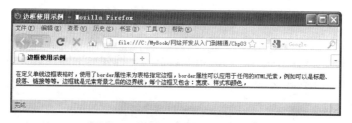

图 3.23　段落下边框运行效果图

3.3.4　颜色与背景

在 CSS 中，前景色即文本的颜色，使用 color 属性表示。在大多数时候，给 color 属性赋的都是十六进制的颜色值，这可以借助于 Dreamweaver 工具的颜色选择器来实现。除此之外，还可以指定颜色的名称，或者是使用 rgb 函数定义颜色。示例代码 3.13 演示了如何使用各种不同的颜色值赋值方式来为页面上的元素赋值：

代码 3.13　为 color 属性赋值方式

```
<title>前景色赋值示例</title>
<style type="text/css">
```

```
    body {
    color: red;                 /*指定颜色常量*/
    font-size: 9pt;
    }
    h1 {color:#00ff00}          /*指定颜色16进制编码*/
    p {color:rgb(0,0,255)}      /*使用 rgb 指定红、绿、蓝颜色的计算结果*/
</style>
</head>
<body>
<!--定义页面标题 -->
<h1>关于表格的前景色应用</h1>
<!--定义一个段落-->
<p>
在定义单线边框表格时，使用了 border 属性来为表格指定边框，border 属性可以应用于任何的
HTML 元素，例如可以是标题、段落、链接等等。边框就是元素背景之后的边界线，每个边框又包
含：宽度、样式和颜色，
</p>
</body>
```

在示例中分别使用了如下 3 种不同的颜色赋值方式。

- ❏ 颜色常量值：可以使用被 W3C 的 HTML 4.0 标准所支持 16 种颜色常量名称，它们是：aqua, black, blue, fuchsia, gray, green, lime, maroon, navy, olive, purple, red, silver, teal, white, yellow。
- ❏ 十六进制颜色编码：颜色由一个十六进制符号来定义，这个符号由红色、绿色和蓝色的值组成（RGB）。
- ❏ rgb 函数：指定红（R）、绿（G）和蓝（B）三种颜色的 0～255 之间的颜色值的颜色组合。

通过计算 256×256×256，可以看到组合之后可以有 1600 多万种不同的颜色。关于颜色值的更多信息，可以参考 W3school 的网页，网址如下所示。

```
http://www.w3school.com.cn/html/html_colorsfull.asp
```

如果要为网页或页面上的 HTML 元素指定背景色，可以使用 CSS 属性 background-color，该属性的赋值方式与 color 类似，但是它具有一个额外的 transparent 属性值，background-color 的默认值就是 transparent，表示背景默认就是透明色。

例如下面的代码使用 background-color 分别为代码 3.13 的<body>和<h1>标签添加了一个背景色：

```
<style type="text/css">
    body {
        color: red;                 /*指定颜色常量*/
        font-size: 9pt;
        background-color:#FFC       /*为 body 应用背景色*/
    }
    h1 {
        color:#00ff00;              /*指定颜色十六进制编码*/
        background-color:#090;      /*为标题应用背景色*/
    }
    p {color:rgb(0,0,255)}          /*使用 rgb 指定红、绿、蓝颜色的计算结果*/
</style>
```

运行可以发现标题区的背景果然变成了绿色，而整个网页的背景色变成了淡黄色。

除了可以设置背景颜色之外，还可以使用 background-image 为网页设置背景图像，这个 CSS 属性的默认值是 none，表示不显示图像。它的标准的使用语法如下：

```
background-image:url(url 路径);
```

默认情况下，背景图像将显示在元素的左上角，并且会在水平和垂直方向上重复，可以通过 background-repeat 和 background-position 的属性值来调整背景图像的显示方式。

网页背景图像的使用示例如代码 3.14 所示：

代码 3.14　网页背景图像使用示例

```
<title>设置网页的背景图像</title>
<style type="text/css">
    body {
        color: blue;                      /*指定颜色常量*/
        font-size: 9pt;
        background-image:url(bg.jpg);    /*指图背景图片*/
        background-color:#FFC           /*为 body 应用背景色，以免背景图不可用时
                                        可以应用背景色*/

    }
</style>
</head>
<body>
<!--定义页面标题 -->
<h1>关于网页的背景图像的应用</h1>
<!--定义一个段落-->
<p>除了设置背景颜色之外，还可以使用 background-image 为网页设置背景图像，这个 CSS 属性的默认值是 none，表示不显示图像。它的标准的使用语法如下所示。 <br />
background-image:url(url 路径);</p>
<p>
默认情况下，背景图像将显示在元素的左上角，并且会在水平和垂直方向上重复，可以通过 background-repeat 和 background-position 的属性值来调整背景图像的显示方式。
</p>
</body>
```

在上面的代码中，为 body 元素指定了一幅背景图像，同时也指定了 background-color 属性，以便在背景图像不可用的时候，可以显示背景色。背景图像将会显示在元素左上角，如果页面大小超过了背景图像区域，则在水平和垂直方向上重复，运行效果如图 3.24 所示。

图 3.24　网页背景图像设置示例

如果需要控制背景图像的平铺效果，可以使用 background-repeat 属性，这个属性具有如表 3.9 所示的属性可选值。

表 3.9　background-repeat属性的可选值

属 性 名 称	属 性 描 述
repeat	默认。背景图像将在垂直方向和水平方向重复
repeat-x	背景图像将在水平方向重复
repeat-y	背景图像将在垂直方向重复
no-repeat	背景图像将仅显示一次
Inherit	规定应该从父元素继承 background-repeat 属性的设置

如果想让背景只显示一次不重复，则可以使用 no-repeat 值，如以下代码所示：

```
<style type="text/css">
    body {
        color: blue;                            /*指定颜色常量*/
        font-size: 9pt;
        background-image:url(bg.jpg);           /*指定背景图片*/
        background-repeat:no-repeat;            /*背景只显示一次不重复*/
        background-color:#FFC                   /*为 body 应用背景色，当背景图不可用时
                                                可以应用背景色*/

    }
</style>
```

经过这样的设置，背景图片就会只显示一次，不会在水平和垂直方向上重复。背景向 x 或者是向 y 方向重复可以根据自己的背景图片进行多次尝试，以便得出自己想要的结果。

默认情况下，背景图像将显示在背景的左上角，然后依据重复设置由左上角开始平铺，如果希望改变背景图像的开始位置，比如如果希望图像居中，由中间位置开始向上、下、左、右重复，可以设置 background-position 属性。要查看这个属性的作用，可以先将背景设置为不重复，然后改变 background-position 的值。例如下面的代码将背景的初始位置居中显示：

```
<style type="text/css">
    body {
        color: blue;                            /*指定颜色常量*/
        font-size: 9pt;
        background-image:url(eg_tulip.jpg);     /*指图背景图片*/
        background-repeat:no-repeat;            /*背景只显示一次不重复*/
        background-attachment:fixed;            /*要在 Firefox 和 Opera 中显示
                                                必须指定该属性*/

        background-position:center center;      /*让背景图像居中显示*/
        background-color:#FFC                   /*为 body 应用背景色，当背景图
                                                不可用时可以应用背景色*/

    }
</style>
```

运行之后可以看到，背景图像果然居中显示在浏览器页面中，如图 3.25 所示。

图 3.25　网页背景图像居中显示

background-image、background-repeat 和 background-position 灵活运用，能使得网页设计者创建出很多很优秀的效果。良好的运用能节省网页的大小，提高网络的性能。限于本书的篇幅，在这里不详细地举例说明，请大家参考相关的 CSS 图书。

3.4　列表样式

在过去，HTML 中的列表仅用来显示一些并列内容，但是随着 CSS 功能的完善，现在列表越来越多地用于导航、菜单、重复性内容的展示，列表渐渐地取代了传统的表格所完成的任务，它在网页的响应速度和可维护性方面都比表格要灵活和优秀。本章主要介绍与列表相关的几个 CSS 的具体应用方法。

3.4.1　在列表中应用 CSS

在学习 HTML 时，可以了解到列表分为有序列表与无序列表，列表项中可以放置任何的 HTML 元素，这使得使用列表可以呈现非常丰富的效果。CSS 对列表也提供了强有力的支持，使得列表目前已经成了大多数网页设计者设计导航栏或导航菜单的首选。

在 CSS 中，与列表相关的属性如表 3.10 所示。

表 3.10　与列表相关的CSS属性

属 性 名 称	属 性 描 述
list-style	简写的 CSS 属性，可以将列表的所有属性值写在一个地方
list-style-image	使用自定义的图标更改列表项的默认的列表图标
list-style-position	列表项中图标的具体显示位置
list-style-type	设置列表项标志的类型

list-style 是一个简写的属性，按顺序分别设置 list-style-type、list-style-position、list-style-image，它可以避免在 CSS 中编写太多的代码，代码 3.15 演示了如何使用 list-style

属性来自定义<ul>标签的样式：

代码 3.15　使用 list-style 自定义列表样式

```
<style type="text/css">
ul {
    /*定义列表样式*/
    list-style:circle inside url(folder.gif);
    font-size:9pt;
}
</style>
</head>
<body>
<ul>
    <li>list-style 简写属性。用于把所有用于列表的属性设置于一个声明中。</li>
    <li>list-style-image 将图像设置为列表项标志。</li>
    <li>list-style-position 设置列表中列表项标志的位置。</li>
    <li>list-style-type 设置列表项标志的类型。</li>
    </ul>
</body>
```

可以看到，对于 list-style-type，这里指定了 circle，但是由于在后面将要指定 list-style-image，这里指定的项目类型图标将被图像所取代，第 2 个参数指定 list-style-position 的值，这个属性用来设定是要将列表项的标记放在内部（inside）还是外部（outside），放在外部的列表图标会与列表项有一定距离，而内部则放在列表项本身内容的里面。第 3 个属性值用来设置要替换列表项图标的图像 URL 地址。上面的示例运行效果如图 3.26 所示。

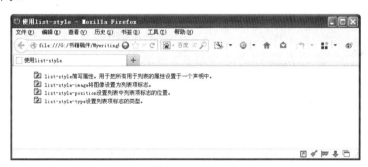

图 3.26　使用 CSS 定义列表项的运行效果

可以看到，现在果然已经使用了自定义的图标取代了默认的列表项图标。由于<li>中可以使用任何的 HTML 元素，因此这种自定义特性可以创建很多并列排列的效果。接下来的小节将对每种不同的列表样式属性进行详细的讨论。

3.4.2　更改列表类型

在学习 HTML 中的列表类型时，曾经了解过列表分为两种类型：有序列表和无序列表，每种类型都具有自己的 type 属性来设置列表项图标的显示，而 list-style-type 就是用来设置这些类型的，它提供了一系列的属性值允许在 CSS 中改变列表项的显示，可选的属性值如表 3.11 所示。

表 3.11　list-style-type属性的可选值

属 性 名 称	属 性 描 述
disc	在列表项前面显示实心圆形
circle	在列表项前面显示空心圆形
square	在列表项前显示实心方块
decimal	在列表项前添加普通的阿拉伯数字
lower-roman	在列表项前添加小写罗马数字
upper-roman	在列表项前添加大写罗马数字
lower-alpha	在列表面前添加小写英文字母
upper-alpha	在列表项前添加大写英文字母
none	不显示任何项目符号或编号

这些属性实际上分别对应了在本书第 2 章中介绍 HTML 时的<ul>或<ol>的 type 属性的值。也就是说这个 CSS 属性允许控制 type 属性的指定的类型,无论是有序列表还是无序列表,只要在这里指定了相应的 CSS 属性值,将自动应用不同的列表类型。代码 13.16 演示如何通过为 list-style-type 属性指定不同的值来改变列表样式显示:

代码 3.16　使用 list-style-type 自定义列表类型

```
<title>list-style-type 属性示例</title>
<style type="text/css">
ul {
    list-style-type: decimal;   /*指定显示数字前缀*/
}
ol {
    list-style-type: circle;    /*指定显示圆形前缀*/
}
body {
    font-size: 9pt;
}
</style>
</head>
<body>
<ul>
<li>disc: 在列表项前面显示实心圆形。</li>
<li>circle: 在列表项前面显示空心圆形。</li>
<li>square: 在列表项前显示实心方块。</li>
</ul>
<ol>
<li>decimal: 在列表项前面添加普通的阿拉伯数字。</li>
<li>lower-roman: 在列表项前面添加小写罗马数字。</li>
<li>upper-roman: 在列表项前面添加大写罗马数字。</li>
<li>lower-alpha: 在列表面前面添加小写英文字母。</li>
<li>upper-alpha: 在列表项前面添加大写英文字母。</li>
<ol>
</body>
```

示例中定义了两个列表,分别是无序列表和有序列表,通过为这两个列表应用不同的list-styles-type 属性,可以看到类似于为列表指定了 type 属性,运行效果如图 3.27 所示。

图 3.27　list-style-type 属性示例运行效果

3.4.3　在列表中使用图像

为列表中的项使用自定义的图标是列表灵活性的一个方面，用户可以提供一张具有自己网站风格的图片，这样能吸引更多访客的眼球。为列表应用图片使用 list-style-image 属性，它的基本语法为：

```
list-style-image:url(图片路径)
```

该属性的默认值为 none，可以为图片路径指定 JPG、GIF 或 PNG 格式的图像，下面的 CSS 代码为代码 3.16 中的列表项添加了自定义的列表项图片：

```
<style type="text/css">
ul {
    list-style-type: decimal;   /*指定显示数字前缀*/
    list-style-image: url(Forward.png);
}
ol {
    list-style-type: circle;    /*指定显示圆形前缀*/
    list-style-image: url(folder.gif);
}
body {
    font-size: 9pt;
}
</style>
```

在代码中分别为 ul 和 ol 指定了不同的图像，运行效果如图 3.28 所示。

图 3.28　使用 list-style-image 设置图标

3.4.4　列表项的显示位置

list-style-position 可以指定列表项的符号的显示位置，它具有如下两个可选值。

❑ outside：项目符号将显示在列表项的外面，列表贴近左侧边框。

❑　inside：项目符号将显示在列表项的里面，列表缩进。

下面的代码对应用了图像的列表项分别应用 outside 和 inside 属性值，通过运行结果可以看到两者明显不同，示例如代码 3.17 所示：

代码 3.17　使用 list-style-position 指定项目符号的显示位置

```
<style type="text/css">
#ul1 {
    list-style-type: decimal;  /*指定显示数字前缀*/
    list-style-image: url(Forward.png);
    list-style-position:inside
}
#ul2 {
    list-style-type: circle;   /*指定显示圆形前缀*/
    list-style-image: url(Forward.png);
    list-style-position:outside
}
body {
    font-size: 9pt;
}
</style>
</head>

<body>
<ul id="ul1">
<li>disc: 在列表项前面显示实心圆形。</li>
<li>circle: 在列表项前面显示空心圆形。</li>
<li>square: 在列表项前显示实心方块。</li>
</ul>
<ul id="ul2">
<li>disc: 在列表项前面显示实心圆形。</li>
<li>circle: 在列表项前面显示空心圆形。</li>
<li>square: 在列表项前显示实心方块。</li>
</ul>
</body>
```

在示例代码中，故意定义了两个具有相同列表项的列表，它们通过 id 号进行区别。在 CSS 代码中，通过为这两个相同的列表项应用同的 list-style-position 属性，在运行时就可以很明显地发现项目符号的 inside 和 outside 之间的区别，如图 3.29 所示。

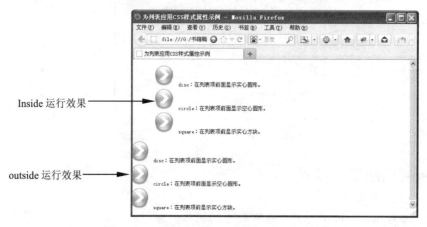

图 3.29　list-style-position 属性示例运行效果

可以看到，inside 是在列表项内容里面显示了图标，它使得列表项与边框之间有了一定的距离，而 outside 则是直接将项目符号显示在列表项的外面，它与浏览器边框紧密靠近。

3.5　小　　结

本章介绍了 CSS 的基本知识，首先介绍了 CSS 是什么、CSS 在网页设计中的重要作用、如何使用各种不同类型的定义方式来定义 CSS。考虑到很多初学者一开始接触 CSS 的学习难度，本章也介绍了如何在 Dreamweaver 中创建并维护 CSS 样式。在 CSS 的选择器部分，本章讨论了几种比较常用的 CSS 选择器的定义方式，并讨论了通配符选择器和属性选择器的使用。接下来对如何格式化文本、段落排版、表格和边框、颜色和背景等格式化项进行了举例介绍，最后详细介绍了 CSS 中提供的列表样式。通过本章的学习，相信读者已经具备了基本的网页设计的美化能力，下一章将介绍如何综合运用颜色、布局、图片与多媒体技术来设计吸引人的网页。

第 2 篇　网页设计与制作

第4章 如何设计吸引人的网站

设计优秀的网页与很多其他的工作有些不同，比如编程人员在了解了一门语言后，在不了解要开发的项目的前提下就可以编写简单的原型代码，再慢慢维护。而网页设计则不同，它需要设计者深刻理解网站的目标定位、目标群体和将要呈现的整体风格，这就需要网页设计者对色彩、布局、网页图片有效利用及网站多媒体技术有深刻的理解，以使最终的设计结果能够尽可能地吸引潜在的用户。这也是衡量一个优秀的网页设计人员的基本条件。

4.1　理　解　色　彩

色彩是网站风格表现的重要部分之一，网站访问者最先受到影响的就是一个网站的配色。统一风格的色彩设计不仅能带来优秀的视觉体验，色彩所表现的情感与内涵也会影响到访问者对网站的理解。良好的色彩搭配是非常重要的，但是牵涉的学问也比较多，本节就从网页设计常见的配色方案说起，提供在网页上设计色彩的一般规范。

4.1.1　什么是色彩

当光线照射到物体上之后投射到人的眼睛中时，由视觉神经产生的一种反应，使得人们感受到各种各样的色彩。色彩的来源是光，如果没有光，那么眼睛就无法感受到色彩，在现实生活中人们能感知到的色彩多种多样，但是如果进行归纳分类，基本上也就如下两大类。

- ❑ 原色：又称基本色，是人眼所见的色彩中的三种基本颜色，一般是指红（R）、绿（G）、蓝（B）三种颜色，也称为三原色。所有其他的色调都是通过三原色按比例配置出来的。
- ❑ 混合色：由红、绿、蓝进行混合所得出的各种不同的颜色，也称为复色，通过将三原色进行不同程度的混合，就可以创建丰富多彩的色彩。

颜色具有3种基本的属性，分别如下所示。

- ❑ 色相：反射自物体或投射自物体的颜色。在 0 到 360° 的标准色轮上，按位置度量色相。在通常的使用中，色相由颜色名称标识，如红色、橙色或绿色。
- ❑ 饱和度：颜色的强度或纯度（有时称为色度）。饱和度表示色相中灰色分量所占的比例，它使用从 0%（灰色）至 100%（完全饱和）的百分比来度量。在标准色轮上，饱和度从中心到边缘递增。
- ❑ 亮度：亮度是颜色的相对明暗程度，通常使用从 0%（黑色）至 100%（白色）的百分比来度量。

在使用 Photoshop 的取色时，可以通过设置 R、G、B 不同的比值和颜色的基本属性来得到自己想要的颜色，Photoshop 取色器如图 4.1 所示。

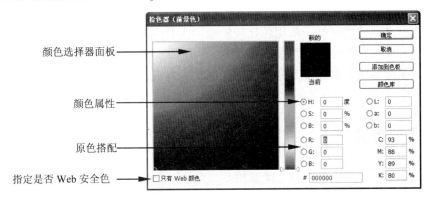

图 4.1　使用 Photoshop 的取色器获取颜色

在网页设计中，由于同样的颜色会受限于不同的显示设备、操作系统、显卡甚至是不同的浏蓝器，导致配出来的颜色会显得不同，这会严重影响到网站的整体风格，为此人们通过研究，发现并指定了 216 种 Web 安全色。

Web 安全色是指在不同的硬件环境、不同操作系统硬件及不同的浏览器中都能正常显示的色彩的集合。在考虑网站的配色时，应该尽量使用 216 种 Web 安全色彩。

4.1.2　如何进行网页配色

由于网页的色彩直接影响到网站整体的风格，因此首要的工作是确定主体颜色，然后再搭配具有符合其含义的色系。下面是网站配色时应该注意的几点。

❑ 不能让文字颜色与背景颜色对比不强烈，这会导致用户阅读困难，比如深灰色背景黑色文字就难以阅读。

❑ 文字颜色尽量使用黑色，背景使用浅白或纯白，以符合人们的阅读习惯。

❑ 不要对文本背景使用太过艳丽的纯色，一方面造成人眼的不适，同时也缺乏内涵。

❑ 网站要有主体色，不要东一块红、西一块绿，这样会使得网站没有其主题特色，杂乱无章。

❑ 颜色不能过弱，这样显得整体苍白无力，没有穿透感。

对色彩本身的选择本身并没有太多固定的规律，因为色彩除了具有视觉刺激之外，还会与访问者的生活阅历、社会习惯、风俗传统及年龄段有关，因此需要网页设计人员深刻理解目标群体的文化、风俗、意识、传统和生活习惯，然后根据网站的主题设计出具有创新性的色系。

网站根据网站类型的不同，比如企业网站、社区网站还是专业设计网站及个人网站，都具有一些不同的配色惯例，分别如下所示。

（1）企业展示网站：企业网站的配色要与公司的 CI（形象视别系统）相吻合，比如 Oracle 公司的网站统一红白相间，符合 Oracle 公司的企业形象。由于企业网站代表了公司的形象，因此要显示出庄重和大气，避免使用过多的颜色造成杂乱。

（2）特色风格网站：这类网站要突出特色，往往用色比较大气，比如经常大红大紫，通过良好的搭配，能给人视觉冲击，让用户留下深刻的印象。同时由于良好的配色和布局，也不会造成任何阅读困难。这类网站包含一些时尚或女性用品网站，一些游戏网站也使用了这样的风格。

（3）个人网站：这类网站一般用色比较随意，主要用来突出网站站长的一些个性化的东西，因此这种配色跟设计者的习惯相关。

在进行网页配色时，要点就是先整体再局部，内容决定色调，网站的功能决定设计的风格。

4.1.3 网页的色调

网页色调的设计实际上是一项非常难以把握的方面，但是它又相当重要，因此设计者要对网页的整体用色方面有深刻的理解，比如网站是要活泼或庄重、雅致或热情等。设计者必须理解不同颜色所代表的内涵。表 4.1 列出了一些常见的颜色所代表的文化含义。

表 4.1 常见颜色的文化内涵

颜色名称	十六进制颜色值	颜 色 内 涵
黄色	#FFFF00	在亚州表示神圣的，帝王，一般指尊贵。在西方则有快乐和幸福的意思
橘色	#FF9900	在美国表示便宜的商品，在爱尔兰有宗教、新教徒的意思
蓝色	#660066	在西方有王位的意思，在中国是永生之意
绿色	#336633	在印度回教之意，在爱尔兰天主教
褐色	#660000	在哥伦比亚有泄气的意思
黑色	#000000	在西方是哀悼死亡的颜色
白色	#FFFFFF	在东方是哀悼死亡的颜色，在美国则是纯净的颜色，比如婚礼上都用纯白

从人的心理上来说，这些不同的颜色又具有不同的含义，如表 4.2 所示。

表 4.2 常见颜色的心理内涵

颜色名称	十六进制颜色值	颜 色 内 涵
黄色	#FFFF00	享受、幸福、乐观、希望、阳光、黄金、夏天、哲学
橘色	#FF9900	平衡、温暖、热情、注意
蓝色	#660066	和平、平静、稳定、统一、信任、保守，天空、清爽、科技
绿色	#336633	自然、健康、青春、活力、富饶、更新、慷慨
褐色	#660000	自然、健康、青春、活力、富饶、更新、慷慨
黑色	#000000	力量、正式、优雅、财富、迷、害怕、魔鬼
白色	#FFFFFF	力量、正式、优雅、财富、迷、害怕、魔鬼

网页上的主体颜色又称为色调，色调给人的感觉和氛围，是影响到网页整体效果的关键，在选择色调时，可以选择鲜艳的色调、柔和的色调、亮色调、冷色调等，不同的色调带给人不同的视觉感受，如果以色彩范围来划分，色调又可以分为如下几个部分。

❑ **主体色调**：是网页中的主要色彩，占网页中的大部分，其他的配色不能超过这个主色调的视觉面积。

□　辅助色调：是主色调的辅助颜色，用来烘托主色调，起到融合主色调的效果。

□　点睛色：在小范围内使用强烈的颜色来突出主题效果，使页面更加生动和鲜明。

□　背景色：衬托环抱整体的色调，用来协调和支配整体的作用。

在选择主色调或辅助色调时，应该尽量选择相近的颜色，比如浅灰与淡黄形成柔和的效果，黑色与褐色，具有厚重的感觉，而且相似的颜色也能取得协调的效果，比如黄橙与黄色、绿色与蓝色等。对比强烈的颜色有时候会带给人太强的落差感，因此要慎用。

4.1.4　网页色彩设计规则

不管要设计什么类型的网站，一些一般性的规则是要遵守的，除了考虑网站本身的定位之外，还要遵循一些艺术规律，以便于设计出具有创新性的、别具一格的网站。从色彩的运用来说可以分为如下 3 个方面。

（1）色彩要保持鲜明，容易引人注目，这样会带给访问者一种耳目一新的感觉。比如微软公司 Windows 8 推广前期，微软在网站风格都变成具有 Metro 风格的效果，Metro 虽然主要应用于软件界面，但是微软公司在网站上别具一格的 Metro 风格和鲜明的色彩，给人留下深刻的印象，微软公司 Metro 风格的网页运行效果如图 4.2 所示。

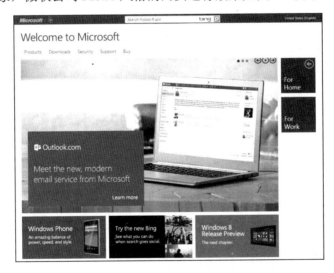

图 4.2　微软 Metro 风格网页的配色效果

（2）色彩要与众不同，具有自己独特的风格。网站具有自己特色的色彩，往往能给浏览者较深刻的印象。

（3）网页要根据设计的主题来设计，例如青春型的网页可以使用绿色，而粉色调用来体现女性的柔情等。

很多初学网站设计的用户并没有设计的背景，那么要想设计出吸引人的网页，再去学习很多色彩知识可能有些困难。实践是最好的老师，通过多多观察一些知名的网站的设计，在不同的论坛中了解一些设计的评论，在平时的工作中积累对色彩的认知，渐渐地就会发现其实设计具有良好配色的网页并不难。

4.2 布 局 设 计

网站的布局与网站的颜色一样，是成功影响网站浏览量的一个重要的因素，网站的布局尤为重要，合理且优化的布局结构不仅便于浏览者查找所需要的信息，而且便于搜索引擎发现网页，从而提升网站的访问量。

4.2.1 布局的重要性

网页设计的最终目标是呈现内容给浏览者。为了给用户更好的视觉体验，网页设计人员不仅要从美观上、用户体验上及 SEO 优化上去分析与布局自己的网页，相较于网页的色彩设计仅仅提供视觉体验而言，网站的布局设计还要使得用户方便地阅读信息，快速地定位所需要的信息。因此网站的布局在整个网站设计中是非常重要的。

网页设计的布局是指把网页页面的一系列构成要素如文字、图像、图表和菜单等在页面上有效地组织起来。良好的布局除了能够为用户带来创新性的视觉体验之外，还应该要注意到如下的几个方面。

- ❑ 醒目的提示：吸引用户浏览网页。
- ❑ 清晰的导航：让用户方便地在不同的页面之间浏览。
- ❑ 易懂的内容：网站文字的内容排版整齐，容易读懂。
- ❑ 美观的造型：网站的布局形状应该美观、整洁、不杂乱。

在进行网页布局时，应该总是要考虑到搜索引擎的发现和抓取的几率，因此应该尽可能地用利于搜索引擎发现的方式设计网页。网页布局实际上又存在如下 3 种布局方式。

- ❑ 美观设计型布局：这类布局主要是以美观度为主，这类网站会利用一些图片、动画和特效来吸引潜在的客户。
- ❑ 用户体验型布局：这类布局主要是便于用户浏览，发现重要的信息，比如清晰的导航结构，明了的相关信息等。
- ❑ 优化网站型布局：这类布局主要用来便于搜索优化方式的布局，可以提升网站的访问量。

实际上布局也是一个需要积累较多经验的过程，布局的目的是将无形的设计化为有形的呈现方式，这也是一个网站成功与否的关键。很多关于 CSS 网站布局的书专门介绍如何布局，对于初学者来说，可以先从一些基本的布局结构开始，做出两三个网站后，基本上就会对布局有深刻的理解。

4.2.2 常见布局结构

如果细心地去观察一些网站，总是能根据其呈现内容区域、导航区域及标题 Logo 区域看到它的布局原理。下面介绍一些常见的网站布局类型，以便于初学者能够更快地理解布局的一些概念。

1．国字型布局

这种布局类型分为上边栏、左边栏、中间内容区、右边栏和底部的页脚区域，其形状酷似一个"国"字。其布局结构如图 4.3 所示。

国字型结构是目前比较常用的一种网页布局结构，它适用于信息分类繁多、需要良好组织的网站，比如电子商务网站，比较经典的例子是"互动出版网"。W3school 网站也使用了国字型布局的网站，浏览网址如下：

```
http://www.w3school.com.cn/
```

这个网站的首页就是一个经典的国字型结构的实现，其首页如图 4.4 所示。

图 4.3　国字型网站布局示意图

图 4.4　W3school 使用国字型结构

2．T字型布局

这种布局类型由上边栏、左边栏、内容区、下边栏组成，因其形状有点像一个英文大写的"T"字而得名，其布局结构如图 4.5 所示。

T 字型结构目前在一些权威机构、企事业单位的公司网站中出现得比较多，比如建设银行网上银行就是 T 字型结构典型实现，如图 4.6 所示。

3．左右框架型布局

这类网站由一个左边栏和一个内容区域组成，组成比较简洁，主要用于精彩内容的呈现，主要是很多个人站点、博客的首选，如图 4.7 所示。

一些家庭展示或者是文章类网站也会选择左右型的结构，左侧可以展示家庭的成员，右侧可以显示一些家庭的趣事或留言等，图 4.8 就是一个经典的左右结构框架的示例，浏览网址如下：

http://www.ourswisslife.com/

图 4.5　T 字型网页布局结构图

图 4.6　T 字型布局的网站示例

图 4.7　左右框架型结构

图 4.8　经典的左右框架网站

4．上下框架型布局

上下型框架结构与左右型框架结构非常类似，只是由上下边栏组成，上边栏用来放置网站 Logo、链接等信息，下边栏放置网页的主要内容，布局结构如图 4.9 所示。

上下型结构的网站经常用来进行个性化的展现，在企业门户网站的公司展示中也比较常用，图 4.10 演示了一个优秀的个人网站，采用了经典的上下型结构。

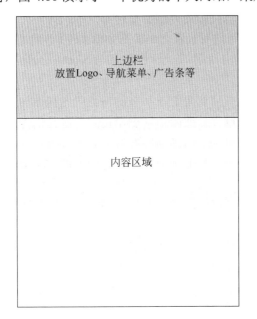

图 4.9　上下框架布局结构

图 4.10　上下结构型的网站示例

5. 标题正文型布局

这种类型的布局结构由上边栏和内容栏组成，上边栏用于显示文章的标题，主要用于一些文章显示的页面，它提供了比较精简的结构，在一些论文、学术文章网站的设计中比较有用。其组成结构基本上与上下框架布局相似，在此就不再进行图示了。

其实大多数时候，网站设计都不会单独使用以上列出的某一种布局结构，而是通过混合使用多种布局结构来实现自己想要的效果，这类布局通常称为"综合型布局"。如果不希望网页的造型太过方正，可以自行定义一种满足设计需求的布局。

4.2.3　布局的方法

在了解了这样一些常见的布局样式之后，要对自己的网站进行设计，就需要网站设计人员自己的创意和经验了。一开始不可能考虑到所有的方面，但是必须考虑到一切所能控制的地方，对于一些约定成俗的浏览习惯要考虑到，然后慢慢地进行细化。

网页设计者应该先设计好布局的原型，然后才开始在网页设计器里面设计布局，以便能设计出优秀的网页。网页的布局设计方法一般有如下所示的两种。

（1）纸上布局法：使用纸和笔绘制出想要的页面布局原型，只需要根据网站的设计要求绘制出来即可，不需要担心设计的布局能否可以实现，因为目前基本上所能想到的布局使用 HTML 都可以实现出来。

（2）软件布局法：使用一些软件来绘制布局示意图，比如使用 Photoshop 来绘制，笔者也会使用 Microsoft Visio，这个工具虽然没有提供现成的布局模板，但是基本的布局形状都能够表达出来。

下面是布局的常见的基本步骤。

（1）确定页面的尺寸，由于不同的分辨率下页面的范围会显得不一致，因此一开始要确定目标群体的分辨率范围，选一个最小分辨率进行设计，比如在 800×600 分辨率下，页面的显示尺寸为 780×428 像素，1024×768 的分辨率下，尺寸为 1007×600，分辨率越高尺寸越大。

（2）确定网页页面显示的整体形状，可以充分利用上一小节的常见的布局结构来考虑网页显示的整体形状。不同的形状具有不同的意义，比如矩形表示正式，多见于企业级的网站；圆形代表柔和、团结等，很多时尚形的网站以圆形为主要造形。

（3）确定网站 Logo 的放置区域，网站主导航的显示位置，以便用户能更快地访问网站中提供的其他的服务。

（4）确定文本的显示方式和排版样式，这样可以根据所要显示的内容对网页进行区域分配。

（5）图片和多媒体内容的显示位置，这是整个网页是否吸引人的关键，良好的图形和多媒体内容能带给人较强烈的感观冲击，应该规划一个合理的放置区域。

总而言之，应该充分认识到网站布局设计是网站建设过程中非常重要的一环，直接影响到网站的成功与否，因此在实际的工作当中应该经常积累经验，多多学习一些设计师们的经验总结，提升自己的网页设计水平。

4.2.4　网页布局技术

目前网页布局技术方面主要是使用 HTML 和 CSS，根据布局元素的不同，可以分为 3 类，如下所示。

1. 基于DIV+CSS的布局技术

这是目前最流行的布局技术，它使用 HTML 的层<div>标签作为容器，使用 CSS 技术的精确定位属性来控制层中元素的排列、层与层之间的放置关系等。这种布局方式的优点是布局灵活、加载速度较快，但是需要设计人员对 CSS 具有深入的理解和掌握，本书在后面的内容中会详细地介绍如何使用 DIV 和 CSS 来进行布局的设计。

初学布局的用户可以从 Dreamweaver 的新建文档模板中找到很多使用 DIV+CSS 布局的模板，通过这些模板附带的注释信息可以对 DIV+CSS 的创建有个基本的理解，如图 4.11 所示。

在使用模板新建了一个网页后，可以看到网页中包含了大量的注释，而且 Dreamweaver 对于 DIV+CSS 布局的可视化支持非常好，因此可以在可视化的状态下看到 DIV+CSS 的具体应用效果。

2. 基于表格的HTML布局技术

表格布局是曾经非常流行的网页布局技术，由于表格定位图片和文本比 CSS 方便，而且不用担心不同对象之间的影响，一直是网站布局的主流。表格布局的缺点在于当表格层次嵌套过深时，会影响页面的下载速度。例如图 4.12 是一个在 Dreamweaver 中使用表格式布局的例子，Dreamweaver 中表格式布局的所见即所得的功能非常完善。

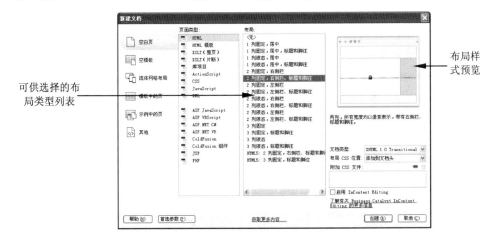

图 4.11　使用 Dreamweaver 的新建项目模板

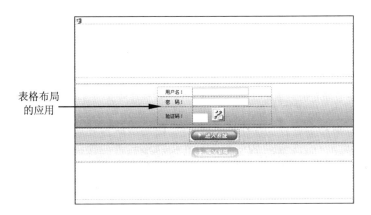

图 4.12　表格式布局示例

表格式布局虽然非常方便，但是由于其灵活性和效率不如 DIV+CSS 布局高效，因此渐渐退出了布局的舞台，不过在一些企业级的 Web 应用程序开发中还是能经常看到表格式布局的影子。

3．基于框架的布局技术

由于框架可以在浏览器窗口中显示多个页面，因此也常用来进行布局设计，这种布局多见于一些基于 Web 的应用程序中，比如说办公室 OA 系统等。但是由于框架布局具有不确定性因素，比如一些浏览器不能显示框架内容，而且无数的警告提示着用户不到万不得已不要使用框架，因此这种方式进行布局并不流行。但是对于一些基于 Web 的应用系统来说，这种方式灵活、好控制、便于维护，是布局的首选。图 4.13 是在 Dreamweaver 中打开的一个基于表格和框架布局的某网站后台管理页面，它使用了左右分栏式的布局结构，导航栏和内容区都由不同的页面维护，对于一个网页应用程序来说具有很好的可维护性和可扩展性。

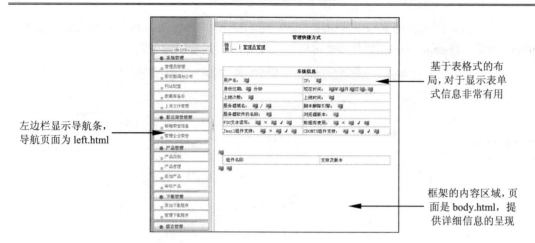

左边栏显示导航条，
导航页面为 left.html

基于表格式的布
局，对于显示表单
式信息非常有用

框架的内容区域，页
面是 body.html，提
供详细信息的呈现

图 4.13　基于框架和表格的布局示例

对于一名网页设计师来说，无论是设计一个流行的外部网站还是为公司内部设计 Web
管理系统，掌握上述的 3 种布局方式都是很有必要的，在书第 7 章会对 DIV+CSS 布局技
术进行详细的介绍。

4.3　图片和多媒体的应用

网页设计离不开图片，如果没有图片的点缀和修饰，那么网页的呈现效果会逊色不少，
图片通常又是网页上占用数据量比较大的一部分，如何合理地设计图片，并提供最优的浏
览速度，是每个网页设计者应该关心的问题。本节将介绍网页图片的相关知识，在本书第
13 章讨论图像处理的部分将会介绍图像的具体操作。

4.3.1　图片的作用

图片是网站必不可少的修饰元素，网站的 Logo、导航、宣传图片、产品介绍等都少不
了图片的应用。例如 www.ibm.com 的首页，简洁的文字和充满感染力的图片，将 THINK
的内涵传达给了网站的浏览者，同时图片与网站整体色调的融合，给人一种相当大气的感
受，如图 4.14 所示。

可以看到，通过合理的色彩和图片的搭配，传达出了老牌科技企业的厚重与大气，在
网络上比较流行的图片格式是 PNG、JPEG 和 GIF，通常用 GIF 格式来制作 Logo，PNG 或
JPEG 用来进行公司宣传和产品图片，在选择网站图片时，应该要注意图片、文字和网页
配色的搭配，尽量让图片和文字与色彩平滑搭配，不要出现强烈的差异。一般具有如下的
几条建议。

（1）网站图片要清晰不变形，具有良好的视觉吸引力，保持图片的干净清爽，会给人
良好的印象，试想一幅变形和模糊的图片，会让人有种马上关闭的冲动。

（2）网站的图片要与网站的主色调协调一致，不要出现产生严重对比的图片。

（3）不要出现对比强烈的图片，除非是为了进行个性化的展示，否则在读文字时看到
这些图片会导致眼睛疲劳。

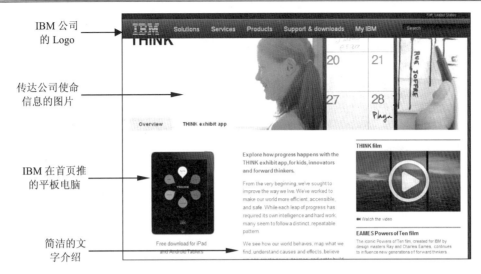

IBM 公司
的 Logo

传达公司使命
信息的图片

IBM 在首页推
的平板电脑

简洁的文
字介绍

图 4.14　IBM 网站首页图片的运用

（4）图片的应用不能太多太杂，这会导致主次不分，失去了网页本来的目的。

在为网页设计准备素材时，很多图片都需要使用 Photoshop 和 Fireworks 进行处理，以便适应网站的整体风格，在本书第 13 章将会详细地介绍图像处理的应用。

4.3.2　图片与文字的布局

网站的文字是网站内容的展示，是浏览者要停下眼光阅读的地方，而图片则是对文字的修饰。图片可以最先吸引浏览者的眼球，图形与文字的良好排列显得非常重要。

图 4.15 展示了世界知名时装杂志 ELLE 网站中的图片和文字的运用，ELLE 网站要表达时尚信息，意味着图片的色彩将会丰富多彩，ELLE 网站在文字的布局上面简洁的白底黑字，合理的图文混排，让浏览者感受到时尚气息之余，又能具有愉快的阅读体验，这足可见图片文字相互搭配的重要性。

图 4.15　图文混排的示例网站

试想如果 ELLE 网站的文字排列混乱，就会导致非常糟糕的视觉体验。文字信息的排列直接关系到浏览者的感受，在进行图文排版时，应该注意如下几个方面。

（1）在进行字体设计时，字体要整洁美观，同一页面不要超过 3 种字体类型。

（2）字体颜色与图片颜色要协调，字体颜色与背景颜色要具有一定的差异，以保持其可见性和易读性。

（3）文字段落与图片保持适当的间距，以免混淆浏览者的注意力，造成阅读者的视觉疲倦。

因此，在考虑向用户展示图文混排的效果时，除了文字的字体、字号、字符间距和行间距要符合大众的阅读习惯之外，图片和文字的排列也要符合审美的要求，可以通过多多浏览一些知名网站的设计来获取其中的设计灵感。

4.3.3　网站的 Logo 设计

网站要能留住客户，一个好的 Logo 的设计也非常重要。Logo 通常是一幅尺寸较小的图片文件，它代表了网站的主题，一些公司网站的 Logo 与公司的 CI 紧密相连，很多企业信息门户网站的 Logo 就是该公司统一的标志。

Logo 的设计其实与企业 CI 标志设计的原则一样，遵循人们的认识规律，突出网站的主题，吸引用户的注意力，同时 Logo 要具有深刻的代表性意义，符合个人或公司的整体形象。例如伦敦奥运会网站，就以奥运会的标志作为 Logo，它通过组合各种不同的图案表现世界五大洲的轮廓，组合成男人和女人之间的体育运动，符合伦敦奥运会的青春、活泼和沸腾的主题，其主页如图 4.16 所示。

伦敦奥运会
Logo 设计

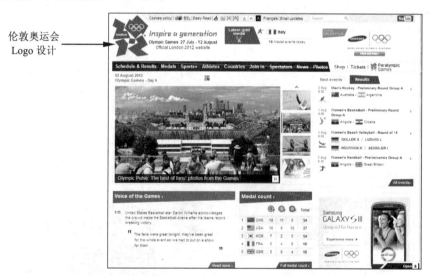

图 4.16　伦敦奥运会首页

Logo 设计的方式通常有如下 3 种。

❑ 标识性手法：用文字、字头字母的拼音符号来设计 Logo。

❑ 卡通标识法：通过有趣的、幽默的卡通图像来设计 Logo。

❑ 几何构图法：用点、线、面、方、圆、多边形或三维空间的几何图形来设计 Logo。

也可以混合使用这几种设计手法，设计出能表达网站主题的 Logo。Logo 的设计与网页其他的图形设计相似，但是它应该要通过反差、对比或边框等来强调网站的主题，以便能给用户留下深刻的印象。

4.3.4　网站的图标和按钮

网站的图标是指网站页面出现的修饰性的小图片，用来为网页提供更强的交互式的效果。在需要给读者引导的地方添加图标，会让读者立即知道将要执行的操作，比如下载链接，可以给用户一个下载小图标，这样他们就能立即知道可以点击来下载文件，这显然增强了网站的吸引力。

细心的用户可能会发现，在苹果公司的网站中，一些产品介绍的旁边伴随了一些图标，这些图标告之用户可以进行一有用的操作。这样的点缀实在是既美化了页面，又给了用户一种视觉性的指导，如图 4.17 所示。

图 4.17　苹果网站上出现的图标应用

另一个比较重要的细节就是网页的按钮，网页的按钮是用户进行交互操作的一个重要的元素，可以用来操作一个功能，比如下载文件、信息搜索、信息注册、回复帖子等。它也可以用来在页面之间像链接一样进行导航，不过主要的功能还是在于完成一个功能。为了吸引用户完成一些操作，给用户一个好用的按钮，取代系统默认的方方正正的按钮能很大幅度地吸引住网站的用户。

图 4.18 展示了某玩具网站的注册表单，它通过提供圆角形的表单和按钮，给访问者提供了温馨和舒适的操作体验，由于目标群体主要定位在妇女和小孩，因此这吸引了更多人注册这个网站。

本节其实带给读者一种认识，就是网站上任何一个微小的细节，都有可能吸引到用户的浏览，因此对于网页设计者来说，应该不断地细化网站的效果，以便提供更好的用户体验。

4.3.5　添加多媒体动画

现在，相信大家理解了一些优秀的网站应该具备的一些基本要素，但是目前网页的内容是静态的，静止不动的。通过为网页添加动画、视频、音频等多媒体内容，就会让网站更加吸引用户，提供更好的浏览体验。

图 4.18　圆角形的按钮效果

为了让网页具有动态的效果，可以使用动画技术为网页添加生动的动画。网页动画根据其制作方式可以分为如下两种。

- ❑ GIF 动画：通过 GIF 将多幅图像保存为一个图像文件，然后依次播放每一幅图片文件形成动画，由于 GIF 只能显示 256 色，不支持声音和视频，因此主要用于一些局部的小动画展示。
- ❑ Flash 动画：网页动画主要是指 Flash 协画，它可以为网页提供流畅动画与声音效果，网站动画主要用于片头、导航和一些产品的演示部分，网页动画起到网站宣传、企业文化展现、个性风格展示等重要的窗口。

Flash 动画可以将音乐、声效、动画及创新的动画特效隔合在一起，给浏览者全新的感观体验，大大增强网站的吸引力，图 4.19 是 TCL 公司网站首页，简单的网站动画、轻快的图案和颜色，给人们一种科技感和新鲜感，非常吸引人。

图 4.19　企业网站 Flash 动画示例

一些个性化突出的网站甚至会全部使用 Flash 制作网站，带来的音效和视觉效果实在让人震憾，比如经典的 2advanced Studio 网站，曾经一度成为网站 Flash 动画的模仿对象，如图 4.20 所示。

图 4.20　全站 Flash 设计的酷站

虽然 Flash 动画能带来非常出色的感观体验，但是由于音视频内容会占据一定的网络流量，因此在设计时，应该本着降低复杂度的原则，尽量使动画的等待时间尽可能地短，以免因为浏览者缺乏耐性而造成网站吸引力的降低。

4.4　小　　结

本章概要性地讨论了设计吸引人网站的一些要素，首先讨论了色彩的概念，理解了色彩的构成、网页配色的一些基础知识和设计规则。接下来对网页的几种常见的布局结构进行了讨论，介绍了主流的布局方法和技术。在图片和多媒体部分，讨论了如何合理地设计图片与文字排列来吸引用户，最后介绍了如何使用网站多媒体技术来为网站增强视觉体验，留住更多的用户。

第 5 章　用 Dreamweaver 可视化设计页面

如果要细数目前最优秀、最流行的可视化 HTML 设计工具，那么 Dreamweaver 应该是其中之一。在本书第 1 章已经提到过 Dreamweaver 的下载和安装的内容，没有安装的读者可以参考第 1 章中关于 Dreamweaver 的介绍，在电脑上安装一个 Dreamweaver。本章将介绍 Dreamweaver 的基础使用知识，了解 Dreamweaver 操作的一些方法，下一章将介绍如何在 Dreamweaver 中创建站点。在后续的网站内容介绍中，还会穿插对该工具的讨论。

5.1　Dreamweaver 工作区

Adobe 的 CS 系列软件都使用了统一的浮动窗口式布局，将所有的可供使用的操作和属性以浮动面板的方式呈现，既方便用户，也可以根据需要进行折叠来节省屏幕空间。Dreamweaver 的工作区非常灵活，它根据开发人员和设计人员的不同要求对浮动和工具面板进行了一系列默认的设置，一些喜欢经典 Dreamweaver 工作区布局的用户也可以切换到他们喜欢的窗口工作区。

5.1.1　工作区布局简介

当安装好 Dreamweaver 之后，每次启动时，都会显示欢迎页面，这是可以设置的。可以通过主菜单的"编辑|首选参数"菜单项，从弹出的选项窗口中选择"常规"选项，取消勾选第 1 个选项，如图 5.1 所示。

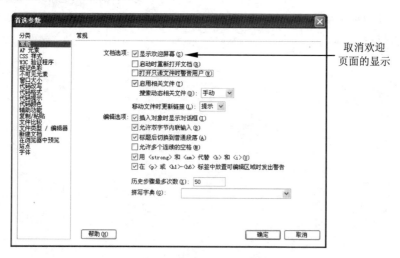

图 5.1　首选参数窗口设置欢迎页面

Dreamweaver 根据开发人员和设计人员的不同习惯和工作方式提供了不同的布局排列，比如开发人员习惯于查看和编辑代码，主要是与开发相关的浮动面板的显示，而设计人员关心可视化设计的内容和元素，因此其布局会偏重于设计元素。Dreamweaver 提供了方便在各种不同的工作区面板之间切换的方法。可以单击菜单栏右侧的下拉列表框选择不同的工作区布局，如图 5.2 所示。

图 5.2　窗口布局切换面板

在本书第 1 章对 Dreamweaver 的主界面有过简短的介绍，下面通过创建一个网页来详细地看一下 Dreamweaver 主界面的各个面板如何协作来完成系统的功能。打开 Dreamweaver，单击主菜单中的"文件 | 新建"菜单项，Dreamweaver 将弹出新建文档窗口，该窗口提供了 30 多个预置的 CSS 模板样式，也可以基于现有网站的模板来创建一个新的页面。在本示例中选择"空白页|HTML|<无>"项，表示不使用任何模板，Dreamweaver 将弹出如图 5.3 所示的主窗口。

图 5.3　Dreamweaver 主窗口

下面是对这几个界面元素的具体作用的介绍。

- ❑ 应用程序栏：应用程序栏提供了站点管理、扩展管理器、Dreamweaver 主菜单及快速帮助内容搜索框。

- 工作区切换器：用来切换到不同的工作区布局的快捷菜单。
- 文档工具栏：提供各种网页编辑窗口需要的一些工具和选项。
- 网页设计或编码区域：这里就是网页的主要编辑窗口，可以通过文档工具栏的几个切换按钮在不同的视图之间进行切换。
- 标签选择器：显示鼠标所在位置的 HTML 标签，单击某标签可以选中该标签及标签内所有元素。
- 页面设置工具：在这里可以设置页面的缩放、页面的尺寸。
- 属性面板：用来动态地显示各种不同的 HTML 元素的属性，设置不同的属性到 HTML 元素。
- 插入面板：这个面板用来插入各种 HTML 元素，可以单击"常用"右侧的下拉箭头切换到不同的元素插入面板。
- CSS 面板：提供 CSS 属性信息和创建工具，在第 3 章介绍 CSS 时曾经详细地介绍过这个面板的作用。

灵活运用这些界面元素能显著地提高网站建设的效率，尤其重要的是属性面板，它提供了使用标签选择器选中的标签的详细属性，使得用户可以不用去查阅 HTML 辞典来了解不同标签的属性，是初学者学习 HTML 的重要武器。

5.1.2　使用文档编辑器

文档窗口是设计网页与代码编辑的主窗口，基本上是网站建设人员日常工作的地方。Dreamweaver 提供了一个非常有用的特性，就是代码和设计的同步。当使用设计人员的工作区打开或新建一个文件时，Dreamweaver 会使用设计视图，此时可以通过文档工具面板的几个工具栏来切换到代码视图或分割视图。在文档工具栏中，与文档编辑器切换相关的按钮如下所示。

- 代码：在文档窗口中显示代码视图，这是开发人员经常使用的视图。
- 拆分：将文档窗口拆分为代码和设计视图，当在代码编辑窗口中更改了代码时，在设计视图中就可以看到更改呈现的效果；在设计视图中添加了元素，在代码窗口就可以看到元素的 HTML 代码。
- 设计：只显示设计视图窗口。
- 实时视图：允许不用打开浏览器，直接在 Dreamweaver 的文档窗口看到设计的结果，此时文档不可编辑，只能查看。

拆分视图的功能非常有用，这也是 Dreamweaver 得以流行的一个因素，但是默认情况下，Dreamweaver 的拆分视图是垂直拆分，对于屏幕比较窄的用户来说有些不方便，垂直拆分如图 5.4 所示。

由图 5.4 中可见，设计视图显得有点窄小，如果设计的内容非常多，而且一些元素是按比较调整大小的，那么在设计视图中显示的内容将显得有点混乱，可以通过取消选中主菜单的"查看 | 垂直视图"菜单项，将拆分切换为水平视图。当切换为水平视图后，可以单击主菜单中的"查看 | 顶部的设计视图"菜单项，将设计视图放在顶部，如图 5.5 所示。

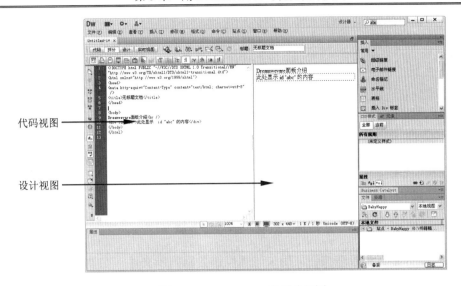

图 5.4　Dreamweaver 的拆分视图

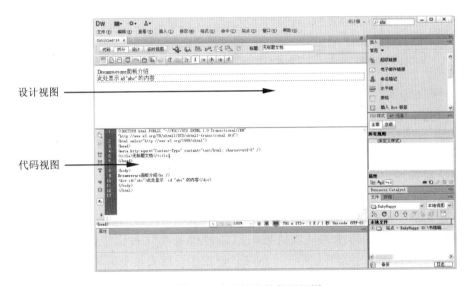

图 5.5　水平拆分的代码视图

　　文档工具栏还提供了如下的几个有用的工具按钮来帮助网站建设人员开发网页，如下所示。

　　调整窗口大小工具按钮：该按钮允许根据不同的目标浏览器分辨率调整窗口的大小，以便于设计人员根据指定的窗口大小来设计网页。该工具按钮被单击后，将弹出一个选择各种不同窗口大小的下拉菜单，单击"编辑｜大小"菜单项，将打开首选参数的设置"窗口大小"对话框，在该对话框中，用户可以自定义要使用的窗口大小，如图 5.6 所示。

　　在浏览器窗口预览按钮：或者通过按 F12 键，将打开默认的浏览器窗口显示当前正在编辑的网页，这个按钮的下拉列表会显示可供使用的浏览器列表，允许用户选择当前系统中安装的浏览器来查看网页。

　　注意：由于 HTML 和 CSS 在不同的浏览器中经常会呈现一些差异，因此切换多个浏览器进行调试查看是非常有用的一个功能。

图 5.6　编辑"窗口大小"窗口

⇅远程服务器文件管理按钮：用来与远程服务器同步文件，在设置了远程服务器时比较有用，否则这个按钮的下拉项基本上都是灰色。

▷⁂发送到 W3C 验证按钮：文档内容被发送到 W3C 进行验证，验证完成后会显示在如图 5.7 所示的验证结果对话框中。

图 5.7　W3C 验证按钮

▷⁂浏览器兼容性检查按钮：用来检测与浏览器的兼容性，它将打开浏览器兼容性检查面板，在该面板中针对不同的浏览器进行兼容性检查。

👁可视化助理按钮：主要是针对设计视图中的不可见元素的辅助可视化工具，比如<div>标签默认并不显示具体的呈现效果，但是通过可视化按钮中的可选项，可以在Dreamweaver 的设计视图中为其显示一个区域，以便于设计人员更好地编辑，在运行时这些可视化助理是不可见的。

5.1.3　使用属性面板

如果属性面板没有显示在窗口上，可以单击主菜单的"窗口 | 属性"菜单项，属性面板将固定在文档视图的下方。属性面板会显示出当前在设计视图或代码视图选中的元素的详细信息，例如选中一个表格<table>标签，属性面板将显示如图 5.8 所示的信息。

图 5.8　属性面板

如果想要将表格的行数更改为 20 行，那么可以直接在行文本框中输入 20，并按回车键，Dreamweaver 将自动将表格行更改为 20，代码视图中的代码也得到了更新。

对于属性面板，比较重要的就是名称和类这两个属性，类来自于 CSS 中的类选择器，而名称允许为属性指定 id 值，以便于使用 CSS 中的 id 选择器来应用样式。

很多 HTML 元素还提供了一个 CSS 子页面，该页面可以用来添加或创建 CSS 规则，允许快速对当前选中的元素应用 CSS，如图 5.9 所示。

图 5.9 属性面板的 CSS 子面板

5.1.4 Dreamweaver 选项设置

如果对 Dreamweaver 中的一些设置不太清楚，或者想更改一些系统设置，可以通过主菜单中的"编辑 | 首选参数"来设置 Dreamweaver 中的一些选项，如图 5.1 所示。

如果对代码编辑器中的字体设置不太满意，可以在左侧的分类中选择"字体"项，然后在右侧的设置部分可以设置字体，如图 5.10 所示。

图 5.10 在选项窗口中设置显示字体

在选项分类中列出了 Dreamweaver 可供设置的方方面面，如果在使用 Dreamweaver 的过程中觉得有一些设置不太好用，那么可以打开选项窗口来找找看是不是有相关的设置可以更改。

5.2 添加文本和图像

在 Dreamweaver 中添加文本和图像就好像在 Word 中操作一样，可以直接输入文本，也可以通过复制和粘贴的方式拷贝文本，或者是从 Word 或 Excel 中导入文本内容。接下来会介绍如何插入图片。在网页中既可以插入位于本地磁盘上的图片，也可以插入位于其他远程位置的图片。

5.2.1　输入文本

在 Dreamweaver 中，可以像在 Word 编辑器中一样输入文本，网页的文本是网站的核心，如果没有吸引人的文本内容，网页做得再漂亮也会显得太空洞。在 Dreamweaver 中，网页文本可以使用如下的几种方式插入：

❑ 直接通过键盘输入，这是最基本的录入方法。

❑ 从 Word 文档或其他的文件中复制或粘贴。

❑ 从其他外部文件中导入。

下面新建一个名为 InputWords.html 的文件，然后使用上面所示的 3 种方式向文件中输入文本内容，如以下步骤所示。

（1）打开 Dreamweaver，选择主菜单的"文件 | 新建"菜单项，从弹出的新建文档中选择空白的 HTML 文档，单击"确定"按钮，Dreamweaver 将在文档窗口中打开新建的文档，按 Ctrl+S 快捷键或者单击"文件 | 保存"菜单项，将文件存为 InputWords.html。

（2）在文档工具栏中将网页的标题设置为"文档输入示例"，然后单击文档工具栏的"设计"按钮，切换到设计视图，随便输入几行文本。

注意：在 Dreamweaver 中，当按回车键时，Dreamweaver 会创建一个新的段落，如果想在一行文本后面加入一个换行符
，需要按 Ctrl+回车键。

（3）从 Word 文档中随便复制一段文本，按 Ctrl+V 快捷键将文本粘贴到 Dreamweaver 中，可以看到这两种方式下 Dreamweaver 都会为文本添加一个段落标记，但是 Word 文档中文本原有的格式会被清除掉。可以单击"编辑 | 选择性粘贴"菜单项，Dreamweaver 将弹出如图 5.11 所示的"选择性粘贴"对话框。

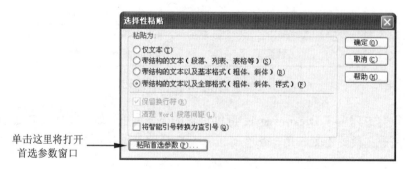

图 5.11　"选择性粘贴"对话框

在该窗口中，可以指定粘贴的文本内容是否包含格式，也可以单击"粘贴首选参数"按钮，打开首选参数窗口中的复制/粘贴选项窗口，在该窗口中设置选择性粘贴的默认选项。在选中了合适的选项后，单击"确定"按钮，可以看到 Dreamweaver 对 Word 的格式进行了一些转换，产生了一系列的 CSS 和格式化代码。

注意：尽管 Dreamweaver 很智能地完成了格式化工作，但是由于自动产生的代码不是非常精炼，因此建议在动态产生的代码基础之上再进行修改。

（4）最后使用导入功能从 Word 文档中导入文本，单击主菜单中的"文件｜导入｜Word 文档"菜单项，将弹出选择 Word 文档的窗口，选择本书配套代码下面的"用于导入的 Word 文档.doc"或者是读者自己选择的任何 Word 文档，单击"确定"按钮之后，在 Dreamweaver 的文档视图中就可以看到新近导入的文档了。

5.2.2　格式化文本

在添加了文本之后，接下来就可以使用 Dreamweaver 的属性面板对文本进行格式化，属性面板提供了对所选文本的字体、字号和颜色等的格式化设置。可以使用 HTML 或 CSS 来格式化文本。

注意：对格式化文本应用 CSS 样式是目前的一种标准，因此一般情况下总是建议使用 CSS 对文本进行格式化。

延续 5.2.1 节中的步骤，格式化文本的实现如以下步骤所示。

（5）选中导入的文本，可以选中某段文本或使用 Ctrl+A 快捷键选中所有文本，在属性面板中单击 CSS 图标，将看到 CSS 选项设置窗口。在目标规则下拉列表中，首先需要为 CSS 创建一条新的规则，也可以从下拉列表中选中已有的规则进行添加或更改。在这里使用默认的"<新 CSS 规则>"项。单击"编辑规则"按钮，将弹出"新建 CSS 规则"窗口。由于导入的文本是一个被<p>标签包围起来的段落，因此在这里使用标签选择器，指定为 p 元素应用样式，并且样式保存在当前文档中。Dreamweaver 会弹出样式规则设置窗口，在该窗口中就可以为所有的 p 元素设置样式了。

（6）一旦设置了一个样式规则（也就是一个选择器）之后，属性面板的格式化设置就会显示该规则的样式，用户就可以在属性面板中直接可视化地更改 CSS 样式，如图 5.12 所示。

样式规则 →

← 直接在属性面板修改样式规则的 CSS 属性

图 5.12　在属性面板中设置 CSS 样式

可以看到，在此属性窗口中可以设置 CSS 中的字体、字号、颜色、粗细及对齐等特性，设置完成之后，就可以在样式规则所在的位置（本例中是当前文档中），查看所应用的 CSS 样式，例如图 5.12 中的设置将产生如下所示的 CSS 代码：

```
<title>输入文档示例</title>
<style type="text/css">
p {
    font-family: "微软雅黑";
    font-size: 12pt;
    color: #060;
```

```
}
</style></head>
```

可以打开 CSS 面板查看所创建的 CSS 样式，如果 CSS 面板没有显示在界面上，可以单击主菜单的"窗口｜CSS 样式"菜单项，在 CSS 面板的当前或所有样式规则窗口上，可以看到刚刚创建的 CSS 样式。

5.2.3　添加列表项

在 HTML 中，列表分为有序列表和无序列表，在 Dreamweaver 中创建这两类列表非常简单，下面的步骤介绍了如何在 Dreamweaver 中创建有序或无序的列表。

（1）新建一个名为 List.html 的空白 HTML 文件，在设计视图中输入几行文本，每一行文本输入结束后使用回车键来自动添加段落符，即<p>标签，产生的代码如下：

```
<head>
<meta http-equiv="Content-Type" content="text/html; charset=utf-8" />
<title>创建列表项</title>
</head>
<body>
<p>Dreamweaver 是建站工具</p>
<p>Fireworks 是做图工具</p>
<p>Flash 是动画工具 </p>
</body>
</html>
```

（2）选中 body 区的这 3 个段落，可以用鼠标直接在设计视图中拖动选择，在属性面板中，选择 HTML 面板，单击项目列表工具栏，如图 5.13 所示。

单击这里设置无序列表

图 5.13　在属性列表中设置项目编号

Dreamweaver 将自动根据选择的段落设置列表项，与手工在 HTML 中编写的一样。在创建了列表项之后，回到设计视图，在列表项后面继续按回车键就可以添加新的列表项，与在 Word 中设置项目符号和编号基本一样。

（3）如果要在项目列表的第 1 项后面添加嵌套的子列表，可以先在第 1 个列表项后面按回车键，添加一个新的列表项，添加一些列表项文本。然后单击图 5.13 中的 按钮将这一项缩进为嵌套子项，此时，Dreamweaver 会自动产生如下所示的代码：

```
<ul>
  <li>Dreamweaver 是建站工具
   <ul>
     <li>Dreamweaver 中可以创建网站</li>
   </ul>
  </li>
  <li>Fireworks 是做图工具</li>
  <li>Flash 是动画工具 </li>
</ul>
```

由上述代码不难发现，Dreamweaver 果然已经完美地为用户创建了嵌套的列表项。因此即便是一个不懂 HTML 的用户，只要掌握这些基本的操作方法，也可以创造出很多有用的效果。

5.2.4　输入特殊字符

在 HTML 中，很多字符是不能直接输入的，需要使用特定的字符来替代。比如在 HTML 中尖括号<和>表示标签的意思，如果要在<p>元素中使用尖括号，必须使用<和>来替代。

在输入尖括号时，Dreamweaver 会自动帮助用户插入这两个替代字符，对于其他的一些特殊字符，Dreamweaver 提供了标准的插入面板，允许用户进行选择插入。

要插入特殊字符，在插入面板选择"文本"插入页，单击最下面的字符，从弹出的下拉列表框中可以看到很多特殊的字符，如果单击下拉列表底部的"其他字符"项，将弹出如图 5.14 所示的窗口。

图 5.14　在 Dreamweaver 中插入特殊的字符

可以看到，各种各样的字符都出现在列表中，选择一个便可以插入到设计视图中，在代码视图中可以观察到这些特殊字符的替代字符串。

🔔注意：在 Dreamweaver 中，当使用"空格"键插入超过一个以上的空格时，会发现"空格"键不管用，因为 Dreamweaver 只支持一个空格，超过一个空格需要使用 Ctrl+Shift+空格键，Dreamweaver 会在需要插入空格的位置插入 。

5.2.5　插入本地图像

在设计网页时，网页中的图像实际上只是一个指向磁盘上其他位置的引用，网站在上传到服务器端时，需要将本地的图像作为网站的资源一起上传到服务器端才能正确显示，由于网页会保存图片的路径，因此为了保证图像路径的正确性，通常要将图像复制到网站项目的 images 文件夹下，为此一般建议先创建一个网站项目，以便确保图片引用路径的正确性。

下面演示一下在 Dreamweaver 中如何创建一个站点，然后向站点中插入图片，最后将图片插入到网页中，步骤如下所示。

（1）打开 Dreamweaver，单击主菜单中的"站点 | 新建站点"菜单项，Dreamweaver 将弹出创建站点对话框，输入站点名称和站点保存位置之后，单击"保存"按钮，一个站点就创建成功了，如图 5.15 所示。

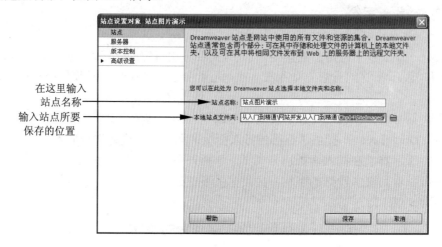

图 5.15　创建 Dreamweaver 站点

（2）成功创建网站项目后，在 Dreamweaver 的面板区域将会看到文件面板，文件面板是用来管理 Dreamweaver 站点的逻辑视图，它会对在第 1 步中所指定的物理磁盘文件进行管理。选中站点，右击鼠标，从弹出的快捷菜单中分别创建一个名为 Index.html 的 HTML 文件和一个名为 images 的文件夹，如图 5.16 所示。

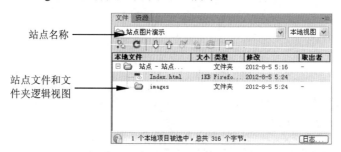

图 5.16　Dreamweaver 的站点管理文件夹

（3）双击 Index.html 在 Dreamweaver 的文档窗口中打开文件，切换到设计视图，然后在右侧的插入面板的常规页中找到插入图像按钮 ⊙ ▾ 图像。如果插入面板没有显示，请单击主菜单的"窗口 | 插入"菜单项以显示插入面板。单击该按钮后，将显示如图 5.17 所示的图像，允许用户从本地硬盘中选择一幅图片。

可以看到这个打开文件的对话框与 Windows 标准的对话框不同，"选择文件名目"使用默认的"文件系统"单选按钮。如果要从站点目录中选择一幅图像，可以单击"站点根目录"按钮，笔者浏览到本地硬盘上的一幅图像，Dreamweaver 检测到这幅图像不是本地站点根目录中的图片，会弹出如图 5.18 所示的对话框。

（4）单击"是"按钮之后，Dreamweaver 会弹出一个指定要复制到的目标地址的对话框，在该对话框中选择网站根目录下的 images 文件夹，如图 5.19 所示。

图 5.17　从本地磁盘选择图片文件

图 5.18　图片自动复制确认对话框

图 5.19　指定保存目标位置

（5）在指定了图片保存位置之后，Dreamweaver 会将本地硬盘中的图片复制到目标位置，然后弹出一个"图像标签辅助功能属性"设置窗口，如图 5.20 所示。

图 5.20　图像标签辅助功能属性对话框

在该属性框中设置替换文本，也就是当图像不可用时，将要显示在 HTML 页面上的文本内容，单击"确定"按钮。Dreamweaver 将在设计视图上显示图片，并生成如下所示的代码：

```
<img src="images/eg_tulip.jpg" width="400" height="266" alt="花朵图片" />
```

Dreamweaver 将原本需要手动复制图像、手动插入代码的工作全部自动化，使得用户可以轻松地插入图像。这个特性非常好用，笔者现在已经习惯了使用这种方式来向网站插入图片。

5.2.6　设置图像属性

在 Dreamweaver 中插入图像之后，当在设计视图中选中图像时，可以在属性面板对图像的属性进行进一步的调整，以便使图像的显示符合页面内容的需要。Dreamweaver 提供的图像属性面板如图 5.21 所示。

图 5.21　图像属性设置面板

在属性面板中，可以更改图像的高度和宽度、图片的源文件及替换文本，设置图像链接、图像的边框经对齐方式，为图像添加热点地图等，甚至还可以直接在 Dreamweaver 中对图像进行编辑。

属性窗口的源文件、链接和原始这三个属性编辑框右侧都有一个小图标⊕，这个图标称为"指向文件图标"，可以拖动这个图标到文件面板上的文件，来设置相应的属性。例如要链接到 PicTitle.html 这个网页，如图 5.22 所示。

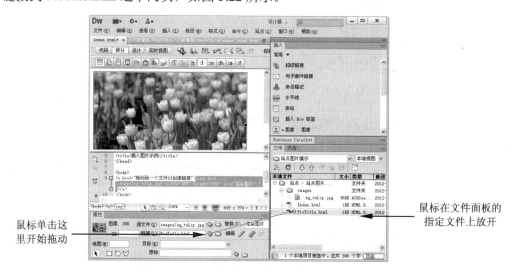

图 5.22　使用拖动的方式设置链接

可以看到，Dreamweaver 的这个指向文件工具确实非常形象化，使得用户可以非常快地进行链接或修改链接。

当在页面中插入图像时，Dreamweaver 会自动用图像的原始尺寸更新宽和高文本框，可以在设计视图中拖动图像四周的四个锚点来改变图像的大小，也可以直接在属性窗口中设置图像的宽和高。在属性面板的图像的宽和高附近有一个锁形图标🔒，它表示锁定图像的宽度和高度的比例。当在宽度中输入一个值时，为了保持图像的比例，Dreamweaver 会自动计算并设置高度值，以便保证图像的比例。

在设置了图像的宽度或高度之后，在高和宽编辑框的右侧会多出两个小图标，分别如下。

❑ ⊘图标表示重置为原始的大小，撤销对图像大小的更改。
❑ ✔表示应用对图像大小的更改，Dreamweaver 会调整原始图像的大小，一旦调整，图像就被永久的更改了。

当然不一定要单击✔图标指定图像的大小。图像将会保持原来的下载大小，但是显示放大或缩小的样式，如果需要通过调整图像的大小来缩短下载的时间，那么可以在图像被缩小之后来应用对图像的更改。

5.2.7　编辑图像

Dreamweaver 的图像属性面板中还提供了几个用来编辑图像的按钮，这使得网站设计人员可以简单地对图像做一些修改，而不再单独打开一个 Photoshop 或 Fireworks 之类的软件。图像编辑按钮如下所示。

- ❑ 　🖊️编辑按钮：启动在首选参数中指定的外部图像编辑软件来编辑当前的图片。这个图标在设置为 Photoshop 之后会变成一个的 PS 图标 Ps，可以通过单击主菜单中的"编辑｜首选参数"菜单项，从弹出的窗口中设置图像编辑软件，如图 5.23 所示。

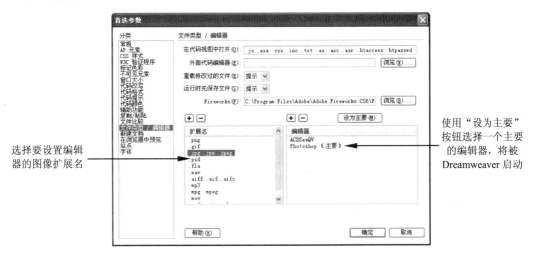

图 5.23　设置外部的图像编辑软件

- ❑ 　🖌️图像优化按钮：单击该按钮将打开图像优化对话框，在该对话框中可以根据选择的图像类型进行一些优化工作。比如对于 JPEG 图片，可以设置其压缩比，也可以使用系统内置的预设置来对图像进行压缩。
- ❑ 　📑从源文件更新按钮：如果在属性面板中指定了图像的 Photoshop 原始文件，并且在属性窗口中对图像进行了尺寸大小的修改，那么可以使用这个按钮从原始的 Photoshop 更新回原始的图像格式，这个按钮给了用户撤销对图像的编辑的方法。
- ❑ 　✂️裁切图像按钮：允许在 Dreamweaver 中直接裁切图像，单击这个按钮之后，将在设计视图中显示如图 5.24 所示的裁切界面。

在设计要裁切的区域后，双击高亮区域即可完成图像的裁切。

- ❑ 　🔲重新取样按钮：对已调整大小的图像进行重新取样，取高图片在新的大小和形状下的品质。
- ❑ 　🌓调整对比度按钮：将弹出一个对话框，允许用户调整图像的亮度和对比度。
- ❑ 　△锐化调整按钮：将弹出一个锐化对话框，允许用户拖动进度条来调整图像的锐化。

拖动锚点设置
要裁切的区域

图 5.24　在 Dreamweaver 中对图像进行裁切

可以看到，这些基本功能的应用可以大大方便设计人员对网页进行调整和优化，而不用来来回回地在图像设计软件和 Dreamweaver 之间切换，提升了网页设计人员的工作效率。

5.2.8　插入图像占位符

有时，图像是由不同的人来负责收集并处理的，或者是由系统动态生成的，此时没有可用的图像，可以通过插入一个图像占位符来对网页进行排版。例如下面的步骤将向网页插入 1 个 300×300 像素的图像占位符。

（1）在插入面板中单击"图像"下拉箭头，从弹出的下拉菜单中选择"图像占位符"菜单项。Dreamweaver 将弹出如图 5.25 所示的图像占位符设置对话框。

必须填入图像
的宽度和高度

指定图像占位
符的背景颜色

图 5.25　插入图像占位符设置

（2）设置图像的宽度和高度。这是必填项，选择一个占位符使用的图像的颜色，输入当没有图像显示时的替换文本，单击"确定"按钮，Dreamweaver 将在指定的位置产生一个图像占位符。

图像占位符在 IE 和 Firefox 中的显示会有些区别，因此应尽可能地使用真正的图像来进行占位，以免因为不同浏览器的兼容性问题导致页面的错乱。

5.2.9　鼠标经过图像

鼠标经过的图像是指当鼠标经过某一幅图像时，由另一幅图像显示在原来的图像位置，提供一种置换的效果，也常常被称为鼠标翻转图像，这通常在一些图像链接中经常使用。

注意：随着 CSS 的应用日益广泛，鼠标翻转图像的功能已经渐渐被 CSS 样式实现所取代，通过 CSS 样式更能节省网络流量，提升网页的性能。

要创建鼠标经过的图像，必须要准备两幅图像：主图像，是指加载页面时显示的图像；辅图像，是指鼠标移过时显示的图像。图 5.26 是两幅按钮图片，笔者将分别用来作为主图像与辅图像来实现图像的翻转。

图 5.26　鼠标翻转图像的 2 幅图像

在准备好图像之后，单击插入面板的图像下拉列表，选择"鼠标经过的图像"列表项，Dreamweaver 将弹出如图 5.27 所示的对话框，允许用户选择所要使用的图像。

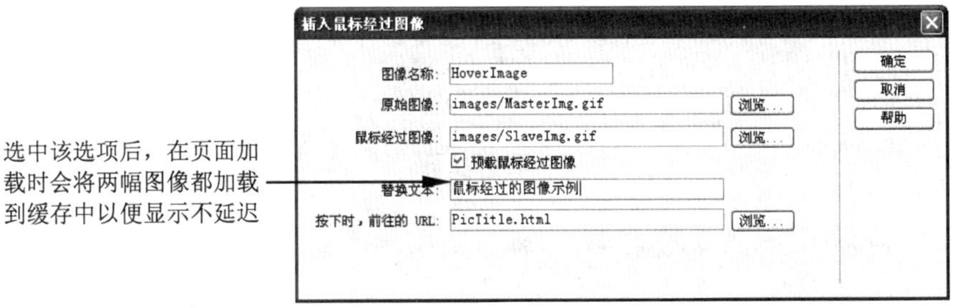

图 5.27　设置鼠标经过的图像

以看到，该窗口的大部分选项都比较好理解，在前面的内容中也有过多次的介绍。在一切都设置可完成之后，单击"确定"按钮。在代码视图中可以看到 Dreamweaver 帮助产生了大量的 JavaScript 代码来实现这个特性，原来它主要使用了链接标签<a>的 onmouseover 和 onmouseout 事件，来动态地改变链接中显示的图像，可以看到在 body 区中添加的代码：

```
<!--在 body 的 onload 事件中进行图像的预加载-->
<body onload="MM_preloadImages('images/SlaveImg.gif')">
<!--通过 Javascript 来控制鼠标图像的翻转-->
<a href="PicTitle.html" onmouseout="MM_swapImgRestore()"
                  onmouseover="MM_swapImage('HoverImage','',
                  'images/SlaveImg.gif',1)">
                  <img src="images/MasterImg.gif" alt="鼠标经过的图像示例"
                  width="127" height="35" id="HoverImage" />
</a>
```

由代码可以看到，主要还是利用了 Javascript 的代码来动态地实现这个翻转操作。关于 JavaScript 的使用方法，本书后面的内容中会详细讨论。

按 F12 键在经浏览器中预览，首先看到的是 MasterImg..gif 图像，将鼠标放在图片上，可以发现图片果然已被动态地替换了。

5.3　链接与导航

在本书第 2 章介绍链接<a>标签时，曾经详细地介绍了链接语法，Dreamweaver 提供了一些方便的工具用来创建链接。除了链接的介绍之外，本节还会介绍如何创建 Spry 框架菜单栏。Spry 是一套 JavaScript 框架，已经整合到 Dreamweaver 中，提供了一些封装好的控件，使得用户可以用简单的方式创建出非常漂亮的网页。

5.3.1　文字链接

为了更好地理解在 Dreamweaver 中如何操作文字链接，下面将新建一个具有层次结构的电子商务网站，其网站组成架构如图 5.28 所示。

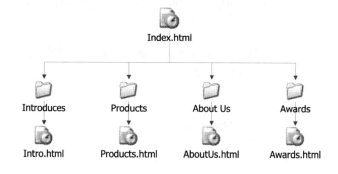

图 5.28　网站结构示意图

为了演示 Dreamweaver 如何方便快捷地创建链接，请依照图 5.28 所示的结构创建一个名为 CompanySite 的网站，下面的步骤演示了这一过程。

（1）打开 Dreamweaver，单击主菜单中的"站点 | 新建站点"菜单项，在弹出的窗口中输入站点名为"公司站点"，选择一个文件夹进行保存。

（2）依照如图 5.28 所示的结构创建文件和文件夹，可以在文件面板上右击鼠标，从弹出的快捷菜单中选择"新建文件"或"新建文件夹"菜单项来创建文件和文件夹结构，创建后的效果如图 5.29 所示。

图 5.29　网站文件夹结构图

（3）双击打开 Index.html 文件，将网站标题更改为"公司网站"，然后添加一个项目列表，添加方法可以参考 5.2.3 小节的介绍，也可以直接使用 HTML 的<ul>和<li>标签进行添加，产生的代码如下所示。

```
<ul>
  <li>首页</li>
  <li>公司简介</li>
  <li>产品</li>
  <li>荣誉</li>
  <li>关于我们</li>
</ul>
```

（4）下面将开始使用 Dreamweaver 来为这些列表项添加链接，在设计视图中选中"首页"，然后在属性面板中可以看到链接属性，此时确保文本按钮处于打开状态，拖动 ⊕ 图标到文件面板的 Index.html 然后放开鼠标，一个链接就被成功建立了，然后在目标下拉框中选择 self，就实现了对首页的链接，如图 5.30 所示。

图 5.30　在属性面板设置链接

（5）用同样的步骤分别设置"公司简介"、"产品"、"荣誉"和"关于我们"这几个链接，Dreamweaver 自动生成的代码如下所示。

```
<body>
<ul>
  <li><a href="Index.html" title="网站首页" target="_self">首页</a></li>
  <li><a href="Introduces/Intro.html" title="公司简介" target="_blank">公司
简介</a></li>
  <li><a href="Products/Products.html" title="公司产品" target="_blank">产
品</a></li>
  <li><a href="Awards/Awards.html" title="公司获奖记录" target="_blank">荣
誉</a></li>
  <li><a href="AboutUs/AboutUs.html" title="公司的联系方式" target="_blank">
关于我们</a></li>
</ul>
</body>
```

（6）对于链接的样式，在介绍 CSS 样式时曾经提到过，需要指定几个伪类选择器。在 Dreamweaver 中，这一切都变得非常简单，使用标签选择器选中<body> 标签，在属性面板上单击"页面属性"按钮，Dreamweaver 将弹出页面设置对话框，选择"链接（CSS）"项，就可以对链接样式进行可视化的设置了，如图 5.31 所示。

由图 5.31 中可以看到，在这个窗口中不仅可以设置链接在各种状态下的颜色，还可以指定下划线的显示时机。在设置完成单击"确定"按钮后，Dreamweaver 将会产生用于设置样式的 CSS 代码：

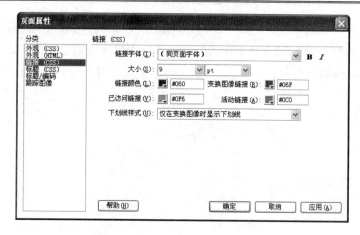

图 5.31　可视化设置 CSS 链接样式

```
<style type="text/css">
/*指定页面显示的字体*/
body,td,th {
    font-size: 9pt;
}
/*指定默认链接样式*/
a {
    font-size: 9pt;
    color: #060;
}
/*指定访问之后的链接样式*/
a:visited {
    color: #0F6;
    text-decoration: none;
}
/*指定鼠标悬停时的链接样式*/
a:hover {
    color: #06F;
    text-decoration: underline;
}
/*指定鼠标单击时的链接样式*/
a:active {
    color: #0C0;
    text-decoration: none;
}
/*指定默认的下划线样式*/
a:link {
    text-decoration: none;
}
</style>
```

可以看到，Dreamweaver 自动生成的样式非常规范，即便是对 HTML 和 CSS 没有任何经验的用户，只要掌握了 Dreamweaver 的一些标准操作技巧，也能够快速设计出非常漂亮的网页。

5.3.2　页面跳转链接

在介绍 HTML 中的<a>标签时，曾经讨论过页面跳转的作用，通常也称为锚定链接，主要用来在页面内部提供快速导览。这一操作分为两个部分：首先要在需要跳转的位置设置锚定标记，然后在创建链接时指定到这个锚定标记。Dreamweaver 让这一操作变得更加简单。为了演示在 Dreamweaver 中如何创建跳转链接，笔者在上一小节创建的 CompanySite 网站的 Intro.html 页面添加一段很长的文本，下面的步骤演示了如何为长段文本添加锚定链接。

（1）将鼠标放在需要跳转的第 1 个位置，单击插入面板中常规页下面的"命名锚记"按钮，Dreamweaver 将弹出一个为锚记取名的窗口，输入友好且唯一的锚记名称，单击"确定"按钮之后，可以看到 Dreamweaver 会在页面的锚记位置添加一个小图标，如图 5.32 所示。

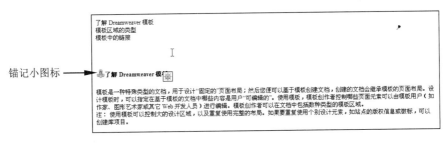

图 5.32　锚记小图标

（2）使用第 1 步所示的方法依次在页面上指定部位添加锚记，在页面顶部可以添加一个名为"ReturnTop"的锚记，这样可以在页面底部添加一个"返回顶部"的链接。

（3）在创建了所需的锚记之后，接下来选中所要添加链接的文本，然后单击插入面板的"超级链接"图标，Dreamweaver 将弹出如图 5.33 所示的链接窗口，在该窗口的链接列表中，就可以看到所插入的锚记列表，选择其中一个即可。

图 5.33　添加一个锚记链接

在设置好链接的属性之后，依次添加其他两个链接，就完成了锚记链接的设置工作。可以看到，通过 Dreamweaver 的可视化的设置工具，添加锚记链按确实非常简单，而且由于在页面上显示了锚记标记，也便于在维护的时候看到具体的锚记位置。

注意：除了以添加超级链接方式添加锚记链接外，还可以在属性面板中使用图标直接拖动到一个锚记上面，这样也可以轻松地实现一个锚记链接。

5.3.3　创建 Spry 导航菜单栏

导航是一个网站非常重要的部分，可以说是点击率最高的一个部分。一个漂亮的导航设计往往能吸引很多的用户。但是要创建一个成功的导航，往往需要花费很多时间与精力，不光要熟练使用 HTML、CSS，还要对 JavaScript 有深刻的理解。Dreamweaver 的最近几个版本提供了 Spry 框架，使得用户可以非常轻松地创建出相当专业的导航菜单。

下面将使用 Spry 框架中的导航菜单控件在 Index.html 页面上创建一个自定义的导航菜单，实现步骤如下。

（1）在 Dreamweaver 中打开本章创建的 CompanySite 网站的 Index.html 页面，切换到设计视图，在"插入"面板中切换到"Spry"标签页，可以看到在该页面中提供了 Spry 封装好的很多控件，如图 5.34 所示。

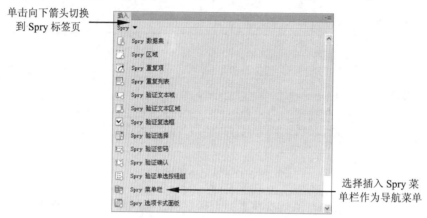

图 5.34　Spry 面板的所有 Spry 框架控件

在 Spry 插入页选择"Spry 菜单栏"，Dreamweaver 会弹出一个提示窗口，提示选择"水平"还是"垂直"布局，在这里选择水平布局，马上就可以在 Dreamweaver 中看到一个导航菜单。当鼠标悬停在设计视图的菜单栏时，会看到一个蓝色的标签，单击该标签可以选中整个菜单。

（2）现在保存一下 Index.html，此时 Dreamweaver 会弹出一个对话框，提示要复制 Spry 的相关 JavaScript 文件，如图 5.35 所示。

单击"确定"按钮之后，Dreamweaver 会将这些 JavaScript 文件复制到网站文件夹下的 SpryAssets 子文件夹中，如图 5.36 所示。

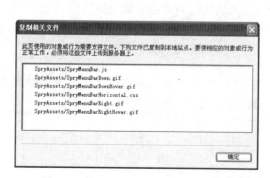

图 5.35　复制相关的 JavaScript 文件

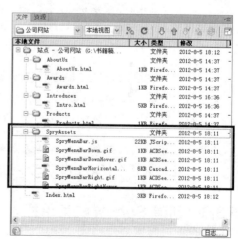

图 5.36　新添加的图片和 JavaScript 文件

（3）使用蓝色标签选中整个 Spry 菜单，在属性面板中可以添加、修改和删除菜单项，笔者所设置的项如图 5.37 所示。

图 5.37 Spry 菜单属性设置项

如果查看菜单所生成的代码，会发现其实就是<ul>和<li>的利用，所生成的代码如下：

```html
<ul id="MenuBar1" class="MenuBarHorizontal">
  <li><a class="MenuBarItemSubmenu" href="#">首页</a>
    <ul>
      <li><a href="Index.html">进入首页</a></li>
      <li><a href="#">人才策略</a></li>
      <li><a href="#">调薪幅度</a></li>
    </ul>
  </li>
  <li><a href="#" class="MenuBarItemSubmenu">公司简介</a>
    <ul>
      <li><a href="Introduces/Intro.html">公司信息</a></li>
      <li><a href="#">公司概况</a></li>
    </ul>
  </li>
  <li><a href="#" class="MenuBarItemSubmenu">产品</a>
    <ul>
      <li><a href="#">电脑</a></li>
      <li><a href="#">电话</a></li>
      <li><a href="#">电视</a></li>
    </ul>
  </li>
  <li><a href="#">获奖记录</a></li>
</ul>
```

（4）现在可以在浏览器中预览一下所生成的菜单，会发现非常漂亮，如图 5.38 所示。

图 5.38 导航菜单运行效果示意图

如果要控制导航菜单的显示样式，可以在 CSS 面板中找到 SpryMenuBarHorizontal.css 样式，在这个样式中控制<ul>和<li>标签的显示样式，因此实际上 Spry 菜单就是列表+CSS 的应用。通过这个例子也可以了解到 CSS 目前的功能确实很强大。

5.4　添加多媒体内容

声音和视频这些多媒体内容使得原来的静态页面变得活色生香，目前主流的动画文件格式是 Flash 动画文件，Dreamweaver 与 Flash 深度整合，本来它们就是一个公司的产品，所以在网页上应用 Flash 动画非常方便。除此之外，还可以向网页中插入音频及一些视频剪辑。本节将介绍如何在 Dreamweaver 中操作这些多媒体内容。

5.4.1　插入 Flash 动画

Flash 动画是目前最主流的网页动画格式，它是一种基于矢量图形格式的动画，可以用来表现非常丰富的动画、声音和视频效果，俨然成了 Web 界的动画标准。Flash 动画的优点是文件的大小非常小，而且使用流式播放形式。所谓的"流式播放"是指动画一边在后台下载，一边在前台播放，带给用户流畅的视觉和听觉的体验。

Flash 动画是使用 Adobe 动画软件编辑，最终生成一个扩展名为.swf 的文件以供在网页上使用，为此要向网页上插入 Flash 动画。先使用 Flash 软件的发布功能将.flv 格式的编辑文件发布为.swf 文件，就可以在网页上使用了。

下面在 CompanySite 网站的 Products.html 网页中插入一个 Flash 动画，实现步骤如下所示。

（1）打开 CompanySite 网站的 Products.html，切换到设计视图面板，从插入面板选择"常规"插入项，然后选择"媒体:SWF"插入项，Dreamweaver 将弹出选择 SWF 文件的对话框，选择一个已发布的.swf 文件，笔者选择了 Movie.swf，如果该文件的位置不在网站文件夹下，则会弹出如图 5.39 所示的对话框，单击"是"按钮，Dreamweaver 会弹出网站文件夹路径允许用户选择，选择之后会将 Flash 动画复制到网站文件夹下。

（2）在选择了要保存的目标文件夹之后，Dreamweaver 会弹出如图 5.40 所示的设置辅助特性对话框。可以在标题栏中输入当动画不存在时的替换文本，然后单击"确定"按钮，Dreamweaver 将会在网页中添加 Flash 动画，Flash 动画在网页中显示一个占位符，表示这个位置插入了 1 个 Flash 动画。

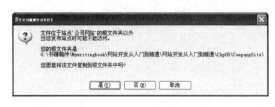

图 5.39　文件复制提醒对话框　　　　　　图 5.40　参数设置对话框

（3）现在先保存 Product.html 页面，Dreamweaver 会弹出如图 5.41 所示的对话框窗口，提醒用户将要复制文件到网站文件夹。

在单击"确定"按钮以后，Dreamweaver 将会在网站中创建 Scripts 文件夹，将 1 个.swf 文件和一个.js 文件复制到该文件夹。

图 5.41　复制用于 Flash 的 JavaScript 脚本

（4）Dreamweaver 将在网页上插入 Flash 文件。如果切换到 HTML 的代码视图，可以看到 Dreamwever 自动产生了如下所示的插入代码：

```
<object classid="clsid:D27CDB6E-AE6D-11cf-96B8-444553540000" width="550"
height="400" id="FlashID" title="Flash 动画插入示例">
 <param name="movie" value="../Movie.swf" />
 <param name="quality" value="high" />
 <param name="wmode" value="opaque" />
 <param name="swfversion" value="9.0.45.0" />
 <!-- 此 param 标签提示使用 Flash Player 6.0 r65 和更高版本的用户下载最新版本的
Flash Player。如果您不想让用户看到该提示，请将其删除。 -->
 <param name="expressinstall" value="../Scripts/expressInstall.swf" />
 <!-- 下一个对象标签用于非 IE 浏览器。所以使用 IECC 将其从 IE 隐藏。 -->
 <!--[if !IE]>-->
 <object type="application/x-shockwave-flash" data="../Movie.swf" width=
"550" height="400">
  <!--<![endif]-->
 <param name="quality" value="high" />
 <param name="wmode" value="opaque" />
 <param name="swfversion" value="9.0.45.0" />
 <param name="expressinstall" value="../Scripts/expressInstall.swf" />
 <!-- 浏览器将以下替代内容显示给使用 Flash Player 6.0 和更低版本的用户。 -->
 <div>
   <h4>此页面上的内容需要较新版本的 Adobe Flash Player。</h4>
   <p><a         href="http://www.adobe.com/go/getflashplayer"><img
src="http://www.adobe.com/images/shared/download_buttons/get_flash_play
er.gif" alt="获取 Adobe Flash Player" /></a></p>
 </div>
 <!--[if !IE]>-->
 </object>
 <!--<![endif]-->
</object>
```

<object>标签是 HTML 中用来插入音视频和其他需要浏览器插件的对象的标签，从代码中可以看到，swfversion 的版本要求为 9.0.45.0，如果不匹配，在浏览器端会提示用户下载较高版本的 Flash Player。在<object>中还嵌入了一个<object>，用来为非 IE 浏览器设置 Flash 插件。

注意：客户端浏览器要能正常浏览 Dreamweaver，必须安装 Flash 播放器插件，浏览器会提示用户从 www.adobe.com 网站上下载并安装。

（5）在设计视图中，选中新插入的 Flash，在属性窗口中可以对插件进行进一步控制，比如可以播放动画，设置动画参数，打开 Flash 对文件进行编辑等，属性窗口如图 5.42 所示。

图 5.42　设置 Flash 属性

由图 5.42 中可以看到，单击 ▶ 播放 按钮可以直接在设计视图中播放 Flash 动画，参数… 按钮允许添加一些特殊的控制参数。Wmode 参数允许指定 Flash 是否透明。如果 Flash 动画透明，将允许在 Flash 动画的下面放置文本，形成 Flash 遮罩的效果。

5.4.2　插入视频

可以在 Dreamweaver 中向网页中插入 FLV 视频，FLV 视频是对视频进行编码后的流式视频文件格式，是目前网络上最流行的视频文件格式，一些视频商就是使用 FLV 格式来发布视频的。下面将演示如何向 Awards.html 网页中插入一个 FLV 视频。

（1）打开 CompanySite 网站的 Awards.html 页，切换到设计视图，单击插入面板中常规标签页的"媒体：FLA"文件，可以通过从媒体下拉列表中选择 FLA 来实现。Dreamweaver 将弹出如图 5.43 所示的窗口。

（2）在该窗口中，视频类型选择"累进式下载视频"，也就是一个本地文件视频，另一个选项是"流视频"，需要指定一个流媒体地址。URL 文本框选择本地视频的路径，Dreamweaver 会对处于非网站文件夹中的视频提示用户复制到网站文件夹。可以在外观下拉列表框中选择一个播放的外观，宽度和高度可以通过"检测大小"按钮来自动设置其大小。如果需要自动播放和自动重复播放，则选择下面的两个复选框即可。

（3）单击"确定"按钮之后，一个具有流行播放外观的视频播放器就出现在网页上了，此时 Dreamweaver 会自动在当前网页文件夹下面添加几个 SWF 文件用来设置播放器的进度条和播放按钮，文件面板如图 5.44 所示。

在外观这里选择不同的播放器外观

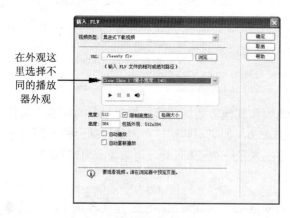

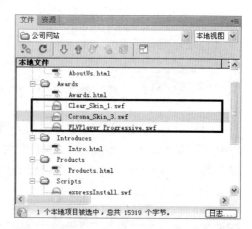

图 5.43　插入 FLV 文件　　　　　图 5.44　用来显示外观和进度条的 SWF 文件

除了插入 FLV 动画之外，还可以在页面上插入 WMV、AVI 和 MPG 等格式的视频，但是因为这类视频体积较大，不利于在网络上传输，一般使用得比较少。下面演示一下如何在页面中插入 WMV 视频，这类视频需要 Windows Media Player 的支持，因此必须在客户端计算机上安装 Windows Media Player 软件，以使利用其提供的 ActiveX 控件来播放视频。

打开 AboutUs.html 网页，单击插入面板的"媒体：插件"标签，Dreamweaver 会弹出一个对话框提示选择要插入的文件名，选择本地磁盘上的 WMV 文件，然后单击"确定"按钮。Dreamweaver 会自动在网页上添加<embed>标签，如以下代码所示。

```
<embed src="Sing.wmv" width="500" height="300" hidden="false" autostart=
"true" loop="true"></embed>
```

笔者的电脑上默认会使用 Windows Media Player 播放视频，使用 Firefox 打开这个网页时会提示需要安装插件，而使用 IE 打开之后，可以正常地浏览这个 WMV 视频，如图 5.45 所示。

图 5.45　在网页上显示视频

可见，无论是哪种格式的视频文件，使用 Dreamweaver 进行处理都非常简单，由于其他的视频文件都需要安装插件才能正确播放，因此建议最好使用 FLV 格式的视频，既节省流量，又不需要安装额外的插件，以确保客户端的用户只要安装了 Flash Player，都可以正常播放视频。

5.4.3　插入音乐

有时候，网站需要一些特色的配音效果，以便增强网页的用户体验。有多种可以添加的音频文件格式，比如.wav 波形文件、.midi 乐器数字接口文件、.mp3 音乐文件，除此之外还有 RealPlayer 及 QuickTime 音频相关的一些文件。

🖓注意：在操作系统文件夹下面有很多音频文件可以使用，这些文件在笔者的电脑中位于
　　　　C:\WINDOWS\Media 下，如果操作系统安装在不同的分区上，则可能其盘符位置
　　　　会有所不同。

下面将演示如何为 CompanySite 网站的 Index.html 页来添加一个音频，使用步骤如下

所示。

（1）在 Dreamweaver 中打开 Index.html 网页，定位到设计视图窗口，在需要插入音频的位置单击插入面板的"媒体:插件"项，Dreamweaver 将弹出选择文件对话框，笔者选择操作系统文件夹下的 C:\Windows\Media\Windows Information Bar.wav 文件，此时 Dreamweaver 会提示是否复制音频文件，单击"确定"按钮，一个音频就添加到页面上了。可以看到与添加视频的过程基本相似。

（2）由于本示例是想将音频当作背景音乐重复播放，因此鼠标右击设计视图中的插件标签，从弹出的快捷菜单中选择"编辑标签 embed"菜单项，将弹出 5.46 所示的对话框窗口。

图 5.46　编辑插件标签

Dreamweaver 将自动产生如下所示的代码：

```
<embed src="Windows Information Bar.wav" width="32" height="32" hidden=
"true" autostart="true" loop="true"></embed>
```

现在运行这个网页，如果是 IE 环境，会提示是否启用 ActiveX 控件，单击"允许阻止的内容"就可以在 IE 中使用 Media Player 听到网页的背景音乐了。

可以看到，对于 Flash 动画，实际上需要依赖于 Flash Player 插件，在 IE 中是需要 ActiveX 控件，而对于其他的音视频格式，则需要依赖于不同的插件，要求客户端安装插件才能够正常播放这些多媒体内容，浏览器本身没有播放音视频的能力。

5.5　使用模板和资源

在 Dreamweaver 中，还可以使用类似 Word 模板的功能，将一些常见的布局提前设置好，定义出可编辑和不可编辑的区域，使用模板创建页面时，用户只需要在模板指定的可编辑区域中编辑文档，将不可编辑的区域保护起来以防止被破坏。使用模板的好处是提高了生产力，网站建设人员不需要重复地设计相同样式的页面。更重要的是当对模板页进行修改时，所有引用了模板的网页都会发生改变，这大大加强了网站的可维护性。

Dreamweaver 可以跟踪在网站中所使用的相关资源，包含图像、影响、颜色、脚本和链接，使得网站建设者可以方便地选择已经使用过的一些资源。当网站越来越大或者是多人合作创建网站时，很容易出现对已有的资源进行重复制造，资源管理面板允许用户查看和利用已经存在的资源。

5.5.1　创建并使用模板

模板可以为网站提供一致性高度可控性的页面，与 Word 文档中的模板一样，模板中也包含了如下几大区域。

- ❑ 可编辑区域：这是使用模板的用户的可编辑部分，这也是网站中内容变化的一部分。
- ❑ 重复区域：文档布局的一部分，允许添加和删除重复区域的副本，它可分为重复区域和重复表格。
- ❑ 可选区域：在文档中可出现也可不出现的部分内容。
- ❑ 可编辑标签属性：用于对模板中的标签属性解除锁定，可以在基于模板的页面中编辑。

可以在一个页面中同时设置多种区域。为了创建模板，Dreamweaver 提供了两种可选的方法：

- ❑ 基于现有的 Web 页创建模板：可以将一个现有的 Web 页另存为一个模板，这是目前笔者常用的方法。
- ❑ 从零开始创建一个新的空白模板：可以从新建菜单的"模板"分类中选择模板进行创建。

下面将创建一个网站，演示如何使用模板来简化网站开发的过程，步骤如下所示。

（1）打开 Dreamweaver，单击"站点 | 新建站点"菜单项，创建一个名为 Template 的网站。该站点可指向本书配套光盘的 Template 文件夹，笔者在这个文件夹中准备了一些网页的素材。

（2）双击打开 Index.html 网页，然后单击主菜单中的"文件 | 另存为模板"菜单项，从弹出的"另存为"窗口中选择模板文件，如图 5.47 所示。

图 5.47　另存为模板文件

🔈注意：模板保存在网站根文件夹下的 Templates 文件夹中，在基于模板创建网页时，Dreamweaver 将从该文件夹中查找可用的模板文件。

在确定了所要创建的模板之后，单击"保存"按钮，Dreamweaver 将提示更新模板链接，Dreamweaver 可以确保模板中的链接的正确性。模板文件保存为以.dwt 为扩展名的文件，表示这是一个 Dreamweaver 的模板。

（3）现在具有了一个不可编辑的模板，为了让模板页允许编辑，需要插入一个可编辑区域，在示例中将允许用户在一个表格单元格中编辑内容，因此首先使用标签选择器选中<td>标签，然后单击插入面板常规标签页中的"模板"下拉箭头，从中选择"可编辑区域"项，Dreamweaver 将弹出一个对话框允许用户输入可编辑区域的名称，在此输入"ContentrRegion"，单击"确定"按钮，一个可编辑区域就成功创建了。

注意：可编辑区域可以存在于页面中的任何位置，对于表格来说，整个表格<table>或某个单元格<td>可创建为可编辑区域，但不能将多个单元格标记创建为一个可编辑区域。

（4）用同样的方式插入一个重复区域，并命名为 RepeatRegion，现在具有了两个模板区域，呈现的效果如图 5.48 所示。

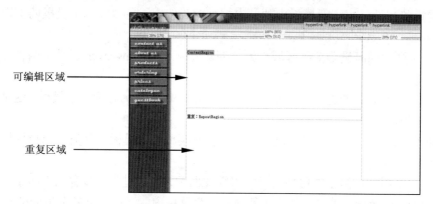

图 5.48　Dreamweaver 的模板区域

（5）现在具有了一个可编辑和重复区域的模板，模板一经创建，就可以从资源面板中的模板中看到，可以将模板应用到一个已经存在的网页，也可以基于现有模板创建一个新网页。下面将基于 index.dwt 模板创建一个名为 main.html 的网页。单击主菜单的"文件｜新建"菜单项，从弹出的窗口中选择"模板中的页"分类，在"站点"列表中选择 Template，"站点'Template'的模板"列选择 index，如图 5.49 所示。

图 5.49　基于现有模板创建网页

（6）将新建的网页保存为 main.html，在文档视图中可以发现，除了可编辑区域是可以编辑的之外，重复区域和模板中的其他部分都是不能编辑的，甚至在代码编辑器中不可编辑的部分都是灰色。这使得用户可以仅关注可编辑区的内容，非常快速地创建自己变化的部分。

除了可编辑区域是允许用户编辑的之外，Dreamweaver 对其他部分进行了锁定，如果对模板进行了更新，Dreamweaver 也会提示用户更新所有应用了模板的网页，这也大大方便了用户后期的维护操作。

5.5.2　创建重复区域

在上一小节中，创建了一个可编辑区域，但是发现重复区域是无法编辑的，为了让重复区域可以编辑，必须切换到模板编辑窗口，在重复区域中添加一个可编辑区域。模板窗口如图 5.50 所示。

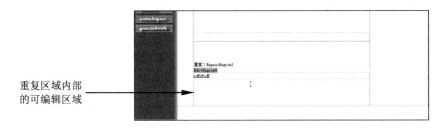

图 5.50　在重复区域中插入可编辑区域

切换到 main.html，可以看到现在重复区域可以编辑，并且具有一排工具栏按钮，通过单击+号可以向重复区域中添加多个可编辑区域进行编辑，如图 5.51 所示。

图 5.51　在重复区域中添加多个重复项

可以看到，重复区域允许用户对 HTML 元素进行多次的重复，Dreamweaver 中的重复表格也使用了类似的特性，只是它是基于一个 HTML 表格，对表格中的行进行重复，请大家自己动手尝试一下。

5.5.3　创建可选区域

可选区域允许使用模板的 Web 页来决定这个区域是否显示，用户可以将可选区域关闭而不显示出来。下面将向 index.dwt 中插入一个可选区域，通过插入面板的"模板｜可选区域"项可以插入可选区域，Dreamweaver 将弹出如图 5.52 所示的插入可选区域的窗口。

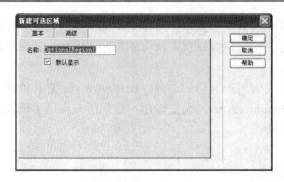

图 5.52　插入可选区域

在该窗口中，为可选区域输入一个名称，在"高级"选项卡中可以设置使得可选区域可见的高级参数条件。由于可选区域也是不可编辑区域，在应用中主要用来显示一些图像或固定的文字，笔者向可选区域中插入了一幅图片。

切换到 main.html，此时 Dreamweaver 会提示更新使用了模板的内容页，单击"更新"按钮即可。在内容页中，可以看到添加在可选区域中的图片，但是无法选择或对其进行编辑，为了让可选区域不可见，可以单击主菜单中的"修改 | 模板属性"菜单项，将弹出如图 5.53 所示的修改模板属性窗口。

图 5.53　修改模板属性窗口

可选区域隐藏后，页面上就看不到可选区域中包含的内容了，但是可以使用同样的方法将可选区域显示出来。

Dreamweaver 还具有一个可编辑的可选区域，它允许用户编辑其中的内容，具体的使用方法与本节讨论的示例相同，请大家尝试着创建。

5.5.4　使用网页资源

Dreamweaver 的资源面板列出了网页中目前使用的所有资源，包含图像、链接、颜色、动画、视频、模板等，这给了用户一个集中式的查看视图，资源面板如图 5.54 所示。

在资源面板的切换查看方式中，可以从站点列表切换到收藏列表，收藏列表允许用户从站点繁多的资源中收藏想要的部分。在站点视图选中资源，从鼠标右键菜单中选择"添加到收藏夹"菜单项，就可以将所选择资源添加到资源面板的收藏夹中了。

图 5.54　网站资源面板

　　资源面板提供了便利的重用方式,比如将鼠标指针放在文档设计视图中想要插入图片的位置,在资源面板中,鼠标右击要插入的图片,从弹出的快捷菜单中单击"插入"按钮,即可将图片插入到网页中。对于颜色,也可以在设计视图中选中文本,在颜色面板中右击选中的颜色,单击"应用"即可。

　　资源面板将网站所使用的资源信息集中管理,当网站变得大而且复杂时,使用资源面板可以节省不少来回编辑的时间,这也是 Dreamweaver 提高网站建设效率的重要工具之一。

5.6　小　　结

　　本章讨论了 Dreamweaver 工具的使用,首先介绍了 Dreamweaver 的界面布局和各种工具面板的使用,讨论了文档编辑器、属性编辑器及选项设置的组成结构。在添加文本和图像这一节中,介绍了如何使用 Dreamweaver 提供的可视化功能方便地向网页中添加文本,并进行 CSS 或 HTML 的格式化工作。在图像部分,讨论了如何向网页中可视化地插入图像及鼠标经过的图像。在链接与导航部分,讨论了如何创建常见的文字链接及锚记链接,并介绍了如何使用 Spry 框架创建漂亮的导航工具栏。在添加多媒体部分,介绍了 Flash、音频和视频内容的插入,这也是 Dreamweaver 非常方便的一个特性,使得插入多媒体内容时再也不用去查找一大堆的标签属性了。本章最后讨论了如何使用 Dreamweaver 提供的模板和资源进行高效的网站建设。由于 Dreamweaver 的功能非常强大,本书后面的内容将会陆续就一些知识点具体讨论 Dreamweaver 的操作。

第6章 创建和管理 Web 站点

在前面的学习中，读者使用 Dreamweaver 可以非常方便地创建单个 Web 网页。如果要创建一个结构良好的网站，我们该怎么处理呢？首先必须要规划好自己的网页目录结构，然后使用 Dreamweaver 提供的站点管理工具，最后就可以非常轻松地完成一个网站的创建工作了。本章的目的就是要学习如何创建网站、管理网站。

6.1 定义 Web 站点

很多初学网页设计的用户都会习惯性地通过 Dreamweaver 的向导面板直接从一个网页开始设计，这是一种不好的习惯。随着网页和资料的增多，网页与网页之间的链接容易混乱，容易导致链接失效问题。因此 Dreamweaver 建议网页设计人员为网站创建一个逻辑的目录结构，根据网页的功能分别存放到不同的子目录中去，比如为图片创建一个 image 文件夹，为样式表创建一个 css 文件夹。Dreamweaver 的站点管理工具简化了网站管理的复杂性，将网站的管理工作变得条理化。

6.1.1 定义网站的逻辑结构

事实上大多数的网站设计人员都意识到创建站点的重要性，因此在设计一个网站开始，都会创建一个站点。但是笔者要提醒的是，在创建站点之前，如果能够在纸上良好地规划站点的逻辑组织结构，将使得整个站点更容易管理。

🔔**注意**：事先创建网站的逻辑结构有助于创建结构清晰的网站，在网站文件变得越来越多、越来越复杂时，能简化网站的管理工作。

网站的逻辑结构规划有多种不同的方式，比如可以按照文件的类型进行组织，或者根据网站的功能结构进行组织。一般的方式是根据网站的功能结构进行粗浅的划分，然后在各个不同的功能下面按照文件进行划分。图 6.1 是常见的网站文件的分类示意。

网站逻辑架构实际上并没有什么固定的规律，而应该由网站建设人员根据网站的规模和组织方式进行设计，比如一些简单的个人网页常常直接按照文件的类型进行组织，也使得网站的组织结构清晰易懂，如图 6.2 所示。

无论如何，在开始使用 Dreamweaver 进行网站创建之前，都应该先规划好站点的目录结构，随着网站文件的增多，管理起来也就不会容易导致混乱。Dreamweaver 的站点管理工具提供了很多方便的功能，允许对这些组织良好的文件夹结构进行管理。

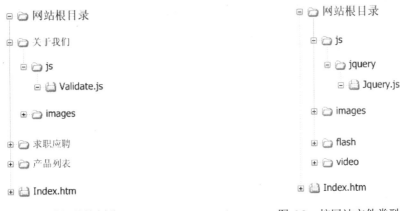

图 6.1　按功能结构划分　　　　　　图 6.2　按网站文件类型划分

6.1.2　使用站点管理工具

使用 Dreamweaver 创建一个网站的首要工作就是通过网站创建工具创建一个站点，使所有的网页都有一个存放的集中位置，同时便于维护网站的链接。

⌂注意：应该总是将创建站点的工作作为创建一个完整网站的第一步。

为了使用 Dreamweaver 创建和管理站点，可以通过主菜单中的"站点丨管理站点"菜单项，Dreamweaver 将弹出站点管理窗口，在该窗口中列出了当前已经定义过的 Web 站点，网站建设人员可以通过站点管理工具创建、复制、移除、导出和导入 Dreamweaver 的站点定义，如图 6.3 所示。

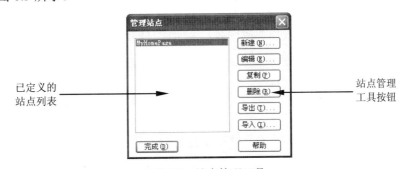

图 6.3　站点管理工具

站点管理工具使用户可以轻松地创建一个网站。以个人网站为例，要创建一个名为MyHome 的站点，可以单击站点管理器中的"新建"按钮，将打开如图 6.4 所示的站点设置对象窗口。

创建一个网站最简单的方式是在站点名称中指定网站名称，比如本节将创建一个名为"个人网站"项目，同时需要在本地站点文件夹文本框中选择网站将要存储的本地文件夹位置。这两个输入内容的作用如下所示。

- ❑ 站点名称：是一个仅在 Dreamweaver 站点管理工具中用于站点区分的名称，可以是任何能够表达站点意思的中文或英文名称，这个名称不与任何操作系统文件名相关联。

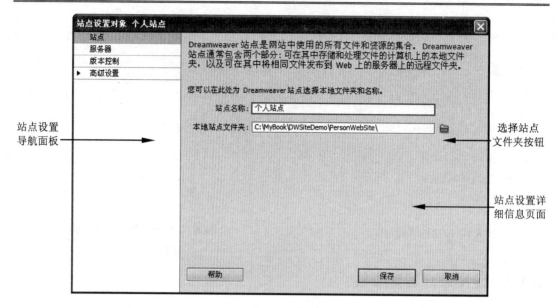

图 6.4　站点设置对象窗口

❑ 本地站点文件夹：指定的实际上是网站的根目录，Web 网站的根目录是指包含所有站点文件的目标位置，它是一个物理的存储位置。当定义一个网站时，Dreamweaver 将这个目录当作存放所有站点文件的目标位置。它会对这个文件夹进行监控，如果在站点管理器外部插入了一个文件，Dreamweaver 会自动提示在站点中保存该文件。

设置完"个人站点"项目后，单击"保存"按钮，站点设置对象将被关闭，此时就可以在 Dreamweaver 的站点管理器中看到这个新创建的网站，单击站点管理器中的"完成"按钮，Dreamweaver 将在文件管理面板中显示刚刚创建的网站，允许用户在文件管理面板中向网站中添加文件夹结构和文件。

6.1.3　创建远程站点

在 Dreamweaver 中，如果站点只是在本地进行开发和测试，那么只需要如上一小节中介绍的创建一个本地站点文件夹即可。在多数情况下，站点可能已经上传到了远程服务器上，网站开发人员需要对网站进行远程的维护和管理。Dreamweaver 提供了远程站点定义功能，可以轻松地实现本地文件与远程站点之间的同步和复制功能，大大方便了对远程站点的管理。

以个人站点为例，这个站点已经部署到了远程服务器上，ISP（服务提供商）为用户提供了用于管理远程网站的 FTP 地址和密码，在 Dreamweaver 中可以设置这个 FTP 作为远程管理服务器来对远程服务器中的网站文件进行同步管理，步骤如下所示。

（1）单击 Dreamweaver 主菜单中的"站点 | 管理站点"菜单项，在管理站点列表中选择"个人站点"项，单击"编辑"按钮，将弹出"站点设置对象"窗口，从该窗口中左侧的导航列表中选择"服务器"导航项，如图 6.5 所示。

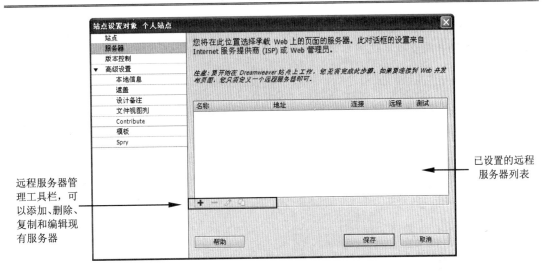

图 6.5　远程站点设置窗口

（2）单击远程站点管理工具栏中的 ✚ 图标，将弹出添加服务器窗口，在该窗口中可以设置远程服务器的详细信息。以 FTP 网站为例，设置内容如图 6.6 所示。

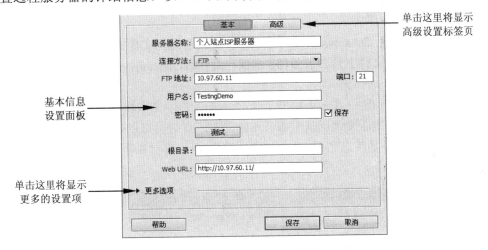

图 6.6　远程站点设置信息

远程服务器设置窗口分为基本设置和高级设置两个页面，其中基本设置页面包含了如下几个填充项：

- ❏ 服务器名称：指定一个表示服务器信息的服务器的名称，这个名称仅在 Dreamweaver 中使用。
- ❏ 连接方法：指定服务器将使用的连接方式，比如可选择使用 FTP、SFTP、本地网络等连接方式，可以根据远程服务器不同的管理方式进行选择。选择不同的连接方法后，窗口将根据不同的面板显示不同的设置项。以 FTP 为例，包含了 FTP 地址、用户名和密码等信息。
- ❏ 根目录：指定远端服务器的根目录，如果远端服务器的目录位于 www 下面，则需要输入 www/ 这种目录形式。
- ❏ Web URL：是指用于远程服务器测试的网站路径。

注意："更多选项"折叠面板允许用户设置更多的 FTP 设置信息，比如是否使用被动式的 FTP 设置等，这些信息的具体设置方式可以咨询网站的 ISP 提供商。

（3）当单击"高级"按钮之后，将显示高级服务器信息设置窗口，如图 6.7 所示。

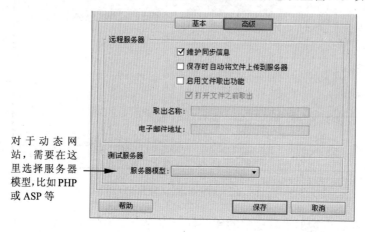

图 6.7　远程服务器高级设置窗口

高级设置的选项如下所示。

❑　维护同步信息：Dreamweaver 将自动维护本地与远程文件的同步。

❑　保存时自动将文件上传到服务器：在保存文件时，Dreamweaver 会自动将文件上传到远程站点。

❑　启用文件取出功能：在多人协同工作时，激活"存回/取出"系统。

❑　服务器模型：当需要调试基于服务器的动态语言时，可以选择要使用的服务器。

（4）当创建了服务器信息之后，单击"保存"按钮，将会在服务器列表中添加一条服务器项目，如图 6.8 所示。

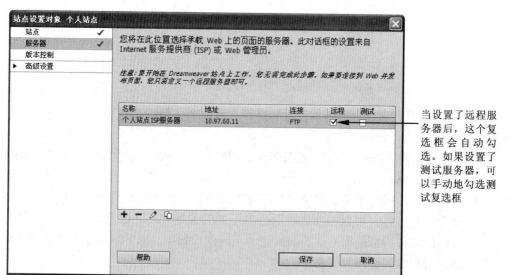

图 6.8　已创建的远程服务器列表

当成功地创建了 Dreamweaver 的站点之后，就可以开始在 Dreamweaver 的文件管理面

板中创建和管理站点的文件了。如果以后需要对站点的设置进行修改，可以随时通过站点
管理器中的"编辑"按钮来编辑已经存在的站点。

6.2 管理站点文件

在 Dreamweaver 中，可以创建各种类型的网页文件，比如 CSS、HTML、PHP、ASP.NET、
ColdFusion 标记语言等。当定义了一个站点之后，可以通过文件面板对网站中的各种文件
进行管理，比如构建网站的文件夹结构、添加网站文件、与远程服务器的同步等。
Dreamweaver 提供了文件面板管理工具来创建和管理文件。

🔔注意：默认情况下，文件面板停靠在 Dreamweaver 的右下角，可以通过 F8 键或者是主
　　　菜单中的"窗口 | 文件"菜单项来显示文件面板。

6.2.1 认识文件管理面板

文件面板是管理 Dreamweaver 中文件的一个非常重要的工具，可以使用文件面板来查
看一个或多个站点的文件和文件夹，可以对这些文件和文件夹执行标准的文件的维护和管
理操作，比如创建文件夹、打开和移动文件等。一般来说，文件面板可以执行如下 3 个方
面的任务。

❑ 可以访问站点、服务器和本地驱动器。
❑ 可以查看站点中的文件和文件夹信息。
❑ 可以在文件面板中执行文件管理操作，比如创建或删除文件或文件夹。

文件面板如图 6.9 所示。

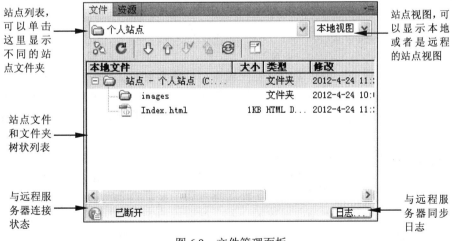

图 6.9　文件管理面板

可以看到，文件面板可以显示多个网站的文件夹结构，如果同时处理多个网站项目，
则可以通过下拉列表框在多个不同的站点之间进行切换。文件面板的文件和文件夹树状视
图会根据操作系统中的文件夹结构来自动进行显示。因此如果在创建一个 Dreamweaver 网

站时指定了一个已存在的文件夹，那么文件面板会自动导入已经存在的文件夹结构。

文件面板工具栏提供了一系列管理文件的工具，工具栏的作用如下。

- ❑ 💫连接到远程主机：如果配置了远程服务器，单击该按钮将连接到远程服务器主机。
- ❑ 🔁刷新网站：刷新网站的文件和文件夹结构。
- ❑ ⬇获取文件：从网站的远程服务器中下载文件。
- ❑ ⬆上传文件：向网站的远程服务器中上传文件。
- ❑ 🔄同步文件：与远程服务器进行文件的同步操作。

对于同步来说，Dreamweaver 将连接到远程服务器，检查本地文件与远程服务器之间的差异来自动处理同步操作，用户也可以选择手动同步功能。例如如果 Dreamweaver 没有检测到可以同步的文件，用户可以选择"手动同步"按钮，将显示如图 6.10 的手动同步窗口，在该窗口中可以选择要手动与服务器同步的文件。

通过工具栏
按钮可以手
动处理同步
操作

图 6.10　手动同步窗口

有时候为了即时了解远程服务器的文件结构，可以在视图下拉列表框中选择"远程服务器"视图，将显示位于远程的文件夹列表，此时可以手动地观察本地与远程网站的异同。

6.2.2　使用展开文件面板

Dreamweaver 提供了一个扩展的文件面板窗口，称为展开文件面板，这个文件面板提供了本地与远程站点的比较视图窗口，使得用户可以像使用一些 FTP 客户端工具一样管理本地与远程的站点。单击文件面板工具栏的 🔲图标将打开如图 6.11 所示的展开文件面板窗口。

展开的文件面板提供了本地和远程网站文件的比较窗口，这样可以通过工具栏中的相关工具来上传或者是同步文件，还可以通过鼠标拖动的方式在两个站点之间同步文件。

当进入到展开文件面板后，会发现文件面板占满了整个 Dreamweaver 屏幕，面板上也提供了几个菜单项允许管理本地或远程的文件。通过站点管理器可以更改展开面板的显示列信息。可以通过菜单项的"站点 | 管理站点"菜单项，打开站点管理器窗口，在该窗口中编辑选中的站点，Dreamweaver 将弹出站点编辑窗口，在该窗口的导航项中选择"高级设置 | 文件视图列"导航项，将显示文件面板的列信息编辑窗口，如图 6.12 所示。

🔔注意：对于系统内置的列类型，只能对其显示属性进行更改，无法删除。

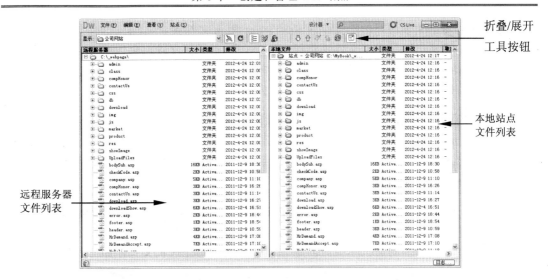

折叠/展开
工具按钮

本地站点
文件列表

远程服务器
文件列表

图 6.11 展开文件面板窗口

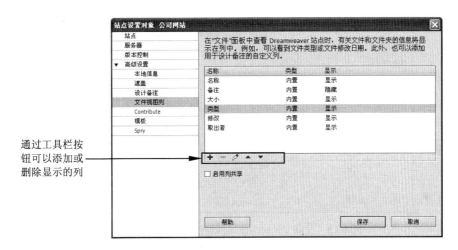

通过工具栏按
钮可以添加或
删除显示的列

图 6.12 使用站点编辑窗口更改文件面板的显示列信息

大多数情况下不需要添加新的列，但是可以通过▲或者是▼按钮调整列显示的顺序，或者是通过✎按钮从弹出的窗口中更改列的显示属性。

6.2.3 创建和管理文件和文件夹

在文件面板中可以创建 Dreamweaver 支持的任何文档，并且还可以像资源管理器一样创建文件夹，所创建的文件夹目录结构会自动与资源管理器中的文件夹结构同步，因此就可以在文件面板中创建属于自己的网站结构。

下面通过一个例子来演示如何为前面小节中创建的"个人站点"添加如图 6.2 所示的网站文件结构，步骤如下所示。

（1）从文件面板的站点下拉列表中选中"个人站点"，在文件夹列表中右击站点根目录，从弹出的快捷菜单中选择"新建文件夹"菜单项，Dreamweaver 将创建一个新的文件夹，输入文件夹名称为 images。

（2）使用与第 1 步相同的步骤创建 flash、css 和 js 文件夹。

（3）现在网站已经具有了文件夹结构，但是还没有任何文件，可以右击网站根目录，从弹出的快捷菜单中选择"新建文件"菜单项，Dreamweaver 将自动创建一个名为 untitled.html 的 HTML 网页，将该网页重命名为 index.html，作为网站的默认页面。

注意：当网站用户在浏览器中仅输入网站域名而并没有指定任何页面时，网站服务器将自动寻找默认页面进行显示，另一个常见的默认页面是 defalut.htm 或 default.html。.htm 和.html 都是可行的，.htm 是出于向后兼容性的考虑，一些旧版本的 Windows 只能处理 3 个字符的文件扩展名。

（4）除了在文件面板中使用菜单创建 html 文件外，还可以通过单击 Dreamweaver 主菜单中的"文件 | 新建"菜单项，通过 Dreamweaver 提供的各种文件模板来创建一个文件。比如可以通过"示例中的页"模板，创建一个基于模板的样式表文件，如图 6.13 所示。

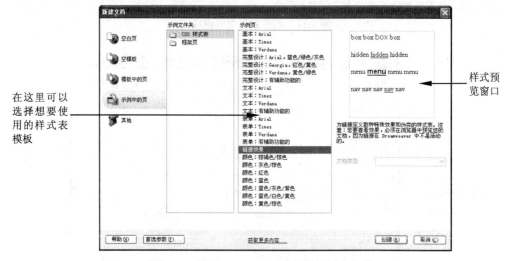

图 6.13　使用 Dreamweaver 的模板创建文件

Dreamweaver 将在编辑器中打开该 CSS 文件，并且随机地取了一个 Untitled 的命名，为了将其保存到网站文件夹下，可以单击"文件 | 保存"菜单项，将弹出"另存为"对话框，默认情况下，该窗口将定位到网站根目录下，如图 6.14 所示。

图 6.14　另存文件到网站目录下

可以看到"另存为"对话框具有一个"网站根目录"按钮，单击该按钮后，将自动切换到网站的根目录下，以便于保存到网站的目录结构之下，网站在文件面板中的目录结构如图 6.15 所示。

图 6.15　网站目录结构

现在已经创建了本章开头规划的网站目录结构，就可以开始对网站进行设计并添加各种设计素材了。网站建设的过程中，可能还需要经常对网站文件进行删除或重命名操作，在文件面板右键菜单中的"编辑"菜单中提供了一系列的子菜单，允许用户剪切、拷贝、删除、重命名文件或文件夹。

例如，想删除 js 文件夹下的 test.js 脚本，在文件面板中右击该脚本，从弹出的快捷菜单中选择"编辑｜删除"菜单项，或者是使用 Del 快捷键来将这个文件删除。Dreamweaver 将弹出删除确认对话框，以便确认是否对文件进行删除，如果单击"是"按钮，文件将从文件面板中删除。

当文件从本地被删除后，还需要在合适的时候同步到远程服务器，以便远程和本地的文件内容相同。单击文件面板的 按钮，Dreamweaver 将弹出如图 6.16 所示的同步窗口。

勾选该复选框，以便
于本地删除的文件
能从远端删除 ————

图 6.16　同步文件选项窗口

必须勾选"删除本地驱动器上没有的远端文件"复选框，这样在本地视图中删除的文件在远程服务器上也被删除。单击"预览"按钮，可以看到被删除的 test.js 果然出现在了同步列表中，如图 6.17 所示。

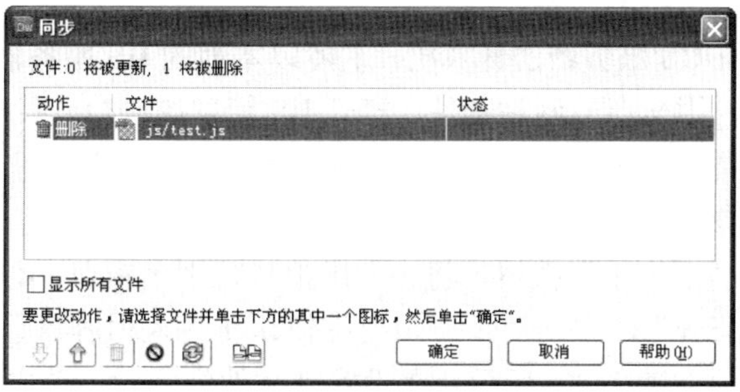

图 6.17　预览同步的项

确认所要同步的项之后，单击"确定"按钮，远程服务器中的 test.js 就被删除了。

6.3　测试与管理站点

站点一旦创建好之后，在开发与维护的过程中，会不断地对站点的设置进行修改，以便适应新的站点变更需求。本节将讨论测试站点的建立与使用、如何为站点指定一个版本控制服务器，以及如何备份和恢复站点的设置。

6.3.1　创建测试服务器

在创建站点时，一般情况下会先建立一个本地的网站，这个网站存放在本地文件夹，并不会一开始就存放在服务器中，只有当本地开发渐成规模需要测试时，才会慢慢将其部署到服务器端。这种开发模式是相对于静态网站的。静态网站是指由 HTML、JavaScript、CSS 及图片等组成的网页，它不需要被服务器端解析器进行解析，浏览器可以直接读懂并解析这类语言。

在使用 ASP、PHP 或者是 ColdFusion 等服务器端语言开发网站时，一般都需要安装专门的服务器端解析程序，浏览器不能直接解析这类语言。为了开发这种类型的网站，需要首先创建一个测试服务器，测试服务器本身并不会解析服务器端的语言，它只是将当前的网站指向一个服务器端的位置，然后在运行时请求该服务器端解析网页查看其结果。一个常见的服务器端的网站结构与 Dreamweaver 的测试服务器结构如图 6.18 所示。

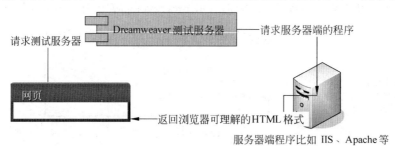

图 6.18　Dreamweaver 测试服务器的作用示意图

在这一节中将以开发 ASP 网站为例，演示如何通过 IIS 服务器在 Dreamweaver 中实现一个测试服务器，如以下步骤所示。

（1）找一台安装有 IIS 服务器的计算机，笔者以本地的 IIS 服务器为例，首先在本地硬盘上新建一个文件夹，用来存放网站文件。打开 IIS 管理控制台，找到"网站｜默认网站"节点，右击鼠标，从弹出的快捷菜单中选择"新建｜虚拟目录"菜单项，IIS 管理控制台将弹出虚拟目录创建向导窗口，如图 6.19 所示。

（2）单击向导的"下一步"按钮，将进入虚拟目录别名窗口，可以指定自己网站的名称，比如填写"Company"，单击"下一步"按钮，将进入内容目录窗口，选择要保存网站文件的本地文件夹，如图 6.20 所示。在设置完文件位置后，单击"下一步"按钮，IIS要求指定目录访问权限，如图 6.21 所示，根据网站文件夹的访问需求可以勾选相应的权限。

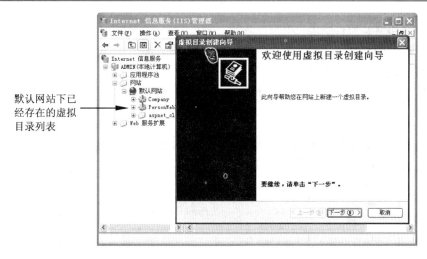

图 6.19　新建网站虚拟目录

图 6.20　指定网站内容目录

图 6.21　指定目录的访问权限

（3）在设置完目录访问权限之后，单击"下一步"按钮，Dreamweaver 将显示设置完成页面，单击"完成"按钮之后，可以看到在默认网站下面就多了一个以虚拟目录别名作为名称的网站目录。如果还需要对网站进行进一步设置，可以右击该目录，从弹出的菜单中选择"属性"菜单项。将会弹出虚拟目录选项窗口，在该窗口中列出了很多服务器相关的选项，比如在文档标签页中，就可以添加默认的启动文档，如图 6.22 所示。

图 6.22　虚拟目录属性设置窗口

（4）在设置完成之后，单击"应用"按钮，则这些设置将应用到当前选择的虚拟目录。然后就可以右击虚拟目标，选择"浏览"菜单项，IIS 将开启一个新的浏览器窗口来浏览网页，此时便可以浏览经 IIS 解析的内容了。

（5）在设置了 IIS 的虚拟目录之后，接下来使用 6.1.3 小节所介绍的方式创建一个网站，该网站的文件夹位置指向第 2 步所指定的虚拟目录位置，如图 6.23 所示。

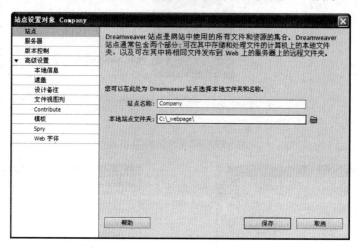

图 6.23　新建虚拟目录所在位置的网站

（6）单击图 6.23 中的"服务器"导航项，设置网站的服务器为前面几步创建的 IIS 服务器，指定服务器文件夹为 IIS 虚拟目录文件夹，如图 6.24 所示。.

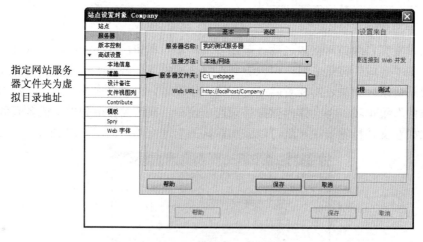

图 6.24　设置网站服务器

（7）基本服务器信息设置完成之后，单击"高级"按钮，将切换到高级服务器设置窗口，在该窗口的"测试服务器"中，指定服务器模型为 ASP VBScript，这就是告知 Dreamweaver，在这里设置的服务器的测试环境是基于 VBScript 的 ASP 程序，如图 6.25 所示。

（8）在设置完服务器信息并保存之后，最后还要勾选服务器列表中的"测试"复选框，以便开启网站测试功能，如图 6.26 所示。

指定服务器测试环境为基于 VBScript 的 ASP 语言

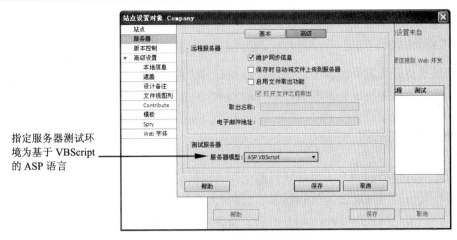

图 6.25　高级服务器设置

勾选测试选项开启测试功能

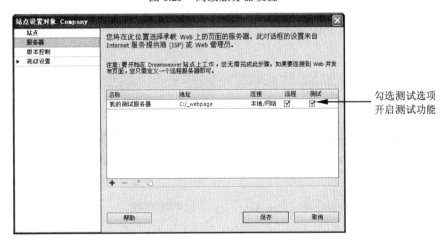

图 6.26　开启测试服务器

（9）一切设置完成之后，就可以开始进行基于测试服务器环境的网站服务器开发了。举个例子，当写完一个 ASP 网页之后，如果按 F12 键，Dreamweaver 将会向测试服务器（这里也就是 IIS 服务器）发送服务器端请求，此时编写的 ASP 代码会被成功解析，示例如图 6.27 所示。

图 6.27　基于测试服务器的开发环境运行结果

可以看到现在浏览器中的路径如下所示。

```
http://localhost/Company/index.asp
```

它不再只是打开资源管理器中的文件，而是打开了经由服务器解析后的网页，这大大方便了网站开发人员编写服务器端编程语言的网页。

6.3.2　使用版本控制

随着如今网站规模的扩大，很多网站都由许多网页设计人员开发与维护。为了让网站建设者能够与其他的网站建设人员协同工作，保护大家的知识成果，可以使用 Dreamweaver 提供的版本控制客户端。Dreamweaver 内置了 Subversion（SVN）客户端软件，可以接到使用 SVN 的服务器，它可以获取文件的最新版本、更改和提交文件。

为了演示 Dreamweaver 网站项目的使用，笔者在知名的敏捷项目管理网站注册了一个项目，该网站提供了 30 天的免费试用期，注册了项目之后可以被分配给一个 SVN 地址，如图 6.28 所示。

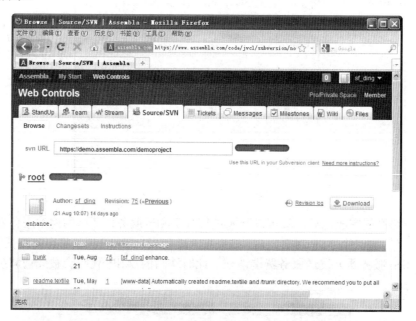

图 6.28　在 Assembla 注册的 SVN 项目

建议大家到如下网站注册一个用户名，然后进行测试：

```
https://www.assembla.com/home
```

下面演示了如何在 Dreamweaver 中创建一个基于 SVN 的版本控制网站项目，并介绍了一些基本的版本控制方法。

（1）打开 Dreamweaver，选择主菜单中的"站点 | 新建站点"菜单项，创建一个新的网站，创建一个名为"SVN 项目"的网站，如图 6.29 所示。

（2）单击"站点设置对象"导航栏中的"版本控制"导航项，将显示版本控制设置窗口，在该窗口中可以看到当前 Dreamweaver 所安装的 SVN 客户端的版本号。在"访问"

下拉列表框中选中"Subversion"下拉菜单项,就可以进行 SVN 服务器端的设置了,如图
6.30 所示。

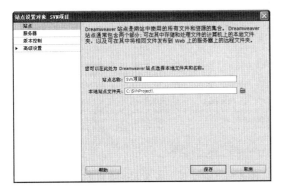

图 6.29　新建一个名为"SVN 项目"的网站　　　　图 6.30　输入 SVN 服务器端的信息

(3)由于 assembla.com 提供的是 HTTPS 协议方式,因此在"协议"部分选择"HTTPS",
它会同时在服务器端口填入默认的 HTTPS 端口 443;在 SVN 的服务器地址中输入由
assembla.com 提供的 SVN 的地址;保持存储库路径为空,单击"保存"按钮之后,
Dreamweaver 会自动分析 SVN 服务器地址并填写存储库路径。因此如果单击"保存"按钮,
再次打开网站管理界面,可以看到版本控制栏已经正确地填入了存储库路径。

(4)单击"测试"按钮,如果网络设置正常,Dreamweaver 会显示"服务器和项目可
以访问"的提示框。如果像笔者所在的网络环境一样需要设置代理,则可以打开如下文
件夹:

```
%APPDATA%\Subversion\
```

找到其中的 server 文件,用记事本打开,在最后面添加如下代理信息:

```
http-proxy-host = 10.10.10.10          //代理服务器地址
http-proxy-port = 3128                 //代理服务器端口
http-proxy-username = username         //代理用户名
http-proxy-password = password         //代理密码
```

设置完成后就能成功地通过代理使用 SVN 客户端了。

(5)在设置完成单击"保存"按钮之后,选择 Dreamweaver 右下侧面板中的"文件"
面板,右击新建的"SVN 项目"名称,从弹出的快捷菜单中选择"版本控制"菜单项,可
以看到一系列用于版本控制的子菜单,选择"获取最新版本"菜单项,Dreamweaver 将开
始获取项目的最新版本源代码,如图 6.31 所示。

(6)获取最新版本文件会将 SVN 服务器上的文件与本地副本内容进行合并,如果本
地硬盘上不存在文件,那么 Dreamweaver 将会直接从 SVN 服务器上获取该文件。获取完
成之后,将会在文件面板中显示所有从服务器端下载的文件,如图 6.32 所示。也可以在文
件面板的视图下拉菜单中切换到"存储库视图"项,将显示 SVN 服务器端的文件视图。

💬注意:为了获取服务器上文件的最新版本,可以先清空本地文件夹,然后使用获取最新
　　　　版本文件的功能。

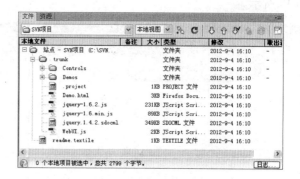

图 6.31　获取最新的源代码　　　　　　　　图 6.32　在文件面板中实现版本控制

（7）如果想查看 Demo.html 这个文件进行了多少次修改，可以从版本控制菜单中选择"显示修订版"菜单项，Dreamweaver 将弹出如图 6.33 所示的窗口，在该窗口中显示版本历史记录。

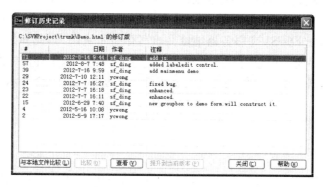

图 6.33　查看版本历史记录

在该窗口中，可以选中某个版本，单击"与本地文件比较"按钮来比较历史版本与当前版本之间的差别。也可以单击"提升到当前版本"按钮，将一个历史版本恢复到当前版本。

（8）可以单击"更新状态"菜单项来获取 Demo.html 文件的当前状态，比如当前文件是否已经被其他人锁定，如果被锁定，则不能进行编辑，必须要等待其他人解锁才能进行编辑。

（9）如果要编辑一个文件，同时不允许其他用户进行更新，可以从菜单中选择"锁定"，这样其他用户便不能更新这个已被锁定的文件，直到当前用户解锁。这就有效地保护了因为同时编辑文件而导致的覆盖问题。

通过上面的这些步骤，相信读者已经了解了 Dreamweaver 的版本控制能力，更多更详细的版本控制信息，可以参考 Subversion 的相关文档。但是 Dreamweaver 提供的毕竟只是一个 Subversion 的精简版本，因此 Subversion 提供的很多功能在 Dreamweaver 中是没有的，但是相信这些基本的功能已经能够满足日常的工作应用了。

6.3.3　导入和导出站点设置

在 Dreamweaver 中创建和删除站点很容易，但是站点一旦设置好之后，就应该经常对站点的设置进行备份。对于一些经常需要在家里和办公室中进行网站开发的用户来说，需要经常将网站的设置导出到自己的电脑，然后导入到自己笔记本电脑中的网站上，此时导入和导出的功能就显得十分重要了。

1. 导出站点设置

可以使用 Dreamweaver 的管理站点窗口来导出网站设置。下面演示一下如何将本章上一小节创建的 SVN 项目网站设置导出到一个 XML 文件中，如以下步骤所示。

（1）打开 Dreamweaver，选择主菜单中的"站点｜管理站点"菜单项，将弹出如图 6.34 所示的"管理站点"对话框，在该对话框中列出了本机上创建过的所有站点。

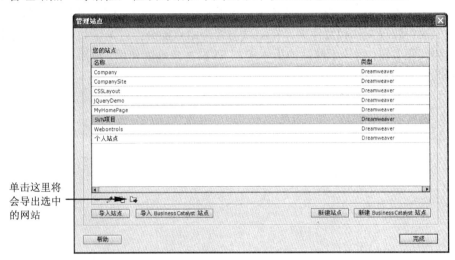

图 6.34　"管理站点"对话框

（2）选中 SVN 项目，也可以通过 Ctrl+鼠标左键同时选中多个项目，然后单击站点列表框下面的 图标开启导出设置向导，如图 6.35 所示。

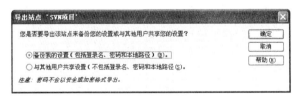

图 6.35　导出向导起始页

选择第一个单选按钮将备份当前登录用户的设置，单击"确定"按钮，Dreamweaver 将弹出一个保存文件的窗口，提示网站设置将被保存为"SVN 项目.ste"站点定义文件，单击"完成"按钮即可实现网站设置的导出。

📢注意：ste 文件实际上就是站点定义的 XML 文件，可以通过记事本直接打开以.ste 为扩展名的文件，看到站点定义的详细信息。

2. 导入站点设置

为了演示 SVN 项目的导入，现在首先在站点管理器中删除 SVN 项目网站，然后单击站点管理器的"导入站点"按钮，Dreamweaver 将弹出一个选择要导入的 ste 文件的窗口，选中要导入的"SVN 项目.ste"文件，站点管理器对 XML 文件进行分析，然后可以看到 SVN 项目这个网站出现在站点管理器中了。

6.4　小　　结

本章详细介绍了如何在 Dreamweaver 中创建和管理 Web 站点。首先讨论了如何规划网站的逻辑结构，接下来介绍了站点管理工具的使用及如何创建本地或远程服务器网站。在管理站点文件部分，介绍了文件管理面板的使用方法、如何使用展开的文件面板及如何在文件面板中管理文件和文件夹。在测试与管理站点部分，讨论了如何创建服务器端编程语言的测试服务器，讨论了网站的版本控制 SVN 客户端的使用，最后介绍了导入与导出网站设置的方式。

第 7 章　使用 DIV 和 CSS 进行页面布局

网页布局设计是整个站点规划中非常重要的一环，它好像是一个整体的大框架，将网页上的各种 Web 元素整合到网页内部。本书第 4 章详细介绍了布局设计的基础知识与规划步骤，也讨论了目前主流的一些布局结构。本章将从技术层面讨论符合 Web 标准的 DIV 和 CSS 布局设计的实现技术。

7.1　网页布局方法

在 DIV+CSS 布局技术出现之前，网页布局普遍使用的是表格式布局方式，这种布局方式简单，所见即所得，基本上想要的效果都能够轻松实现，各种软件的支持也较为成熟。但是基于 Web 新标准的 DIV+CSS 布局方式出现后，便以其灵活性和方便性取代了表格式布局方式，已经成为网页布局技术的主流。

7.1.1　使用表格布局页面

表格式布局虽然退出了主流的布局舞台，但是它在快速布局方面依然有其优越性，比如目前很多工具基本上都提供了对表格式布局的优秀设计和支持。使用表格式布局的方式一般有如下两种。

❑ 使用 Photoshop 之类的图像编辑器自动生成布局：网站设计人员只需要在 Photoshop 或 Fireworks 中设计好网站的整体结构，再使用切图工具将大的图切割为若干个小的图片块，然后使用这些工具另存为 html 文件，图像处理软件就会自动根据图片的切片来产生表格式布局。

❑ 在 Dreamweaver 之类的网页编辑器中使用<table>标签生成网页：这种方式使用表格标签，以所见即所得的方式设计网页，基本上所看见的效果就是浏览器中呈现的效果，而且由于各种浏览器对表格的支持较完善，基本上也不会出现太多不同浏览器之间的兼容性问题。

无论是一名 Web 标准的忠实拥护者，还是一名只是需要快速完成网页设计、提供快速的响应速度的网页设计人员，理解表格式设计的优劣都是十分有必要的。下面分别对这两种表格式布局的操作方法进行举例介绍。

1. 使用切图工具创建表格布局网页

很多网页的版式设计都是交由专业的平面设计人员来实现的，平面设计人员通常会使用诸如 Photoshop 或 Fireworks 这类软件，完全基于美观与风格的要求来实现他们想要的设计，而具体实现的工作则交给网站建设人员。

网站建设人员拿到设计图之后，可以借助于 Photoshop 的切图工具，根据网页底稿图的风格，切割成便于控制的小图片，然后对需要输入的文本区进行修正，实现完整的网页。

下面创建了一个名为 PhotoTableLayout 的网站，在该网站中不包含任何文件，通过对一幅由设计人员设计好的 Photoshop 文件进行切图处理，生成网站的首页，如以下步骤所示。

（1）打开 Photoshop，打开本书配套光盘中的源文件 main.psd，在 Photoshop 的文档窗口中将出现由平面人员设计好的网站首页。单击工具栏的"切片工具"准备进行图像的切片，Photoshop 界面如图 7.1 所示。

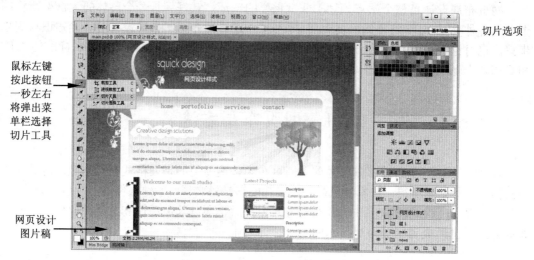

图 7.1　在 Photoshop 中选择切片工具

（2）网页切片将图片切得越小越好，但是相同色系的图片，应该保持在一个切片中，需要输入文字的部分要保留一个区域以便进行文字图片排版。切片的方法很简单，直接在图片上进行区域划分即可。笔者完成的切片效果如图 7.2 所示。

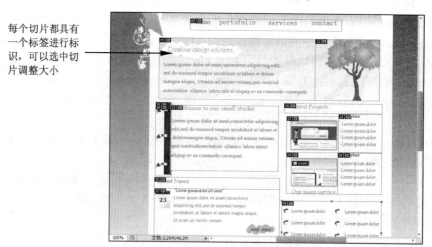

图 7.2　图片切片效果

（3）图片切片完成之后，单击主菜单中的"文件 | 存储为 Web 所用格式"菜单项，Photoshop 将显示保存设置选项，如图 7.3 所示。

一张完整的图像动辄几百 KB 或 1MB 以上，切片的作用就是将这个大的图像变成很多小的图片以加快网页的显示。在切片时，应该要注意图像越小越好，但是过小又会导致散乱的图片太多，不易维护，因此切片也是一个折中的过程。

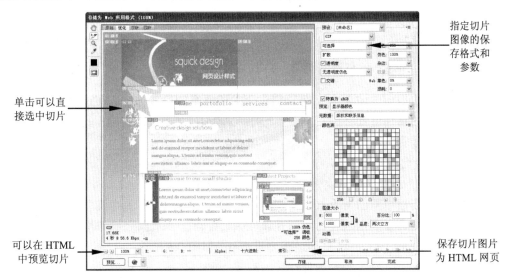

图 7.3　切片存储选项

△注意：网页切片其实也是一个不断改进的过程，也许一开始的切片规则不太符合自己的想象，因此一般建议在一个专门用于保存切片的文件夹中保存切好的网页文件，在进行修正之后再将文件放到开发的网站上进行编辑。

在图 7.3 所示的窗口中，可以对切片图像进行进一步的预览，可以放大或缩小图像。在右侧的面板提供了切片后小图片的保存格式，默认显示为 GIF。前面曾经说过这种文件体积很小，但是只能保存 256 位色，因此适合对颜色要求不同的网页。可以单击右上角"预设"下拉列表框，选择一种预设的图像保存方案，也可以从"GIF"下拉列表框中选择其他的图像文件格式。单击页面底部的"预览"按钮，将打开一个浏览器窗口，对切片将要生成的网页进行预览。

（4）如果切片不能达到设计的需求，可以单击图 7.3 中的"取消"按钮，回到 Photoshop 中进行再次切图，否则单击"存储"按钮，Photoshop 将弹出如图 7.4 所示的窗口。

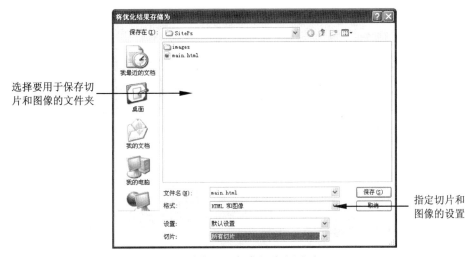

图 7.4　保存切片和网页

图 7.4 似乎与普通的"文件另存为"非常相似，但是需要注意到窗口底部的一些选项，这些选项用来设置切片图像和网页的保存方式与内容。在保存了切片之后，Photoshop 将在指定的文件夹下产生 HTML 网页文件和一个 images 文件夹，在这个 images 文件夹中包含的就是切片的图像。

2．使用Dreamweaver布局网页

使用 HTML 的无边框的表格，可以提供所见即所得的设计方式。在过去这种布局方法是一种非常流行的布局方式。下面通过一个例子来介绍如何通过 HTML 的表格来对网页进行布局，如以下步骤所示。

（1）新建一个名为 TableLayout 的网站，在该网站中创建一个名为 index.html 的网页和一个名为 images 的文件夹，该文件夹将用来存放网站图片。

（2）在文件面板中双击 index.html 文件，打开设计视图。首先在文档工具栏中将文档的标题设为"表格式布局示例"，然后在属性面板中单击"页面属性"按钮，在"外观"选项组中设置字号为 9pt，并将页面边距均设为 0，如图 7.5 所示。

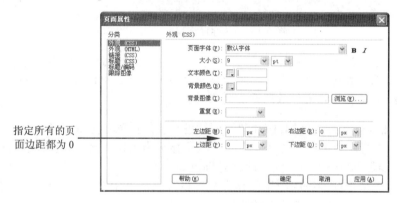

图 7.5　设置页面的字体和边距

（3）单击插入面板中的"表格"项，向设计视图中插入一个 3 行 1 列的表格，这 3 行中的第 1 行将用来显示页面的标题，中间行显示页面内容，最下面的行显示页面版权信息。首先在第 1 个单元格中，插入一个表示公司 Logo 信息的图片，并设置表格第 1 行的背景图片，使得在 Dreamweaver 中的设计视图看起来如图 7.6 所示。

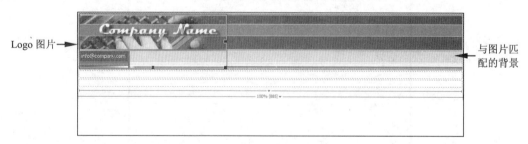

图 7.6　表格式布局设计视图

示例的图片可以从本书配套资源中获取。

（4）中间区域将被用来作为内容区域。在这里插入一个 2 列 1 行的嵌入的表格，左侧

的列用来放置导航面板，右侧的列则用来放置具体的内容。在左侧的列中，插入了一个导航用的图片，也可以是一个用于导航的 Flash 动画等。在右侧的单元格中，可以加入网页的具体内容，这两个表格的 valign 也就是垂直对齐属性都设为了 top，以便进行顶端对齐。

（5）在第 3 行中，将单元格的水平对齐方式设置为居中，然后输入一些关于网站的版权或页脚导航信息，至此一个基本的基于表格的布局就基本实现完成了。可以看到通过 Dreamweaver 提供的可视化设计来实现，实在是非常简单。

Dreamweaver 自动帮助网站建设人员产生了用于布局的<table>标签代码，具体的配置参数如代码 7.1 所示：

代码 7.1　表格式布局代码

```html
<title>表格式布局示例</title>
<style type="text/css">
body,td,th {
    font-size: 9pt;
}
/*设置页面边距的CSS,*/
body {
    margin-left: 0px;
    margin-top: 0px;
    margin-right: 0px;
    margin-bottom: 0px;
}
</style>
</head>
<body>
<table width="100%" border="0">
<!--放置网页标题和Logo的表格-->
  <tr background="images/topbk2.jpg">
    <td><img src="images/co.jpg" width="344" height="123" /></td>
  </tr>
  <tr>
<!--表格内容区域，将嵌入另一个表格来进行内容布局-->
    <td><table width="100%" border="0">
    <tr>
      <td width="200" valign="top"><img src="images/alternate_btns.jpg"
width="105" height="153" /></td>
      <td width="87%" valign="top"  height="500" >这里用来放置网页的内容</td>
    </tr>
    </table></td>
  </tr>
<!--表格页脚行-->
  <tr>
    <td height="20" align="center" bgcolor="#CCCCCC">版权归原作者所有</td>
  </tr>
</table>
```

运行时可以看到，一个标准的基于表格式布局的自适应网页就呈现在眼前了，只需要简单的几个步骤，而且一切都是可视化的设计方式，运行效果如图 7.7 所示。

7.1.2　表格布局的缺点

对于简单的网页布局来说，表格式的布局方式确实具有快速高效的优势，但是它存在一些缺点，以至于渐渐地被基于 DIV+CSS 的布局方式所取代。其缺点如下所示。

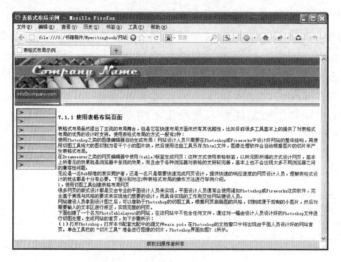

图 7.7　表格式布局的运行效果

（1）表格式布局方式将表现层与网页结构混在了一起，也就是说一旦布局定义好了，除非重新创建一个新的页面使用新的布局，否则无法对页面的布局方式进行动态的更改。在 Web 2.0 时代，网页布局的个性化日趋重要，而使用表格式布局，除非手动地创建一个新的页面或页面模板，否则无法动态地适应用户的变更需求。

（2）简单的布局方式表格式布局确实方便有效，但是当布局复杂时，表格式布局方式需要进行多层的表格嵌套。过去网页设计者们建议表格嵌套不能超过 3 层，但是实际的工作中经常有 5 层或 6 层的嵌套表格出现，这种复杂的嵌套在更改和维护时会变得非常困难。

（3）过多的嵌套会带来浏览器解析的缓慢，不同浏览器之间的兼容性问题会导致网页布局的混乱，难以轻易地解决布局混乱的问题，除非根据不同的浏览器创建一个新的表格式布局页面。

（4）表格式布局会带来过多冗余的代码，当布局结构复杂时，会看到大量的<tr>、<td>之类的标签及相关的格式化属性设置，非常不利于网站编码人员的维护和增强。

由于这些缺点的存在，当网站越来越大时，表格式布局会让后期的维护与管理变得相当困难，过去网站规模不大，相应的技术也不是很完善，表格式布局得以流行，如今随着 CSS 技术的完善，以及网站规模的日益扩大，表格式布局就变得有些力不从心了。

7.1.3　使用 DIV 和 CSS 布局

DIV 是指一个 HTML 的层，也就是<div>标签，它是一个容器标签，默认情况下不会呈现内容。它用来包含一些子元素进行页面的显示。过去<div>主要用来进行动画的显示及绝对定位网页内容。随着 CSS 的强大，通过 CSS 来控制网页的布局已经成了一种潮流。

在使用 DIV 与 CSS 布局时，其设计的理念与表格式布局就有所不同，在 HTML 页面只需要考虑 DIV 的分配，并不需要关注具体的呈现样式，也就是说布局的具体呈现效果是交给 CSS 来实现的，DIV 只负责内容的区域分配。

下面新建了一个网站 CSSLayout，在该网站中包含 1 个文件 index.html 和 1 个文件夹

images，接下来按如下的步骤进行布局。

（1）双击 index.html 文件，使用与 7.1.1 小节中相同的方法将页面的边距设置为 0，字号的大小为 9pt。

（2）单击 Dreamweaver 的插入面板常规页中的"插入 DIV 标签"菜单项，Dreamweaver 将弹出如图 7.8 所示的插入 DIV 标签的窗口。

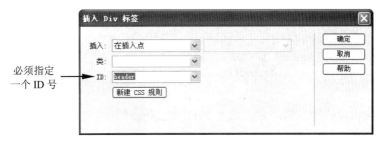

图 7.8　插入 DIV 标签窗口

在该窗口中，插入的位置在光标所在的位置，因此必须将光标置于<body>标签之后，必须指定 ID 或类，以便于应用 CSS 布局样式。

（3）按照第（2）步所示的方法依次插入 content 和 foolter 这两个 DIV 元素，在 HTML 页中显示的代码如下：

```
<body>
<div id="header">此处显示  id "header" 的内容</div>
<div id="content">此处显示  id "content" 的内容</div>
<div id="footer">此处显示  id "footer" 的内容</div>
</body>
```

在 HTML 中，层是一种块级元素，默认情况下一个 DIV 标签会占用一行，因此上述代码类似于放了一个 1 列 3 行的表格，宽度为 100%。

（4）为 footer 添加样式，指定背景图片，选中 header 的 DIV 标签，然后右击 CSS 面板的"全部"标签页中的样式区域，从弹出的快捷菜单中选择"新建"，Dreamweaver 将打开"新建 CSS 规则"窗口，在该窗口中指定选择器类型为 ID 选择器，从下拉列表框中指定选择器名称为 header，规则定义为该文档，单击"确定"按钮之后，Dreamweaver 将打开规则定义窗口，在该窗口的"背景"分类中，指定 DIV 的背景图片，如图 7.9 所示。

图 7.9　设置 header 的背景图片

（5）清除 header 层中的文本内容，向 header 层中插入一个<img>标签，指定网页的 Logo 图标，因此 header 这个 DIV 元素的代码现在如下所示，它包含了网页的 Logo。

```
<div id="header"><img src="images/co.jpg" width="344" height="123" alt="
公司图标" /></div>
```

（6）对于内容区域的 content，由于需要在左侧显示导航栏，右侧显示网页的内容，因此需要在这个 DIV 中内嵌两个 DIV，分别命名为 nav 和 rightContent，代码如下：

```
<div id="content">
  <div id="nav">此处显示  id "nav" 的内容</div>
  <div id="rightContent">此处显示  id "rightContent" 的内容</div>
</div>
```

由于 DIV 是一种块级元素，因此这两个 DIV 会各占据一行，为了让这两行并行排列，需要使用 DIV 的浮动特性。

（7）可以通过标签选择器先选中 nav 标签，或者通过 CSS 面板直接为 nv 创建一个 ID 选择器样式。在 CSS 规则编辑面板中，选择"边框"，找到 float 选项的下拉列表框，选择"float"选项值，表示 nav 标签中的内容将会浮动显示，如图 7.10 所示。

图 7.10　为 nav 层添加浮动效果

在设置了浮动效果之后，会发现在 Dreamweaver 的设计视图中，两个原本上下排列的 DIV 现在变成了水平排列。浮动是 DIV+CSS 布局的一个重点，在稍后的内容中还会详细讨论。

（8）在 nav 层中插入一个<img>标签，指定图片的路径为 images 文件夹下的 alternate_btns.jpg 图像，这个图像将用来作为导航图片。图片插入之后，这个图片的宽度为 105px，刚好填满 nav 标签的宽度。

（9）创建一个 content 的 DIV 层的样式，依然使用 ID 选择器，指定其高度为 500px，宽度为 1000px，以免 footer 这个层跑上来。同时指定了 min-Width 和 max-Width 以避免用户调整浏览器大小窗口时浮动带来的混乱，如以下代码所示：

```
#content {
    height:300px;
    max-width:1260px;/* 可能需要最大宽度,使行长度更便于阅读。IE6 不遵循此声明。*/
    min-width:780px;  /* 可能需要最小宽度,使侧面列中的行长度更便于阅读。IE6 不遵
                        循此声明。 */
}
```

（10）为 rightContent 指定一个样式，设置它的 CSS 属性 float 的值也为 left，并且指定其 Padding 属性值，Padding 表示边框距离页面内容的距离，而 Margin 表示外边距的距离。设置后的 CSS 如以下代码所示：

```
#rightContent {
    padding: 10px;          /*指定左、上、右、下内边距为10px*/
    float: left;            /*指定向左浮动显示*/
    width: 80%;             /*指定使用其容器content元素的80%的宽度*/
    overflow:scroll;        /*当子元素的内容超过内容DIV的高度时，将显示滚动条*/
}
```

现在主要内容区域已经可以添加内容了，在 DIV 元素中可以添加任何的 HTML 子元素或 JavaScript 脚本。

注意：overflow 表示当内容区中的内容高度超过 content 所设置的 300px 时的显示方式，默认情况下超出部分会隐藏显示，但是通过指定 overflow 可以控制显示的行为，比如示例中将显示 1 个滚动条。

（11）最后对 footer 进行样式设定，指定该 DIV 并不浮动显示，并设置其文本对齐为居中，以便显示版权信息。CSS 代码如下所示：

```
#footer {
    background-color: #CCC;     /*设置背景色为灰色*/
    text-align: center;        /*设置文本居中对齐显示*/
    float: none;               /*不浮动显示*/
    margin-top:20px;           /*与content的边距为20px*/
}
```

至此一个基于 DIV 和 CSS 的布局就初步完成了，预览效果如图 7.11 所示。

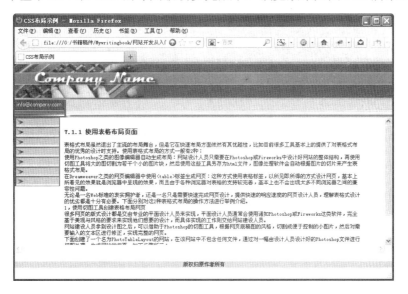

图 7.11　使用 DIV 和 CSS 布局的效果

可以看到它与图 7.7 显示出了类似的效果，但是相较于图 7.7 中大量的表格化代码，在 DIV+CSS 的布局中，HTML 页面只有少量的 DIV 标签，示例中就 5 个 DIV 标签，并不包含任何的格式化代码。所有的格式化信息都写在了 CSS 中，因此完整的实现代码如代码 7.2 所示：

代码 7.2　CSS 页面布局代码

```
<title>CSS 布局示例</title>
<style type="text/css">
/*指定整个页面的字号大小*/
body,td,th {
    font-size: 9pt;
}
/*取消页面的边距*/
body {
    margin-left: 0px;
    margin-top: 0px;
    margin-right: 0px;
    margin-bottom: 0px;
}
/*指定 logo 区的背景显示图片*/
#header {
    background-image: url(images/topbk2.jpg);
}
/*设置中间 DIV 的显示样式，它将嵌入两个子 DIV*/
#content {
    height:300px;
    max-width: 1260px;/* 可能需要最大宽度，使行长度更便于阅读。IE6 不遵循此声明。*/
    min-width: 780px;/* 可能需要最小宽度，使侧面列中的行长度更便于阅读。IE6 不遵循
                        此声明。 */
    overflow:scroll;  /*当子元素的内容超过内容 DIV 的高度时，将显示滚动条*/
}
/*左侧导航样式，设置浮动为 left*/
#nav {
    float:left;
    width: 105px;
    height:300px;
}
/*右侧内容样式，设置浮动为 left*/
#rightContent {
    padding: 10px;           /*指定左、上、右、下内边距为 10px*/
    float: left;             /*指定向左浮动显示*/
    width: 80%;              /*指定使用其容器 content 元素的 80%的宽度*/
}
/*页脚版权信息样式，不浮动*/
#footer {
    background-color: #CCC;/*设置背景色为灰色*/
    text-align: center;      /*设置文本居中对齐显示*/
    float: none;             /*不浮动显示*/
    margin-top:20px;         /*与 content 的边距为 20px*/
}
</style>
</head>
<body>
<div id="header"><img src="images/co.jpg" width="344" height="123" alt="
公司图标" /></div>
  <div id="content">
    <div    id="nav"><img    src="images/alternate_btns.jpg"    width="105"
```

```
height="153" alt="导航图片" /></div>
    <div id="rightContent">
     <!--省略内容区域的标签，请参考配套源代码-->
    </div>
    </div>
<div id="footer">版权归原作者所有</div>
</body>
```

相信通过对 CSS 的理解大家应该明白，如果要在另一个页面进行同样的布局，实际上可以重用 CSS，只需要将这个 CSS 放在一个单独的文件中，在后期还可以通过对这个 CSS 的维护来改变呈现的样式。或者可以为 HTML 中的 DIV 应用一个不同的 CSS 文件来更改页面显示的效果，这样做使得内容和呈现彻底分离，会显著增强代码的可维护性和网站的可扩展性，因此很快成为主流的布局方式。

7.2　CSS 布局基础

在了解了 CSS+DIV 布局和表格式布局的优缺点之后，相信读者已经准备好开始用 CSS 和 DIV 布局了。在开始灵活掌握 CSS 布局前，必须对 CSS 中与布局有关的一些属性进行清晰的理解，否则会导致整个页面的布局混乱无法控制。这也是很多初学者经常在网上发帖询问的原因。本节将介绍 CSS 中与布局有关的属性的使用，掌握了这些属性的原理就为布局打下了良好的基础。

7.2.1　CSS 的盒模型

要能正确使用 CSS 进行精确布局，首先要理解的是 CSS 的盒模型（Box Model），它用来确定元素的呈现方式。盒模型将一个呈现的元素比如 DIV 当作一个四四方方的盒子，这个盒子有内边界、外边界、内容区域、背景和边框，盒模型的良好理解直接关系到网页排版、布局和定位的操作。

当使用 CSS 来控制一个页面元素时，比如 div、span、p 等，会发现总是可以设置 padding、margin、border、width、height 等属性，它们共同组成了 CSS 的盒模型的结构。CSS 盒模型示意图如图 7.12 所示。

由图 7.12 可以看到，元素的内容区就是实际显示元素的内容，直接包围内容的是内边距，内边距是边框与元素内容之间的一段留白，但是如果为元素设置了背景图片或颜色，内边距会显示元素的内容。元素的边框以外的区域是外边距，默认是透明的，主要用来与其他元素保持距离。元素的背景会显示在内边距部分，实际上计算背景区域时，背景是由内容、内边距和边框共同组成的区域。而元素的宽度和高度实际上是指的内容部分的宽度和高度。

影响盒模型的 CSS 属性有 width、height、border、padding 和 margin 属性。下面通过一个例子来了解这几个属性如何相互影响最终的呈现效果，步骤如下所示。

（1）在上一小节的 CSSLayout 示例网站中，创建一个 BoxModel.html 的网页，在该网页中添加 4 个 DIV 元素，如以下代码所示：

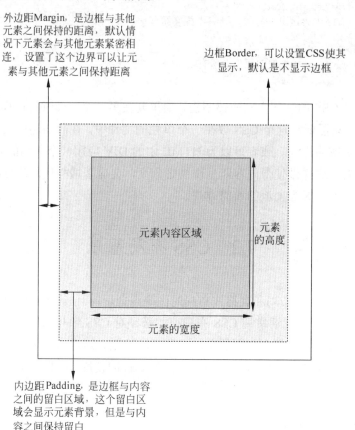

图 7.12　CSS 盒模型示意图

```
<body>
<!--容器 DIV 元素-->
<div id="top">
  <!--3 个从上到下排列的 DIV-->
  <div id="header">此处显示  id "header" 的内容</div>
  <div id="content">此处显示  id "content" 的内容</div>
  <div id="footer">此处显示  id "footer" 的内容</div>
</div>
</body>
```

（2）为容器内部的 3 个 DIV 定义样式，分别指定其宽度、高度、内边距、外边距和边框。CSS 样式如代码 7.3 所示：

代码 7.3　CSS 盒模型控制代码

```
<style type="text/css">
body,td,th {
    font-size: 9pt;
}
#header,#content,#footer{
  width: 100px;          /*内容区域的宽度是 100px*/
  height:50px;           /*内容区域的高度是 50px*/
  margin: 20px;          /*上、下、左、右的外边距是 20px*/
```

```
    padding: 20px;          /*上、下、左、右的内边距是20px*/
    border-style: solid;    /*上、下、左、右的边框样式是实线*/
    border-width: 5px;      /*上、下、左、右的边框宽度是5px*/
    background:#0C0         /*背景色，背景色除显示在内容区外，还显示在内边距部分*/
}
</style>
```

可以看到，width 和 height 实际上表示的是内容区域的宽度和高度，margin 和 padding 分别是内外边距，border-style 和 border-width 是边框的设置，最后指定了背景颜色。

Dreamweaver 提供了非常优秀的设计时显示功能，随着这款软件的日益完善，可以直接在设计视图中看到这些 CSS 元素的应用效果，如图 7.13 所示。

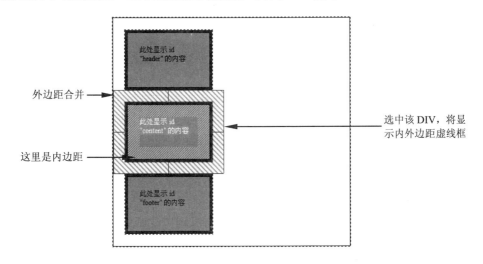

图 7.13　在 Dreamweaver 的设计视图中检查盒模型

由于 width 和 height 属性仅仅是内容区的宽度和高度，因此要计算一个元素真正占用的面积，必须是如下的公式：

```
宽度=wdith+2 边内边距的宽度+2 边边框的宽度+2 边的外边距
高度=height+2 边内边距的高度+2 边边框的高度+2 边的内边距
```

上面的 DIV 实际的宽度是 100+20×2+5×2+20×2=190，高度就是 50+20×2+5×2+20×2=140，在布局的时候必须要理解这些区别。

对于 Margin，相信很快会发现如果按照公式来计算，Margin 外边距的排列明显不正确，比如中间的 DIV 和上面的 DIV，两个元素都包含了外边距，照理来说应该是 40px 的间距，而实际上仅仅显示了 20px 的间距，这是因为垂直的外边距会发生外边距合并。

注意：当两个垂直的外边距相遇时，将合并成一个外边距，合并后的外边距的高度等于两个发生合并的外边距的高度中的较大者。

下面对 CSS 的样式进行一些变化，将顶部的 DIV 的底外边距设置为 50px，代码如下：

```
<style type="text/css">
body,td,th {
```

```
        font-size: 9pt;
}
#header,#content,#footer{
  width: 100px;                  /*内容区域的宽度是 100px*/
  height:50px;                   /*内容区域的高度是 50px*/
  margin: 20px;                  /*上、下、左、右的外边距是 20px*/
  padding: 20px;                 /*上、下、左、右的内边距是 20px*/
  border-style: solid;           /*上、下、左、右的边框样式是实线*/
  border-width: 5px;             /*上、下、左、右的边框宽度是 5px*/
  background:#0C0                 /*背景色,背景色除显示在内容区外,还显示在内边距部分*/
}
#header{
    margin-bottom:50px;          /*将顶部 CSS 的底外边距设置为 50px*/
}
#top {
    border: 1px solid #000;/*设置容器边距的边框*/
}
</style>
```

设置 margin-bottom 为 50 以后，由于顶部的外边距大于中间的 DIV 元素的外边距，因此在合并计算时外边距的总大小为 50px，在 Dreamweaver 中的显示如图 7.14 所示。

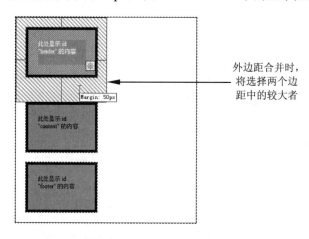

图 7.14　理解外边距合并

很多初学布局的网页设计人员都会被这些概念弄糊涂，这也与一些浏览器的兼容性有关。一些低版本的浏览器在盒模型的支持上会稍稍有些不同，有兴趣的读者可以去 W3School 了解关于盒模型在不同浏览器之间的呈现的具体情况。

7.2.2　CSS 盒模型属性

前面讨论了 padding、margin、border 等 CSS 属性来控制盒模型的呈现，本节将介绍一下这些属性的具体用法。

1. 内边距设置padding属性

padding 属性用来设置页面的内边距，这个属性是一个缩合属性，它会设置元素的 4

个边，可以使用长度值或百分比值，不能使用负数值来设置内边距。

下面在本章创建的示例网站 CSSLayout 中添加一个名为 PaddingDemo.html 的网页，在网页内部添加 4 个 DIV 元素，如代码 7.4 所示：

代码 7.4　padding 属性示例页面代码

```html
<head>
<meta http-equiv="Content-Type" content="text/html; charset=utf-8" />
<title>Padding 属性示例</title>
<style type="text/css">
body,td,th {
    font-size: 9pt;
}
#div1,#div2,#div3 {
    background-color: #090;/*指定背景颜色*/
    margin: 20px;            /*指定页面边距*/
    width: 200px;            /*指定 DIV 宽度*/
    height: 100px;           /*指定 DIV 高度*/
    float:left               /*浮动式布局，使得 DIV 水平排列*/
}
/*设置容器 DIV 的边框与高度*/
#container {
    border: 1px solid #000;
    height:150px;
}
</style>
</head>
<body>
<!--定义一个容器 DIV-->
<div id="container">
<!--定义三个用来演示 padding 属性的子 div-->
  <div id="div1">此处显示  id "div1" 的内容</div>
  <div id="div2">此处显示  id "div2" 的内容</div>
  <div id="div3">此处显示  id "div3" 的内容</div>
</div>
</body>
</html>
```

如果希望 div1 中上、下、左、右边距都为 10px，则只需要为 padding 属性指定 1 个值即可：

```css
#div1{
    padding:10px;    /*设置 div1 的上下左右内边距都为 10px*/
}
```

上述代码加入到页面的 CSS 区域之后，可以看到 Dreamweaver 中呈现了如图 7.15 所示的效果。

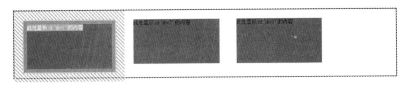

图 7.15　单个赋值示例效果

padding 属性还可以按上、右、下、左的顺序分别设置每个边的内边距，注意这个顺序，很多人容易记错，下面的代码为 div2 的不同边设置了不同的内边距：

```
#div2{
    padding: 10px 0.25em 2ex 10%;   /*内边距上、右、下、左设置*/
}
```

在这里使用了 4 个属性值，分别指定上、右、下、左 4 个边的内边距，同时使用了不同的设置单位。在 Dreamweaver 中 div2 的显示效果如图 7.16 所示。

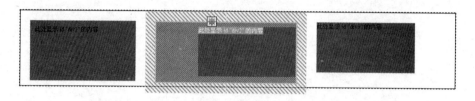

图 7.16　设置不同的内边距属性

还可以分别为上下和左右赋值，也就是说为 padding 属性赋两个值，分别表示上下和左右，如以下代码所示：

```
#div3{
    padding: 10px 5px;   /*内边距上下和左左设置*/
}
```

运行效果如图 7.17 所示。

图 7.17　上下和左右边距赋值示例

还可以为 padding 赋 3 个值的属性，分别表示上、左右和下，有兴趣的读者可以自己尝试，但是在实际工作中较少使用。

还可以通过如下所示的 4 个单独的属性分别设置上、右、下、左这 4 个内边距。

❑ padding-top 属性：设置上内边距。

❑ padding-right 属性：设置右内边距。

❑ padding-bottom 属性：设置下内边距。

❑ padding-left 属性：设置左内边距。

因此对 div2 的边距设置，也可以更改为如下所示的更加清晰的 CSS 设置代码：

```
#div2{
    padding-top: 10px;        /*上内边距*/
    padding-right: 0.25em;    /*右内边距*/
    padding-bottom: 2ex;      /*下内边距*/
    padding-left: 10%;        /*左内边距*/
}
```

可以看到，通过使用这 4 个单独的属性，使得页面更容易维护，对设置更容易理解，因此一般情况下建议使用这 4 个单独的属性赋值方式。

2．外边距设置margin属性

margin 用来设置元素的外边距，如果为 body 指定 margin 属性，则它是用来设置整个页面的页边距。它也可以接受任何长度单位，比如可以是 px 像素、in 英寸、毫米或 em。与 padding 类似，如果仅为其赋 1 个值，则表示上、右、下和左这 4 个边使用相同的外边距。

为了演示 margin 属性的使用，下面在 CSSLayout 网站中创建了一个名为 MarginDemo.html 的网页，与 PaddingDemo.html 类似，添加了 4 个 div，并设置了基本的样式，可以参考代码 7.4。但是这里去掉了对 margin 属性的设置。

💬注意：margin 属性的默认值是 0，因此如果没有为 margin 属性声明一个值，就不会出现浏览器的外边框。除此之外还可以设置 margin 的属性值为 auto，这个值一般为 0，还有一个重要的作用就是用来实现元素的居中显示。

如果为 margin 属性指定单个值，表示是为元素的所有 4 个边设置外边距，例如下面的 CSS 将为 div1 设置外边距：

```
#div1{
    margin:10px;    /*设置上、右、下、左四个边的外边距*/
}
```

上面的代码为 div1 同时设置了上、右、下、左 4 个边的外边距，运行效果如图 7.18 所示。

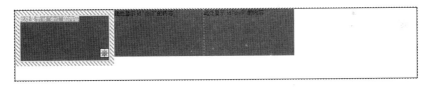

图 7.18　margin 属性同时设置 4 个外边距

也可以同时指定上、右、下、左这 4 个边的外边距，设置方式与 padding 属性的设置类似，如下所示：

```
#div2{
    margin: 10px 20px 15px 5px;    /*分别设置上、右、下、左四个边的外边距*/
}
```

在 Dreamweaver 的设计视图中的显示效果如图 7.19 所示。

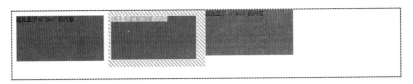

图 7.19　分别设置不同的外边距

如果左右和上下的值相同，也可以不用指定 4 个值，CSS 使用了值复制，会自动对上下、左右使用相同的值，因此下面的代码指定两个值将同时设置上下和左右的外边距：

```
#div3{
    margin: 2em 1em;  /*设置左右和上下边距*/
}
```

在 Dreamweaver 的设计视图中的显示效果如图 7.20 所示。

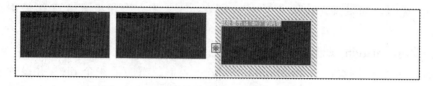

图 7.20　设置左右和上下外边距的值

CSS 所谓的值复制实际上是基于这样的一些规则：
- 如果缺少左外边距的值，则使用右外边距的值。
- 如果缺少下外边距的值，则使用上外边距的值。
- 如果缺少右外边距的值，则使用左外边距的值。

下面是一些等价关系，也就是当指定的值不足 4 个时，CSS 的值复制时使用的一些规则：

```
#div1{margin: 10px 5px 8px;}    /*等价于 10em 5px 8px 5px */
#div2{margin: 10px 5px;}        /*等价于 10px 5px 10px 5px */
#div3{margin: 1px;}             /*等价于 1px 1px 1px 1px */
```

与 padding 属性类似，也可以使用 margin 的如下 4 个独立的属性来设置外边距。
- margin-top 属性：设置上外边距。
- margin-right 属性：设置右外边距。
- margin-bottom 属性：设置下外边距。
- margin-left 属性：设置左外边距。

因此如果要设置单个边的外边距，可以直接使用这几个属性中的其中之一，或者同时使用这 4 个外边距属性设置 4 个边的外边距，如以下代码所示：

```
#div3 {
  margin-top: 20px;
  margin-right: 30px;
  margin-bottom: 30px;
  margin-left: 20px;
  }
```

3. 设置边框属性

CSS 的边框在本书 3.3.4 小节已经介绍过了，它使用 border 属性和用于分别设置 4 个边的属性来设置每个边框的宽度、样式及颜色，建议大家回顾一下 3.3.4 小节的详细介绍。例如在本章的示例中就使用了 border 属性来设置容器面板 container 的边框，如下所示：

```
/*设置容器 DIV 的边框与高度*/
#container {
   border: 1px solid #000;
```

```
        height:150px;
}
```

margin 和 border 这两个属性的设置在浏览器中的呈现效果如图 7.21 所示。

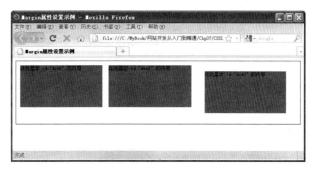

图 7.21　边框和外边距运行效果

CSS 的盒模型会影响到 CSS 页面元素的呈现效果，但是对于具体的布局，需要理解的一个重要知识点就是浮动式布局，也就是 float 属性的灵活应用。

7.2.3　CSS 中的浮动

在开始理解浮动式布局之前，需要理解文档流的概念。文档流是文档中显示对象时的排列位置，它用来决定 HTML 中网页元素的呈现方式。比如在创建一个 div 元素时，div 会占据 HTML 文档中的整行，而添加多个 div 元素时，div 会以从上到下的顺序依次占据整行。也就是说这些对象是由 HTML 页面根据使用的文档流布局方式来进行排列的。

文档流使得 HTML 中的元素出现在它应该出现的位置，实际上这涉及 HTML 对元素的定位问题。CSS 提供了对页面元素的如下 3 种定位方式。

- ❑ 普通流：页面按照定义的顺序从左到右、从上到下一个接一个地显示，这是默认的显示方式。
- ❑ 浮动：浮动使得页面元素脱离文档流的控制，按照指定的方式进行流动，不占用整个文档流的空间。
- ❑ 绝对定位：使用绝对坐标的方式脱离文档流，不占用文档流的空间。

在使用表格式布局时，通过表格中的行和单元格可以方便地控制页面上元素的具体呈现位置，但是如果使用默认的文档流进行布局，这种文档流会将所有的 HTML 元素以如下两种方式显示。

- ❑ 块级元素：这类元素会自动占据 1 整行，比如 div、h1-h6、p 等元素。
- ❑ 内联元素：这类元素可以显示在其他的元素内部，比如<strong>可以显示在段落内部，因此称为内联元素。

块级元素从上到下一个接一个地排列，元素之间的垂直距离是由元素的垂直外边距计算出来的。内联元素在一行中水平布置。可以使用水平内边距、边框和外边距调整它们的间距。

🖉注意：可以通过 CSS 属性 display 来改变元素的显示类型，比如将内联元素的 display 更改为 block，可以使得内联元素变成块级元素，或者使用 none，让元素不显示在页面上。

而 CSS 浮动式布局就是改变这种默认文档流的定位方式，它脱离了文档流的默认排版，让 HTML 页面中的元素按照要求的方式进行排列以便达到网页设计的效果。

CSS 的 float 属性用来控制元素的浮动方式，它具有如表 7.1 所示的 4 个可选的属性值。

表 7.1　float属性的可选值

属性值	属性值描述
left	元素向左浮动
right	元素向右浮动
none	默认值。元素不浮动，并会显示其在文本中出现的位置
inherit	规定应该从父元素继承 float 属性的值

浮动可以使得 HTML 页面元素脱离默认文档流的显示，通过 float 可以控制元素向左或向右移动，直到它的外边缘碰到该元素的包含元素或另一个浮动元素的边框为止。

7.2.4　浮动布局基础

通过前一小节的介绍，相信读者对于 CSS 的浮动有了基础的理解。下面在 CSSLayout 网站中创建了一个名为 FloatDemo.html 的网页，在该网页中放置了一个容器 DIV 和 4 个子 DIV，如代码 7.5 所示：

代码 7.5　FloatDemo.html 基本示例代码

```html
<head>
<meta http-equiv="Content-Type" content="text/html; charset=utf-8" />
<title>浮动布局</title>
<style type="text/css">
body,td,th {
    font-size: 9pt;
}
#header,#content,#bottom,#footer {
    background-color: #090;        /*指定背景颜色*/
    width: 300px;                  /*指定 DIV 宽度*/
    height: 100px;                 /*指定 DIV 高度*/
    margin:10px;                   /*指定元素的外边距*/
}
/*设置容器 div 的边框与高度*/
#container {
    border: 1px solid #000;
    height:500px;
}
</style>
</head>
<body>
<div id="container">
  <div id="header">此处显示  id "header" 的内容</div>
  <div id="content">此处显示  id "content" 的内容</div>
  <div id="bottom">此处显示  id "bottom" 的内容</div>
  <div id="footer">此处显示  id "footer" 的内容</div>
</div>
</body>
</html>
```

默认情况下，container 中的 4 个 DIV 将在容器中使用默认的文档流进行排列，因为 DIV 是一个块级元素，因此可以看到它是从上到下进行排列的。如果将 header 这个 DIV 使用 float 设置为向左浮动，由于浮动会脱离文档流，设置代码如下所示：

```
#header{
    float:left;            /*设置 header 为左浮动*/
    margin-left:200px;     /*出于演示的需要，将其左边距设大*/
}
```

此时，会发现 content 将会占据 header 原来的位置，这是由于 header 现在脱离了默认的文档流，所以原先由 header 占据的位置会被 content 占据，而默认文档流会对后续元素进行重新排列。

在上一小节的最后一句话中，提到浮动的元素直到它的外边缘碰到该元素的包含元素或另一个浮动元素的边框为止。下面将会对 container 中 4 个元素都应用 float 属性，此时就会看到 4 个 DIV 在流中从左向右、从上向下进行浮动显示，CSS 如下所示：

```
#header,#content,#bottom,#footer {
    float:left;                 /*设置容器内的 4 个元素浮动*/
    background-color: #090;     /*指定背景颜色*/
    width: 300px;               /*指定 DIV 宽度*/
    height: 100px;              /*指定 DIV 高度*/
    margin:10px;                /*指定元素的外边距*/
}
```

此时会发现在 Dreamweaver 界面上，元素果然是按照浮动的效果从左向右，当容器的宽度无法容纳浮动元素时，将会向下浮动。也就是说碰到了边缘元素的边框，显示效果如图 7.22 所示。

图 7.22　元素浮动效果预览

如果调整容器的大小，比如调整 Dreamweaver 设计窗口的宽度或浏览器窗口的宽度，可以看到浮动的元素会重新排列以适应新的大小。图 7.23 是笔者调整大小之后的窗口，可以看到 bottom 这个 DIV 现在向上浮动到了第 1 行。

图 7.23　调整容器大小后元素向上浮动

如果细心观察，会发现包含浮动 DIV 的容器 container 消失了，这是因为浮动的元素脱离了文档流，导致 DIV 元素中不再占用任何高度，因此容器自动被折叠了。为了让容器能够正常包含浮动元素，需要使用 clear 属性对浮动进行清理。

clear 属性可以规定一个元素的哪一侧不能允许其他浮动元素，通常使用这个属性来为容器元素留出空间。由于在本节的示例中没有现有的元素可以应用清理，所以笔者在容器的底部添加了一个空白的 DIV 元素，如以下代码所示：

```
<div id="container">
 <div id="header">此处显示  id "header" 的内容</div>
 <div id="content">此处显示  id "content" 的内容</div>
 <div id="bottom">此处显示  id "bottom" 的内容</div>
 <div id="footer">此处显示  id "footer" 的内容</div>
 <!--1 个用于浮动清理的空白 DIV-->
 <div id="floatclear"></div>
</div>
```

下面对 floatclear 这个 DIV 元素应用浮动清理，CSS 代码如下：

```
#floatclear{
    clear:both;    /*应用浮动清理*/
}
```

经过上述的代码，可以看到容器果然变成了具有指定高度的大小，通过为容器应用边框和背景，就可以实现一些特殊的显示效果。

本小节简要的讨论了 CSS 浮动技术的基础，在真实的布局操作中，由于各种不同浮动特性的元素混合搭配，而且有时是为了保持不同浏览器之间的兼容性，浮动布局的操作要复杂得多。不过本章下一节将会讨论一些常见的浮动布局的样例。

7.2.5　相对定位和绝对定位

浮动和定位的配合使用，可以使得网站设计人员创造出很多过去需要多个表格才能创建的效果。在 CSS 中，定位又被分为如下两大类。

❏ 相当定位：元素的位置相对于特定的点进行移动，这个点是元素最初创建的位置或相对于其父元素的位置。

❏ 绝对定位：绝对定位将会脱离文档流，不占据文档空间，它是相对于最近已定位的祖先元素。

在 CSS 中定位命名用 position 属性进行设置，该属性具有 4 个不同的可选值用来控制元素的定位，如表 7.2 所示。

表 7.2　position属性控制元素定位

属性值	属性值描述
absolute	绝对定位的元素，相对于 static 定位以外的第一个父元素进行定位。元素的位置通过 left、top、right 及 bottom 属性进行规定
fixed	生成绝对定位的元素，相对于浏览器窗口进行定位。元素的位置通过 left、top、right 及 bottom 属性进行规定
relative	生成相对定位的元素，相对于其正常位置进行定位

续表

属性值	属性值描述
static	默认值。没有定位，元素出现在正常的流中（忽略 top、bottom、left、right 或者 z-index 声明）
inherit	规定应该从父元素继承 position 属性的值

在上面的几个属性值中，static 和 relative 将保持元素呈现在文档流中，不过 relative 将会相对其他的元素进行定位。

🔔注意：relative 实际上只是对元素进行视觉上的偏移，元素仍保持其定位前的形状并占用原本所占用的空间。

1．相对定位示例

下面在 CSSLayout 网站中创建一个名为 PositionDemo.html 的文件，在该文件中放置 4 个 DIV 元素，HTML 页面如代码 7.6 所示：

代码 7.6　相对定位示例页面源代码

```
<style type="text/css">
body,td,th {
    font-size: 9pt;
}
#div1,#div2,#div3 {
    background-color: #090;    /*指定背景颜色*/
    margin: 20px;              /*指定页面边距*/
    width: 200px;              /*指定 DIV 宽度*/
    height: 100px;             /*指定 DIV 高度*/
}
</style>
</head>

<body>
<!--定义一个容器 DIV-->
<div id="container">
<!--定义三个用来演示 position 属性的子 div-->
  <div id="div1">此处显示  id "div1" 的内容</div>
  <div id="div2">此处显示  id "div2" 的内容</div>
  <div id="div3">此处显示  id "div3" 的内容</div>
</div>
</body>
</html>
```

代码使用了一个 DIV 来做 container 容器，在容器内部放置了 3 个 DIV 子元素，接下来使用相对定位来演示如何偏移元素。如果将 div1 相对于当前元素进行右下角移动，可以定义如下所示的 CSS：

```
#div1 {
  position: relative;    /*指定元素定位方式为相对定位*/
  left: 30px;            /*相对于原始位置向右偏移 30 个像素*/
  top: 20px;            /*相对于原始位置向下偏移 20 个像素*/
}
```

代码将会使得 div1 相对于其在文档流中的原始位置分别向右和向下进行移动，其运行效果如图 7.24 所示。

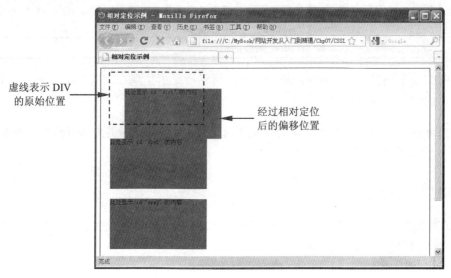

图 7.24　相对定位运行效果

可以看到，相对定位实际上是相对于元素原来的位置，在处理一些动画效果时使用相对定位就非常有用，因为元素实际上仍然占据着原来的空间，仅仅是相对于原始位置进行了偏移。

2. 绝对定位示例

绝对定位会使得元素从 HTML 文档流中脱离，不占据文档流的空间，这一点与相对定位不一样，当对元素应用了绝对定位以后，在原来文档流中的元素会占用绝对文档流的位置，就好像绝对定位的元素不存在一样。下面的代码对 div2 应用了绝对定位：

```
#div2 {
  position: absolute;      /*使用元素的绝对定位*/
  left: 300px;             /*左侧的绝对位置是 300 像素*/
  top: 20px;               /*上边的绝对位置是 20 像素*/
}
```

绝对定位的元素的位置相对于最近的已定位祖先元素，在本示例中就是容器 container 这个 DIV，如果元素没有已定位的祖先元素，那么它的位置相对于最初的包含块，在本示例中就是 body 元素。示例的运行效果如图 7.25 所示。

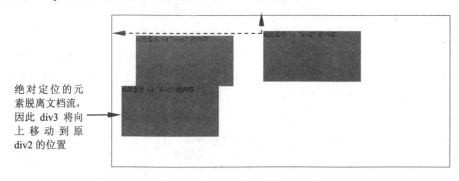

图 7.25　绝对定位示例运行效果

可以看到，由于绝对定位会脱离文档流，因而 div3 就流到了原本是 div2 的位置，而 div2 将根据包含的元素 container 进行定位，实现了固定显示的效果。

CSS 的定位属性包含 top、right、bottom、left、overflow、clip、vertical-align 和 z-index，一些属性的具体作用将会在本书后面的内容中连续出现，也可以参考 W3School 中关于这些主题的介绍。

7.2.6　图文混排的方法

图文混排是指当图片和文字放在同一个容器元素内时，图片和文字相互之间如何环绕，这与 Word 中设置图片的环绕格式类似。在表格式布局的时代，一般使用表格来进行图文混排，但是了解了 CSS 的定位与浮动相关的技术之后，一般使用 CSS 来进行图文排列。

为了演示如何使用 CSS 进行图文混排，下面在 CSSLayout 网站中创建了一个名为 TextArr.html 的网页，在该网页中添加一些文字和图片，如代码 7.7 所示：

代码 7.7　图文混排的基本页面

```
<html xmlns="http://www.w3.org/1999/xhtml">
<head>
<meta http-equiv="Content-Type" content="text/html; charset=utf-8" />
<title>图文混排 CSS 示例</title>
<style type="text/css">
body,td,th {
    font-size: 9pt;
}
</style>
</head>
<body>
<!--添加一个容器 DIV-->
<div id="goodboy">
<!--添加图片-->
<img src="images/goodboy.jpg" width="109" height="112" />
<!--添加文字-->
<p>图文混排是指当图片和文字放在同一个容器元素内时，图片和文字相互之间如何环绕，这与
Word 中设置图片的环绕格式类似。在表格式布局的时代，一般使用表格来进行图文混排，但是了
解了 CSS 的定位与浮动相关的技术之后，一般使用 CSS 来进行图文排列。</p>
</div>
</body>
</html>
```

在这个 HTML 网页中，由于图片和文字都属于块级元素，因此它们会各自占据一行。为了实现文字左侧环绕图片，可以让图片浮动，因此在 CSS 中添加了如下的样式定义代码：

```
<style type="text/css">
body,td,th {
    font-size: 9pt;
}
/*进行浮动清理*/
#cleardiv{
    clear:both;
}
/*设置图像浮动显示，边指定右外边距和下外边距*/
#goodboy img{
```

```
    float:left;
    margin-right:10px;
    margin-bottom:10px;
}
/*段落样式*/
#goodboy p{
    margin:0px;
    line-height:2em;
}
/*显示容器的外边框*/
#goodboy {
    border: 1px solid #000;
}
</style>
```

cleardiv 这个 div 是出于浮动清理的目的，因为当图片的尺寸比文字的内容大时，会使得容器的外边框不能包含到图片本身。在代码中将 img 元素设置为向左浮动，并分别指定右外边距和下外边距，这样可以在图片和文字之间产生合理的间距，便于阅读，运行效果如图 7.26 所示。

如果希望图片在右侧，实现图文左侧环绕，可以简单地将 float 属性设置为 right，CSS代码如下所示：

```
/*设置图像浮动显示，边指定右外边距和下外边距*/
#goodboy img{
    float:right;
    margin-right:10px;
    margin-bottom:10px;
}
```

可以看到现在图像果然变成了右端环绕，如图 7.27 所示。相较于传统的表格式图文混排的实现，可以看到 CSS 实现的图文混排更具表现力，而且更容易维护，比如当将图像放到文字右侧时，只需要简单地更改 CSS 中的 float 属性，而传统的表格式排版时，则需要重新创建一个新的表格，不利于维护。

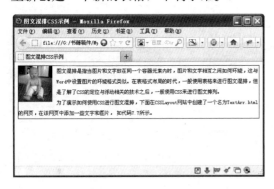

图 7.26　文字左侧环绕

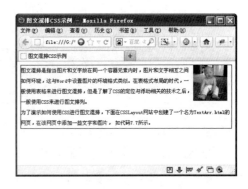

图 7.27　文字右侧环绕

7.3　DIV 和 CSS 常见布局结构

本章将来学习一些常见的 DIV+CSS 的布局结构，通过掌握这些布局的控制方式，可以巩固在本章前两节中学到的关于布局的一些知识。这些布局也是目前在网站建设中普遍使用的主流布局方式。

7.3.1　一列固定宽度居中

所谓"一列固定宽度居中"，是指内容显示在网页的中间位置，并且内容的大小固定，不会随着浏览器窗口大小的调整而变化，是最基础的布局方式。在表格式布局的时代，一列固定宽度主要使用一个 align 属性为 center 的<table>标签来实现，通常用来实现网站的大的框架结构。本节将演示如何用 CSS 来实现这个布局，一列固定宽度居中的显示效果如图 7.28 所示。

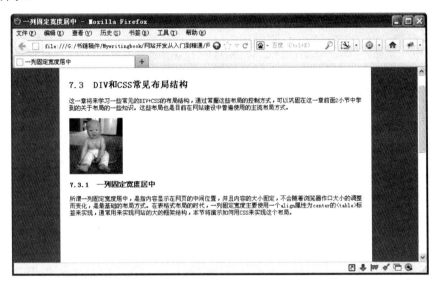

图 7.28　一列固定宽度示例效果

在 CSSLayout 网站中新建一个名为 cssLayout1.html 的网页，在该网页中添加一个 DIV 元素，指定 id 为 content，通过 Dreamweaver 的属性面板设置 body 元素的 margin 为 0px，指定背景颜色为深绿色。

一列固定宽度的核心在于设置 DIV 的 marign 属性，使得左边和右边的外边距保持自动相等，这可以通过 margin 的 auto 属性值来实现。由于 marign 属性有值复制功能，因此在指定了上下边距之后，对于左右外边距只需要指定 auto 属性值，浏览器就会自动完成自动外边距计算，得到自适应居中的效果。一列固定宽度居中显示的实现如代码 7.8 所示：

代码 7.8　一列固定宽度居中显示

```
<!DOCTYPE html PUBLIC "-//W3C//DTD XHTML 1.0 Transitional//EN"
 "http://www.w3.org/TR/xhtml1/DTD/xhtml1-transitional.dtd">
<html xmlns="http://www.w3.org/1999/xhtml">
<head>
<meta http-equiv="Content-Type" content="text/html; charset=utf-8" />
<title>一列固定宽度居中</title>
<style type="text/css">
body {
    background-color: #090;        /*设置背景颜色*/
```

```
        font-size:9pt;                   /*字号大小*/
        margin:0px;                      /*页面边距为 0px*/
}
#content {
        background-color: #FFF;          /*设置 DIV 的背景色*/
        width:600px;                     /*设置 DIV 的宽度*/
        margin:0px auto;                 /*这里是关键, 用来指定左右外边距自动计算*/
        padding:20px;
        height:900px;
}
</style>
</head>
<body>
<!--这里就是固定宽度且居中的div-->
<div id="content">
  <h2> </h2>
  <h2>7.3   DIV 和 CSS 常见布局结构</h2>
  <p>这一章将来学习一些常见的 DIV+CSS 的布局结构, 通过掌握这些布局的控制方式, 可以巩固
在这一章前面 2 小节中学到的关于布局的一些知识。这些布局也是目前在网站建设中普遍使用的主
流布局方式。</p>
  <p><img src="images/goodboy.jpg" width="109" height="112" /></p>
  <h3>7.3.1   一列固定宽度居中</h3>
  <p>所谓一列固定宽度居中, 是指内容显示在网页的中间位置, 并且内容的大小固定, 不会随着
浏览器窗口的大小的调整而变化, 是最基础的布局方式。在表格式布局的时代, 一列固定宽度主要
使用一个 align 属性为 center 的&lt;table&gt;标签来实现, 通常用来实现网站的大的框架结
构, 本节将演示如何用 CSS 来实现这个布局。</p>
</div>
</body>
</html>
```

因此一列固定宽度实际上就是 margin 的应用, 一般在大型的网站中用来作为页面的大框架。不过要使得这个属性生效, 必须在文档头部具有<!DOCTYPE>为 transitional.dtd 的声明, 否则无法应用到效果。读者可以自己尝试去掉页面头部的 DOCTYPE 声明, 会发现果然无法自适应居中显示。

7.3.2　一列宽度自适应

在上一小节的示例 cssLayout1.html 中, 列的宽度在 CSS 中固定为 600 像素, 但是在实际的网页设计中, 通常需要列的宽度能够自适应, 也就是说当用户调整浏览器的大小时, 宽度能够自动地得到调整, 特别是对于很多宽屏显示器来说, 如果能够做到宽度自适应非常有用。

下面将 cssLayout1.html 另存为 cssLayout2.html, 笔者将在上一小节例子的基础之上演示如何通过 CSS 的控制来将一列固定宽度变为一列宽度自适应。需要进行变化的部分依旧是对 content 这个 DIV 的 CSS 设置, 可以看到使用 CSS 可以避免去修改 HTML 网页的内容部分。修改后的 CSS 代码如下所示。

```
#content {
        background-color: #FFF;          /*设置 DIV 的背景色*/
        width:80%;                       /*设置 DIV 的宽度*/
        max-width: 1260px;               /*设置最大宽度 */
        min-width: 600px;                /*设置最小宽度 */
```

```
    margin:0px auto;              /*这里是关键，用来指定左右外边距自动计算*/
    padding:20px;
    height:900px;
}
```

在这里将 width 属性的属性值更改为 80%，同时又指定了 max-width 和 min-width 这两个属性，这两个属性的取值既可以是像素数 px，也可以指定百分比，它用来限定自适应宽度的最大值和最小值。如果不使用这两个属性，在目标用户的显示分辨率过低时，显示的页面会很混乱，这是在网页设计中应该尽量避免的。

7.3.3　二列固定宽度

在了解了一列固定宽度与自适应宽度之后，相信对于二列固定宽度就比较好理解了，二列固定宽度在网页设计中非常流行，基本上到处可见。通常会使用一列来显示导航信息，另一列显示内容。

下面新建一个名为 cssLayout3.html 的文件，在该网页中添加 3 个 DIV 元素，这 3 个 DIV 一个用来作为容器，另外两个元素嵌入在容器 DIV 的内部，网页 HTML 标记如代码 7.9 所示：

代码 7.9　二列固定宽度示例代码

```
<!DOCTYPE html PUBLIC "-//W3C//DTD XHTML 1.0 Transitional//EN"
"http://www.w3.org/TR/xhtml1/DTD/xhtml1-transitional.dtd">
<html xmlns="http://www.w3.org/1999/xhtml">
<head>
<meta http-equiv="Content-Type" content="text/html; charset=utf-8" />
<title>二列固定宽度</title>
<style type="text/css">
body {
    background-color: #060;
    font-size: 9pt;
}
#container {
    width: 800px;          /*容器的宽度为 800 像素*/
    margin:0px auto;       /*容器自动居中显示*/
    background:#FFF;       /*容器的背景颜色*/
    height:900px;          /*容器的高度*/
}
</style>
</head>
<body>
<div id="container">
  <div id="slidebar"></div>
  <div id="content"></div>
</div>
</body>
</html>
```

在这个网页的代码部分，包含了 container 容器，sliderbar 将用来显示在左侧作为导航栏，content 则是网页的内容区域。下面的 CSS 代码演示了如何实现二列固定宽度的布局，可以看到实现这种固定宽度的布局的核心就在于对浮动的运用：

```
/*导航栏的 CSS 样式*/
#slidebar {
    float: left;              /*导航栏向左浮动*/
    width: 180px;             /*导航栏的宽度*/
    height:890px;             /*导航栏的高度*/
    background-color: #EADCAE; /*导航背景*/
    padding-bottom: 10px;     /*底部边距*/
}
/*内容区域的 CSS 样式*/
#content {
    padding: 10px;  /*指定内容区的内边距*/
    width: 600px;   /*指定内容区的宽度*/
    float: left;    /*内容区向左浮动*/
    height:890px;   /*指定内容区的高度*/
}
```

在 container 层已经指定了总宽度，因此容器内部的两个 DIV 元素需要计算占用的宽度，计算的算法要包含 padding 和 margin 及 border 元素的宽度的总和，示例中 slidebar 和 content 都向左进行浮动，并且固定了宽度和高度，显示效果如图 7.29 所示。

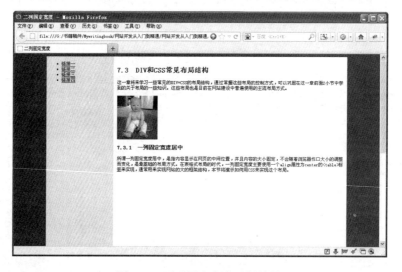

图 7.29　两列固定宽度示例效果

如果想要让导航栏出现在右侧，可以在 CSS 中为 sliderbar 和 content 的 float 属性同时指定 right 属性值，那么二列式的导航栏将显示在右侧，内容栏将显示在左侧。

7.3.4　二列自适应宽度

上一小节介绍了二列固定宽度的实现方式，在多数情况下，可能需要让内容区域保持宽度自适应，以便能够适应多种不同的分辨率大小。本小节以上一小节的示例为基础，首先将 cssLayout3.html 另存为 cssLayout3.html。

在 7.3.2 小节介绍一列宽度自适应时，曾经讨论过将宽度设置为百分比，并使用 max-width 和 min-width 来限制最小宽度和最大宽度，为了让二列宽度自适应，同样也需要将外层容器设置为宽度自适应。在设置了容器宽度自适应时，再将左侧导航栏和右侧内容栏的宽度分别指定为百分比值就可以实现宽度自适应，CSS 代码如下所示：

```
<style type="text/css">
body {
    background-color: #060;
    font-size: 9pt;
}
#container {
    width: 80%;            /*容器的宽度80%*/
    max-width: 1260px;     /*设置最大宽度 */
    min-width: 600px;      /*设置最小宽度 */
    margin:0px auto;       /*容器自动居中显示*/
    background:#FFF;       /*容器的背景颜色*/
    height:900px;          /*容器的高度*/
}
/*导航栏的 CSS 样式*/
#slidebar {
    float: right;          /*导航栏向右浮动*/
    width: 15%;            /*导航栏的宽度*/
    height:890px;          /*导航栏的高度*/
    background-color: #EADCAE;/*导航背景*/
    padding-bottom: 10px;  /*底部边距*/
}
/*内容区域的 CSS 样式*/
#content {
    padding: 10px;         /*内容区的内边距为 10 像素*/
    width: 82%;            /*内容区的宽度为 82%*/
    float: right;          /*内容区向右浮动*/
    height:890px;
}
</style>
```

上述 CSS 的定义在容器 container 的级别指定 width 为 80%，同时也指定了 min-width 和 max-width 属性用来设置自适应时的最小宽度和最大宽度。而为了让导航栏和内容区域也能够自适应，对 slidebar 和 content 分别指定了百分比宽度，以便于它们能够自动根据百分比值来计算其宽度。这里使用了 float 为 right 属性值，将使得导航栏向右浮动，显示在屏幕的右端，运行效果如图 7.30 所示。

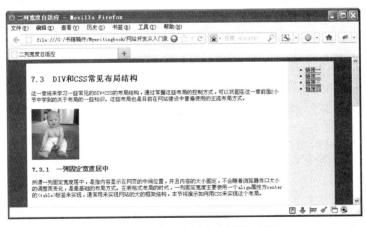

图 7.30　二列宽度自适应布局示例效果

7.3.5　三行一列固定高度

三行一列固定宽度是指网页由 3 行组成，分别包含页眉、内容区域和页脚。页眉用来显示网站的 Logo 和 Banner 及导航条，页脚用来显示版权信息和网站备案信息。中间的区域为内容区，这种类型的网站布局也比较常见，一些优秀的企业网站通常会采用这种三行一列式的布局方式。

新建一个名为 cssLayout5.html 的网页，在该网页中添加 4 个 DIV 和一些初始化的 CSS，如代码 7.10 所示：

代码 7.10　三列固定高度示例代码

```
<!DOCTYPE html PUBLIC "-//W3C//DTD XHTML 1.0 Transitional//EN"
"http://www.w3.org/TR/xhtml1/DTD/xhtml1-transitional.dtd">
<html xmlns="http://www.w3.org/1999/xhtml">
<head>
<meta http-equiv="Content-Type" content="text/html; charset=utf-8" />
<title>三行高度固定</title>
<style type="text/css">
body,td,th {
    font-size: 9pt;
}
body {
    margin-left: 0px;          /*指定左上右下的页边距都是 0px*/
    margin-top: 0px;
    margin-right: 0px;
    margin-bottom: 0px;
    background-color: #060;/*指定页面的背景颜色*/
}
/*容器 DIV 的样式设置，这里设置为自适应宽度*/
#container {
    width: 90%;                /*容器的宽度80%*/
    max-width: 1260px;         /*设置最大宽度 */
    min-width: 700px;          /*设置最小宽度 */
    margin:0px auto;           /*容器自动居中显示*/
    background:#FFF;           /*容器的背景颜色*/
    height:900px;              /*容器的高度*/
}
</style>
</head>
<body>
<!--容器，用来设置自适应宽度-->
<div id="container">
  <!--页眉，放置Logo-->
  <div id="header"></div>
  <!--内容区域-->
  <div id="content"></div>
  <!--页脚，版权和备案区域-->
  <div id="footer"></div>
</div>
</body>
</html>
```

在 CSS 的定义中，通过为 container 指定宽度的百分比值，同时设置 max-width 和 min-width 及 margin 属性，让容器居中自适应宽度。由于默认情况下 DIV 会自动占据一行显示，因此并不需要使用浮动属性来使得容器内的元素浮动。

在 header 部分，首先插入了一张图片，header 的高度将自动适应图片的高度，笔者放置了一幅 Logo 图片，通过指定 header 的背景让图片与背景显得更搭配。content 部分通过指定固定的高度，并放入一些文本内容，footer 部分放入一些版权文字，CSS 的定义如下所示：

```
/*页眉的背景图片，保持与 Logo 的背景一致*/
#header {
    background-image: url(images/angelbabybg.gif);
}
/*正文部分，其高度是容器高度-页眉-内外边距-页脚-页脚内外边距*/
#content {
    padding: 10px 5px;
    height:350px;
}
/*页脚定义*/
#footer {
    height:20px;
    text-align:center;
    padding: 5px 0;
    background-color: #CCC49F;
}
```

这部分设置的重点在于对 content 部分高度的计算。由于 container 中设置了固定的高度，而 header 部分的 Logo 也占据了固定的高度，同时页脚部分的高度也需要固定，因此内容区宽度的计算要依据页眉和页脚的内外边距和实际高度以及 content 本身的内外边距和剩余的高度来设置，运行效果如图 7.31 所示。

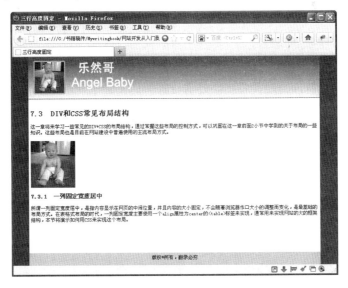

图 7.31　三行高度固定布局示例

一般这样的布局会嵌入到前几小节介绍的二栏式或者是三栏式的布局中，或者是在内容部分嵌入二栏或三栏式结构。总而言之，灵活嵌套这些布局，就可以创建出网页需要的非常多的效果。

7.4　小　　结

　　本章介绍了网页设计中的布局设计，首先讨论了表格式布局与 DIV+CSS 布局的布局方式和布局异同之处，讨论了使用 DIV+CSS 布局的好处及表格式布局存在的问题。在 CSS 布局基础部分，详细介绍了与布局相关的盒模型及相关 CSS 属性的使用，如何使用浮动来进行布局设计。介绍了相对定位和绝对定位技术，这些都是布局必须掌握的要点，同时讨论了如何使用浮动进行图文混排。最后通过 5 个例子介绍了在实际的工作中具体如何进行布局。布局是一个技巧性比较多的技术，希望读者通过 7.2 节中对布局原理的理解，配合 7.3 节中的示例，能够掌握常见的布局设计。

第 8 章　用 JavaScript 让网页动起来

到目前为止，本书前面讨论的内容都仅仅是一些静态的页面，为了让网页更具交互性，比如对用户的表单进行验证，检查目标用户的浏览器，响应用户的鼠标单击或移动操作等，JavaScript 为网站设计者提供了交互式的设计能力，使得网页更具有动态的效果。

注意：JavaScript 虽然包含了单词 Java，但是它与 Java 语言是完全不同的两类语言，JavaScript 仅用于网页脚本，它属于脚本语言，而 Java 则是一门纯面向对象的编程语言。

8.1　JavaScript 概述

JavaScript 语言最初由 Netscape 公司开发，现在已经成为 ECMA 组织和发展维护的一门主流的 Web 脚本语言。JavaScript 与本书前面学到的 HTML 或 CSS 语言完全不同，它提供了一系列的程序设计结构和数据类型，可以用来完成一系列的逻辑处理。

8.1.1　什么是 JavaScript

JavaScript 是一种脚本编程语言，它简单易学，能为网页添加各种丰富的动态效果。它被浏览器解释执行，不需要对程序进行编译，因此编写起来比较轻松，只需要使用一个记事本，就可以编写 JavaScript 代码，相较于 Java 这类系统程序语言必须安装编译器来说，它非常轻量化。

在网页中使用 JavaScript 非常简单，可以直接在 HTML 中嵌入 JavaScript。不过出于内容与代码分离的目的，一般会将 JavaScript 写在单独的以.js 结尾的文件中，然后在 HTML 中应用该网页。使用 JavaScript 可以直接操作 HTML 页面中的各个元素，这样就可以动态地更改元素的属性，实现一些基本的动画效果。

为了实现本章的示例，在 Dreamweaver 中创建一个新的名为 JsDemo 的网站。本小节新建一个名为 JsDemo1.html 的网页，在该网页中放一个 HTML 按钮，通过单击这个按钮可以改变网页的标题和背景，如代码 8.1 所示：

代码 8.1　使用 JavaScript 操作 HTML 元素

```
<!DOCTYPE html PUBLIC "-//W3C//DTD XHTML 1.0 Transitional//EN"
"http://www.w3.org/TR/xhtml1/DTD/xhtml1-transitional.dtd">
<html xmlns="http://www.w3.org/1999/xhtml">
<head>
```

```
<meta http-equiv="Content-Type" content="text/html; charset=utf-8" />
<title>使用 JavaScript 示例 1</title>
<!--在页面中嵌入 JavaScript 脚本-->
<script type="text/JavaScript">
    function changeHtml(){
        //设置网页的标题
        document.title="改变网页背景和标题";
        //改变网页的背景
        document.bgColor="RED";
    }
</script>
</head>
<body>
<!--单独的按钮控件-->
<input name="btnChange" type="button" id="btnChange" onclick="changeHtml()"
value="改变网页背景和标题" />
</body>
</html>
```

下面分析一下上面这个 HTML 网页的实现步骤。

（1）首先在网页中插入了一个按钮，这个按钮的外层并没有包含表单元素，因此需要自己处理按钮的各种事件。使用 Dreamweaver 插入按钮之后，可以在设计视图中右击刚插入的按钮，从弹出的快捷菜单中选择"编辑标签"菜单项，Dreamweaver 将弹出按钮可供使用的所有事件列表，如图 8.1 所示。

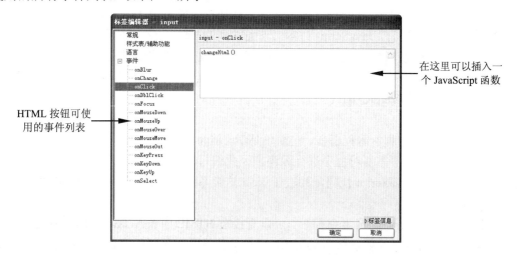

图 8.1　编辑 HTML 标签界面

（2）为了响应按钮的单击事件，需要在页面上嵌入一段 JavaScript 脚本，这段脚本将改变页面的标题和背景颜色。与在页面上嵌入 CSS 类似，在页面上嵌入 JavaScript 需要使用<script>标签，这个标签可以写在页面的 head 区或 body 区，类似于 CSS，写在 head 区中的脚本在被调用时才会执行，因此代码在<head>标签内部写了一个函数 changeHtml，在函数内部操作 HTML 元素。JavaScript 中的 document 对象表示当前所在的页面文档对象，通过该对象可以操作当前 HTML 页面的相关属性，代码通过改变 title 和 bgColor 属性来更改网页的标题和背景色。

（3）在定义了函数之后，将函数与按钮的 onclick 事件关联起来，onclick 事件在按钮被单击时触发，当单击事件触发时，浏览器将调用在<head>标签区域定义的 JavaScript 的代码，此时页面的背景和标题就会动态地变化，运行效果如图 8.2 所示。

图 8.2　使用 JavaScript 动态更改页面的背景和标题

通过这个示例，可以总结出，JavaScript 是一种基于 HTML 对象和事件驱动的脚本语言，由浏览器负责解析并执行，不需要服务器端的响应。它可以被嵌入到浏览器页面，也可以创建在单独的.js 文件中，通过链接的方式嵌入到 HTML 页面中。

8.1.2　将 JavaScript 插入页面

上一小节演示了将 JavaScript 直接嵌入到 HTML 页面的方法。实际上要向页面插入 JavaScript，可以使用 3 种方式，这 3 种方式又具有不同的载入时机，在决定采用哪种方式前必须理解载入的时机，这 3 种方式分别如下。

- ❑ 在<head>区域中嵌入 JavaScript 脚本：在页面被载入前，脚本已经被载入，可以确保在页面载入之后，脚本已经准备好被调用，通常用来放置一些函数代码。
- ❑ 在<body>区域中嵌入脚本：在页面载入时脚本会被载入并被立即执行，通常用来动态生成页面的内容。
- ❑ 外部的 JavaScript 脚本：这种方式将脚本写在一个外部的以.js 为扩展名的文件中，在 HTML 页面中链接到这个脚本，根据链接代码的不同位置，比如<head>区或<body>区来决定载入的时机。

注意：放在 body 区中的 JavaScript 函数不会立即执行，只有在调用时才会执行，而且必须在脚本成功加载完成之后才能正确调用该函数。

下面在 JsDemo 网站中新建一个名为 JsDemo2.html 的页面，在该页面的 head 区中放置一行用来改变网页背景颜色的 JavaScript 脚本。由于页面还未被载入，document 还并没有指向具体的页面对象，因此放在 head 部分的 JavaScript 并不会改变网页的背景颜色，如代码 8.2 所示：

代码 8.2　在 head 区放置 JavaScript 代码

```
<!DOCTYPE html PUBLIC "-//W3C//DTD XHTML 1.0 Transitional//EN"
"http://www.w3.org/TR/xhtml1/DTD/xhtml1-transitional.dtd">
<html xmlns="http://www.w3.org/1999/xhtml">
<head>
<meta http-equiv="Content-Type" content="text/html; charset=utf-8" />
<title>JavaScript 脚本的插入方式</title>
<script type="text/JavaScript">
   //改变网页的背景颜色，但是页面未被载入，因此这行代码失效
   document.bgColor="RED";
</script>
```

```
</head>
<body>
</body>
```

可以看到，head 区中的 JavaScript 代码并没有包含在任何函数中，它会在浏览器载入时直接执行，由于此时页面并未载入，因此网页的背景颜色并不会真正发生变化。

如果将上述的 JavaScript 代码放在 body 区，代码如下所示：

```
<title>JavaScript 脚本的插入方式</title>
</head>
<body>
<script type="text/JavaScript">
    //改变网页的背景颜色，但是页面未被载入，因此这行代码失效
    document.bgColor="RED";
</script>
</body>
```

这段脚本在页面载入时会被执行，因此在浏览器中查看时，可以发现网页的背景颜色已经发生了改变。

将 JavaScript 脚本放在外部文件中的做法与 CSS 相似，目的是为了重用和维护。外部文件以.js 扩展名保存，并且在定义外部文件时不能包含<script>标签，直接写代码即可。

网站中的外部 JavaScript 文件一般放在网站根目录下的 js 文件夹或 script 文件夹，以便于更好地管理和维护。下面在 JsDemo 网站中创建一个名为 js 的文件夹，在该文件夹中添加一个名为 external.js 的外部 js 文件，在该文件中添加如下所示的代码：

```
// 外部 JavaScript 文件，不带<script>标签
document.bgColor="RED";
//更改网页的背景和标题的函数
function changeHtml(){
    document.title="改变网页背景和标题";   //设置网页的标题
    document.bgColor="RED";                //改变网页的背景

}
```

在外部脚本文件中，可以添加 JavaScript 函数或操作代码，外部 JavaScript 文件的链接可以放在 body 区或 head 区，新建一个名为 JsDemo3.html 的文件，将鼠标放在<head>标签内部的位置，在 Dreamweaver 中可以单击插入面板"常规"标签页下的脚本图标，将弹出如图 8.3 所示的插入脚本窗口。

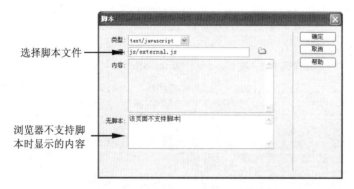

图 8.3　使用 Dreamweaver 的插入脚本窗口

在该窗口中既可以选择一个文件，也可以直接插入一段 JavaScript 脚本代码。单击"确定"按钮之后，Dreamweaver 将产生如下外部脚本的引用代码：

```
<head>
<meta http-equiv="Content-Type" content="text/html; charset=utf-8" />
<title>使用外部 js 文件</title>
<script type="text/JavaScript" src="js/external.js"></script>
<noscript>
  该页面不支持脚本
</noscript>
</head>
```

无脚本的意思是指当前浏览器可识别<script>标签但无法支持其中的脚本时，也就是 JavaScript 脚本无法执行时，将显示的内容。

在创建自己的网站时，如果有可能，应该尽量将自己的脚本放在独立的 JavaScript 文件中，也可以分门别类地创建多个脚本文件，在需要引用的页面单独引用即可。这样可以增强自己的网站的可维护性，避免内容与脚本的混合带来的混乱。

8.2　JavaScript 语言基础

JavaScript 是一门计算机编程语言，计算机语言其实就是一系列的计算机指令，告诉计算机做些事情，比如要求计算机显示文本、图片，让计算机验证用户的输入等。为了让计算机能按照要求做事情，必须要理解如何向计算机传达这些指令。JavaScript 语言包含的语言要素实际上比较简单，通过掌握这些要素，就可以灵活地在 Web 上控制网页的方方面面。

8.2.1　变量和注释

变量是指一块内存区域，用来临时地保存一些中转的数据，而变量所保存的数据可分为数字型、字符型及布尔型等，这种分类称为数据类型。

在 JavaScript 语言中，变量使用 var 语句来声明，例如下面的语句声明了变量 x 和 nickname：

```
var x;
var nickname;
```

JavaScript 是一种弱类型语言，它并不要求强制指定一种类型，有其他编程语言基础的用户必须引起注意。JavaScript 并不严格限制变量使用的数据类型，它会自己推算出它们的类型。当把不同类型的数据放在一起使用时，JavaScript 也能推断出实际上想要做的操作。

在声明变量时，可以直接为其指定值，JavaScript 将根据指定的值来计算变量的数据类型，如下所示：

```
var x=5;                 //为变量赋数字值
var nickname ="李世民"; //为变量赋文本值时，请为该值添加引号
```

在 JavaScript 中，语句以分号结束，因此应该总是记得在语句结束位置添加分号。在定义变量后，可以使用赋值语句为变量赋值，如下所示：

```
x=5;
```

```
nickname="张大千";
```

如果赋值时变量还没有声明，则该变量会自动进行声明。

🔊 **注意**：变量命名是区分大小写的，并且必须以字母或下划线开头。

由于 JavaScript 的变量命名是区分大小写的，因此必须严格注意变量的命名规则，例如下面的变量由于大小写的区别，因此实际上代表的是不同的变量：

```
var x=5;                  //为变量赋数字值
var nickname ="李世民"; //为变量赋文本值时，请为该值添加引号
var NickName ="李世明"; //与 nickname 不是同一个变量
var X=7;                  //与 x 存在大小写之分，不是同一个变量
```

在这些变量定义中，笔者多次使用//符号添加一些注释，在 JavaScript 中，有如下两种方式可以为代码添加注释。

❑ 单行注释：在代码行的尾部或上部添加注释，一般用来描述代码行的作用或注意事项。使用符号//开始单行注释，没有结束符号。

❑ 多行注释：一般用来在函数中或 JS 文件的开头添加多行注释，用来描述函数的作用或整个 JS 文件的功能描述。多行注释以/*开头，以*/结尾。

在编写自己的 JavaScript 代码时，应该总是记得为自己的代码添加注释，以便于以后的维护。代码 8.3 演示了如何添加单行注释和多行注释：

代码 8.3　JavaScript 中的单行和多行注释使用

```
/*
  JS 文件功能：研究变量和类型的使用方式
*/
var x;
var nickname;
var x=5;                  //为变量赋数字值
var nickname ="李世民"; //为变量赋文本值时，请为该值添加引号
var NickName ="李世明"; //与 nickname 不是同一个变量
var X=7;                  //与 x 存在大小写之分，不是同一个变量
```

清楚的注释可以提供良好的可维护性，特别是随着网站项目的扩大且复杂性增强，清晰的注释能够节省不少维护的时间。

8.2.2　理解数据类型

JavaScript 不像一些程序设计语言要求强制定义变量的数据类型，否则无法通过编辑。JavaScript 会智能地推断变量的数据类型，但是有时也会帮助错误地设想一些类型，从而会造成一些不可预知的错误。为了创建比较稳固的应用程序，必须要对 JavaScript 中的数据类型有所了解。

在 JavaScript 中常用的数据类型有如下 3 种。

❑ 数值类型：用来保存整数或浮点数，比如 123、267、889.323 等，主要用于数值计算方面。

- 字符类型：用来保存一个或多个字符串，在 JavaScript 中字符串用引号括起来。
- 布尔类型：用来表示真或假，布尔类型只有两种可选值：true 表示是，false 表示否。

数值类型的数据可以用来进行各种数学运算，比如可以使用 JavaScript 提供的加（+）、减（−）、乘（*）、除（/）这些运算符来对数值进行某种操作。例如下面的脚本用来计算几个数字值的汇总：

```
<script type="text/javascript">
    var x;          //定义变量 x
    x=45+22+34;  //为变量赋相加结果值
    alert("数值相加的结果是"+x);    //显示结果值
</script>
```

在脚本中定义了一个变量，然后为其赋了 3 个整数相加的结果值，变量 x 保存的是数值类型的整数，alert 是一个 JavaScript 内置的功能函数，用来在浏览器中弹出一个对话框，显示变量的值。在 Firefox 中的运行效果如图 8.4 所示。

图 8.4　显示变量的结果值

字符类型是用来表示文本的数据类型，在 JavaScript 中字符串类型包含在单引号或双引号中，也就是说字符串类型要么是双引号，要么是单引号。下面的脚本演示了如何为变量赋字符串类型的值：

```
<script type="text/javascript">
  var str="这是字符串";          //使用双引号包围字符串
  var str1='这是字符串示例';      //使用单引号包围字符串
  var str2='It\'s a dog';       //使用单引号包围字符串，这里使用了转义字符
  document.writeln(str);
  document.writeln(str1);
  document.writeln(str2);
</script>
```

这个示例代码首先使用双引号字符串来为变量赋值，接下来使用了单引号字符串，只要前后的单引号匹配即可，不能一边是单引号，另一边是双引号。Str2 在赋值时，由于在字符串中要包含一个单引号，使用了\斜线来表示转义，也就是\符号后面的字符将被认为是字符串的一部分。

JavaScript 中包含许多不可以直接输入的特殊字符，可以使用特殊定义的转义字符来取代，比如要在字符串后面插入一个回车换行符，可以使用\r 和\n 的组合。表 8.1 中列出了常见的转义字符。

表 8.1　JavaScript 转义字符

转义字符	描　　述	转义字符	描　　述
\b	退格字符	\t	制表符 Tab
\f	换页字符	\'	单引号
\n	换行字符	\"	双引号
\r	回车字符	\\	反斜线

例如很多时候在使用 document.write 时，需要在字符串后面添加回车换行，就可以使用\r 和\n 特殊的转义字符，如代码 8.4 所示：

代码 8.4　JavaScript 转义字符的使用

```
<body>
<textarea name="titlearea" id="titlearea" cols="45" rows="5"></textarea>
<script type="text/javascript">
    var str="这是字符串\r\n";          //使用双引号包围字符串
    var str1='这是字符串示例\r\n';       //使用单引号包围字符串
    var str2='It\'s a dog\r\n';       //使用单引号包围字符串，这里使用了转义字符
    var txtarea=document.getElementById("titlearea");
    txtarea.value=str+str1+str2;
</script>
</body>
```

这个示例在网页中插入了一个 textarea 多行文本控件，它并没有包含在表单中，在这里只需要通过 JavaScript 为其赋值即可。JavaScript 代码中的 3 个字符型变量值后面分别添加了回车和换行，因此当将这些字符在 textarea 中显示时，就可以很明显地看到回车换行的效果，运行时如图 8.5 所示。

图 8.5　字符串转义字符使用示例

JavaScript 中最简单的类型可以说是布尔类型，它只具有 true 和 false 这两种属性值，通常用来处理一些程序的逻辑。

布尔类型主要用来表示是与否、真与假这类条件判断的场合，布尔值通常是在 JavaScript 中通过比较所得到的结果，通常用于 JavaScript 上的控制结构。布尔值的赋值及使用如代码 8.5 所示。

代码 8.5　布尔类型使用示例

```
<html xmlns="http://www.w3.org/1999/xhtml">
<head>
<meta http-equiv="Content-Type" content="text/html; charset=utf-8" />
```

```
<title>布尔类型的使用</title>
</head>
<body>
<script type="text/javascript">
 var x=true;            //直接为变量赋布尔值
 var z=10;              //定义一个整型变量
 var y=z==4;            //将表达式 z==4 的结果布尔值赋给 y
 if (y==false){         //在 JavaScript 中的控制语句使用布尔表达式
     document.write('y 的结果值是:'+y);
 }
</script>
</body>
</html>
```

可以看到，对于布尔类型的变量，可以直接为其赋 true 或 false 布尔值，在 JavaScript 中的比较运算符==会对两个值进行比较，产生一个布尔结果值。布尔值通常用在程序逻辑结构控制的场合，多数时候是与 if/else 条件控制语句搭配使用。上述代码演示了如何在 if 语句中使用条件表达式来判断 y 的值是否为 false，如果为 false，则使用 document.write 在屏幕中输入一行信息。

8.2.3　表达式和运算符

表达式是一个语句，JavaScript 用来计算并产生结果，比如可以为一个数值类型的变量赋一个运算表达式，如下所示：

```
var x=15+8+10;
```

JavaScript 的解释器在运行时会计算这个算术运算，然后产生一个结果值。在这个表达式中，"+"号表示一个运算符，用于将两个简单的数字合并起来组成一个表达式来完成计算，在 JavaScript 中提供了多种运算符以供程序进行计算或操作。在 JavaScript 中运算符可以分为赋值运算符、算术运算符、比较运算符及逻辑运算符等。

算术运算符主要用来进行变量或值之间的数学运算，比如进行加、减、乘、除等操作。常见的算术运算符如表 8.2 所示。

表 8.2　算术运算符列表

运算符	描　　述	运算符使用示例	结　　果
+	加	x=y+2	x=7
—	减	x=y-2	x=3
*	乘	x=y*2	x=10
/	除	x=y/2	x=2.5
%	求余数（保留整数）	x=y%2	x=1
++	累加	x=++y	x=6
--	递减	x=--y	x=4

在 JavaScript 中给变量赋值的等号 "=" 是一个赋值运算符，运算符=要求左边的运算数是一个变量、一个数组元素或对象的属性，而右边是运算符要赋的值，可以是任意的值，也可以是一个表达式。JavaScript 还提供了与算术运算符整合的一系列精简的赋值运算符，

用来完成计算并赋值，如表 8.3 所示。

表 8.3　赋值运算符列表

运算符	例子	等价于	结果
=	x=y		x=5
+=	x+=y	x=x+y	x=15
−=	x−=y	x=x−y	x=5
*=	x*=y	x=x*y	x=50
/=	x/=y	x=x/y	x=2
%=	x%=y	x=x%y	x=0

可以看到，这些赋值运算符将原本需要多个运算符进行运算的方式进行了简化，这种在操作时赋值的方式也称为"带操作的赋值运算符"。

比较运算符主要用来比较两个值，并返回布尔结果值，比较运算符通常用在 JavaScript 的控制语句中，它返回 true 或 false 以控制程序的执行流程。常见的比较运算符如表 8.4 所示。

表 8.4　比较运算符列表

运算符	描　　述	例　　子
==	等于	x==8 为 false
===	全等（值和类型）	x===5 为 true；x==="5" 为 false
!=	不等于	x!=8 为 true
>	大于	x>8 为 false
<	小于	x<8 为 true
>=	大于或等于	x>=8 为 false
<=	小于或等于	x<=8 为 true

在比较运算符中，比较两个值是否相等既可以使用==符号，也可以使用由 3 个等号组成的全等。其中===的比较要比==的比较更严格，而==采用了比较宽松的统一性定义，因此如果需要严格控制相等比较，可以使用===运算符。

当在一个比较表达式中要组合多个比较运算符时，需要用到逻辑运算符，如表 8.5 所示。

表 8.5　逻辑运算符列表

运算符	描述	例　　子
&&	and	(x < 10 && y > 1) 为 true
||	or	(x==5 || y==5) 为 false
!	not	!(x==y) 为 true

关于以上这些运算符的简单示例如代码 8.6 所示：

代码 8.6　运算符使用示例

```
<script type="text/javascript">
    var x=10;
    var y=20;
    var z=x+y;                    //算术运算符的应用
```

```
    document.write(z);
    z+=y;                          //等同于 z=z+y;
    z-=y;                          //等同于 z=z-y;
    document.write(z);
    if (x>=y) {                    //比较运算符
        document.write("x 的值比 y 的值要大!");
    }
    if ((x>=y) || (x>100)) {       //逻辑运算符的使用
        document.write("x 的值比 y 大或者 x>100");
    }
</script>
```

在这个代码示例中，既演示了算术运算符的使用，也演示了赋值、比较和逻辑运算符的作用。比较运算符主要用在本章后面将要讨论的控制语句中。

8.2.4　程序流程控制

计算机程序设计语言具有流程控制功能，这是 JavaScript 与 CSS 或 HTML 之类的标记语言的重要区别之处。而程序控制是指程序可以根据特定的条件执行一系列的逻辑，或者是循环反复地执行一些逻辑。本节将介绍用于条件判断的 if 语句及用于循环控制的相关语句。

1．条件控制语句

条件控制语句允许根据不同的条件来完成不同的行为。JavaScript 中提供了如下的几种条件控制语句。

- ❑ if 语句：在一个指定的条件成立时执行代码。
- ❑ if…else 语句：在指定的条件成立时执行代码，当条件不成立时执行另外的代码。
- ❑ if…else if…else 语句：使用这个语句可以选择执行若干块代码中的一个。
- ❑ switch 语句：使用这个语句可以选择执行若干块代码中的一个。

🔔注意：所有这些语句的书写方式都是使用小写字母，错误的大小写书写方式会导致程序错误。

if 语句是最简单的条件控制语句，它接受用括号括起来的布尔表达式，如果布尔表达式的计算结果为 true，将执行花括号中的代码。if 语句的语法结构如下：

```
if (条件)
{
条件成立时执行代码
}
```

举例来说，如果今天是星期六，就在网页上输出一条周末愉快的消息，那么可以通过 if 语句来判断当前的日期，示例如代码 8.7 所示：

代码 8.7　if 语句使用示例

```
<script type="text/javascript">
var d = new Date()    //新建一个日期对象
```

```
var day = d.getDay()    //得到当前的星期数
//如果当前是星期六
if (day ==6)
{
  //输出提示消息
  document.write("今天是星期六，周末愉快");
}
</script>
```

在代码中构造了一个新的日期对象。if 语句后面的布尔表达式将被计算，返回当前的星期数字，如果数字等于 6，则执行花括号里面的代码。

🔈注意：if 语句后面的条件判断语句必须置于 if 关键字中的圆括号中，并且 if 语句并没有分号结尾。

在 if 语句中，花括号括起来的表示是一个语句块，可以在这个语句块中包含多条语句，如果 if 语句条件成立后只有一条语句，则可以省略花括号。因此上述代码也可以更改为如下所示：

```
if (day =6)
  //输出提示消息
  document.write("今天是星期六，周末愉快");
```

如果忽略花括号，if 语句将仅执行语句之后的第 1 条语句，如果在该语句后包含多条要执行的语句，则会产生一些逻辑错误，因此建议在任何时候都使用花括号将执行部分的语句括起来。

if…else 语句给了用户一个分支，如果条件不成立，可以在 else 语句后添加所要执行的代码，其语法如下所示：

```
if (条件)
{
条件成立时执行此代码
}
else
{
条件不成立时执行此代码
}
```

可以看到，else 语句使得 if 语句的执行出现了分支，条件要么成立，要么不成立，因此总是会在两个代码块之间执行。例如如果当前的日期不是星期六，则输出一条友好的努力工作的信息，如代码 8.8 所示：

代码 8.8　if…else 语句使用示例

```
<script type="text/javascript">
var d = new Date()    //新建一个日期对象
var day = d.getDay()   //得到当前的星期数
//如果当前是星期六
if ((day==6) &&(day==0))
{
  //输出提示消息
  document.write("今天是周末了，周末愉快");
}
```

```
else    //如果当前的日期不是周六或周日，则执行如下的代码块
{
    document.write("还没有到周末吧，好好工作");
}
</script>
```

上面的代码对 if 语句后面的表达式使用逻辑与运算符组合了两个条件，它表示如果当前日期是星期六或是星期天，则提示用户周末愉快，否则将提示用户好好工作。

if…else if…else 语句可以看作是 if…else 语句的升级版，它还可以添加更多的判断条件，比如说如果"今天不是周末"条件成立，则添加一个或多个判断条件。比如如果今天是星期一，则提示用户新的星期开始了，如果今天是星期二，提示用户努力坚持，其语法如下：

```
if (条件1)
{
条件1成立时执行代码
}
else if (条件2)
{
条件2成立时执行代码
}
else
{
条件1和条件2均不成立时执行代码
}
```

语法中最后的 else 语句是在上述的条件都不成立时执行的代码，else if 语句的个数并不受限制。下面的示例演示了如何使用该语句结构来根据不同的日期写出不同的问候信息，如代码 8.9 所示：

代码 8.9　if…else if…else 语句使用示例

```
<script type="text/javascript">
var d = new Date()        //新建一个日期对象
var day = d.getDay()      //得到当前的星期数
//如果当前是星期六
if ((day==6) &&(day==0))
{
    document.write("今天是周末了，周末愉快");    //输出提示消息
}
else if (day==1)          //如果今天是星期一，则显示今天的提示消息
{
    document.write("星期一到了，好好工作吧！");
}
else if(day==2)           //如果今天是星期二，显示星期二的提示消息
{
    document.write("星期二了，坚持工作吧！");
}
else                      //如果上述条件都不满足，则执行这里的语句块
{
    document.write("工作其实也不乏味的...");
}
</script>
```

可以看到，if…else if…else 给了程序更多的执行逻辑，它使得程序设计人员可以写一系列的 if 语句，而执行时其实只会执行到一个语句块，这给了程序一种多路选择的能力。

尽管使用多个 if 语句来执行多个分支非常有用，但是它会导致代码的紊乱，特别是当所有的分支都依赖于一个变量的值时，比如在前面的示例中变量依赖于返回的天数值，而 switch 可以简化繁多的 if…else 的写法，但是前提是分支只依赖于一个值。因此如果要进行逻辑组合的条件判断，if 依然是首选。switch 语句的语法如下：

```
switch(n)
  {
  case 1:
    执行代码块 1
    break
  case 2:
    执行代码块 2
    break
  default:
    如果 n 既不是 1 也不是 2，则执行此代码
  }
```

在 switch 语句中，n 就是用来进行条件判断的单个值，当然也可以是返回单个值的运算表达式或布尔表达。case 子句用来判断 n 的值，如果值匹配，则执行 case 中的代码块，如果所有的条件都不匹配，则执行 default 子句中的代码块。switch 语句的示例如代码 8.10 所示：

代码 8.10　switch 语句使用示例

```
<script type="text/javascript">
var d = new Date()        //新建一个日期对象
var day = d.getDay()      //得到当前的星期数
switch (day)
  {
  case 5:
    document.write("马上就是周末，开心！")
    break
  case 6:
    document.write("今天补觉！")
    break
  case 0:
    document.write("去外面玩玩！")
    break
  default:
    document.write("期待周末中.....")
}
</script>
```

switch 语句后面的括号中包含的是对当前日期的判断，case 后面接 day 的具体值再加冒号，以便在匹配时执行其中的代码块，如果代码块包含多个语句，需要使用花括号括起来。

🔔注意：每一个 case 语句的结尾都应该包含关键字 break，使得程序的执行逻辑立即跳转到循环语句的结尾处，否则 switch 语句中的 case 子句将会依次被执行，直到到达程序的结尾。

2. 循环控制语句

循环控制语句允许循环多次执行一个语句块。在 JavaScript 中提供了几种循环语句，

可以用来编写循环控制代码，这些语句各有自己的侧重点，分别如下所示：

- □　while 语句：这种循环会先计算布尔表达式，只有条件成立时才能执行循环。
- □　do…while 语句：这种循环会先进入到循环体，至少执行一次循环，然后再计算布尔表达式的值，判断是否继续循环。
- □　for 语句：在所要循环的次数已经确定的情况下使用 for 循环，它与 while 和 do…while 的不同之处在于循环的次数是已知的。
- □　for…in 语句：该语句用来对一个已知的数组或对象的属性进行遍历。

while 语句是进行 JavaScript 编程时使用相当频繁的一种循环语句，其语法如下：

```
while (变量<=结束值)
{
    需执行的代码
}
```

语法中的变量是在循环过程中不断改变的一块内存区域，<=是逻辑运算符，可以使用本章前面介绍的多种运算符，结束值表示停止循环的结束条件。如果这个布尔表达式返回 true，则执行花括号中的语句块。代码 8.11 演示了如何使用 while 循环在屏幕上输出 5 个数字值：

代码 8.11　使用 while 循环输出数字

```
<script type="text/javascript">
    var i = 0;              //定义一个循环变量
    while (i <= 5)          //判断循环变量的值是否小于等于 5
    {
        //执行循环体中的代码
        document.write("当前数字值是: " + i)
        document.write("<br />")
        i++  //在循环体中改变循环变量的值
    }
</script>
```

在这个示例中定义了一个用来进行循环控制的变量 i，i 的初始值为 0，while 循环的表达式判断 i 是否小于等于 5，如果条件成立，将执行花括号中的语句块。在循环体内每执行一次，不断地对 i 值进行递增，以便统计循环的执行次数，直到 i 的值大于 5 就停止循环，程序输出如图 8.6 所示。

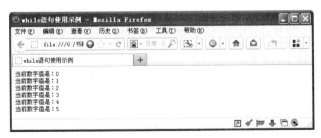

图 8.6　while 循环示例输出结果

    注意：在编写循环控制代码时，应该总是对循环变量的值进行更新，以便循环到一定次数时能够正常退出，否则将会创建一个无限循环的死循环，编写循环代码时应该总是避免死循环。

do…while 语句与 while 语句的最大不同在于，do…while 循环总是先进入循环体，执行循环中的语句块，最后再检查循环条件，以确定是否继续执行循环，因此 do…while 语句确保循环总是被执行一次，其语法如下所示：

```
do
{
    需执行的代码
}
while (变量<=结束值)
```

如其语法结构所示，do 表示先执行，while 再进行循环条件的判断，实际工作中实际上先执行一次的情况比较少见，因此 do…while 语句不像 while 循环那样常用。使用 do…while 语句输出循环数字的示例如代码 8.12 所示：

代码 8.12　使用 do…while 循环输出数字

```
<script type="text/javascript">
    var i = 0         //定义循环控制变量
    do                //首先不进行循环条件判断，直接进入循环体执行
    {
        document.write("当前循环控制变量的值： " + i); //输出结果值
        document.write("<br />");
        i++;                                        //递增循环控制变量
    }
    while (i <= 5)                                   //最后进行循环条件判断
</script>
```

可以看到，与 while 循环的最大不同在于先执行 do 语句后面的代码，最后才执行 while 中的布尔表达式进行条件判断。这种循环在实际工作中一般用来要求用户输入信息，首先必须弹出输入框，当用户连续输入 3 次失败时，将退出循环，这给了用户可以输入的机会。

for 语句在已确定循环次数时对一个语句块进行循环非常有用，该语句在一个循环语句中完成了 3 个步骤：

（1）初始化循环控制变量，用来指定循环计算的起始值。

（2）将该变量作为表达式的一部分进行计算，以确定是否继续循环。

（3）在循环体的尾部对循环计数器变量的值进行递增，更新其值以便于正确地循环计数。

for 语句的语法如下所示：

```
for  (变量=开始值;变量<=结束值;变量=变量+步进值)
{
    需执行的代码
}
```

可以看到，与 while 和 do…while 不同的是，在 for 语句后面的括号中包含了 3 个以分号分隔的表达式，分别来完成初始化、检测和递增这 3 个过程。

依然以递增数字为例，代码 8.13 演示了如何使用 for 循环对数字进行递增：

代码 8.13　使用 for 循环输出数字

```
<script type="text/javascript">
    for (i = 0; i <= 5; i++)  //在 for 语句中进行循环控制变量的赋初值、判断和递增
```

```
    {
        document.write("使用 for 循环输出的数字是 " + i);    //输出数字
        document.write("<br />");                      //输出换行
    }
</script>
```

for 循环在初始执行时，会为 i 赋初始值 0，然后每次循环执行时都会判断 i 是否小于等于 5，并每次对 i 的值进行递增。由于对循环变量的递增放在了 for 语句的后面，因此在循环控制执行代码部分就变得比较简单，不需要再显式地递增 i 变量。

for…in 语句主要用来对数组中的元素或对象的属性进行循环遍历，其语法如下所示：

```
for (变量 in 对象)
{
    在此执行代码
}
```

语法中的变量用来保存数组的单个元素或对象的一个属性，而对象表示一个数组或一个 JavaScript 中的对象。代码 8.14 演示了如何使用 for…in 来循环一个数组中的元素个数并进行输出：

代码 8.14　使用 for…in 循环输出数组元素

```
<script type="text/javascript">
    var x;          //循环变量，用来表示一个数组元素
    var mybooks = new Array();
    mybooks[0] = "HTML 从入门到精通";
    mybooks[1] = "零基础学 JavaScript";
    mybooks[2] = "亮剑 ASP.NET";
    mybooks[3] = "PL/SQL 从入门表精通";
    //使用 for..in 语句循环变量
    for (x in mybooks)
    {
    document.write(mybooks[x] + "<br />");//输出数组元素
    }
</script>
```

在代码中定义了一个变量 x，这个变量将用来临时保存 mybooks 数组中的元素。在 for…in 语句中，通过循环 mybooks 数组，依次输出数组的元素内容，这种方式比使用 for 循环或 while 循环要方便得多，输出结果如图 8.7 所示。

图 8.7　for…in 循环运行效果

可以看到，最终数组中的元素依照定义的顺序输出到了页面上。

3. 使用 continue 和 break 语句

break 语句可以直接将一个循环终止运行，而 continue 语句则暂停该语句后面的循环语

句的执行，重新开始一次新的循环。理解 break 和 continue 的最好方法是通过示例代码，比如在一个有着 10 次循环的循环语句中，如果只想输出前 5 次循环的语句体，那么在循环体内部可以使用 break 来退出循环，如代码 8.15 所示：

代码 8.15　使用 break 语句中断循环

```
<script type="text/javascript">
    var i=0;                    //定义循环初始变量
    for (i=0;i<=10;i++)         //开始执行循环
    {
    if (i==5){break}           //执行到第 5 次时则终止循环
    document.write("当前的循环次数是" + i)
    document.write("<br />")
    }
</script>
```

在语句体中判断循环变量 i 的值是否等于 5，如果条件成立，则调用 break 语句来终止循环的执行，因此输出如下所示：

```
当前的循环次数是 0
当前的循环次数是 1
当前的循环次数是 2
当前的循环次数是 3
当前的循环次数是 4
```

continue 语句可以跳过某些循环语句的执行，它不会中断循环的执行，但是它会立即重新开始下一次循环。例如，如果要跳过第 5 次循环的输出，可以在代码中添加 continue 语句，示例如代码 8.16 所示：

代码 8.16　使用 continue 语句重新开始循环

```
<script type="text/javascript">
    var i=0;                    //定义循环控制变量
    for (i=0;i<=6;i++)          //开始执行循环
    {
    if (i==5){continue;}       //如果循环计数到 5，则终止下面语句的执行，重新开始循环
    document.write("当前循环计数为： " + i); //输出消息
    document.write("<br />");
    }
</script>
```

在示例中，在循环语句块中判断当前的循环计数是否为 5，如果条件成立，则停止执行后面的输出语句，而是直接跳到 for 语句的开始位置，进行下一次循环，因此输出结果如下所示：

```
当前循环计数为： 0
当前循环计数为： 1
当前循环计数为： 2
当前循环计数为： 3
当前循环计数为： 4
当前循环计数为： 6
```

可以看到，输出结果中果然少了第 5 次循环的输出，因此 continue 语句通常用来在循

环体中控制循环语句的执行，有的时候非常有用。

8.2.5　函数

函数是一段命名的代码块，它在页面加载时会被立即执行，仅仅在调用时才会执行函数中定义的代码。函数通常用来模块化 JavaScript 的代码，允许用户多次重用同样的代码。函数可以在页面的任何位置定义，一般建议将函数定义在外部的.js 文件中，或者定义是在页面的<head>部分。

下面通过一个示例来了解函数的定义与使用，这个示例允许用户单击一个按钮后，在网页弹出式对话框中显示一条欢迎信息，如代码 8.17 所示：

代码 8.17　定义并使用函数的示例

```
<html xmlns="http://www.w3.org/1999/xhtml">
<head>
<meta http-equiv="Content-Type" content="text/html; charset=utf-8" />
<title>简单的函数使用示例</title>
<script type="text/javascript">
   //定义一个函数，用来显示一个弹出式的提示对话框
   function showWelcome()
   {
        alert("欢迎进入乐乐兔的网站！")
    }
</script>
</head>
<body>
<!--在这里调用函数，仅单击按钮时函数才会被调用执行-->
<input type="button" value="单击这里显示欢迎信息" onclick="showWelcome()" >
</body>
</html>
```

在代码的<head>部分定义了一个函数 showWelcome，函数使用 function 关键字，后跟函数名，在页面加载时并不会立即执行，无论是放在<head>区还是<body>区，只有当在页面上的按钮显示调用时，也就是当单击该按钮时，才会调用这个函数，在页面上显示一个弹出式的对话框，运行效果如图 8.8 所示。

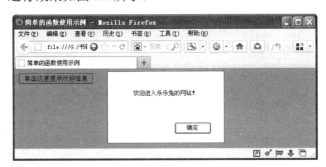

图 8.8　函数的使用示例

函数定义使用 function 开始，后接函数名称，函数名称后面必须接括号，如果函数需要使用一个或多个参数，可以在括号后面直接输入参数的名称。函数的定义语法如下所示：

```
function 函数名(var1,var2,...,varX)
  {
  函数的执行代码
  }
```

注意：与其他编程语言不同的是，JavaScript 函数不需要指定一个数据类型，同时也不会检测传递给函数的参数的数据类型。

如果要从函数中返回值，则需要使用 return 语句，因此对于需要返回值的函数，必须使用 return 语句，下面的函数示例演示了如何向函数的调用方返回一个值，如代码 8.18 所示：

代码 8.18 使用 return 语句返回函数值

```
<html xmlns="http://www.w3.org/1999/xhtml">
<head>
<meta http-equiv="Content-Type" content="text/html; charset=utf-8" />
<title>使用带参数和返回值的函数示例</title>
<script type="text/javascript">
    //乘法计算函数，并返回结果
    function prod(a,b)
    {
        x=a*b;      //计算传入的参数
        return x;  //返回计算结果
    }
    //一个用于根据用户界面的输出来计算乘法的函数
    function calc()
    {
        //获取文本输入控件 txtValue1 的对象实例
        var valuea=document.getElementById("txtValue1");
        //获取文本输入控件 txtValue2 的对象实例
        var valueb=document.getElementById("txtValue2");
        //获取文本输入控件 txtResult 的对象实例
        var txtresult=document.getElementById("txtResult");
        //调用 prod 函数进行乘法计算
        txtresult.value=prod(valuea.value,valueb.value);
    }
</script>
</head>
<body>
<p><!--构造了一个计算乘法的表单界面-->
  <label for="txtValue1"></label>
  <input name="txtValue1" type="text" id="txtValue1" size="10" />
  *
  <label for="txtValue2"></label>
  <input name="txtValue2" type="text" id="txtValue2" size="10" />
  =
  <label for="txtResult"></label>
  <input name="txtResult" type="text" id="txtResult" size="10" />
  <input type="button" value="计算" onclick="calc()" />
</p>
<p> </p>
</body>
</html>
```

代码的定义内容如下所示。

（1）在<head>区中定义了两个函数，prod 函数接收 2 个参数值 a 和 b，在函数体中将对 a 和 b 进行乘法运算，并返回运算后的结果 x。

（2）calc 函数将调用函数，它又调用了文档对象 document.getElementById 函数来返回 HTML 上的表单控件实例，然后调用 prod 函数进行乘法计算。

（3）在<body>区构造了计算乘法的表单界面，使用了 3 个 input 元素。

上述代码的运行效果如图 8.9 所示。

图 8.9 使用函数构造一个计算器

在函数的定义中，function 必须使用小写字母，否则 JavaScript 就会报错。另外在调用函数时，无论函数是否具有参数，在调用时都必须在函数调用后面添加括号。调用函数时，参数的个数必须匹配，函数可以具有 return 语句，也可以不具有 return 语句，return 语句会使函数立即停止运行。如果 return 语句没有一个相关的表达式，也就是说如果只包含一个 return 语句，它会返回 undefined 值，表示未定义的值。

8.2.6 对象和数组

JavaScript 是一门面向对象的编程语言，使得用户可以创建自己的对象和变量类型，除此之外，JavaScript 还内置了一系列内置的对象，可以简化网站建设人员的代码编写工作。这些内置的对象覆盖字符串、日期、数组、逻辑、数学运算和正则表达式等。本章 8.4 节将介绍如何在 JavaScript 中创建自己的对象类型。在本小节来了解一下 JavaScript 的这些内置对象的使用方法。

每一个对象类型都包含一些属性和方法，属性表示对象的一些特性，例如对于字符串类型来说，可以通过 length 属性来获取字符串的长度。方法是指对象提供一些函数用来改变执行的行为，例如字符串类型具有 toUpperCase()方法来将字符串转换为大写。

1. 字符串对象String

在 JavaScript 中所定义的任何字符串类型的值都是 String 对象的实例，因此可以调用该对象的一些属性和方法来设置和更改字符串的内容。字符串对象的常用属性是 length，可以用来返回一个字符串的长度，也就是一个字符串中的字符数。代码 8.19 演示了如何使用 length 属性来获取字符串的长度：

代码 8.19 使用 length 属性获取字符串长度

```
<script type="text/javascript">
    var str="这是一个字符串";        //定义一个字符串变量
```

```
    alert(str.length);              //使用 length 属性获取字符串长度
</script>
```

这段程序将在页面上显示一个对话框，输出字符串的长度为 7 个字符。除了可以使用 String 的属性之外，还可以调用 String 提供的很多方法来完成字符串的操作，如表 8.6 所示。

表 8.6　字符串对象的方法

方　法　名　称	描　　　　述
anchor()	创建 HTML 锚
big()	用大号字显示字符串
blink()	显示闪动字符串
bold()	使用粗体显示字符串
charAt()	返回在指定位置的字符
charCodeAt()	返回在指定位置的字符的 Unicode 编码
concat()	连接字符串
fixed()	以打字机文本显示字符串
fontcolor()	使用指定的颜色来显示字符串
fontsize()	使用指定的尺寸来显示字符串
fromCharCode()	从字符编码创建一个字符串
indexOf()	检索字符串
italics()	使用斜体显示字符串
lastIndexOf()	从后向前搜索字符串
link()	将字符串显示为链接
localeCompare()	用本地特定的顺序来比较两个字符串
match()	找到一个或多个正则表达式的匹配
replace()	替换与正则表达式匹配的子串
search()	检索与正则表达式相匹配的值
slice()	提取字符串的片断，并在新的字符串中返回被提取的部分
small()	使用小字号来显示字符串
split()	把字符串分割为字符串数组
strike()	使用删除线来显示字符串
sub()	把字符串显示为下标
substr()	从起始索引号提取字符串中指定数目的字符
substring()	提取字符串中两个指定的索引号之间的字符
sup()	把字符串显示为上标
toLocaleLowerCase()	把字符串转换为小写
toLocaleUpperCase()	把字符串转换为大写
toLowerCase()	把字符串转换为小写
toUpperCase()	把字符串转换为大写
toString()	返回字符串
valueOf()	返回某个字符串对象的原始值

代码 8.20 演示了一些常见的方法的使用，更多方法的用法可以参考 JavaScript 的文档描述。

代码 8.20　常见的 JavaScript 方法的使用

```
<script type="text/javascript">
   var str="你好";                           //定义字符串变量
   var str1="中国";
   document.write(str.concat(str1));    //字符串连接
   document.write('<br/>');
   str="How are you doing today?";
   //下面的 3 行代码分别用来分割字符串
   document.write(str.split(" ") + "<br />");
   document.write(str.split("") + "<br />");
   document.write(str.split(" ",3));
   document.write('<br/>');
   str="Hello world!";
   document.write(str.substr(3));        //提取子串
   document.write('<br/>');
   document.write(str.toUpperCase()); //转换为大写
   document.write('<br/>');
</script>
```

上述代码分别演示了字符串连接、分割、提取子串和转换为大写这些函数的基本用法，可以看到基本上都是在变量名后直接进行调用，运行效果如图 8.10 所示。

图 8.10　字符串常见方法的使用示例

2. 日期对象 Date

日期对象 Date 一般需要使用 new 构造函数来构造，例如要定义一个新的日期，可以使用如下的代码：

```
var newDate=new Date();
```

Date 对象将自动使用当前的日期和时间作为初始值，因此下面的代码将会输出当前的日期和时间：

```
<script type="text/javascript">
   var newDate=new Date();        //构造一个新的日期
   document.write(newDate);       //返回当前的日期时间
</script>
```

输出结果如下所示。

```
Sat Aug 18 2012 07:13:43 GMT+0800
```

不过在实际的网站建设中，通常是通过 Date 对象的各种方法来获取日期的特定部分，或者是对日期进行设置，可以调用日期对象的属性和方法来获取或设置当前的日期时间，如表 8.7 所示。

表 8.7　日期对象 Date 常见方法

方　　法	描　　述
Date()	返回当日的日期和时间
getDate()	从 Date 对象返回一个月中的某一天（1~31）
getDay()	从 Date 对象返回一周中的某一天（0~6）
getMonth()	从 Date 对象返回月份（0~11）
getFullYear()	从 Date 对象以四位数字返回年份
getHours()	返回 Date 对象的小时（0~23）
getMinutes()	返回 Date 对象的分钟（0~59）
getSeconds()	返回 Date 对象的秒数（0~59）
getMilliseconds()	返回 Date 对象的毫秒（0~999）
getTime()	返回 1970 年 1 月 1 日至今的毫秒数
getTimezoneOffset()	返回本地时间与格林威治标准时间（GMT）的分钟差
parse()	返回 1970 年 1 月 1 日午夜到指定日期（字符串）的毫秒数
setDate()	设置 Date 对象中月的某一天（1~31）
setMonth()	设置 Date 对象中月份（0~11）
setFullYear()	设置 Date 对象中的年份（四位数字）
setYear()	请使用 setFullYear（）方法代替
setHours()	设置 Date 对象中的小时（0~23）
setMinutes()	设置 Date 对象中的分钟（0~59）
setSeconds()	设置 Date 对象中的秒钟（0~59）
setMilliseconds()	设置 Date 对象中的毫秒（0~999）
setTime()	以毫秒设置 Date 对象
toSource()	返回该对象的源代码
toString()	把 Date 对象转换为字符串
toTimeString()	把 Date 对象的时间部分转换为字符串
toDateString()	把 Date 对象的日期部分转换为字符串
valueOf()	返回 Date 对象的原始值

可以看到，使用 Date 对象不仅可以获取日期时间，还可以对日期时间对象进行设置。代码 8.21 演示了如何使用这些函数来获取和设置日期时间：

代码 8.21　获取和设置日期时间

```
<script type="text/javascript">
  var newDate=new Date();  //构造一个新的日期对象
  //显示提前毫秒数
  document.write("从1970-01-01到现在所经过的毫秒数: " + newDate.getTime() + "
  毫秒");
  document.write("<br/>");
  //显示当前日期是一周中的第几天
  document.write("今天是星期" +newDate.getDay());
  document.write("<br/>");
  newDate.setDate(newDate.getDate()+5); //设置新的日期;
```

```
    //显示当前的日期
    document.write("现在的日期是: "+newDate.getFullYear()+"年"
                    +newDate.getMonth()+"月"+newDate.getDate()+"日");
    document.write("<br/>");
    //显示当前的时间
    document.write("现在的时间是: "+newDate.getHours()+"时"
                    +newDate.getMinutes()+"分"+newDate.getSeconds()+"
                    秒");
</script>
```

示例代码中，使用 getTime 获取自 1970 年 1 月 1 号以来所经过的毫秒数，使用 getDay 获取当前日期是一周以来的第几天，然后使用 setDate 来设置日期对象的新日期，最后分别使用年、月、日、时、分、秒等函数获取当前的时间、日期信息。

3. 数组对象Array

在 JavaScript 中，数组表示是一个有序的具有相同类型的值的集合，数组中的每一个值都称为一个元素，每个元素在数组中都有一个数字化的位置，称为数组的下标。

🔊**注意:** 由于 JavaScript 是一种弱类型的编程语言，因此 JavaScript 中的数组元素可以具有不同的数据类型，数组的元素也可以是其他的数组。

数组通常用来保存一些具有相同性质的数据，以便于进行循环计算或汇总计算。代码 8.22 演示了如何在 JavaScript 中创建并使用数组:

代码 8.22　创建并使用数组

```
<script type="text/javascript">
    //构建一个新的数组对象实例
    var newBooks = new Array();
    //为数组中的元素赋值
    newBooks[0] = "网站开发与建设大全";
    newBooks[1] = "PL/SQL 从入门到精通";
    newBooks[2] = "C#典型模块大全";
    newBooks[3] = "亮剑 ASP.NET";
    //循环输出数组中的元素
    document.write("一线软件开发经验谈图书列表: <br/>");
    for (i=0;i<newBooks.length;i++)
    {
      document.write(newBooks[i] + "<br />");
    }
</script>
```

在代码中，通过 new Array()构造了一个数组对象，如果为 Array 传递一个数字，则表示数组中元素的个数。代码使用下标为数组中的元素赋值，数组的 length 属性用来返回数组的元数个数，通过 document.write 方法向页面上输出了数组中的元素，运行效果如图 8.11 所示。

在 JavaScript 语言中，数组使用运算符[]来存取其中的数组元素，数组第一个元素的下标为 0。除了 length 属性之外，数组还提供了很多的方法用来对数组进行操作，这些方法如表 8.8 所示。

图 8.11　数组使用示例

表 8.8　数组对象的方法

方　　　法	描　　　述
concat()	连接两个或更多的数组，并返回结果
join()	把数组的所有元素放入一个字符串，元素通过指定的分隔符进行分隔
pop()	删除并返回数组的最后一个元素
push()	向数组的末尾添加一个或更多元素，并返回新的长度
reverse()	颠倒数组中元素的顺序
shift()	删除并返回数组的第一个元素
slice()	从某个已有的数组返回选定的元素
sort()	对数组的元素进行排序
splice()	删除元素，并向数组添加新元素
toSource()	返回该对象的源代码
toString()	把数组转换为字符串，并返回结果
toLocaleString()	把数组转换为本地数组，并返回结果
unshift()	向数组的开头添加一个或更多元素，并返回新的长度
valueOf()	返回数组对象的原始值

当创建了一个数组对象之后，如果想要动态在数组元数的结尾添加一个或多个元素，就可以使用 push 方法。例如对于代码 8.22 来说，如果要追加一本新的图书，则可以使用如下的代码：

```
newBooks.push("Silverlight 从入门到精通");
```

reverse 方法用来反转数组中元素的顺序，它不需要接收任何参数，例如要将代码 8.22 中的数组进行反转，可以使用如下所示的代码：

```
newBooks.reverse();  //反转数组元素
```

反转元素后输出如下所示：

```
一线软件开发经验谈图书列表：
Silverlight 从入门到精通
亮剑 ASP.NET
C#典型模块大全
PL/SQL 从入门到精通
网站开发与建设大全
```

可以看到数组元素果然按照相反的顺序输出了。

与字符串对象的 concat 方法类似的是，数组也有 concat 方法，该方法用来连接两个或多个数组为一个数组。代码 8.23 创建了 3 个数组，然后使用 concat 方法将 3 个数组合并为一个数组：

代码 8.23　concat 合并数组示例代码

```
<script type="text/javascript">
    //定义一个具有 3 个元素的数组
    var arr = new Array(3);
    arr[0] = "张三";
    arr[1] = "李四";
    arr[2] = "王五";
    //定义一个具有 3 个元素的数组
    var arr2 = new Array(3);
    arr2[0] = "刘七";
    arr2[1] = "李八";
    arr2[2] = "赵九";
    //定义一个具有 2 个元素的数组
    var arr3 = new Array(2);
    arr3[0] = "丁十";
    arr3[1] = "肖十一";
    var arr4=arr.concat(arr2,arr3);        //合并数组并返回一个新的合并数组
    document.write(arr4);                   //输出数组元素
    document.write("<br/>");                //输出回车
    document.write("数组长度为："+arr4.length);  //输出数组长度
</script>
```

在示例代码中定义了 3 个数组，分别分配了不同的数组元素，通过 concat 函数，将这 3 个数组合并为一个数组 arr4。通过输出可以发现，arr4 果然包含了 arr、arr2 和 arr3 三个数组中所有的元素，输出如下所示：

```
张三,李四,王五,刘七,李八,赵九,丁十,肖十一
数组长度为：8
```

可以看到，数组果然已经被正确地进行了连接，并返回了一个具有 8 个元素的新的数组。数组运算在进行 JavaScript 编程时非常有用，本章后面的内容中将会继续穿插对数组的讨论，对数组有了基本理解之后，就可以开始下一小节的学习了。

8.3　用 JavaScript 操作 HTML 网页

前面介绍了很多关于 JavaScript 语言的基础知识，而使用 JavaScript 最有趣的部分是操作 HTML 网页，它可以为网页添加动态的网页动画效果、表单验证、动态提醒及动态产生 HTML 内容等，这样的特性使得 JavaScript 成为网站建设者必须掌握的一部分。

8.3.1　DOM 对象简介

HTML DOM 是 Document Object Model for HTML 的缩写，表示 HTML 的文档对象模

型。DOM 就是表示和处理一个 HTML 文档的方式，它将 HTML 中的各种元素以对象树的结构进行呈现，提供了一种独立于平台和语言的方式来访问文档和内容的结构。

在本章前面的例子中经常使用 document.write 方法来向文档中写入内容，document 就是一个 DOM 对象，除了 document 对象之外，与 HTML 文档相关的还有 screen、window、navigator 等分别用来表示屏幕、窗口和导航的对象。DOM 文档对象层次及其含义如图 8.12 所示。

```
navigator                           浏览器对象
screen                              屏幕对象
window                              窗口对象
    history                             历史对象
    location                            地址对象
    frames[]; Frame                     框架对象
document                            文档对象
    anchors[]; links[]; Link             连接对象
    applets[]                           Java 小程序对象
    embeds[]                            插件对象
    forms[]; Form                       表单对象
        Button                              按钮对象
        Checkbox                            复选框对象
        elements[]; Element                 表单元素对象
        Hidden                              隐藏对象
        Password                            密码输入区对象
        Radio                               单选按钮对象
        Reset                               重置按钮对象
        Select                              选择区（下拉菜单、列表）对象
        options[]; Option                   选择项对象
        Submit                              提交按钮对象
        Text                                文本框对象
        Textarea                            多行文本输入区对象
    images[]; Image                     图片对象
```

图 8.12　DOM 文档对象树

通过控制这些 DOM 的对象，可以让网页具有更多可交互式的效果，比如通过控制 window 对象，可以更改窗口的大小，改变在窗口中显示的内容。通过对 document 对象进行控制，可以控制在当前网页上显示的元素，比如查找指定的元素，更改元素的属性和样式等，从而达到动态的效果。通过对 form 元素的控制，可以控制表单提交及验证等。

举个简单的例子，如果想要用户单击一个按钮时能够弹出一个小窗口，那么可以使用 window.open 函数，如代码 8.24 所示：

代码 8.24　使用 window 对象打开一个窗口

```html
<html xmlns="http://www.w3.org/1999/xhtml">
<head>
<meta http-equiv="Content-Type" content="text/html; charset=utf-8" />
<title>window 对象使用示例</title>
<script type="text/javascript">
    function open_win()
    {
    //打开一个新的浏览器窗口，并控制浏览器窗口的显示外观
    window.open("jsDemo24.html","_blank","toolbar=no, location=no,
    directories=no,status=no, menubar=no, scrollbars=no,resizable=no,
    copyhistory=yes, width=400, height=200")
```

```
    }
</script>
<style type="text/css">
body,td,th {
    font-size: 9pt;
}
</style>
</head>
<body>
  <!--定义一个打开浏览器窗口的按钮-->
  <input type=button value="开新窗口" onclick="open_win()">
</body>
</html>
```

在 HTML 页面定义了一个按钮，该按钮将调用定义在 head 区中的函数 open_win，这个函数调用 window 对象的 open 方法。该方法的参数很多，通过指定在窗口中所要呈现的 URL 及一系列的浏览器外观控制参数，可以打开一个具有特定外观的浏览器窗口。示例运行效果如图 8.13 所示。

图 8.13　在浏览器窗口中打开一个新的窗口

8.3.2　使用 window 窗口对象

window 对象是网页客户端浏览器控制的全局对象，也是 DOM 文档对象树中的顶层对象。它可以控制浏览器中呈现的文档、开启新的浏览器对话框、获取客户端环境的相关信息等。window 对象在<body>或<frameset>标签出现时会自动创建，因此可以用来控制网页的显示和框架的内容。

⌂注意：由于 window 对象是全局对象，所有表达式都会在当前 window 的环境中计算，因此 window 下面的对象可以不用引用 window 名称，比如要引用当前窗口的文档，可以直接使用 document，而不用使用 window.document，window 对象的方法与此类似。

window 对象的属性会提供当前浏览器窗口的相关信息，同时它也提供了对 document、screen 等对象的引用，如表 8.9 所示。

表 8.9　window属性列表

属　　性	描　　述
closed	返回窗口是否已被关闭
defaultStatus	设置或返回窗口状态栏中的默认文本
document	对 Document 对象的只读引用
history	对 History 对象的只读引用
innerheight	返回窗口的文档显示区的高度
innerwidth	返回窗口的文档显示区的宽度
length	设置或返回窗口中的框架数量
location	用于窗口或框架的 Location 对象
name	设置或返回窗口的名称
Navigator	对 Navigator 对象的只读引用
opener	返回对创建此窗口的窗口的引用
outerheight	返回窗口的外部高度
outerwidth	返回窗口的外部宽度
pageXOffset	设置或返回当前页面相对于窗口显示区左上角的 X 位置
pageYOffset	设置或返回当前页面相对于窗口显示区左上角的 Y 位置
parent	返回父窗口
Screen	对 Screen 对象的只读引用
self	返回对当前窗口的引用等价于 Window 属性
status	设置窗口状态栏的文本
top	返回顶层的先辈窗口

一些属性将在后面的内容中介绍，下面分别对一些常见的属性进行介绍。

- □ innerheight 和 innerwidth 属性：获取当前浏览器文档窗口，也就是去掉浏览器工具栏菜单和状态栏以及滚动条之后的网页显示区域。实际进行网站开发时可能会需要根据这两个属性的值来调整网页的尺寸以适应显示，IE 不支持这两个属性，因此出于浏览器兼容性考虑，这两个属性较少使用。

- □ outerheight 和 outerwidth 属性：用于获取当前浏览器窗口的大小，IE 不支持这两个属性且没有相应的替代方法，因此一般较少使用。

- □ defaultStatus 和 status 设置状态栏文本：这个属性可以获取或设置显示状态栏文本，比如显示网址或者欢迎信息等。

注意：defaultStatus 和 status 设置浏览器状态文本在一些新的浏览器中出于安全性考虑已经关闭，因此这两个属性目前较少使用。

- □ window 对象有一个 frames[]数组属性，当在窗口中使用了 frameset 元素时，这个属性将包含当前窗口的框架元素，而 parent 和 top 将分别返回框架的父窗口和顶层窗口，比如要在一个框架页面内改变顶层窗口的标题，就可以使用 window.top.title 这样的属性来进行设置。

- □ opener 属性：用来获取和设置对该窗口的引用，一般是当前窗口通过 window.open 打开一个新的子窗口后，子窗口的 opener 就是当前窗口对象，以便使子窗口可以通过 opener 来改变打开的窗口所定义的属性和函数。openner 的使用示例如代码 8.25 所示：

代码 8.25　opener 属性使用示例

```html
<html xmlns="http://www.w3.org/1999/xhtml">
<head>
<meta http-equiv="Content-Type" content="text/html; charset=utf-8" />
<title>opener 使用示例</title>
<script type="text/javascript">
  function setopener(){
      //创建一个空白的新窗口
      myWindow=window.open('','newwindow','width=200,height=100');
      //在新窗口中写入内容
      myWindow.document.write("这是一个新开的窗口");
      //让新窗口具有焦点
      myWindow.focus();
      //设置新窗口的宿主窗口的窗口内容
      myWindow.opener.document.write("可以在新开的窗口中向主窗口写入文字");
  }
</script>
<style type="text/css">
body,td,th {
    font-size: 9pt;
}
</style>
</head>
<body>
<input name="btndemo" type="button" onclick="setopener()" value="打开窗口"
/>
</body>
</html>
```

setopener 这个函数体中，首先打开了一个空白的新窗口，window.open 会返回这个新创建的窗口的 window 对象实例，然后向这个空白内容的窗口中写入文本内容。focus 方法用来使这个新创建的窗口具有输入焦点。最后一行调用了新建窗口的 opener 属性，向宿主窗口中写入文本内容，运行效果如图 8.14 所示。

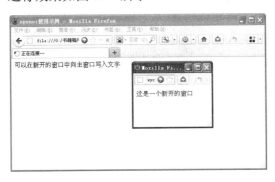

图 8.14　opener 属性使用示例

在示例中多次使用了 window.open 这个方法，除了该方法之外，window 对象提供了多个方法允许用户对窗口进行操作，比如常见的 alert 方法用于显示一个警告窗口，confirm 用来显示一个确认对话框等。可供使用的 window 方法如表 8.10 所示。

表 8.10 window对象的方法列表

方 法	描 述
alert()	显示带有一段消息和一个确认按钮的警告框
blur()	把键盘焦点从顶层窗口移开
clearInterval()	取消由 setInterval()设置的 timeout
clearTimeout()	取消由 setTimeout()方法设置的 timeout
close()	关闭浏览器窗口
confirm()	显示带有一段消息及确认按钮和取消按钮的对话框
createPopup()	创建一个 pop-up 窗口
focus()	把键盘焦点给予一个窗口
moveBy()	可相对窗口的当前坐标移动指定的像素
moveTo()	把窗口的左上角移动到一个指定的坐标
open()	打开一个新的浏览器窗口或查找一个已命名的窗口
print()	打印当前窗口的内容
prompt()	显示可提示用户输入的对话框
resizeBy()	按照指定的像素调整窗口的大小
resizeTo()	把窗口的大小调整到指定的宽度和高度
scrollBy()	按照指定的像素值来滚动内容
scrollTo()	把内容滚动到指定的坐标
setInterval()	按照指定的周期（以毫秒计）来调用函数或计算表达式
setTimeout()	在指定的毫秒数后调用函数或计算表达式

　　一些方法在日常工作中经常用到，而一些方法只是在特定的场合才需要使用。应用比较常见的几个方法如下所示。

- ❑ alert()方法将显示一个具有指定消息的提示框，用来显示一些警告信息。
- ❑ confirm()可以看作是 alert()的增强版本，它会显示一个具有"确定"和"取消"按钮的对话框，并且会返回一个用户单击的按钮值。
- ❑ prompt()将显示一个输入对话框，并且会返回用户输入的内容。

这 3 个方法的示例如代码 8.26 所示：

代码 8.26 使用网页弹出式对话框

```html
<html xmlns="http://www.w3.org/1999/xhtml">
<head>
<meta http-equiv="Content-Type" content="text/html; charset=utf-8" />
<title>对话框使用示例</title>
<script type="text/javascript">
  //使用 alert 方法显示警告信息框
  function showalert(){
      alert("欢迎来到乐乐宝的小站！");
  }
  //使用 confirm 显示确认消息框
  function showconfirm(){
    var replay=confirm("确定要进入乐乐宝的网站吗？");
    if (replay==true)
    {
```

```
            alert("欢迎进入乐乐宝的小站！");
        }
    }
    //使用 prompt 显示输入信息框
    function showprompt(){
        var age=prompt("欢迎来到乐乐宝站，请输入年龄：","");
        alert("欢迎进入网站，您的年龄是："+age);
    }
</script>
<style type="text/css">
body,td,th {
    font-size: 9pt;
}
</style>
</head>
<body>
<input name="btnalert" type="button" onclick="showalert()" value="警告信息
" />
<input name="btnconfirm" type="button" onclick="showconfirm()" value="确
认信息" />
<input name="btnprompt" type="button" onclick="showprompt()" value="提示
信息" />
</body>
</html>
```

在这个示例中，定义了 3 个函数分别调用 alert、confirm 和 prompt 来显示网页对话框，可以看到不同的对话框除具有不同的显示外观之外，还具有不一样的返回值。alert 不返回任何值，但是 confirm 会返回布尔类型的结果值，prompt 会返回用户输入的内容，这 3 种对话框在 IE 中的外观如图 8.15 所示。

图 8.15　网页对话框样式

图中从左到右依次是 alert 显示的窗口、confirm 显示的确认对话框和 prompt 显示的输入提示框，通过使用这些窗口可以让用户和网页进行互动，让网页显得更具互动性。

8.3.3　添加网页定时器

window 对象提供了 4 个方法用来在客户端创建定时器，比如可以通过这些方法创建一个动态时钟。这些方法分别如下。

❑ setTimeout()方法：在指定的毫秒数后执行一段代码，主要用于代码定时一次执行，该函数接收一个函数或一段要执行的 JavaScript 代码串，该函数会返回一个 id 值，以便 clearTimeout 来调用清除定时执行的代码。

🔔注意：虽然多数情况下 setTimeout 仅调用一次，但是通过为 setTimeout 函数指定一个不断调用自身的函数可以实现周期调用的效果。

❑ clearTimeout()方法：该函数可以取消由 setTimeout()方法设置的定时执行，它接收由 setTimeout 产生的 id 值。

- □ setInterval()方法：该方法将以毫秒指定的周期来多次调用一个函数或表达式，它接收一个函数名或要执行的代码字符串，同时返回一个 Id 值。
- □ clearInterval()方法：该函数接收由 setInterval()方法返回的 id 值，以取消由 setInterval 设置的周期执行。

这 4 个函数的调用语法如下：

```
setInterval(code,millisec[,"lang"]);
clearInterval(id_of_setinterval);
setTimeout(code,millisec);
clearTimeout(id_of_settimeout);
```

代码 8.27 演示了如何使用 setTimeout 创建一个一次性执行的定时器代码和使用 setInterval 创建一个在网页上动态显示的小时钟：

代码 8.27　网页定时器使用示例

```
<html xmlns="http://www.w3.org/1999/xhtml">
<head>
<meta http-equiv="Content-Type" content="text/html; charset=utf-8" />
<title>计时器使用示例</title>
<script type="text/javascript">
    //-----------------------------------
    //setTimeout 示例
    var c=0;    //定义计数器变量
    var t;          //用来保存返回 id 值的变量
    //定义一个被反复多次调用的函数
    function timedCount()
      {
      document.getElementById('txttime').value=c;
      c=c+1
      t=setTimeout("timedCount()",1000); //在计时器中调用自身，可以实现周期执行
      }
     //停止计时器的运行
    function stopCount()
      {
      clearTimeout(t);  //停止计时器
      }
    //-----------------------------------
    //setInterval 示例
    var int=self.setInterval("clock()",50);  //周期性地调用 clock 方法，在页面
加载时自动执行
    function clock()
      {
      var t=new Date();
      //更新页面上显示的时钟
      document.getElementById("txtinterval").value=t;
      }
     //停止计时器的运行
    function stopClock()
      {
      clearInterval(int);  //停止计时器
      }
</script>
<style type="text/css">
```

```
body,td,th,input {
    font-size: 9pt;
}
</style>
</head>
<!--在页面加载时执行 timedCount 计时器-->
<body onload="timedCount()">
<input name="txttime" id="txttime" type="text" />
<input name="btntime" type="button" value="停止定时执行"  onclick=
"stopCount()" />
<br />
<!--setInterval 的使用示例-->
<input name="txtinterval" type="text" id="txtinterval" size="50" />
<input name="btninterval" type="button" value="停止时钟"  onclick=
"stopClock()"  />
</body>
</html>
```

在这个示例中定义了 4 个函数，可以看到有两个变量是定义在函数体外部的，表示这两个变量在这个 JavaScript 语句中具有全局作用域，函数体内可以引用这两个变量的值。下面分别介绍这 4 个函数。

（1）timedCount()函数：这个函数将改变文本框 txttime 的值，同时它使用 setTimeout 不断地调用自身，实现周期性的运行效果。

（2）stopCount()函数：这个函数将调用 clearTimeout 停止由 setTimeout 添加的定时器。

（3）setInterval 没有定义在任何函数体内，因此在页面加载时会自动周期性地 50 毫秒一次调用 clock 函数。

（4）clock 函数将更新 txtinterval 这个文本框中的时间。

（5）stopClock 将调用 clearInterval 来停止计时器。

该页面在打开后，可以看到计时器马上开始运行起来了，通过单击各自的停止按钮，可以停止计时器的运行，如图 8.16 所示。

图 8.16　计时器示例运行效果

8.3.4　窗口的打开和关闭

window 对象的 open 方法允许在客户端浏览器中创建并打开一个新的浏览器窗口。过去这个功能通常被一些网站用来显示弹出式广告，不过由于弹出式广告经常会包含一些恶意的内容，目前大多数浏览器会禁用弹出式窗口的功能，因此若非特殊需要，可以不用使用 window.open 来重新打开窗口。

window 对象的 open 方法的基本语法如下：

```
window.open(URL,name,features,replace)
```

open()方法包含了 4 个可选的参数，且在新的窗口被成功打开后，返回一个代表新打开窗口的 window 对象。open 方法的参数含义如表 8.11 所示。

表 8.11　window.open方法的参数列表

参数名称	参　数　描　述
URL	可选参数，声明了要在新窗口中显示的文档的 URL。如果省略了这个参数，或者它的值是空字符串，那么新窗口就不会显示任何文档
name	可选参数，该字符串是一个由逗号分隔的特征列表，其中包括数字、字母和下划线，该字符声明了新窗口的名称。这个名称可以用作标记<a>和<form>的属性 target 的值。如果该参数指定了一个已经存在的窗口，那么 open()方法就不再创建一个新窗口，而只是返回对指定窗口的引用。在这种情况下，features 将被忽略
features	可选参数，声明了新窗口要显示的标准浏览器的特征。如果省略该参数，新窗口将具有所有标准特征。在窗口特征这个表格中，我们对该字符串的格式进行了详细的说明
replace	可选布尔值。规定了装载到窗口的 URL 是在窗口的浏览历史中创建一个新条目，还是替换浏览历史中的当前条目。支持下面的值： ❏　true-URL 替换浏览历史中的当前条目 ❏　false-URL 在浏览历史中创建新的条目

可以看到，所有这些参数都是可选的参数，一般来说都会指定一个窗口所要装载内容的 URL。例如要在新窗口中打开微软公司的网站，可以使用如下的代码：

```
window.open("http://www.microsoft.com")
```

在参数列表中，features 用来指定新打开的窗口的特性，这些特性将决定新打开的窗口的呈现样式，这些特性包含是否在新窗口中显示滚动条、菜单栏、状态栏、工具栏及窗口的大小等。如果不指定这个参数，窗口将使用默认的大小和样式来打开。可供使用的特性参数如表 8.12 所示。

表 8.12　features参数列表

channelmode=yes|no|1|0	是否使用剧院模式显示窗口。默认为 no
directories=yes|no|1|0	是否添加目录按钮。默认为 yes
fullscreen=yes|no|1|0	是否使用全屏模式显示浏览器。默认是 no。处于全屏模式的窗口必须同时处于剧院模式
height=pixels	窗口文档显示区的高度。以像素计
left=pixels	窗口的 x 坐标。以像素计
location=yes|no|1|0	是否显示地址字段。默认是 yes
menubar=yes|no|1|0	是否显示菜单栏。默认是 yes
resizable=yes|no|1|0	窗口是否可调节尺寸。默认是 yes
scrollbars=yes|no|1|0	是否显示滚动条。默认是 yes
status=yes|no|1|0	是否添加状态栏。默认是 yes
titlebar=yes|no|1|0	是否显示标题栏。默认是 yes
toolbar=yes|no|1|0	是否显示浏览器的工具栏。默认是 yes
top=pixels	窗口的 y 坐标
width=pixels	窗口的文档显示区的宽度。以像素计

因此如果要全面地控制窗口的样式，可以利用这些 features 特性参数。比如要控制所打开窗口的外观和大小，可以编写如下所示的代码：

```
window.open("http://www.microsoft.com","_blank","toolbar=yes,
location=yes, directories=no, status=no, menubar=yes, scrollbars=yes,
resizable=no, width=400, height=400")
```

在这个代码中，将打开一个具有工具栏、导航栏、不添加到目录按钮、没有状态栏、具有菜单栏和滚动条、不可滚动的窗口，其宽度与高度分别为 400 像素数。

除了可以直接打开一个窗口之外，还可以动态地关闭一个窗口，或者通过一个链接让用户来关闭窗口，这是通过 window.close 方法来实现的，该方法不具有任何参数，使用语法如下：

```
window.close()
```

有了这个方法，不仅可以打开自动创建的窗口，可以关闭任何浏览器窗口。代码 8.28 演示了如何使用 window.open 打开窗口，并且通过 window.close 来关闭窗口：

代码 8.28　打开和关闭窗口示例

```
<html xmlns="http://www.w3.org/1999/xhtml">
<head>
<meta http-equiv="Content-Type" content="text/html; charset=utf-8" />
<title>打开和关闭窗口示例</title>
<script type="text/javascript">
  var win;
  function openwindow(){
      //打开一个窗口，并控制其显示的外观
      win=window.open("http://www.microsoft.com","_blank","toolbar=no,
      location=yes,directories=no, status=no, menubar=yes,
                    scrollbars=yes, resizable=no, copyhistory=yes,
                    width=400, height=400");
  }
  //关闭窗口
  function closewindow(){
      win.close();    //关闭已经打开的窗口
  }
  //关闭本窗口，并且不显示确认提示框
  function closeself(){
      var ref = window.open("about:blank", "_self");
      ref.close();
  }
</script>
<style type="text/css">
body,td,th,input {
    font-size: 9pt;
}
</style>
</head>
<body>
<input name="btnopen" type="button" value="打开窗口" onclick="openwindow()"
/>
<input name="btnclose" type="button" value="关闭所打开的窗口"  onclick=
"closewindow()" />
<input name="btncloseself" type="button" value=" 关 闭 窗 口 "   onclick=
"closeself()" />
```

```
</body>
</html>
```

示例代码中创建了如下 3 个函数。

❑ openwindow()函数：用来打开一个窗口。

❑ closewindow()函数：用来关闭使用 openwindow()函数打开的窗口。

❑ closeself()函数：将直接关闭当前浏览器窗口，由于 Firefox 不允许对非脚本方式打开的窗口进行关闭，这里使用了一个技巧，先在当前窗口打开一个空白内容的窗口，然后马上关闭。

8.3.5　使用 document 文档对象

每个浏览器窗口中都会显示一个 HTML 文档，这个文档是 window 对象的 document 属性，这个属性本身引用了 Document 对象，而该对象提供了很多的属性和方法用来控制文档的方方面面，使得 JavaScript 程序员可以为页面添加很多动态的效果。

在前面曾多次使用 document.write 来向文档中写入内容，document 对象的 write 方法不仅可以用来写入文字内容，也可以直接输出 HTML 标签来动态产生 HTML 文档内容，还可以用这个方法来动态执行 JavaScript 代码，这个方法的语法如下所示。

```
document.write(exp1,exp2,exp3,....)
```

可以看到 document.write 可以接收多个字符串作为参数，但是 DOM 标准规定该方法只能接收单个字符串作为参数，因此一般也只是使用单个字符串作为参数。

代码 8.29 演示了如何使用 document.write 向网页中输出内容，这个例子使用了多个参数的 write()方法：

代码 8.29　使用 document.write 输出网页内容

```
<html xmlns="http://www.w3.org/1999/xhtml">
<head>
<meta http-equiv="Content-Type" content="text/html; charset=utf-8" />
<title>向网页输入文本示例</title>
<script type="text/javascript">
    //向网页写入 HTML 内容
    document.write("<h2>欢迎进入乐乐宝的网站！</h2><br/>");
    //向网页写入当前的时间信息
    document.write("当前的时间是："+new Date()+"<br/>");
    //使用 document.write 的多个参数
    document.write("欢迎！ ","来到 ","<p style='color:blue;'>小乐网站</p>");

</script>
<style type="text/css">
body,td,th,input {
    font-size: 9pt;
}
</style>
</head>
<body>
</body>
</html>
```

可以看到在<body>区不包含任何的 HTML 内容标签，但是在脚本中使用了

document.write 来写出网页内容,该方法中可以使用任何的 HTML 标签来进行格式化,运行效果如图 8.17 所示。

图 8.17　使用 document.write 动态产生内容

8.3.6　更改页面元素的属性

除了 write 方法之外,document 提供了 3 个方法用来对页面中的元素进行搜索,这样程序员可以查找页面中的元素,然后动态地对页面元素的 HTML 属性进行更改。document 的其他可用的方法如表 8.13 所示。

表 8.13　document的方法列表

方　　法	描　　述
close()	关闭用 document.open()方法打开的输出流,并显示选定的数据
getElementById()	返回对拥有指定 id 的第一个对象的引用
getElementsByName()	返回带有指定名称的对象集合
getElementsByTagName()	返回带有指定标签名的对象集合
open()	打开一个流,以收集来自任何 document.write()或 document.writeln()方法的输出
write()	向文档写 HTML 表达式或 JavaScript 代码
writeln()	等同于 write()方法,不同的是在每个表达式之后写一个换行符

其中用来获取页面上指定元素的是以 get 开头的 3 个方法,前面曾经见过 getElementById 的使用,该方法会搜索页面上具有指定 id 属性的对象,然后返回第 1 个匹配的对象的引用,这个方法仅会返回单个对象的引用。而 getElementsByName 和 getElementsByTagName 会返回对象的集合,也就是说这两个方法会返回匹配的对象的数组。

getElementsByTagName 会搜索匹配的 HTML 标签,比如如果页面上放了多个<input>标签,那么使用 getElementsByTagName 则可以一次性将所有的标签以数组的形式返回。getElementsByName 则会根据 HTML 元素的 name 属性值进行搜索,

代码 8.30 演示了如何使用 getElementsByTagName 和 getElementsByName 来搜索页面上的元素并改变相应的属性:

代码 8.30　搜索并设置页面元素的属性

```
<html xmlns="http://www.w3.org/1999/xhtml">
<head>
<meta http-equiv="Content-Type" content="text/html; charset=utf-8" />
```

```
<title>向网页输入文本示例</title>
<script type="text/javascript">
   function setValueByName(){
      //使用 getElementsByTagName 搜索页面上的 input 元素
      var x=document.getElementsByTagName("input");
      //循环返回的元素集合
      for(i=0;i<x.length;i++)
      {
          var input=x[i];                  //得到当前控件
          if (input.type=="text")          //如果是文本框，则设置元素的值
              input.value="这是文本框"+i;
          }
      //使用 getElementsByName 查找 name 属性为 myInput 的元素
      var y=document.getElementsByName("myInput");
      //显示元素的总个数
      alert("使用 getElementByName 搜索到的元素个数是："+y.length);
   }
</script>
<style type="text/css">
body,td,th,input {
    font-size: 12pt;
}
</style>
</head>
<body>
<!--放 3 个文本框控件-->
<input name="myInput" type="text" size="20" /><br />
<input name="myInput" type="text" size="20" /><br />
<input name="myInput" type="text" size="20" /><br />
<!--放 1 个按钮控件-->
<input name="btnName" type="button" value="使用 getElementByTagName 设置值"
onclick="setValueByName()" />
</body>
</html>
```

这个示例在页面上放了 4 个 input 控件，其中有 3 个用于文本输入，一个是按钮。这个按钮关联了 setValueByname 函数。在该函数体内，首先使用 getElementsByTagName 函数获取页面内所有的<input>元素，包括按钮。接下来开始一个循环来改变文本框的内容，代码使用了 for 循环，并且在循环中判断仅 input.type 为 text 的才会设置值。接下来演示了 getElementsByName 的使用，它接受 name 为 myInput 的参数，将在页面上搜索所有名称为 myInput 的控件，后使用 alert 方法来输出查找到的元素结果，运行效果如图 8.18 所示。

图 8.18　获取页面元素示例运行效果

可以看到，setValueByname 函数不仅设置了文本框的显示内容，同时也会显示出名称

为 myInput 的控件的个数。

8.4　小　　结

本章介绍了 JavaScript 语言的作用和基本的语法，讨论了如何将 JavaScript 语句添加到 HTML 页面。在 JavaScript 语言基础部分，介绍了 JavaScript 中的变量和注释、JavaScript 所提供的数据类型。由于 JavaScript 是一门弱类型的语言，它并不需要显式地声明变量的数据类型，但是理解并使用数据类型可以提供更好的效率。在表达式和运算符部分详细介绍了在 JavaScript 中可以使用的各种运算符，接下来讨论了 JavaScript 提供的分支和循环控制语句的使用方法；在函数部分介绍了如何定义并实现函数，如何在页面中调用函数；在对象和数组部分讨论了 JavaScript 中的内置对象和数组的应用。本章第 3 部分讨论了如何使用 JavaScript 控制 HTML 网页中的元素，讨论了两个主要的对象 window 和 document 对象的具体使用。

第9章　添加动态页面特效

JavaScript 最流行的一个特性是为网页添加各种各样的特效，比如动态的背景图片、图像跑马灯效果及网页小动画等。编写网页特效代码是一件非常耗时费力的工作，幸运的是 Dreamweaver 提供了一系列内置的特效，可以直接拿来使用。本章将介绍如何为网页添加特效，同时讨论这些特效的 JavaScript 的实现方式。

9.1　网页行为和事件

网页行为实际上就是一些客户端的 JavaScript 代码，Dreamweaver 通过将这些代码封装为一个个的行为，可以让任何不懂编程的用户轻松地创造出动态的网页效果，比如可以轻松地创建弹出窗口、鼠标变换图案及当事件触发时的行为。而网页事件是指使用鼠标和键盘对网页进行单击或双击等动作产生的事件，通过响应这些事件，可以在这些动作产生时具有网页特效。

9.1.1　网页行为

在网页开发的过程中，实际上很多的工作都是重复性的，比如重复地在页面上添加跑马灯效果，为网页添加换页效果等。Dreamweaver 将这些需要重复性脚本编写的工作编写为行为，使得用户可以轻松地调用 JavaScript 代码，它让不具有任何程序编写基础的用户都能够编写自己的程序。

在 Dreamweaver 中，为网页添加行为实际上分为两个部分：

❑ 行为要执行的动作：比如是打开一个新的窗口，还是弹出一个提示性的消息框，这些是一段客户端的JavaScript代码,由Dreamweaver封装好供网站设计人员使用。

❑ 触发行为的事件：比如是单击按钮还是单击鼠标右键，当这些事件触发时会执行行为的动作。

为了更形象地理解行为的这两部分，下面在 Dreamweaver 中创建一个示例网站，本章后面的例子中将基于这个网站来创建网页，在网站创建好后添加一个名为 BeDemo1.html 的网页和一个名为 Index.html 的网页，使用下面的步骤在 BeDemo1.html 中添加 Dreamweaver 行为：

（1）在 Dreamweaver 的文件面板中双击 BeDemo1.html，Dreamweaver 将在文档区域打开该网页。进入到设计视图，从插入面板插入一个按钮控件，HTML 页面代码如代码 9.1 所示：

代码 9.1　行为示例初始代码

```
<html xmlns="http://www.w3.org/1999/xhtml">
<head>
<meta http-equiv="Content-Type" content="text/html; charset=utf-8" />
<title>行为示例</title>
</head>
<body>
<input type="button" name="btnopen" id="btnopen" value="打开窗口" />
</body>
</html>
```

（2）如果 Dreamweaver 的行为面板没有出现在面板区域，则单击主菜单的"窗口｜行为"菜单项，Dreamweaver 将在面板区域显示行为面板。选中设计视图中的按钮，单击行为面板中的 ➕ 图标，Dreamweaver 将弹出可用的行为列表下拉菜单，选择"打开浏览器窗口"菜单项，Dreamweaver 将弹出如图 9.1 所示的行为动作设置窗口。

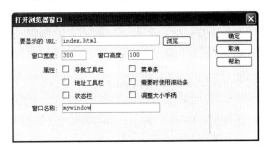

图 9.1　打开浏览器窗口行为设置面板

（3）可以看到打开浏览器窗口实际上就是 window.open 这个方法的配置参数，在配置好行为设置窗口后，单击"确定"按钮，Dreamweaver 将在网页上添加一系列的 JavaScript 代码，如代码 9.2 所示：

代码 9.2　添加行为后的 HTML 代码

```
<html xmlns="http://www.w3.org/1999/xhtml">
<head>
<meta http-equiv="Content-Type" content="text/html; charset=utf-8" />
<title>行为示例</title>
<script type="text/javascript">
//Dreamweaver 自动添加的行为代码
function MM_openBrWindow(theURL,winName,features) { //v2.0
  window.open(theURL,winName,features);
}
</script>
</head>
<body>
<!--Dreamweaver 会为按钮的 onclick 事件添加行为代码-->
<input name="btnopen" type="button" id="btnopen"
onclick="MM_openBrWindow('index.html','mywindow','width=300,height=100'
)" value="打开窗口" />
</body>
</html>
```

可以看到，Dreamweaver 创建了 MM_openBrWindow 函数，Dreamweaver 自动产生的

行为代码基本上都以 MM 打头。在按钮的 onclick 事件中，关联了这个打开浏览器的动作。

（4）在行为被设置好之后，可以通过 Dreamweaver 的行为面板查看已经添加的行为，并且在该面板中还可以更改行为触发的事件，或者是清除已经添加的行为，如图 9.2 所示。

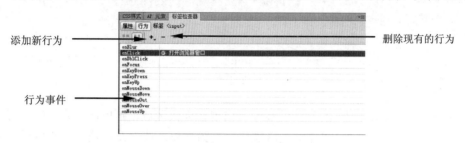

图 9.2　Dreamweaver 的行为面板

双击已经添加的行为，Dreamweaver 将弹出动作设置窗口，可以对行为进行进一步的设置，这个功能真的非常方便了不太懂 JavaScript 的网站开发人员，而且如果现有的行为不能满足需求，还可以从 Adobe 的网站或者是一些第三方的网站去下载更多的行为来应用，网站如下所示：

```
http://www.adobe.com/cfusion/exchange/index.cfm?event=productHome&exc=3
&loc=en_us
```

Adobe 公司的行为下载网页如图 9.3 所示，可以看到这里提供了很多非常有用的行为可供下载。

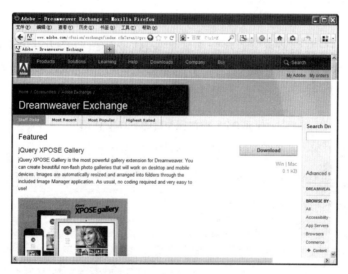

图 9.3　Adobe 公司的行为下载网页

行为的应用让网页设计人员可以专注于设计，通过提供一个功能中心来方便相同动作的重用，这确实提高了网站开发的效率。

9.1.2　网页事件

要正确使用行为，必须要理解 HTML 元素的一些事件，比如按钮具有 onclick 单击事件、ondblclick 双击事件等。通过 Dreamweaver 的标签编辑器，可以很容易地了解元素的具体事件，例如选中网页上的按钮，右击鼠标，从弹出的快捷菜单中选择"编辑标签"菜单项，Dreamweaver 将弹出如图 9.4 所示的编辑标签窗口。

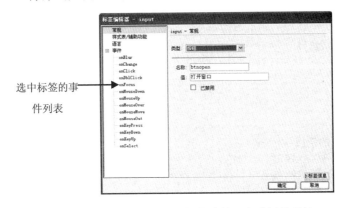

图 9.4　通过 Dreamweaver 的标签编辑器查看标签事件

一些 HTML 标签常见的事件如表 9.1 所示。

表 9.1　HTML常见的事件列表

事件名称	事件触发时机
onabort	图像加载被中断
onblur	元素失去焦点
onchange	用户改变域的内容
onclick	鼠标点击某个对象
ondblclick	鼠标双击某个对象
onerror	当加载文档或图像时发生某个错误
onfocus	元素获得焦点
onkeydown	某个键盘的键被按下
onkeypress	某个键盘的键被按下或按住
onkeyup	某个键盘的键被松开
onload	某个页面或图像被完成加载
onmousedown	某个鼠标按键被按下
onmousemove	鼠标被移动
onmouseout	鼠标从某元素移开
onmouseover	鼠标被移到某元素之上
onmouseup	某个鼠标按键被松开
onreset	"重置"按钮被单击
onresize	窗口或框架被调整尺寸
onselect	文本被选定
onsubmit	"提交"按钮被单击
onunload	用户退出页面

通过为这些事件应用动作，就可以让页面上的元素具有更加丰富的效果。比如当用户单击链接时，可以弹出一个提示框而不是链接到一个目标网页，就可以响应 onmousedown 事件。代码 9.3 演示了如何在链接单击时弹出一个消息对话框：

代码 9.3　使用 onmousedown 事件弹出消息框

```html
<html xmlns="http://www.w3.org/1999/xhtml">
<head>
<meta http-equiv="Content-Type" content="text/html; charset=utf-8" />
<title>行为事件示例</title>
<script type="text/javascript">
//定义一个弹出消息框的事件
function MM_popupMsg(msg) { //v1.0
  alert(msg);
}
</script>
</head>
<body>
<!--弹出消息框的链接-->
<a href="www.microsoft.com"
onmousedown="MM_popupMsg('这里是一个弹出的消息')">打开消息框</a>
</body>
</html>
```

在代码中，通过响应<a>标签的 onmousedown 事件，在用户单击该事件时将弹出一个消息框，而不是直接链接到微软公司的网页，可以通过添加一些 JavaScript 来执行一些特定的业务逻辑，比如动态改变 HTML 页面的属性等，以达到想要的效果。

9.1.3　使用扩展管理器管理行为

扩展管理器是为了扩展 Adobe 系列产品的功能而独立出来的一个单独的程序，也就是说扩展管理器是独立于 Dreamweaver 的一个产品。可以通过开始菜单中的"Adobe Extension Manager CS6"菜单项来打开扩展管理器，扩展管理器打开后将显示系统上已经安装的非系统内置的扩展，如图 9.5 所示。

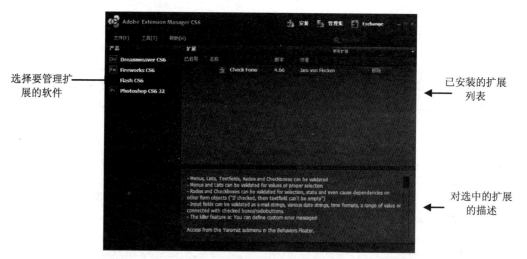

图 9.5　使用 Dreamweaver 扩展管理器

扩展管理器为安装和删除系统中的扩展提供了一种快捷的方法，可以通过从 Adobe 网站中下载更多的扩展来扩充 Adobe 的功能。Adobe Exchange 网站提供了数以千计的扩展，可以轻松地完成一些很漂亮的网页特效，有开发经验的用户也可以创建自己的扩展来提供特定的扩展。

当安装扩展管理器时，会自动关联扩展名为 .zxp 的扩展，也就是说双击 .zxp 格式的文件会自动打开扩展管理器，同时扩展管理器也支持传统的扩展为名 .mxp 的格式，虽然 Dreamweaver 在废除这种格式，不过由于存在大量的 MXP 格式的插件，因此扩展管理器仍然支持安装和管理这种类型的插件。

下面演示如何安装一个 .mxp 扩展。笔者下载了一个名为 MX188768_chromelessWin.mxp 旧的 Dreamweaver 扩展，在资源管理器中双击该扩展时，扩展管理器将被自动打开，并显示产品许可界面，如图 9.6 所示。

单击"接受"按钮之后，扩展将被自动安装到扩展管理器的界面，打开 Dreamweaver，可以从行为面板中看到刚刚添加的扩展，如图 9.7 所示。被安装好之后，就可以像使用 Dreamweaver 内置的行为一样使用扩展提供的便捷，大大提高了网站开发的效率。

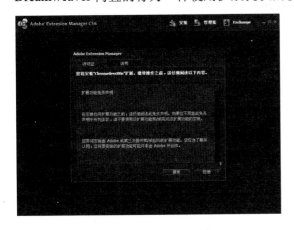

图 9.6　扩展许可界面

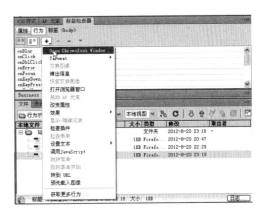

图 9.7　已经安装好的扩展

9.2　使用 Dreamweaver 内置行为

Dreamweaver 本身包含了非常多的行为，这些行为是经过精心编写和调试的，可以兼容多种浏览器。这些内置的行为使得网站建设者可以轻松地完成很多需要手工编写 JavaScript 代码才能完成的功能，通过灵活掌握这些行为的使用，可以大大提升网站开发的效率，节省网站建设的时间。

9.2.1　检查插件行为

在编写网页时，如果应用到了 Flash 动画或视频、音频等这类需要在浏览器安装插件的页面，而客户端没有安装相应的插件，友好的设计方式是让页面跳转到一个没有使用插件的网页，因为目前很多浏览器出于安全性机制，会禁用插件的直接下载和运行，如果客户端无法运行插件，将看不到任何效果，这会让用户对网站产生非常不好的印象。

使用 Dreamweaver 提供的插件检查行为，可以进行特定插件的检查，如果插件不存在，则跳转到其他页面，如果存在，才跳转到插件页面，这就使得即便客户端没有安装插件，也能够看到一个设计好的具有理想效果的页面。

下面在 BeDemo 网站中新建一个名为 BeDemo3.html 的网页，然后打开行为面板，单击行为面板中的 ＋ 图标，选择"检查插件"行为，Dreamweaver 将弹出如图 9.8 所示的检查插件行为设置窗口。

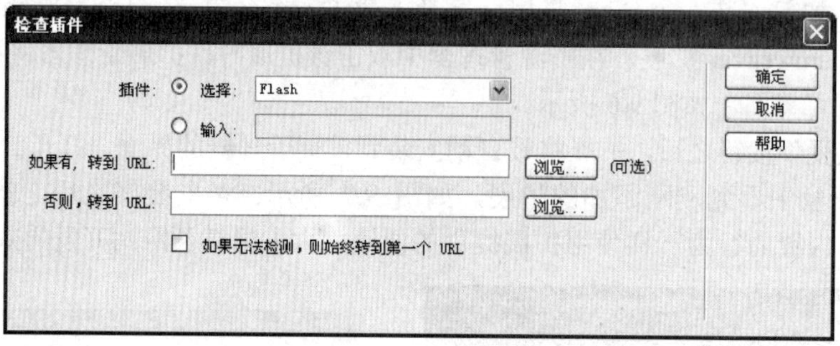

图 9.8　检查插件配置框

在图 9-8 中，如果选定了"选择"单选按钮，则需要从右侧的下拉列表框中选择一个名称，比如 Flash、Shockwave、Quick Time 音频等这些需要插件才能播放的内容。然后配置如果插件存在，则单击"浏览"按钮跳转到一个新的页面，这个文本框的内容是可选的，也就是说如果不指定就保持当前页面，如果插件不存在，则跳转到"否则，转到 URL"这个文本框所指定的页面。

在单击"确定"按钮之后，Dreamweaver 将产生插件检查的 JavaScript 代码，通过分析这些代码可以了解 Dreamweaver 是如何完成插件检查的，生成的代码如代码 9.4 所示：

代码 9.4　插件检查代码

```
<html xmlns="http://www.w3.org/1999/xhtml">
<head>
<meta http-equiv="Content-Type" content="text/html; charset=utf-8" />
<title>检查插件行为</title>
<script type="text/javascript">
//检查插件行为的代码
function MM_checkPlugin(plgIn, theURL, altURL, autoGo) { //v4.0
  //定义检查插件行为的变量
  var ok=false; document.MM_returnValue = false;
  //检查浏览器类型
  with (navigator) if (appName.indexOf('Microsoft')==-1 || (plugins &&
  plugins.length)) {
   ok=(plugins && plugins[plgIn]);
  } else if (appVersion.indexOf('3.1')==-1) { //not Netscape or Win3.1
    //检查插件是否存在
    if (plgIn.indexOf("Flash")!=-1 && window.MM_flash!=null) ok=window
    .MM_flash;
    else if (plgIn.indexOf("Director")!=-1 && window.MM_dir!=null) ok=
    window.MM_dir;
    else ok=autoGo; }
    //如果存在则跳转到存在的 URL，如果不存在则跳转到其他 URL
 if (!ok) theURL=altURL; if (theURL) window.location=theURL;
```

```
}
</script>
</head>
<!--在 onload 事件中检查插件是否存在-->
<body onload="MM_checkPlugin('Shockwave Flash',
            'BeDemo1.html','BeDemo2.html',true);return
document.MM_returnValue">
</body>
</html>
```

从代码中可以看到，MM_checkPlugin 这个函数会先检查客户端浏览器，要能根据不同的浏览器来对插件进行检查，这个函数主要使用了 navigator 对象来检查插件是否存在。ok 这个布尔变量用来确定插件检查的成功与否，最后如果指定了跳转的 URL，则使用 window.location 将页面重定向到一个新的网页。

9.2.2　拖动 AP 层

在 HTML 中，过去<div>标签是当作层来使用的，而在 Dreamweaver 中，使用相对定位方式的<div>标签叫做 DIV，绝对定位的<div>标签叫做 AP DIV。

下面在 BeDemo 网站中添加一个名为 BeDemo4.html 的网页，在插入面板的"布局"栏中，找到"绘制 AP Div"插入项，然后在设计视图上绘制一个或多个绝对定位的 DIV，如图 9.9 所示。

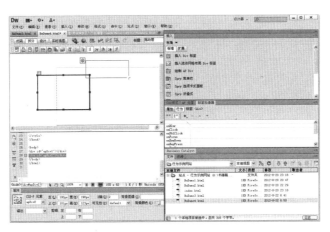

图 9.9　绘制绝对 DIV

下面的过程演示如何使页面上的 AP 层可以进行拖动：

（1）为了便于演示拖动的操作，在示例中添加了两个 AP DIV，分别设置不同的背景颜色以方便区分不同的层。

（2）使用属性面板上面的标签选择器选中<body>标签，然后使用行为面板中的插入下拉菜单，选择"拖动 AP 元素"菜单项，Dreamweaver 将弹出如图 9.10 所示的拖动编辑窗口。

首先必须从"AP 元素"下拉列表框中选中要拖动的元素，在示例中选择 apDiv1 这个 AP 层，在"移动"下拉列表框中选择限制或不限制，不限制移动可以在整个页面的任意位置进行拖动，如果是限制移动，需要指定上、下、左和右的输入值，以便限制层在指定的范围内的移动，通常用于文件抽屉、窗帘之类的效果会使用限制。"放下目标"是希望将 AP 层拖到的目标位置点，如果层的左和上坐标与这里指定的输入值匹配，则认为已经到达了目标。"靠齐距离"确定访问者必须将 AP 元素拖到距离拖放目标多近时才靠齐目标点。

图 9.10　拖动层设置窗口

（3）在基本标签页中设置好了拖放的基本属性后，就可以单击"确定"按钮，Dreamweaver 将自动产生一大段用于完成拖动的代码。主要是定义了一系列的函数用于拖放操作，并且在<body>标签的 onload 事件中来调用这些函数实现层的拖动操作。

可以看到，对于拖动这种比较复杂的效果来说，原本是需要较多的程序代码来实现的，通过使用行为，只需要短短的几步就可以让一个页面具有可拖动的层的效果，运行时如图 9.11 所示。

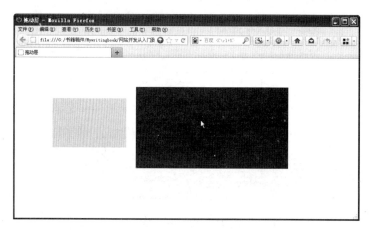

图 9.11　层拖动效果

9.2.3　转到 URL 行为

转到 URL 行为可以在当前窗口或指定的框架中打开新网页。其实链接也可以实现改变当前窗口的网页，但是转到 URL 行为可以通过一次单击更改两个或多个框架的内容。转到 URL 行为在同时更改多个框架页的内容时非常有用。下面创建一个框架的网页来演示如何应用转到 URL 行为，步骤如下所示：

（1）在 BeDemo 网站中添加一个名为 BeDemo5.html 的网页，在该网页上放一个按钮，这个按钮将用来应用转到 URL 行为，声明如下所示：

```
<input type="button" name="goURL" id="goURL" value="应用转到 URL 行为" />
```

（2）为了插入一个框架，单击主菜单中的"插入 | HTML | 框架 | 下方及左侧嵌套"菜单项，Dreamweaver 将弹出一个为框架指定标题的窗口，如图 9.12 所示，指定了命名单击"确定"按钮后，Dreamweaver 将自动创建一个框架网页和一系列的框架页。单击主菜单中的"窗口 | 框架"可以在 Dreamweaver 的面板区中编辑和查看框架结构，如图 9.13 所示。

图 9.12　插入一个框架

图 9.13　使用框架窗口编辑框架

在选中想要编辑的框架后，可以在属性面板中设置框架的边框、边界、框架内容的链接等，BeDemo5.html 将被自动放置到框架的 mainFrame 中。

（3）在设计视图中直接选中 BeDemo5.html 中插入的按钮，单击行为面板中的 ➕ 图标选择"转到 URL"行为菜单项，Dreamweaver 将打开"转到 URL"对话框，如图 9.14 所示。

图 9.14　转到 URL 对话框

在该对话框中，可以分别为各个框架设置网页链接，可以在一个按钮中同时改变多个框架窗口的链接，这也是使用转到 URL 不同于普通链接的地方。在设置完成单击"确定"按钮之后，Dreamweaver 将在 BeDemo5.html 网页中添加名为 MM_goToURL 的 JavaScript 函数，用来实现框架页的跳转。这个函数接收多个参数，根据这些参数构造动态的 JavaScript 脚本，使用 eval 内置函数来执行动态的页面跳转脚本，实现动态跳转，如代码 9.5 所示：

代码 9.5　转到 URL 代码

```
<html xmlns="http://www.w3.org/1999/xhtml">
<head>
<meta http-equiv="Content-Type" content="text/html; charset=utf-8" />
<title>转到 URL 行为</title>
<script type="text/javascript">
//Dreamweaver 自动产生此脚本，实现多页面跳转
function MM_goToURL() { //v3.0
```

```
//获取函数的参数列表
var i, args=MM_goToURL.arguments; document.MM_returnValue = false;
//动态构建对 location 属性的应用，使用 eval 执行动态语句进行跳转
for (i=0; i<(args.length-1); i+=2) eval(args[i]+".location='"+args[i+1]+"'");
}
</script>
</head>

<body>
<!--在按钮的 onclick 事件中调用函数实现 URL 跳转-->
<input name="goURL" type="button" id="goURL"
onclick="MM_goToURL('parent.frames[\'leftFrame\']','BeDemo1.html','pare
nt.frames[\'bottomFrame\']','BeDemo2.html');return
document.MM_returnValue" value="应用转到 URL 行为" />
</body>
</html>
```

　　MM_goToURL 是这个行为的函数脚本代码，它实现了转到 URL 的行为，Dreamweaver 中的很多核心行为都是一些非常简单易用却又变化多端的 JavaScript 脚本，这些脚本可以便于读者学习 JavaScript 的强大特性，为编写自己的行为打下良好的基础。

9.2.4　打开浏览器窗口

　　在本章开头曾经简单地使用过打开浏览器窗口行为，它就是对 window.open 的封装，但是这种可视化的效果能让网站设计人员更好地控制打开的窗品外观和链接，这个功能是很多网页设计者比较喜欢的行为之一。

　　打开浏览器窗口行为允许指定新窗口的大小和外观特性，如果不为窗口设置任何属性，将以 1024×768 像素打开，并且具有导航条、地址栏、状态栏和菜单栏。下面在 BeDemo 网站中新建一个名为 BeDemo6.html 的网页，在页面上放置一个按钮控件，选中该按钮，通过行为面板添加"打开浏览器窗口"行为，Dreamweaver 弹出如图 9.15 所示的对话框。

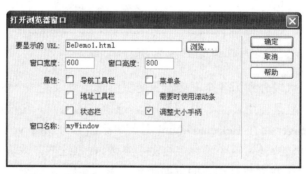

图 9.15　"打开浏览器窗口"对话框

　　对于打开浏览器窗口来说，通常需要指定要显示的 URL，如果需要显示一些浏览器的工具栏、滚动条、调整大小手柄等，则勾选相应的复选框选项，如果在后期需要对所打开的窗口进行控制，比如使用 JavaScript 将窗口用作链接的目标窗口等，则需要在名称部分为新打开的窗口指定窗口名。

　　在设置完了所要打开窗口的选项后，单击"确定"按钮，则 Dreamweaver 会创建一个

名为 MM_openBrWindow 的函数，该函数调用 window.open 来打开窗口，如代码 9.6 所示：

代码 9.6　打开窗口行为代码

```
<html xmlns="http://www.w3.org/1999/xhtml">
<head>
<meta http-equiv="Content-Type" content="text/html; charset=utf-8" />
<title>打开窗口行为</title>
<script type="text/javascript">
//该函数用来打开窗口，传入 URL、窗口名和特性对窗口进行打开
function MM_openBrWindow(theURL,winName,features) { //v2.0
  window.open(theURL,winName,features);
}
</script>
</head>
<body>
<!--在onclick事件中调用打开窗口函数，指定一系列的特性参数-->
<input name="btnOpen" type="button" id="btnOpen"
onclick="MM_openBrWindow('BeDemo1.html','myWindow','resizable=yes,width
=600,height=800')" value="打开浏览器窗口" />
</body>
</html>
```

可以看到在按钮的 onclick 事件中，调用了 MM_openBrWindow 函数，它传入了在设置窗口中设置的相应的属性，在运行该示例时，单击了按钮之后，一个宽 600、高 800 的名为 myWindow 的窗口就被打开了，这个窗口加载 BeDemo1.html 作为其显示的内容。

9.2.5　弹出信息

弹出消息行为其实就是对 alert 函数的行为化封装。新建一个名为 BeDemo7.html 的网页，在该页面上添加一个按钮，然后从行为面板中选择添加"弹出消息"的行为，Dreamweaver 将弹出如图 9.16 所示的对话框，允许用户输入弹出消息的内容。

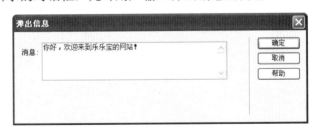

图 9.16　弹出消息面板

在文本输入框中，可以嵌入任何有效的 JavaScript 函数的调用、属性、全局变量或表达式。如果要嵌入表达式，需要将其放置在大括号中。比如要插入一个日期，可以使用如下的描述：

你好，欢迎来到乐乐宝的网站，今天的日期是：{new Date()}

在添加了日期函数以后，当用户单击按钮时，弹出式窗口将显示当前的日期，在 Firefox 中显示的效果如图 9.17 所示。

弹出消息主要是对 window.alert 函数的使用，实际上类似的代码自己手写也并不麻烦，不过使用弹出消息面板更加方便。

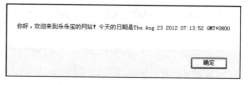

9.2.6　显示隐藏元素

图 9.17　弹出消息行为的运行效果

使用显示和隐藏行为可以在一些 HTML 事件触发时对一些页面元素进行显示或隐藏，比如在按钮单击时隐藏 DIV 的显示，再次单击时又显示 DIV，这个功能可以使用 CSS 来实现，但是通过显示隐藏行为可以更方便地实现。

新建一个名为 BeDemo8.html 的网页，在该网页中放两个按钮和一个 AP DIV，其中一个按钮用来显示 DIV 层，另一个用来隐藏 DIV 层的显示。选中用来隐藏 DIV 显示的按钮，单击行为面板中的添加图标添加"显示-隐藏元素"行为，Dreamweaver 将弹出如图 9.18 所示的设置对话框。

选中 apDiv1，单击"隐藏"按钮，将会隐藏 DIV 的显示，以同样的方式设置第 2 个按钮为显示 DIV，Dreamweaver 将会在页面上添加一个名为 MM_showHideLayers 的函数，该函数用来设置元素的显示和隐藏，示例运行效果如图 9.19 所示。

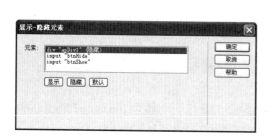

图 9.18　显示-隐藏元素对话框

图 9.19　显示和隐藏页面元素运行效果

MM_showHideLayers 这个函数通过设置传入的控件对象的 style 属性来设置元素的样式，CSS 属性 visible 可以设置元素的显示和隐藏，这个函数实际上就是利用了 visible 的特性使得网页上的元素进行显示和隐藏。

9.2.7　交换图像

交换图像行为是通过动态地更改<img>标签的 src 属性，在鼠标经过图像时切换为另一个图像。使用这个行为可以轻松地创建具有生动效果的导航菜单或图像特效网页。

🔔注意：交换图像必须至少准备两幅图片，这两幅图片的原始尺寸必须相同，以便完成鼠标经过时的切换，否则图像会被缩小或放大变形来适应原来的图像大小。

新建一个名为 BeDemo9.html 的网页，笔者已经在 BeDemo 网站中添加了两个用于交换显示的相同大小的图像，下面的步骤演示了如何插入交换图像：

（1）在 BeDemo9.html 的设计视图中，单击插入面板中的"图像"按钮在网页中插入一幅名为 switchpic1.gif 的图像。

（2）选中该图像，然后单击行为面板中的添加图标，从弹出的下拉列表框中选中"交换图像"行为，Dreamweaver 将弹出如图 9.20 所示的对话框。

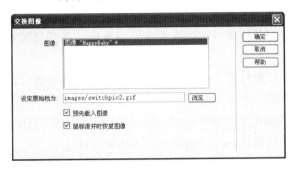

图 9.20　设置交换图像

在图像列表框中会列出选中的图像名称，"设定原始档为"允许指定一幅用来进行鼠标交换的图像。"预先载入图像"复选框会在加载时就对新图像进行缓存，以便在鼠标经过时能取得较好的视觉效果而不至于延迟。"鼠标滑开时恢复图像"是指当鼠标移开之后，用来对图像进行恢复显示。

（3）在单击"确定"按钮之后，Dreamweaver 将创建一系列的 JavaScript 函数，如下所示。

- ❑ MM_preloadImages()函数：预先加载图像，这个函数动态创建一个 Image 对象，然后将图像加载到内存。
- ❑ MM_swapImgRestore()函数：将图像恢复为原始的图像显示。
- ❑ MM_findObj(n, d)函数：用来查找指定的对象，它会查找传入的对象实例或对象序号。
- ❑ MM_swapImage()函数：处理图像的交换。

Dreamweaver 会在页面加载时调用 MM_preloadImage 函数来预加载图像，然后通过响应\<img>元素的 onmouseover 和 onmouseout 来实现，如以下代码所示：

```
<body onload="MM_preloadImages('images/switchpic2.gif')">
<img src="images/switchpic1.gif" alt="HappyBaby" name="HappyBaby" width=
"200"
height="200" id="HappyBaby"
onmouseover="MM_swapImage('HappyBaby','','images/switchpic2.gif',1)"
onmouseout="MM_swapImgRestore()" />
</body>
```

通过运行该网页，可以看到默认情况下，页面上显示一幅图像，当鼠标经过的时候，图像马上又切换为另一幅图像。

9.2.8　检查表单

在编写表单应用程序时，对表单中的数据输入域进行验证是非常有必要的，以免当数据提交到服务器端之后出现错误。

为了演示检查表单行为的作用，下面创建了名为 BeDemo10.html 的网页，在该网页中构建了一个表单，这个表单用来允许用户输入人事信息。在 Dreamweaver 中的设计视图如图 9.21 所示。

表单验证有如下两种设置方式。

- ❏ 对单个文本输入框验证：可以选中某个文本框，然后通过行为窗口打开表单验证行为。
- ❏ 对多个文本输入框验证：使用文档窗口左下角的标签选择器选中<form>标签，然后打开表单验证行为。

下面通过标签选择器选中<form>标签，然后单击行为面板的 ➕ 图标，选择"检查表单"项，Dreamweaver 将弹出如图 9.22 所示的表单验证对话框。

图 9.21　表单录入界面　　　　　　　　图 9.22　表单验证对话框

在"域"选择框中，可以选择要进行表单验证的文本框。可以看到这个列表框列出了表单中的所有文本输入域。"值"复选框用于指定文本框中的值是否要求必须输入。"可接受"区域的单选按钮用来指定文本输入域中可接受的值，它具有如下几个可选的值。

- ❏ 任何东西：表示必须包含数据，数据的类型不限。
- ❏ 数字：表示文本输入域中只能包含数字。
- ❏ 电子邮件地址：用于指定符合电子邮件地址格式的内容。
- ❏ 数字从：指定一个数字的输入范围。

在示例中的 4 个字段中，分别进行了如下的表单验证设置：

- ❏ 姓名字段：必需的，允许输入任何东西。
- ❏ 年龄字段：必需的，只能输入数字从 20～60 之间的范围。
- ❏ 工资字段：必需的，只能输入 2000～20 000 之间的数字。
- ❏ 邮箱字段：只能输入电子邮件地址。

在设置完成之后，Dreamweaver 将在页面上添加一个名为 MM_validateForm 的函数，该函数将对表单中的文本域进行验证，可以看到 Dreamweaver 为<form>标签的 onsubmit 事件中调用了 MM_validateForm 函数来对当前表单中的所有输入域进行验证。

为了演示表单验证的效果，下面在表单中随意输入了一些数据，当单击表单中的"提交"按钮时，可以看到 Dreamweaver 对表单进行了验证，弹出一个如图 9.23 所示的提示框。

默认情况下表单验证的提示为英文内容，这不太符合需求，代码 9.7 是 MM_validateForm 数的源代码，笔者将其中的提示换成了中文，以便具有友好的提示效果：

图 9.23　表单验证效果

代码 9.7　打开窗口行为代码

```
<script type="text/javascript">
function MM_validateForm() { //v4.0
  if (document.getElementById){
    //获取表单的输入参数
    var i,p,q,nm,test,num,min,max,errors='',args=MM_validateForm.arguments;
    //循环对每个表单元素进行验证
    for (i=0; i<(args.length-2); i+=3) { test=args[i+2]; val=document.get
    ElementById(args[i]);
      if (val) { nm=val.name; if ((val=val.value)!="") {
          //如果要求输入电子邮件地址，则验证是否包含@符号
        if (test.indexOf('isEmail')!=-1) { p=val.indexOf('@');
         //如果不包含则显示错
          if (p<1 || p==(val.length-1)) errors+='- '+nm+' 必须包含 Email 格式
          的地址.\n';
        } else if (test!='R') { num = parseFloat(val);
            //对数字值进行验证
          if (isNaN(val)) errors+='- '+nm+' 必须是一个数字值.\n';
          if (test.indexOf('inRange') != -1) { p=test.indexOf(':');
            min=test.substring(8,p); max=test.substring(p+1);
              //对数字范围进行验证
            if (num<min || max<num) errors+='- '+nm+' 必须包含在 '+min+' 和
            '+max+'之间的数字.\n';
      } } } else if (test.charAt(0) == 'R') errors += '- '+nm+' is required
      .\n'; }
      //显示最终的表单验证信息
    } if (errors) alert('表单验证时产生了如下的错误:\n'+errors);
    document.MM_returnValue = (errors == '');
} }
</script>
```

代码实现的步骤如下所示。

（1）通过 arguments 获取函数的输入参数，然后循环参数的个数，通过 getElementById 获取表单输入控件。

（2）根据表单输入控件的验证类型，检测文本框中的值是否匹配输入的条件，如果不匹配，则在 errors 变量中保存错误消息。

（3）如果 errors 中包含错误消息，将调用 alert 函数显示错误，如果 errors 中不包含任何错误消息，表示表单验证成功，MM_returnValue 会被返回。

9.2.9　预先载入图像

当网站中要显示很多图像时，可以将一些图像进行预先载入来缩短显示的时间，也就是说对网页打开不会立即显示的图像进行缓存。实际上在使用交换图像行为时，其中有一个选项"预先载入图像"就已经使用了这个行为。

可以在当前网页中预先加载一幅或多幅图像，这样能使用户获得较好的浏览体验。下面新建一个名为 BeDemo11.html 的网页，在该网页没有添加任何对象，接下来直接单击行为面板中的"添加"图标，从弹出的菜单中选择"预先载入图像"行为，Dreamweaver 将弹出如图 9.24 所示的对话框。

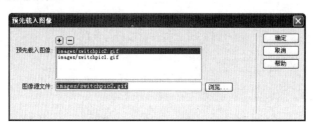

图 9.24　设置预先载入图像

首先单击⊞图标添加一幅图像，然后单击"浏览"按钮指定一幅图像文件名。如果想移除某幅图像，可以单击⊟图标移除已经添加的图像。单击"确定"按钮之后，Dreamweaver 将创建一个名为 MM_preloadImages() 的函数，并且在页面的 onload 事件中调用该函数，如代码 9.8 所示：

代码 9.8　预加载图像函数

```
<html xmlns="http://www.w3.org/1999/xhtml">
<head>
<meta http-equiv="Content-Type" content="text/html; charset=utf-8" />
<title>预先载入图像示例</title>
<script type="text/javascript">
function MM_preloadImages() { //v3.0
  //定义一个新的图像链接的数组，用来保存多个图像的路径
  var d=document; if(d.images){ if(!d.MM_p) d.MM_p=new Array();
   //根据函数的参数列表获取要预加载的图像路径
   var i,j=d.MM_p.length,a=MM_preloadImages.arguments; for(i=0; i<a.length;
   i++)
    //根据图像路径构造新的 Image 对象，用该对象来预加载数组
    if (a[i].indexOf("#")!=0){ d.MM_p[j]=new Image; d.MM_p[j++].src=a[i];}}
}
</script>
</head>
<!--调用图像预加载函数-->
<body
onload="MM_preloadImages('images/switchpic1.gif','images/switchpic2.gif
')">
</body>
</html>
```

可以看到，MM_preloadImages 函数会根据传入的图像的路径 URL 来动态地创建 Image

数组，这样图像就可以在后台被加载进来。当用户需要显示图像时，由于指定 URL 的图像已经加载到了客户端，因此图像会以非常快的速度被显示出来。

9.2.10　跳转菜单

跳转菜单是一个 HTML 表单控件，可以通过"插入｜表单｜跳转菜单"菜单项在页面上插入一个跳转菜单。跳转菜单就是下拉列表框菜单，在 Dreamweaver 中一旦添加了跳转菜单，就会自动绑定一个跳转菜单行为。

下面新建一个名为 BeDemo12.html 的网页，在设计视图中，单击插入面板中表单标签页的"跳转菜单"插入项，Dreamweaver 将弹出如图 9.25 所示的"插入跳转菜单"对话框。

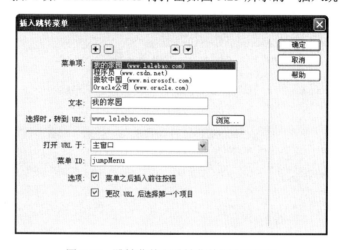

图 9.25　跳转菜单和跳转菜单行为对话框

在"菜单项"列表框中，列出了当前跳转菜单中的所有下拉列表项，单击 + 图标可以添加一个新的菜单项；单击 − 图标可以删除选中的菜单项。▲ 和 ▼ 图标可以上下移动菜单项的位置。默认情况下，当单击 + 图标后，会以"项目 xx"作为下拉项名称，通过"文本"输入框可改变下拉列表框显示的文本。"选择时，转到 URL"用来输入当选中下拉列表框时要跳转到的 URL，这属于跳转菜单转到行为的功能。

在"打开 URL 于"下拉列表框中指定所要打开的 URL 位置，如果当前页面是一个框架页，则会显示框架名称；"菜单之后插入前往按钮"将会在下拉列表框中插入一个"前往"按钮，当单击该按钮后才会跳转到新的网页；"更改 URL 后选择第一个项目"是指当页面发生跳转后自动选中第一个项目作为当前项目。

在设置完成并单击"确定"按钮之后，Dreamweaver 将产生跳转菜单的 HTML 代码，同时生成一个名为 MM_jumpMenuGo 的函数来处理菜单项选择的跳转，如代码 9.9 所示：

代码 9.9　跳转菜单和跳转菜单行为代码

```
<html xmlns="http://www.w3.org/1999/xhtml">
<head>
<meta http-equiv="Content-Type" content="text/html; charset=utf-8" />
<title>跳转菜单行为</title>
<script type="text/javascript">
```

```
//处理跳转到特定 URL 的函数
function MM_jumpMenuGo(objId,targ,restore){ //v9.0
  //获取跳转菜单实例
  var selObj = null; with (document) {
  if (getElementById) selObj = getElementById(objId);
  //根据跳转菜单中的选项值作为 location 属性的值来进行跳转
  if                                                          (selObj)
eval(targ+".location='"+selObj.options[selObj.selectedIndex].value+"'")
;
  //如果指定更改 URL 后选择第一个项目，则在这里设置选中项
  if (restore) selObj.selectedIndex=0; }
}
</script>
</head>
<body>
<form name="form" id="form">
<!--跳转菜单，又称下拉列表框或者选择下拉框-->
  <select name="jumpMenu" id="jumpMenu">
    <option value="www.lelebao.com">我的家园</option>
    <option value="www.csdn.net">程序员</option>
    <option value="www.microsoft.com">微软中国</option>
    <option value="www.oracle.com">Oracle 公司</option>
  </select>
  <!--添加一个"前往"按钮，该按钮将调用 MM_jumpMenuGo 函数进行页面跳转-->
  <input type="button" name="go_button"
         id= "go_button" value="前往" onclick="MM_jumpMenuGo('jumpMenu',
         'parent',1)" />
</form>
</body>
</html>
```

在代码中，MM_jumpMenuGo 函数会调用 getElementById 来获取传入的跳转菜单中的 Id，也就是 jumpMenu，然后获取 jumpMenu 当前选中的选择项的值，用这个值构建动态的跳转链接。在代码中添加了一个跳转按钮<input>标签，在 onclick 事件中调用了 MM_jumpMenuGo 函数，根据传入的跳转菜单 Id 值和其父项，以及是否选中第一项 URL 的选择结果，因此在 HTML 页面上的最终呈现效果如图 9.26 所示。

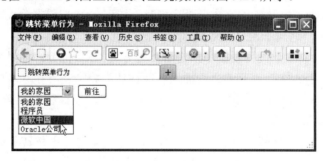

图 9.26　跳转菜单行为

选中"前往"按钮，打开行为面板，可以看到在行为面板的事件列表中，为"onClick"事件定义了跳转菜单开始行为，双击这个行为名称，会打开行为编辑窗口，允许选择一个不同的跳转菜单来改变"前往"按钮的行为。

9.2.11 调用 JavaScript

调用 JavaScript 行为非常简单，但是很实用，它允许为特定的控件事件关联一段 JavaScript 代码。下面新建一个名为 BeDemo13.html 的网页，在该网页上放一个按钮，选中该按钮，在行为面板中添加"调用 JavaScript"行为菜单项，Dreamweaver 弹出如图 9.27 所示的添加 JavaScript 脚本对话框。

图 9.27　添加 JavaScript 脚本

在 JavaScript 文本框中输入想要执行的 JavaScript 脚本，可以是外部引用的 js 文件中的函数名，或者是 JavaScript 内置的函数调用。这里仅能放置单行的 JavaScript 脚本内容，添加完成单击"确定"按钮之后，Dreamweaver 将会自动为按钮关联 oncick 事件，并添加在文本框中输入的脚本内容，如代码 9.10 所示：

代码 9.10　调用 JavaScript 行为代码

```
<html xmlns="http://www.w3.org/1999/xhtml">
<head>
<meta http-equiv="Content-Type" content="text/html; charset=utf-8" />
<title>调用 JavaScript</title>
<script type="text/javascript">
//调用 JavaScript 代码，使用了 eval 函数
function MM_callJS(jsStr) { //v2.0
  return eval(jsStr)
}
</script>
</head>
<body>
<!--调用 JavaScript 代码，关联 onclick 事件-->
<input name="btnalert" type="button" id="btnalert"
 onclick="MM_callJS('alert(\'这里是一段 JavaScript 脚本\');')"
 value="弹出消息框" />
</body>
</html>
```

可以看到，调用 JavaScript 行为定义了一个名为 MM_CallJS 的函数，该函数接受一段 JavaScript 脚本字符串，在函数体内部调用 eval 来执行这段 JavaScript 字符串。在按钮的 onclick 事件中，赋了一个字符串值，该字符串中包含对 MM_callJS 的调用，使得对脚本的调用最终得以正确进行。

9.2.12 改变属性

如果对 HTML 和 JavaScript 非常熟悉，可以通过改变属性行为直接对页面上的某些元

素进行修改。下面新建一个名为 BeDemo4.html 的网页，在该网页中添加一个按钮和一个 AP DIV，选中按钮，从行为面板中选择添加"改变属性"行为，Dreamweaver 将弹出如图 9.28 所示的改变属性行为面板。

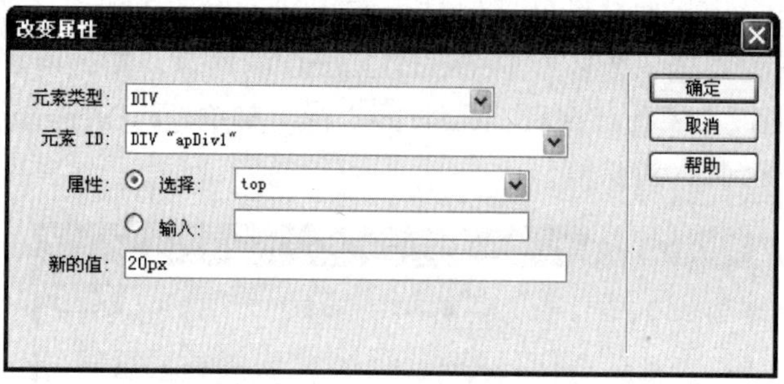

图 9.28　使用改变属性行为

在元素类型中，可以指定想要改变属性的元素类型。元素 ID 下拉列表框用来指定可选的元素的 ID 值。在属性部分"选择"单选按钮用来指定可以改变的属性。如果所要改变的值不在属性列表中，则选择"输入"单选按钮输入一个属性值。在"新的值"文本框中输入所要更改的属性的值。在示例中对 apDiv1 的 top 属性进行了更改，将在页面顶部 20 像素的位置显示绝对定位层。

在单击"确定"按钮之后，Dreamweaver 生成了一个名为 MM_changeProp 的函数，该函数同样也是对 eval 函数的调用，用来根据传入的参数动态地更改页面元素的属性，如代码 9.11 所示：

代码 9.11　更改属性 JavaScript 行为代码

```html
<html xmlns="http://www.w3.org/1999/xhtml">
<head>
<meta http-equiv="Content-Type" content="text/html; charset=utf-8" />
<title>改变属性行为</title>
<style type="text/css">
#apDiv1 {
    /*定义 AP DIV 的绝对定位样式*/
    position: absolute;
    left: 154px;
    top: 75px;
    width: 321px;
    height: 107px;
    z-index: 1;
    background-color: #009933;
}
</style>
<script type="text/javascript">
//更改属性函数，根据传入的元素 Id 和属性名及属性值更改属性
function MM_changeProp(objId,x,theProp,theValue) { //v9.0
 var obj = null; with (document){ if (getElementById)
 //获取页面元素对象
 obj = getElementById(objId); }
 if (obj){
   if (theValue == true || theValue == false)
     //设置页面元素的 style 属性，更改其显示样式
     eval("obj.style."+theProp+"="+theValue);
```

```
       else eval("obj.style."+theProp+"='"+theValue+"'");
  }
}
</script>
</head>
<body>
<div id="apDiv1"></div>
<!--更改属性按钮-->
<input name="idChange" type="button" id="idChange" onclick="MM_changeProp
('apDiv1','','top','20px','DIV')" value="改变属性" />
</body>
</html>
```

MM_changeProp 函数用来改变特定元素的指定属性值。它也使用了 eval 这个 JavaScript 函数，来动态地改变元素的 style 属性，也就是元素的 CSS 样式属性。在示例中通过更改 apDiv1 的 top 样式属性为 20px，来向上移动绝对图层。

运行该页面可以看到，如果单击按钮，则页面上的 DIV 层将向上移动到 20px 的位置。属性更改行为可以创建一些有用的视觉呈现效果，比如在用户单击或移动鼠标时，更改元素的外观呈现或移动元素的位置等。

9.3 使用 JavaScript 编写特效

如果使用 Dreamweaver 中的行为特效无法满足目前网站的需求，在熟练掌握 JavaScript 语言之后，可以使用 JavaScript 语言编写更多更有趣的效果。本节将讨论如何使用 JavaScript 实现特效的编写，主要的目的在于提供一种思路和编写方式，需要读者们理解并能举一反三地编写出适合自己网页的特效。

9.3.1 随机问候信息

在网页中放置一些问候性的信息通常能给用户一种亲切和温馨的感觉，为了让用户每次进入网站时都能具有不一样的体验，在页面上放置一些随机的问候信息非常有用。

在 BeDemo 网站中新建一个名为 JsDemo1.html 的网页，在该网页的<head>区中新建一个函数 showWelcome()，该函数将返回随机的一条问候语，如代码 9.12 所示：

代码 9.12 随机问候信息代码

```
<html xmlns="http://www.w3.org/1999/xhtml">
<head>
<meta http-equiv="Content-Type" content="text/html; charset=utf-8" />
<title>随机问候语</title>
<script type="text/javascript">
  function showWelcome(){
      var a = Math.random() + ""          //返回随机数字符串
      var rand1 = a.charAt(5)             //返回随机数字符串第 5 位数字
      quotes = new Array                  //创建一个数组对象用来保存问候语
      quotes[1] = '欢迎访问乐乐仔的网站！'
      quotes[2] = '学而时习之，不亦乐乎！'
      quotes[3] = '好好学习，天天向上！'
```

```
        quotes[4] = '人生如梦，浮生六记！'
        quotes[5] = '偷得浮生半日闲！'
        quotes[6] = '今天你喝了吗？'
        quotes[7] = '快快乐乐，开心自然！'
        quotes[8] = '两岸歌声留不住，拔剑四顾心茫然！'
        quotes[9] = '刻苦努力，再创新高！'
        quotes[0] = '迎难而上，解决问题！'
        document.write(quotes[rand1]);          //输出随机的问候语
    }
</script>
</head>
<body>
<!--输出随机问候语-->
<h2><script type="text/javascript">showWelcome()</script><h2>
</body>
</html>
```

代码的实现过程如以下步骤所示。

（1）定义字符串变量 a，在它的初始化赋值中，调用了 Math.random()函数，该函数返回 0～1 之间的一个随机数，比如 0.748 281 029 458 319 9，通过加上一个空白字符串，使得 JavaScript 将数字值隐式转换为一个字符串。

（2）使用字符串函数 charAt 获取随机字符串中第 5 个字符，也就是说 rand1 将保存元素的随机位置。

（3）创建一个数组，然后依次为数组元素赋 10 个欢迎信息的提示语，最后调用 document.write 随机输出数组元素值，也就是说随机地输出问候语。

（4）在<body>区直接调用 showWelcome()函数将能看到随机输出的欢迎信息提示语。

可以看到，整个代码涉及随机函数的应用、数组的创建及数组元素的使用。由于每次刷新网页时，Math.random()函数将会产生不一样的随机值，因此用户每一次进入网页时，将能够看到不一样的问候信息，运行效果如图 9.29 所示。

图 9.29　随机提示语运行效果

9.3.2　动态时钟效果

如果能够在网页上显示一个动态运行的中文时钟，将会带来非常生动的体验。动态时钟利用 JavaScript 中的 Date 对象，通过调用该对象提供的一系列的方法来获取日期和时间的显示，同时使用了 setTimeout 方法来不停地进行递归函数的调用，以达到动态时钟的效果。

下面新建一个名为 jsDemo2.html 的网页，在该网页的<body>区放一个名为 idClock 的 <div> 标签，接下来添加一个名为 showClock 的函数，如代码 9.13 所示：

代码 9.13 动态时钟实现代码

```html
<html xmlns="http://www.w3.org/1999/xhtml">
<head>
<meta http-equiv="Content-Type" content="text/html; charset=utf-8" />
<title>动态时钟</title>
<style type="text/css">
/*定义时钟显示的外观*/
#idClock {
    font-family: "微软雅黑";
    font-size: 24pt;
    color: #090;
}
</style>

<script type="text/javascript">
    function showClock(){
        var Digital=new Date()               //实例化一个新的日期对象
        var years=Digital.getFullYear();     //获取年份
        var months=Digital.getMonth();       //获取月份
        var days=Digital.getDate();          //获取天数
        var hours=Digital.getHours();        //获取小时数
        var minutes=Digital.getMinutes();    //获取分钟数
        var seconds=Digital.getSeconds();    //获取秒数
        var dn="上午"                        //用来判定上午或下午的变量
        if(hours>12)                         //如果小时大于 12 表示下午
           {dn="下午"
            hours=hours-12;                  //计算下午的时间
           }
        if(hours==0)                         //如果为 0 表示 12 点
            hours=12;
        if(minutes<=9)                       //如果分钟小于 10 则加 0 字符
            minutes="0"+minutes;
        if(seconds<=9)                       //如果秒小于 10 则加 0 字符
            seconds="0"+seconds;
         //获取用于显示时钟的 DIV 元素
        var idclock=document.getElementById("idClock");
        //设置 DIV 元素的显示文本
        idclock.innerHTML=years+"年"+months+"月"+days+"日"+" "+
                          hours+"时"+minutes+"分"+seconds+" 秒";
        //重复循环自身
        setTimeout("showClock()",1000)
    }
</script>
</head>
<!--在页面加载时显示时钟-->
<body onload="showClock()">
<!--用于显示时钟的 DIV 元素-->
<div id="idClock"></div>
</body>
</html>
```

时钟代码的实现过程如以下步骤所示。

（1）通过创建一个 Date 对象，调用该对象的 getxxx 方法获取当前的年、月、日、时、分、秒。

（2）如果当前时间为上午，则为变量 dn 赋值为字符串"上午"，如果时间为下午，则为 dn 赋值为下午，同时通过将下午时间减去 12，将 24 小时制更改为 12 小时制。

（3）对于时、分和秒数量小于 10 的，添加一个前缀 0 赋给字符串变量。

（4）将计算的结果字符串变量赋给 idclock 的 innerHTML 属性显示时间值。

（5）调用 setTimeout 函数反复多次地递归调用自身来刷新时间，每秒钟刷新一次。

可以看到，动态时钟主要是通过对 Date 对象的成员方法的调用及 setTimeout 的使用来实现动态的效果，一些具有钟表效果的 JavaScript 时钟也主要是利用了 Date 对象和 setTimeout 函数实现具有图形效果的时钟。本示例时钟的运行效果如图 9.30 所示。

图 9.30　动态时钟运行效果

9.3.3　创建滚动字幕

很多网站在页面左侧或上边都会显示滚动的新闻条，提供网站中重大新闻的滚动播放，既节省屏幕空间，又能够提供很好的新闻效果。本节将演示如何使用 JavaScript 来创建动态滚动的文本。

HTML 具有一个<marquee>标签，该标签可以实现文本内容的滚动显示，也就是日常所说的跑马灯效果。下面新建一个名为 jsDemo3.html 的网页，演示如何使用<marquee>标签创建跑马灯滚动文本，一个最简单的跑马灯文字效果代码如下所示：

```
<body>
<marquee>这里是跑马灯文字</marquee>
</body>
```

在运行该网页时，就会看到一行文字从右向左慢慢地移动出来。< marquee>标签具有很多的属性用来控制滚动文字的显示效果，分别如下所示：

❑　direction 属性：可选值有 left 和 right 及 up，用来控制文字是向左滚动还是向右滚动，up 属性指定可以向上滚动。默认值是 left，表示向左滚动文本，使用示例如下所示。

```
<marquee direction=left>向左滚动的文本</marquee>
<marquee direction=right>向右滚动的文本</marquee>
```

可以看到，当指定了 direction 为 right 后，文本就会从左向右开始进行滚动。

❑　behavior 属性：用来指定滚动的行为，默认值为 scroll，指定会一圈一圈地滚动，滚动一圈后又从头开始滚动；slide，仅仅滚动一次就停止；alternate，会来回往返地滚动，使用示例如下所示。

```
<marquee behavior=scroll>滚动一圈又一圈</marquee>
```

```
<marquee behavior=slide>滚动一次就止住</marquee>
<marquee behavior=alternate>来回往返的进行滚动</marquee>
```

在运行时可以看到，scroll 是默认的设置，会一次又一次地进行循序的滚动；而 slide 在滚动一次到达终点后就停在终点位置了；alternate 会先从左向右滚动，然后又从右向左进行往返滚动。

- ❑ loop 属性：指定循环的次数，默认设置时表示不限定次数，例如只循环 5 次，可以使用如下所示的语句：

```
<marquee loop=5 width=50% behavior=scroll>循环 5 次</marquee>
```

- ❑ scrollamount 属性：用于控制滚动文本的速度，需要为该属性指定快速移动的频率，如以下示例所示：

```
<marquee scrollamount=50>快速移动的滚动文本</marquee>
```

可以看到在指定了频率 50 以后，文本果然快速地从左向右移动。

- ❑ scrolldelay 属性：与 scrollamount 加速移动相反，scrolldelay 用来延时滚动的移动，会走一步停一步地进行滚动，使用示例如下所示：

```
<marquee scrolldelay=500 scrollamount=100>具有延时效果的滚动文本</marquee>
```

可以看到，这行文本具有走走停停的效果，设置不同的值时可以发现一些有趣的效果。

- ❑ 与外观相关的属性有 align，其属性值为 top、middle 和 bottom，用来指定文本的对齐方式；bgcolor 属性指定滚动文本区域的底色；height 和 width 用来指定滚动文本区域的面积；hspace 和 vspace 用来指定滚动文本区域的水平或垂直间距。

下面新建一个名为 JsDemo4.html 的网页，在该网页中使用<marquee>创建了非常有趣的滚动公告栏，如代码 9.14 所示：

代码 9.14　创建滚动公告栏

```html
<html xmlns="http://www.w3.org/1999/xhtml">
<head>
<meta http-equiv="Content-Type" content="text/html; charset=utf-8" />
<title>滚动公告栏</title>
<style type="text/css">
body,td,th {
    font-size: 9pt;
}
</style>
</head>
<body>
<!--创建滚动公告栏，向上滚动，鼠标经过时停止，鼠标移出时滚动-->
<marquee  id="scrollarea"
        direction="up"
        scrolldelay="10"
        bgcolor="#66CC00"
        scrollamount="1"
        width="200"
        height="100"
        onmouseover="this.stop();"
        onmouseout="this.start();">
<!--滚动的内容-->
```

```
<a href="www.microsoft.com">欢迎访问微软公司网站</a><br />
<a href="www.oracle.com">欢迎访问 Oracle 公司网站</a><br />
<a href="www.ibm.com">欢迎访问 IBM 公司网站</a><br />
<br />
新闻: <br />
微软公司的 Windows 8 推出了, 好像很好用!
</marquee>
</body>
</html>
```

在 HTML 的<body>区中，创建了一个<marquee>标签，它从下向上滚动内容，延迟为 10，加速度为 1，宽度为 200 像素，高为 100 像素。onmouseover 和 onmouseout 用于指定当鼠标经过和移出时的效果，这里调用了 stop 和 start 函数来停止或开始文本的滚动。<marquee>和</marquee>中间是滚动的内容，可以是任何的 HTML 元素，比如图像、链接或表格等，该网页运行后，可以看到果然出现了滚动的公告栏效果，如图 9.31 所示。

图 9.31　滚动的公告栏示例效果

9.3.4　左右晃动的图像

通过 JavaScript 的 setTimeout 函数，还可以创建一些更加有趣的动画效果，比如一幅晃动的图像，这通常用于网页的广告显示，以达到醒目的效果。

下面新建一个名为 jsDemo5.html 的网页，在该网页中放入一个<img>元素，用来显示一幅指定的图像，然后在页面的<head>区编写如代码 9.15 所示的 JavaScript 代码来实现图像的左右晃动：

代码 9.15　左右晃动的图像代码

```
<!DOCTYPE html PUBLIC "-//W3C//DTD XHTML 1.0 Transitional//EN"
"http://www.w3.org/TR/xhtml1/DTD/xhtml1-transitional.dtd">
<html xmlns="http://www.w3.org/1999/xhtml">
<head>
<meta http-equiv="Content-Type" content="text/html; charset=utf-8" />
<title>左右晃动的图像</title>
<script type="text/javascript">
step = 0;
obj = new Image();                //全局对象, 保存晃动的图像
//让图像进行左右晃动的动画
function anim(xp,xk,smer)          //smer 指晃动的方向位置
{
```

```
obj.style.left = x+'px';     //设置图像的左侧位置
//计算 x 的距离
x += step*smer;
//判断 x 是否到达边界来对 step 进行加减计算
if (x>=(xk+xp)/2) {
   if (smer == 1) step--;
      else step++;
      }
else {
   if (smer == 1) step++;
      else step--;
      }
//计算方向的值
if (x >= xk) {
      x = xk;
      smer = -1;
      }
  if (x <= xp) {
      x = xp;
      smer = 1;
      }
   //通过反复循环 anim 来实现左右晃动
   setTimeout('anim('+xp+','+xk+','+smer+')', 50);
}
//移动函数，供外部调用来运动图像
function moveLR(objID,movingarea_width,c)
{
   //根据 IE 或 Firefox 来取不同的宽度值
   if (navigator.appName=="Netscape") window_width = window.innerWidth;
      else window_width = document.body.offsetWidth;
   //获取图像
   obj = document.images[objID];
   image_width = obj.width;                          //保存宽度
   //保存左侧像素
   x1 = obj.style.left;
   x = Number(x1.substring(0,x1.length-2));          // 将 x1 中的 px 字符去掉
   //指定循环的方式
   if (c == 0) {
        //如果为 0 则在左侧范围内晃动
      if (movingarea_width == 0) {
           right_margin = window_width - image_width;
          anim(x,right_margin,1);
           }
         else {
          right_margin = x + movingarea_width - image_width;
          if (movingarea_width < x + image_width) window.alert("No space
          for moving!");
              else anim(x,right_margin,1);
       }
   }
   else {
     //如果为 1 则在居中的范围内晃动
     if (movingarea_width == 0) right_margin = window_width - image_width;
        else {
          x = Math.round((window_width-movingarea_width)/2);
          right_margin = Math.round((window_width+movingarea_width)/2)
          -image_width;
        }
      anim(x,right_margin,1);                          //调用动画函数进行晃动
```

```
    }
}
//-->
</script>
</head>
<body>
<!--用来进行晃动的图像-->
<img src="images/switchpic2.gif" name="picture" width="200" height="200"
    id="picture"
    style='position: absolute; top: 10px; left: 30px;' border=0/>
 <!--调用晃动的 JavaScript 脚本-->
<script type="text/javascript">
  setTimeout("moveLR('picture',300,0)",10);
</script>
</body>
</html>
```

　　在代码中主要使用了两个函数 moveLR()和 anim()，其中核心的函数是 anim，它用来实现图像的左右晃动。晃动图像代码的实现如以下步骤所示。

　　（1）全局的 obj 对象用来保存页面中将要进行晃动的图像，anim 函数首先设置图像的左侧位置为 x 像素，x 的值会不断变化。

　　（2）在 anim 中通过判断 x 的值是否大于(xk+xp)/2 来判断如何移动图像，其中 xk 表示图像的左侧位置，也就是 left 的值，xp 表示图像可移动的宽度。smer 参数用来确定是向左移动还是向右移动。

　　（3）在 anim 函数中通过调用 setTimeout 函数反复调用自身，以实现图像晃动的效果。

　　（4）moveLR 是用来供外部调用的函数，它在内部调用了 anim 函数来晃动图像，它会根据当前浏览器的类型来确定图像的滚动区域大小和图像是向左移动还是向右移动。

　　（5）在<body>区中放了一个<img>元素，并指定其命名为 picture 及 style 属性样式，在定义了该图像之后再定义一个脚本执行区，用来调用 moveLR 开始图像的左右晃动。

　　一旦页面被打开，图像就会开始左右晃动，非常有趣，运行效果如图 9.32 所示。

图 9.32　左右晃动的图像示例

9.3.5　单击按钮打开全屏窗口

　　在本书前面曾经详细介绍过 window.open 函数来打开一个窗口，如果要打开一个全屏的窗口，需要使用 window 提供的另外两个方法。

❏ moveTo()方法：可把窗口的左上角移动到一个指定的坐标，该函数接收 x 和 y 参数值，用来指定所要移动到的位置。

❏ resizeTo()方法：用来把窗口大小调整为指定的宽度和高度，需要指定 width 和 height 属性指定宽度和高度。

为了获取当前显示屏幕的宽度和高度，需要调用 Screen 对象的 width 和 height 属性来获取当前屏幕的高度和宽度来实现全屏的显示，下面新建一个名为 jsDemo6.html 的网页，编写如代码 9.16 所示的全屏窗口。

代码 9.16　打开全屏窗口

```html
<!DOCTYPE html PUBLIC "-//W3C//DTD XHTML 1.0 Transitional//EN"
"http://www.w3.org/TR/xhtml1/DTD/xhtml1-transitional.dtd">
<html xmlns="http://www.w3.org/1999/xhtml">
<head>
<meta http-equiv="Content-Type" content="text/html; charset=utf-8" />
<title>打开全屏窗口</title>
<script type="text/javascript">
<!--
function winopen(){
//所要打开的网址
var targeturl="http:                //www.microsoft.com"
//打开一个新的窗口
newwin=window.open("","","scrollbars")
//检测如果浏览器支持
if (document.all || document.getElementById)  {
    newwin.moveTo(0,0);                //将窗口移动到左上角
    //调整屏幕大小为全屏显示
    newwin.resizeTo(screen.width,screen.height);
}
    newwin.location=targeturl;          //加载微软公司网站
}
//-->
</script>
</head>
<body>
 <!--单击该按钮将显示全屏窗口-->
 <input type="button" onClick="winopen()" value="微软公司网站" name="button">
</body>
</html>
```

代码的实现过程如以下步骤所示。

（1）在<body>区添加了一个按钮，当该按钮被单击时，将调用在<head>区中定义的 winopen()函数来打开全屏窗口。

（2）winopen()函数定义了要打开的目标网址变量 target，然后调用 window.open 打开一个空白的不包含任何内容的窗口，window.open 的 scrollbars 表示显示滚动条，除了滚动条显示之外，其他的浏览器元素都不显示。

（3）document.all 和 document.getElementById 用来检查浏览器，表示如果浏览器为 IE 或标准的 W3C 浏览器支持，就会调用 window 对象的 moveTo 和 resizeTo 将当前窗口的位置和大小进行调整以便于进行全屏显示。

（4）调用 window.location 来设置窗口要显示的目标网址内容。

在运行该网页后，单击"微软公司网站"按钮，将会弹出一个全屏显示的子窗口来加载微软公司网站的内容。

9.4　小　　结

本章讨论了如何为网页添加各种有趣的特效，重点介绍了 Dreamweaver 中行为的使用。首先讨论了 Dreamweaver 中行为的概念及和行为相关的事件，然后讨论了如何使用扩展管理器来管理网页的行为。接下来介绍了如何使用 Dreamweaver 提供的各种内置的行为，比如检测插件、拖动图层、转到 URL、弹出信息、改变属性等。使用 Dreamweaver 提供的行为可以快速和方便地为网页加入各种特效。如果当前内置的行为不能满足需求，还可以从 Adobe 公司网站下载更多更漂亮的行为。本章最后也简要介绍了如何编写 JavaScript 脚本来创建网页特效，介绍了随机问候、动态时钟、滚动字幕、晃动图像及全屏窗口等特效的代码，通过本章的学习，读者可以具备基本的 JavaScript 实际编写能力，为以后的知识学习打下良好的基础。

第 10 章 用 jQuery 操纵网页

jQuery 是一套 JavaScript 的库，它简化了使用 JavaScript 进行网页特效开发的一些复杂性，提供了对常见任务的自动化和复杂任务的简化，一经推出便大受网站建设人员的欢迎，目前基本上已经成为主流的 JavaScript 语言库，很多网站开发用人单位都会显式地要求是否熟练掌握 jQuery。使用 jQuery 不仅能够将原本需要很多 JavaScript 代码才能实现的功能缩减为几行代码，而且提供了足够高速的性能，是每一个网站开发人员都应掌握的技能。

10.1 认识 jQuery

JQuery 实际上就是对现有的 JavaScript 的一种扩展，它非常轻量级，压缩后大概 32KB，它兼容于各种浏览器，这样就可以非常方便地添加适用于多种浏览器的特效。jQuery 是由美国人 John Resig 最初创建的，经过几个版本的发展，目前最新的版本是 jQuery1.8.0。最重要的是它提供了相当健全的文档，便于广大 jQuery 爱好者进行学习。

10.1.1 jQuery 的作用

jQuery 本身是一个基于插件的 JavaScript 库，它的各种功能可以通过新的插件进行增强。jQuery 为 Web 编程提供了一个抽象的层，使得它可以兼容于任何浏览器，并且大大简化了原先用 JavaScript 做的工作，总而言之，jQuery 可以完成如下所示的工作。

- ❑ 快速获取文档元素：jQuery 的选择机制构建于 CSS 的选择器，它提供了快速查询 DOM 文档中元素的能力，而且大大强化了 JavaScript 中获取页面元素的方式。
- ❑ 提供漂亮的页面动态效果：JQuery 中内置了一系列的动画效果，可以开发出非常漂亮的网页，目前许多知名的网站都使用了 jQuery 的内置的效果，比如淡入淡出，元素移除等动态特效。
- ❑ 创建 Ajax 无刷新网页：Ajax 是异步的 JavaScript 和 XML 的简称，可以开发出非常灵敏无刷新的网页，特别是开发服务器端网页时，比如 PHP 网站，需要往返地与服务器沟通，如果不使用 Ajax，每次数据更新不得不重新刷新网页，而使用了 Ajax 特效后，可以对页面进行局部刷新，提供非常动态的效果。
- ❑ 提供对 JavaScript 语言的增强：JQuery 提供了对基本 JavaScript 结构的增强，比如元素迭代和数组处理等操作。
- ❑ 增强的事件处理：jQuery 提供了各种页面事件，它可以避免程序员在 HTML 中添加太多事件处理代码，最重要的是，它的事件处理器消除了各种浏览器兼容性问题。

□ 更改网页内容：JQuery 可以修改网页中的内容，比如更改网页的文本、插入或翻转网页图像，jQuery 简化了原本使用 JavaScript 代码需要处理的方式。

JQuery 之所以如此优秀，是因为它整合了非常多优秀的特征，其中主要的有如下几个方面。

□ 利用 CSS 的选择器提供高速的页面元素查找行为。

□ 提供了一个抽象层来标准化各种常见的任务，可以解决各种浏览器的兼容性问题。

□ 将复杂的代码精简化，提供连缀编程模式，大大简化了代码的操作。

本节介绍了 jQuery 的很多基本的概念，笔者发现很多介绍 jQuery 的读物一开始就从代码入手讲解 jQuery 的具体操作，但是如果能够从一开始就理解 jQuery 相对于传统的 JavaScript 的优势，相信在后续的学习中会更容易理解 jQuery 的实现机制。

10.1.2　下载和安装 JQuery

jQuery 的一大特色就是文档齐全，相对于其他的基于 JavaScript 的库来说，更利于学习和掌握，而且具有简体中文的帮助文档，这的确方便了英文不好的网站建设人员学习这个优秀的 JavaScript 库。jQuery 的文档和 jQuery 的源程序位于如下的网址：

```
http://jquery.com/
```

jQuery 的网站首页如图 10.1 所示。

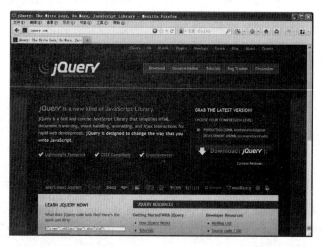

图 10.1　jQuery 网站首页

在页面的右上角可以看到有两个可供选择的 jQuery 下载版本，而 Download 下面的文字显示当前的 jQuery 的版本，可以看到可供下载的 jQuery 有两个版本。

□ Production（32KB，Minified and Gzipped）：优化压缩后的版本，具有较小的体积，主要用于生产部署。

□ Development（252KB，Uncompressed Code）：未压缩版本，有 252KB 的大小，一般用于在网站建设时使用这个版本以便调试。

建议将两个文件都下载回来，放到一个统一的位置，可以看到优化版本的对应到 jquery-1.8.0.min.js，而开发版本对应到 jquery-1.8.0.js。在本章的开发中，将主要使用开发版本，网站建设完成在准备部署时，将优化版本切换为生产版本，以便缩减网页的体积，提供更好的性能。

由于 jQuery 就是外部的.js 文件，因而也不需要进行额外的安装，只需要将开发版本（或者是生产版本）作为一个外部脚本文件引用添加到页面即可，下面的代码演示了在<head>区添加对 jQuery 脚本库的引用：

```
<!--引用 jQuery 脚本库-->
<script src="js/jquery-1.8.0.js" type="text/javascript" ></script>
```

10.1.3　第一个 jQuery 页面

一旦添加了对 jQuery 脚本库的引用之后，就可以开始使用 jQuery 提供的 API 来操纵网页了。下面新建一个名为 jQueryDemo 的网站，在该网站中添加一个名为 js 的文件夹，将两个 jQuery 文件放到 js 文件夹中，在网站中添加一个 jQueryDemo1.html 的页面，编写代码来演示 jQuery 脚本库的使用，如代码 10.1 所示：

代码 10.1　引用 jQuery 库

```
<!DOCTYPE html PUBLIC "-//W3C//DTD XHTML 1.0 Transitional//EN
" "http://www.w3.org/TR/xhtml1/DTD/xhtml1-transitional.dtd">
<html xmlns="http://www.w3.org/1999/xhtml">
<head>
<meta http-equiv="Content-Type" content="text/html; charset=utf-8" />
<title>jQuery 示例</title>
<!--添加 CSS 样式用来改变页面中的 DIV 显示的字体颜色-->
<style type="text/css">
.versioncss {
    font-size: 9pt;
    font-style: oblique;
    line-height: normal;
    color: #00F;
    text-decoration: underline;
}
</style>
<!--引用 jQuery 脚本库-->
<script src="js/jquery-1.8.0.js" type="text/javascript" ></script>
<!--调用 jQuery 脚本库中的 API 函数-->
<script type="text/jscript">
  $(document).ready(function() {
    $('#idContents').addClass('versioncss');        //更改 DIV 元素的样式
    alert("你好，欢迎您使用 jQuery!");               //弹出提示消息框
});
</script>
</head>
<body>
<div id="idContents">Production (32KB, Minified and Gzipped): 优化压缩后的
版本，具有较小的体积，主要用于生产部署时使用。<br />
    Development (252KB, Uncompressed Code) : 未压缩版本，有 252KB 的大小，一般
    用于在网站建设时使用这个版本以便调试。 </div>
</body>
</html>
```

在代码中，除了引用 jQuery 脚本库文件之外，还利用 jQuery 的对象完成了更改网页 DIV 样式，并且显示一个弹出的提示框，其实现步骤如下所示。

（1）在代码的<head>区定义了一个 CSS 样式类，将用来更改<body>区的显示样式，该样式并未显式地在 DIV 元素中设置关联，将通过 jQuery 代码来动态实现。

（2）添加对 jQuery 脚本库的 JS 文件引用，以便于后续的代码能够引用到 jQuery 中的函数。

（3）定义一个 JavaScript 脚本块，使用 jQuery 的页面加载方法和选择器方法在页面加载时更改 DIV 元素的样式，同时显示的一个弹出式的窗口。

（4）$(document).ready()用来在 DOM 文档加载之后执行其中的语句块，在示例中使用了 jQuery 的匿名函数，直接在括号后面定义了一段执行代码。

　注意：　在 jQuery 中，选择器总是以一个美元符号和一对圆括号开始，比如$()，这个函数又称为 jQuery 的工厂函数，它提供了对于所选择的对象的 jQuery 封装。也就是说使用工厂函数选择的元素具有 jQuery 的集合式特性，本章后面的内容将会详细地讨论这个工厂函数的具体应用。

示例运行效果如图 10.2 所示，通过图可以发现，现在 DIV 中的文字样式果然被动态地应用了 CSS 样式，并且弹出了一个提示消息框。这种通过将页面的样式和页面元素彻底分离的方式有助于对网页代码进行维护，并且能创建出许多非常有趣的效果。

在编写示例的过程中可以发现，Dreamweaver 提供了对于 jQuery 脚本编写的智能提示支持，不需要安装额外的扩展，这个特性已经被内置到了 Dreamweaver 的高版本中，如图 10.3 所示。

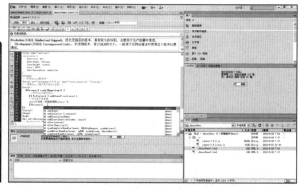

図 10.2　jQuery 框架示例运行效果　　　　图 10.3　Dreamweaver 的 jQuery 代码提示

10.2　使用 jQuery 对象

如果仔细观察 jQuery 的使用代码，会看到 jQuery 代码中大量使用了链式语句，就是将多个操作写为一条语句，同时会看到大量的工厂函数的使用，工厂函数会返回可供操作的 jQuery 对象，jQuery 对象属于面向集合的对象，它是对普通的 DOM 对象的额外封装，这两类对象在使用时是有区别的。

10.2.1　访问 jQuery 对象

jQuery 的强大之处在于它通过 CSS 选择器的能力，轻松地获取 DOM 中的元素或元素集合。在使用 JavaScript 访问 DOM 中的对象时，通常使用 getElementByxxx 之类的方法，这种方法返回一个 DOM 对象。下面创建一个名为 JsDemo1.html 的网页，在该网页中放几个 DIV 元素，通过使用传统的 JavaScript 方法来访问网页上的元素，如代码 10.2 所示：

代码 10.2　传统的 DOM 对象示例

```html
<!DOCTYPE html PUBLIC "-//W3C//DTD XHTML 1.0 Transitional//EN"
"http://www.w3.org/TR/xhtml1/DTD/xhtml1-transitional.dtd">
<html xmlns="http://www.w3.org/1999/xhtml">
<head>
<meta http-equiv="Content-Type" content="text/html; charset=utf-8" />
<title>传统的 DOM 对象示例</title>
<script type="text/javascript">
  function setDocContent(){
      var doc1=document.getElementById("idDoc1"); //获取 idDoc1 的 DOM 对象
      doc1.innerHTML="欢迎来到我的网上小家做客！";      //更改 DIV 中元素的内容
      var docs=document.getElementsByTagName("div");//获取页面上所有的 DIV 元素
      var i=0;
      for(i=0;i<docs.length;i++){                   //更改所有 DIV 元素的属性
          var divdoc=docs[i];
          divdoc.style.background="#EEEEFF";         //变更 DOM 对象的背景色
      }
      }
</script>
</head>
<body>
<div id="idDoc1">乐乐宝欢迎您！</div>
<div id="idDoc2">小屁孩欢迎大家！</div>
<input name="idbtn" type="button" id="idbtn" onclick="setDocContent()"
value="更改图层样式" />
</body>
</html>
```

在这个示例中，setDocContent 使用传统的 JavaScript 语法来获取网页上的 id 值为 idDoc1 的 DIV 元素，也就是说返回了一个 DOM 对象，通过使用这个 DOM 对象的 innerHTML 属性设置了该 DIV 元素的显示文本内容。变量 docs 是通过 getElementsByTagName 返回的 DIV 元素的数组集合，通过循环语句来设置每个 DIV 元素的背景色。

下面来看看使用 jQuery 对象后如何实现类似的效果。jQuery 对象会对原始的 DOM 对象进行一层封装，使得可以轻松地应用链式的语法将需要多行 JavaScript 代码才能完成的行为写在一行代码中。由于 jQuery 对象封装了 DOM 对象，jQuery 对象主要面向的是集合的操作，因此无法直接调用 DOM 对象的属性，下面新建一个名为 jQueryDemo3.html 的网页，编写 jQuery 代码完成同样效果的代码，使用示例如代码 10.3 所示：

代码 10.3　使用 jQuery 对象操作 DOM 对象

```
<!DOCTYPE html PUBLIC "-//W3C//DTD XHTML 1.0 Transitional//EN"
"http://www.w3.org/TR/xhtml1/DTD/xhtml1-transitional.dtd">
<html xmlns="http://www.w3.org/1999/xhtml">
<head>
<meta http-equiv="Content-Type" content="text/html; charset=utf-8" />
<title>jQuery 示例</title>
<script type="text/javascript" src="js/jquery-1.8.0.js"></script>
<script type="text/javascript">
    function setDocContent(){
        $("#idDoc1").html("欢迎来到我的网上小家做客！"); //设置单个 DIV 元素的内容
        $("div").css("background","#EEEEFF");        //设置所有 DIV 元素的 CSS 样式
        }
</script>
</head>
<body>
<div id="idDoc1">乐乐宝欢迎您！</div>
<div id="idDoc2">小屁孩欢迎大家！</div>
<input name="idbtn" type="button" id="idbtn" onclick="setDocContent()"
value="更改图层样式" />
</body>
</html>
```

　　setDocContent 在使用了 jQuery 脚本库之后，可以看到代码量已经缩小到仅剩 2 行，工厂函数$()将返回一个 jQuery 封装后的 jQuery 对象，这个对象可以调用 jQuery 提供的任何方法来更改 HTML 元素的外观和内容。由于 jQuery 对象是面向集合的对象，因此尽管已知$("#idDoc1")只会返回一个对象，也不能对其直接应用 DOM 对象的属性。同样 DOM 对象也不能直接使用 jQuery 中的方法。在运行该示例后，可以看到单击按钮产生了与使用传统的 JavaScript 相同的效果，运行效果如图 10.4 所示。

图 10.4　jQuery 对象使用示例效果

10.2.2　访问 DOM 对象属性

　　由于 jQuery 对象是面向集合的，因此可以将 jQuery 对象想象成一个 DOM 对象的数组，要想访问数组中的 DOM 对象，可以使用类似数组下标的语法将 jQuery 对象转换为 DOM 对象，如以下语法所示：

```
var doc2=$("#idDoc2")[0];                        //转换 jQuery 对象为 DOM 对象
doc2.innerHTML="这里是乐乐宝的欢乐天地！";          //调用 DOM 对象的属性
```

　　也可以使用 jQuery 对象本身提供的 get 函数来返回指定集合位置的 DOM 对象，因此

上面的代码也可以使用下面的写法：

```
var doc2=$("#idDoc2").get(0);
doc2.innerHTML="这里是乐乐宝的欢乐天地！";
```

这种写法具有更好的可读性，但是完成的效果与通过下标访问基本一致，经过这样的设置之后才能直接访问 DOM 对象中的属性，在有时 jQuery 对象无法满足需求需要转换为 DOM 对象时非常有用。

如果 DOM 对象需要使用由 jQuery 提供的方法，也可以将一个 DOM 对象转换成一个 jQuery 对象。只需要使用工厂方法 $() 将 DOM 对象包装起来，就能获得一个 jQuery 对象。下面新建一个 jQueryDemo4.html 的网页，将代码 10.2 中使用传统 JavaScript 进行 DOM 元素操作的代码复制到该网页，然后添加对 jQuery 库的引用。通过将 DOM 对象转换为 jQuery 对象，可以避免使用 for 循环来更改 DIV 的背景，使用链式语法节省了代码量，如代码 10.4 所示：

代码 10.4　使用 jQuery 对象操作 DOM 对象

```
<script type="text/javascript" src="js/jquery-1.8.0.js"></script>
<script type="text/javascript">
  function setDocContent(){
      var doc1=document.getElementById("idDoc1");  //获取 idDoc1 的 DOM 对象
      var $doc1=$(doc1);                            //转换为 jQuery 对象
      $doc1.html("欢迎访问小乐的网站！");            //调用 jQuery 对象的方法
      var docs=document.getElementsByTagName("div");//获取页面上所有的 DIV 元素
       $(docs).css("background","#EEEEFF");//调用 jQuery 对象的方法改变样式
       }
</script>
```

在示例代码中，doc1 原本是一个通过 document.getElementById 返回的 DOM 对象，通过 jQuery 工厂函数进行封装后，转换成一个 jQuery 对象，这样就可以访问 jQuery 对象中的 html 方法来设置 DIV 中显示的 HTML 内容。docs 是一个 DOM 数组集合，使用 $() 工厂函数进行封装后，可以调用 jQuery 的 CSS 方法来更改所有 DIV 元素的背景色。由于 jQuery 基于集合操作的本质，因此无须再使用循环语句循环操作。

10.2.3　jQuery 基本语法

通过前述的几大部分，相信读者对于 jQuery 的使用方法有了基本的了解。本小节总结一下 jQuery 的基本使用语法。jQuery 中的选择器是 jQuery 的基石，选择符将返回 jQuery 对象以便调用由 jQuery 提供的多种多样的方法，jQuery 的选择器利用了 CSS 的选择器的快速高效的算法。jQuery 选择器的写法是使用工厂函数 $() 来获取特定的 jQuery 对象，然后调用 jQuery 的各种方法，因此使用 jQuery 的基本语法如下：

```
$(selector).action()
```

语法元素如下所示。

❑ $() 工厂函数表示将返回一个 jQuery 对象，可以调用由 jQuery 提供的方法。

❑ selector 用来指定 jQuery 的选择器，比如可以选择某个 Id 值的 DOM 元素或某个

HTML 标签元素集合。

- action 用来调用由 jQuery 提供的方法，其中 action 后面的括号中可能包含一个或多个参数。

一些常见的 jQuery 语法如下所示。

- $(this).hide();//this 是指当前元素的 jQuery 封装，调用 jQuery 的 hide 方法来隐藏当前元素的显示。

- $("p").hide(); //工厂函数中的 p 是一个 HTML 标签，表示将隐藏页面中所有的<p>标签的显示。

- $("p.layoutcss").hide();//隐藏所有 class="layoutcss" 的段落，这是一个 jQuery 选择器的应用，类似于 CSS 选择器。

- $("#idDoc1").hide();//隐藏所有 id="idDoc1" 的元素。

通过这些语法不难发现，如果要真正深入理解 jQuery，必须要对 jQuery 的选择器有足够的了解，然后才能随心所欲地使用各种 jQuery 提供的方法。下面的内容将开始详细地讨论 jQuery 的选择器。

10.3　使用 jQuery 的选择器

jQuery 的选择器是使用 jQuery 的基础，是学好 jQuery 的核心且重要的部分，jQuery 的选择器继承了 CSS 与 xPath 语言的语法，对 CSS 选择器有充分理解的用户基本上也能很容易地理解 jQuery 的语法。在 jQuery 中，选择器按照选择的元素类别可以分为如下所示的 4 种。

- 基本选择器：基于元素的 id、CSS 样式类、元素名称等使用基于 CSS 的选择器机制查找页面元素。
- 层次选择器：通过 DOM 元素间的层次关系获取页面元素。
- 过滤选择器：根据某类过滤规则进行元素的匹配。它又可以细分为简单过滤选择器、内容过滤选择器、可见性过滤选择器、属性过滤选择器、子元素过滤选择器及表单对象属性过滤选择器。
- 表单选择器：可以在页面上快速定位某类表单对象。

下面通过示例来分别介绍这几种类型的选择器的具体使用方法。

10.3.1　基本选择器

jQuery 的基本选择器可以按元素的标签名称、元素 id 号和元素的 CSS 的类名来选择 HTML 元素。由于 jQuery 支持 CSS 规范 1～3 中几乎所有的选择符，因此兼容各种浏览器的类型。jQuery 的基本选择器的选择规则如表 10.1 所示。

表 10.1　jQuery基本选择器规则

名　　称	说　　明	举　　例
id 选择器	根据元素 id 选择	$("divId") 选择 id 为 divId 的元素
元素名称选择器	根据元素的名称选择	$("a") 选择所有\<a\>元素
CSS 样式类选择器	根据应用到DOM 元素的CSS 类进行选择	$(".bgRed") 选择所有 CSS 类为 bgRed 的元素
*通用选择器	选择所有元素，使用通配符*	$("*")选择页面所有元素
selector1, selector2, selectorN	可以将几个选择器用"，"分隔开然后再拼成一个选择器字符串。会同时选中这几个选择器匹配的内容	$("#divId, a, .bgRed")

在这几类选择器中，id 选择器会根据给定的 id 选择其中匹配的一个元素，它非常类似于 document.getElementById 函数，使用示例如下所示。

```
$("#myDiv");                //使用 id 选择器
```

id 选择器在选择名称必须使用前缀#号，表示选择的是指定元素的 id 值。

元素名称选择器会选中匹配标签名称的元素集合，类似于 getElementsByTagName，使用这种类型的选择器时，只需要直接指定有效的 HTML 标签名称即可，如以下示例所示：

```
$("div");                  //使用标签名称选择页面上所有的 DIV 元素
```

如果 HTML 元素应用了 CSS 类，则可以基于已经应用的 CSS 类来选择元素。例如假定 HTML 页面上有一个 DIV 元素应用了 class 名为 cssClass，则可以使用样式选择器来选中指定了该样式的 HTML 元素：

```
$(".cssClass");            //使用 CSS 类 cssClass 来搜索指定的页面元素
```

CSS 选择器需要添加前缀号.，这与在 CSS 中使用类选择器一样。

如果想选择页面中所有的元素，可以使用通配符选择器，它使用一个*号。例如要选中当前页面所有的 HTML 元素，可以使用如下的语句：

```
$("*");                    //搜索所有的页面元素
```

最后是组合选择器，允许将多个基本选择器进行组合，将组合后找到的元素以一个集合返回，如以下示例所示：

```
$("div,span,p.myClass");   //组合选择器
```

上述选择器查询页面上\<div\>、\<span\>及应用了样式类 myClass 的\<p\>标签，选择器之间用逗号分开。

下面在 jQueryDemo 网站中添加一个名为 jQueryDemo5.html 的网页，在该网页中添加几个 DIV 组成一个嵌套的 DIV 层次结构，然后添加一些 CSS 样式类来改变 DIV 的显示样式。在\<head\>区中添加一个名为 changeStyle 的函数，该函数将使用 jQuery 的方法来动态地改变 DIV 的显示样式，如代码 10.5 所示：

代码 10.5　使用 jQuery 动态改变 CSS 样式

```
<!DOCTYPE html PUBLIC "-//W3C//DTD XHTML 1.0 Transitional//EN"
```

```
"http://www.w3.org/TR/xhtml1/DTD/xhtml1-transitional.dtd">
<html xmlns="http://www.w3.org/1999/xhtml">
<head>
<meta http-equiv="Content-Type" content="text/html; charset=utf-8" />
<title>标准选择器示例</title>
<style type="text/css">
/*容器样式*/
.container{
    width:800px;
    height:500px;
}
/*盒子样式*/
.boxcss {
    float: left;
    width:100px;
    height:100px;
    background:#060;
    margin:10px;
}
/*边框样式*/
.bordercss{
    border:1px solid red;
}
/*字体样式*/
.fonts{
    font-size:9pt;
}
</style>
<script type="text/javascript" src="js/jquery-1.8.0.js"></script>
<script type="text/javascript">
  function changeStyle(){
      $("#idContainer").addClass("container")              //Id 选择器
      $("div").addClass("bordercss");                      //元素名称选择器
      $("#idbox1,#idbox2,#idbox3,#idbox4").addClass("boxcss");//组合选择器
      $(".boxcss").html("这里是盒子显示区");                 //CSS 样式选择器
      $("*").addClass("fonts");                            //通配符选择器
  }
  $(document).ready(function(e) {                          //页面加载完成后调用此方法
      changeStyle();
  });
</script>
</head>
<body>
<div id="idContainer">
  <div id="idbox1">此处显示  id "idbox1" 的内容</div>
  <div id="idbox2">此处显示  id "idbox2" 的内容</div>
  <div id="idbox3">此处显示  id "idbox3" 的内容</div>
  <div id="idbox4">此处显示  id "idbox4" 的内容</div>
</div>
</body>
</html>
```

代码的实现过程如以下步骤所示：

（1）在<body>区定义了 5 个 DIV 元素，这 5 个元素并没有关联到任何 CSS 样式，将会在 jQuery 代码中动态地关联 CSS 样式。

（2）在页面的<head>区首先定义了几个 CSS 样式，这些样式用来改变 DIV 元素的显

示外观。

（3）在 jQuery 代码区中，分别使用了基本选择器中的几种选择方式来选择符合条件的元素并应用样式。

（4）在 jQuery 的页面加载事件中调用 changeStyle 函数来更改<body>区中的 DIV 元素的样式。

可以看到在 HTML 部分不包含任何的 CSS 关联代码，jQuery 将样式与实际的内容彻底隔离，因而可以在运行时轻松地更改页面的显示风格，达到完全的自定义效果，运行效果如图 10.5 所示。

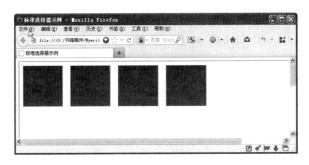

图 10.5 jQuery 基本选择器示例运行效果

10.3.2 层次选择器

层次选择器可以根据 DOM 文档树的层次结构来选择元素，比如可以选择后代、父子、相邻及平级关系，层次关系的选择规则如表 10.2 所示。

表 10.2 层次关系的选择规则

名　称	说　明	举　例
ancestor descendant 后代选择器	使用"form input"的形式选中 form 中的所有 input 元素，即 ancestor(祖先)为 from，descendant(子孙)为 input	$(".bgRed div") 选择 CSS 类为 bgRed 的元素中的所有<div>元素
parent > child 父子选择器	选择 parent 的直接子节点 child。child 必须包含在 parent 中并且父类是 parent 元素	$(".myList>li") 选择 CSS 类为 myList 元素中的直接子节点<li>对象
prev + next 相邻选择器	prev 和 next 是两个同级别的元素。选中在 prev 元素后面的 next 元素	$("#hibiscus+img")选择 id 为 hibiscus 元素后面的 img 对象
prev ~ siblings 平级选择器	选择 prev 后面的根据 siblings 过滤的元素 注:siblings 是过滤器	$("#someDiv~[title]")选择 id 为 someDiv 的对象后面所有带有 title 属性的元素

后代选择器会选择给定祖先元素下匹配的所有后代元素，其中 ancestor 是任何有效的选择器，descendant 指定要匹配的元素的选择器，这个要匹配的元素必须是 ancestor 指定元素的后代元素。以代码 10.5 中<body>区的 DIV 层次结构为例，要找到<body>标签下的所有的 DIV 元素，可以使用如下所示的后代选择器：

```
$("body div").css("background","#060");          //后代选择器示例
```

父子选择器会根据父元素来匹配子元素，比如要想更改 container 这个 DIV 元素的子

DIV 元素的背景色，可以使用如下的父子选择器：

```
//$("#idContainer>div").css("background","#F00");  //父子选择器示例
```

相邻选择器可以选中某个元素同级相邻的元素，例如要选择 idbox1 元素后面的元素，可以使用如下的语句：

```
$("#idbox1+div").css("background","#900");//选中idbox1下面的同级元素idbox2
```

可以看到，这行代码会将 idbox1 紧邻的邻居元素 idbox2 的背景颜色改成了深红色，而其他的元素样式不会发生变化。

平级选择器会选择当前元素处于相同层次结构的所有其他元素，例如要选择与 idbox1 平级的所有 DIV 元素，可以使用如下的语句：

```
$("#idbox1~div").css("background","#CF0");                //选择平级元素
```

可以看到，这行代码运行以后，与 idbox1 平级的所有 DIV 的背景颜色都会变成浅绿色。

10.3.3　过滤选择器

过滤选择器是通过特定的过滤规则来对 DOM 元素进行筛选，以过滤出所需要的 DOM 元素。过滤选择器类似于 CSS 中的伪类，选择器的语法都以冒号开头。过滤选择器的过滤语句非常多，根据过滤规则的不同，又可以分为基本过滤选择器、内容过滤选择器、可见性过滤选择器、属性过滤选择器、子元素过滤选择器，以及表单对象属性过滤。下面分别对这几种不同的过滤选择器进行介绍。

1．基本过滤选择器

这是最常用的选择器，通过与基本选择器搭配使用，可以解决大部分的节点选择。基本过滤选择器的规则如表 10.3 所示。

表 10.3　基本过滤选择器规则列表

名　称	说　明	举　例
:first	匹配找到的第一个元素	查找表格的第一行:$("tr:first")
:last	匹配找到的最后一个元素	查找表格的最后一行:$("tr:last")
:not(selector)	去除所有与给定选择器匹配的元素	查找所有未选中的 input 元素: $("input:not(:checked)")
:even	匹配所有索引值为偶数的元素，从 0 开始计数	查找表格的 1、3、5...行:$("tr:even")
:odd	匹配所有索引值为奇数的元素，从 0 开始计数	查找表格的 2、4、6 行:$("tr:odd")
:eq(index)	匹配一个给定索引值的元素（注:index 从 0 开始计数）	查找第二行:$("tr:eq(1)")
:gt(index)	匹配所有大于给定索引值的元素（注:index 从 0 开始计数）	查找第二行和第三行，即索引值是 1 和 2，也就是比 0 大:$("tr:gt(0)")
:lt(index)	选择结果集中索引小于 N 的 elements（注:index 从 0 开始计数）	查找第一行和第二行，即索引值是 0 和 1，也就是比 2 小:$("tr:lt(2)")

名 称	说 明	举 例
:header	选择所有 h1,h2,h3 一类的 header 标签	给页面内所有标题加上背景色: $(":header").css ("background", "#EEE");
:animated	匹配所有正在执行动画效果的元素	只对不在执行动画效果的元素执行一个动画特效: $("#run").click(function(){$("div:not(:animated)") .animate({ left: "+=20" }, 1000);});

为了演示基本过滤选择器的使用，下面新建一个名为 jQueryDemo6.html 的网页，在该网页中插入一个 6 行 3 列的表格，通过演示如何使用基本过滤选择器来改变表格的外观。

首先演示 first 和 last 的使用。这两个过滤器会获取指定基本选择器结果中的第一个和最后一个元素，例如要改变表格第一行和最后一行的颜色，可以使用如下的语句：

```
$("tr:first").css("background","#FF0");     //表格第一行显示黄色
$("tr:last").css("background","#FCF");      //表格的最后一行显示暖红
```

even 和 odd 是另外两个非常有用的过滤器，用来过滤出奇数行和偶数行的元素。比如要对表格的奇数行和偶数行显示不同的颜色，则可以使用如下的代码：

```
$("tr:even").css("background","#BBBBFF");    //表格的奇数行显示蓝色
$('tr:odd').css('background', '#DADADA');   //表格的偶数行显示灰色
```

在应用了 even 和 odd 选择器之后，会发现它们将前面使用 first 和 last 过滤器设置的颜色覆盖了。幸运的是可以使用 not 过滤器，它可以滤除掉匹配的元素，示例如下所示：

```
$("tr:even:not(:first)").css("background","#BBBBFF");//奇数行，但滤除第一行
$("tr:odd:not(:last)").css("background","#DADADA");//偶数行，但滤除最后一行
```

运行后可以发现第一行和最后一行果然保留了使用 first 和 last 过滤规则的设置。

除了 first、last、even 和 odd 这类相对比较固定的过滤规则之外，还可以使用等于规则 eq，选择特定索引位置的元素，gt 和 lt 分别返回大于或小于指定索引值的元素。

例如，想让表格中的第 4 行背景显示为红色，小于第 4 行的显示为蓝色，大于第 4 行的显示为黑色，可以使用如下的语句：

```
$("tr:eq(4)").css("background","#F00");     //让第 4 行的背景为红色
$("tr:gt(4)").css("background","#000");     //大于第 4 行的显示为黑色
$("tr:lt(4)").css("background","#00F");     //小于第 4 行的显示为蓝色
```

header 允许用户一次性选中页面上的所有的<h1>..<h6>标签元素，它可以简化选择多个标题元素的工作。animated 可以选中当前正在运行的动画，可以对当前正在运行的动画设置特效。

2. 内容过滤选择器

内容过滤选择器允许搜索元素中包含的文本内容，根据文本内容来匹配指定的元素。内容过滤选择器包含的规则如表 10.4 所示。

表 10.4　内容过滤选择器规则列表

名　　称	说　　明	举　　例
:contains(text)	匹配包含给定文本的元素	查找所有包含 "John" 的 div 元素:$("div:contains('John')")
:empty	匹配所有不包含子元素或者文本的空元素	查找所有不包含子元素或者文本的空元素:$("td:empty")
:has(selector)	匹配含有选择器所匹配的元素的元素	给所有包含 p 元素的 div 元素添加一个 text 类: $("div:has(p)").addClass("test")
:parent	匹配含有子元素或者文本的元素	查找所有含有子元素或者文本的 td 元素:$("td:parent")

　　container(text)将会查找指定元素中包含特定文本的元素，empty 则可以查找为空文本的元素或者是不包含子元素的元素。has 用来指定某元素子元素的集合中含有指定子元素的元素集合。parent 用来查找含有子元素或者文本的元素。下面新建一个名为 jQueryDemo7.html 的网页，在该网页中依然插入 3 列 6 行的表格，在表格中输入一系列的文本内容。下面演示如何通过内容过滤器来查找元素：

```
<script type="text/javascript">
  $("td:contains('张')").css("background","#FFC");
                      //将文字中含"张"的背景设置为淡黄
  $("td:empty").css("background","#060");
                  //单元格中不包含内容的颜色，也不包含 空格的空单元格
  $("td:has(p)").css("background","#9F0");        //单元格中包含子元素<p>的颜色
  $("td:parent").css("color","#060");            //单元格中包含文本的前景色
</script>
```

示例运行效果如图 10.6 所示。

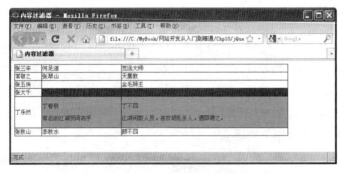

图 10.6　内容选择器运行效果

3．可见性选择器

　　可见性选择器根据元素是否可见来查找元素，它主要是 hidden 查找隐藏的元素和 visible 查找可见的元素，其选择规则如表 10.5 所示。

表 10.5　可见性选择器规则列表

名称	说　　明	举　　例
:hidden	匹配所有的不可见元素	查找所有不可见的 tr 元素:$("tr:hidden")
:visible	匹配所有的可见元素	查找所有可见的 tr 元素:$("tr:visible")

hidden 会匹配如下几种格式的元素。

- □　具有 CSS 属性 display 属性值为 none 的值。
- □　HTML 表单元素中的隐藏域即 type="hidden"。
- □　宽度和高度被显式设置为 0。
- □　由于祖先元素为隐藏而导致无法显示在页面上。

visible 是指在屏幕上占用布局空间的元素，可见性元素的宽度和高度大于 0 显示。

注意：CSS 属性 visibility:hidden 或者是 opacity:0 被认为可见，这是由于它们仍然会占用布局空间。如果在动画期间隐藏一个元素，元素会被考虑为可见直到动画终止，在动画期间显示一个元素，元素在动画开始时被认为可见。

新建一个名为 jQueryDemo8.html 的网页，在该网页中放置一系列的不可见和可见的元素，然后演示如何通过 hidden 和 visible 来匹配可见和隐藏的元素，如代码 10.6 所示：

代码 10.6　可见性过滤器示例

```
<!DOCTYPE html PUBLIC "-//W3C//DTD XHTML 1.0 Transitional//EN"
"http://www.w3.org/TR/xhtml1/DTD/xhtml1-transitional.dtd">
<html xmlns="http://www.w3.org/1999/xhtml">
<head>
<meta http-equiv="Content-Type" content="text/html; charset=utf-8" />
<title>hidden 和 visible 示例</title>
<style>
/*定义 div 的外观*/
div {
    width: 70px;
    height: 40px;
    background: #ee77ff;
    margin: 5px;
    float: left;
}
span {
    display: block;
    clear: left;
    color: #060;
}
/*让页面元素具有隐藏的效果*/
.starthidden {
    display: none;
}
body,td,th {
    font-size: 9pt;
}
</style>
<script src="js/jquery-1.8.0.js" type="text/javascript"></script>
</head>
<body>
<span></span>
<div></div>
<div style="display:none;">隐藏的元素</div>
<div></div>
<div class="starthidden">隐藏的页面元素</div>
```

```
<div></div>
<form>
    <input type="hidden" />
    <input type="hidden" />
    <input type="hidden" />
</form>
<span>     </span>
<button>显示隐藏元素</button>
<script type="text/javascript">
//在一些浏览器中，隐藏元素也包含 <head>、<title>、<script>等元素
//获取隐藏元素但排除<script>
var hiddenEls = $("body").find(":hidden").not("script");
$("span:first").text("找到" + hiddenEls.length + "个隐藏元素");
$("span:last").text("找到" + $("input:hidden").length + "个表单隐藏域");
//为可见的按钮元素关联事件处理代码
$("div:visible").click(function () {
    $(this).css("background", "yellow");
});
//为按钮关联事件处理代码，显示隐藏页面元素
$("button").click(function () {
    $("div:hidden").show("fast");
});
</script>
</body>
</html>
```

示例的实现过程如以下步骤所示。

（1）在 HTML 中添加了 display:none 的隐藏的 DIV 元素及几个隐藏的表单域。

（2）首先查找<body>区中所有为 hidden 的元素，但是过滤掉<script>标签，因为一些浏览器会将<script>当作隐藏元素看待。

（3）显示找到的隐藏元素个数，同时显示表单隐藏域的个数。

（4）为显示的元素，也就是可见的元素关联单击事件，使之单击时改变元素的背景色。

（5）为按钮关联单击事件，在按钮被单击后会显示隐藏的元素。

示例运行后，首先显示了隐藏的元素个数，同时单击已显示的元素时，会改变背景色。如果单击按钮，将会动画显示出已经隐藏的元素，如图 10.7 所示。

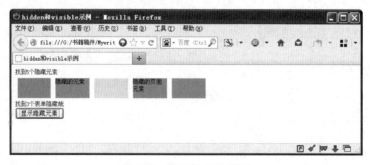

图 10.7　可见性元素示例

4．属性过滤器

属性过滤器可以根据 HTML 元素的属性或属性值来选择元素，它包含如表 10.6 所示的属性过滤规则。

表 10.6　属性过滤器规则列表

名　　称	说　　明	举　　例
[attribute]	匹配包含给定属性的元素	查找所有含有 id 属性的 div 元素:$("div[id]")
[attribute=value]	匹配给定的属性是某个特定值的元素	查找所有 name 属性是 newsletter 的 input 元素 :$("input[name='newsletter']").attr("checked", true);
[attribute!=value]	匹配给定的属性是不包含某个特定值的元素	查找所有 name 属性不是 newsletter 的 input 元素:$("input[name!='newsletter']").attr("checked", true);
[attribute^=value]	匹配给定的属性是以某些值开始的元素	$("input[name^='news']")
[attribute$=value]	匹配给定的属性是以某些值结尾的元素	查找所有 name 以 'letter' 结尾的 input 元素:$("input[name$='letter']")
[attribute*=value]	匹配给定的属性是以包含某些值的元素	查找所有 name 包含'man'的 input 元素:$("input[name*='man']")
[attributeFilter1][attributeFilter2][attributeFilterN]	复合属性选择器，需要同时满足多个条件时使用	找到所有含有 id 属性，并且它的 name 属性是以 man 结尾的:$("input[id][name$='man']")

可以看到，这些属性过滤器规则使得用户可以灵活地通过 HTML 的元素属性来选择所需要的元素。新建一个 jQueryDemo9.html 的网页，在网页上放几个 DIV 元素，有的指定 id 属性，有的不指定，常见的属性过滤器示例如代码 10.7 所示：

代码 10.7　属性过滤器示例

```
<!DOCTYPE html PUBLIC "-//W3C//DTD XHTML 1.0 Transitional//EN"
"http://www.w3.org/TR/xhtml1/DTD/xhtml1-transitional.dtd">
<html xmlns="http://www.w3.org/1999/xhtml">
<head>
<meta http-equiv="Content-Type" content="text/html; charset=utf-8" />
<title>属性选择器示例</title>
<script type="text/javascript" src="js/jquery-1.8.0.js"></script>
</head>

<body>
 <div id="hey">具有 id 属性 hey 的元素</div>
 <div id="there">具有 id 属性 there 的元素</div>
 <div id="adobe">具有 id 属性 adobe 的元素</div>
 <div>无 id 属性</div>
 <script type="text/javascript">
     $("div[id]").css("background","#0F0");  //具有 id 属性的元素的背景色
        $('div[id="hey"]').css("font-size","14px");//id 属性为 hey 元素的字体
        $('div[id!="hey"]').css("font-size","16px");//id 属性不为 hey 元素的字体
        $('div[id^="the"]').css("color","#090");//id 属性以 the 开头的前景色
        $('div[id$="be"]').css("color","#C00");//id 属性以 be 结束的前景色
        $('div[id*="er"]').css("color","#360");//id 属性值中包含 er 的前景色
 </script>
</body>
</html>
```

在代码中定义了 4 个 DIV 元素，其中 3 个具有 id 属性值，一个没有指定 id 属性，在 jQuery 代码中，通过属性过滤器对 id 属性值进行过滤，比如对于具有 id 属性的 DIV 会设

置背景色，对于 id 属性值按等于、不等于、前缀、后缀及包含进行匹配，从而应用不同的
CSS 样式以呈现格式化的效果。

5．子元素过滤器

子元素过滤器可以轻松地获取父元素中指定的某个子元素，比如父元素下的第一个子
元素或最后一个子元素，或者是父元素下特定位置的子元素。子元素过滤器规则如表 10.7
所示。

表 10.7　子元素过滤器规则列表

名　　　称	说　　　明	举　　　例
:nth-child(index/ even/odd/equation)	匹配其父元素下的第 N 个子或奇偶元素 ':eq(index)'只匹配一个元素，而这个将为每一个父元素匹配子元素。:nth-child 是从 1 开始的，而:eq()是从 0 算起的！ 可以使用: nth-child(even) :nth-child(odd) :nth-child(3n) :nth-child(2) :nth-child(3n+1) :nth-child(3n+2)	在每个 ul 查找第 2 个 li:$("ul li:nth-child(2)")
:first-child	匹配第一个子元素 ':first'只匹配一个元素，而此选择符将为每个父元素匹配一个子元素	在每个 ul 中查找第一个 li:$("ul li:first-child")
:last-child	匹配最后一个子元素 ':last'只匹配一个元素，而此选择符将为每个父元素匹配一个子元素	在每个 ul 中查找最后一个 li: $("ul li:last-child")
:only-child	如果某个元素是父元素中唯一的子元素，那么将会被匹配 如果父元素中含有其他元素，将不会被匹配	在 ul 中查找是唯一子元素的 li:$("ul li:only-child")

nth-child 可以匹配指定位置的子元素，也可以匹配奇偶位置的元素。eq(index)表示仅
匹配一个元素，下标从 0 开始。first_child、last-child 和 only-child 分别匹配第一个、最后
一个和唯一子元素，新建一个名为 jQueryDemo10.html 的网页，在网页中添加一个 HTML
表格，下面来演示如何使用子元素过滤选择器来选中表格中的单元格，如代码 10.8 所示：

代码 10.8　子元素过滤器示例

```
<!DOCTYPE html PUBLIC "-//W3C//DTD XHTML 1.0 Transitional//EN"
"http://www.w3.org/TR/xhtml1/DTD/xhtml1-transitional.dtd">
<html xmlns="http://www.w3.org/1999/xhtml">
<head>
<meta http-equiv="Content-Type" content="text/html; charset=utf-8" />
<title>子元素过滤器示例</title>
<style type="text/css">
table
  {
 border-collapse:collapse;
  }

table,th, td
  {
 border: 1px solid black;
```

```
   font-size:9pt;
   }

</style>
<script type="text/javascript" src="js/jquery-1.8.0.js"></script>
</head>
<!--添加 5 列 4 行的表格-->
<body><table width="600" border="0">
  <tr>
    <td> </td>
    <td> </td>
    <td> </td>
    <td> </td>
  </tr>
  <tr>
    <td> </td>
    <td> </td>
    <td> </td>
    <td> </td>
  </tr>
  <tr>
    <td> </td>
    <td> </td>
    <td> </td>
    <td> </td>
  </tr>
  <tr>
    <td> </td>
    <td> </td>
    <td><p>张三两</p></td>
    <td> </td>
  </tr>
  <tr>
    <td> </td>
    <td> </td>
    <td> </td>
    <td> </td>
  </tr>
</table>
<script type="text/javascript">
    $("tr td:nth-child(2)").css("background","#090");
                                        //让表格单元格第 2 列显示绿色背景
    $("tr td:nth-child(even)").css("background","#CCC");//奇数单元格显示灰色
    $("tr td:nth-child(odd)").css("background","#9F0");//偶数单元格显示淡绿
    $("table tr:first-child").css("background","#F00");
                                        //让表格第一行显示红色背景
    $("table tr:last-child").css("background","#99F");
                                        //让表格最后一行显示紫色背景
    $("td p:only-child").css("background","#0F0");
                                        //单元格中含有唯一元素<p>的背景设置

</script>
</body>
</html>
```

可以看到，通过应用子元素过滤器，可以灵活地控制表格单元格的显示背景，运行效果如图 10.8 所示。

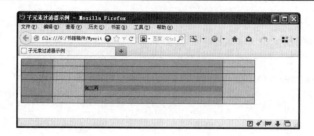

图 10.8　子元素过滤器示例运行效果

6. 表单对象属性过滤器

这种类型的过滤器可以根据表单中某对象的属性特征来获取表单元素，比如表单元素的 enabled、disabled、selected 及 checked 属性。其过滤规则如表 10.8 所示。

表 10.8　表单对象属性过滤器规则列表

名称	说　　明	解　　释
:enabled	匹配所有可用元素	查找所有可用的 input 元素: $("input:enabled")
:disabled	匹配所有不可用元素	查找所有不可用的 input 元素: $("input:disabled")
:checked	匹配所有被选中元素（复选框、单选按钮等,不包括 select 中的 option）	查找所有选中的复选框元素: $("input:checked")
:selected	匹配所有选中的 option 元素	查找所有选中的选项元素: $("select option:selected")

新建一个名为 jQueryDemo11.html 的网页，在该网页上构建一个表单界面，通过使用表单属性过滤器可以灵活地从这个表单中获取需要的表单元素，如示例代码 10.9 所示：

代码 10.9　子元素过滤器示例

```
<!DOCTYPE html PUBLIC "-//W3C//DTD XHTML 1.0 Transitional//EN"
"http://www.w3.org/TR/xhtml1/DTD/xhtml1-transitional.dtd">
<html xmlns="http://www.w3.org/1999/xhtml">
<head>
<meta http-equiv="Content-Type" content="text/html; charset=utf-8" />
<title>表单对象属性过滤器示例</title>
<style type="text/css">
body,td,th {
    font-size: 9pt;
}
</style>
</head>
<script type="text/javascript" src="js/jquery-1.8.0.js"></script>
<body>
<form id="form1" name="form1" method="post" action="">
  <table width="600" border="0">
    <tr>
      <th scope="row">姓名: </th>
      <td><label for="txtName"></label>
      <input type="text" name="txtName" id="txtName" /></td>
    </tr>
    <tr>
      <th scope="row">性别: </th>
      <td><input name="radio" type="radio" id="rbnan" value="rbnan" checked=
      "checked" />男
```

```
          <input type="radio" name="radio" id="rbnv" value="rbnv" />
        <label for="rbnv">女</label></td>
    </tr>
    <tr>
      <th scope="row">学历: </th>
      <td><label for="idxuedl"></label>
        <select name="idxuedl" id="idxuedl">
          <option value="博士">博士</option>
          <option value="大学" selected="selected">大学</option>
          <option value="大专">大专</option>
          <option value="中专">中专</option>
          <option value="高中">高中</option>
          <option value="小学">小学</option>
      </select></td>
    </tr>
    <tr>
      <th scope="row">用户名: </th>
      <td><label for="idusername"></label>
      <input name="idusername" type="text" disabled="disabled" id=
      "idusername" /></td>
    </tr>
    <tr>
      <th scope="row">密码: </th>
      <td><label for="idpassword"></label>
      <input name="idpassword" type="password" disabled="disabled" id=
      "idpassword" /></td>
    </tr>
    <tr>
      <th scope="row"> </th>
      <td><input type="submit" name="idsubmit" id="idsubmit" value="提交" />
      <input type="reset" name="idreset" id="idreset" value="重置" /></td>
    </tr>
    <tr>
      <th scope="row"> </th>
      <td><input type="button" name="idchangepassword" id="idchangepassword"
      value="更改密码" />
      <input type="button" name="idchangeusername" id="idchangeusername"
value="更改用户" /></td>
    </tr>
  </table>
</form>
<script type="text/javascript">
  $("input:enabled").css("background","#FFF");     //已启用控件的背景色设置
  $("input:disabled").css("background","#CFF");     //已禁用控件的背景色设置
  $("input:checked").click(                       //选中的单选按钮的事件关联
    function(){
      alert("我被选中了");
    }
  );
  $("select option:selected").css("background","#FF0");//选中的列表框背景变色
</script>
</body>
</html>
```

　　在示例中，构建了一个表单输入界面，用来输入人事的相关信息，其中用户名和密码框被设置为禁用，可以看到在表单中包含了单选按钮、列表框、按钮及文本框。在页面底部的 jQuery 代码将根据表单属性过滤器对表单中的元素进行外观设置，对启用状态的控件

设置白色的背景色，对于禁用的控件设置淡蓝色的背景，对于被选中的单选按钮关联了事件处理代码，对于被选中列表项设置了背景色，运行效果如图 10.9 所示。

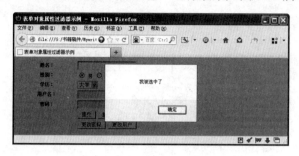

图 10.9　表单对象属性过滤器运行效果

10.3.4　表单选择器

表单选择器是 jQuery 为表单量身定制的一套选择器。由于表单在网页中的作用日益重要，因此为了方便高效地选择表单，可以使用 jQuery 表单选择器轻松地选择表单中的元素。表单选择器规则如表 10.9 所示。

表 10.9　表单选择器规则列表

名　　称	说　　明	解　　释
:input	匹配所有 input, textarea，select 和 button 元素	查找所有的 input 元素: $(":input")
:text	匹配所有的文本框	查找所有文本框: $(":text")
:password	匹配所有密码框	查找所有密码框: $(":password")
:radio	匹配所有单选按钮	查找所有单选按钮
:checkbox	匹配所有复选框	查找所有复选框: $(":checkbox")
:submit	匹配所有提交按钮	查找所有提交按钮: $(":submit")
:image	匹配所有图像域	匹配所有图像域: $(":image")
:reset	匹配所有重置按钮	查找所有重置按钮: $(":reset")
:button	匹配所有按钮	查找所有按钮: $(":button")
:file	匹配所有文件域	查找所有文件域: $(":file")

这些过滤器使得用户可以一次性地选择一个或多个表单元素，例如可以使用下面的代码一次性选中所有的表单 input 元素：

```
$(":input");          //获取表单中所有的 input 元素
```

新建一个名为 jQueryDemo12.html 的网页，复制代码 10.9 中的表单元素，然后使用如下的代码来演示如何通过表单选择器设置指定的表单元素，如代码 10.10 所示：

代码 10.10　表单选择器示例

```
<script type="text/javascript">
  $(":input").css("background","#FFC");       //设置所有 input 元素的背景色
  $(":text").hide(3000);                      //隐藏所有文本框对象
  $(":text").show(3000);                      //显示所有文本框对象
  $(":password").hide(3000);                  //隐藏所有文本框对象
```

```
    $(":password").show(3000);              //显示所有密码框对象
    $(":button").css("font-weight","bold"); //显示按钮对象的字体
    $(":radio").css("background","#0F0");   //设置单选按钮的背景色
</script>
```

可以看到，通过使用各种表单选择器，可以灵活选择 HTML 表单中特定的表单元素，以便为元素应用各种特效。比如在示例中将 input 中 type="text"的文本输入框先进行隐藏，然后动画般地显示出来。总而言之，有了这些表单选择器，可以大大加速编写表单程序的能力。

10.4　操作网页文档

jQuery 提供了一套强大的工具来操作网页文档，也就是 DOM 对象，只需要简单的几行代码就能为网页带来非常生动的效果。在介绍 JavaScript 语言时曾经介绍过，网页实际上就是由多个 DOM 对象组成的一棵文档对象树，通过使用 jQuery 提供的方法可以灵活地对 DOM 对象树进行操作，比如可以修改页面内容、插入页面元素等。

10.4.1　修改元素属性

要想修改 DOM 元素，必须首先通过 10.3 节中介绍的 jQuery 选择器来选中元素。jQuery 允许用户在选择的结果集上进行进一步的操作，让页面具有吸引人的效果。DOM 元素可操作的最基本的部分是元素的属性和特性，比如可以通过更改<div>标签的 innerHTML 来更改在 DIV 元素中可显示的 HTML 内容。为了获取某个具体元素的具体属性，可以使用 attr()方法，与之相应的 removeAttr()方法可以轻松删除某一指定的属性。

获取元素属性的 attr 方法语法如下所示。

```
$(selector).attr(attribute)
```

selector 表示 jQuery 的选择器，attribute 指示要获取的属性名称。下面新建一个名为 jQueryDemo13.html 的网页，在该网页上放置一幅图像，然后通过如下所示的 jQuery 代码来获取这幅图像的属性信息，如代码 10.11 所示：

代码 10.11　使用 attr 获取属性信息

```
<!DOCTYPE html PUBLIC "-//W3C//DTD XHTML 1.0 Transitional//EN"
"http://www.w3.org/TR/xhtml1/DTD/xhtml1-transitional.dtd">
<html xmlns="http://www.w3.org/1999/xhtml">
<head>
<meta http-equiv="Content-Type" content="text/html; charset=utf-8" />
<title>操作 DOM 元素</title>
<style type="text/css">
body,td,th {
    font-size: 9pt;
}
</style>
<script type="text/javascript" src="js/jquery-1.8.0.js"></script>
</head>
```

```
<body>
<!--添加一幅图像-->
<img src="image/switchpic1.gif" width="200" height="200" id="img1" />
<div id="idImg"></div>
<script type="text/javascript">
   //获取图像的 src 属性
   var imginfo=$("#img1").attr("src");
   imginfo+="<br/>";
   //获取图像的宽度属性
   imginfo+="图像的宽度："+$("#img1").attr("width");
   imginfo+="<br/>";
   //获取图像的高度属性
   imginfo+="图像的高度："+$("#img1").attr("height");
   //将结果输出到 div 中
   $("#idImg").html(imginfo);
</script>
</body>
</html>
```

在 HTML 中放置了一幅图片，可以看到在 JQuery 代码中，通过选择的元素的 attr 方法，获取了<img>元素的 src、width 和 height 属性，显示结果如图 10.10 所示。

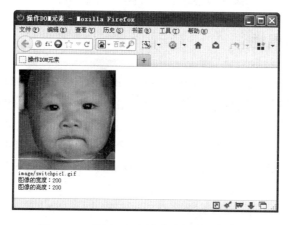

图 10.10　使用 attr 方法获取图片属性信息

除了获取 DOM 对象的属性之外，使用 attr 方法，还可以很轻松地修改属性值，修改语法如下所示。

```
$(selector).attr(attribute,value)
```

其中 attribute 用来指定属性的名称，value 用来指定属性的值。下面在代码 10.11 的基础上添加了一个按钮，当这个按钮被单击时将更改显示的图像和大小，代码如下所示。

```
<input name="idmodify" type="button" id="idmodify" value="修改图像" />
   …..
   //按钮被单击时更改元素属性
   $("#idmodify").click(
     function(){
         $("#img1").attr("src","image/switchpic2.gif");      //更改显示的图像
         $("#img1").attr("width","400");                      //更改宽度
         $("#img1").attr("height","400");                     //更改高度
     });
```

当"修改图像"按钮被单击之后，将执行一个匿名函数，这个函数内部调用 attr 方法来修改显示的图像和图像的宽度与高度。

还可以通过函数来设置属性和值，基本语法如下：

```
$(selector).attr(attribute,function(index,oldvalue))
```

其中 attribute 用于指定要进行修改的属性名称。function(index,oldvalue)规定返回属性值的函数，该函数可接收并使用选择器的 index 值和当前属性值，也就是说可以对选择器返回的集合中的特定索引元素来设置属性值。oldvalue 表示属性的当前值。例如要动态更改图像的宽度，也可以为按钮应用如下的语句：

```
<input name="idmodify2" type="button" id="idmodify2" value="修改图像宽度" />
 …..
 $("#idmodify2").click(
    function(){
        //通过函数修改元素的宽度
        $("#img1").attr("width",function(n,v){
            return v-100;                 //在当前宽度基础上减少 100
        });
    });
```

可以看到，在 attr 中内置了一个函数，函数的参数 n 表示的是元素的 index，而 v 是宽度属性的原始值，通过 v-100，即可得到宽度减 100 之后的值。通过函数，还可以添加一些其他的逻辑，这样为属性的设置提供了更多的灵活性。

如果要删除一个元素的属性，可以使用 removeAttr 方法，语法如下：

```
$(selector).removeAttr(attribute)
```

其中 attribute 指定要删除的属性 id，例如要删除高度属性，可以使用如下的语句：

```
$("#idmodify3").click(
    function(){
    $("#img1").removeAttr("height");  //移除高度设置，保持图像默认的高度
    }
);
```

可以看到，当图像的高度属性被移除后，将保持图像默认的高度。

注意：删除一个属性会将属性的值发生改变，不会从 JavaScript DOM 元素中删除任何对应的属性。

10.4.2　设置元素内容

在 JavaScript 中，可以通过 innerHTML 方法设置元素显示的 HTML 内容。通过 innerText 可以获取和设置元素的文本内容。在 jQuery 中提供了 html 和 text 方法用来设置或获取元素的内容。

html 函数将会改变所匹配的 HTML 元素的内容，它是 innerHTML 的替换版本，如果在 html 方法中指定 HTML 内容表示用来设置 HTML，否则可以使用 html()获取当前页面元素的 HTML 内容。获取 HTML 内容的语法如下所示：

```
$(selector).html()
```

为元素设置 HTML 内容的语法如下所示：

```
$(selector).html(content)
```

其中 content 指定要设置 HTML 内容的字符串，与属性的设置类似，设置 HTML 内容还可以使用函数，语法如下所示：

```
$(selector).html(function(index,oldcontent))
```

函数中的 index 保存选择器的 index 位置，oldcontent 用来保存当前元素中的 HTML 内容。

新建一个名为 jQueryDemo14.html 的网页，在该网页中放置两个<p>标签，添加一些段落文本，然后编写如下所示的 jQuery 代码，演示如何获取和设置 HTML 内容，如代码 10.12 所示：

代码 10.12　获取和设置 HTML 内容

```html
<!DOCTYPE html PUBLIC "-//W3C//DTD XHTML 1.0 Transitional//EN"
"http://www.w3.org/TR/xhtml1/DTD/xhtml1-transitional.dtd">
<html xmlns="http://www.w3.org/1999/xhtml">
<head>
<meta http-equiv="Content-Type" content="text/html; charset=utf-8" />
<title>获取和设置 HTML 内容</title>
<style type="text/css">
body,td,th,input {
    font-size: 9pt;
}
</style>
<script type="text/javascript" src="js/jquery-1.8.0.js"></script>
<script type="text/javascript">
  $(document).ready(function(){
      //获取并显示段落一中的 HTML 内容
      $("#btnget").click(function(){
        var p1=$("p").first().html();
        $("textarea").html(p1);
      });
      //设置段落二中的 HTML 内容
      $("#btnset").click(function(){
          $("p").next(this).html($("#txtHTML").html());
      });
});
</script>
</head>
<body>
<p>这是一个<strong>HTML</strong><font color="#FF0000"><b>段落</b></font>
</p>
<p>欢迎进入小乐的网上家园！</p>
<input name="btnget" type="button" id="btnget" value="获取 HTML 内容" />
<input name="btnset" type="button" id="btnset" value="设置 HTML 内容" />
<br />
<label for="idHTML"></label>
<label for="txtHTML"></label>
<textarea name="txtHTML" id="txtHTML" cols="45" rows="5"></textarea>
</body>
</html>
```

在<body>区中添加了两个<p>标签用来设置 HTML 内容。两个按钮分别用来获取和设置 HTML 内容，一个<textarea>将显示获取的 HTML 内容。jQuery 的 read()事件是在 DOM 元素加载完成之后触发的，类似于<body>标签的 onload 事件，在页面加载事件中，为 btnget 按钮添加 click 事件处理代码，当按钮被单击后，通过 html()方法获取第一个<p>标签中的 HTML 内容，然后调用<textarea>的 html(content)方法将第一个<p>标签中的 HTML 内容显示在多行文本框中。btnset 按钮的单击事件处理代码用来将第一个段落中的 HTML 字符串作为第 2 个段落的 HTML 内容，运行效果如图 10.11 所示。

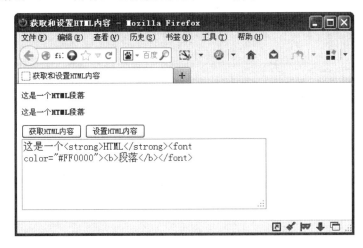

图 10.11　获取和设置 HTML 内容示例效果

另一个与 html 类似的方法是 text 方法，该方法用于获取和设置元素的文本内容。新建一个名为 jQueryDemo15.html 的网页，复制代码 10.12 中的<body>部分的内容。下面来看一下将 html 方法替换为 text 方法之后的差异，如代码 10.13 所示：

代码 10.13　获取和设置文本内容

```
<script type="text/javascript" src="js/jquery-1.8.0.js"></script>
<script type="text/javascript">
  $(document).ready(function(){
    //获取并显示段落一中的文本内容
    $("#btnget").click(function(){
      var p1=$("p").first().text();
      $("textarea").text(p1);
    });
    //设置段落二中的文本内容
    $("#btnset").click(function(){
        $("p").next(this).text($("p").first().text());
    });
  });
</script>
</head>
```

代码仅仅是将 html 方法替换为 text 方法，替换之后，可以看到 text 方法仅仅是获取对象的文本内容，而不会提取其中的 HTML 代码，因此在文本域中的显示如图 10.12 所示。

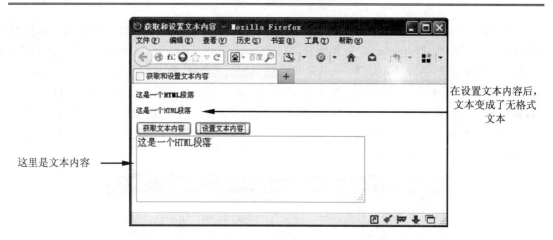

图 10.12　使用 text 方法获取文本内容运行效果

10.4.3　动态创建内容

除了更改 DOM 元素的属性和内容之外，在 DOM 中创建节点元素能为页面添加动态的内容，是动态网站设计时非常有用的一种实现方式。创建节点使用工厂函数$()来实现，其语法如下：

```
$(html)
```

其中参数 html 是要动态创建的 HTML 标记，它会动态创建一个 DOM 对象，但是这个 DOM 对象并没有添加到 DOM 对象树中，需要使用 append 方法，其语法如下：

```
$(selector).append(content)
```

其中 selector 选择器指定要添加到的目标位置的选择器；content 既可以是一段 HTML 标签字符串，也可以是由$()工厂函数已经创建好的动态的 DOM 对象。

下面新建一个名为 **jQueryDemo16.html** 的网页，在该网页中添加一个按钮，当用户单击这个按钮时将动态地向网页中添加网页内容，如代码 10.14 所示：

代码 10.14　动态添加页面内容

```
<!DOCTYPE html PUBLIC "-//W3C//DTD XHTML 1.0 Transitional//EN"
"http://www.w3.org/TR/xhtml1/DTD/xhtml1-transitional.dtd">
<html xmlns="http://www.w3.org/1999/xhtml">
<head>
<meta http-equiv="Content-Type" content="text/html; charset=utf-8" />
<title>动态创建节点</title>
<script type="text/javascript" src="js/jquery-1.8.0.js"></script>
<script type="text/javascript">
  $(document).ready(function(e) {
    $("#idappend").click(
      function(){
        //使用工厂函数添加动态节点
        var div1=$("<div id='idwelcome'>欢迎进入小乐的网站，这是使用工厂函数
动态生成的元素</div>");
        //调用 append 将动态 DOM 对象添加到页面上
```

```
                $("body").append(div1);
                //向 div 中动态插入页面内容。
                $("#idwelcome").append("<br/><b>小乐网站欢迎大家进来</b/>");
            }
        )
});
</script>
</head>
<body>
<!--单击该按钮将产生动态 DOM 内容-->
<input type="button" name="idappend" id="idappend" value="动态添加节点" />
</body>
</html>
```

在 jQuery 代码部分，通过关联页面的 DOM 准备事件来为按钮 idappend 关联事件处理代码。当按钮被单击之后，首先使用工厂函数构建了一个 DIV 元素，然后调用 append 将这个动态创建的 DOM 对象添加到页面主体区中，最后一行代码直接在 append 语句的后面添加了一行 HTML 代码，用来向动态添加的 DIV 元素内部插入文本内容。页面运行效果如图 10.13 所示。

图 10.13　动态添加节点内容运行效果

10.4.4　动态插入节点

动态创建的节点必须要添加到 DOM 元素树中，才能正常地在网页上显示。要向页面上动态插入节点，除了 append 方法之外，还有 appendTo、insertAter、insertBefore、prepend、prependTo 等方法，可以向页面上动态插入 DOM 对象的方法如表 10.10 所示。

表 10.10　动态插入方法列表

方 法 名 称	方 法 描 述
append()	方法在被选元素的结尾（仍然在内部）插入指定内容
appendTo()	方法在被选元素的结尾（仍然在内部）插入指定内容
prepend()	方法在被选元素的开头（仍位于内部）插入指定内容
prependTo()	方法在被选元素的开头（仍位于内部）插入指定内容
after()	在被选元素后插入指定的内容
before()	在被选元素前插入指定的内容
insertAfter()	把匹配的元素插入到另一个指定的元素集合的后面
insertBefore()	把匹配的元素插入到另一个指定的元素集合的前面

可以看到 append 和 appendTo，以及 prepend 和 prependTo 具有相同的功能，不同之处

在于内容和选择器的位置。为更好地帮助理解这些方法的使用，下面新建一个名为 jQueryDemo17.html 的网页，在该网页中将分别演示如何使用这几种方法向网页中插入节点，如代码 10.15 所示：

代码 10.15　动态插入节点

```
<!DOCTYPE html PUBLIC "-//W3C//DTD XHTML 1.0 Transitional//EN"
"http://www.w3.org/TR/xhtml1/DTD/xhtml1-transitional.dtd">
<html xmlns="http://www.w3.org/1999/xhtml">
<head>
<meta http-equiv="Content-Type" content="text/html; charset=utf-8" />
<title>动态插入节点</title>
<style type="text/css">
body,td,th,input {
    font-size: 9pt;
}
</style>
<script type="text/javascript" src="js/jquery-1.8.0.js"></script>
<script type="text/javascript">
  $(document).ready(function(e) {
    $("#idAppend").click(
        function(){
            //追加内容
            $("#idcontent").append("<b>欢迎来到小乐的小家, 这是使用 append 方法显
            示的内容</b><br/>");
        }
    );
    $("#idappendTo").click(
        function(){
            //追加内容, 语法与 append 颠倒
            $("<b>欢迎来到小乐的小家, 这是使用 appendTo 方法显示的内容</b><br/>")
            .appendTo("#idcontent");
        }
    );
    $("#idpredend").click(
        function(){
            //插入前置内容
            $("#idcontent").prepend("<b>欢迎来到小乐的小家,这是使用 prepend 方法
            显示的内容</b><br/>");
        }
    );
    $("#idpredendTo").click(
        function(){
            //在元素中插入前缀元素, 与 prepend 的操作语法颠倒
            $("<b>欢迎来到小乐的小家, 这是使用 prependTo 方法显示的内容</b><br/>")
            .prependTo("#idcontent");
        }
    );
    $("#idbefore").click(
        function(){
            //在指定元素的前面插入内容
            $("#idcontent").before("<b>欢迎来到小乐的小家,这是使用 before 方法显
            示的内容</b><br/>");
        }
    );
    $("#idafter").click(
        function(){
```

```
            //在指定元素的后面插入内容
            $("#idcontent").after("<b>欢迎来到小乐的小家,这是使用 after 方法显示
            的内容</b><br/>");
        }
    );
    $("#idinsbefore").click(
        function(){
            //在指定元素前面插入内容,与 before 语法颠倒
            $("<b>欢迎来到小乐的小家,这是使用 insertBefore 方法显示的内容</b>
            <br/>").insertBefore("#idcontent");
        }
    );
    $("#idinsafter").click(
        function(){
            //在指定元素的后面插入内容,与 after 的语法颠倒
            $("<b>欢迎来到小乐的小家,这是使用 insertAfter 方法显示的内容</b>
            <br/>").insertAfter("#idcontent");
        }
    );
});
</script>
</head>
<body>
<div id="idbtn">
<input type="button" name="idAppend" id="idAppend" value="append 方法" />
 
<input type="button" name="idappendTo" id="idappendTo" value="appendTo 方
法" />
 
<input type="button" name="idpredend" id="idpredend" value="predend 方法" />
 
<input type="button" name="idpredendTo" id="idpredendTo" value="predendTo
方法" />
 
<input type="button" name="idbefore" id="idbefore" value="before 方法" />
 
<input type="button" name="idafter" id="idafter" value="after 方法" />
 
<input         type="button"        name="idinsbefore"         id="idinsbefore"
value="insertBefore 方法" />
 
<input type="button" name="idinsafter" id="idinsafter" value="insertAfter
方法" />
</div>
<div id="idcontent">欢迎来到乐乐宝的家园,不同的按钮将具有不同的插入位置哦
<br/></div>
</body>
</html>
```

代码的实现如下步骤所示。

(1)在 HTML 页面的<body>区中,添加了 8 个按钮。这 8 个按钮将分别用来演示不同方法的执行情况。在代码的后面放置了一个名为 idcontent 的 DIV 元素,插入方法将以这个 DIV 元素为目标进行插入。

(2)在页面加载事件(或者称为页准备事件)中,依次向各个按钮关联事件处理代码,通过代码可以发现一些方法的调用语法仅仅只是另一种方法的颠倒语法的版本,比如

appendTo、prependTo、insertAfter 或 insertBefore 等。

当代码运行之后，单击不同的按钮，可以看到它在原来 DIV 元素周围的呈现情况。通过使用该示例可以了解到这些插入方法具体的插入位置，如图 10.14 所示。

图 10.14　动态插入元素运行效果

10.4.5　动态删除节点

除了动态添加节点之外，jQuery 还提供了如下两个可以用来从 DOM 元素树中移除节点的方法。

- ❑ remove()方法：用来删除指定的 DOM 元素，它会将节点从 DOM 元素树中移除，但是会返回一个指向 DOM 元素的引用，因此它并不是真正地将元素彻底删除，可以通过这个引用来继续操作元素。

- ❑ empty()方法：该方法将也不会删除节点，只是清空节点中的内容，DOM 元素依然保持在 DOM 元素树中。

为了演示删除节点方法的应用，下面新建一个名为 jQueryDemo18.html 的网页，在该网页内部添加几个 DIV 元素，然后演示如何使用 remove 和 empty 来删除节点，如代码 10.16 所示：

代码 10.16　删除 DOM 节点

```html
<!DOCTYPE html PUBLIC "-//W3C//DTD XHTML 1.0 Transitional//EN"
"http://www.w3.org/TR/xhtml1/DTD/xhtml1-transitional.dtd">
<html xmlns="http://www.w3.org/1999/xhtml">
<head>
<meta http-equiv="Content-Type" content="text/html; charset=utf-8" />
<title>删除节点</title>
<style type="text/css">
body,td,th,input {
    font-size: 9pt;
}
</style>
<script type="text/javascript" src="js/jquery-1.8.0.js"></script>
<script type="text/javascript">
  $(document).ready(function(e) {
  $("#btnremove").click(
      function(){
        var id1=$("#idtip").remove();        //移除 DOM 对象
        $("body").append(id1);               //重新添加已被移除的 DOM 对象
```

```
    });
    $("#btnempty").click(
        function(){
        var id1=$("#idsenc").empty();            //清除 DOM 对象
        //重新添加 DOM 对象的内容
        id1.append("这是重新添加的内容哦，原来的内容已被清除了！");
    });
});
</script>
</head>
<body>
<div id="idwelcome">欢迎来到乐乐宝的网上家园<br/></div>
<div id="idtip"><b>来的都是客人哦</b><br/></div>
<div id="idsenc"><b>有空可以联系我哦</b><br/></div>
<div><input name="btnremove" type="button" id="btnremove" value="remove
方法" />
 
<input name="btnempty" type="button" id="btnempty" value="empty 方法" />
</div>
</body>
</html>
```

在 HTML 的<body>区中，添加了 3 个<div>元素和 2 个按钮，btnremove 将演示 remove 方法的使用，btnempty 将演示 empty 方法的使用。可以看到在 jQuery 代码部分，remove 方法会返回一个对已删除的对象的引用，它会将对象从 DOM 对象树中移除，但是通过 append 方法，又将对象添加到了 idwelcome 对象的尾部；empty 方法会清除元素的内容，通过向其中追加内容，它会在原来的位置显示新追加的内容，运行效果如图 10.15 所示。

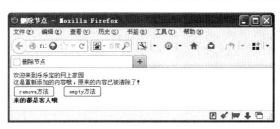

图 10.15　删除对象示例效果

10.4.6　复制节点

有时候，需要将某个元素复制一份副本，比如在编写鼠标拖动的网页时，可能需要对某幅图像进行复制并跟随鼠标，以达到拖放的效果。在 jQuery 中提供了 clone 方法允许用户复制一个 DOM 对象。

clone 方法的语法如下所示。

```
$(selector).clone(includeEvents)
```

includeEvents 参数是可选择的，表示是否要复制对当前对象的事件处理，如果不指定任何参数，表示不复制事件，如果传入一个布尔参数 true，表示复制事件处理。

新建一个 jQueryDemo19.html 的网页，在该网页放置两个 DIV 元素，在第一个 DIV 中添加一个用来复制的按钮对象，并且为之关联事件处理代码，然后添加两个按钮分别演示 clone 与 clone(true)语法的使用效果，如代码 10.17 所示：

代码 10.17　复制 DOM 节点

```
<!DOCTYPE html PUBLIC "-//W3C//DTD XHTML 1.0 Transitional//EN"
"http://www.w3.org/TR/xhtml1/DTD/xhtml1-transitional.dtd">
<html xmlns="http://www.w3.org/1999/xhtml">
<head>
<meta http-equiv="Content-Type" content="text/html; charset=utf-8" />
<title>克隆对象</title>
<style type="text/css">
body,td,th,input {
    font-size: 9pt;
}
</style>
<script type="text/javascript" src="js/jquery-1.8.0.js"></script>
<script type="text/javascript">
  $(document).ready(function(e) {
    $("#idbtn1").click(
        function(){
            //为要被复制的按钮添加事件处理代码
            alert("欢迎访问我的个人网页！");
        });
    $("#idbtnclone").click(
        function(){
            //复制对象，并添加到div2中，不带事件处理
            $("#idbtn1").clone().appendTo("#div2");
        }
    );
    $("#idbtncloneEvents").click(
        function(){
            //复制对象并添加到div2中，带事件处理句柄
            $("#idbtn1").clone(true).appendTo("#div2");
        }
    );
});
</script>
</head>
<body>
<div id="div1"><input name="idbtn1" type="button" value="单击这里查看详细"
id="idbtn1" /></div>
<div id="div2">按钮被复制到的位置：</div>
<input name="idbtnclone" type="button" value="开始复制" id="idbtnclone" />
<input name="idbtncloneEvents" type="button" value="开始复制并带事件"
id="idbtncloneEvents" />
</body>
</html>
```

由代码可以看到，idbtn1 是将要被复制的元素，会将这个元素复制到 div2 这个 DIV 元素中，idbtnclone 会进行不包含事件的复制，而 idbtncloneEvents 会复制相应的单击事件。在 jQuery 代码中分别为这 3 个按钮关联了事件处理代码，idbtn1 在按钮单击后会弹出一个警告消息框，idbtnclone 会将按钮复制一份，并使用 appendTo 方法将其添加到 div2 中，但是单击该按钮时不会触发任何事件；idbtncloneEvents 不仅会将按钮复制到 div2 中，在单击按钮时还可以触发相应的鼠标单击事件。运行效果如图 10.16 所示。

图 10.16　复制对象与对象事件示例效果

10.4.7　替换与包裹节点

对于已经存在的页面内容，jQuery 提供了相应的方法允许对内容进行替换，它们除了语法定义时的位置不同之外，其基本功能基本相同，jQuery 提供的替换语法如下所示。

```
$(selector).replaceWith(content)
```

用指定的 HTML 内容替换被选择器选中的元素，其中 selector 指定选择器，content 指定要进行替换的 HTML 内容。

```
$(content).replaceAll(selector)
```

与 replaceWith 的功能基本相同，可以看到它要替换的内容在前面，而选择器在后面。

为了演示替换函数的使用，新建一个名为 jQueryDemo20.html 的网页，在该网页中放置两个段落<p>标签，并添加两个按钮，来分别演示 replaceWith 和 replaceAll 的作用，如代码 10.18 所示：

代码 10.18　替换 DOM 节点示例

```
<!DOCTYPE html PUBLIC "-//W3C//DTD XHTML 1.0 Transitional//EN"
"http://www.w3.org/TR/xhtml1/DTD/xhtml1-transitional.dtd">
<html xmlns="http://www.w3.org/1999/xhtml">
<head>
<meta http-equiv="Content-Type" content="text/html; charset=utf-8" />
<title>替换示例</title>
<style type="text/css">
body,td,th,input {
    font-size: 9pt;
}
</style>
<script type="text/javascript" src="js/jquery-1.8.0.js"></script>
<script type="text/javascript">
 $(document).ready(function(e) {
   $("#btnreplwith").click(
     function(){
        //使用 replaceWith 方法替换选中的内容
        $("p").first().replaceWith("<b>网页设计</b>很容易,但是要设计出<strong>
        优秀的网页</strong>也需要长期的学习与努力<br/>");
     }
```

```
      );
      $("#btnreplall").click(
        function(){
            //使用 replaceAll 方法替换选中的内容
          $("如果不学习很多<strong>图像、颜色、布局、设计</strong>的知识，光会用工具也
          不能成为优秀的<b>网页设计师</b><br/>").replaceAll("p");
          }
      );
});
</script>
</head>
<body>
<p>网页设计很容易，但是要设计出优秀的网页是需要长期的学习与努力</p>
<p>网页设计要掌握的知识很多，网站设计的价值被很多快速设计工具误导了</p>
<div><input name="btnreplwith" type="button" id="btnreplwith" value="替换
replaceWith" />
   
  <input name="btnreplall" type="button" id="btnreplall" value="替换
  replaceAll" />
</div>
</body>
</html>
```

可以看到，在$(document).ready()方法中分别为两个按钮关联了事件处理代码，btnreplwith 使用 replaceWith 方法，它的选择器写在前面，将替换网页中第一个<p>标签为一行普通的文本。那么在单击 btnreplaceAll 之后，可以看到 replaceAll 会将选择器写在后面，由于此时仅剩下一个<p>标签，因此将对页面上唯一的<p>标签替换为普通的文本内容，否则如果首先单击"替换 replaceAll"，会将页面上所有的<p>标签都替换为普通的文本，替换效果如图 10.17 所示。

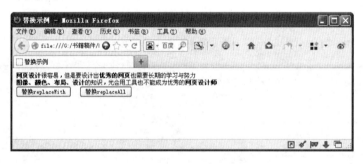

图 10.17　替换效果示例

除了替换元素之外，还可以对选中的元素进行封装，比如将<p>元素封装到<div>元素中去，以便为其应用一些特殊的效果，在不需要包裹时可以将其释放。jQuery 提供了 wrap、wrapAll、wrapInner 及 unwrap 方法用来对元素进行包裹，语法分别如下所示。

warp()方法会将被选的元素放置在指定的 HTML 内容或者是 HTML 元素中，其基本语法如下所示。

```
$(selector).wrap(wrapper)
```

其中 wrapper 是指定要用来包裹的元素，比如可以是一个<div>元素，或者是通过

document.createElement 所创建的新元素或网页上已经存在的某个元素，比如在括号中使用 $()工厂符号($(".div1"))等等，但是已经存在的元素不会被移动，会被复制一份来包裹选中的元素。

　　wrapAll()方法会在指定的 HTML 内容或者元素中放置所有被选择的元素，其语法如下所示。

```
$(selector).wrapAll(wrapper)
```

语法含义与 wrap 基本相似。

　　与 wrapAll 截然相反的是 wrapInner()方法，它会用指定的 HTML 内容或元素包裹每个被选中的元素中的所有内容，语法如下所示。

```
$(selector).wrapInner(wrapper)
```

如果要取消对元素的包裹，可以使用 unwrap()来取代其父元素，其语法如下所示。

```
$(selector).unwrap()
```

　　新建一个名为 jQueryDemo21.html 的网页，在该网页中放置 2 个段落标记<p>和 4 个按钮，分别用来演示几个包裹方法的使用，如代码 10.19 所示：

代码 10.19　包裹 DOM 节点示例

```html
<html xmlns="http://www.w3.org/1999/xhtml">
<head>
<meta http-equiv="Content-Type" content="text/html; charset=utf-8" />
<title>包裹示例</title>
<style type="text/css">
body,td,th,input {
    font-size: 9pt;
}
#divbk{
     background-color:#9FC
}
#divfk{
     background-color:#9F9
 }
</style>
<script type="text/javascript" src="js/jquery-1.8.0.js"></script>
<script type="text/javascript">
  $(document).ready(function(e) {
      //wrap 包裹示例
    $("#idwrap").click(
      function(){
          $("p").wrap(document.createElement("strong"));
      }
    );
     //包裹所有选中的元素示例
    $("#idwrapAll").click(
      function(){
          $("p").wrapAll($("#divbk"));
      }
```

```
    );
    //包裹元素中的内容示例
  $("#idwrapInner").click(
    function(){
        $("p").wrapInner($("#divfk"));
    }
  );
    //解除包裹示例
  $("#idunwrap").click(
    function(){
        $("p").unwrap();
    }
  );
});
</script>
</head>
<body>
<div id="divbk"></div>
<div id="divfk"></div>
<p>网页设计不仅要懂得网络知识，还要对编程、设计及网络基础有一定了解！</p>
<p>优秀的网页设计师需要坚持不懈的学习方能成为一代高手</p>
<div><input name="idwrap" type="button" id="idwrap" value="wrap 方法示例" />
   
  <input name="idwrapAll" type="button" id="idwrapAll" value="wrapAll 方法
  示例" />
   
  <input name="idwrapInner" type="button" id="idwrapInner" value="wrap
  Inner 方法示例" />
 
<input name="idunwrap" type="button" id="idunwrap" value="unwrap 方法示例"
/>
</div>
</body>
</html>
```

在示例代码中，对于 wrap 方法，通过 document.createElement 来创建一个新的<strong>元素进行包裹，wrapAll 方法将使用页面上已经存在的元素进行包裹，wrapInner 会对页面上选中的每个元素的内容应用 div 包裹，而 unwrap 会取消选中元素<p>的父元素包裹，运行效果如图 10.18 所示。

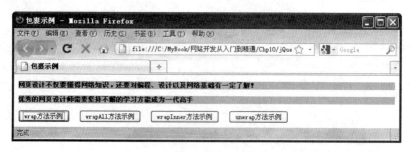

图 10.18　元素包裹示例运行效果

🔔**注意**：可以看到，当应用了 wrapInner 方法之后，由于该方法是对<p>标签里面的内容应用包裹，因此使用 unwrap 方法无法取消包裹，而其他的几个方法都是使用在<p>元素的外面进行包裹，因此 unwrap 可成功地取消包裹。

10.5　操作 DOM 事件

用户和网页之间是通过一系列的 DOM 事件来完成的，比如在进行页面加载时，浏览器会触发 onload 事件，当用户单击鼠标时，会触发 onclick 事件等。通过响应这些事件编写自己的事件处理代码就可以让用户与浏览器之间进行交互。虽然 JavaScript 提供了很多的事件处理器供网站建设人员响应事件，但是 jQuery 对于事件处理进行了进一步的增强。

10.5.1　页面加载事件

页面加载事件是指在浏览器加载网页内容完成后执行的事件，在 JavaScript 中会触发 onload 事件。jQuery 提供了更为方便的$(document).ready()方法，它取代传统的 onload 方法，提供了跨浏览器的兼容性能力。与 JavaScript 的 onload 相比，ready()方法在页面的 DOM 模型加载完毕后就会触发，而 onload 则需要等到页面中的全部元素加载到浏览器之后触发，因此在执行时间上二者有一定的不同之处。

🔔**注意**：为了能正确使用 ready 事件，必须确保<body>标签中没有定义 onload 事件，否则不会触发 ready 事件。

页面加载事件的写法有好几种，由于它仅针对本页面而触发，因此无须定义任何选择器，比较常用的页面加载事件语法如下：

```
$(document).ready(function)
```

稍微简洁一些的语法如下：

```
$().ready(function)
```

还可以直接书写为：

```
$(function)
```

其中 function 表示在页面加载时要执行的函数。在一个页面内可以同时定义多个 read() 事件处理代码，它们会在页面加载时依照定义的先后次序统一得到执行，就好像是在一个函数体内执行了多段代码一样。

在 jQueryDemo 网站中新建一个网页 jQueryDemo22.html，然后在该网页的<head>区中添加页面加载事件，用来弹出提示对话框。在<head>区中同时定义 3 个页加载事件，它们会按照定义的先后次序依次执行，如代码 10.20 所示：

代码 10.20　页加载事件示例代码

```
<!DOCTYPE html PUBLIC "-//W3C//DTD XHTML 1.0 Transitional//EN"
```

```
"http://www.w3.org/TR/xhtml1/DTD/xhtml1-transitional.dtd">
<html xmlns="http://www.w3.org/1999/xhtml">
<head>
<meta http-equiv="Content-Type" content="text/html; charset=utf-8" />
<title>页面加载事件</title>
<script type="text/javascript" src="js/jquery-1.8.0.js"></script>
<script type="text/javascript">
    //使用最简单的加载事件语法
    $(function(){
        alert("你好，这个提示框最先弹出！");
    });
    //完整的页面加载事件语法
    $(document).ready(function(e) {
        alert("这个对话框会按定义的次序在前一个对话框之后弹出！");
    });
    //第 3 种页面加载事件语法
    $().ready(function(e) {
        alert("这个对话框会在最后被弹出！");
});
</script>
</head>
<body>
</body>
</html>
```

可以看到，在页面的<head>区中分别使用 3 种不同的语法定义了页面加载事件，它们会弹出一个提示框，在网页执行时，会看到这 3 个提示框会依据定义时的顺序依次弹出，因此在一个页面中可以同时定义一个或多个 ready()事件的事件处理代码。

10.5.2　绑定事件

如果要为 DOM 元素关联一些事件，可以使用 bind()方法，该方法可以为元素添加一个或多个事件处理程序，其语法如下所示：

```
$(selector).bind(event,data,function)
```

其参数含义如下所示。

❑ event 事件名：含有一个或多个事件类型的字符串，由空格分隔多个事件。比如 click或 submit 及自定义事件名。

❑ data 数据：作为 event.data 属性值传递给事件对象的额外数据对象。

❑ function：绑定到每个匹配元素的事件上的处理函数。

在 event 事件名称中可以指定多种事件类型，比如 click、load、resize、click、dblclick、mousedown、mouseup、mousemove、mouseover 等。

🔔**注意**：与 JavaScript 的事件处理类型相比，jQuery 的事件处理类型少了 on 前缀，比如在 JavaScript 中的 onclick，在 jQuery 中为 click。

在 jQueryDemo 网站中新建一个名为 jQueryDemo23.html 的网页，在该网页上添加两个按钮，下面将演示如何通过 bind 方法来为按钮绑定事件，如代码 10.21 所示：

代码 10.21　bind 方法使用示例

```
<!DOCTYPE html PUBLIC "-//W3C//DTD XHTML 1.0 Transitional//EN"
"http://www.w3.org/TR/xhtml1/DTD/xhtml1-transitional.dtd">
<html xmlns="http://www.w3.org/1999/xhtml">
<head>
<meta http-equiv="Content-Type" content="text/html; charset=utf-8" />
<title>bind 方法使用示例</title>
<style type="text/css">
body,td,th,input {
    font-size: 9pt;
}
#content {
    /*jQuery 的 show 方法仅对 display:none 有效果*/
    display: none;
    /*设置 DIV 边框*/
    border: 1px solid #060;
}
</style>
<script type="text/javascript" src="js/jquery-1.8.0.js"></script>
<script type="text/javascript">
  $(document).ready(function(e) {
      //绑定到按钮的 click 事件，动态显示 DIV 内容
    $("#btn1").bind("click",function(){
        $("#content").show(3000);
    });
      //绑定到按钮的 click 事件，动画显示或隐藏 DIV 内容
    $("#btn2").bind("click",function(){
        //如果 DIV 当前已经显示
        if ($("#content").is(":visible")){
            //则隐藏 DIV 的显示
          $("#content").hide(1000,showColor);
        }
        else
        {
            //否则动画显示 DIV 元素
          $("#content").show(3000,showColor);
            //设置显示时的颜色为黄色，动画显示完成使用回调函数设置为绿色
            $("#content").css("background-color","yellow");
        }
    });
    });
    //动画显示时的回调函数
    function showColor()
    {
      $("#content").css("background-color","green");
    }
</script>
</head>
<body>
<input type="button" name="btn1" id="btn1" value="显示消息" /><br />
<input name="btn2" type="button" id="btn2" value="特效动画" />
<div id="content">
<pre>
$(selector).bind(event,data,function)
```

其参数含义如下所示。

　　Event 事件名：含有一个或多个事件类型的字符串，由空格分隔多个事件。比如 click 或 submit 以及自定义事件名。

```
        Data 数据：作为 event.data 属性值传递给事件对象的额外数据对象。
        Function：绑定到每个匹配元素的事件上面的处理函数。
在 event 事件名称中可以指定多种事件类型，比如 click、load、resize、click、dblclick、
mousedown、mouseup、mousemove、mouseover 等等。
</pre>
</div>
</body>
</html>
```

在<body>区中定义了两个按钮和一个 DIV 元素，这个 DIV 元素的样式设置为 display:none，让它一开始就隐藏起来。在 JQuery 代码的页加载事件中，通过 bind 函数为 btn1 绑定了 click 事件，在事件处理代码中调用 jQuery 的 show 方法动画显示 DIV 元素。同时绑定了 btn2 的 click 事件，它使用了稍微复杂一些的动画显示代码，首先判断 DIV 元素是否处于显示状态，如果已经显示则调用 hide 方法隐藏其内容，否则调用 show 方法显示内容。这里使用了 show 和 hide 的回调函数，在动画显示完成后动态更改显示的颜色。

bind 方法的使用非常简单，可以通过将 click 更改为 blur、mouseover、mousedown 等事件来改变事件的触发方式。

bind 方法还可以同时关联多个事件处理代码，例如可以对 btn1 按钮既绑定 click 事件，又绑定 mouseover 和 mouseout 事件，如以下代码所示：

```
$("#btn1").bind({
    //绑定按钮单击事件
    click:function(){$("#content").show(3000);},
    //绑定鼠标移入事件
    mouseover:function(){$("#content").css("background-color","red");},
    //绑定鼠标移出事件
    mouseout:function(){$("#content").css("background-color","#FFFFFF");}
});
```

可以见到，在绑定了 mouseover 和 mouseout 之后，当鼠标移到按钮上时，DIV 元素将显示红色，否则会显示白色背景。

在日常的工作中，除了使用 bind 方法进行绑定之外，多数时候可以直接使用 jQuery 提供的简写事件处理方法，比如对 btn1 的单击事件，可以直接写为如下所示的代码：

```
//使用简单的绑定语法
$("#btn1").click(function(){
    $("#content").show(3000);
});
```

这种写法节省了代码量，它具有与 bind 方法相同的效果，但是缺少 bind 方法的灵活性，不过可以应付多数事件处理的场合。

10.5.3　移除事件绑定

与 bind 方法对应的是 unbind 方法，该方法会从指定的元素上删除一个或多个事件处理程序，其语法如下所示：

```
$(selector).unbind(event,function)
```

如果不指定 unbind 的任何参数，将移除选定元素上的所有事件处理程序，参数 event

指定要删除的事件，多个事件之间用空格分隔，function 用来指定取消绑定的函数名。

在 jQueryDemo23.html 中添加两个按钮，分别用来移除 btn1 和 btn2 的事件绑定，按钮的 HTML 代码如下所示：

```
<input name="btn3" type="button" id="btn3" value="删除btn1事件" />
<input name="btn4" type="button" id="btn4" value="删除btn2所有事件" />
```

在 jQuery 的页面加载事件中添加如下的代码来移除对事件的绑定：

```
$("#btn3").click(
  function(){
   //移除btn1的click事件处理
  $("#btn1").unbind("click");
  });
$("#btn4").click(
  function(){
   //移除btn2的事件处理
  $("#btn2").unbind();
  });
```

由代码可以看到，在 btn3 的单击事件中，移除了对 btn1 的 click 事件的绑定，而 btn4 单击时调用了不带任何参数的 unbind 方法，将会直接移除所有的事件处理绑定，因此单击 btn4 后，btn2 将不具有任何的事件处理代码。

10.5.4　切换事件

jQuery 本身定义了两个方法，这两个方法将用来完成事件的切换。所谓的切换事件其实就是对几个事件的合成。jQuery 定义了如下两个方法来完成切换事件。

❑ hover 方法：当鼠标移动到元素上或移出元素时执行事件处理代码。hover 方法实际上是对 mouseenter 和 mouseleave 事件的合并，用来模仿一种鼠标悬停的效果。

❑ toggle 方法：用来依次调用多个指定的函数，并且可以重复对这些函数进行轮番调用。它实际上是对多个事件处理函数的合并，以响应被选元素的轮流的 click 事件，也就是说鼠标不停单击时，每次单击都可以执行不同的事件处理代码。

hover 方法模拟鼠标悬停效果，其声明语法如下所示：

```
hover([over,]out)
```

其中可选的 over 表示鼠标经过时要执行的事件处理代码，out 表示鼠标移出时要执行的事件处理代码。

新建一个名为 jQueryDemo24.html 的网页，在该网页上面放一个<h2>标签和两个嵌套的<div>标签，示例将在<h2>标签上运用 hover 方法，以便于当鼠标移动到<h2>元素上时，可以动态地显示<div>说明信息，如代码 10.22 所示：

代码 10.22　hover 方法使用示例

```
<!DOCTYPE html PUBLIC "-//W3C//DTD XHTML 1.0 Transitional//EN"
"http://www.w3.org/TR/xhtml1/DTD/xhtml1-transitional.dtd">
<html xmlns="http://www.w3.org/1999/xhtml">
<head><meta http-equiv="Content-Type" content="text/html; charset=utf-8"
```

```
/>
<title>hover 示例</title>
<style type="text/css">
/*容器样式*/
#container {
    height: 150px;
    width: 500px;
}
/*内容面板样式*/
#content{
    border: 1px solid #060;
    display:none;
}
/*默认字体样式*/
body,td,th {
    font-size: 9pt;
}
h2 {
    background-color: #CCC; }
</style>
<script type="text/javascript" src="js/jquery-1.8.0.js"></script>
<script type="text/javascript">
  $(document).ready(function(e) {
      //为 h2 元素定义切换事件
    $("h2").hover(
        //当鼠标移动到 h2 里面时，调用 show 方法
        function(){
            $("#content").show("fast");
        },
        //当鼠标移出 h2 元素时，调用 hide 方法
        function(){
            $("#content").hide("fast");
        }
    );
});
</script>
</head>
<body>
<div id="container">
<h2>关于 hover 方法的作用</h2>
<div id="content">
    hover 方法：当鼠标移动到元素上或者是移出元素时执行事件处理代码，hover 方法实际上
    是对 mouseenter 和 mouseleave 事件的合并，用来模仿一种鼠标悬停的效果。
</div>
</div>
</body>
</html>
```

可以看到，在<body>区定义了一个隐藏的名为 content 的<div>标签，在页面的加载事件中为<h2>标签关联了 hover 方法，该方法中定义了两个事件处理函数，第一个函数在鼠标移动到 h2 元素中时被执行；第二个函数在鼠标移出 h2 元素时被执行。通过 hover 切换事件的应用，可以将原本需要关联 mouseenter 和 mouseleave 事件的代码合并为一个方法，示例运行效果如图 10.19 所示。

图 10.19　hover 方法示例运行效果

toggle 允许每次单击时执行不同的事件处理代码。实际上它是多个 click 事件的合并，如果规定了两个以上的函数，则 toggle()方法将切换所有函数。例如，如果存在 3 个函数，则第一次单击将调用第一个函数，第 2 次单击将调用第 2 个函数，第 3 次单击将调用第 3 个函数，第 4 次单击再次调用第一个函数，依此类推，其语法如下所示。

```
$(selector).toggle(function1(),function2(),functionN(),...)
```

语法中的 function1、function2、functionN 表示要进行切换的事件处理代码。下面新建一个名为 jQueryDemo25.html 的网页，在该网页中添加一个 DIV 元素，当每次单击 DIV 元素时，更改其背景颜色，如代码 10.23 所示：

代码 10.23　toggle 方法使用示例

```
<!DOCTYPE html PUBLIC "-//W3C//DTD XHTML 1.0 Transitional//EN"
"http://www.w3.org/TR/xhtml1/DTD/xhtml1-transitional.dtd">
<html xmlns="http://www.w3.org/1999/xhtml">
<head>
<meta http-equiv="Content-Type" content="text/html; charset=utf-8" />
<title>toggle 示例</title>
<style type="text/css">
#div1 {
    background-color: #9FF;
    height: 300px;
    width: 400px;
    border: 1px solid #000;
}
</style>
<script type="text/javascript" src="js/jquery-1.8.0.js"></script>
<script type="text/javascript">
  $(document).ready(function(e) {
     //鼠标单击时改变背景颜色
    $("#div1").toggle(
    function(){
    $("#div1").css("background-color","green");},
    function(){
    $("#div1").css("background-color","red");},
    function(){
    $("#div1").css("background-color","yellow");}
    );
});
</script>
</head>
<body>
<div id="div1">此处显示新 Div 标签的内容</div>
</body>
</html>
```

可以看到，通过为 div1 应用 toggle 方法，使得每次单击时会显示不同的背景色，当单击超过 3 次时，会循环执行在 toggle 中定义的函数。toggle 方法经常用来动态地改变图像的显示，比如当用户单击某个 img 元素时，就可以依顺序显示不同的图像。

10.6　设计动画特效

jQuery 提供了一系列的动画特效方法，使得网页动画设计变得异常简单。通过简单应用几个方法，就可以让页面具有吸引人的动画特效，可以极大地吸引网站访问者的停留。jQuery 提供的动画方法可以实现动感的显示与隐藏效果，元素飞动、淡入淡出等。高级用户还可以创建各种自定义的动画来满足网站的需要。

10.6.1　基本动画

基本动画函数主要包含动态显示与隐藏效果，也就是 show 与 hide 方法的应用，在本章前面已经多次使用过这两个方法来显示或隐藏 DIV 元素。这两个函数具有多个可选的参数来控制显示与隐藏动画，如表 10.11 所示。

表 10.11　显示与隐藏动画方法列表

名　　称	说　　明	举　　例
show( )	显示隐藏的匹配元素。 这个就是'show(speed, [callback])' 无动画的版本。如果选择的元素是可见的，这个方法将不会改变任何东西。无论这个元素是通过 hide()方法隐藏的还是在 CSS 里设置了 display:none;，这个方法都将有效	显示所有段落： $("p").show()
show(speed, [callback])	以优雅的动画显示所有匹配的元素，并在显示完成后可选地触发一个回调函数。 可以根据指定的速度动态地改变每个匹配元素的高度、宽度和不透明度。在 jQuery 1.3 中，padding 和 margin 也会有动画，效果更流畅	用缓慢的动画将隐藏的段落显示出来，历时 600 毫秒：$("p").show(600);
hide( )	隐藏显示的元素 这个就是 'hide(speed, [callback])' 的无动画版。如果选择的元素是隐藏的，这个方法将不会改变任何东西	隐藏所有段落： $("p").hide()
hide(speed, [callback])	以优雅的动画隐藏所有匹配的元素，并在显示完成后可选地触发一个回调函数。 可以根据指定的速度动态地改变每个匹配元素的高度、宽度和不透明度。在 jQuery 1.3 中，padding 和 margin 也会有动画，效果更流畅	用 600 毫秒的时间将段落缓慢地隐藏：$("p").hide("slow");

可以看到，如果不带任何参数地调用 show 和 hide 方法，实际上就是无动画地显示和隐藏元素，show 方法的显示效果与 CSS 的属性 display:block 设置是相同的，hide 方法与 CSS 的属性 display:none 相同。下面新建一个名为 jQueryDemo26.html 的网页，在该网页中

添加 1 个 DIV 元素和两个按钮，通过为按钮单击事件关联事件处理代码，调用 show 和 hide 方法来无动画地显示和隐藏元素，如代码 10.24 所示：

代码 10.24　无动画 show 和 hide 方法使用示例

```
<!DOCTYPE html PUBLIC "-//W3C//DTD XHTML 1.0 Transitional//EN"
"http://www.w3.org/TR/xhtml1/DTD/xhtml1-transitional.dtd">
<html xmlns="http://www.w3.org/1999/xhtml">
<head>
<meta http-equiv="Content-Type" content="text/html; charset=utf-8" />
<title>hide 和 show 示例</title>
<style type="text/css">
body,td,th,input {
    font-size: 9pt;
}
#div1 {
    background-color: #9FC;
    height: 300px;
    width: 300px;
    display: none;   /*隐藏显示 DIV 元素*/
}
</style>
<script type="text/javascript" src="js/jquery-1.8.0.js"></script>
<script type="text/javascript">
    $(document).ready(function(e) {
      $("#btnshow").click(
        function(){
            //调用 show 方法无动画显示元素
            $("#div1").show();
        }
     );
      $("#btnhide").click(
        function(){
            //调用 hide 方法无动画隐藏元素
            $("#div1").hide();
        }
     );
});
</script>
</head>
<body>
<div id="div1">此处显示  id "div1" 的内容</div>
<input name="btnshow" type="button" id="btnshow" value="显示元素" />
<input name="btnhide" type="button" id="btnhide" value="隐藏元素" />
</body>
</html>
```

通过代码可以看到，在<body>部分定义了一个用来显示和隐藏的 DIV 元素，其 CSS 属性 display:none 表示在默认情况下，这个 DIV 元素将隐藏显示。然后分别为两个按钮关联了 click 事件处理代码，用来调用 jQuery 的 show 和 hide 方法进行无动画的显示和隐藏，它的效果实际上与动态设置 CSS 效果类似，因此可以替换为如下所示的事件处理代码：

```
<script type="text/javascript" src="js/jquery-1.8.0.js"></script>
<script type="text/javascript">
  $(document).ready(function(e) {
    $("#btnshow").click(
      function(){
```

```
          $("#div1").css("display","block");        //显示元素
      }
   );
   $("#btnhide").click(
     function(){
         $("#div1").css("display","none");           //隐藏元素的显示
      }
   );
});
```

运行时可以看到显示与隐藏的效果与不带参数的 show 和 hide 基本相似，为了让 show 和 hide 具有动画显示效果，可以为其传递参数和回调函数。可以为 show 和 hide 的 speed 参数传递如下几种可选值，以便让显示和隐藏具有动态的效果。

❑　三种预定速度之一的字符串（"slow"、"normal"，或"fast"）。

❑　表示动画时长的毫秒数值（如：1000）。

下面为代码 10.24 中的 show 和 hide 分别传递表示速度的字符串和表示动画时长的毫秒数，这样可以让显示和隐藏具有吸引人的动画效果：

```
<script type="text/javascript" src="js/jquery-1.8.0.js"></script>
<script type="text/javascript">
  $(document).ready(function(e) {
    $("#btnshow").click(
      function(){
          $("#div1").show("fast");
      }
    );
    $("#btnhide").click(
      function(){
          $("#div1").hide(1000);
      }
    );
});
</script>
```

经过设置显示和隐藏的动画时长，运行时可以发现，单击按钮时 DIV 的显示和隐藏具有了动画的效果，这显得比较吸引人了。还可以通过为 show 和 hide 添加回调函数，在动画显示或隐藏完成之后执行一个函数代码来增强效果或者是实现其他的一些特效。例如可以在显示时让 DIV 显示黄色，在显示完成后变成红色，以达到颜色渐变增强的效果。这可以通过定义一个回调函数来实现，代码如下所示：

```
$("#btnshow").click(
   function(){
       //渐变显示元素并在显示结束后更改为红色
       $("#div1").show("slow",function(){
          $("#div1").css("background","green");
                                              //通过回调函数在显示完成后更改颜色
      }
      );
      $("#div1").css("background","yellow");   //起始显示颜色为黄色
   }
);
```

可以看到在调用 show 方法时，除了指定速度为 slow 字符串之外，还定义了一个回调函数，用来设置 DIV 的背景色为绿色，在 show 方法之后通过 CSS 指定了动画显示之初为

黄色，这样就可以形成初始动画显示黄色背景的 DIV，在显示完成之后又切换回了绿色。

通过灵活运用 show 和 hide 函数，可以为网站增色不少，比如将一些图片隐藏起来，在用户执行一些操作之后再动画展开。简单的函数调用就能达到这样的效果。与使用传统的 JavaScript 相比，大大简化了页面动化的制作。

10.6.2　滑动动画

滑动动画是指通过调整对象的高度大小，形成一种滑动展开的效果，相较于 show 和 hide 这种具有透明渐变的效果来说，滑动动画仅仅是单纯的大小调整，并不具有透明渐变的效果。jQuery 提供了几个滑动动画方法，如表 10.12 所示。

表 10.12　滑动动画方法列表

名　　　称	说　　　明	举　　　例
slideDown(speed, [callback])	通过高度变化（向下增大）来动态地显示所有匹配的元素，在显示完成后可选地触发一个回调函数。 这个动画效果只调整元素的高度，可以使匹配的元素以"滑动"的方式显示出来。在 jQuery 1.3 中，上下的 padding 和 margin 也会有动画，效果更流畅	用 600 毫秒缓慢的将段落滑下： $("p").slideDown("slow");
slideUp(speed, [callback])	通过高度变化（向上减小）来动态地隐藏所有匹配的元素，在隐藏完成后可选地触发一个回调函数	用 600 毫秒缓慢的将段落滑上： $("p").slideUp("slow");
slideToggle(speed, [callback])	通过高度变化来切换所有匹配元素的可见性，并在切换完成后可选地触发一个回调函数	用 600 毫秒缓慢的将段落滑上或滑下：$("p").slideToggle("slow

可以看到 sildeDown、slideUp 及 slideToggle 的参数与 show 和 hide 基本一致，speed 用来指定动画的速度，callback 用来指定在动画完成之后所要调用的回调函数。下面新建一个名为 jQueryDemo27.html 的页面，同样放置 1 个 DIV 元素和 3 个按钮，分别用来演示这 3 种滑动效果的运行效果，如代码 10.25 所示：

代码 10.25　滑动动画使用示例

```
<!DOCTYPE html PUBLIC "-//W3C//DTD XHTML 1.0 Transitional//EN"
"http://www.w3.org/TR/xhtml1/DTD/xhtml1-transitional.dtd">
<html xmlns="http://www.w3.org/1999/xhtml">
<head>
<meta http-equiv="Content-Type" content="text/html; charset=utf-8" />
<title>滑动动画示例</title>
<style type="text/css">
body,td,th,input {
    font-size: 9pt;
}
#div1 {
    background-color: #9FC;
    height: 300px;
    width: 300px;
    display: none;   /*隐藏显示 DIV 元素*/
```

```
}
</style>
<script type="text/javascript" src="js/jquery-1.8.0.js"></script>
<script type="text/javascript">
  $(document).ready(function(e) {
    $("#btnslideDown").click(
      function(){
          $("#div1").slideDown("slow");                    //慢速向下滑动
      }
    );
    $("#btnslideUp").click(
      function(){
         $("#div1").slideUp("fast","linear");              //线性快速向上滑动
      }
    );
    $("#btnslideToggle").click(
      function(){
          //线性快速切换滑动，也就是如果隐藏则向下滑动显示，如果显示则向上滑动隐藏
        $("#div1").slideToggle("fast","linear",function(){
            alert("切换显示完成");
            }
        );
      }
    );
});
</script>
</head>
<body>
<div id="div1">此处显示  id "div1" 的内容</div>
<input name="btnslideDown" type="button" id="btnslideDown" value="向下滑动
" />
<input name="btnslideUp" type="button" id="btnslideUp" value="向上滑动" />
<input name="btnslideToggle" type="button" id="btnslideToggle" value="滑
动切换" />
</body>
</html>
```

通过代码可以看到，在 DIV 下面的 3 个按钮分别演示了 slideDown、slideUp 和 slideToggle 方法的使用，这 3 个方法的使用方式与 show 和 hide 基本一致。slideDown、slideUp 和 slideToggle 与 show 和 hide 一样，都具有一个名为 easing 的参数，用来指定切换的方式，可选值有 swing 和 linear，默认显示方式为 swing，通过指定 linear 可以让切换具有线性的效果。slideToggle 还使用了一个回调函数，以便于在切换完成后可以弹出一个消息框。通过示例可以看到，滑动动画就好像是 show 和 hide 的去除透明渐变的版本，它经常用于显示一些即时消息或图片，以增强网站的可访问性。

10.6.3 淡入淡出

淡入淡出动画通过改变元素的透明度来实现动态显示和隐藏的效果，可以看到实际上 show 和 hide 动画是内置了淡入淡出和滑动效果的动画。但是如果要单独实现淡入淡出的效果，可以使用 jQuery 单独提供的淡入淡出方法，如表 10.13 所示。

表 10.13　淡入淡出方法列表

名　称	说　明	举　例
fadeIn(speed, [callback])	通过不透明度的变化来实现所有匹配元素的淡入效果，并在动画完成后可选地触发一个回调函数 这个动画只调整元素的不透明度，也就是说所有匹配的元素的高度和宽度不会发生变化	用 600 毫秒缓慢的将段落淡入: $("p").fadeIn("slow");
fadeOut(speed, [callback])	通过不透明度的变化来实现所有匹配元素的淡出效果，并在动画完成后可选地触发一个回调函数	用 600 毫秒缓慢地将段落淡出: $("p").fadeOut("slow");
fadeTo(speed, opacity, [callback])	把所有匹配元素的不透明度以渐进方式调整到指定的不透明度，并在动画完成后可选地触发一个回调函数	用 600 毫秒缓慢地将段落的透明度调整到 0.66，大约 2/3 的可见度: $("p").fadeTo("slow", 0.66);$("p") .fadeTo("slow", 0.66);

　　fideIn 和 fideOut 对应 show 和 hide 函数的淡入淡出特效，可以看到它们的参数也基本相同，在此不做过多解释。fadeTo 允许将指定的元素淡入或淡出到指定的透明度，这个透明度由 opacity 指定。下面新建一个名为 jQueryDemo28.html 的网页，在该网页上依然放置 1 个 DIV 和 3 个按钮，分别用来演示这 3 个淡入淡出方法的使用效果，如代码 10.26 所示:

代码 10.26　淡入淡出使用示例

```
<!DOCTYPE html PUBLIC "-//W3C//DTD XHTML 1.0 Transitional//EN"
"http://www.w3.org/TR/xhtml1/DTD/xhtml1-transitional.dtd">
<html xmlns="http://www.w3.org/1999/xhtml">
<head>
<meta http-equiv="Content-Type" content="text/html; charset=utf-8" />
<title>淡入淡出效果示例</title>
<style type="text/css">
body,td,th,input {
    font-size: 9pt;
}
#div1 {
    background-color: #9FC;
    height: 300px;
    width: 300px;
    display: none;   /*隐藏显示 DIV 元素*/
}
</style>
<script type="text/javascript" src="js/jquery-1.8.0.js"></script>
<script type="text/javascript">
   $(document).ready(function(e) {
     $("#btnfadeIn").click(
       function(){
           $("#div1").fadeIn(2000);              //淡入显示
        }
     );
     $("#btnfadeOut").click(
       function(){
         $("#div1").fadeOut("fast","linear");    //快速淡出显示
        }
     );
     $("#btnfadeTo").click(
```

```
      function(){
          //淡入或淡出到指定的透明度 40%显示
        $("#div1").fadeTo(1000,0.4,function(){
            alert("淡入或淡出到透明度显示完成");
            }
        );
      }
   );
});
</script>
</head>
<body>
<div id="div1">此处显示  id "div1" 的内容</div>
<input name="btnfadeIn" type="button" id="btnfadeIn" value="淡入" />
<input name="btnfadeOut" type="button" id="btnfadeOut" value="淡出" />
<input name="btnfadeTo" type="button" id="btnfadeTo" value="淡入淡出到指定
透明度" />
</body>
</html>
```

代码中定义的 3 个按钮的 click 事件处理代码分别调用了 fadeIn、fadeOut 和 fadeTo 方法来实现淡入淡出效果，通过运行示例观察可以发现，fadeTo 会将 DIV 元素变为 40%的透明度显示，这里指定透明度时使用小数位表示，完全透明为 0，完全不透明为 1。fadeTo还定义了一个回调函数，以便在淡入或淡出显示完毕时会显示一个提示信息框。

实际上在实现动画效果时，通过整合使用 show、hide、toggle、滑动方法和淡入淡出方法可以为网站带来很多非常有趣的效果，还可以使用 animate 方法来创建自定义的动画，限于篇幅，请大家参考 jQuery 的文档。

10.7　小　　结

本章介绍了目前最流行的 JavaScript 脚本库 jQuery 的使用，首先讨论了 jQuery 的作用，详细讨论了如何下载 jQuery 的最新版本并进行安装，如何使用 jQuery 来创建操作网页中的对象。jQuery 的工厂函数$()会对元素进行 jQuery 封装，使得网站开发人员可以调用由jQuery 定义的各种方法。在 10.2 节中讨论了如何封装 jQuery 对象及如何转换为 DOM 对象。jQuery 的核心是选择器，10.3 节讨论了 jQuery 可供使用的选择器的使用方法，无论如何，学好选择器的使用是学好 jQuery 的基础。10.4 节开始讨论如何使用 jQuery 提供的方法操作 DOM 对象中的属性和事件，详细介绍了用 jQuery 提供的多种 API 来完成使用传统JavaScript 代码难以实现的工作，最后讨论了用 jQuery 提供的动画函数来轻松地创建动画。

第 11 章　用 HTML 5 开发网页

在本书的第 2 章，详细介绍了目前主流的 HTML 4.01，而 HTML 5 是用来取代码 HTML 4.01 和 XHTML 1.0 标准的最新的 HTML 版本，已经得到了大多数浏览器版本的支持，将会成为未来网页开发的主流。HTML 5 在 HTML 4.01 基础上对标记语言进行了增强，增强了 HTML 在浏览器中的表现性能，同时包含了本地数据库支持，将会成为未来网站开发的主流技术。

11.1　HTML 5 入门

HTML 4.01 自从 1999 年 12 月发布以后，其后续的研发就处于停止状态，为了让 Web 标准得以发展，由几大浏览器公司成立了一个名为 WHATWG 的组织，即 Web Hypertext Application technology Working Group，Web 超文本应用技术工作组组织，于 2004 年推出了 HTML 5 的草案，在 2007 年被 W3C 接纳。目前包含 Firefox、IE 9 及 Chrome、Safari 等浏览器的最新版都已经良好地支持了 HTML 5，因此可以说，未来的主流网页开发技术将是 HTML 5。由于 HTML 5 仍处于发展之中，未来仍有诸多变数，因此 HTML 4.01 将仍然会占据 Web 网站开发一段时间。

11.1.1　什么是 HTML 5

在开始学习 HTML 5 这门新的语言之前，了解一下它的一些功能特性并具有一系列全局的认识是非常重要的一环。或许读者通过各种互联网广告了解到，HTML 5 除了对 HTML 4.01 进行了补充之外，还会整合互联网上的图像、动画、音频和视频，也就是说有了 HTML 5，可以完成现在 Flash、Sliverlight 等实现的工作，而且无须安装任何插件。

举个例子，HTML 5 的画布 Canvas，可以让网页访问者直接在网页上绘制图像或创建丰富多彩的图形效果，图 11.1 展示了一个使用 HTML 5 技术实现的精彩的图形编辑器，浏览者不需要安装任何插件，只需借助 HTML 5 提供的功能就可以实现类似的效果。

可以通过如下的网址访问这个精彩的网页：

```
http://muro.deviantart.com/
```

除了功能强大的画布功能之外，HTML 5 还内置了音视频的播放能力，目前国内主流的音视频网站多为 Flash 技术实现，而 HTML 5 的出现使得不需要安装任何插件就具有了音视频的播放能力，图 11.2 展示了一个基于 HTML 5 技术实现的视频播放网站，可以不借助任何第 3 方插件实现视频的播放。

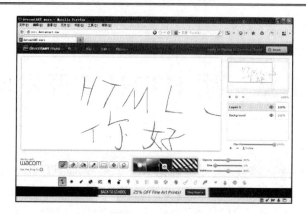

图 11.1　使用 HTML 5 实现的图像编辑器

图 11.2　基于 HTML 5 技术实现的视频播放网站

　　HTML 5 还提供了对离线存储、通讯及对表单元素的增强，使得它看起来更像是一个富客户端开发环境，比如目前互联网上已经存在不少使用 HTML 5 技术开发的游戏和移动应用，例如借助于 HTML 5 技术，可以直接在网页上玩水果忍者，无须安装任何插件，如图 11.3 所示。

图 11.3　在网页上玩水果忍者

可以看到，HTML 5 的出现确实带来了一场变革，它使得网站建设人员不再需要去掌握不同厂商的富客户端技术，只需要掌握符合 Web 标准的 HTML 5 技术即可。而且源代码开放，开发者更容易共享资源。同时方便简洁，不需要安装各种各样的插件，HTML 5 可以开发目前互联网上流行的各种各样的应用，并且能最大限度地保护本地资源，具有很好的安全性。

11.1.2　HTML 5 的特性

HTML 5 是对 HTML 早期版本的增强，以满足于增长的 Web 标准化需求。在 HTML 4 诞生之初，人们对 Web 的需求仅限于文字和图片等内容，随着互联网的飞速发展，网络带宽的日益增强，人们对互联网的需求已经不再局限于传统的文字和图片，Web 网页上需要呈现更多的内容。HTML 5 通过在 HTML 内部整合这些功能以满足日渐增长的 Web 需求。下面将从 5 个方面来分别介绍 HTML 5 的一些较新的特性。

1．HTML 5文档具有语义化特性

在 HTML 4 中文档是不具有语义结构的，实际上更多的就是排版的作用。HTML 5 通过一些新增的标签来标识文档的语义结构，如下所示。

- □ section：类似书中的章节小节，可以有标题等任何内容。
- □ header：页面上显示的页眉，与 head 元素不同。
- □ footer：页面上显示的页脚，比如用来显示网站版权或联系方式。
- □ nav：网站导航部分。
- □ article：指定网站的文章内容部分，比如博客内容、杂志内容等。

在 HTML 5 中，通过使用这些具有结构化语义的元素，可以让整个页面具有语义色彩，比如常见的网页结构如图 11.4 所示。

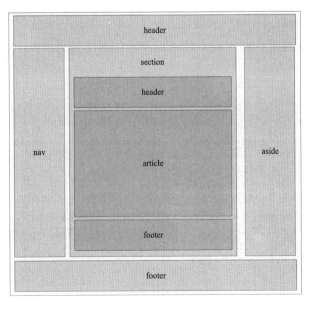

图 11.4　HTML 5 的语义化结构

可以看到通过在 HTML 5 中应用这些新增强的标签，可以使得整个文档的结构清晰明了，便于进行页面的分析与处理。

2．增强的表单控件

HTML 5 提供了一系列新的表单控件，比如 calendar 日历控件、email 电子邮件输入框、url 网址输入框、search 搜索框、Date Picker 数据检查器等新的控件，对现有的 HTML 的表单控件进行了进一步的增强，这些表单提供了很多有用的特性。表单的使用如图 11.5 所示。

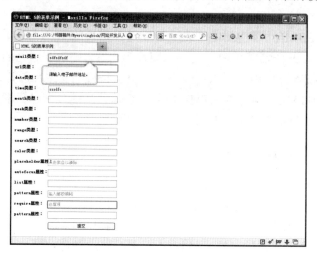

图 11.5　HTML 5 新增的表单使用效果

3．多媒体增强

HTML 5 新增的<audio>和<video>标签可以直接在网页上播放音频和视频，而无须借助任何的播放音频和视频的插件，比如目前多数视频播放网站都使用 flash 插件，当使用 HTML 5 技术之后，就可以无插件地播放多媒体内容。例如要播放 MP3 文件，可以使用如代码 11.1 所示的代码：

代码 11.1　使用 audio 元素播放音频

```
<!DOCTYPE HTML>
<html>
<head>
<title>使用 audio 元素播放音频</title>
</head>
<body>
<audio controls="controls">
  //播放音频
  <source src="http://www.w3school.com.cn/i/song.ogg" type="audio/ogg">
  <source src="http://www.w3school.com.cn/i/song.mp3" type="audio/mpeg">
  您的浏览器不支持 audio 元素
</audio>
</body>
</html>
```

运行时就可以在网页上看到一个带有进度条的播放器，用来播放 MP3 音乐和 OGG 音频格式，如图 11.6 所示。

图 11.6　使用 audio 播放音频运行效果

4．功能强大的画布Canvas

画布是 HTML 5 中引入的一个非常重要的组件，它的出现使得在 HTML 5 上具有与许多桌面应用程序相同的效果。画布是一个矩形的区域，可以通过 JavaScript 代码控制画布上的每一个像素，并且 Canvas 对象提供了多种绘制路径、矩形、圆形及添加图像的方法。

注意：Canvas 本身不能进行绘图，但是它提供了一系列的 API，允许网站建设人员通过 JavaScript 在 Canvas 画布上进行绘图。

代码 11.2 演示了如何使用 Canvas 画布在网页上轻松地绘制一个矩形：

代码 11.2　使用 canvas 元素绘制矩形

```html
<!DOCTYPE HTML>
<html>
<body>
<!--在网页上放置一个画布 myCanvas-->
<canvas id="myCanvas">
    您的浏览器当前不支持画布！
</canvas>
<script type="text/javascript">
    //获取 myCanvas 节点对象
    var canvas=document.getElementById('myCanvas');
    var ctx=canvas.getContext('2d');          //获取当前画布的绘图环境
    ctx.fillStyle='#FF0000';                  //设置绘制颜色
    ctx.fillRect(0,0,200,200);                //绘制一个矩形

</script>
</body>
</html>
```

上面的代码分为两个步骤：

（1）在页面上放置一个<canvas>画布标签，将在这个位置呈现绘制的内容。

（2）定义一段 JavaScript 代码，首先通过 getElementById 获取画布标签，然后调用 Canvas 对象的 getContext 获取当前画布的绘图环境，最后在该绘图环境上绘制一个矩形。

经过这两步之后，就可以在画布上看到一个红色的矩形，如图 11.7 所示。

5．支持本地离线存储

HTML 5 提供了本地离线存储的功能，支持开发人员将数据直接存储到本地位置，以

便在没有网络连接时仍可以使用 HTML 5 应用程序。实际上这有些类似于浏览器的缓存，比如在显示网页上的图像时，HTML 的早期版本会将图片下载并缓存到浏览器指定的缓存位置，以便可以保证用户下次重新打开时直接从本地打开，从而提供较快的显示速度。HTML 5 的离线存储对缓存进行了规范化，并提供了一系列的方法让开发人员来控制需要缓存的资源。

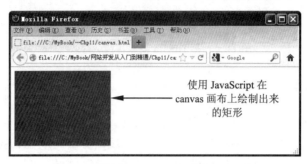

图 11.7　使用 Canvas 对象绘制矩形示例

HTML 5 提供了如下两种存储离线数据的方法。

❑　localStorage：没有时间限制的数据存储。

❑　sessionStorage：针对一个 session 的数据存储，当会话终止后会清除存储的数据。

🔲注意：在 HTML 5 之前的版本中，存储浏览器客户端数据是通过 cookie 来实现的，不过 cookie 不太适合存储大容量的数据，而且 cookie 的效率也不高。HTML 5 中数据是在请求时才真正使用，不是由每个服务器请求统一传递，因此可以存储大容量的数据。

例如可以通过 localStorage 来创建一个简单的页面计数器，如代码 11.3 所示：

代码 11.3　使用 localStorage 创建页面计数器

```
<!DOCTYPE HTML>
<html>
<meta charset="utf-8"/>
<style type="text/css">
body,td,th {
    font-size: 9pt;
}
</style>
<body>
<script type="text/javascript">
  //如果 pagecout 已经进行过计数
  if (localStorage.pagecount)
    {
        localStorage.pagecount=Number(localStorage.pagecount) +1;
                                                //存储最新的计数器数值
    }
  else
    {
        localStorage.pagecount=1;          //如果还没有开始计数则保持初始值为 1
    }
  document.write("您好，您的访问次数是: " + localStorage.pagecount + "次");
</script>
```

```
</body>
</html>
```

在页面的 JavaScript 代码部分，通过判断 localStorage 对象的 pagecount 属性，在客户端中存储一个名为 pagecount 的计数器数据，该计数器数据用来永久存储网页计数器，当用户每次刷新网页时，让计数器加 1，即使将浏览器关闭再打开或者是重新启动电脑，可以看到计数器的值依然是保持递增的，也就是说数据被永久地得到了存储。

11.1.3　HTML 5 与 HTML 4 的区别

相较于 HTML 4 来说，HTML 5 新增了很多的标签用来增强其功能，除了这些新增的元素之外，HTML 5 相较 HTML 4 的一个较大的改进就是具有语义化的文档结构。语义结构使得网页具有了自描述的特性，可以被很多其他的应用程序解析。HTML 5 的语义化的文档结构示例如代码 11.4 所示：

代码 11.4　HTML 5 语义化的文档结构

```
<!--HTML 5 简化的文档对象定义-->
<!DOCTYPE html>
<html>
<head>
<meta http-equiv="Content-Type" content="text/html; charset=utf-8" />
<title>HTML 5 的语义结构</title>
</head>
<body>
<!--header 网页页眉，显示标题信息-->
<header>
    <!--hgroup 用于标题类的组合，比如文章的标题与副标题-->
    <hgroup>
     <h1>欢迎使用 HTML 5 创建网页</h1>
     <h2>网页的语义结构</h2>
    </hgroup>
    <!--nav 用于定义页面的导航部分-->
    <nav>
      <ul>
          <li>HTML 5</li>
          <li>CSS</li>
          <li>JavaScript</li>
      </ul>
    </nav>
 </header>
<!--article 部分可以定义文章内容-->
 <div id="left">
    <article>
       <p>这是一篇讲述 HTML 5 新结构标签的文章。</p>
    </article>
    <article>
       <p>这还是一篇讲述 HTML 5 新结构标签的文章。</p>
    </article>
 </div>
<!--aside 用于成节的内容,会在文档流中开始一个新的节,一般用于与文章内容相关的边栏-->
 <aside>
   <h1>边栏信息</h1>
```

```
    <p>HTML 5 是未来 Web 发展的方向，它仍然在完善中</p>
 </aside>
 <!--footer 定义网页的页脚-->
 <footer>
        版权归原作者所有，盗版必究
 </footer>
</body>
</html>
```

从代码中不难看到，HTML 5 的语法结构与 HTML 4 基本相似，但是通过它的新增的 <header>、<footer>、<article>、<nav>等标签，页面现在就具有了语义结构，通过 CSS 可以控制页面的显示外观，就可以既具有漂亮的显示效果，又具有清晰的语法结构。

由代码还可以发现，DOCTYPE 文档类型定义现在变得非常简单，不再具有类似 HTML 4 的 DTD 的定义。HTML 4 基于 SGML，它具有多种 DTD 的定义。HTML 5 不基于 SGML 规范，因此不需要对 DTD 进行引用，不过依然需要使用 doctype 来规范浏览器的行为（让浏览器按照它们应该的方式来运行）。

W3C 提供了一份 HTML 5 和 HTML 4 之间区别的很详细的文档，可以通过这份文档来深入了解这两个版本之间的不同之处，网址如下所示：

```
http://dev.w3.org/html5/html4-differences/
```

11.1.4　在 Dreamweaver 中创建 HTML 5 网页

在 Dreamweaver CS6 中已经内置了 HTML 5 网页的创建功能，如果需要默认情况下新建一个网页时就自动创建为 HTML 5 格式的网页，可以通过 Dreamweaver 菜单中的"编辑｜首选参数"菜单项，打开"首选参数"对话框，在该对话框中选择"新建文档"列表项，如图 11.8 所示。

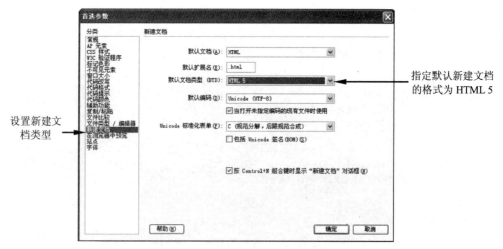

图 11.8　设置默认新建 HTML 5 文档

在首选参数的新建文档设置界面中，从默认文档类型（DTD）右侧的下拉列表框中选择 HTML 5，则在新建文档时将自动以 HTML 5 模板格式创建网页。

在设置完成之后，如果通过菜单新建一个文件，就可以看到如下所示的 HTML 5 的模板：

```
<!doctype html>
<html>
<head>
<meta charset="utf-8">
<title>无标题文档</title>
</head>
<body>
</body>
</html>
```

Dreamweaver CS6 的新建模板中还内置了使用 HTML 5 的新标签创建的布局模板，通过学习模板的编写方式可以作为学习 HTML 5 的一份参考材料，如图 11.9 所示。

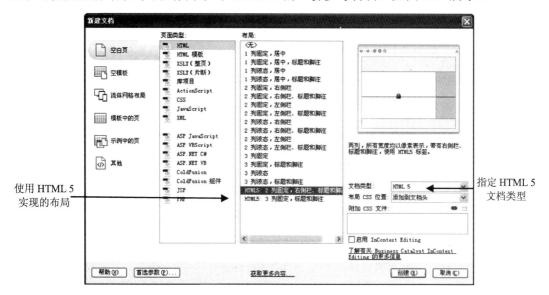

图 11.9　使用 HTML 5 模板来创建新的 HTML 5 文档

对于两列固定的 HTML 5 模板来说，可以看到在文档内部使用了<header>、<aside>、<article>及<section>等标签的具体应用，这两个模板是学习 HTML 5 的非常好的素材。

11.2　HTML 5 元素介绍

HTML 5 并不是一个全新的产品，它兼容于 HTML 4，移除了 HTML 4 中的部分不常用的元素，同时为适应时代的发展而增加了很多新的元素，比如前面介绍过的语义结构的元素、音视频元素、本地存储、网络通信、画布等。这些新的元素提供了强大的功能来统一目前互联网的混乱的情况，除了新增一些元素外，还增加了一些全新的属性和 API 来增强其语言的能力。本节将介绍主要的新增元素的使用，关于 HTML 5 和 HTML 4 新增与删除的标签列表，可以参考 W3School 网站中提供的一个列表，网址如下所示：

```
http://www.w3school.com.cn/html5/html5_reference.asp
```

本节后面的内容中也会对 HTML 5 相对于 HTML 4 中新增和移除的元素进行简单的讨论。

11.2.1 DOCTYPE 和字符集

相较于 HTML 4，DOCTYPE 已经大大地简化，比如原来 HTML 4 中的 DOCTYPE 定义如下所示：

```
<!DOCTYPE html PUBLIC "-//W3C//DTD XHTML 1.0 Transitional//EN"
"http://www.w3.org/TR/xhtml1/DTD/xhtml1-transitional.dtd">
```

在 HTML 4 中，DOCTYPE 具有 3 种 DTD 类型，在 DOCTYPE 的定义中要分别指定 DTD 类型和其 URL 地址，浏览器将根据 URL 得到具体的 DTD 内容，通过内容的规定来解析 HTML 文档。

到了 HTML 5 时，就不再需要指定 DTD 了，因此其定义就大大地得到简化，如下所示：

```
<!DOCTYPE html>
```

可以看到<!DOCTYPE> 没有结束标签，也不区分大小写。

🔊注意：DOCTYPE 声明不属于 HTML 标签，它是一条浏览器的指令，这个声明必须要位于 HTML 5 文档中的第一行。

类似于 DOCTYPE，HTML 5 在字符集设置方面也得到了极大的简化，比如在 HTML 4 中要设置字符集，需要使用如下的语句：

```
<meta http-equiv="Content-Type" content="text/html; charset=gb2312" />
```

在 HTML 5 中只需要使用如下的语句即可：

```
<meta charset=gb2312" />
```

<meta>元素用来提供页面的元数据信息，比如针对搜索引擎的描述和关键字，在 HTML 5 中，包含一个新的 charset 属性用来指定字符集，它的大部分用法与 HTML 4 中基本一致。

11.2.2 新增与移除的标签

熟悉 HTML 4 的用户一定想知道在 HTML 5 中新增了哪些标签，以便有针对性地进行学习和了解。除了语义标签<section>、<header>、<footer>、<nav>及<article>之外，在前面还介绍了<audio>、<video>及<canvas>等多媒体标签。下面整理了 HTML 5 中新增的元素的列表，本章后面的内容将会对这些新增的标签进行详细的介绍，如表 11.1 所示。

表 11.1 HTML 5 中新增的标签列表

标签名称	描 述
<article>	定义网页内显示的文章
<aside>	用来定义页面内容部分的侧边栏，主要用于补充主体的内容，比如博客中常见的侧边栏
<section>	表示书体的某一部分或一章，比如书本章节内容中的某一块
<header>	位于页面 body 元素部分的主体部分，并不是指 HTML 的头部的<head>标签
<footer>	位于页面主体区域的底部，显示页脚部分的信息，比如邮件签名或版权信息

续表

标签名称	描　　述
<nav>	页面的导航部分，用于定义一系列的导航链接的区域
<figure>	这是一个块级元素，用来定义一段具有标题的说明性文本
<dialog>	定义一个对话框（会话框）
<hgroup>	定义文件中一个区块的相关信息
<time>	定义一个日期/时间
<mark>	定义一段标记文本
<meter>	定义预定义范围内的度量
<progress>	定义任务的处理过程，比如一个下载进度条等
<command>	定义一个命令按钮
<datalist>	定义一个下拉列表
<details>	定义一个元素的详细内容
<embed>	定义外部的可交互的内容或插件
<keygen>	定义用于表单的密钥对生成器字段
<output>	定义一些输出类型
<audio>	可以用来播放声音或音频流元素
<video>	定义一个播放视频
<track>	为诸如 video 元素之类的媒介规定外部文本轨道
<canvas>	定义一个 HTML 画布
<source>	定义媒体资源
<rp>	定义若浏览器不支持 ruby 元素显示的内容
<rt>	定义 ruby 注释的解释
<ruby>	定义 ruby 注释

可以看到，这些元素其实主要分为如下 3 大部分。

❑ 用于对网页进行语义增强的元素，比如 article、nav、header、footer、section、timer 等。

❑ 用于对多媒体音视频和图像的增强，比如 canvas、audio、video、track 等。

❑ 对表单的增强，比如新增了一些控件 datalist、details 及 command 等。

HTML 5 也将一些 HTML 4 中不常用的或者是不必要使用的元素进行了移除，这些元素在 HTML 5 中不再得到支持，因此在使用 HTML 5 进行开发时也必须注意，如表 11.2 所示。

表 11.2　HTML 5 中移除的标签列表

标 签 名 称	描　　述
<acronym>	定义首字母缩写
<applet>	定义引用 Java Applet 的标签，已经不再使用
<basefont>	定义基本字体，现在应该使用 CSS 代替
<big>	定义大号文本
<center>	定义居中的文本
<dir>	定义目录列表
<font>	定义字体，使用 CSS 代替
<frame>	定义子窗口（框架）

续表

标　签　名　称	描　　　述
<frameset>	定义框架的集
<noframes>	定义不使用框架时的 noframe 部分
<s>	定义加删除线的文本
<strike>	定义加删除线的文本
<tt>	定义打字机文本
<u>	定义下划线文本

可以看到，被移除的基本上都是一些格式化的标签，这些格式化标签在 HTML 4 中本来就已经很少使用，因此在 HTML 5 中被彻底移除了。除此之外，框架也被 HTML 5 移除了，因为框架技术完全可以用类似的其他技术得以实现，比如 Ajax 等技术，因此也被 HTML 5 移除了。

11.2.3　语义性元素

在过去设计一个网页的布局时，是没有固定的规范的，无论是 DIV+CSS 还是表格式的布局方式，仅仅是页面格式效果的一种技术上的实现，除非对代码有非常深入的理解，否则无法通过代码来了解页面的布局结构。比如一个经典的通过 DIV+CSS 布局的结构如代码 11.5 所示：

代码 11.5　HTML 4 中的 DIV+CSS 布局结构

```
<body>
<div class="container">
 <div class="header">
     页面标题头部分
 </div>
 <div class="sidebar1">
   <ul class="nav">
    <li><a href="#">链接一</a></li>
    <li><a href="#">链接二</a></li>
    <li><a href="#">链接三</a></li>
    <li><a href="#">链接四</a></li>
   </ul>
   <!-- end .sidebar1 --></div>
 <div class="content">
    内容区域
    <!-- end .content --></div>
 <div class="footer">
    页脚区域
    <!-- end .footer --></div>
 <!-- end .container --></div>
</body>
```

可以看到，即便通过 id 属性来指定 id 号，这些标签也只是向浏览器发送指令，并没有具体的语义特性，而 HTML 5 提供了一系列的语义标签，让原本杂乱无序的标签具有了语义特性，通过这些标签与 CSS 技术的运用，不仅能达到良好的布局显示效果，也让代码具有了自描述的语义特性。

HTML 5 提供的语义标签及其作用分别如下所示。

- □ 结构性语义元素：用来处理网页的语义性布局，比如定义网页的页眉、页脚、导航、内容显示部分等，通过 CSS 的样式控制，可以达到布局的效果。
- □ 语义性块级元素：用来定义具有块级（block）效果的语义元素，比如显示图示、边栏及会话信息。
- □ 语义性内联元素：用来定义具有内联（inline）效果的语义元素，比如度量衡、进度条等。

下面的几个小节将分别介绍这几类语义性元素的具体用法。

11.2.4　结构化语义元素

结构化语义元素用来定义网页的结构，这与使用DIV进行布局非常类似，相关的HTML 5 元素如下所示。

- □ header 元素：在页面上显示页眉信息，可以是标题栏、Logo 栏等。
- □ footer 元素：在页面上显示页脚信息，比如电子邮件签名、版权信息等。
- □ nav 元素：在网页上显示一组链接。
- □ section 元素：显示网页上的一个块，有自己的标题、页脚及内容区。
- □ article 元素：用来显示页面的主体内容，比如博客文章，新闻内容等。

下面新建一个名为"HTML 5 示例站点"的网站，在该站点中创建一个名为 Layout5.html 的 HTML 5 网页，然后在页面上分别添加结构化语义标签，用来在网页上显示布局信息，如代码 11.6 所示：

代码 11.6　在 HTML 5 中使用结构化语义标签

```html
<!doctype html>
<html>
<head>
<meta charset="utf-8">
<title>结构语义元素示例</title>
<style type="text/css">
/*为 header 元素应用 CSS 样式*/
header{
    height: 90px;
    background-color: #C6D580;
    margin:0px;
}
#content {
    height:250px;
    background:#FFC
}
a{
    float:left;
}
/*指定浮动样式*/
nav,section{
    float:left;
    margin:10px;
}
footer{
```

```
    background:#CF0;
    text-align:center;
}
body,td,th {
    font-size: 9pt;
}
</style>
</head>
<body>
<!--在此处插入一个网页的标题区，使用了 header 元素-->
<header>
  <!--在 header 元素内部插入一个表示网页 Logo 的图标-->
  <a href="#">
      <img src="" alt="在此处插入徽标" name="Insert_logo"
             width="180" height="90" id="Insert_logo"
             style="background-color: #390; display:block;" />
  </a>
  <!--使用 hgroup 组合多个标签页-->
   <hgroup id="title">
        <h2>欢迎来到小乐的网站</h2>
        <h3>小乐的个人生活馆</h3>
   </hgroup>
</header>
<!--页面主体区-->
<div id="content">
<!--定义一个导航用的导航栏-->
<nav>
    <ul>
        <li><a href="#">链接一</a></li>
        <li><a href="#">链接二</a></li>
        <li><a href="#">链接三</a></li>
        <li><a href="#">链接四</a></li>
    </ul>
</nav>
<!--定义右侧区域 -->
<section>
    <h1>section 有什么作用</h1>
    <article>
        <h2>关于 section</h1>
        <p>section 的介绍</p>
        <section>
            <h3>关于其他</h3>
            <p>关于其他 section 的介绍</p>
        </section>
    </article>
</section>
</div>
<!--定义网页页脚-->
<footer>
    网页页脚区域
</footer>
</div>
</body>
</html>
```

在 HTML 5 的页面中，放置了一个元素<header>用来作为网页的标题显示，在标题内部放置了一个链接，用来链接到一幅图像，同时也放置了一个 hgroup 元素，用来组合多个

h1-h6 标签作为网页的标题。可以看到在代码中的 hgroup 中放置了两个元素 h2 和 h3 来组合标题栏。

　　并不是应用了结构化语义元素之后，就不再需要 DIV 等传统布局元素。实际上它们之间的应用是相辅相成的。在示例中在页面的主体区域，依然放置了一个 DIV 元素来进行页面的布局。在 DIV 元素的内部放置了一个 nav 元素用来显示页面的导航栏，nav 元素内部使用了 HTML 的列表元素显示链接列表。同时放置了一个 section 元素在右侧显示网页的内容，section 内部嵌套了 article 和 section 元素，以便对元素的显示方式进行有意义的布局。运行效果如图 11.10 所示。

图 11.10　结构化语义元素使用运行效果

　　注意：可以像对普通的 DIV 元素一样对新的语义元素应用 CSS 效果，以便达到最佳布局效果。

11.2.5　语义性块元素

　　语义性的块元素是指具有块级结构的 HTML 5 页面元素，在 HTML 5 中具有语义性的块元素如下所示。

- ❑ aside：与主内容无关但是又可以独立的块内容，一般用于显示广告、引用或侧边栏等。
- ❑ figure：用来组合多个元素，一般用来在网页上显示图像及其标题，表示网页上的一块独立的内容，即便将其移除后也不会对网页上其他内容造成影响。
- ❑ dialog：用来显示谈话或会话信息，在内部使用 dt 和 dd 表示对话的内容。

　　下面在 HTML 5 示例网站中创建一个名为 HTML5Demo2.html 的 HTML 5 网页，在该网页中放置语义性块元素来演示它们的使用方式与效果，如代码 11.7 所示：

代码 11.7　在 HTML 5 中使用结构化语义标签

```
<!doctype html>
```

```
<html>
<head>
<meta charset="utf-8">
<title>语义性块元素</title>
<style type="text/css">
/*字体设置*/
body,td,th {
    font-size: 9pt;
}
/*块元素对齐设置*/
aside{
    float:right;
}
/*定义列表中的对话项目*/
dd{
    color:#060;
    font-weight:bold;
}
/*定义列表中的对话项目*/
dt{
    color:#900;
}
</style>
</head>
<body>
    <div id="container">
    <!--定义文章列表-->
    <article>
        <H2>新闻列表</H2>
        <UL>
            关于 WINDOWS 8 最新版本的新闻
        </UL>
    </article>
        <!--定义边栏内容列表-->
     <aside>
        <section>
            <H3>Html5 最新动态</H3>
        </section>
        <section>
            <H3>Html5 新增元素</H3>
        </section>
        <section>
            <H3>Html5 新增 Api</H3>
        </section>
        <section>
            <H2>Html5 文章推荐</H2>
        </section>
     </aside>
     </div>
     <!--定义会话消息列表-->
    <dialog>
        <dt>甲：你吃饭了吗？</dt>
        <dd>乙：还没有吃啊，有推荐吗？</dd>
        <dt>甲：有啊，你请客不？</dt>
        <dd>乙：当然</dd>
        <dt>甲：对面那家牛肉粉店。</dt>
        <dd>乙：哦，不了解呢，我先试一下再确定吧。</dd>
    </dialog>
```

```
<!--定义图文排列对象-->
<figure>
    <p>微软公司 Windows 8</p>
    <p>Windows 8 是微软公司最新的操作系统</p>
    <img src="images/Windows8.png" width="260" height="130" />
    </figure>
</body>
</html>
```

在上面的示例中，同时使用了 article、aside、dialog 和 figure 元素，article 元素用来在页面上显示一篇简短的新闻内容。aside 用来显示页面的侧边栏。在示例中将 article 和 aside 放在一个 DIV 元素中，并且指定 aside 向右浮动，形成右侧边栏的显示效果。dialog 元素显示对话信息，它需要 dt 和 dd 这两个子元素来显示甲方和乙方的列表项，实际上可以将 dialog 看作是两个列表项。figure 用来显示带标题的图像，正如其名称所示，是用来标识图像的，整个示例的运行效果如图 11.11 所示。

图 11.11　语义性块元素示例效果

11.2.6　语义性内联元素

块级元素总是会占据整行来显示，而内联元素则不会占据整行，通常用来在块级元素内部显示一些表示强调或特殊意义的信息。在 HTML 5 中提供了如下的几个具有语义性的内联元素。

- ❑　m：定义一段需要突出显示的文本内容。
- ❑　mark：定义需要进行标记的文本。
- ❑　time：用来显示日期、时间，该元素有一个 datetime 属性用来标识能被电脑所识别的时间。
- ❑　meter：表达特定范围内的数值。可用于薪水、百分比、分数等。
- ❑　progress：用来表示进度。

为了演示语义性内联元素的具体使用方法，下面创建了一个名为 HTML5Demo3.html

的网页，在该网页中添加如代码 11.8 所示的代码。

代码 11.8　语义性内联元素示例

```
<!doctype html>
<html>
<head>
<meta charset="utf-8">
<title>语义性内联元素示例</title>
<style type="text/css">
body,td,th {
    font-size: 9pt;
}
/*标记显示样式*/
mark {
    font-weight: bold;
    color: #000;
}
/*强调显示样式*/
m {
    font-style:italic;
    color:#060;
}
/*进度显示样式*/
progress {
    color: #900;
    text-decoration: underline;
}
</style>
</head>

<body>
<m>网页设计其实很简单</m>
学好<mark>网页设计</mark>，可以从事互联网相关的工作。
<time datetime="2012-08-08T20:08:08">2012 年 8 月 8 日晚上 8 时 8 分 8 秒</time>
的时候，最需要做些什么呢？
目前网站建设的工资有的有<meter min="0" max="20000">10000</meter>元一个月，从业
人员占 IT 行页的<meter>30%</meter>左右。
当前网站建设的学习进度是：
<progress>
<span id="objprogress">50</span>%
</progress>
</body>
</html>
```

m 和 mark 元素用来加强网页上的文本显示，不具有任何的属性，在示例中 time 标签具有两个属性，分别是 datetime 和 pubdate。datetime 规定指定的日期时间，该元素能够以机器可读的方式对日期和时间进行编码，比如用户代理能够把生日提醒或排定的事件添加到用户日程表中，搜索引擎也能够生成更智能的搜索结果。pubdate 指定 time 元素中的日期时间为文章（比如通过 article 元素编写的文章）的发布日期。

meter 元素用于定义度量衡，实际上就是度量范围，它具有 min、max、high 和 low 及 optimum 及 value 等属性。min 和 max 定义最小值和最大值，其默认值为 min 为 0，而 max 为 1。high 和 low 用来指定度量的值在哪个点上为高值，在哪个点上为低值。optimum 则指定最优值。value 属性用来指定度量衡的值。

progress 元素用来显示进度，比如可以使用该标签显示在 JavaScript 中运行时间的函数进度，它具有 max 和 value 属性，max 定义进度的最大值，value 定义进度的当前值，通过 JavaScript 来控制这两个属性可以在页面上显示下载的进度，以及其他一些需要进度条的场合都可以使用 progress 元素。

示例运行效果如图 11.12 所示。

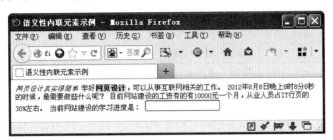

图 11.12　语义性内联元素示例效果

可以看到，语义性内联元素果然不会另起一行单独显示，不过通过将其放在一个块级元素内部则可以达到块级的效果。progress 元素在网页上会显示一个进度条，通过这个元素可以编写出非常动态的进度条的效果。

11.2.7　全局属性

在 HTML 5 中，一些属性是大多数元素通用的，因此在学习 HTML 5 时需要理解这些全局属性的具体作用。HTML 5 中的一些全局属性继承自 HTML 的早期版本，HTML 5 本身也新增了一些全局属性。在 HTML 5 中，全局属性如表 11.3 所示。

表 11.3　HTML 5 中的全局属性列表

属 性 名 称	属性值类型	属 性 描 述	是否 HTML 5 新增
accesskey	character	规定访问元素的键盘快捷键	否
class	classname	规定元素的类名（用于规定样式表中的类）	否
contenteditable	true false	规定是否允许用户编辑内容	是
contextmenu	menu_id	规定元素的上下文菜单	否
data-yourvalue	value	创作者定义的属性。 HTML 文档的创作者可以定义他们自己的属性。 必须以"data-"开头	否
dir	ltr rtl	规定元素中内容的文本方向	否
draggable	true false auto	规定是否允许用户拖动元素	是
hidden	hidden	规定该元素是无关的。被隐藏的元素不会显示	是
id	id	规定元素的唯一 id	否
item	empty url	用于组合元素	是

续表

属 性 名 称	属性值类型	属 性 描 述	是否 HTML 5 新增
itemprop	url group value	用于组合项目	是
lang	language_code	规定元素中内容的语言代码	否
spellcheck	true false	规定是否必须对元素进行拼写或语法检查	是
style	style_definition	规定元素的行内样式	否
subject	id	规定元素对应的项目	否
tabindex	number	规定元素的 tab 键控制次序	否
title	text	规定有关元素的额外信息	否

可以看到，除了 HTML 4 就具有的一些全局属性之外，HTML 5 新增加了一组属性，比如 contenteditable 属性，它允许设置是否可以对一个元素进行编辑。比如下面的代码允许对一个<p>标签组成的段落进行编辑：

```
<p contenteditable="true">单击这里可以对段落进行编辑，比如添加和删除文本内容</p>
```

运行时可以看到这个段落中的内容是可编辑的，而在 HTML 的早期版本中，段落内容都无法进行编辑。

在 HTML 的早期版本中，图像和链接是可以进行拖动的，但是其他的页面元素则无法拖动。在 HTML 5 中提供了 draggable 属性，允许对某个特定的元素进行拖动。要完成一个拖动并放置的操作，除了使元素为可以拖动之外，还必须完成几个 JavaScript 事件处理，这几个事件用来完成拖动的几个步骤。一个拖放操作通常涉及如下的几个方面。

❑ 拖动什么：也就是拖动的元素内容，可以通过对被拖动的对象应用 ondragstart 事件来实现。比如为<img>图像指定 draggable 为 true 之后，还响应其 ondragstart 事件，该事件具有一个 event 参数保存了被拖动的原始数据。

❑ 放到什么地方：通过响应要放置的目标对象的 ondragover 来判断是否要将该对象放置到目标位置。

❑ 进行放置：如果 ondragover 事件确定对象是可以放置的，则需要响应 ondrop 事件来完成拖放。

下面新建一个 HTML 5 网页 HTML5Demo4.html，在该网页中放置两个 DIV 元素，通过拖动一个 DIV 中的图像到另一个 DIV 中放置，可以看到在 HTML 5 中如何完成拖动的效果，如代码 11.9 所示：

代码 11.9　HTML 5 拖放示例

```
<!doctype html>
<html>
<head>
<meta charset="utf-8">
<title>HTML 5 中的拖放示意效果</title>
<style type="text/css">
/*两个具有向左浮动效果的 DIV*/
#div1, #div2
{
    float: left;
```

```
    width: 265px;
    height: 135px;
    margin: 10px;
    padding: 10px;
    border: 1px solid #aaaaaa;
}
</style>
<script type="text/javascript">
function allowDrop(ev)
{
    ev.preventDefault();    //避免拖动的默认行为
}

function drag(ev)
{
    //开始拖动时，设置拖动的内容
    ev.dataTransfer.setData("Text",ev.target.id);
}
//ondrop 事件响应代码，在放置到该元素上时设置值
function drop(ev)
{
    ev.preventDefault();                  //避免浏览器的默认行为
    //获取拖动的类型为文本类型，表示拖动元素的标签值，即 DIV 中的 HTML 文本
    var data=ev.dataTransfer.getData("Text");
    //添加拖动目标到 ev 参数中
    ev.target.appendChild(document.getElementById(data));
}
</script>
</head>
<body>
<!--为 div1 处理 ondrop 和 ondragover 事件,同时设置 img 的 draggable 属性为 true,并
响应 img 的 ondragstart 事件-->
<div id="div1" ondrop="drop(event)" ondragover="allowDrop(event)">
  <img src="images/Windows8.png" name="drag1"
    width="260" height="130" id="drag1"
    draggable="true" ondragstart="drag(event)" />
</div>
<!--处理 div2 的拖动放置事件-->
<div id="div2" ondrop="drop(event)" ondragover="allowDrop(event)"></div>
</body>
</html>
```

代码的实现如下过程所示。

（1）在页面上放置了两个 DIV 元素，并且通过 CSS 控制向左浮动，以便横向显示这两个<div>标签。

（2）在 div1 内部放置了一个 img 元素，用来显示一幅图像，可以看到 img 元素的 draggable 属性设置为 true，且关联了 ondragstart 事件，当开始拖动时会调用 drag 函数。同时为 div1 和 div2 关联了 ondrop 和 ondragover 事件，这 3 个事件的触发时机如下所示。

- ❑ ondragstart 在开始拖动时触发，在这里必须设置拖动的内容，比如示例中拖动类型为 Text，值为当前图像的 id 值。

- ❑ ondragover 在拖动经过目标元素时触发，注意这个事件应该定义在目标元素上面，由于 div1 和 div2 都要担当目标元素,因此这两个元素上都定义了 ondragover 事件。该事件用来确定是否允许拖动的元素放到目标位置，示例中调用了 preventDefault 方法，来避免浏览器对数据的默认处理。默认时不允许进行放置，调用了该方法

之后，则允许放置拖动元素。

❑ ondrop 事件在放置到目标位置之后触发，代码首先获取拖动的文本类型的 id 值，调用 getElementById 获取网页上特定 id 值的对象，然后添加到 ev 中封装的目标 DIV 对象中，完成拖放操作。

示例运行后，可以看到果然可以将一个图像从一个 DIV 元素原来的位置拖放到目标的 DIV 位置，如图 11.13 所示。

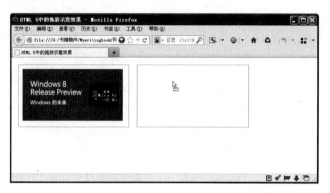

图 11.13　HTML 5 拖放效果示例

更多关于 HTML 5 中的全局属性的具体应用，请参考 W3School 网站提供的相应的教程。本小节建议读者熟悉这些属性的使用，以便在日后的工作中可以轻松地应用属性来改变元素的行为或显示风格。

11.2.8　交互性页面元素

HTML 5 还提供了一些用来增强交互式体验的表单控件，这些控件弥补了 HTML 早期版本的不足。新增的交互性页面元素如下所示。

❑ datalist：定义可选的元素列表，通过与 HTML 表单的 input 元素配合使用，可以用来打造具有自动完成功能的列表框。

❑ details：用于描述文档或文档某个部分的细节，与<summary>标签配合使用可以为 details 定义标题。

❑ menu：这个元素在 HTML 4 中不建议使用，在 HTML 5 中又推荐启用，用来排列表单元素为主，以便显示一个菜单。

❑ command：可以用来定义各种类型的按钮，比如单选按钮、复选框，只有当 command 元素位于 menu 元素内部时，该元素才可见，否则这个元素不会显示。

可以看到这几个元素让 HTML 5 在创建交互式效果时具有了更多的选择。下面分别对这几个元素的作用进行详细的介绍。

1．datalist显示可选项列表

这个元素其实就是为不具有下拉列表框的控件显示可选的下拉列表，比如为 input 元素显示一个可选的下拉列表，示例如下：

```
<!--定义一个文本框，指定 list 为下面定义的 datalist-->
```

```
<input id="iptbook" list="booklist" />
<!--定义 datalist 的可选项-->
<datalist id="booklist">
 <option value="HTML 5 从入门到精通">
 <option value="HTML 4 从入门到精通">
 <option value="ASP.NET MVC 从入门到精通">
 <option value="C# 5.0 从入门到精通">
</datalist>
```

在示例中定义了一个 input 元素，并且指定 list 为稍后定义的 datalist 列表的 id 名称，运行时如果在 input 元素中输入匹配的元素值，则可以看到 datalist 会匹配所输入的字符，并弹出可供选择的列表项，实现类似自动完成的效果，如图 11.14 所示。

图 11.14 datalist 示例运行效果

2．details显示详细信息

实际上 details 主要用来显示可折叠的面板，比如显示一个文章标题，用户单击时可以显示文章的详细信息。

🔔注意：details 元素的显示效果仅在 Google Chrome 中得到支持。

下面的代码演示了如何使用 details 元素，通过在 details 元素内部应用一个 summary 元素来显示详细信息的标题：

```
<details>
<summary>HTML 5 将必然会成为未来互联网的主要语言</summary>
<p>HTML 将会整合目前互联网上比较混乱的现象，提供完全符合 Web 标准的网页设计方案</p>
</details>
```

在 Chrome 中的显示效果如图 11.5 所示。

图 11.15 details 示例运行效果

可以一开始仅显示<summary>标签中定义的标题，当用户单击了标题之后，将会展开显示详细的信息。

3. menu和command元素

menu 用来显示一个菜单结构，这个元素用来列出表单控件，比如列出多个复选框，menu 在 HTML 5 中得到了增强，这个元素并不是 HTML 5 中新增的，但是 HTML 5 中增加了一些属性支持。menu 元素的属性如表 11.4 所示。

表 11.4　menu元素的属性列表

属　　性	值	描　　述
autosubmit	true false	如果为 true，那么当表单控件改变时会自动提交
label	menulabel	为菜单定义一个可见的标注
type	context toolbar list	定义显示哪种类型的菜单。默认值是"list"

下面的示例演示了如何使用 menu 元素来显示排列好的一列复选框：

```
<menu>
    <li><input type="checkbox" />HTML 5 从入门到精通</li>
    <li><input type="checkbox" />JavaScript 从入门到精通</li>
    <li><input type="checkbox" />jQuery 从入门到精通</li>
</menu>
```

运行时可以看到排列整齐的一列复选框列表项，如果想要让复选框中的某一项选中即进行提交，设置 autosubmit 为 true 即可。

command 是定义可以用来调用的命令，它与 menu 紧密搭配，用来定义 menu 中的菜单项的行为。它具有如表 11.5 所示的几个属性。

表 11.5　command元素的属性列表

属　　性	值	描　　述
checked	checked	定义是否被选中。仅用于 radio 或 checkbox 类型
disabled	disabled	定义 command 是否可用
icon	url	定义作为 command 来显示的图像的 url
label	text	为 command 定义可见的 label
radiogroup	groupname	定义 command 所属的组名。仅在类型为 radio 时使用
type	checkbox command radio	定义该 command 的类型。默认是"command"

checked 属性仅在 type 设置为 checkbox 或 radio 时有效，用来指定选择类型。icon 使得可以为命令对象显示图像 URL，一般用来显示图标。label 则用来定义 command 可见的标签。使用 command 与 menu 的示例如下代码所示。

```
<menu>
    <command onclick="alert('文件')"  label="文件"/>
    <command onclick="alert('编辑')" label="编辑"/>
    <command onclick="alert('关于')"  label="关于"/>
</menu>
```

运行后可以看到一个基于 command 组成的菜单结构，单击文字时会显示弹出式的消息框。

11.3 HTML 5 Canvas 画布

Canvas 是 HTML 5 推出的一个非常重要的对象，可以说 HTML 5 得以流行起来与 Canvas 的出现有重大关系。Canvas 允许用户在 Web 上绘制各种各样的图形，这在过去的 HTML 版本中是无法办到的。但是 Canvas 仅仅是 HTML DOM 中的一个节点，在 HTML 页面上放置了一个画布之后，还必须借助于 JavaScript 代码才能绘制丰富的图像。

11.3.1 画布的基础知识

画布仅仅是一个绘图的容器，它具有 width 和 height 属性用来定义 canvas 元素的宽度和高度，除此之外它不具有任何行为。它的强有力的特性是提供了一系列的 API 函数，允许客户端通过 JavaScript 脚本将图形绘制到画布上。使用画布进行图形绘制一般由如下 3 部分组成。

（1）在 HTML 页面的特定位置定义一个 canvas 元素，用来显示要进行图形绘制的画布。

（2）调用 Canvas 对象的 getContext 方法获取用于在画布上绘图的环境，当前唯一合法的是"2d"参数，指定在画布上绘制二维绘图。

（3）getContext 方法会返回一个环境对象，调用这个对象的 API 可以用来绘制各种各样的图形。

下面通过一个示例来演示这 3 个步骤的实现，示例将在 HTML 页面上绘制一条直线，如以下步骤所示：

（1）新建一个名为 HTML5Demo6.html 的网页，在该网页上放一个 canvas 标签，指定大小为宽 400 像素，高 200 像素，并为其指定 id 属性为 myCanvas，以便于在 JavaScript 代码中获取。

（2）在<head>区中添加 JavaScript 代码，用来响应页面加载事件 window.onload。在该事件中，先通过 getElementById 获取页面上放置的 Canvas 对象，然后调用 getContext 方法获取 2D 绘图环境。getContext("2d")返回的是 CanvasRenderingContext2D 对象，内部表现为笛卡尔平面坐标，即左上角坐标为(0,0)。

（3）调用 CanvasRenderingContext2D 的 beginPath 开始绘制一条直线路径，通过 moveTo 和 lineTo 来确定所要绘制的直线的坐标，通过 lineWidth 和 strokeStyle 来确定线条的宽度和颜色，最后通过 stroke 直接将线条用指定的坐标、线宽和路径绘制到画布上。实现如代码 11.10 所示：

代码 11.10 使用 Canvas 绘制直线示例

```
<!doctype html>
<html>
<head>
<meta charset="utf-8">
<title>绘制直线</title>
```

```
<style type="text/css">
  body {
    margin: 0px;
    padding: 0px;
  }
  #myCanvas {
    border: 1px solid #9C9898;
  }
</style>
<script type="text/javascript">
  //编写页加载事件，在页加载中绘制直线
  window.onload = function() {
      //获取页面上的 Canvas 对象
      var canvas = document.getElementById("myCanvas");
      //获取画布的 2D 绘图环境
      var context = canvas.getContext("2d");
      //开始绘制线条
      context.beginPath();                    //定义新的绘图路径
      context.moveTo(10, 15);                 //定位到指定坐标位置
      context.lineTo(350, 100);               //从 moveTo 位置到目标位置绘制直线
      context.lineWidth = 5;                  //指定绘制的线宽
      context.strokeStyle="#ff0000";          //指定线的颜色
      context.stroke();                       //在页面上实际显示直线
  };
</script>
</head>
<body>
<!--在页面上放置一个绘图画布-->
<canvas id="myCanvas" width="400" height="200"></canvas>
</body>
</html>
```

由代码可以看到，在 HTML 页面上放置了一个 id 为 myCanvas 的<canvas>标签，在 JavaScript 代码中，通过 document.getElementById("myCanvas")方法来获取网页上的 Canvas 对象实例，然后调用 canvas 的 getContext("2d")方法获取 2D 绘图环境，最后调用一系列的绘图 API 完成实际的绘图工作，运行效果如图 11.16 所示。

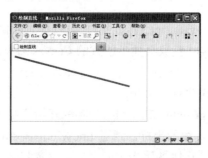

图 11.16　在 Canvas 上绘制直线示例

Canvas 对象本身包含了用来进行图形绘制的种类丰富的 API 函数，比如可以绘制线条、形状、曲线、图像、文本等 API 函数。目前在互联网上有很多开发人员已经借助于 Canvas 开发出了很多应用，比如游戏、图像处理网页等。例如经典的 bomomo.com 网站就是一个使用 HTML 5 的 Canvas 实现的非常有趣的绘图网页，如图 11.17 所示。

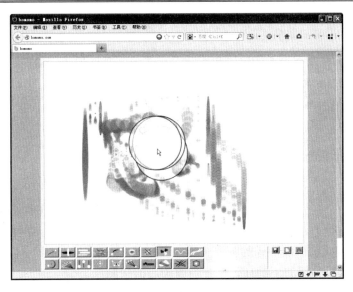

图 11.17 使用 HTML 5 实现的绘图网页

11.3.2 canvas 对象入门

HTML 5 的 Canvas 本身只是一个画布，大多数最新的浏览器基本上都支持这个 DOM 节点，无须安装任何的插件，它主要通过其绘图环境提供的丰富的绘图功能来实现对图形的绘制和操作。由于 Canvas 对象属于 DOM 节点对象，因此除了在 HTML 页面上放置 <canvas>标记之外，还可以通过如下的代码来创建 Canvas 对象的实例：

```
<script type="text/javascript">
  window.onload=function(){
    //创建 canvas 对象实例
    var canvas=document.createElement("canvas");
  }
</script>
```

当然不是所有的浏览器都支持 canvas 元素，因此在使用之前最好经过检查。最简单的办法是在<canvas>标签中添加不兼容的文本，代码如下所示：

```
<canvas width="500" height="500" id="myCanvas">
 您的浏览器不支持 HTML 5 画布，请升级为支持 HTML 5 画布的版本！
</canvas>
```

也可以通过如下所示的 JavaScript 代码来检测浏览器支持，如果浏览器不支持 canvas 标签，则退出绘制代码：

```
<script type="text/javascript">
  window.onload=function(){
    //创建 canvas 对象实例
    var canvas=document.createElement("canvas");
    //检测浏览器支持，如果浏览器不支持画布，则退出
    if (!canvas || !canvas.getContext) {
      return;
    }
```

```
    }
</script>
```

Canvas 对象具有两个相关的属性和方法，允许程序员通过 JavaScript 代码进行访问。两个属性分别是 width 和 height，可以用来调整 Canvas 对象的大小。可以在运行时动态地改变 Canvas 对象的大小。

💡**注意**：如果需要按比例缩放画布和画布中的内容到适当的大小，也可以通过 CSS 来设置 Canvas 对象的宽度和高度。

Canvas 对象有两个公共的方法，除了前面提过的 getContext 方法用来获取绘图上下文对象之外，还有一个名为 toDataURL 的方法，这个方法会将当前画布状态保存为图像，也就是说可以使用这个方法获取当前画布图像的快照。它接收 MIME 类型的值，可以指定"image/png"表示获取 PNG 格式的图像快照，或者是"image/jpeg"表示获取 JPEG 格式的图像快照。例如可以使用如下的代码创建当前画布的快照：

```
var myImage = canvas1.toDataURL("image/png");
```

这行代码会将 canvas1 中的当前绘图状态复制出来，并且返回一个图像链接保存到 myImage 变量中。下面的代码将演示如何使用 Canvas 对象绘制一幅渐变图像，然后使用 toDataURL 来创建当前图像的一份拷贝，如代码 11.11 所示：

代码 11.11　为当前画布状态创建绘图快照

```
<!doctype html>
<html>
<head>
<meta charset="utf-8">
<title>Canvas 对象示例</title>
<script type="text/javascript">
    //页面加载时的绘图代码
    function draw()
    {
    //获取 HTML 的画布对象
    var canvas = document.getElementById("MyCanvas");
    //判断画布对象是否存在
    if (canvas.getContext)
    {
        //创建 2D 绘图环境
      var ctx = canvas.getContext("2d");
        //开始绘制线条
      ctx.beginPath();
      ctx.moveTo(170, 80);
        //绘制曲线
      ctx.bezierCurveTo(130, 100, 130, 150, 230, 150);
      ctx.bezierCurveTo(250, 180, 320, 180, 340, 150);
      ctx.bezierCurveTo(420, 150, 420, 120, 390, 100);
      ctx.bezierCurveTo(430, 40, 370, 30, 340, 50);
      ctx.bezierCurveTo(320, 5, 250, 20, 250, 50);
      ctx.bezierCurveTo(200, 5, 150, 20, 170, 80);
      ctx.closePath();               //关闭路径
        //创建渐变填充
      var grd = ctx.createRadialGradient(238, 50, 10, 238, 50, 200);
        //浅蓝色填充
```

```
        grd.addColorStop(0, "#8ED6FF");
        //深蓝色填充
        grd.addColorStop(1, "#004CB3");
        ctx.fillStyle = grd;    //指定画布的填充样式为渐变填充
        ctx.fill();             //填充画布对象
        //添加线条样式
        ctx.lineWidth = 5;
        ctx.strokeStyle = "blue";
        ctx.stroke();           //在路径周围绘制边框
        }
    }
    //复制画布中的图像到 img 元素中显示，形成图像复制的效果
    function putImage()
    {
        //获取当前网页上的画布
        var canvas1 = document.getElementById("MyCanvas");
        if (canvas1.getContext) {
            var ctx = canvas1.getContext("2d");    //得到当前画布的绘图上下文环境
            var myImage = canvas1.toDataURL("image/png");
                                    //将当前画布的绘图状态保存为 PNG 图像
        }
        var imageElement = document.getElementById("MyPix");
                                    //获取页面上定义的 img 元素实例
        imageElement.src = myImage;        //设置要显示的图像的路径
    }
    //当页面加载时调用 draw 方法进行绘图
    window.onload=function(){
        draw();
    }
</script>
</head>
<body>
    <div>
        <!--当按钮被按下时，开始复制图像-->
        <button onclick="putImage()">复制当前画布图像到 img 元素</button>
    </div>
    <div>
        <!--用来在该画布上进行绘图-->
        <canvas id="MyCanvas" width="500" height="400" > </canvas>
        <!--用来存放画布上的绘图对象-->
        <img id="MyPix">
    </div>
</body>
</html>
```

代码的实现过程如以下步骤所示：

（1）在 HTML 的<body>部分，放置了一个 canvas、一个 button 及一个 img 元素，canvas 将用来绘图，button 在按钮下时会将 canvas 中的绘图保存到 img 元素中。

（2）在页面中定义了一个 draw 方法用来在画布上绘制一幅具有渐变填充效果的云彩，示例代码中使用了 bezierCurveTo 方法，即贝塞尔曲线来绘制云彩效果。使用 createRadialGradient 方法来创建渐变的画刷。

（3）在 window.load 事件处理代码中，调用了 draw 方法，用来在画布上绘制云彩效果。

（4）当按钮被单击时，会调用 putImage 方法，该方法使用 getElementById 获取页面上的 Canvas 对象实例，然后调用 canvas1 的 toDataURL 方法将画布状态保存为 PNG 格式的

图像，并返回保存的图像链接，通过将这个图像的链接作为 img 元素的 src 属性来显示被复制出来的图像。

示例运行效果如图 11.18 所示。

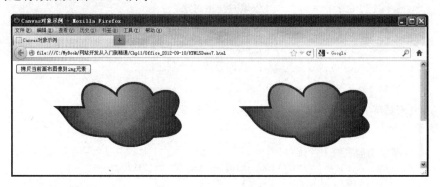

图 11.18　使用 toDataURL 创建当前画布的快照运行效果

可以看到页面初始加载时，会在 Canvas 对象上绘制文本内容，当单击"拷贝当前画布图像到 img 元素"按钮之后，会在<img>标签中显示与当前画布上的相同的图像。

11.3.3　绘制矩形

Canvas 对象的上下文绘图环境提供了多种功能强大的绘图能力，可以在画布上绘制矩形、圆形、多边形、线条、文本及图像等。下面从矩形绘制开始了解 Canvas 提供的绘图功能。

矩形是 Canvas 中提供的非常简单易用的几何图形，在 HTML 5 中可以使用 3 种不同的矩形绘制方式：绘制矩形的边框、绘制填充的矩形及清除矩形定义的区域，分别对应如下所示的 3 种方法。

- ❑ fillRect(x,y,width,height)：绘制一个填充的矩形，x 和 y 表示矩形的左上角坐标，width 和 height 表示矩形的宽度和高度。
- ❑ strokeRect(x,y,width,height)：绘制一个矩形轮廓，它将使用当前环境的 strokeStyle、lineWidth、lineJoin 和 miterLimit 设置来绘制未填充的矩形。
- ❑ clearRect(x,y,width,height)：清除指定的矩形区域且使之完全透明。

fillRect 和 strokeRect 需要利用到当前绘图上下文环境的填充和边框设置，因此在开始进行填充前需要先进行设置。下面通过例子分别演示这几种填充矩形的创建方法。

1．使用fillRect创建填充矩形

新建一个 HTML 5 网页名为 HTML5Demo8.html，下面的示例演示了如何使用 fillRect创建一个已经填充的矩形，如代码 11.12 所示：

代码 11.12　使用 fillRect 方法创建填充矩形

```
<!doctype html>
<html>
<head>
<meta charset="utf-8">
```

```
<title>fillRect 创建填充的矩形</title>
<script type="text/javascript">
    function drawRect()
    {
        //获取 HTML 页面上的画布对象
        var canvas = document.getElementById("MyCanvas");
         if (canvas.getContext)
            //获取当前画布的上下文绘图环境
            var ctx = canvas.getContext("2d");
            //创建渐变填充对象
            var gradient = ctx.createLinearGradient(0, 0, canvas.width, 0);
            //添加渐变颜色的停止点颜色，形成线性渐变效果
            gradient.addColorStop("0","magenta");
            gradient.addColorStop(".25","blue");
            gradient.addColorStop(".50","green");
            gradient.addColorStop(".75","yellow");
            gradient.addColorStop("1.0","red");
            //使用渐变对象填充矩形
            ctx.fillStyle = gradient;
            ctx.fillRect (0,0,300,250);
            //使用纯色填充矩形
            ctx.fillStyle = "blue";
            ctx.fillRect(250,300,600,500);
        }
    window.onload=function(){
        drawRect();              //当页面加载后绘制矩形
    }
</script>
</head>
<body>
 <canvas id="MyCanvas" width="600" height="500"> </canvas>
</body>
</html>
```

代码中，获取上下文绘图环境之后，首先调用 createLinearGradient 创建了一个线性的渐变填充对象 gradient，通过依次为渐变点指定颜色值可以完成线性渐变的效果。然后将这个对象赋值给 CanvasRenderingContext2D 对象的 fillStyle 属性，再调用 fillRect 填充矩形，则一个使用线性渐变效果的填充矩形就被绘制出来了。接下来直接为 fillStyle 赋予一个颜色常量值，再调用 fillRect 将会使用纯色对矩形进行填充，运行效果如图 11.19 所示。

图 11.19　填充矩形运行效果

2．使用strokeRect创建轮廓矩形

strokeRect 会创建具有边框的矩形，在创建空心矩形的时候通常会使用该方法。新建一个名为 HTML5Demo8.html 的网页，在该网页中添加如代码 11.13 所示的代码来创建轮廓矩形：

代码 11.13　绘制轮廓矩形

```
function drawStrokeRect()
{
  //获取画布对象
  var canvas = document.getElementById("MyCanvas");
    if (canvas.getContext) {
     var ctx = canvas.getContext("2d");        //获取绘图环境
    ctx.lineWidth = "3";                       //指定线宽
    ctx.strokeStyle = "blue";                  //指定轮廓颜色
    ctx.strokeRect (5,5,300,250);              //绘制轮廓矩形路径
    ctx.stroke();                              //渲染矩形
    ctx.lineWidth = "5";
    ctx.strokeStyle = "red";
    ctx.strokeRect (150,200,300,150);
    ctx.stroke();
    ctx.lineJoin = "round";
    ctx.lineWidth = "10";
    ctx.lineWidth = "7";
    ctx.strokeStyle = "green";
    ctx.strokeRect (250,50,150,250);
    ctx.stroke();
    }
}
```

在代码中通过设置 lineWidth 来为轮廓设置线宽，设置 strokeStyle 属性指定轮廓的颜色，最后调用 strokeRect 来绘制出轮廓矩形。stroke 方法可以用来绘制当前路径，与之相对应的方法是 fill 方法，该方法会填充路径的内部区域而不是勾勒出路径的边框，运行效果如图 11.20 所示。

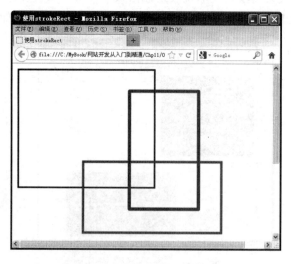

图 11.20　轮廓矩形运行效果

3. 使用clearRect清除矩形区域

clearRect 可以清除一个矩形中的部分区域或所有区域，比如可以使用 clearRect 清除矩形的中心区域以便创建一个空心矩形。新建一个名为 HTML5Demo10.html 的网页，然后添加一个画布和两个按钮，当用户单击"清除矩形"按钮时，将清除矩形中心 80%的区域形成空心矩形，如代码 11.14 所示：

代码 11.14　创建清除矩形

```html
<!DOCTYPE html>
<html>
<meta charset="utf-8">
<title>clearRect 示例</title>
<head>
<script type="text/javascript">
 //绘制一个填充的矩形
 function drawRect()
 {
 var canvas = document.getElementById("MyCanvas");    //获取画布对象
   if (canvas.getContext)                              //如果浏览器支持画布
   {
     var ctx = canvas.getContext("2d");                //获取绘图上下文环境
     ctx.fillStyle = "red";                            //指定红色作为填充色
     ctx.fillRect (0,0,canvas.width,canvas.height);    //创建一个填充的矩形
   }
 }
 //清除填充的矩形
 function clearfilledRect()
 {
 var canvas = document.getElementById("MyCanvas");    //获取 Canvas 对象
   if (canvas.getContext)
   {
     var ctx = canvas.getContext("2d");
     //清除矩形中心 80%的矩形区域，让矩形成为一个空心矩形
     ctx.clearRect(canvas.width*.1,canvas.height*.1,canvas.width*.8,
     canvas.height * .8);
   }
 }
 </script>
</head>
<body onload=" drawRect ();">
 <canvas id="MyCanvas" width="300" height="200"> </canvas>
<p>
   <button onclick="clearfilledRect();">清除矩形区域</button>
   <button onclick="drawRect();">重新绘制矩形</button>
</p>
</body>
</html>
```

drawRect 将创建一个实心填充的矩形，矩形的大小就是画布的宽度和高度，fillStyle 被指定为 red，表示纯红色填充。clearfilledRect 将会调用 clearRect 方法，传入要清除的起始坐标和要清除的宽度和高度，这里指定宽度和高度分别乘以 0.8，表示要清除 80%的填充矩形，运行效果如图 11.21 所示。

图 11.21　清除矩形的运行效果

11.3.4　绘制圆形

绘制圆形与绘制矩形有些不同，除了矩形之外，要绘制其他的图形需要使用路径。不过 HTML 5 提供了 arc 函数，允许用户轻松地绘制一个封闭的圆形，基本语法如下所示：

```
context.arc(x, y, radius, startAngle, endAngle, anticlockwise)
```

其参数含义及其描述如表 11.6 所示。

表 11.6　arc参数含义及描述

参　　数	描　　述
x, y	描述弧的圆形的圆心的坐标
radius	描述弧的圆形的半径
startAngle, endAngle	沿着圆指定弧的开始点和结束点的一个角度。这个角度用弧度来衡量。沿着 X 轴正半轴的三点钟方向的角度为 0，角度沿着逆时针方向而增加
counterclockwise	弧沿着圆周的逆时针方向（TRUE）还是顺时针方向（FALSE）遍历

这些参数具体的含义及其所在圆的位置如图 11.22 所示。

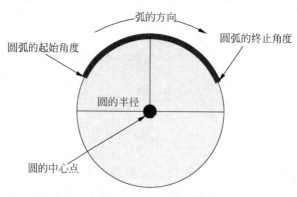

图 11.22　arc 参数的示意图

可以看到，如果使用 arc，不仅可以画一个封闭的圆形，还可以只绘制一段圆弧。下面新建一个名为 HTML5Demo11.html 的网页，演示如何绘制一个封闭的圆形及一个未封闭的圆弧，如代码 11.15 所示：

代码 11.15　绘制封闭的圆形

```
<!doctype html>
<html>
<head>
<meta charset="utf-8">
<title>绘制圆和圆弧</title>
<script type="text/javascript">
  function DrawCircle(){
     var canvas = document.getElementById("myCanvas");
     var context = canvas.getContext("2d");
     context.beginPath();                   //开始创建路径
     context.strokeStyle = "black";         //指定边框颜色
     context.lineWidth = 10;                //指定线宽
      //开始绘制圆形路径
     context.arc(100, 100, 50, (Math.PI/180)*0, (Math.PI/180)*360, false);
     context.stroke();                      //输出圆形
     context.closePath();                   //封装路径，形成封装的圆周
  }
   function DrawArc(){
   var canvas = document.getElementById("myCanvas");
   var context = canvas.getContext("2d");
    //下面的变量用来指定绘制圆弧需要使用的参数
    var centerX = 288;
   var centerY = 160;
   var radius = 75;
   var startingAngle = 1.1 * Math.PI;
   var endingAngle = 1.9 * Math.PI;
   var counterclockwise = false;
    //绘制圆弧
    context.arc(centerX, centerY, radius, startingAngle,
       endingAngle, counterclockwise);
    context.lineWidth = 15;
   context.strokeStyle = "black";          //设置轮廓颜色
   context.stroke();                       //绘制圆弧
    }
   window.onload = function(){
      DrawArc();
      DrawCircle();
};
</script>
</head>
<body>
<canvas id="myCanvas" width="400" height="400"></canvas>
</body>
</html>
```

代码中定义了两个函数，其中 DrawCircle 用来创建一个封闭的圆，而 DrawArc 则用来创建一段未封闭的圆弧。在绘制圆时，使用了 beginPath 开始绘制路径，然后 arc 将绘制一个圆形路径，通过 closePath 来关闭绘制的路径，以便形成一个完整的圆。而 DrawArc 则仅仅是创建一个不封装的圆弧。可以看到代码中为 startAngle 和 endAngle 分别指定了起始和结束的角度，运行后封闭的圆形和开放的圆弧果然都已成功创建，如图 11.23 所示。

图 11.23　圆和圆弧的运行效果

11.3.5　绘制线条

绘制线条与绘制圆或圆弧一样，也是使用路径。路径其实就是表示一系列的点，并在这些点之间用线条连接。在绘制圆时，使用了 beginPath 方法来开始一个路径，使用 closePath 来关闭路径，也称为封闭路径，一般是指将起始点和终止点连接起来形成一个封闭的形状。

绘制直线命名用 moveTo 和 lineTo 方法，这两个方法的语法如下所示。

❑ moveTo(x,y)：将光标移动到指定的坐标点，直线将以这个坐标点为起点。

❑ lineTo(x,y)：该方法在 moveTo 方法指定的起点与 lineTo 方法中指定的终点之间绘制一条直线。

除了绘制线条之外，还可以使用如下的几个方法来指定线条的样式。

❑ lineWidth 属性：指定线条的宽度。

❑ strokeStyle 属性：设置或返回用于笔触的颜色、渐变或模式。它具有 3 种可选的属性值：color 属性指定纯色轮廓；gradient 指定用绘图填充的渐变对象；pattern 指定用于绘制的图案笔触样式。

❑ lineCap 属性：指定线段的末端如何绘制。它具有 3 种可选值：butt 这个默认值指定线段没有线帽；found 这个值指定线段应该有一个半圆形的线帽；square 这个值表示线段应该有一个矩形的线帽。

新建一个网页名为 HTML5Demo12.html，在该网页中放置一个名为 myCanvas 的 canvas 元素，编写如代码 11.16 所示的代码来绘制直线：

代码 11.16　绘制直线

```
<!doctype html>
<html>
<head>
<meta charset="utf-8">
<title>绘制线条</title>
  <script type="text/javascript">
    function drawLine()
    {
      var canvas = document.getElementById("MyCanvas");
        if (canvas.getContext) {
          var context = canvas.getContext("2d");
            //创建不带线帽的线条
```

```
        context.beginPath();
        context.moveTo(200, canvas.height/2 - 50);
        context.lineTo(canvas.width - 200, canvas.height/2 - 50);
        context.lineWidth = 20;                  //指定线宽
        context.strokeStyle = "#0000ff";         //指定纯色线条填充
        context.lineCap = "butt";                //指定线帽
        context.stroke();
        //创建具有圆形线帽的线条
        context.beginPath();
        context.moveTo(200, canvas.height/2);
        context.lineTo(canvas.width - 200, canvas.height/2);
        context.lineWidth = 20;
        context.strokeStyle = "#0000ff";         //使用纯色填充
        context.lineCap = "round";               //指定圆形线帽
        context.stroke();
        //绘制渐变填充的方形线帽直线
        context.beginPath();
        context.moveTo(200, canvas.height/2 + 50);
        context.lineTo(canvas.width - 100,canvas.height/2 + 50);
        context.lineWidth = 20;                  //指定线宽为 20 像素
        //创建渐变颜色
        var gradient=context.createLinearGradient(0,0,canvas.width,0);
         gradient.addColorStop("0","magenta");
         gradient.addColorStop(".25","blue");
         gradient.addColorStop(".50","green");
         gradient.addColorStop(".75","yellow");
         gradient.addColorStop("1.0","red");
        context.strokeStyle=gradient;            //用渐变进行填充
        context.lineCap = "square";              //矩形线帽
        context.stroke();
        };
    };
    window.onload=function(){
        drawLine();
    }
    </script>
</head>
<body>
    <canvas id="MyCanvas" width="600" height="600"> </canvas>
</body>
</html>
```

代码在画布上绘制了 3 种不同风格的直线，分别具有不同的线帽、填充和样式，代码的实现过程如以下步骤所示：

（1）在页面上放了一个 canvas 元素，JavaScript 将会在该画布上绘制直线。

（2）第一个线条指定 strokeStyle 为一个颜色值，表示使用纯色进行填充，线帽为 butt 属性值，表示不使用线帽。

（3）第二个线条指定 strokeStyle 也为一个颜色值，线帽为 round，表示使用圆形线帽。

（4）第三个线条的 strokeStyle 指定为使用 createLinearGradient 创建的渐变对象，这使得线条将用渐变色填充，同时指定 lineCap 为 square 表示指定了矩形的线帽。

这个示例的运行效果如图 11.24 所示。

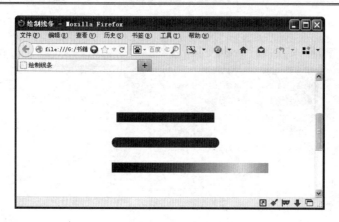

图 11.24　HTML 5 线条绘制示例

11.3.6　绘制文本

CanvasRenderingContext2D 对象提供了一些属性和方法用来将文本绘制到画布上，同时也可以轻松地将一幅现有的图像绘制到画布上去。其中与文本输出相关的属性和方法如表 11.7 所示。

表 11.7　与文本相关的属性和方法

属性或方法名称	描　　述
font 属性	获取或设置当前字体属性
textAlign 属性	获取或设置文本内容的对齐方式
textBaseline 属性	获取或设置绘制文本时使用的当前文本基线
fillText 方法	在画布上绘制填充文本
strokeText 方法	在画布上绘制轮廓文本
measureText 方法	返回包含指定文本宽度的对象

在这些属性中，font 属性可以指定一个字体字号的字符串，可以指定字体样式（标准或斜体，以像素为单位的字号大小及字体类型，其设置顺序依次如下所示：

```
[font style] [font weight] [font size] [font face]
```

使用示例如以下代码所示：

```
context.font = 'italic 40px 宋体;
```

这行代码将设置字体类型为宋体，字号大小为 40px，字体样式为斜体类型。

textAlign 和 textAlignBaseline 分别用于定义文本的水平与垂直对齐方式，其可取值分别如下所示：

❑ textAlign：文字水平对齐方式。可取属性值：start, end, left, right, center。默认值：start。

❑ textBaseline：文字竖直对齐方式。可取属性值：top, hanging, middle, alphabetic, ideographic, bottom。默认值：alphabetic。

fillText 和 strokeText 方法分别用来在画图表面绘制文本，这两个方法的语法及参数含义如下所示：

```
fillText([text],[x],[y],[maxWidth]):
```

这几个参数的含义如下所示。

❑ text：在画布上要渲染的文本内容。

❑ x,y：代表开始渲染的点的位置坐标。

❑ maxWidth：代表最大宽度。

与之搭配的设置文本的颜色属性：fillStyle。

```
strokeText([text],[x],[y],[maxWidth]):
```

参数的意义与 fillText 相同；与 fillText 相比，它只渲染文字的轮廓；与之搭配的设置文本的颜色属性：strokeStyle。

```
measureText(message):
```

依据当前 context 设置的字体、大小等，返回一个文本的度量信息对象 TextMetrics。

下面新建一个名为 HTML 5Demo13.html 的网页，在该网页中放置一个 canvas 元素，然后使用 JavaScript 代码来在画布上输出文本，如代码 11.17 所示：

代码 11.17　绘制文本

```
<!doctype html>
<html>
<head>
<meta charset="utf-8">
<title>输出文本示例</title>
<script type="text/javascript">
function draw()
{
  var canvas = document.getElementById("MyCanvas");
    if (canvas.getContext) {
     var ctx = canvas.getContext("2d");
    ctx.strokeStyle = "blue";
    ctx.font = "18px 黑体, sans-serif"
    ctx.strokeText("HTML 5 文本输出示例",100,50);
     //演示文本对齐方式，分别使用不同的对齐方式查看文本
    ctx.textAlign = "start";
    ctx.strokeText("start 对齐",100,100);
    ctx.textAlign = "end";
    ctx.strokeText("End 对齐",100,120);
    ctx.textAlign = "left";
    ctx.strokeText("Left 对齐",100,140);
    ctx.textAlign = "center";
    ctx.strokeText("center 对齐",100,160);
    ctx.textAlign = "right";
    ctx.strokeText("Right 对齐",100,180);
     //添加一个线性渐变，用来为文本内容设置填充
    gradient = ctx.createLinearGradient(0, 0, canvas.width, 0);
    gradient.addColorStop("0","magenta");
    gradient.addColorStop(".25","blue");
    gradient.addColorStop(".50","green");
    gradient.addColorStop(".75","yellow");
    gradient.addColorStop("1.0","red");
```

```
    //指定要输出文本的字体
     ctx.textAlign = "start";
    ctx.font = "18px 黑体, sans-serif"
    ctx.fillStyle = gradient;
    var i;
    for (i=225;i<450; i+=25){
      ctx.fillText("您好，欢迎来到 HTML 5 的世界！",10,i);
    }
  }
}
  </script>
</head>
<body onload="draw();">
<canvas id="MyCanvas" width="600" height="500"> </canvas>
</body>
</html>
```

代码的实现过程如以下步骤所示：

（1）首先将输出一个轮廓标题文字，在这里使用了 strokeStyle 指定轮廓的颜色为蓝色，使用 font 属性设置字体和字号，最后通过 strokeText 输出了标题文本。

（2）接下来代码输出了 6 行文本，分别用来以不同的文本对齐方式来输出文本，不同的文本对齐方式会决定文本的排列位置。

（3）接下来使用 createLinearGradient 创建了一个线性渐变填充，这个对象将会作为 fillStyle 属性值来输出文本内容。

示例的运行效果如图 11.25 所示。

图 11.25　HTML 5 文本输出示例

11.3.7　绘制图像

与在画布上绘制图形类似，画布也提供了功能强大的绘制图像的 API 函数，可以直接加载图像数据并显示到画布上。为了将一幅图像绘制到画布上，可以使用 drawImage 方法来实现，该方法具有 3 种可选的变体方法，用来把图像显示到画布上，分别如下所示：

```
drawImage(image, x, y)
```

```
drawImage(image, x, y, width, height)
drawImage(image, sourceX, sourceY, sourceWidth, sourceHeight,
          destX, destY, destWidth, destHeight)
```

drawImage 需要至少一个 image 对象，这个对象是指页面上放置的<img>元素中的图像，x 和 y 用来指定要放置的目标坐标点，width 和 height 用来调整原始图像的大小到目标的宽度和高度，这个选项类似于 img 元素的 size 属性。

新建一个名为 HTML5Demo14.html 的网页，在该网页上放一个 canvas 元素，下面的代码将演示如何使用 drawImage 的前面两种方法在画布上绘制图像，如代码 11.18 所示：

代码 11.18　绘制图像

```
<!doctype html>
<html>
<head>
<meta charset="utf-8">
<title>绘制图像</title>
    <style>
      body {
        margin: 0px;
        padding: 0px;
      }
      #myCanvas {
        border: 1px solid #9C9898;
      }
    </style>
    <script>
      window.onload = function() {
        var canvas = document.getElementById("myCanvas");
        var context = canvas.getContext("2d");
        var x = 188;
        var y = 160;
        var width = 200;
        var height = 137;
          //创建一个 Image 对象
        var imageObj = new Image();
        imageObj.onload = function() {
            //在坐标位置(10,10)放置图像，图像大小不变
          context.drawImage(imageObj, 10, 10);
            //在坐标位置 x 和 y 放置图像，图像大小调整为由 width 和 height 指定的值
          context.drawImage(imageObj, x, y, width, height);
        };
          //指定 Image 对象的图像路径
        imageObj.src = "images/Windows8.png";
      };
    </script>
  </head>
  <body>
    <!--放置一个画布用于绘制图像-->
    <canvas id="myCanvas" width="578" height="400"></canvas>
  </body>
</html>
```

代码核心部分的描述如下所示。

（1）在代码中定义了 x、y、width 和 height 变量，用来定义 drawImage 将要绘制的图像对象的坐标位置和图像大小。

（2）在代码中实例化了一个新的 Image 对象，该对象的 src 属性指定了一幅图片，由于 Image 对象并未添加到 DOM 文档树，因此并不会在网页上显示。

（3）代码首先调用了 drawImage 方法，用来在 x 和 y 各为 10 的坐标位置上绘制 imageObj 对象，这将会以图像的原始大小对图像进行绘制。

（4）代码再次调用 drawImage 方法，但是这次指定了 width 和 height 属性，这将会在指定的位置使用指定的宽度和高度对图像进行缩放绘制。

示例运行效果如图 11.26 所示。

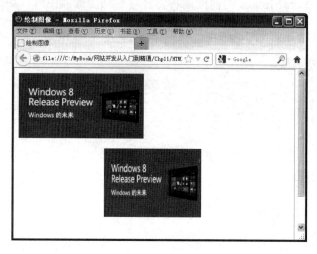

图 11.26　使用 drawImage 绘制图像

以图 11.26 中可以看到，第一幅图的大小保持了原始的比例，而第二幅图明显进行了缩放，图片有点变形，因为在调用 drawImage 时使用了指定的宽度和高度进行了缩放。

11.4　小　　结

本章介绍了 HTML 的最新版本 HTML 5 的基础知识，首先讨论了 HTML 5 的作用和新的特性，并介绍了 HTML 5 与 HTML 4 的区别，同时讨论了如何使用 Dreamweaver 的最新版本创建 HTML 5 网页。在 HTML 5 元素介绍部分，讨论了新的 DOCTYPE 和字符集设置，HTML 5 与 HTML 4 相比较有哪些新增和移除的标签，同时介绍了 HTML 5 中新增加的语义性元素和 HTML 5 的全局属性，最后讨论了 HTML 5 的交互性元素。HTML 5 最重要的新特性是新增的画布支持，在本章详细讨论了 Canvas 对象的使用方法，讨论了如何通过 JavaScript 语言在画布上绘制矩形、圆形、线条及图像等特性。

第 12 章 HTML 5 多媒体应用

通过对第 11 章的学习，读者已经了解了 HTML 5 强大的功能，但是 HTML 5 的出现之所以引起强烈的关注，主要还在于其整合的多媒体功能，使得网站用户不需要安装如 Flash、Sliverlight 之类的插件就可以直接播放音视频。本章将介绍 HTML 5 中的多媒体应用，同时会讨论 HTML 5 中的高级的图像处理技术。

12.1　图像处理高级应用

尽管在上一章中介绍了 Canvas 对象的使用方法，但是要绘制丰富多彩的图像，需要理解路径、各种渲染效果及曲线的应用。很多复杂的 HTML 5 游戏正是利用了这些知识，从而得以创造出充满创造力的游戏效果。

12.1.1　使用绘图样式

在绘制图像时，比如绘制填充的矩形或轮廓矩形，可以通过 strokeStyle 和 fillStyle 来定义轮廓或填充的样式，这两个属性可以接收一个颜色值，表示使用纯色进行填充。例如要指定红色填充，可以使用如下的代码：

```
context.fillStyle = "red";
```

一些常见的颜色常量如下所示：

```
Black = #000000
Green = #008000
Silver = #C0C0C0
Lime = #00FF00
Gray = #808080
Olive = #808000
White = #FFFFFF
Yellow = #FFFF00
Maroon = #800000
Navy = #000080
Red = #FF0000
Blue = #0000FF
Purple = #800080
Teal = #008080
Fuchsia = #FF00FF
Aqua = #00FFFF
```

这些常量都具有对应的十六进制的颜色编码，因此多数情况下可以直接使用十六进制的颜色编码字符串，还可以通过 rgb 函数或 rgba 函数来设置颜色值。

也可以接收由 createLinearGradient() 方法和　createRadialGradient() 方法返回 CanvasGradient 对象来创建渐变色的样式，除此之外，还可以使用 createPattern 来创建图案样式，将一幅图像作为背景进行填充。fillStyle 属性的语法如下所示：

```
context.fillStyle=color|gradient|pattern;
```

参数的含义分别如下所示。

- [ ] color 属性值：表示绘图填充色的 CS 颜色值。默认值是#000000，可以使用十六进制颜色值或上面列出的颜色常量值。
- [ ] gradient 属性值：用于填充绘图的渐变对象（线性或放射性）。
- [ ] pattern 属性值：用于填充绘图的图案对象。

strokeStyle 属性的语法如下所示：

```
context.strokeStyle=color|gradient|pattern;
```

可以见到 strokeStyle 属性的赋值与 fillStyle 属性值基本相同，下面的几个小节将详细介绍这些样式的具体使用方法。

12.1.2　线性渐变填充

CanvasRenderingContext2D 对象的 createLinearGradient 方法将创建颜色线性渐变，它的语法如下所示：

```
createLinearGradient(xStart, yStart, xEnd, yEnd)
```

createLinearGradient 方法接收起始坐标和终止坐标，然后返回一个 CanvasGradient 对象。而起始和终止之间的颜色需要使用该对象的 addColorStop 来实现，该方法的语法如下所示：

```
addColorStop(offset, color)
```

这两个参数的作用如下所示。

- [ ] offset 参数：范围在 0.0 到 1.0 之间的浮点值，表示渐变的开始点和结束点之间的一部分。offset 为 0 对应开始点，offset 为 1 对应结束点。
- [ ] color 参数：以一个 CSS 颜色字符串的方式，表示在指定 offset 显示的颜色。

也就是说，addColorStop 将 createLinearGradient 创建的线条进行了分段指定颜色，这些颜色之间的平滑过渡构成了线性的渐变效果。下面新建一个网站，名为 HTML 5 多媒体示例，在该网站中创建 HTML 5Demo1.html 的网页，在该网页中添加如代码 12.1 所示的代码使用线性渐变来填充一个矩形：

代码 12.1　使用线性渐变填充矩形

```
<!doctype html>
<html>
<head>
<meta charset="utf-8">
<title>线性渐变示例</title>
<script type="text/javascript">
    function draw()
```

```
    {
      var canvas = document.getElementById("MyCanvas");
        if (canvas.getContext) {
          var ctx = canvas.getContext("2d");
          gradient = ctx.createLinearGradient(0, 0, canvas.width, 0);
          //添加颜色的渐变点
          gradient.addColorStop("0","magenta");
          gradient.addColorStop(".25","blue");
          gradient.addColorStop(".50","green");
          gradient.addColorStop(".75","yellow");
          gradient.addColorStop("1.0","red");
          //应用渐变进行填充
          ctx.fillStyle = gradient;
          ctx.fillRect (0,0,300,250);
          ctx.fillRect(250,300,600,500);
        }
    }
  </script>
<style type="text/css">
#MyCanvas {
    border: 1px solid #666;
}
</style>
</head>
<body>
  <canvas id="MyCanvas" width="600" height="500"> </canvas>
    <button onclick="draw()">单击这里绘制图像</button>
</body>
</body>
</html>
```

代码的实现过程如以下步骤所示：

（1）在 HTML 页面上放置了一个 canvas 元素和一个按钮，当用户单击该按钮时，将调用 draw 方法来绘制线性渐变填充的矩形。

（2）在 JavaScript 代码部分，创建了 draw 方法。在获取了画布的 2D 上下文绘图环境之后，调用了 createLinearGradient 方法创建了线性渐变对象。通过 addColorStop 方法分别指定每个颜色点的颜色。

（3）将创建的线性渐变对象实例 gradient 作为 fillStyle 属性的值，然后调用 fillRect 创建了两个填充矩形。

可以看到，最终填充矩形使用了所创建的线性渐变进行了填充，示例效果如图 12.1 所示。

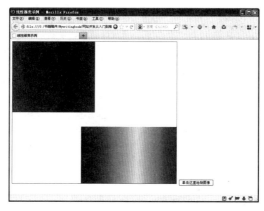

图 12.1　线性渐变填充矩形示例效果

12.1.3　放射性渐变填充

放射性渐变是指以一个中心点开始向外扩展而形成的渐变效果。在 HTML 5 中使用 CanvasRenderingContext2D 对象的 createRadialGradient 方法来创建放射性渐变填充，其语法如下所示：

```
createLinearGradient(xStart, yStart, radiusStart, xEnd, yEnd, radiusEnd)
```

语法中参数的含义如下所示。

- □ xStart，yStart：开始圆的圆心的坐标。
- □ radiusStart：开始圆的直径。
- □ xEnd，yEnd：结束圆的圆心的坐标。
- □ radiusEnd：结束圆的直径。

相较于线性渐变指定的两个坐标点组成的直线，放射性渐变是两个圆组成的放射变化效果，因此参数中需要指定起始圆心和圆的直径以及结束圆心和圆的直径。该方法也返回 CanvasGradient 对象，通过调用该对象的 addColorStop 方法，在两个圆之间指定放射渐变的颜色。

下面新建一个名为 HTML5Demo2.html 的网页，编写如代码 12.2 所示的代码来演示如何使用放射渐变填充：

代码 12.2　使用放射性渐变填充矩形

```html
<!doctype html>
<html>
<head>
<meta charset="utf-8">
<title>放射性渐变填充效果</title>
</head>
<body>
<!--定义一个画布用来创建放射效果的矩形-->
<canvas height="600" width="600"></canvas>
    <script>
     //获取网页上的画布
     var canvas = document.getElementsByTagName('canvas')[0];
     //获取 body 元素
     body = document.getElementsByTagName('body')[0];
     if (canvas.getContext('2d'))
     {
      //获取 canvas 的 2D 绘图环境
      ctx = canvas.getContext('2d');
      ctx.clearRect(0, 0, 600, 600);          //清除矩形区域
       //创建放射渐变对象
      gradient = ctx.createRadialGradient(300,300,0,300,300,300);
      ctx.fillStyle = getColors(gradient);//getColors 方法用来设置渐变的颜色点
      ctx.fillRect(0,0,600,600);              //填充矩形
       //为 body 关联鼠标移动事件
      body.onmousemove = function (event)
      {
          //获取当前鼠标的位置点
        var width = window.innerWidth,
```

```
            height = window.innerHeight,
            x = event.clientX,
            y = event.clientY,
            rx = 600 * x / width,
            ry = 600 * y / height;
         //根据不同的位置点创建放射性渐变
         gradient = ctx.createRadialGradient(rx, ry, 0, rx, ry, 300);
         ctx.fillStyle = getColors(gradient); //使用放射渐变重新填充矩形
         ctx.fillStyle = gradient;
         ctx.fillRect(0,0,600,600);
     };
    }
    function getColors(gradient)    //创建放射性渐变的颜色转换点
      {
        gradient.addColorStop("0","magenta");
        gradient.addColorStop(".25","blue");
        gradient.addColorStop(".50","green");
        gradient.addColorStop(".75","yellow");
        gradient.addColorStop("1.0","red");
        return(gradient);
      }
    </script>
</body>
</html>
```

在这个例子中，创建了非常动感的具有鼠标跟随的放射渐变效果，实现过程如下步骤所示：

（1）在 HTML 主体部分，定义了一个 canvas 元素，并没有为其指定 id 值，紧随其后的 JavaScript 脚本通过调用 JavaScript 的 getElementsByTagName 来获取 canvas 标签集合，取出集合上的第 1 个元素即为 canvas 对象实例。

（2）代码使用类似的方式查找到 body 元素。首先创建了一个放射性渐变对象，该对象的颜色点设置被封装在 getColors 方法中，然后填充一个画布大小的矩形。

（3）为 body 元素关联鼠标移动事件，获取当前窗口内部区域的宽度和高度、当前鼠标所在的坐标及放射渐变圆心的计算坐标。然后在每一次鼠标移动时创建放射渐变对象，调整放射渐变对象的圆心，使用这个放射性的渐变对象重新填充矩形。

（4）可以看到 getColors 函数获取一个放射渐变对象实例，通过调用 addColorStop 方法设置渐变点的颜色，最后返回设置了渐变点的放射渐变对象。

示例中创建了具有动态移动效果的放射渐变的矩形，运行效果如图 12.2 所示。

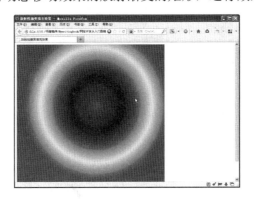

图 12.2　具有鼠标移动效果的放射渐变矩形

12.1.4 图案填充

除了渐变填充外，还可以使用图案对指定的区域进行填充。图案填充使用 createPattern 方法，该方法返回一个 CanvasPattern 对象。createPattern 方法的语法如下所示：

```
createPattern(image, repetitionStyle)
```

这两个参数的含义如下所示：

image 参数：需要贴图的图像。这个参数通常是一个 Image 对象，但是也可以使用一个 Canvas 元素，也就是说还可以使用一个画布来填充对象。

repetitionStyle 参数：说明图像如何贴图。可能的值如下所示。

- ❏ "repeat"：在各个方向上都对图像贴图。默认值。
- ❏ "repeat-x"：只在 X 方向上贴图。
- ❏ "repeat-y"：只在 Y 方向上贴图。
- ❏ "no-repeat"：不贴图，只使用它一次。

下面新建一个名为 HTML5Demo3.html 的网页，在该网页上将分别用来演示 createPattern 及其 repetitionStyle 参数的使用效果，如代码 12.3 所示：

代码 12.3　使用图案填充

```
<!doctype html>
<html>
<head>
<meta charset="utf-8">
<title>图案填充效果</title>
<script type="text/javascript">
function draw(direction)
{
  var canvas = document.getElementById("MyCanvas");
  if (canvas.getContext)
    {
      var ctx = canvas.getContext("2d");            //获取绘图上下文环境
      ctx.clearRect(0,0,canvas.width,canvas.height);//清除矩形区域，以便于绘图
      var image = document.getElementById("pix");   //获取图像对象实例
      var pattern = ctx.createPattern(image, direction);
                                    //根据指定的 direction 进行填充
      ctx.fillStyle = pattern;                //将图案对象赋给 fillStyle 以备填充
      ctx.fillRect(0,0,canvas.width,canvas.height);//使用矩形填充画布
    }
}
  </script>
</head>
<body>
    <p>单击下面的按钮查看重复填充的效果</p>
    <div>
    <img id="pix" src="images/switchpic2.gif" />
    </div>
    <button onclick="draw('repeat')">完全重复</button>
    <button onclick="draw('repeat-x')">x方向重复</button>
    <button onclick="draw('repeat-y')">y方各重复</button>
<button onclick="draw('no-repeat')">不重复</button>
```

```
<canvas id="MyCanvas" width="600" height="500"> </canvas>
</body>
</html>
```

代码的实现过程如以下步骤所示：

（1）在 HTML 页面定义了 1 个画布、1 个 img 元素和 4 个按钮，这 4 个按钮分别用来设置图案填充的重复方式。

（2）接下来创建了一个 draw 方法，该方法接收一个指定重复方向的参数，在代码中首先调用 clearRect 清除矩形区域，然后调用 getElementById 获取页面上的图像，通过 createPattern 创建一个图案填充对象，最后将该对象赋给 fillStyle 绘制矩形。

（3）为按钮的 onclick 事件分别关联事件处理代码，用来调用 draw 方法并传递不同的重复方向字符串设置重复方向。

示例运行效果如图 12.3 所示。

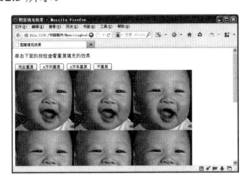

图 12.3　使用图案填充运行效果

12.1.5　图像的移动、旋转和缩放

在使用 Canvas 对象创建图像的过程中，需要经常对图像进行一些处理，比如移动图像到其他位置、缩放某个图像对象，或者是对图像进行旋转等。Canvas 对象提供了相应的方法，可以对图像进行旋转、平移和缩放，这些方法分别如下所示。

- ❑ translate(dx, dy)方法：通过转换用户的坐标系统来移动图像的绘制，该方法中 x 是左右偏移量，y 是上下偏移量，一般来说就是一个坐标，例如 translate(50,50)表示将原点移动到相对原来的原点坐标为(50,50)的地方。
- ❑ scale(sx, sy)方法：通过调整图像对象的大小来缩放对象。该方法有两个参数。x,y 分别是横轴和纵轴的缩放因子，它们都必须是正值。值比 1.0 小表示缩小，比 1.0 大则表示放大，值为 1.0 表示保持原始大小不变。
- ❑ rotate(angle)方法：通过旋转指定的角度来对图像进行旋转。这个方法只接受一个参数，即旋转的角度(angle)，它是顺时针方向的，以弧度为单位的值，其中的弧度计算方法是：弧度= (Math.PI/180)*角度。

可以看到，这几个方法实际上是通过坐标变换来实现平移、缩放和旋转的，默认情况下画布以左上角(0,0)的位置为原点，通过变更原点的值就可以实现特殊的效果。

🔔**注意**：变换按照它们被指定的顺序相反的顺序来处理。例如，调用 scale()之后，紧接着调用 translate()，这会首先变换坐标系统，然后再缩放。可以通过 save()方法和 restore()来保存和恢复图形的状态。

　　下面新建一个名为 HTML5Demo4.html 的网页，在该网页中将分别演示这 3 种方法的效果，在网页上放置 3 个按钮、两个用来选择缩放比例的下拉选择框和 1 个画布 canvas 元素。body 区的代码如下所示：

```html
<body>
<canvas id="MyCanvas" width="500" height="500"></canvas><br/>
<input name="btnTranslate" type="button" id="btnTranslate" value="平移"
onClick="drawTranslate()">
<input name="btnrotate" type="button" id="btnrotate" value="旋转"
onClick="rotateRect()">
<input name="btnsacle" type="button" id="btnsacle" value="缩放"
onClick="scaleRect()">
<br/>
x:
<select id="xScale" name="xScale">
        <option value=".25">25%</option>
        …..
</select>
 y:
 <select id="yScale" name="yScale">
        <option value=".25">25%</option>
        …..
  </select>
</body>
```

　　由 body 区的标签可以看到，画布 **MyCanvas** 具有 500 像素宽度和 500 像素的高度，3 个按钮平移、旋转和缩放分别调用 drawTranslate、rotateRect 和 scaleRect 方法。drawTranslate 将使用 translate 创建两个平移的矩形，如代码 12.4 所示：

代码 12.4　使用 transalte 平移图像

```javascript
//使用 translate 方法平移图像
function drawTranslate()
{
    var canvas = document.getElementById("MyCanvas")
    var ctx = canvas.getContext('2d');
    ctx.save();                              //保存画布的当前状态
    canvas.style.border = "2px solid";       //让画布具有 2 像素的边框效果
    ctx.clearRect(0,0,canvas.width,canvas.height);   //清除画布
    ctx.beginPath();                         //开始绘制路径
    ctx.lineWidth="3";                       //指定线宽
    ctx.strokeStyle="blue";                  //指定线条颜色
    ctx.strokeRect(50,50,150,150);           //绘制轮廓矩形
    ctx.translate(50,50);                    //平移水平和垂直坐标 50 像素
    ctx.strokeRect(50,50,150,150);           //重新绘制相同坐标的矩形
    ctx.stroke();                            //在画布上绘制矩形
    ctx.restore();                           //恢复画布的状态
}
```

　　代码首先调用 clearRect 方法清除了画布上的矩形，以便在其他绘图之后可以刷新矩

形。由于在画布上偏移了坐标轴之后，会影响到所有后续的绘图，为了保存画布原来的绘图状态，可以使用 save 方法，在绘图完成之后可以通过调用 restore 方法恢复绘图状态。代码中首先调用 strokeRect 在 x 和 y 分别为 50 的位置创建了一个 150 像素的正方形，再使用 translate 偏移 x 和 y 各 50 像素，再使用相同的 strokeRect 在相同的坐标位置绘制矩形。由于坐标已经进行了偏移，因此将在平移的位置上显示矩形，平移的运行效果如图 12.4 所示。

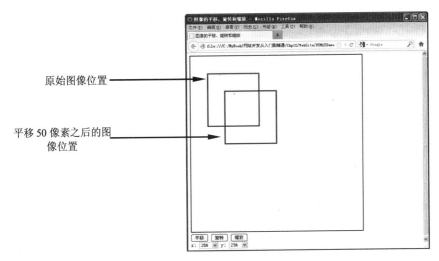

图 12.4　平移效果示例

可以看到尽管使用相同的坐标位置，但是平移之后，将会在坐标 100 位置处开始绘制矩形，在示例中使用 restore 将恢复画布上的状态，否则在单击"缩放"按钮时，缩放绘制的图像也会在平移之后的坐标位置开始绘图。

旋转和缩放使用了相同的绘图方法。由于旋转和缩放都是对画布级别的调整，因此如果单击"旋转"按钮后再单击"缩放"按钮，将会基于当前已经旋转的角度进行继续绘图，除非调用 restore 恢复到原先的画布状态。代码 12.5 演示了如何对图像进行缩放和旋转变换：

代码 12.5　旋转和缩放图像示例

```
//绘制一个空心的立体矩形
function drawRect()
{
 var canvas = document.getElementById("MyCanvas");
   if (canvas.getContext)
   {
     var ctx = canvas.getContext("2d");        //获取画布绘图上下文环境
     ctx.beginPath();                          //开始绘制路径
     ctx.lineWidth = "3";                      //指定线宽
     ctx.strokeStyle = "blue";                 //指定轮廓颜色
     ctx.moveTo(0,0);                          //开始绘制路径
     ctx.lineTo(200,50);
     ctx.moveTo(0,0);
     ctx.lineTo(250,50);
     ctx.moveTo(0,0);
     ctx.lineTo(200,125);
     ctx.rect (200,50,50,75);                  //绘制一个矩形
```

```
    ctx.stroke();                          //在画布上绘制
    }
}
//根据指定的缩放比例对图像进行缩放
function scaleRect()
{
    var canvas = document.getElementById("MyCanvas");
    if (canvas.getContext)
    {
    var ctx = canvas.getContext("2d");
    ctx.clearRect(0,0,canvas.width,canvas.height);
                                        //在开始缩放绘制前清除矩形区域
    //获取 x 和 y 的缩放因子
    var xFactor = document.getElementById("xScale").value;
    var yFactor = document.getElementById("yScale").value;
    ctx.scale(xFactor,yFactor);          //使用指定的缩放因子缩放图像
    drawRect();                          //绘制矩形
    }
}
//使用指定的弧度旋转图像
function rotateRect()
{
    var canvas = document.getElementById("MyCanvas");
    if (canvas.getContext)
    {
    var ctx = canvas.getContext("2d");
    ctx.clearRect(0,0,canvas.width,canvas.height);
                                        //在开始缩放绘制前清除矩形区域
    ctx.rotate(5 * Math.PI/180);         //指定旋转的弧度
    drawRect();                          //绘制图像
    }
}
```

代码的实现过程如下面介绍的步骤所示：

（1）drawRect 用来绘制一个具有立体效果的矩形，代码通过 moveTo 和 lineTo 绘制了线条路径，它通过 rect 方法绘制了一个矩形路径，最后调用 stroke 来绘制轮廓。

（2）scaleRect 方法将调用 scale 使用指定的缩放因子对画布进行缩放，可以看到代码从 xScale 和 yScale 这两个下拉列表框中获取要缩放的因子，这些值缩小则选择小于 1 的值，如果是放大则选择大于 1 的值。

（3）rotateRect 将用指定的弧度旋转图像，它调用了 rotate 方法，使用弧度计算公式让图像顺时针偏移了 5 度。最后调用 drawRect 方法完成了旋转，旋转示例如图 12.5 所示。

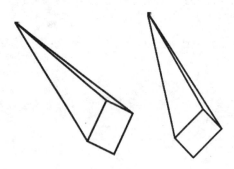

图 12.5　增强 5 度进行旋转

当旋转到一定的角度时，将图像放大到 200%，即放大为当前图像的 2 倍，则可以看到 drawRect 绘制的效果如图 12.6 所示。

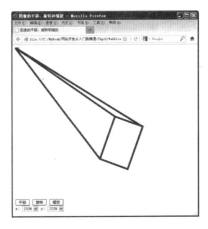

图 12.6　缩放效果示例

12.1.6　使用阴影效果

对于画布上的图形对象，还可以为其应用阴影效果，以便于其显示得更加具有立体感。可以使用 HTML 5 提供的如下 4 个方法来为图形对象添加阴影效果。

- ❑ shadowBlur 属性：指定羽化阴影的程度。默认值是 0。阴影效果得到 Safari 的支持，但是并没有得到 Firefox 1.5 或 Opera 9 的支持。
- ❑ shadowColor 属性：把阴影的颜色指定为一个 CSS 字符串或 Web 样式字符串，并且可以包含一个 alpha 部分来表示透明度。默认值是 black。
- ❑ shadowOffsetX 和 shadowOffsetY：属性指定阴影的水平偏移和垂直偏移。较大的值使得阴影化的对象似乎漂浮在背景的较高位置上，默认值是 0。

shadowColor 用来指定阴影的颜色值，可以使用透明度来更改阴影的透明度效果，比如通过 rgba 函数来设置阴影的透明度。下面的语句演示了如何使用 rgba 将阴影颜色指定为黑色，透明度设置为 20%：

```
context.shadowColor="rbga(0,0,0,0.2)";
```

shadowBlur 用来设置阴影的模糊度，值越大，阴影就越模糊，也就越不容易看到阴影效果，因此这个值应该适度设置，以达到最佳的效果。

shadowOffsetX 和 shadowOffsetY 用来指定阴影的偏移效果，shadowOffsetX 的属性值为正数时，向右移动阴影，值为负数时，向左移动阴影。shadowOffsetY 的值为正数时，向下移动阴影，值为负数时，向上移动阴影。

下面新建一个名为 HTML5Demo5.html 的网页，在该网页中放一个 canvas 元素。下面的代码演示了如何使用阴影效果，如代码 12.6 所示：

代码 12.6　旋转和缩放图像示例

```
<!doctype html>
```

```html
<html>
<head>
<meta charset="utf-8">
<title>图像的阴影效果示例</title>
<script type="text/javascript">
function draw()
{
  var canvas = document.getElementById("MyCanvas");
    if (canvas.getContext) {
     var ctx = canvas.getContext("2d");
    //定义阴影参数
    ctx.shadowColor="black";   //阴影的颜色为黑色
    ctx.shadowBlur = "5";         //阴影的羽化值为 5
    ctx.shadowOffsetX = "5";      //阴影向右偏移 5 像素
    ctx.shadowOffsetY = "5";      //阴影向下偏移 5 像素
    //使用不同的偏移值设置阴影
    ctx.strokeRect(25,25,200,200);
    ctx.shadowOffsetX = "5";
    ctx.strokeRect(75,75,200,200);
    ctx.shadowOffsetX = "10";
    ctx.strokeRect(125,125,200,200);
    ctx.shadowOffsetX = "15";
    ctx.strokeRect(175,175,200,200);
    ctx.shadowOffsetX = "20";
    ctx.strokeRect(225,225,200,200);
    }
}
 </script>
</head>
<!--页面加载时，绘制具有阴影效果的图像-->
<body onload="draw();">
 <canvas id="MyCanvas" width="600" height="500"> </canvas>
</body>
```

在代码中定义了一个 draw 方法，该方法在获取了画布的绘图环境之后，调用 shadow
开头的各种属性设置阴影的模糊、颜色、偏移数等信息，然后绘制了一个矩形，接下来分
别对 shadowOffsetX 进行递增，以便使得阴影向右进行偏移。通过结果可以看到不同的偏
移数对阴影的具体影响效果，如图 12.7 所示。

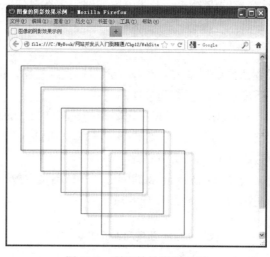

图 12.7 阴影效果使用示例

可以看到，随着 shadowOffsetX 数值的增大，阴影渐渐向右偏移显示，读者也可以调整 shadowOffsetX 的数值，以便可以查看阴影向下或者向上的偏移效果。

在这一小节介绍了很多 HTML 5 中图像的效果，仍然属于 HTML 5 中画布的功能，实际上 HTML 5 的画布功能非常强大，完整的介绍也许需要一整本书的内容，有兴趣的读者可以以本章的介绍作为基础，继续深入地研究 HTML 5 的画布功能。

12.2　播　放　音　频

在 HTML 的早期版本中，要播放音乐，必须要借助一些第三方的插件，比如通过 <embed> 嵌入一个 Windows media player 来播放 MP3 文件，或者是通过 Flash 或 Sliverlight 插件来播放音乐，这都要求用户必须安装相应的插件。HTML 5 提供了 audio 和 video 元素，使得用户不需要安装任何的插件就可以在互联网上播放音频，而且 HTML 5 提供了灵活的音频控制方式，并且可以通过 CSS、JavaScript 来创建一个具有漂亮外观的音乐播放器。

12.2.1　理解音频格式

当前 HTML 5 仅支持少量的音频播放，可以用来播放声音文件和间频流，目前 HTML 支持如下 3 种音频文件格式。

- ❑ Ogg Vorbis 音频：简称 Ogg，它是一种新的音频压缩格式，它体积小巧，音色出众，类似于 MP3 等现有的音频格式，但是它是完全免费、开放的并且没有任何专利限制。Ogg 音频格式支持多声道，未来会有大量的音频文件使用 Ogg 格式。Ogg 音频文件格式的扩展名为.Ogg。
- ❑ MP3 音频：MP3 音频是指使用 MPEG Audio Layer 3 技术将音乐以 1:10 或 1:12 的压缩比率压缩为较小的文件，一首 3 分钟的歌曲经过压缩后其大小只有 2～4MB 大小，体积小巧，音质却不俗，一经推出便成为流行的音乐交换格式。目前基本上所有主流的播放器都支持 MP3 格式的播放，无论是手机、专门的 MP3 播放器还是移动设备等，都提供了对 MP3 音频的支持。MP3 音频的扩展名为.mp3。
- ❑ WAV 音频：是微软公司开发的一种无损的声音文件格式，用来保存 Windows 平台的音频信息资源。WAV 的音质与 CD 相差无几，尽管也有一系列无损的压缩算法，但是由于压缩后的体积过大，不便于在网络上传播。一般一些较短的音乐，比如 Windows 开机、铃声等使用 WAV 格式的文件，其扩展名为.wav。

HTML 5 对音频的支持依赖于不同的浏览器的版本，表 12.1 展示了不同的浏览器版本对 HTML 5 中的音频的支持状况。

表 12.1　不同浏览器的支持列表

	IE 9	Firefox 3.5	Opera 10.5	Chrome 3.0	Safari 3.0
Ogg Vorbis	不支持	支持	支持	支持	不支持
MP3	支持	不支持	不支持	支持	支持
Wav	不支持	支持	支持	不支持	支持

实际上随着浏览器版本的频繁更新，未来将会有更多的音频文件格式加入到支持列表中。

12.2.2　转换音频文件

虽然 HTML 5 支持主流的音频文件格式，但是如果要在网站上放置一些其他格式的音乐文件，要转换为 HTML 5 支持的音频格式，则可能需要一些工具进行转换，比如要将 WMA 转换为 OGG 格式或者将 WAV 转换为 MP3 格式。

目前互联网上有很多工具可以完成多种格式的音频之间的转换，但是这些软件要么不是很完善，要么需要收费。为此笔者通过在互联网上搜索同时查阅相关的资料，发现了 Audacity 这款工具。它是一个开源跨平台的音频转换软件，具有 Windows、Mac 和 Linux 版本，可以在如下的网址进行下载：

```
http://audacity.sourceforge.net/download/
```

Audacity 是一款免费开源的音频转换工具，它具有多个国家语言的版本，目前的版本中虽然在安装语言选择时无法选择简体中文版本，但是在安装完成后可以看到其实界面已经由相关的人员进行了简体中文化，比较适合国内的用户使用。

Audacity 的功能十分强大，它允许用户编辑音频文件、音频混合、CD 抓音轨、录音、制作铃声等、添加音频特效，主界面如图 12.8 所示。

为了完成转换，可以先通过主菜单中的"文件|打开"菜单项打开文件，Audacity 会分析音频文件，在主界面上显示如图 12.9 所示的波形，同时显示设备的详细信息，可以单击工具栏中的播放按钮进行播放。

图 12.8　Audacity 主界面

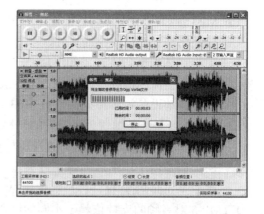

图 12.9　开始导出音频文件

为了将音频文件导出为想要的格式，单击"文件|导出"菜单项，Audacity 将弹出导出窗口，在保存类型中选择想要导出的音频格式，Audacity 会弹出"编辑元信息"窗口，经过适当的编辑后，单击"确定"按钮，将开始进行音频的导出工作，如图 12.9 所示。

Audacity 的功能非常强大，具有很多的用户群体，同时一些教材或书籍也有关于该工具的介绍，有兴趣的读者可以参考 Audacity 的帮助文件以了解更多关于该工具的使用信息。

12.2.3　使用 audio 元素

audio 元素播放音频的使用方法非常简单，不需要安装任何插件，唯一需要设置的属性就是 src 属性，用来定义一个已存在的音频文件。除此之外，audio 元素还提供了漂亮的音频控制界面，使得只需要轻松几步就可以在网页上打造一个漂亮的音乐播放器。

下面新建一个 HTML5Demo6.html 的网页，在该网页上放一个 audio 元素用来播放音乐，如代码 12.7 所示：

代码 12.7　播放音乐文件

```html
<!doctype html>
<html>
<head>
<meta charset="utf-8">
<title>播放音乐文件</title>
</head>
<body>
<div>
<!--使用 audio 播放音频，通过包含多个 source 标签可以匹配不同的浏览器-->
<audio controls autoplay loop>
    <source src="myAudio.mp3" type="audio/mp3">
    <source src="xpln.ogg" type="audio/ogg">
    <source src="xpshutdown.wav" type="audio/wav">
    您的浏览器不支持播放音乐文件
</audio>
</div>
</body>
</html>
```

在代码中包含一个 audio 元素，它包含了 controls 属性用来在网页上显示播放控制界面；autoplay 指定自动开始播放；loop 指定循环进行播放。在<audio>标签内部定义了多个<source>子元素，用来指定多种不同类型的音频，实际上这是出于对不同浏览器的兼容性考虑的。如果浏览器支持某种格式，会选择其中的一种进行播放，如果所有的格式浏览器都不支持，则会提示浏览器不支持播放音乐文件，示例在 Chrom 中的显示效果如图 12.10 所示。

图 12.10　audio 元素的播放效果

可以看到，经过简单的几个步骤，一个具有漂亮效果的音频播放器就显示出来了。

12.2.4　控制音乐播放

audio 元素是基于 HTMLAudio 这个 DOM 对象的，而它派生自 HTMLMediaElement

对象。它提供了很多非常有用的方法和属性用来控制音频的播放，比较常见的属性如表 12.2 所示。

表 12.2　audio元素的属性列表

属性	值	描　　述
autoplay	autoplay	如果出现该属性，则音频在就绪后马上播放
controls	controls	如果出现该属性，则向用户显示控件，比如播放按钮
loop	loop	如果出现该属性，则每当音频结束时重新开始播放
preload	preload	如果出现该属性，则音频在页面加载时进行加载，并预备播放 如果使用"autoplay"，则忽略该属性
src	url	要播放的音频的 URL

这些属性在 JavaScript 中都为布尔类型，取值为 true 或 false。如果希望当网页一打开后，马上播放音频，则可以在<audio>标签内部放入 autoplay 属性，controls 属性会在网页上显示一个播放器界面，不同的浏览器中对于这个播放器界面的实现会略有不同。loop 会对当前的音乐进行循环播放，即播放完成之后又从头开始播放。preload 属性用来对音频进行预加载，它适用于不是自动播放的音频文件。src 作为核心的属性，用来指定一个或多个音频文件，可以使用子元素<source>来同时指定多个可选择的音频文件，audio 元素会根据浏览器的支持特性选择其中之一进行播放。

除了这些基本的属性之外，如果想要通过 JavaScript 控制音频播放，比如定义一个自己的播放器外观或在自己的 HTML 5 应用中需要播放和停止音频，就需要了解更多与音频播放相关的属性。audio 对象提供了一系列的属性、事件和方法，使得用户可以创建出属于自己的音乐播放器。

audio 元素是一个 HTMLAudioElement 类型的对象，因此可以在 JavaScript 代码中直接控制这个对象的属性和方法创建自己的音乐播放器。在列出这些属性和方法之前，先看一个简单的 HTML 5 实现的简易播放器的例子，实现效果如图 12.11 所示。

图 12.11　简易音乐播放器示例

在这个示例中，用户在文本框中输入要播放的音频文件，然后单击"播放"按钮，就会将文本框中指定的音频作为 audio 元素的 src 属性进行播放。同时按钮会变为"暂停"状态。如果单击提示文本为"暂停"的按钮，则会暂停音乐的播放，并且按钮的文本内容变为"播放"。可以单击"前进"和"后退"按钮向前 30 秒继续播放或是向后 30 秒后播放。

下面的步骤介绍这个播放器的实现过程：

（1）在 HTML 页面上放置了 1 个 audio 元素、1 个 input 元素和 4 个 button 元素，如代码 12.8 所示：

代码 12.8　简易音乐播放器的 HTML 标签

```
<body>
<p>
<!--在该文本框中输入文件名-->
<input type="text" id="audiofile" size="80" value="Windowsxpln.wav" />
</p>
<!--在页面上放一个 audio 元素-->
<audio id="myaudio">不支持 HTML 5 的音频播放</audio>
<!--添加 4 个控制按钮-->
<button id="play" onclick="playAudio();">播放</button>
<button onclick="rewindAudio();">后退</button>
<button onclick="forwardAudio();">前进</button>
<button onclick="restartAudio();">重新播放</button>
</body>
</html>
```

可以看到，页面上放置了一个名为 myaudio 的<audio>标签，同时 4 个按钮的 onclick 事件都关联了事件处理代码，这些事件处理代码将调用 audio 元素的各种属性和事件来进行音乐的播放和暂停。

（2）对于 playAudio 方法来说，它将获取在文本框中输入的音乐文件名，将它作为 audio 元素的 src 属性值，然后调用 HTMLAudioElement 对象的 play 方法播放这个音频，实现如代码 12.9 所示：

代码 12.9　playAudio 方法播放音乐文件

```
var currentFile = "";              //这个全局变量用于记录当前播放的音频的文件名
  //开始播放音频文件
 function playAudio()
 {
   //检测当前浏览器是否支持音频的播放
  if (window.HTMLAudioElement) {
    try
    {
       var oAudio = document.getElementById('myaudio');
                             //获取音频 HTMLAudioElement 对象实例
       var btn = document.getElementById('play');//获取“播放”按钮实例
       var audioURL = document.getElementById('audiofile');
                             //得到音频文件名文本框实例
       //如果没有更改当前的文件名，则不用更改 Audio 对象的 src 属性
       if (audioURL.value !== currentFile)
       {
          oAudio.src = audioURL.value;
          currentFile = audioURL.value;
       }
       //使用 Audio 对象的只读属性更改按钮的文本
       if (oAudio.paused)
       {
          oAudio.play();        //如果按钮为“暂停”状态则播放
          btn.textContent = "暂停";
        }
       else
       {
          oAudio.pause();       //如果按钮为“播放”状态则暂停
          btn.textContent = "播放";
```

```
        }
    }
    catch (e)
    {
        // 如果出现错误，则显示错误消息
        if (window.console && console.error("错误:" + e));
        }
    }
}
```

在 JavaScript 代码部分定义了一个全局的 currentFile 用来保存音频文件的路径。如果单击"播放"按钮并且没有变更音频文件，则不会设置 audio 元素的 src 属性。代码中获取到文件名之后，如果音频文件发生了变更，则设置 audio 对象的 src 属性，并更新 currentFile 变量。代码接下来会判断 Audio 对象的状态，通过获取 paused 只读属性的值来判断当前播放器是处于"播放"状态还是"暂停"状态，如果为"暂停"状态，则调用 HTMLAudioElement 的 play 方法播放音频，否则调用 pause 方法暂停音乐的播放。

（3）"后退"和"前进"按钮分别调用 rewindAudio 和 forwardAudio，用于根据 audio 元素的 currentTime 属性值来变更播放的时间实现前进和后退的效果，在示例中"前进"按钮将增加 currentTime 属性值 30 秒模拟前进的效果，"后退"按钮将 currentTime 属性值减少 30 秒模拟后退的效果。除此之外，restartAudio 这个方法重新播放音频，也更改了 currentTime 属性，它将该属性设置为 0，表示从头开始播放音频，实现重新播放的效果。这 3 个方法的实现如代码 12.10 所示：

代码 12.10 前进、后退和重新播放按钮实现代码

```
//倒退 30 秒进行播放
function rewindAudio() {
//检查浏览器是否支持 audio 元素的播放
if (window.HTMLAudioElement)
{
    try
    {
        var oAudio = document.getElementById('myaudio');
                                        //获取 audio 对象实例
        oAudio.currentTime -= 30.0; }        //将 currentTime 属性减少 30 秒
    catch (e)
    {
        //出现错误后在调试台显示错误消息
        if(window.console && console.error("错误:" + e));
        }
    }
}
//快进 30 秒进行播放
function forwardAudio() {
    //检测浏览器是否支持音频播放
    if (window.HTMLAudioElement) {
        try
        {
            var oAudio = document.getElementById('myaudio');
            oAudio.currentTime += 30.0; }            //将当前的时间加上 30 秒
        catch (e) {
            if(window.console && console.error("错误:" + e));
            }
```

```
        }
    }
//重新开始音乐的播放
function restartAudio() {
//检查是否支持音频播放
if (window.HTMLAudioElement) {
    try
    {
        //获取当前 audio 元素的实例
        var oAudio = document.getElementById('myaudio');
        oAudio.currentTime = 0;           //设置当前的时间为 0，表示从头开始
    }
    catch (e) {
        if(window.console && console.error("错误:" + e));
        }
    }
}
```

可以看到，代码仅仅只是设置了 currentTime 属性值，并没有重新调用 play 或 pause 来播放或暂停音乐，这是因为 currentTime 属性只会直接更改当前播放的位置，赋值即可让其马上发生改变，因此就实现了前进、后退和重新播放的效果。

通过这个示例，可以看到 paused、currentTime 及用来控制"播放"或"暂停"的方法的使用。audio 元素提供了如表 12.3 所示的只读的属性值，这些属性只能获取其值而不能更改。

表 12.3　audio元素的获取音频信息的只读属性

属性名称	属 性 描 述
duration	以秒为单位的媒体文件的总时长，如果无法获取，则返回 NaN 值
paused	返回当前播放器是否处于暂停状态，如果暂停则返回 true，否则返回 False
ended	如果当前媒体文件已经播放完毕，则返回 true
startTime	返回最早的播放起始时间，一般的音频为 0.0，除非媒体文件经过缓冲，并且一部分内容已经不在缓冲区
error	在发生错误之后返回的错误代码
currentSrc	返回当前正经加载或正在播放的文件，对应于浏览器在 source 元素中选择文件

这些只读的属性只能获取 audio 元素的信息，比如 duration 可以显示音频当前已经播放的时间长度，可以用这个长度来显示一个进度条。除此之外，audio 元素还有很多可以改变播放器行为的属性，常见的如表 12.4 所示。

表 12.4　可更改的audio元素属性

属性名称	属 性 描 述
autoplay	获取或设置 audio 元素是否为自动播放
loop	获取或设置 audio 元素是否会循环播放
currentTime	以秒为单位返回从开始播放到现在所用的时间，通过设置 currentTime 来定位媒体文件到特定位置
controls	显示或隐藏媒体播放控件
volume	用来设置当前音频的音量，可以设置的值在 0.0 到 1.0 之间
muted	获取或设置当前播放器是否处于静音状态
autobuffer	设置在媒体文件开始播放前，是否进行缓冲加载，如果设置了 autoplay，则不能应用此属性

除了这些属性之外，要控制 Audio 对象，还必须掌握如表 12.5 所示的几个方法。

表 12.5　常见的Audio对象方法

方法名称	方法描述
load	开始加载由 src 指定的音频文件，通常不需要调用该方法
play	开始播放由 src 指定的音频文件，如果文件没有准备好，则先加载音频文件，如果音频暂停或刚准备好，则从头开始播放，否则从暂停的位置开始播放
pause	暂停处于播放状态的音频或视频文件
canPlayType	用于测试 video 元素是否支持给定的 MIME 类型的文件

除了这些属性和方法之外，要想灵活地控制 audio 元素，还必须掌握几个事件。事件是指在音频播放过程中当一些行为触发之后，允许响应这些行为添加自己的处理代码。比如音量改变之后，会触发 volumechange 事件，此时可以重新绘制音量信息以响应这种改变。audio 元素的几个比较重要的事件如表 12.6 所示。

表 12.6　audio元素常见的事件列表

事件名称	事件描述
progress	在加载媒体文件浏览器接收到数据时触发，由于需要浏览器的支持，因此这个事件应该小心使用
canplaythrough	当浏览器计算这个媒体文件是否可以从头播放到结尾
playing	当音频正被播放时触发
volumechange	当声音被设置为静音或者是调整音量的大小时触发
ended	当回放达到音频文件的 duration 属性指定的结束位置时触发
timeupdate	在当前播放位置发生更改时触发，也就是 currentTime 发生变化时触发该事件

了解了 audio 元素常见的属性、方法和外观之后，就可以借助这些功能来打造自己的音乐播放器了。

12.2.5　自定义播放器外观

通过对上一节中的属性、方法和事件的了解，是否对于打造属于自己的 HTML 5 播放器有了一个很好的蓝图呢？当然，要打造一款完美的 HTML 5 音乐播放器需要花费较多的精力与时间，笔者在这一小节也不想引入太多复杂性的东西，而是会完善一下在上一小节中介绍的示例，通过为上一小节的播放器引入一个音频播放常见的进度条和播放进度提示面板，了解在上一小节中介绍的属性和事件的具体应用。自定义的播放器效果最终如图 12.12 所示。

可以看到这个播放器虽然简单，但是应该具有的功能都有了。在上一小节中主要讨论过音乐播放那几个控制按钮的代码，这里将介绍一下如何实现进度条和显示属性信息。在 JavaScript 代码部分主要添加了如代码 12.11 所示的代码。

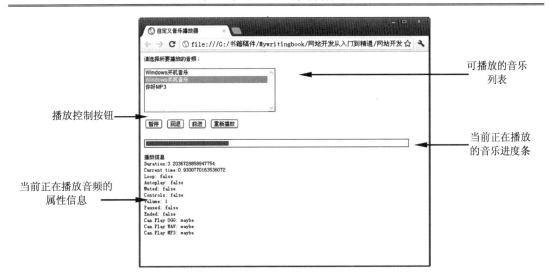

图 12.12　自定义播放器运行效果

代码 12.11　进度条和音频信息代码

```
//根据传入的 Audio 对象实例获取音乐属性信息
function drawScreen (audioElement) {
    var str="播放信息<br/>";
    str+="Duration:" + Math.round(audioElement.duration)+"<br/>";
    str+="Current time:" + Math.round(audioElement.currentTime)+"<br/>";
    str+="Loop: " + audioElement.loop+"<br/>";
    str+="Autoplay: " +audioElement.autoplay+"<br/>";
    str+="Muted: " + audioElement.muted+"<br/>";
    str+="Controls: " + audioElement.controls+"<br/>";
    str+="Volume: " + audioElement.volume+"<br/>";
    str+="Paused: " + audioElement.paused+"<br/>";
    str+="Ended: " + audioElement.ended+"<br/>";
 // str+="Source: " + audioElement.currentSrc+"<br/>";
    str+="Can Play OGG: " + audioElement.canPlayType("audio/ogg")+"<br/>";
    str+="Can Play WAV: " + audioElement.canPlayType("audio/wav")+"<br/>";
    str+="Can Play MP3: " + audioElement.canPlayType("audio/mp3")+"<br/>";
    var audioinfo= document.getElementById('idInfo');
    audioinfo.innerHTML=str;
}
    //显示更新的进度条
    function progressBar() {
        var oAudio = document.getElementById('myaudio');
        //获取当前播放的时间秒数
        var elapsedTime = Math.round(oAudio.currentTime);
        //绘制进度条，显示进度信息
        if (canvas.getContext) {
            var ctx = canvas.getContext("2d");
            //清除当前的矩形区域
            ctx.clearRect(0, 0, canvas.clientWidth, canvas.clientHeight);
            ctx.fillStyle = "rgb(255,0,0)";
            var   fWidth   =   (elapsedTime   /   oAudio.duration)   *
(canvas.clientWidth);
            if (fWidth > 0) {
                //重新绘制矩形区域
                ctx.fillRect(0, 0, fWidth, canvas.clientHeight);
```

```
            }
        }
        drawScreen(oAudio);                    //刷新音频属性信息
}
//添加事件关联
function initEvents() {
    var canvas = document.getElementById('canvas');
    var oAudio = document.getElementById('myaudio');
    //当正在播放时，设置 play 按钮的文字为暂停
    oAudio.addEventListener("playing", function() {
        document.getElementById("play").textContent = "暂停";
    }, true);
    //当暂停播放时，设置按钮文字为播放
    oAudio.addEventListener("pause", function() {
        document.getElementById("play").textContent = "播放";
    }, true);
    //当停止播放时，清空进度条并且清空属性信息
    oAudio.addEventListener("ended", function() {
        var canvas = document.getElementById('canvas');
        if (canvas.getContext) {
            var ctx = canvas.getContext("2d");
            //清空矩形区域
            ctx.clearRect(0, 0, canvas.clientWidth, canvas.clientHeight);
        }
        document.getElementById("idInfo").innerHTML="";//清空进度条信息
    }, true);
    //当 currentTime 更改时，调用 progressBar 方法更新进度条
    oAudio.addEventListener("timeupdate", progressBar, true);
    //当单击画布时，从当前单击的位置开始进行播放
    canvas.addEventListener("click", function(e) {
        var oAudio = document.getElementById('myaudio');
        var canvas = document.getElementById('canvas');if (!e) {
            e = window.event;
        }
        try {
            //将当前单击的位置作为 currentTime 的播放位置
            oAudio.currentTime = oAudio.duration * (e.offsetX / canvas
            .clientWidth);
        }
        catch (err) {
        // 如果出现异常则显示错误信息
            if (window.console && console.error("错误:" + err));
        }
    }, true);
}
//当页面加载完成之后调用<em>initEvents</em>方法关联事件处理代码
window.addEventListener("DOMContentLoaded", initEvents, false);
```

代码的实现过程如以下步骤所示：

（1）在代码区域的底部，可以看到关联了 DOMContentLoaded 事件，这个事件不同于 onload，它仅在 DOM 内容加载完毕，也许图像等内容并未完成加载就被触发。而 onload 是在所有内容都加载完成后触发。在事件处理代码中调用 initEvents 方法来为 audio 元素关联事件处理代码。

（2）在 initEvents 方法中，分别为 playing 和 pause 关联了事件处理代码，用来改变 id 值为 play 按钮的内容文本。ended 事件将会清除进度条，并且清空属性信息<div>标签内部

的内容。timeupdate 会调用 progressBar 来刷新进度条和属性信息，这是进度条的核心部分。最后为 canvas 关联了 click 事件处理代码，以便用户在进度条上单击时可以切换到该位置播放。

（3）drawScreen 方法接收一个 audio 对象的实例，它将调用 aduio 对象的各种属性来获取当前正在播放的音频信息。

（4）progressBar 方法会对当前的 duration 计算要绘制的矩形的宽度，它先调用 canvas 的 clearRect 清除前一次绘制的矩形，然后重新根据 audio 元素的已播放时间计算矩形的宽度，形成动态的进度条效果，最后调用 drawScreen 定期地刷新属性信息。

这个示例的重点是对 audio 元素的各种属性、方法和事件的应用，实际上如果具有良好的美术功底，可以通过 CSS 和图片来创建一个非常具有个性化的播放器。HTML 5 提供了这样的能力，而且目前很多的 HTML 5 开发人员已经创造了非常多的优秀的播放器，有兴趣的读者可以参考并加以灵活运用。

12.3　播　放　视　频

很多介绍 HTML 5 的资料都将音频和视频放在一起介绍，实际上用于播放视频的 video 与 audio 具有很多相似的属性、方法和事件，不同之处在于视频需要显示一块播放区域，也称为"视频容器"。由于 video 和 audio 在属性、方法和事件上具有很多相似之处，因此本节主要介绍视频播放比较独特的功能。

12.3.1　理解视频格式

在 HTML 5 的早期版本中，要播放视频，无论如何都得使用插件，比如流行的 Flash 播放器或 Silverlight 播放器。HTML 5 的出现将统一在 Web 页上面播放视频的方式，不需要任何插件，简单的几步设置就可以播放视频，而且 HTML 5 的<video>标签支持目前几种主流的视频编码格式，分别如下所示。

❑ Ogg 视频：扩展名为.ogg 的视频文件格式，是由 Theora（由 Xiph.Org 基金会开发）提供有损的图像层面，而通常用音乐导向的 Vorbis 编解码器作为音效层面。这种格式提供较好的图像效果和较小的视频体积。

❑ Audio Video interleave 视频：也就是 AVI 格式的视频，扩展名为.avi，是由微软在 1992 年 11 月推出的一种多媒体文件格式，用于对抗苹果 Quicktime 的技术。AVI 文件通常较大，但是质量较高，由于体积的问题，AVI 格式的视频不太适合在网上传递。

❑ H.264 编码视频：也称为 MPEG-4 第 10 部分，是基于 MPEG-4 技术建立的。H.264 是一种编码格式，很多以.mp4 为扩展名的 MP4 文件使用这种编码格式。它使用新的压缩标准，在同等图像质量下压缩效率非常高，产生的文件非常小巧，比较适合在便携式设备上播放，比如平板电脑、MP4 设备等。

❑ WebM 格式：是专为 HTML 5 开发的开放的免费使用的视频文件格式，该格式提

供高质量的视频压缩以配合 HTML 5 使用，目前已经被各大浏览器所支持，其扩
展名为.webm。

当然如果所要播放的视频不是以上列出的几种格式，可以借助于一些第三方的视频转
换软件将视频转换为 HTML 5 可以播放的格式，目前互联网上具有很多可以免费使用的视
频转换器，限于篇幅，在这里不再详细讨论。

12.3.2　使用 video 元素

video 元素是 HTMLVideoElement 类型的对象，这个对象从 HTMLMediaElement 中派
生，与 audio 元素拥有同一个父类，因此共享很多相同的属性、方法和事件。但是 video
由于需要显示视频界面，因此拥有很多与 audio 不一样的元素。

下面新建一个名为 HTML5Demo9.html 的网页，在该网页上使用 video 来播放一段视
频，通过这个示例先了解如何播放和控制视频，如代码 12.12 所示。

代码 12.12　使用 video 播放视频示例

```
<!doctype html>
<html>
<head>
<meta charset="utf-8">
<title>播放视频</title>
</head>
<!--视频播放控制按钮-->
<div style="text-align:center;">
  <button onclick="playPause()">播放/暂停</button>
  <button onclick="makeBig()">大</button>
  <button onclick="makeNormal()">中</button>
  <button onclick="makeSmall()">小</button>
  <br />
  <!--定义一个 video 元素，指定宽度为 420-->
  <video id="video1" width="420" style="margin-top:15px;" controls>
    <source src="movie.mp4" type="video/mp4" />
    <source src="Move1.ogg" type="video/ogg" />
    浏览器不支持当前的视频播放
  </video>
</div>
<script type="text/javascript">
//获取页面上的 video 对象实例
var myVideo=document.getElementById("video1");
//播放或暂停视频
function playPause()
{
    if (myVideo.paused)                 //如果视频处于暂停状态则播放
      myVideo.play();
    else
      myVideo.pause();                  //否则暂停视频的播放
}
function makeBig()
{
    myVideo.width=560;                  //设置播放器的宽度
}
function makeSmall()
```

```
{
    myVideo.width=320;              //设置播放器的宽度
}
function makeNormal()
{
    myVideo.width=420;              //设置播放器的宽度
}
</script>
</html>
</html>
```

在页面上定义了 4 个按钮，分别用来播放或暂停视频，或者是调整视频的大小。video 元素将会在页面上显示一个视频播放器，controls 属性指定其显示播放控制界面。

🔔注意：无论是否指定 controls 属性，video 总是会显示一个播放的面板用来放置视频内容。

width 属性用来指定视频播放的大小，source 子元素用来设置多个视频，浏览器根据其支持的视频 MIME 类型，来选择要播放的视频。接下来的 JavaScript 代码将获取 video 对象的实例，"播放/暂停"按钮根据 pause 属性的值来调用 play 或 pause 来播放或暂停视频，其他的 3 个按钮分别通过调整 width 属性来设置视频播放面板的大小。video 具有 width 和 height 属性，可以用来设置视频播放面板的大小，这是与 audio 不同的地方。示例运行效果如图 12.13 所示。

图 12.13　使用 video 元素播放视频内容

12.3.3　在画布上播放视频

由于 video 提供的很多属性、方法和事件与 audio 元素基本相同，因此虽然有一些新增的属性，但是通过 HTML 5 的 video 相关的文档就可以了解并创建一个基本的视频播放器。本节来看另外一个非常有趣的特性——将播放器显示在画布上，这使得用户可以创建出具有多种风格的播放器效果。

🔔注意：由于 video 元素是一个功能强大且复杂的元素，要完整地掌握这个元素需要学习较多的知识，可以参考一些介绍 HTML 5 多媒体方面的图书来获取更详细的 video 相关的信息。

在 canvas 上放置视频 video 元素需要完成如下的几个步骤：

（1）需要有一个隐藏的 video 元素，该元素有关的 src 属性关联到某个要播放的视频，通过为该元素设置 CSS 属性 display:none 即可。

（2）在视频加载完成之后，通过周期性地调用 drawImage，传入 video 对象的实例，由于 video 派生自 HTMLMediaElement，它一次只会绘制一帧的视频快照。为了让视频在画布上连续播放，需要周期性地调用 drawImage 形成连续播放的效果。

（3）可以在 canvas 上使用多种绘图效果来创建具有创造力的画布视频。

接下来完成一个示例，这个示例将在画布上绘制视频和文字效果。示例重点演示了 video 元素的一些属性和方法的使用，运行效果如图 12.14 所示。

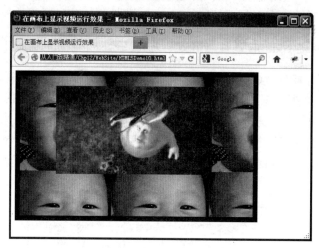

图 12.14　在画布上绘制视频的运行效果

下面的过程演示如何实现这个非常有趣的效果，其实现步骤如下所示：

（1）新建一个名为 HTML5Demo10.html 的 HTML 5 网页，在该网页上放置一个 canvas 元素，指定宽度为 500，高度为 300，同时添加一个 img 元素，设置其 src 属性为一幅图案，指定这个 img 元素的 CSS 属性 display:none，在页面上隐藏图像的显示，代码如下所示：

```
<body>
<canvas id="canvasOne" width="500" height="300">
 当前浏览器不支持 HTML 5 画布
</canvas>
    <div>
     <!--该图像用来做画布的背景图案-->
    <img id="pix" src="images/switchpic2.gif" />
    </div>
</body>
</html>
```

（2）在页面中创建一段内联的 JavaScript 代码，在该代码内部定义两个全局变量 oVideo 和 ovDiv，oVideo 将保存页面上的 video 元素，ovDiv 用来保存一个 div 元素，将为这个 div 元素应用 CSS 样式以便隐藏掉 video 的显示。在 JavaScript 代码中关联页面的 load 事件，用来创建 video 元素，设置其 src 属性，如代码 12.13 所示：

代码 12.13　关联页加载事件处理代码

//在页面加载时，调用 `eventWindowLoaded` 方法

```
window.addEventListener('load', eventWindowLoaded, false);
var oVideo;                              //保存 video 对象实例的全局变量
var ovDiv;                               //保存 div 元素的全局变量
function eventWindowLoaded() {
  oVideo = document.createElement("video");   //动态创建 video 元素
  ovDiv = document.createElement('div');      //动态创建 div 元素
  document.body.appendChild(ovDiv);           //将 div 元素添加到页面中
  ovDiv.appendChild(oVideo);                  //将 video 元素添加到 div 元素中
  ovDiv.setAttribute("style", "display:none;");//指定 div 元素的样式为隐藏显示
  var videoType = supportedVideoFormat(oVideo);//判断当前浏览器是否支持音频格式
  if (videoType == "") {
      alert("不支持的视频格式");
      return;
  }
  oVideo.setAttribute("src", "Move1.ogg");    //设置音频文件源
  oVideo.loop=true;                           //指定视频循环
  //canplaythrough 当浏览器可在不因缓冲而停顿的情况下进行播放时触发，也就是可正常播
  放之后触发
  oVideo.addEventListener("canplaythrough",videoLoaded,false);
}
//判断当前浏览器支持播放的 MIME 类型
function supportedVideoFormat(video) {
  var returnExtension = "";
  //canPlayType 会返回 probably 或 maybe 表示可以播放，则返回播放扩展名
  if (video.canPlayType("video/webm") =="probably" ||
    video.canPlayType("video/webm") == "maybe") {
      returnExtension = "webm";
  } else if(video.canPlayType("video/mp4") == "probably" ||
    video.canPlayType("video/mp4") == "maybe") {
      returnExtension = "mp4";
  } else if(video.canPlayType("video/ogg") =="probably" ||
    video.canPlayType("video/ogg") == "maybe") {
      returnExtension = "ogg";
  }
  return returnExtension;                      //返回播放的扩展名
}
```

可以看到，代码首先就关联了 window.onload 事件，页面所有内容（包含图像）完成之后，会调用 eventWindowLoaded 方法，该方法会动态创建 video 和 div 元素，将 video 元素添加到 div 元素的内部，并将 div 元素添加到页面上，通过为其应用 CSS 样式让整个 video 的显示隐藏起来。可以注意到代码中使用了 supportedVideoFormat 来检测当前浏览器支持的音频格式。这个函数主要调用 canPlayType 方法，该方法接受 MIME 类型，它返回如下所示的几种字符串。

❑　maybe：表示浏览器不是很确信是否能播放，一般是可以播放。

❑　probably：如果浏览器可以播放，则返回该字符串。

❑　如果浏览器完全不能播放这个 MIME 类型的视频，则返回空白字符串。

代码最后设置 video 元素的 src 属性，指定 loop 属性值为 true，表示允许视频循环播放。最后调用 addEventListener 为 video 元素的 canplaythrough 关联了事件处理代码，以便在视频缓冲完成、可以流畅播放之后开始进行视频的绘制。

（3）videoLoaded 方法在视频能够播放时被调用，它调用了 canvasApp 方法表示进行周期性的画布重绘操作。canvasApp 方法首先检测浏览器是否支持画布，然后开始调用

drawImage 方法周期性地绘制视频的快照，形成动态的画布内容播放效果，实现如代码12.14
所示：

代码 12.14　动态绘制视频快照

```
//判断当前浏览器是否支持画布
function canvasSupport () {
    var theCanvas = document.getElementById("canvasOne");
    if ((!theCanvas || !theCanvas.getContext)){
        return true;
    }
    else{
        return false;
    }
}
function videoLoaded(event) {
   canvasApp();
}
function canvasApp() {
  if (!canvasSupport()) {                              //如果浏览器不支持画布，则返回
      return;
  }
  function  drawVideo() {
        var image = document.getElementById("pix");   //获取图像对象实例
        var pattern = context.createPattern(image, "repeat");
                                                      //创建图案填充效果
        context.fillStyle = pattern; //将图案对象赋给 fillStyle 以备填充
        context.fillRect(0,0,theCanvas.width,theCanvas.height);
                                                      //使用矩形填充画布
        context.strokeStyle = '#000000';              //绘制图像的外边框
        context.lineWidth=10;
        context.strokeRect(5,5,theCanvas.width-10,theCanvas.height-10);
        context.drawImage(oVideo , 85, 30);           //将视频对象绘制到画布上
        context.font = "18px 黑体, sans-serif"
        context.fillStyle="blue";
        context.fillText("小屁孩喜欢看的视频",100,50);    //在视频上绘制文本
    }
  var theCanvas = document.getElementById("canvasOne");
  var context = theCanvas.getContext("2d");
  oVideo.play();                                       //开始播放视频
  setInterval(drawVideo, 33);                          //周期性地第 33 毫秒重绘一次
}
```

由代码可以看到，videoLoaded 方法调用了 canvasApp 方法。canvasApp 方法调用
canvasSupport 来判断当前浏览器是否支持画布，如果支持，它又定义了一个内嵌函数
drawVideo，这个函数内部调用了 createPattern 创建来自页面上的 img 元素的图案填充，填
充了背景图案之后，用画布边框填充了边框轮廓，以便具有良好的视觉效果。在填充了边
框之后，调用 drawImage 方法传入 video 对象实例，用来绘制视频的快照，最后在视频上
绘制了一行文本内容。

canvasApp 最后调用 oVideo.play 方法开始播放视频，最核心的是 setInterval 方法，它
将隔 33 毫秒对画布重绘一次，以便让画布上的图像具有动态视频盘的效果，同时又能收听
到隐藏在页面上的音频，就好像视频是出现在画布上一样。

12.4　小　　结

　　本章讨论了 HTML 5 中多媒体的内容，主要是音频与视频的播放方面。在 12.1 节介绍了一些图像处理方面的高级内容。首先讨论了图像填充的 4 种方式，接下来讨论了图像变换效果的使用，以及如何对图像应用阴影效果。在播放音频部分，详细介绍了 HTML 5 支持的几种音频格式，讨论了如何转换为浏览器支持的音频类型，接下来介绍了 audio 元素的使用方式及控制音乐播放的属性、方法和事件，最后介绍了如何创建一个自定义外观的播放器。在视频部分，首先讨论了用于视频播放的几种格式，接下来介绍了 video 元素的使用方法。由于 video 与 audio 的很多相同的属性、方法和事件，因此控制起来与 audio 非常相似。本章最后通过如何在画布上播放视频进行了举例介绍，讨论了如何将 video 与 canvas 结合，创建有趣的视频播放效果。

第 13 章　用 Photoshop 设计网页图像

对于一名网页设计者来说，图像处理是日常工作之一。网站建设过程中总是避免不了与各种各样的图像打交道，比如设计网站的 Logo、网页的布局，处理由客户提供的数码相机照片以适合网页显示的需要等。Adobe Photoshop 是一款非常流行的专业的图像制作和处理软件，它功能强大，集成了图像扫描、修改、图像与动画制作、输入与输出、Web 图像制作等多种功能，是一款深受大众喜爱的软件，应用面也相当广泛，不仅很多专业的广告输出公司使用，也是很多电脑爱好者装机必备软件之一。

13.1　Photoshop 基础

Photoshop（简称"PS"）是由世界知名的软件公司 Adobe System 开发和发行的专业图像处理软件，主要用来处理像素图像，从第一个版本发行至今已经有 20 多年。Adobe 不断更新和完善 Photoshop，使得 Photoshop 在图像、图形、视频、文字、Web 等各方面都有所涉及应用。Adobe Photoshop 虽然功能强大，操作起来却非常人性化，它具有独特的浮动式的工作面板，各种配置面板灵活搭配，无论是专业的计算机工作人员还是图像处理的业余爱好者，都能很轻松地上手这款软件。

⌂注意：在本书 1.2.2 小节曾经讨论过如何下载和安装 Photoshop 的最新版本，如果计算机上还没有安装该软件，请参考该小节的内容进行下载和安装。

13.1.1　图像的分类

Photoshop 主要用来处理像素图像。在开始学习这款软件之前，理解数字图像的分类及其各自的特性有助于图像设计者甄别各种不同的图像。在计算机图形界主要有两种类型的图像，分别是位图图像和矢量图像，这两种图像的区别比较明显，而且处理方式也有些不一样。

1．位图图像

位图图像又称为像素图像或栅格图像，它主要是由一个个不同颜色和位置的像素（Pixel）点组成的，与图像的分辨率息息相关，是目前主流的图像格式，比如数码相机图片、扫描仪扫描的图片及通过抓图软件抓取的图都属于位图图像。这种图像常见的格式有BMP、JPEG、PNG、GIF 等。

位图图像的特点是可以表现真实的色彩变化和颜色过渡，并且可以很容易地在不同的软件之间交换使用。如果用放大图像查看，会看到一个个的像素点，图像也变得模糊，例如图 13.1 是缩放前和缩放后的两幅图像的对比。

在缩放前，可以看到图像的显示效果比较细致真实，笔者使用 Photoshop 的缩放工具对图像放大了 600%之后，通过局部的花蕊可以看到，出现了明显的像素形状，产生了模糊。

图 13.1　缩放前和缩放后的效果

由于位图包含的是固定数量的像素数，因此它与分辨率也息息相关。如果分辨率比较小，可以发现位图图像的显示会比较大。由于位图图像的像素固定，因此同时也需要占用大量的存储空间。还好一些图像算法会对图像进行有损压缩，在保持图像显示效果的前提下又能够缩小位图的体积，比如 JPEG 或 PNG 格式的图像。

2. 矢量图像

矢量图与位图的明显区别是它不是由一个个像素点构成的。矢量图是根据几何特性定义的对图像的描述，实际上它存储的并不是具体的图片数据，而是构成图像的几何特征，比如直线和曲线的位置。由计算机根据矢量图像的定义进行绘制。矢量图像的体积小巧，而且图像放大后不会失真，与分辨率无关。

矢量图虽然可以无限制地缩放，但是不能够表达复杂的颜色变化效果，无法像照片那样表现丰富的颜色变化和颜色过渡，因此并不适合于还原真实世界的图像。它主要用来设计一些图标、Logo 或一些动画等。

图 13.2 是一幅使用矢量绘图技术绘制出来的熊猫图案，在对眼睛放大 400%之后，可以看到眼睛的图案依然保持清晰，并无任何锯齿或模糊，这是因为矢量图形保存的是图像的几何特征，而并不是具体的图像数据。

图 13.2　矢量图缩放效果

目前有很多软件专门用于矢量图制作，比如 CorelDRAW、FreeHand、Flash、Illustrator 等。不过在使用 Photoshop 这款软件时，需要理解主要处理的是位图图像。

13.1.2　Photoshop 的工作区界面

Photoshop 的工具界面与 Adobe 的其他软件一样，由面板工具按钮组成。图 13.3 是 Photoshop 的主要的工作界面。

图 13.3　Photoshop 主界面

由图 13.3 中可以看到，Photoshop 的界面样式有点类似于 Adobe Dreamweaver，除了左侧的绘图工具栏之外，实际上 Photoshop 从最初的版本到现在，一直保持了这种左侧工具栏、右侧浮动面板的界面风格，通过拖动面板标题栏，可以让界面元素进行浮动，如图 13.4 所示。

图 13.4　Photoshop 浮动面板效果

如果要恢复默认的面板布局，可以单击主菜单中的"窗口 | 工作区 | 复位基本功能"菜单项来进行工作区的复位。

Photoshop 工作区的几大元素的具体作用如下所示。

- ❑ 菜单栏：各种 Photoshop 操作的控制命令大集合，包含文件、编辑、图像、图层、文字、选择、滤镜、视图、窗口和帮助等，Photoshop 能用到的命令几乎都集中在菜单中。
- ❑ 选项工具栏：用来设置工具的各种选项，会随着所选工具的不同而显示不同的内容，比如在工具箱中选择画笔之后，就可以在选项工具栏中设置画笔的相关属性。
- ❑ 绘图工具栏：包含用于处理绘图操作的各种工具，比如绘图、添加文字、选择图像，裁切图像等。
- ❑ 文档工作区：是显示和编辑图像的区域，当打开一幅新的图像时，将在文档工作区中显示。
- ❑ 工作面板：用来辅助图像编辑的选项窗口，比如可以显示颜色面板、图层面板或图像调整工具面板等，它可以让设计者快速地找到想要的工具。
- ❑ 状态栏：可以显示文档的大小、文档尺寸当前工具和窗口缩放比例等信息。

一般情况下，编辑图像的方式是当打开或新建一个图像后，会显示在文档窗口中，如果要绘制图像，可以从绘图工具栏中选择工具，在选项工具栏中对绘图工具进行进一步的设置。通过工作面板选择一些辅助的工具进行绘图，一些高级的功能，则需要通过菜单来进行操作。

🔔注意：一些高级的图像设计人员习惯使用快捷键来快速地完成图像处理工作，因此掌握一些常用的快捷键不但有助于提高工作的效率，还能够加强对 Photoshop 软件的掌握。

13.1.3 创建和打开图像文件

打开 Photoshop 之后，第 1 步要做的就是打开或者新建一个图像文件，以便于对图像文件进行更进一步的操作。要打开和新建文件，需要使用"文件"菜单中的"新建"、"打开"、"导入"、"保存"等菜单项。要新建一个图像文件，单击"文件 | 新建"菜单项，Photoshop 将弹出如图 13.5 所示的对话框。

根据图像的作用设置图像的基本信息 →

图 13.5 新建文件窗口

"新建"窗口包含一些图像的设置项，设置方式如下所示。

- ❑ 名称：图片文件的名称，创建后会显示在窗口标题栏，保存文件时会自动作为文件名进行保存。
- ❑ 预设：这个下拉列表框提供了各种常见的图片的预设值，比如 Web、照片、标准纸张等设置。不同的预设值会影响到分辨率、图像的大小、颜色模式等，一般使用默认的"自定"选项，也可以将自定义的选项保存为预设，只需单击右侧的"存储预设"按钮即可。

❑ 大小：在"预设"下拉列表框中选择了某一项之后，可以在"大小"下拉列表框中选择预设的图像大小，比如选择"国际标准纸张"之后，可以在"大小"下拉列表框中选择 A4、A3 等大小。

❑ 分辨率：输入文件的分辨率，包一般是"像素/英寸"，比如用于印刷的为 300dpi，用于网页的一般是 72dpi，分辨率不同的文件大小也各不相同。

❑ 颜色模式：指定文件的色彩模式，有位图、灰度、RGB、CMYK 和 Lab 模式，一般网页都会使用 RGB 模式，后面的 8 位、16 位下拉列表框用来指定颜色的色深，一般网页设计选择 8 位即可。

❑ 背景内容：用来选择背景的显示内容，比如如果要创建 GIF 动画，则需要使用透明的背景层。

设置完成后，单击"确定"按钮，Photoshop 将在文档窗口中打开一个新的选项卡窗口，此时应可以在该窗口中绘制图像或者处理图像了。

Photoshop 提供了灵活的打开文件的方法，最简单的方式是使用"文件 | 打开"菜单项从磁盘中选择一个或多个图像文件来打开。

🗩注意：同时打开多个图像文件需要占用较多的 CPU 和内存资源，除非机器的配置足够好或文件非常小，否则建议一次性打开的文件个数不要超过 5 个。

文件菜单中的"打开为"菜单项非常有用，可以让用户指定一种打开的格式，如果文件的扩展名与文件的实际数据不符，比如原来是 PSD 的文件被人为地改为 JPEG 格式，就可以使用"打开为"菜单项指定用 PSD 格式打开。

"最新打开的文件"菜单项会显示出最近打开的菜单列表，用这个功能可以轻松找到前面已经打开过的文件，也可以通过"编辑 | 首选项"菜单项打开首选项窗口，在该窗口中找到"文件处理"选项，指定最近打开过的文件列表可包含的最大文件个数，默认设置是 10 个。

文件菜单中的"在 Bridge 中浏览"菜单项会打开 Adobe Bridge 浏览，Adobe Bridge 是一个专门用来查看、搜索、排序、管理和处理图像文件的软件，如图 13.6 所示。

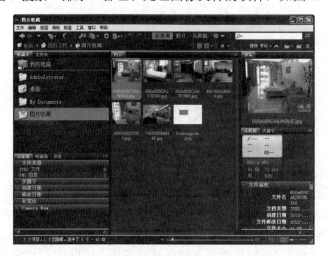

图 13.6　在 Adobe Bridge 中浏览图像

在 Bridge 中找到合适的图像后，可以直接拖动图片到 Photoshop 中实现图片的打开。Bridge 提供了很多图片管理和简单修改的功能，有兴趣的读者可以参考 Adobe Bridge 的帮助。

13.2　图像的基本操作

大多数人开始使用 Photoshop 都是从处理现有的图像开始，而且目前大多数的图像处理操作基本上就是调整色彩、更改大小、旋转图像、添加文本或填充颜色等。比如笔者经常会用 Photoshop 为自己的数码照片添加一些文字、让颜色显得更鲜艳等，掌握了这些基本的技巧之后，就可以更进一步地挖掘 Photoshop 的潜能。

13.2.1　选择图像

选区是 Photoshop 中非常重要的一个操作，它用来预先选中图片中想要处理的部分。选择图像区域不像在 Word 中选择文本那样简单，由于图像的形状多种多样，因此必须要有耐性地根据想要处理的部分进行选择，然后再使用 Photoshop 的其他工具对选中的图像进行编辑。

在 Photoshop 的绘图工具栏中可以看到三组选择工具，分别如下所示。

❑ 标准形状选择工具：可以创建矩形、圆形、单行或单列选择区域。

❑ 不规则形状选择工具：可以创建不规则的形状选择，比如套索工具可以创建一个类似绳子套物这样的选择方式，磁性套索则根据颜色的相似度自动吸附。

❑ 颜色选择工具：会根据色彩相似度自动进行选择。

标准选择工具包含 4 个可使用的工具项，鼠标长按绘图工具栏中的▣图标，将弹出可供使用的 4 个标准型状选择工具。比如可以用矩形选择工具选择一个矩形区域，再应用亮度和对比度，如图 13.7 所示。

🔔注意：使用矩形或圆形选择工具时，按住 Ctrl 键再拖动鼠标，可以选择正圆形或正方形。
　　　　如果要取消选择，可以按 Ctrl+D 快捷键。

圆形选择工具可以拉一个椭圆形或正圆形，如图 13.8 所示。

　　图 13.7　使用矩形选择区域　　　　　　　图 13.8　使用圆形选择区域

如果要一次选择多个区域，可以按住 Shift 键进行选择，如果要移除已经选择的区域，可以按住 Alt 键选择区域。例如笔者使用这种选择方式选择了一个不规则形状的选择区域，如图 13.9 所示。

除了可以用这种方式选择不规则形状外，还可以使用 Photoshop 提供的三大套索工具来轻松完成不规则形状的选择。这 3 个套索工具分别如下所示。

套索工具：可以使用鼠标自由绘制一块区域形成一个选择区域。

多边形套索工具：通过鼠标单击多个点形成一个多边形的选择区域。

磁性套索工具：这个工具可以根据颜色的对比度自动吸附到匹配的区域，适合选择颜色对比强烈的区域，磁性套索的吸附如图 13.10 所示。

图 13.9　添加和移除选区示例效果

图 13.10　使用磁性套索选择区域

快速选择工具和魔棒工具可以用来选择颜色差距不大的相似区域，它提供了对相似颜色的快速选择能力，其中快速选择工具利用可调整的圆形画笔笔尖快速地绘制选区，拖动画笔时，选区会向外扩展自动查找颜色匹配的区域。魔棒工具主要用来选择颜色一致的区域，根据单击的原始颜色来选择指定的色彩范围或容差。

在图 13.11 中，通过快速选择工具，可以在较短的时间内就能选中所有花叶。快速选择工具会快速查找图像的边缘，因此它会自动对粉红与绿色进行区别并进行选择。

图 13.11　使用快速选择工具选择花朵

魔棒工具只对颜色相似的区域进行自动选择，不过通过调整选项工具栏中的容差值，可以设置取样的容差范围，以达到自己想要的效果。

每种选择工具都可以使用快速选择工具栏进行精确的选择设置。Photoshop 是一个经验积累的过程，通过多完成一些复杂示例的选择，可以提升自己对选择方法的掌握熟练度，进而提升图像处理的效率。

13.2.2　调整大小

调整大小是一个非常常用的功能，比如数码相机拍的照片一般比较大，需要调整大小以便适合实际的需要，减小图像的大小。当在 Photoshop 中打开图像之后，可以单击主菜单中的"图像｜图像大小"菜单项，将打开如图 13.12 所示的图像大小设置对话框。

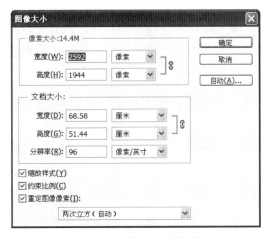

图 13.12　图像大小调整窗口

在该对话框列出了当前图像文件的大小，有像素大小和文档大小两种。像素大小指定当前图像的像素数，文档大小则显示出当前图像的物理尺寸，也就是打印大小。在"宽度"文本框中输入了新的大小之后，Photoshop 会自动调整高度的值，这是因为窗口下侧的"约束比例"复选框被选中，取消选中该复选框就可以自由地调整图像的宽度和高度。

"图像大小"对话框设置底部的 3 个复选框。除了"约束比例"之外，"缩放样式"复选框的作用是如果对图像中的图层（本章稍后介绍）应用了一些样式，那么在放大或缩小图像时会对这些图层样式进行缩放。"重定图像像素"是在对图像调整之后重新计算图像的像素数，Photoshop 会根据下拉列表框中的选定算法对现有的图像像素进行分析，并重新计算出调整之后的像素数据。

注意：为一个分辨率低的图像增加分辨率并不会使得图像变清晰，Photoshop 只是根据现有的像素数计算并进行调整，但是不会新增像素来提升图像的质量。

如果取消选择"重定图像像素"复选框，则不可以对像素大小进行调整，同时无法选择像素计算算法。

除了调整图像大小外，还可以调整工作区的画布大小，画布的大小与图像的大小具有不同的概念，单击菜单中的"图像｜画布大小"菜单项，将显示如图 13.13 所示的画布大小窗口。

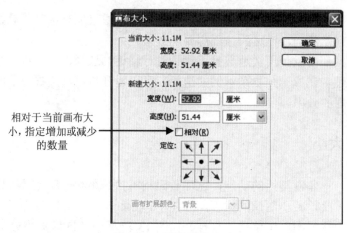

图 13.13　调整画布大小

在"宽度"和"高度"文本框中可以输入画布的新的宽度和高度，"相对"复选框表示相对于原始图像要缩放的数量，单击该复选框后会清除原有图像的宽度和高度，允许用户输入。"定位"按钮表示图像在画布中的显示位置。

注意：增加画布会为图像提供更多的显示区域，但是缩小画布会裁切图像，将图像变得更小。

13.2.3　旋转和变换

图像的旋转也可以分为画布的旋转和图像的旋转两种旋转方式，不过图像的旋转又称为变换，因为不仅可以旋转图像，还可以缩放图像。要旋转画布，单击主菜单中的"图像｜图像旋转"菜单项，将弹出多个用于调整图像旋转的子菜单，如图 13.14 所示。

几个菜单项的作用如下所示。

❑　180 度：表示将画布旋转 180 度，图像会变成相反的角度。

❑　90 度顺时针：表示按顺时针旋转画布 90 度。

❑　90 度逆时针：表示按逆时针旋转画布 90 度。

❑　任意角度：表示按任意的角度旋转画布。

❑　水平翻转画布：将画布水平旋转 180 度。

❑　垂直翻转画布：将画布垂直旋转 180 度。

这几个菜单项都用于对画布进行旋转，画布中所有的图形对象都会随着画布一起旋转，其中任意角度菜单项会弹出如图 13.15 所示的对话框，允许用户输入要旋转的角度和方向。

图 13.14　图像旋转菜单项

图 13.15　按任意角度进行旋转

如果只要旋转图像的某一部分或者是对图像进行旋转，可以使用 Photoshop 的图像变换工具。

Photoshop 的变换工具分为两类，一类是自由变换，自由变换允许用户用拖动鼠标的方式对图像进行旋转、变形、扭曲、缩放等；另一类是通过菜单提供的变换方式进行变换。以自由变换为例，选中图像的某一区域（或不选中旋转整个图像），单击"编辑 | 自由变换"菜单项，或者是按 Ctrl+T 快捷键，Photoshop 将在选择区域添加锚点，允许用户进行旋转，如图 13.16 所示。

将鼠标停留在选择区域外面时，鼠标会变成可供旋转的光标形式，拖动鼠标就可以完成对图像的旋转，旋转结果如图 13.17 所示。当然也可以直接通过在选项工具栏中的文本输入框中输入一个精确的角度，这在精确旋转时非常有用。

图 13.16　旋转图像

图 13.17　图像旋转效果

🔊注意：通过按住 Shift 键可以实现每次 15 度角度旋转。

变换包含多种对图像进行操作的方式，单击"编辑 | 变换"菜单项，可以看到如图 13.18 所示的子菜单项。

这些菜单项的作用如下所示。

❑ 再次：用来再次完成上一步所实现的变换操作。

❑ 缩放：对图像大小进行调整。

❑ 斜切：垂直或水平倾斜项目。

❑ 扭曲：将项目向各个方向伸展。

❑ 透视：对项目应用单点透视。

❑ 变形：变换项目的形状。

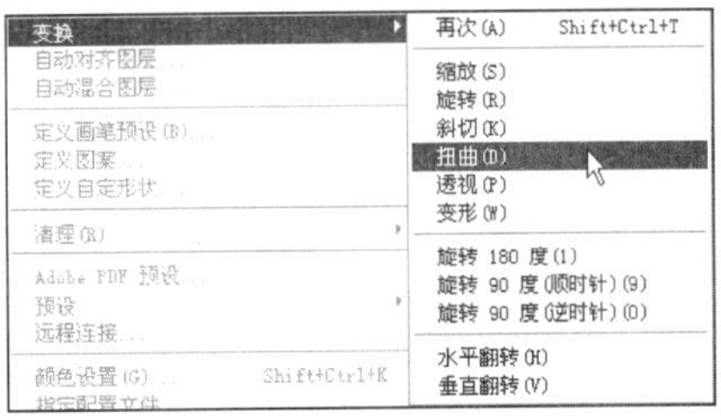

图 13.18　变换菜单项

❑ 旋转 180 度、顺时针旋转 90 度、逆时针旋转 90 度：通过指定度数，沿顺时针或逆时针方向旋转项目。

❑ 翻转：垂直或水平翻转项目。

其中缩放、旋转、斜切、扭曲、透视和变形会对选中的图像显示操作锚点，要求用户通过鼠标拖动来实现相应的效果，比如扭曲效果，单击"扭曲"菜单项之后，就可以通过鼠标拖动的方式来扭曲图像的显示，如图 13.19 所示。

变形菜单项会在选中的图像上显示网格，允许用户拖动网格来实现图像的变形，

Photoshop 提供了很多预定义的变形特效，比如鱼眼形或扇形变形效果，可以通过选项工具栏中的"变形"下拉列表框进行设置，如图 13.20 所示。

图 13.19　拖动实现扭曲效果　　　　　　　　图 13.20　实现图像变形效果

13.2.4　裁切

裁切可以调整画布的大小，这个工具可以让用户选择图像要保留的区域，裁剪掉不需要的区域。在处理数码相片时，对于一些多余的区域，可以使用这个工具裁剪掉不需要的部分。单击绘图工具栏中的 图标，然后用鼠标绘制图像中想要保留的区域，Photoshop 将进入到裁切模式，如图 13.21 所示。

图 13.21 中的网格线是用来进行裁切的参考线，通过选择选项工具栏中的"视图"下拉列表框，可以调整用于裁切的参考方式，默认的视图是如图 13.21 所示的三等分视图。也可以单击选项工具栏中的 图标，将弹出如图 13.22 所示的裁切设置窗口。在该窗口中如果选中"使用经典模式"复选框，将会显示 Photoshop 早期版本中的裁剪样式，"启用裁剪屏蔽"会屏蔽要被裁掉的区域，通过调整屏蔽区的不透明度可以设置屏蔽区的显示方式。

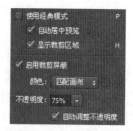

图 13.21　裁切图像　　　　　　　　　图 13.22　裁切设置窗口

在裁剪区域中右击鼠标，Photoshop 会弹出更多可供使用的裁切选择项，比如可以指定要裁切的区域形状的比例或者是对裁切的形状进行旋转，一旦设置完成，在裁剪区域双击鼠标或者是通过下拉菜单中的"裁剪"菜单项，完成裁剪操作。

注意：Photoshop 的历史记录面板记录了最近一次打开时对图像所做的更改记录，通过选择想要恢复的步骤位置，可以对所做的图像修改进行恢复。

13.2.5　剪切、复制和粘贴

剪切、复制和粘贴是任何软件都必备的常用的操作，在 Photoshop 中，通过这 3 个命令可以对某个选区中的图像进行操作，也可以直接对整个画布中的图像进行操作。

要复制选中的图像，首先创建一个选择区域，按下快捷键 Ctrl+C 即可将选择的图像复制到剪贴板中。此时被复制的图像并不会发生变化，当剪贴板中具有图像后，如果单击"文件｜新建"菜单项创建一个新的图像文件，可以看到新建窗口的预设会自动设定为剪贴板，如图 13.23 所示。

新建窗口会基于剪贴板中图像的大小来预设新建的图像大小，如果新建了一幅基于剪贴板图像大小的图像，在新图像中按 Ctrl+V 快捷键将完成图像的粘贴，如图 13.24 所示。

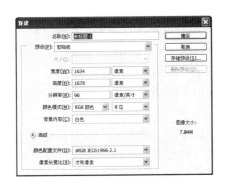

图 13.23　基于剪贴板新建图像

图 13.24　粘贴来自剪贴板的图像

图像的剪切命令会先复制原始图像，然后再将原始图像进行删除，形成图像移动的效果，例如图 13.24 中的花朵使用剪切命令之后，原来的花朵变成了一块背景区域，剪切使用 Ctrl+X 快捷键，剪切后的效果如图 13.25 所示。

除了直接使用 Ctrl+V 快捷键进行粘贴之外，还可以使用"编辑｜选择性粘贴"菜单项，它包含如下几个子菜单。

- □ 原位粘贴：可以将图像按照其原来被剪切时的位置粘贴到文档。
- □ 贴入：如果在文档中创建了选区，可以将图像粘贴到选区内部，并自动添加蒙版，将选区之外的图像隐藏。
- □ 外部粘贴：如果创建了选区，执行该命令后可以粘贴图像并自动创建蒙版，将选中的图像隐藏。

贴入效果会对指定的选区添加图层蒙版（下一节将详细讨论图层的使用），还可以拖动图像以便调整蒙版的显示，如图 13.26 所示。

图 13.25　图像剪切后的效果

图 13.26　使用贴入创建图层蒙版

🔔注意：如果要直接清除选区中的内容，可以单击"编辑 | 清除"菜单项，这将直接清除选区中的图像。

13.2.6　画笔描边

画笔描边用来为指定的选区添加边框线，选区线条一旦被取消选择，将会立即消失，通过使用画笔描边效果，可以在选区线条上添加边框线条，提供轮廓边框的效果。要为选区进行描边，单击主菜单中的"编辑 | 描边"菜单项，Photoshop 将弹出如图 13.27 所示的描边设置对话框。

在该对话框中，"宽度"指定以像素为单位的边框宽度，"颜色"用来设置画笔的颜色，"位置"可以指定描边是位于所选区域的内部、中间还是外部进行描边，"混合"用于指定颜色的混合模式。

下面演示如何对图 13.24 剪切出来的花朵图像进行描边效果。先选中该花朵，然后单击"编辑 | 描边"菜单项，指定描边宽度为 5 像素，描边的颜色为红色，位置居中，其他的保留默认值，描边效果如图 13.28 所示，可以看到花朵边缘果然都用红色进行了描边。

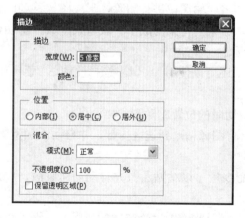

图 13.27　画笔描边设置对话框

图 13.28　对花朵描边效果

13.2.7　图像填充

可以对选区内部使用颜色和图案进行填充，选中一块区域后，单击"编辑｜填充"菜单项，将显示如图 13.29 所示的"填充"对话框。

在该对话框的"使用"下拉列表框中，可以选择要填充的方式，比如是使用前景色还是背景色或者是图案填充等等。如果选中使用"图案"，则在"自定图案"中会显示出可供使用的图案，如图 13.30 所示。在选择了想要填充的图案后，单击"确定"按钮，图案填充效果如图 13.31 所示。

图 13.29　内容填充对话框

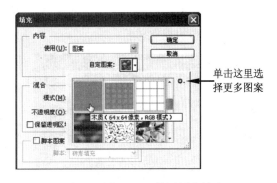

图 13.30　使用图案填充

"填充"对话框中的"使用"下拉列表框的"内容识别"是一个非常强大的功能，它可以使用相近的相似图像内容不留痕迹地填充选区。为了获得较好的效果，应该让选区略微扩展，可以使用主菜单中的"选择｜修改｜扩展"菜单项，扩展选区 1 个像素，然后单击"编辑｜填充"。使用"内容识别"进行填充。单击"确定"按钮后，Photoshop 经过计算，使用相似的图像填充了花朵区域，填充结果如图 13.32 所示，可以看到填充后的图像基本上保持了原来的图像效果，稍加修饰就将花朵从图像中移除了。

图 13.31　图案填充效果

图 13.32　使用内容填充效果

13.3　使用图层

图层就如叠在一起的透明胶片，通过胶片中的透明区域看到下面的图层，通过多个图层的组合来达到理想的图像效果。图层是一个个独立的图形对象，彼此之间进行叠加，可以移动或调整单个图层，也可以更改图层的不透明度以使内容部分透明。图层可以完成多种不同的任务，比如复合图像，添加文本或添加其他图形，应用图层样式比如投影或发光，创建图层蒙版等。

13.3.1　什么是图层

图层是 Photoshop 中非常重要的一个特性，许多 Photoshop 的特效都是通过图层来实现的，通过将一张张具有透明效果的图层叠加在一起，形成页面的最终效果。图层中可以插入文本、图片、插件或嵌套的图层等。使用图层拼合的效果如图 13.33 所示。

可以把这幅图想象成由多个透明胶片合成的效果，如图 13.34 所示，通过合成让图像具有了丰富多彩的视觉体验。

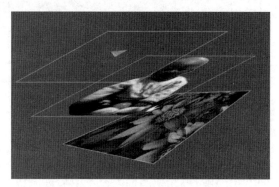

图 13.33　图层使用效果示例　　　　　　　　图 13.34　图层胶片效果示意图

Photoshop 提供了图层面板，在该面板列出了所有的图层、图层组及图层效果。使用图层面板可以显示和隐藏图层、创建新的图层或处理图层组。要打开图层面板，单击主菜单中的"窗口｜图层"菜单项，或者是按 F7 键，图层面板如图 13.35 所示。

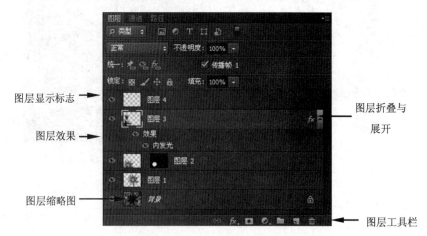

图 13.35　Photoshop 图层面板

由图 13.35 中可以看到，每一个图层都会显示一个缩略图，可以右击缩略图，从弹出的快捷菜单中选择无缩略图、小缩略图、中缩略图、大缩略图等可以改变缩略图的显示。

⏷注意：使用 Ctrl 键再用鼠标单击缩略图，可以直接选中图层中的图像。同样，在文档视
图中用 Ctrl 键单击图像，则会自动选中单击图像所在的图层。

当使用 Photoshop 打开一幅数码照片时，Photoshop 会自动将该照片作为一个背景层，并添加了一个锁定🔒标记。背景层一般位于图层面板中的最下面，一幅图像只能有一个背景图层，背景图层不能更改堆栈的顺序、混合模式和不透明度。它就好像是画布的背景色一样。当然，实际工作中背景图层不一定必须存在。通过双击背景图层，Photoshop 将弹出一个新建图层窗口，如图 13.36 所示。

图 13.36　将背景图层转换为普通图层

在"名称"文本框中为背景图层取一个有意义的名称，单击"确定"按钮，则背景图层就变成一个可以随意编辑的普通图层了。也可以将一个现有的图层转换为背景图层：选中要转换背景的图层，单击主菜单中的"图层 | 背景图层"菜单项，Photoshop 将自动将该图层转换为背景图层，并且自动移动到图层的底部。

13.3.2　创建图层

可以随意地为现有的图像添加图层，新建的图层将出现在"图层"面板中选定图层的上层，或者在某一选定的图层组内。在 Photoshop 中，可以创建任意多个图层，图层的个数或效果只受计算机内存的限制。

如果要在某一图层的上面一层创建图层，选中该图层，单击图层面板底部的 🔲 图标，或者单击主菜单中的"图层 | 新建图层"菜单项，将弹出如图 13.35 所示的"新建图层"对话框。在该对话框的"名称"部分指定新图层的名称，单击"确定"按钮，一个新的图层就出现在当前选择图层的上方，并且自动成为当前的图层。在"新建图层"对话框中可以指定是否创建一个图层蒙版、图层的颜色（用来在图层面板中标记图层）或者是图层的模式。

⏷注意：如果要在当前图层的下面创建一个新的图层，可以按住 Ctrl 键的同时单击新建图层按钮。

除了用这种方式创建一个新的图层之外，还可以通过复制图层的某一部分来创建一个新的图层，首先使用选择工具选中图层的某一区域，比如选择前景的某一区域，然后按快捷键 Ctrl+J，或者选择主菜单的"图层 | 新建 | 通过复制的图层"菜单项，将在所选图层的上方创建一个新的图层，如图 13.37 所示。与之对应的是通过剪切的图层，选中某个要剪切的区域，使用 Shift+Ctrl+J 快捷键即可创建一个通过剪切的图层。

选中背景
图层中的
花朵

根据选中的
区域复制一
个新图层

图 13.37　复制一个新的图层

还可以通过拖动的方式创建一个新的图层。在文档窗口中打开一幅图像，通过选择工
具选择某一区域拖动到目标文档窗口，可以先通过主菜单中的"窗口｜排列｜平铺"让窗
口平铺，然后将一个窗口中的图像拖动到另一窗口以创建一个新的图层。

13.3.3　修改图层

修改图层包括如何选择图层、修改图层内容、复制图层、链接图层及显示与隐藏图层
等操作。

1．选择图层

选择一个图层比较简单，单击图层面板即可。如果要选择多个图层，单击第一个图层，
按住 Shift 键单击最后一个即可选中所有中间的图层。如果是不相邻的图层，则使用 Ctrl
键并单击这些图层就可以选中这些不相邻的图层。如果要选择所有的图层，则单击主菜单
中的"选择｜所有图层"菜单项，或者是按 Alt+Ctrl+A 快捷键选中所有的图层。

可以根据图层的名称查找图层，单击主菜单中的"选择｜查找图层"菜单项，在图层
面板中将显示一个文本输入框，如图 13.38 所示。

单击这个下拉
列表框还可以
按类型、效果
等对图层进行
过滤

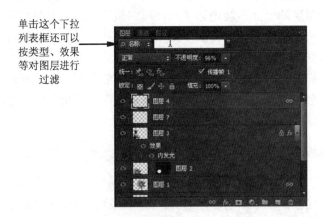

图 13.38　按名称查找

2．复制图层

复制图层有多种方法，可以在图层面板中，将需要复制的图层拖动到新建图层按钮

图标上，就可以实现图层的复制，如图 13.39 所示，Photoshop 会产生一个新的原图层名称 +"副本"二字的新图层。

还可以选中图层，右击鼠标，从弹出的快捷菜单中选择"复制图层"菜单项，Photoshop 将弹出如图 13.40 所示的复制图层对话框。

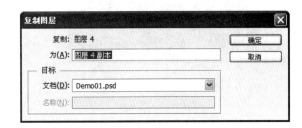

图 13.39　通过拖动复制图层　　　　　　　　　　图 13.40　复制图层

在"为"文本框中输入新图层的名称，"目标"中选择一个要复制到的目标文档，或者是创建一个新的文档将当前的图层复制过去，单击"确定"按钮，将产生当前选中的图层的副本。

还可以从其他的图像文档中拖一个图层到目标文档来复制一个图层，只需要并排两个文档窗口，拖动一个文档中的图层对象到目标文档就可以实现文档的复制。

3．图层编组和链接

当编辑的图像比较复杂、图层越来越多时，对图层进行编组就显得很有必要了。要对现有的图层进行编辑，首先选中一个或多个要进行编组的图层，单击主菜单中的"图层 | 图层编组"菜单项，或者是使用 Ctrl+G 快捷键，可以看到选择的图层就添加到了图层编组中，如图 13.41 所示。

一旦创建了新的组，就可以将相应的图层拖动到图层编组中去，成为组中的成员。如果要取消图层编辑，可以选中该编组，单击主菜单中的"图层 | 取消图层编组"菜单项取消对图层的编辑组。

如果要删除组中的图层，可以选中该组，右击鼠标，从弹出的上下文中选择"删除组"菜单项，Photoshop 将弹出如图 13.42 所示的确认对话框。在该对话框中，"组和内容"按钮会将组和组中的图层统统删除，如果只是要取消编组，可以单击"仅组"按钮。

如果要同时移动或变换多个图层的内容，可以将这些图层链接在一起。链接的图层的一个明显的标志就是图层上会出现一个锁形图标 。要创建图层之间的链接，只需要选中多个要链接的图层，然后单击工具栏的 按钮即可实现图层之间的链接。链接之后，所有被链接的图层右侧都具有一个链接标记。

取消链接非常简单，只需要选中任何一个具有链接的图层，单击图层面板底部的工具栏即可取消图层的链接。

图 13.41　图层编组示例

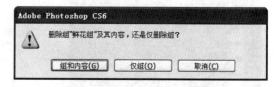

图 13.42　删除组确认对话框

4．图层的显示和隐藏

图层缩略图前面的眼睛图标用来设置图层的显示和隐藏，如果是对图层编组应用显示和隐藏，则会应用到图层编组内的所有图层，如图 13.43 所示。

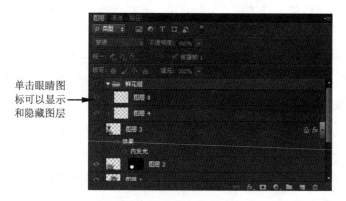

图 13.43　图层的显示和隐藏

如果要对连续的多个图层进行显示或隐藏，可以单击第一个图层的眼睛图标，然后向下拖动，此时所有经过的图层都会得到设置。

注意：使用 Alt+单击眼睛图标，可以将除当前图层之外的所有图层都隐藏，再次单击会显示。

13.3.4　图层锁定

在图像编辑的过程中，有的时候需要保护之前已经辛苦完成的工作，此时可以对图层添加锁定。在 Photoshop 中，锁定可以分为全部锁定和局部锁定。要全部锁定一个图层，选中该图层，然后单击图层面板上部的 🔒 图标，即可将一个图层全部锁定，锁定的图层不能进行编辑和移动，如果移动一个锁定的图层，Photoshop 会弹出如图 13.44 所示的警告对话框。

　　图层面板中提供了好几种锁定方法，如图 13.45 所示。

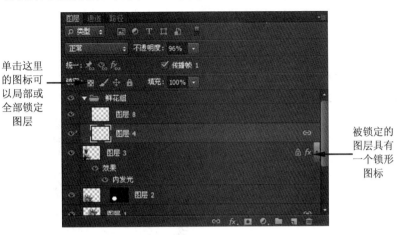

单击这里的图标可以局部或全部锁定图层

被锁定的图层具有一个锁形图标

图 13.44　移动锁定的图层　　　　　　图 13.45　Photoshop 的锁定工具

　　在图 13.45 中可以看到除了全部锁定 之外，还有如下所示的 3 种局部锁定按钮：

　　 锁定透明区域：该按钮会锁定图层的透明区域，只能对不透明区域进行编辑。这个功能与 Photoshop 早期版本中的"保留透明区域"选项等效。

　　 锁定图像像素：这个锁定能对图像进行移动和变换操作，不能对图层进行绘画、擦除或应用滤镜，如果使用画刷，Photoshop 会弹出如图 13.46 所示的对话框。

图 13.46　锁定图像像素效果

　　 锁定位置：锁定图像的移动，可以防止图像被移动。可以使用画刷来更改图像的像素，可以与锁定图像像素配合使用。

　　使用局部锁定时，图层上的锁定显示的是一个空心锁形 ，如果是全部锁定，会显示一个实心填充的锁形 ，通过不同的锁形状可以很容易地发现不同的锁定类型。

13.3.5　图层蒙版

　　图层蒙版是合成图层实现图层混合效果的非常有用的工具，蒙版图层可以将多张照片合成单个图像，可以理解为在当前图层上面覆盖了一层玻璃片，有的区域透明，有的区域不透明。通过在蒙版上绘制黑色让蒙版透明，白色让蒙版不透明，可以让图像具有生动的混合效果。

Photoshop 提供了 3 种蒙版，分别是图层蒙版、剪贴蒙版和矢量蒙版。

❑ 图层蒙版通过蒙版中的灰度信息控制图像的显示区域。

❑ 剪贴蒙版通过对象的形状来控制其他图层的显示区域，也就是说其他图层的图像显示在蒙版图层的形状内。

❑ 矢量蒙版则通过路径和矢量形状控制图像的显示区域。

图层蒙版本身就好像玻璃片一样。下面通过示例来看一下图层蒙版的使用。图 13.47 是一幅处理之前的图，下面将演示如何通过图层蒙版让图中的花朵部分显示在儿童的前面。

图 13.47　应用图层蒙版之前的图像

图 13.47 中儿童是一个独立的图层，花朵是背景层。要使得这两个图层具有融合效果，选中儿童图层，单击图层面板底部的■图标，创建一个图层蒙版，如图 13.48 所示。

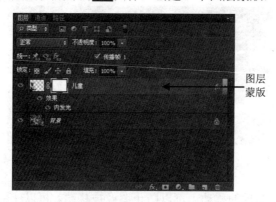

图 13.48　添加新的图层蒙版

添加图层蒙版之后，在图层面板中单击蒙版方块选中蒙版，首先在背景图上使用快速选择工具选择花瓣，如图 13.49 所示。

在绘图工具栏中设置前景色为黑色，背景色为白色■，单击绘图工具栏中的油漆桶工具■，确保当前选中的是儿童图层的图层蒙版，然后填充选择区域，可以看到黑色区域果然变成了透明色，如图 13.50 所示。

除了通过油漆桶填充实体色之外，还可以通过渐变工具，使用黑白渐变打造出图层混合的效果，单击油漆桶工具■，在选项工具栏中选择黑白渐变填充，选中图层蒙版，然后拉出一条渐变，可以看到儿童和背景出现了混合的效果，如图 13.51 所示。

图 13.49　选择花瓣　　　　　　　　图 13.50　应用黑色填充

剪贴模板比较有意思，它可以用来创建不规则形状的遮盖层，遮盖由底部图层或基底图层决定的内容。基底图层的非透明内容将在剪贴蒙版中裁剪（显示）它上方的图层的内容。剪贴图层中的所有其他内容将被遮盖掉，例如将图 13.51 中的儿童显示在花朵的内部，让花朵遮盖儿童，如图 13.52 所示。它就好像是剪贴到了花朵内部一样。

图 13.51　使用渐变填充图层蒙版　　　　　图 13.52　使用剪贴蒙版

要创建剪贴蒙版，首先要排列图层，以使带有蒙版的基底图层位于要蒙盖的图层的下方。比如示例中，有两个图层，儿童图层必须要位于花朵图层的上方，因为要用花朵图层来遮盖儿童图层。选中儿童图层，按下 Alt 键，将鼠标移动到儿童图层和花朵图层的分隔区域，直到鼠标变成剪贴形状再单击鼠标，就创建了剪贴蒙版，如图 13.53 所示。

图 13.53　剪贴蒙版图层

剪贴蒙版创建完成之后，通过拖动儿童图层，可以发现儿童图层将显示在花朵层中间，被花朵层遮盖具有了不规则的显示形状。剪贴蒙版效果也常见于文字遮盖，比如用文字形状遮盖的剪贴蒙版，如图 13.54 所示。

图 13.54　文字剪贴蒙版效果

13.3.6　图层样式

图层样式用来为图层添加效果，比如为图层添加阴影和发光效果，进行描边或添加浮雕效果等，图层样式可以随时修改、隐藏或删除，设置也非常简单。Photoshop 本身预置了非常多的样式，只需要单击几下鼠标就可以完成非常漂亮的图层效果。

要为图层添加样式，只需要先选中这一图层，然后双击鼠标，Photoshop 将弹出如图 13.55 所示的"图层样式"对话框。

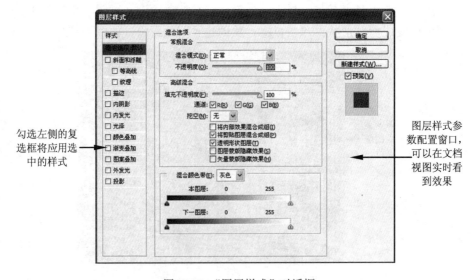

图 13.55　"图层样式"对话框

比如要为图 13.54 中的文字添加斜面和浮雕效果，可以双击文字图层，在弹出的"图层样式"对话框中勾选斜面和浮雕，在设置窗口中设置其斜面和浮雕的效果，设置完成后单击"确定"按钮，图层样式就被应用到了文字上，如图 13.56 所示。

在应用了图层样式后，在图层面板上可以看到所应用的样式效果，通过眼睛图标可以隐藏图层样式。当然可以随时双击图层取消图层样式。图层面板如图 13.57 所示。

图 13.56　应用图层样式　　　　　　　图 13.57　在图层面板中查看图层样式

Photoshop 有 10 种图层样式，分别是投影、内阴影、外发光、内发光、斜面和浮雕、光泽、颜色叠加、渐变叠加、图案叠加和描边效果。通过灵活运用这些样式，能够让图像具有令人意想不到的丰富效果。

13.4　颜色与通道

图像的颜色能表达丰富的信息，有时候对图像的全局或局部进行微调，能让图像具有更加吸引人的效果。Photoshop 提供了用于调整图像色调和颜色的各种命令，灵活使用可以让图像更具表现力。比如在处理数码照片时，稍稍运用颜色与色调的调整，就能营造各种独特的氛围和意境。Photoshop 中的通道是功能非常强大的工具，它可以存储选区、保持不透明度、显示不同模式下的颜色信息等。通道在 Photoshop 中具有重要的作用，很多极具创意的图形特效都可以使用通道来实现。本节将简要讨论通道的使用方法。

13.4.1　调整图像色彩

在 Photoshop 主菜单中的"图像｜调整"菜单，包含了很多用于调整图像菜单的命令，这些调整命令的作用如下所示。

1. 亮度/对比度

该命令能一次性对整个图像做亮度和对比度的调整。不考虑原图像中不同色调区的亮度/对比度差异的相对悬殊，对图像的任何色调区的像素都一视同仁，适合于全局范围内的图像调整。比如对整个数码照片调整亮度或对比度，单击该菜单后，Photoshop 将弹出如图 13.58 所示的调整对话框，拖动进度条就可以调整亮度和对比度。

2．色阶

通过修改图像中的阴影区中间色调和高光区的亮度来调整图像的色调范围和色彩平衡，其设置界面如图 13.59 所示。通过调整输出色阶下面的黑、灰、白 3 个小箭头，可以对亮光、阴影和中间色调进行调整。

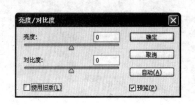

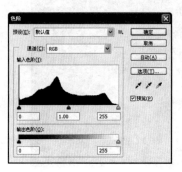

图 13.58　亮度和对比度调整　　　　图 13.59　色阶设置窗口命令

3．曲线

可以调整图像的整个色调范围，曲线并不是用色阶的 3 个命令来调整的，而是可以通过曲线拖动对 0～255 色调值之间的任何一种亮度进行调整，比色阶更为精确。曲线设置窗口如图 13.60 所示，通过调整该对话框中的线条来实现图像色彩的调整。

4．曝光度

专门用于调整图像曝光度的功能，与在真实环境中拍摄场景时调整曝光度的方式类似，用于调整 8 位和 16 位的普通照片的曝光度，设置界面如图 13.61 所示。

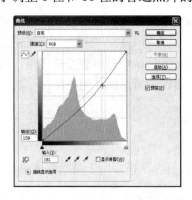

图 13.60　Photoshop 曲线调整窗口　　　图 13.61　设置图像曝光度窗口

5．自然饱和度

用于调整图像整体的明亮程度，在调节图像饱和度的时候会保护已经饱和的像素，即在调整时会大幅增加不饱和像素的饱和度，而对已经饱和的像素只做很少、很细微的调整，特别是对皮肤的肤色有很好的保护作用，这样不但能够增加图像某一部分的色彩，而且还能使整幅图像饱和度正常。自然饱和度设置对话框如图 13.62 所示。

6．色相饱和度

可以对色彩的 3 大属性：色相、饱和度（纯度）和明度进行修改，它既可以单独调整单一颜色的色相，也可以调整图像中所有颜色的色相、饱和度和明度，设置窗口如图 13.63 所示。

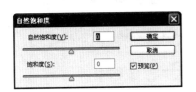

图 13.62　自然饱和度设置　　　　图 13.63　色相饱和度设置

7．色彩平衡

色彩平衡用来调整各种色彩之间的平衡功能，它将图像分为高光、中间调和阴影 3 种色调，可以调整其中的一种或两种色调，也可以调整全部色调的颜色，设置对话框如图 13.64 所示。

8．黑白

黑白命令用来制作黑白照片或者是黑白的图像，它可以对各种颜色的转换方式进行完全的控制，以便达到自由控制的黑白效果。比如可以使用黑白菜单创建老照片效果，设置对话框如图 13.65 所示。

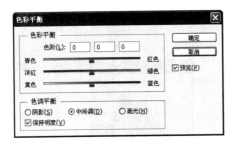

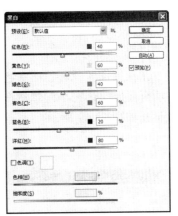

图 13.64　色彩平衡设置对话框　　　　图 13.65　黑白设置对话框

9. 照片滤镜

该命令可以模拟彩色滤境，调整通过镜头传输的光的色彩平衡和色温，以达到相机前的滤镜效果，设置对话框如图 13.66 所示。

10. 通道混合器

通道是 Photoshop 非常重要的组成部分，通道中的颜色通道保存了图像的色彩信息，调整任何一个通道中的色调都会改变图像的颜色，通道混合器通过将所选的通道与想要调整的颜色通道混合，从而修改该颜色通道中的光线，进而影响其颜色含量而改变色彩，设置如图 13.67 所示。

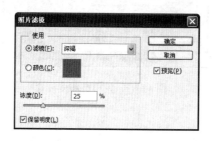

图 13.66　照片滤镜设置对话框

图 13.67　使用通道混合器

11. 反相

Photoshop 会将当前图像变成相反的颜色值，从而反转图像的颜色以达到彩色负片的效果，该命令没有设置窗口。

12. 色调分离

色调分离可以按照指定的色阶数减少图像的颜色，从而简化图像的内容，设置对话框如图 13.68 所示。

13. 阈值

可以将一张灰度图像或彩色图像转变为高对比度的黑白图像，可以指定亮度值作为阈值，图像中所有亮度值比它小的像素都将变成黑色，所有亮度值比它大的像素都将变成白色，设置对话框如图 13.69 所示。

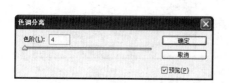

图 13.68　色调分离设置窗口

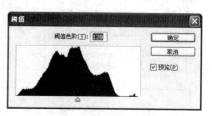

图 13.69　阈值设置窗口

14．渐变映射

渐变映射先将图像转换为灰度，然后再用设定的渐变色替换图像中的各级灰度，如果是指定的渐变色，比如双色渐变，则图像中的阴影就会映射到渐变填充的一个端点颜色，高光映射到另一个端点色，中间调则映射为两个端点颜色之间的渐变，设置对话框如图 13.70 所示。

15．可选颜色

可选颜色通过调整印刷油墨的含量来控制颜色。印刷色由青、洋红、黄、黑 4 种油墨组成，而可选颜色可以有选择地修改主要颜色中的印刷色的含量，且不会影响其他主要颜色，来创造一种特殊的颜色效果，设置对话框如图 13.71 所示。

图 13.70　渐变映射设置对话框　　　　图 13.71　设置可选颜色

16．阴影/高光

阴影/高光可以单独地调整阴影区域 ，可以基于阴影或高光中的局部相邻像素来校正每个像素。调整阴影区域时，对高光的影响很小，而调整高光区域时，对阴影的影响也很小，这适合于校正一些由于强逆光而形成剪影的照片，也可以校正由于太接近相机闪光灯而有些发白的焦点。设置对话框如图 13.72 所示。

17．变化

变化命令提供了简单而又直观的图像颜色调整工具，只需要单击不同的缩略图就可以调整色彩、饱和度和明度。该命令的优点在于能够实时地预览颜色变化的整个过程，还可以比较调整结果与原始图像之间的差异，非常适合初学者用来学习调色。设置对话框如图 13.73 所示。

图 13.72　阴影/高光设置

18．去色

去色命令可以去除图像的彩色元素，让图像变成黑色照片效果。

19．匹配颜色

匹配颜色命令可以将一个图像的颜色与另一个图像的颜色进行匹配，通过该命令可以让多个图像或照片的颜色保持一致，设置对话框如图 13.74 所示。在该对话框中目标图像是当前图像，源图像可以指定当前打开的另一幅图像。通过调整明亮度、颜色强度和渐隐来实现颜色的匹配。

图 13.73　"变化"命令对话框

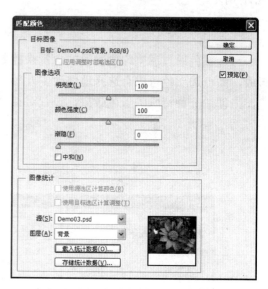

图 13.74　"匹配颜色"对话框

20．替换颜色

替换颜色命令可以选中图像中的特定颜色，然后修改色相、饱和度和明度，在设置对话框中包含颜色选择和颜色调整两种选项。颜色选择方式用来选择色彩范围，颜色调整方式用来调整色相和饱和度，设置对话框如图 13.75 所示。

21．色调均化

色调均化命令重新分布图像中像素的亮度值，以便它们更均匀地呈现所有范围的亮度级。

这些图像色调的调整命令中的每一个都需要多次使用与理解，才能运用自如，特别是需要使用者具备基本的颜色知识，以便能够获得更好的效果。除了这些基本的命令之外，在"图像"菜单中还提供了自动色调、自动对比度和自动颜色 3 个菜单，它自动地为图像应用色调、对比度和颜色效果，对于批量的图像处理来说，这 3 个命令非常实用。

图 13.75　"替换颜色"设置对话框

13.4.2　转换图像模式

Photoshop 中的色彩模式决定图像的具体作用，比如用于印刷输出的图像，一般会选择用于印刷的 CMYK 模式，用于电脑显示较多地使用 RGB 模式，用于 GIF 动画一般选择索引色模式等。每种模式的图像描述和重现色彩的原理及所能显示的颜色数量均不相同。除此之外，颜色模式通常还会影响图像的通道和图像文件的大小。默认情况下，位图模式、灰度双色调和索引色图像中只有 1 个通道；RGB 和 Lab 图像有 3 个通道；CMYK 图像有 4 个通道。

当在 Photoshop 中打开一个图像文件之后，Photoshop 会自动地发现图像的颜色模式，也可以手工地调整颜色模式，单击"图像｜模式"菜单项，从弹出的子项中可以看到常见的色彩模式。勾选的色彩模式就是当前图像的色彩模式。通过选择不同的色彩模式就可以实现色彩模式的转换，如图 13.76 所示。

由图 13.76 中可以看到，除了指定颜色模式之外，还可以设置图像的位深度。位深度是指像素的深度或色深度，也可以称之为多少位/像素。位深是显示器、数码相机、扫描仪等设备使用的术语，而 Photoshop 使用位深来存储每个颜色通道的颜色信息。位深数值越大，图像中包含的颜色和色调差就越大，常见的位深如下所示。

图 13.76　设置图像的颜色模式

- ❑ 8 位/通道：位深为 8 位，每个通道支持 256 种颜色，总共可以具有 1600 万个以上的颜色值。
- ❑ 16 位/通道：位深为 15 位，每个通道可以包含高达 65 000 种颜色信息，包含了比 8 位/通道文件更多的颜色信息，使得色彩的展现更加平滑且色调也更加丰富。
- ❑ 32 位/通道：也称为高动态范围（HDR）图像，文件的颜色和色调比 16 位/通道要丰富，主要用于影片、特殊效果、3D 作品及某些高端的图片。

选择何种图像模式和使用哪种色深与图像的实际应用紧密相关，对于网页设计来说，JPEG 或 PNG 一般使用 RGB 模式，8 位色深就可以满足需求，毕竟网上的图像需要具有较小的文件大小，又要能满足网页上的色彩需求。

13.4.3　什么是通道

通道用于存储不同类型信息的灰阶图像，它在图像打开时自动创建，并且受图像的颜色模式的影响。比如 RGB 模式的每个颜色都具有 1 个通道，CMYK 则具有 4 个通道，如图 13.77 所示。

图 13.77　RGB 和 CMYK 通道

图 13.77 中这种保存颜色信息的通道，称为颜色信息通道，它们主要用来记录图像的内容和颜色的信息。除此之外，Photoshop 还提供了 Alpha 通道和专色通道，这两种通道类型的作用如下。

❑ Alpha 通道将选区存储为灰度图像。可以添加 Alpha 通道来创建和存储蒙版，这些蒙版用于处理或保护图像的某些部分。

❑ 专色通道指定用于专色油墨印刷的附加印版。

可以看到，颜色信息通道主要由 Photoshop 自动根据图像的颜色模式进行创建，而 Alpha 通道和专色通道则需要根据需要手动进行创建。实际上在使用图层蒙版时，Photoshop 已经自动创建了一个 Alpha 通道，如图 13.78 所示。

Photoshop 的通道面板类似于图层面板，允许用户创建、保存和管理通道。其中第 1 个通道称为复合通道，

图 13.78　图层蒙版通道

用来预览和编辑所有的颜色值。使用单色通道可以编辑该种色调的颜色值。Alpha 通道的作用非常强大，可以让用户存储和加载选区，应用通道滤镜以达到具有创意的效果。

13.4.4　创建和编辑通道

在开始使用通道之前，对通道的作用有个了解是很有必要的。很多初学 Photoshop 的朋友只知道有通道这么个概念，对于具体如何使用很难理解。实际上市面上有很多进阶的书籍专门用来介绍通道的作用。可以说灵活地使用通道可以带来无限的设计创意。具体来说通道的作用可以概括为如下 4 个方面。

❑ 存储选区：这主要是由 Alpha 来实现的，将选区保存到 Alpha 通道后，可以对 Alpha 通道进行编辑，比如绘制、应用滤镜等，让图像具有创意特效。

❑ 保持不透明度：比如当使用图层蒙版时，会自动产生一个 Alpha 通道，此时可以用黑色表示隐藏、白色表示显示进行填充便出现透明度效果。

❑ 显示颜色信息：可以显示不同色彩模式下的不同颜色信息。

❑ 存储专色信息：当要将带有专色的图像进行印刷时，使用专色通道来存储专色信息。

下面通过一个示例演示如何使用 Alpha 通道来创建一个简单的效果。示例中将创建一朵水中花的效果，主要演示 Alpha 通道的保存与加载，为 Alpha 通道应用效果，图像效果如图 13.79 所示。由图 13.79 中可以看到，花朵的花瓣具有波浪效果，但是花蕊保持完整，使得花朵具有浮动的效果，实现步骤如下所示。

（1）打开本书配套资源的 Demo05_Orig.psd 文件，使用快速选择工具 选择图中的花朵，切换到通道面板，单击面板底部的 图标将选区保存为通道，或者通过主菜单的"选择|存储选区"菜单项创建一个新的 Alpha 通道。

（2）单击新建的 Alpha 通道，此时 Photoshop 会用黑白色显示通道的内容，选区内部用白色填充，未选中的区域用黑色填充，如图 13.80 所示。

（3）按 Ctrl+D 快捷键取消选择，单击主菜单中的"滤镜|模糊|动感模糊"菜单项，从弹出的菜单中指定模糊半径为 2。

图 13.79　通道使用效果图　　　　　　　　　图 13.80　Alpha 1 通道的黑白图

（4）按住 Ctrl 键单击通道缩略图，选中通道区域，单击主菜单中的"滤镜｜扭曲｜波浪"菜单项，使用默认设置，单击"确定"按钮，则会对选区应用波浪效果，按 Ctrl+D 快捷键取消选择区域，通道效果如图 13.81 所示。

（5）切换到图层面板，单击"图层 1"，文档窗口将显示完整的图像，单击主菜单中的"选择｜载入选区"菜单项，Photoshop 将弹出如图 13.82 所示的载入选区窗口。

在这里指定前面
创建的 Alpha1
通道

图 13.81　应用滤镜后的通道效果　　　　　　　图 13.82　载入选区

指定了 Alpha 1 通道之后，单击"确定"按钮，则会将应用滤境的选区加载到文档视图，如图 13.83 所示。

（6）按 Ctrl+Shift+I 快捷键反选选区，单击主菜单中的"滤镜｜扭曲｜波纹"菜单项，在配置窗口中设置一个较大的数值，单击"确定"按钮，就实现了水中花瓣的效果。

（7）切换到通道面板，右击 Alpha 1 通道，从弹出的快捷菜单中选择"删除通道"菜单项，将 Alpha 1 通道删除。

在这个示例中，演示了如何创建一个基于选区的通道，并在通道中应用滤镜效果来为选区添加特效，在得到了具有波浪效果的通道后，通过加载选区将通道应用到图像中，以达到花瓣边缘的波浪效果。目前有很多教程详细地讨论了通

图 13.83　加载选区到文档窗口

道的使用方法，本小节的内容只能起到入门的作用，要了解更多关于通道的知识请参考 Photoshop 的专门图书。

13.5　文本和滤镜

一幅图像如果添加适量的文字，不仅可以传达信息，还能起到美化页面、突出主题的作用，目前大多数广告作品都会带有适量的文字以达到传播的效果。对于网页设计来说，在图像中添加文字信息是非常有必要的，Photoshop 提供了灵活的文字编辑工具，可以轻松地创建具有创意效果的文字。Photoshop 的滤镜是吸引很多图像设计者的功能之一，它可以轻松地完成很多图像的特效，而且目前有大量的第三方的滤镜可以拿来使用，大大简化了设计人员创建复杂效果的复杂性，让图像更具吸引力。

13.5.1　添加文本

Photoshop 中可以非常轻松地添加文字。在绘图工具栏上可以看到 Photoshop 提供了 4 种文字工具，如图 13.84 所示。

这 4 种文字工具的作用分别如下。

- ❑ 横排文字工具：用来创建横向排列的文字。
- ❑ 直排文字工具：用来创建竖向排列的文字。
- ❑ 横排文字蒙版工具：用来创建横向排列的文字选区。
- ❑ 直排文字蒙版工具：用来创建竖向排列的文字选区。

文字被添加到图像上之后，Photoshop 将会创建一个独立的文字层，可以在这个层上应用样式，但是文字图层是以数学方式定义的形状组成的，与普通的像素图层不一样。比如不能直接应用滤镜。必须将图层栅格化之后才能应用滤镜。例如使用横排文字工具添加横向排列的文字后，在图层面板上可以看到新添加的文字图层，如图 13.85 所示。

图 13.84　文字工具

图 13.85　文字图层

当单击文字工具之后，在开始向绘图窗口中输入文本之前，可以使用选项工具栏中的选项工具设置文字的字体、字体样式、字体大小、对齐方式和文字颜色等，文字的选项工具栏如图 13.86 所示。

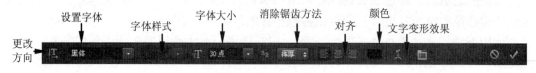

图 13.86　文字工具栏

在选项工具栏设置好文字的格式后，在文档窗口中单击，然后添加文字信息。在添加文本之后，也可以选中文字内容，对文字应用单独的样式，比如图 13.87 所示，通过选中不同的文字，然后单独地为文字应用样式。

图 13.87　应用不同的文字样式

如果文字的内容比较多，还可以创建段落文本。单击文字工具（横排或直排文字工具），在文档界面上拖一个选择区域，然后就可以在选择区域中输入文本内容。单击选项工具栏中的■图标可以打开段落面板，在该面板中可以设置段落文本的字符间距、行间距、段落样式等，如图 13.88 所示。

段落面板可以设置多行段落文本格式

图 13.88　使用段落面板设置段落文本内容

通过单击■图标，可以轻松地在文本方向之间进行排列，比如要将"美丽的花朵"进行竖向排列，首先单击文字工具，然后选中美丽的花朵文本，单击■图标文字的方向就被改变了，如图 13.89 所示。

还可以为文字添加变形效果，得益于文字选项工具面板的■变形工具，选中要进行变形的文本，单击"变形"按钮，将弹出如图 13.90 所示的对话框。在该对话框的"样式"下拉列表框中，选择文字要变形的样式，可以设置样式的水平或垂直显示，并可以设置弯曲、水平和垂直扭曲的百分比。

图 13.89　文本竖排效果

图 13.90　文字变形效果

13.5.2　文本特效

添加到图像中的文本是作为一个图层对象存在的，因此可以通过为图层应用图层效果来实现丰富的文字效果。例如选中图 13.89 中添加的文字图层，双击该图层，从弹出的图层，效果窗口中分别添加描边、内发光、光泽和投影效果，使得文字具有塑胶立体质感，效果如图 13.91 所示。

可以看到应用了图层样式后，文字图层也像普通图层一样，在图层下方列出了当前文字层所应用的样式。

文字图层由于保存的是文字的数学信息，因此无法对文字图层应用滤镜，可以将文字图层栅格化为像素图层，选中文本图层，右击鼠标从弹出的快捷菜单中选择"栅格化文字"菜单项，会将文字信息转换为像素信息。如果要将文字效果合并到文字像素中，可以从上下文菜单中选择"栅格化图层样式"菜单项，文字和样式会变

图 13.91　应用图层样式的文本

成一个标准的像素图层，可以对其应用滤镜、通道等各种特效来创建效果。

Photoshop 中的文字可以直接围绕路径来进行排列，比如图 13.92 就是一个经典的文字环绕效果示例，可以看到文字的排列类似波浪形的效果。为了完成这个示例，首先使用绘图工具栏中的钢笔工具绘制一条路径，单击文本工具，鼠标停在路径线条上，当鼠标变成输入指针时，就可以输入路径环绕文字了，如图 13.93 所示。

演示文字图径的使用

图 13.92　文字环绕效果

图 13.93　添加路径环绕文本

除了通过自己的创意设计新颖的文字特效之外，Photoshop 本身也提供了一系列内置的文字效果，这些文字效果存储在 Photoshop 动作中。Photoshop 的动作类似于 Word 中的宏，可以记录一系列的操作行为，然后通过回放这些操作行为来达到重复的效果。

单击主菜单中的"窗口 | 动作"菜单项显示动作面板，选择"文字效果"，如图 13.94 所示，比如要创建细轮廓线文字效果，选中文字效果中的"细轮廓线"效果，单击动作面板底部的播放按钮就可以为选中的文字图层应用效果。可以看到动作会连续执行一系列的步骤，运行完成后的文字效果如图 13.95 所示。

除了使用 Photoshop 自带的动作外，还可以像在 Word 中录制宏一样创建自己的动作，这样可以将一些需要重复实现的特效通过动作来自动完成，大大节省图像处理的时间。

13.5.3　滤镜的作用

滤镜是 Photoshop 的神奇之处，滤镜可以用来为图像添加各种特殊的效果。可以说滤

镜是 Photoshop 的魅力所在，但是也是非常需要投入精力学习的一部分，因为只有将滤镜与通道、图层联合起来使用，才能使图像具有最佳的创意效果。

图 13.94　Photoshop 动作面板　　　　　图 13.95　细轮廓文字动作运行效果

Photoshop 滤镜是一种基于插件的软件机制，可以由第三方的软件开发商来扩展 Photoshop 插件，因此 Photoshop 中的滤镜可以分为内置的滤镜和外挂滤镜两大类。Photoshop 中所有的滤镜都位于主菜单的"滤镜"菜单下，由于滤镜的种类繁多，在"滤镜"菜单下提供了一个滤镜库可以浏览到大多数的滤镜，如图 13.96 所示。

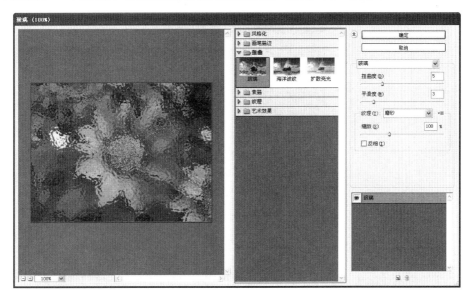

图 13.96　用滤镜库查看滤镜

滤镜库可以在一个窗口中同时预览当前图像应用了不同的滤镜时的效果，适合于对于滤镜不是很了解时使用，它按滤镜的类别分为风格化、画笔描边、素描、纹理及艺术效果几大分类，每选择一个分类下的滤镜，都可以从右侧的配置窗口中对滤镜进行配置。

滤镜可用于某个图层或选区，也可以对通道应用滤镜，在本章 13.4.4 节曾经介绍过如何为 Alpha 通道添加滤镜来达到特殊的选择效果。Photoshop 中的内置滤镜按功能来分主要分为如下两种类型。

❑ 用于创建具体的图像特效：比如产生粉笔画、图章、纹理、波浪等，它们用来为图像产生特殊的图像效果，这些图像特效位于风格画、画笔描边、渲染、扭曲、素描、纹理、像素化和艺术效果等滤镜菜单内，大多数都可以通过滤镜库菜单来可视化应用滤镜。

❑ 用于编辑图像的滤镜：它可以对图像进行优化，提供图像编辑的效果，比如提高图像清晰度、去除杂色，这些滤镜位于模糊、锐化、杂色等滤镜菜单中。

🔔注意：有些滤镜可能占用大量的内存，对高分辨率的图像应用滤镜时，可以先在小部分图像上试验滤镜的设置，然后清除内存后再应用全局的图像。

13.5.4　使用滤镜

滤镜可应用于图层，也可应用于选区。在使用滤镜之前，需要先选中图层或选区，并且图层必须是可见的。滤镜的处理效果是以像素为单位的，因此不同分辨率图像的效果也会不同。如果滤镜与当前图像的图像模式（比如 CMYK）不匹配，会变灰显示，此时需要切换图像模式。

例如要为图 13.96 中的图像添加镜头光晕效果，可以选中花朵图层，然后单击"滤镜｜渲染｜镜头光晕"菜单项，Photoshop 将弹出"镜头光晕"配置对话框，如图 13.97 所示。

图 13.97　"镜头光晕"滤镜配置对话框

🔔注意：在任何滤镜配置对话框中按下 Alt 键，窗口中的"取消"按钮将会变成"复位"按钮。如果滤镜在渲染过程中要取消滤镜，可以按下 Esc 键来取消。

通过为花朵添加适当的光照效果，可以让花朵看起来更加娇艳，如图 13.98 所示。在应用了镜头光晕之后，滤镜主菜单下的第一个菜单项就变成了镜头光晕菜单项，可以重新应用该滤镜。

除了使用内置滤镜之外，Adobe 在其网站上提供了很多第三方滤镜，单击主菜单中的"滤镜｜浏览联机滤镜"菜单项，Photoshop 将打开浏览器进入到联机滤镜窗口，如图 13.99 所示。

通过下载并安装这些滤镜，能够为 Photoshop 带来无穷的魔力，不过一部分滤镜需要收费，对于个人用户来说费用比较昂贵，但是了解这些滤镜的用法也能够给设计者增加不少灵感。

图 13.98　应用镜头光晕滤镜　　　　　　图 13.99　浏览 Photoshop 的联机滤镜

13.6　小　　结

本章介绍了如何使用 Photoshop 来设计网页的图像,首先讨论了 Photoshop 的基础知识,比如图像分为光栅和矢量图、Photoshop 区的工作区及如何创建和打开图像文件。在图像的基本操作部分,讨论了 Photoshop 的基本操作,比如如何选择图像、调整图像的大小、旋转和变换图像、裁切图像,如何对图像进行复制、剪切和粘贴、使用画笔描边工具对选区进行描边及填充图像。接下来就 Photoshop 几个重要的对象比如图层、颜色和通道、文本和滤镜进行了示例介绍,只有灵活掌握这些工具的用法,才能灵活有余地操作 Photoshop 来创建吸引人的网页图像。

第 14 章　使用 Fireworks 优化图片输出

Fireworks 是 Adobe 公司推出的专用于网页设计的作图软件,它用来快速地构建网页图像。很多公司的设计师优先考虑 Fireworks 设计网页的界面原型。如果说 Photoshop 是图像处理的多面手, Fireworks 则是一个专一的用于网页设计的图像处理软件。Fireworks 与 Adobe 公司的 Flash、Dreamweaver 深度集成,可以快速地将网页的设计转换为网页模型,并且可以轻松地整合 Photoshop、Illustrator 中的图像资源,提高网页设计的效率。

14.1　Fireworks 基础

Fireworks 的界面与 Adobe 的其他系列软件非常相似,使用了类似 Dreamweaver 的面板式的布局,它的最大特色是集成了位图和矢量图像的编辑功能,还可以添加 Web 的交互式效果,可轻松地置入 Dreamweaver 来生产网页效果。当然很多人主要使用 Fireworks 来裁剪和优化图像的大小。

14.1.1　认识 Fireworks 主界面

首次启动 Fireworks 时,会显示如图 14.1 所示的欢迎页面。可以看到这个界面与 Adobe 的其他产品非常相似,比如 Flash、Dreamweaver 或 Illustrator,这使得对 Adobe 的其他软件有所了解的用户非常容易上手 Fireworks。

图 14.1　Fireworks 主界面

可以看到 Fireworks 的界面保留了 Adobe 设计套系的一惯风格，窗口元素由如下的几个部分组成。

- ❑ Fireworks 的欢迎窗口：列出了一些常用操作的快捷方式，在这个窗口中可以访问最近已经打开或编辑过的文件列表，可以通过"新建"子项下的列表项创建新的图形，还可以通过页面左下角的"快速入门"、"新增功能"及"资源"这 3 个列表项来学习 Fireworks 软件的一些功能。
- ❑ 绘图工具栏：又称为工具面板，被编排为 6 个类别，分别是：选择、位图、矢量、Web、颜色和视图，它提供了用于在 Fireworks 中绘制图像、编辑图形的各种工具，类似于画家的绘图工具箱。选中某个工具后可以通过属性面板进行进一步的调整。
- ❑ 属性面板：又称为属性检查器，这是一个上下文相关的面板，会根据选择的元素的不同而显示不同的属性，比如当前工具的选项属性、当前文档的属性及当前选区的属性。默认情况下该面板位于页面的底部。
- ❑ 工作面板：工作面板将显示当前所选工具的一些选项，可以帮助监控和修改对当前图像的工作。

🔔注意：按下 Tab 键，将会隐藏所有的面板的显示。

所有这些面板都可以拖动改变其显示的位置，如果在启动时不想显示欢迎窗口，可以单击主菜单中的"编辑｜首选项"菜单项，从弹出的"首选参数"对话框的"常规"设置项中设置，如图 14.2 所示。

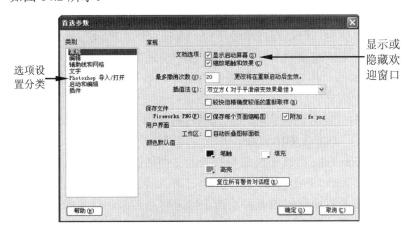

图 14.2　"首选参数"设置窗口

可以看到，在选项窗口中包含了设置和调整 Fireworks 软件运行行为的各种选项，通过应用这些选项，可以个性化 Fireworks 的显示外观和运行行为。主窗口顶部的布局选项可以用来调整窗口的布局设置，选中不同的窗口布局选项可以调整所有面板的显示位置。

14.1.2　打开和创建图像文件

Fireworks 默认使用 PNG（可移植网络图形）格式保存其创建或编辑的图像，类似于 Photoshop 中的 PSD 文件，可以将 Fireworks 创建的图形按照多种网页图像格式进行导出和保存，以便创建最优化的网络文件格式。

可以通过多种方法创建一个新的文档，比如通过主菜单中的"文件"菜单，或者是通过欢迎窗口中的"新建"项来创建一个新的 PNG 格式的图像，Fireworks 会弹出如图 14.3 所示的"新建文档"对话框。在该对话框中，可以设置当前要创建的图像的大小和分辨率，指定画布的背景颜色。

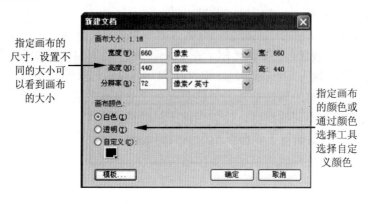

图 14.3　"新建文档"对话框

如果学习了本书第 13 章关于创建 Photoshop 图像的内容，会发现 Fireworks 中创建图像的选项相比之下非常简单，因为 Fireworks 并不像 Photoshop 那样可以应用于太多的应用领域，它只是一个轻量级的专门用于网页图像的处理软件。

通过"新建文档"对话框可以看到不同的设置大小会产生不同的文件大小。默认情况下画布是以像素为单位的，但是通过单位下拉列表框可以在厘米、英寸之间进行选择。如果要根据现有的图像来创建新的图像，可以单击"模板"按钮，将弹出"打开文件"对话框，选择一幅 PNG 的图片作为模板来创建新的图像。新图像的大小设置将依据当前选中的模板图像的大小进行调整。

Fireworks 可以打开由其他应用程序创建的各种图像文件，比如 Photoshop、Illustrator、WBMP、EPS、JPEG、GIF 及 GIF 动画，单击主菜单中的"文件 | 打开"菜单项即可打开一个现有的文档，Fireworks 会基于当前所打开的文档创建一个新的 Fireworks PNG 文档格式。创建或打开文件之后，Fireworks 会在文档视图中以选项卡的方式呈现打开的文档，此时就可以使用绘图工具栏中提供的各种绘图工具来向画布添加想要的效果了。图 14.4 显示了通过使用矢量绘图工具在基于模板的画布上绘制了一个矩形，并添加了文字内容。

值得注意的是属性面板，它与 Dreamweaver 中的属性面板非常相似，通过选择不同的绘图元素，属性面板会自动感知并显示该对象的属性。如果不选择任何图形对象，它会显示文档本身的属性，比如可以调整画布、图像的大小，或者是更改图像的格式或状态。

14.1.3　使用绘图工作区

可以看到，文档窗口以选项卡的形式显示打开的多个图像文件，每个打开的文档的文件名都显示在"视图"按钮上方的选项卡上，移动鼠标会显示文件完整路径的提示。

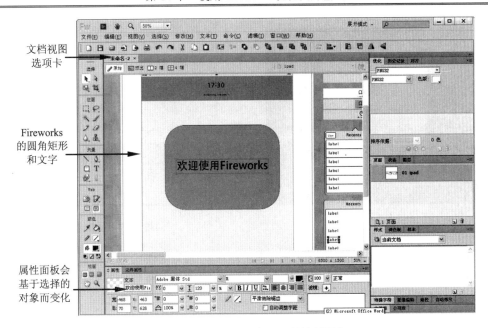

图 14.4　在文档视图中打开并绘制图像

如果要缩放文档窗口中的图像，单击绘图工具栏底部的缩放图标 🔍，每单击一次，都会将图像调整到一个预先定义的缩放比率。使用文档窗口底部的状态栏可以直接调整图像的缩放比率，或者单击主菜单中的"视图 | 缩放比率"菜单项来手动调整图像的缩放比率。

选中缩放工具，在文档窗口中按下 Alt 键并单击鼠标，可以将图像缩小到预定比率的大小。如果习惯使用快捷键，可以按 Ctrl+= 和 Ctrl+- 快捷键来放大和缩小图像。如果要将图像缩放到适当的大小，双击工具面板中的缩放图标 🔍 即可。

与缩放对应的是平移，如果图像很大，单击工具栏中的 🖐 图标可以左、右、上、下移动图像，双击该图标可将图像移动到合适的大小。

在工具面板的平移和缩放按钮的上部，有 3 个用来更改视图模式的按钮，它们的作用分别如下所示。

🔲标准屏幕模式：默认的文档窗口视图。

🔲带有菜单的全屏模式：最大化的文档窗口视图，其背景为灰色。菜单、工具栏、滚动条和面板处于可见状态。

🔲全屏模式：最大化的文档窗口视图，其背景为黑色。菜单、工具栏或标题栏不可见。

例如切换到全屏模式后，窗口上只会显示所要操作的图形，背景为黑色，如图 14.5 所示。当图形非常大，需要进行全局处理时，使用这个模式可以得到全局的预览。

如果画布的大小不能满足需求，可以在文档视图中取消选择任何的绘图元素，在属性面板中会显示当前文档的属性，并且提供可以操作的功能按钮。单击"画布大小"菜单项，将弹出如图 14.6 所示的调整画布大小的对话框。在该对话框中，通过指定水平和垂直的大小来调整画布的整体大小，其中"锚定"按钮用来指定当图像大小变化之后，图像锚定的位置。

单击主菜单中的"修改 | 画布 | 画布颜色"菜单项，将弹出如图 14.7 所示的画布颜色设置对话框，在该对话框中可以调整画布的背景颜色。

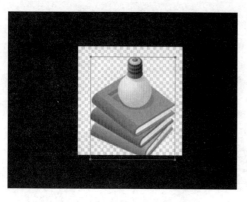

图 14.5　全屏模式视图

图 14.6　调整画布大小

类似于 Photoshop 中的画布和图像，也可以单独地为图像指定大小。单击属性检查器中的"图像大小"或通过主菜单中的"修改">"画布">"图像大小"来调整，将弹出如图 14.8 所示的窗口。

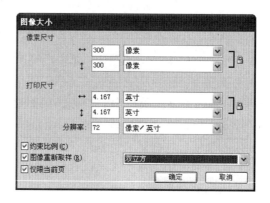

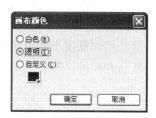

图 14.7　调整画布颜色

图 14.8　调整图像大小

在该窗口中，像素尺寸可以输入图像在屏幕上显示的水平和垂直像素尺寸，打印尺寸用于输出如果图像被打印时的水平和垂直尺寸，在"分辨率"文本框中指定图像的分辨率，一般网页设计的分辨率指定为 72 即可。

对话框底部的 3 个复选框用来指定图像填充的方式，作用分别如下所示。

❑　约束比例：在调整尺寸时，可以在文档的水平尺寸和垂直尺寸之间保持相同的
比例。

❑　图像重新取样：在调整图像大小时使用特定的补偿算法添加或删除图像，使得图
像在大小调整之后保持相同的外观。

❑　仅限当前页：将画布大小更改仅应用于当前页面。

除了调整画布或图像的大小以外，主菜单中的"修改 | 画布"菜单项下面的子菜单还包含了 3 个旋转画布命令。可以使用这 3 个命令按照既定的角度对画布进行旋转，画布中的所有的图像都会被旋转。

除此之外，还有两个用来自动调整画布大小的命令。

❑　修剪画布：通过裁切画布的大小，使画布适合当前的图像。如果画布过大，而图
像较小，则可以使用这个命令来修剪画布，使其适合需要的大小。

    ❑　符合画布：它会调整画布以使画布符合图像的显示。如果画布太小，则会进行扩
张，如果画布太大，则会进行裁切。

除了使用修改菜单中的工具之外，还可以使用选择工具栏中的裁剪工具 来调整图像
或画布的大小。在工具栏中单击该工具，然后在文档视图中选择一块要保留的区域，如
图 14.9 所示。

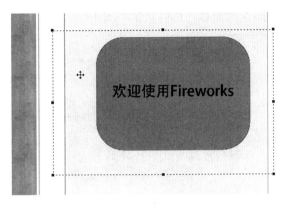

图 14.9　使用裁剪工具调整图像大小

可以通过调整裁剪手柄来调整保留区域的大小。确定了区域后，在裁剪区域内双击鼠
标即可实现裁剪，此时 Fireworks 会调整画布与图像的大小，以便适应图像裁剪的区域。

14.2　Fireworks 绘图

Fireworks 提供了一系列的位图和矢量图工具，可以用来创建位图和矢量图图像，比如
可以使用 Fireworks 提供的矢量图绘制工具创建矢量图形，也可以通过位图工具来修改或
绘制位图。而且 Fireworks 还提供了一些用来对位图应用效果的滤镜，可以增强像素图像
的效果。

14.2.1　选择图像

在图像处理过程中，对任何对象进行操作之前，需要先选择对象。Fireworks 提供了几
个选择工具，用来选择位图或矢量图像。当然根据位图或矢量的不同性质，Fireworks 在绘
图工具栏中对于位图和矢量图形分别提供了各自的选择方式。

在绘图工具栏中提供的几个选择对象的工具，都具有特定的用途，描述如表 14.1 所示。

表 14.1　Fireworks选择工具

选择工具	描　　述
▲	"指针"工具在单击对象或在其周围拖动选区时选择这些对象
▲	"部分选定"工具选择组内的个别对象或矢量对象的点
▲	"选择后方对象"工具选择另一个对象后面的对象
▣	"导出区域"工具选择要导出为单独的文件的区域

指针工具是选择图像的主要工具之一，默认情况下该工具处于选中状态。单击所要选中对象的路径或边框就可以选中对象，单击对象的填充区域也可以选中对象，还可以通过鼠标拖移的方式，在拖动区域内的所有对象都会被选中。

部分选定工具可以选择、移动和修改矢量路径上的点或组中的对象，而指针工具则用来选定整个对象。例如对于矢量图中的矩形，通过部分选择工具，就可以对矩形的端点进行选择和修改，以便调整图像的形状，选择效果如图 14.10 所示。

图 14.10　使用部分选择工具选择矩形轮路径

如果图像由多个对象堆叠而成，通过重复单击选择后面的对象选择工具，可以从顶部开始，直到选择需要的对象为止。默认情况下，该工具隐藏在指针工具的后面，通过鼠标长按指针按钮，从弹出的工具上下文菜单中选择 图标即可。

如果要向已经选中的选区中添加选择的对角，按住 Shift 键的同时用"指针"、"部分选定"或"选择后方对象"工具单击其他对象。如果按住 Shift 键再单击已经选中的对象，则会将该对象从已选中的对象列表中移除。

Fireworks 对于像素图（也即位图）也提供了几个有用的选择工具，这几个工具的使用方法有些类似于 Photoshop 中的选择工具，不过由于 Fireworks 主要定位于 Web 网页图像设计部分，因此功能上并不如 Photoshop 那样强大。位图选择工具位于绘图工具栏上的绘图栏下面，包含几个可用的选择工具，如表 14.2 所示。

表 14.2　Fireworks提供的位图选择工具

选择工具	描　述
	"选取框"工具在图像中选择一个矩形像素区域
	"椭圆选取框"工具在图像中选择一个椭圆形像素区域
	"套索"工具在图像中选择一个自由变形像素区域
	"多边形套索"工具在图像中选择一个直边的自由变形像素区域
	"魔术棒"工具在图像中选择一个像素颜色相似的区域

单击每一种选择工具之后，都可以通过属性检查器对这个选择工具进行调整。例如可以通过属性检查器设置"魔术棒"工具的容差系数，比如设置一个较大的容差，可以选择较大范围内的图像，如图 14.11 所示。

属性检查器类似于 Photoshop 中的绘图选项工具栏，它提供了对一些工具的进一步属性设置，以便达到更好的效果。在示例中对魔术棒工具的容差进行调整，以便可以通过少许的几个选择步骤来选择完整的花朵。

使用魔术
棒工具

选择花朵,通过
Shift 多次选择
实现花朵完整
选中

使用属性
检查器设
置容差

图 14.11　使用魔术棒工具

14.2.2　位图工具

位图主要是由一个个具有颜色的像素点组成的,Fireworks 集照片编辑、矢量绘图和绘画应用程序的功能于一身,可以通过使用位图工具进行绘图或将用矢量工具绘制的图像转换成位图图像。

在开始使用位图工具绘制图像前,必须理解在 Fireworks 中也有图层的概念。如果图层面板当前没有显示,可以通过主菜单中的"窗口 | 层"菜单项,或者是通过 F2 键来打开图层。

使用位图工具创建的位图会出现在当前的图层中,可以在位图对象所在的层下看到每个对象的缩略图和名称,如图 14.12 所示。

图层下的对象

Fireworks 图层工
具栏

图 14.12　Fireworks 的图层面板

可以通过在层中创建一个新的位图图像，在这个位图图像上绘图，单击图层工具面板底部的 按钮，就可以在当前图层下面添加一个位图图像。创建了位图图像之后，就可以使用位图工具面板中的工具来进行位图的绘制了。

Fireworks 提供了铅笔工具 和画刷工具 用来在画布上绘制像素图像，每种工具都提供了一些设置选项，比如可以在属性面板中设置画笔的颜色、画笔宽度及画笔的样式。Fireworks 内部整合了多种不同风格的画笔样式和画笔纹理，如图 14.13 所示。

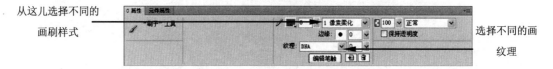

图 14.13　Fireworks 画笔属性

例如使用心形的画刷纹理和喷枪画刷效果在位图图像上绘制的效果如图 14.14 所示。

图 14.14　使用不同的画刷和纹理绘制图像

Fireworks 的铅笔工具不能设置画笔的宽度，它只有如下 3 个可选项。

❑ 消除锯齿：对绘制的直线的边缘进行平滑处理。

❑ 自动擦除：当用"铅笔"工具在笔触颜色上单击时使用填充颜色。

❑ 保持透明度：将"铅笔"工具限制为只能在现有像素中绘制，而不能在图形的透明区域中绘制。

可以随时通过绘图面板中的 擦除工具来擦除位图像素，对于使用位图选择工具选中的区域，可以使用油漆桶工具 或渐变工具 来进行填充，通过属性检查器，可以设置填充的颜色、填充的样式或边缘的平滑方式。

也可以通过绘图工具栏中的颜色子面板直接设置图像的前景色 和背景色 。一般绘图工具会默认使用在绘图工具栏中的前景色和背景色的设置，也可以通过滴管工具 从图像中选择一个颜色来设置前景色或背景色。

14.2.3　位图效果

Fireworks 还提供了一系列的位图特效工具，这些工具可以用来对位图图像进行修饰，比如调整图像的颜色或为图像应用模糊效果等。Fireworks 提供的图像效果工具如表 14.3 所示。

表 14.3　Fireworks位图修饰工具

位图修饰工具	描　　述
	用"橡皮图章"工具可以把图像的一个区域复制或克隆到另一个区域
	"模糊"工具用于减弱图像中所选区域的焦点
	"涂抹"工具用于拾取颜色并在图像中沿拖动的方向涂抹该颜色
	"锐化"工具用于锐化图像中的区域
	"减淡"工具用于淡化图像中的部分区域
	"加深"工具用于加深图像中的部分区域
	"红眼消除"工具用于去除照片中出现的红眼
	"替换颜色"工具用一种颜色覆盖另一种颜色

其中橡皮图章工具用于克隆像素的某一区域，也就是复制图像的某部分。下面新建一个图像，然后使用主菜单中的"文件 | 导入"菜单项，导入一幅位图图像。要复制图像的某一区域，先单击该区域，鼠标指针会变成一个十字型的指针，将鼠标移动到其他区域进行拖动绘制，就可以将原来区域的像素复制到目标区域，使用示例如图 14.15 所示。

复制目标区域　　　　　　　　　　　　　　　　　　　　　　复制源区域

图 14.15　使用像皮图章工具

可以看到，通过使用橡皮图章工具，可以在一块原本没有花朵的区域绘制一朵一模一样的新的花朵。在图像处理过程中经常使用这个工具来修补一些需要擦除的区域。

模糊工具可以对图像进行一些模糊化的效果，与之相反的是锐化工具，它会对图像的模糊区域进行锐化，以达到清晰的效果。这两个工具的使用方法非常简单，在要模糊或者是锐化的图像上进行鼠标拖动涂抹即可。涂抹工具可以将颜色混合起来，这个工具可以用来创建颜色平滑过渡的效果。这 3 个工具都可以通过属性面板进行进一步的设置，常见的设置选项如下。

❏　大小：设置刷子尖端的大小。

❏　边缘：指定刷子尖端的柔和度。

❏　形状：将刷子尖端的形状设置为圆形或方形。

❏　强度：设置模糊量或锐化量。

对于涂抹工具，还可以设置压力、涂抹的颜色。相关选项的作用如下。

❏　压力：设置笔触的强度。

❏　涂抹色：允许在每个笔触的开始处用指定的颜色涂抹。如果取消选择此选项，该工具将使用工具指针下的颜色。

❑ 使用整个文档：使用各个层上所有对象的颜色数据进行涂抹。取消选择此选项后，涂抹工具仅使用活动对象的颜色。

这 3 个工具的使用效果如图 14.16 所示。

锐化工具加强清晰度

涂抹工具产生的颜色混合

模糊工具产生的模糊效果

图 14.16　模糊、锐化和涂抹工具效果

减淡 🔍 和加深 🔍 工具主要用来淡化或加深图像中的像素数，类似于增加或减少图像的曝光。这两个工具主要用来调整图像的色彩，在属性窗口中可以对减淡和加深的色彩范围进行设置。属性窗口中的范围有如下 3 个选项。

❑ 阴影：主要更改图像的深色部分。

❑ 高亮：主要更改图像的浅色部分。

❑ 中间色调：主要更改图像中每个通道的中间范围。

这两个工具的使用类似于前面的模糊或锐化工具。除此之外，在曝光量中可以选择一个曝光值，值越大，效果就越明显。

14.2.4　矢量图工具

Fireworks 提供了一系列的矢量图形绘制工具。由于矢量图形是以路径定义形状的计算机图形，它保存的是图像的数学信息，因此可以进行无限制缩放而不变形。在 Fireworks 中可以绘制直线、矩形、椭圆形、圆角矩形、多边形和星形等多种形状。实际上很多矢量图形都是由这些形状的完美组合而成的，比如图 14.17 所常见的人脸图标，就是由多个不同的矢量形状组成的。

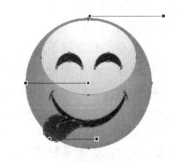

通过对图 14.17 进行分析可以发现，实际上这个图形就是由一些规则的圆或椭圆组成的，这里对这些圆形应用了一系列的变形效果。在使用矢量构图时，通常会

图 14.17　由矢量图形组成的人脸图案

先使用规则的图形进行构图，然后通过变形或路径工具对图形进行微调。

要绘制基本的如矩形、直线或圆形，可以在绘图工具面板中选择所要绘制的形状，然后在属性面板中设置图形的填充、边框颜色、边缘效果等，使用鼠标在画布上拖动以绘制形状。

🔔**注意**：按住 Shift 键再绘制图形可以绘制规则的图形效果，比如正圆形、正方形等。

对于直线来说，如果需要为直线添加箭头，先绘制直线，选中该直线，单击主菜单中的"命令｜创意｜添加箭头"菜单项，将弹出如图 14.18 所示的设置窗口。在该窗口中选择起始和结束的箭头形状。

在绘制多边形时，通过指定多边形的边数，还可以调整属性设计器中的形状来更改绘制多边形的方式，比如可以使用星形来绘制五角星图案，如图 14.19 所示。

图 14.18 添加直线箭头

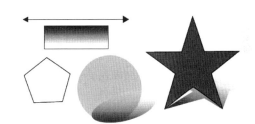

图 14.19 多边形绘制效果

如果两个或多个矢量对象需要统一进行管理和编辑，可以将它们组合为一个对象进行调整。首先选中要进行组合的对象，然后单击主菜单中的"修改｜组合"菜单项，或者是使用 Ctrl+G 快捷键，将多个图形组合为一个图像对象。被组合的多图图像在图层面板中会显示为一个组合体，如图 14.20 所示。图像被组合后，按 Ctrl+Shift+G 快捷键可以用来取消组合，或者是单击"修改｜取消组合"菜单项来取消对图像的组合。

在成功绘制矢量图形后，可以通过拖动点和点手柄进行大小调整和基本的编辑，Fireworks 提供了几个矢量对象的编辑工具，还可以使用路径操作通过组合或更改现有路径来创建新的形状。由于矢量图像实际上就是保存为图像的路径信息，因此规则的矢量图形可以通过路径工具来进行操作，也可以通过路径工具来绘制矢量图形。

图 14.20 图像组合图层面板

多个矢量图像可以进行路径的组合，形成丰富的效果。要实现图像的路径组合（也可以称为复合形状），可以通过"修改｜组合路径"菜单项中的子菜单项来实现，也可以通过路径面板中的合并工具栏来实现多个图形对象的合并。如果路径面板没有显示在主界面，可以单击"窗口｜路径"菜单项打开如图 14.21 所示的路径窗口。

比如要合并矩形和五角星，可以单击合并路径图标 ▣，这会将两个矢量图形进行路径的整合，结果如图 14.22 所示。

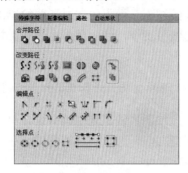

图 14.21　路径面板

图 14.22　路径合并效果

14.2.5　矢量图效果

由于矢量绘图保存的不是像素信息，因此不能像操作位图那样为像素应用效果，不过矢量图本身也提供了一系列的工具，比如自由变形工具、更改区域形状工具等。其中自由变形 ![icon] 是非常强大的调整图像的工具，可以直接对矢量对象执行弯曲和变形操作，而不是对各个点执行操作。

“自动形状”工具按预设方向创建形状。例如，“箭头”工具按水平方向绘制箭头。同样，对于“星形”自动形状，单击并在垂直方向上下拖动左控制点以更改点的数量。可以使用其他控制点修改光线的“锐度”和“深度”，图 14.23 是通过自动形状工具对规则的多边形和圆形进行调整后的结果。

图 14.23　自由变形效果示意图

使用自由变形工具时，鼠标指针会根据它相对于所选路径的位置更改为不同的形状，这些形状的含义如表 14.4 所示。

表 14.4　自由变形的鼠标光标作用

指针	含　　义
![icon]	“自由变形”工具正在使用
![icon]	“自由变形”工具正在使用，且拉伸指针正处于拉伸所选路径的位置
![icon]	“自由变形”工具正在使用，且拉伸指针正在拉伸所选路径
![icon]	“自由变形”工具正在使用，且推动指针处于活动状态
![icon]	“更改区域形状”工具正在使用，且更改区域形状指针处于活动状态。从内圆到外圆的区域表示减弱的强度

当从工具栏中选择自由变形工具后，鼠标指针变为 ![icon] 形状，表示正在使用自由变形工具，当鼠标推动路径时，将显示为 ![icon]，通常将鼠标指针放在路径区域的外面，并且推动鼠标形成路径推动的效果，如图 14.24 所示。鼠标指针放在路径之上时，会显示 ![icon] 光标，表示可以对路径进行拖动。

更改区域形状工具对图像进行拉伸以形成特殊的效果，选中该工具并且鼠标指针移动到路径上时将显示◎指针，指针的内圆是工具的全强度边界。内外圆之间的区域以低于全强度的强度更改路径的形状。指针的外圆决定指针的引力拉伸。可以设置它的强度，其使用方式如图 14.25 所示。

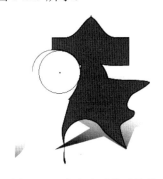
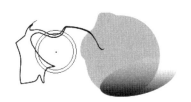

图 14.24　自由变形推动效果　　　　图 14.25　使用更改区域形状工具

重绘路径工具 ✎允许用户修改现有的路径，以便达到对路径进行修改的效果。该工具位于钢笔工具组中，首先选中要重绘的图形，然后单击重绘路径工具，拖动鼠标对已有的路径进行重绘，此时鼠标指针会变为钢笔工具，如图 14.26 所示。

🔔注意：从"属性"检查器的"精度"框中的弹出菜单中选择一个数字，可以更改"重绘路径"工具的精度级别。数字越大，出现在路径上的点数就越多。

通过使用路径洗刷工具 🖑改变压力和速度来更改路径的外观，但是这个工具只能在具有压力感应的笔触路径上，因此可以通过选中图形，在笔触面板中更改笔触以便能够应用该工具。

如果要将一个完整的路径打散，可以使用刀子工具 ✐，该工具可以将一个完整的图形打散为多个路径，类似于刀子切割的效果。选中刀子工具，在要进行切割的两个节点之间进行拖动，实现刀子切割的效果，操作完成后会发现原本的单个路径现在被切割成了两个，如图 14.27 所示。

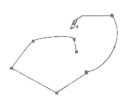

图 14.26　使用重绘路径工具修改路径　　　图 14.27　使用刀子工具切割路径

14.2.6　添加文字

Fireworks 中可以添加和调整文字，可以使用很多复杂的排版功能，比如字体、字号、字距、间距、颜色、字顶距和基线，不仅可以直接编辑文本，还可以从 Photoshop 中导入可编辑的文本内容。

要向文档窗口中插入文本，选中文字工具 T，在属性窗口中可以设置字体、字号、间距等，然后在画布上单击并开始输入文字。Fireworks 文档中的文本均显示在一个文本块（带有手柄的矩形）内。文本块可以是自动调整大小的块，也可以是固定宽度的块。文本会保存为文字对象，在图层面板中可以看到，文本将会使用输入的文本作为对象名进行保存，图层面板如图 14.28 所示。

属性面板中的一些文本设置值默认情况下来自首选参数，单击"编辑｜首选参数"菜单项，在"首选参数"对话框中选择"文字"设置项，如图 14.29 所示。

图 14.28　添加文本内容

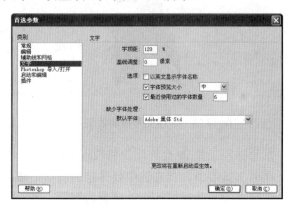

图 14.29　设置文字首选项

在该窗口中包含字顶距、基线调整和默认字体的设置，这些设置的改变在重新启动 Fireworks 之后会带到属性窗口中。在文字工具的"属性"面板中可以看到默认的设置值，如图 14.30 所示。

图 14.30　使用属性面板设置文本格式

添加了文字之后，通过选中文本内容，可以在属性面板中进行格式化设置，比如可以通过鼠标选择一段文字，然后应用不同的字体或字号，设置效果如图 14.31 所示。

图 14.31　设置不同的字体和字号

属性面板的字体是可以预览的，字体的预览大小通过图 14.29 中的"字体预览大小"复选框进行设置，如果取消选中该复选框，则不会显示字体预览效果。

属性面板中的 ᴬV 用来指定字符的水平间距， ↕ 用来设置文字的垂直间距，也就是段落中的行间距，通过拖动进度条的方式来设置文字的间距大小，比如笔者设置了 170 的文字间距，看起来的效果如图 14.32 所示。

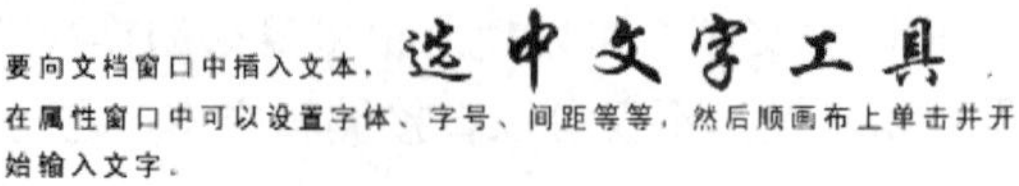

要向文档窗口中插入文本，选中文字工具
在属性窗口中可以设置字体、字号、间距等等，然后顺画布上单击并开始输入文字。

图 14.32　设置不同的文字间距

注意：勾选属性面板中的"自动调整字距"复选框，可以自动调整字符的间距。

在属性面板中，可以通过工具栏的对齐按钮 ▤▤▤▤ 来设置文本的对齐方式。对齐方式确定了文本段落相对于其文本块边缘的位置。水平对齐文本时，会相对于文本块的左右边缘对齐文本。垂直对齐文本时，会相对于文本块的顶部和底部边缘对齐文本。

默认情况下，文本的对齐方式为左对齐，通过使用对齐工具栏按钮，可以将水平的文本对齐到左边缘或右边缘，或者是对文本进行居中对齐和前端对齐。

使用属性面板中的 ▤ 工具，可以设置文字的段落缩进距离，比如段落缩进 20 像素后的效果如图 14.33 所示。

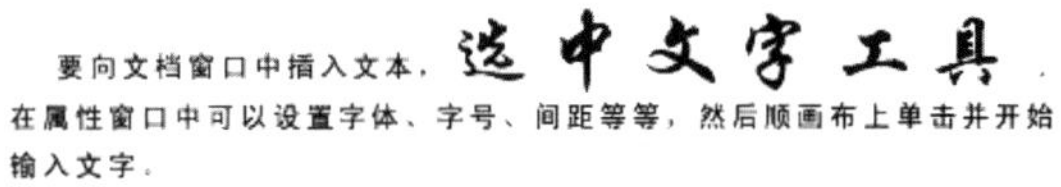

要向文档窗口中插入文本，选中文字工具
在属性窗口中可以设置字体、字号、间距等等，然后顺画布上单击并开始
输入文字。

图 14.33　段落缩进效果

通过属性面板中的 ▤ 和 ▤ 工具，还可以调整段落间距，▤ 用于调整段落前的空格，通过滑动条进行拖动，▤ 用于调整段后空格。图 14.34 通过调整段落的段前间距，两个段落之间就具有 20 个像素的间距。

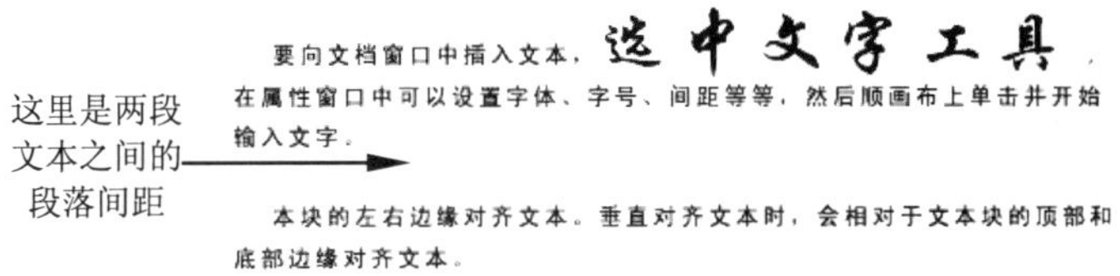

这里是两段
文本之间的 ——
段落间距

要向文档窗口中插入文本，选中文字工具
在属性窗口中可以设置字体、字号、间距等等，然后顺画布上单击并开始
输入文字。
本块的左右边缘对齐文本。垂直对齐文本时，会相对于文本块的顶部和底部边缘对齐文本。

图 14.34　调整文本的段落间距

还可以调整文本的宽度，这是通过 △ 工具来实现的，默认情况下，这个属性的值为100%，如果设置值大于 100%，则表示加宽文字，否则表示缩减文字。各种文字宽度的使用效果如图 14.35 所示。

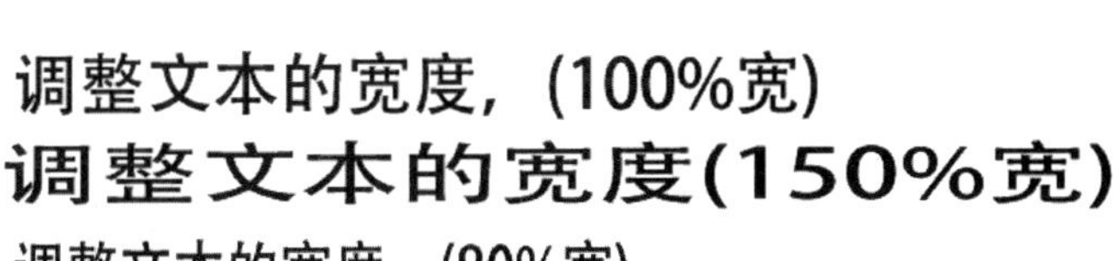

调整文本的宽度，(100%宽)
调整文本的宽度(150%宽)
调整文本的宽度，(80%宽)

图 14.35　各种不同的宽度示例

对于文本的颜色设置，既可以设置文本的填充颜色，也可以设置文本的轮廓颜色。在Fireworks 中创建轮廓字基本上很简单，同时还可以将文本应用渐变色填充，以达到丰富的文字效果，如图 14.36 所示。

在图 14.37 所示的例子中，首先将文字转换为路径，然后为路径应用自由变换，就得到了有趣的扭曲文字效果。

图 14.36　创建渐变填充的轮廓字　　　　　　　　图 14.37　变形文字效果

在工具栏中还可以调整文字的方向，比如可以设置水平和垂直排列。单击属性面板的
图标，从弹出的上下文菜单中选择水平或垂直排列，即可调整文字的排列方法，水平和
垂直方向示例如图 14.38 所示。

除了设置水平和垂直方向之外，还可以将文本的排列方向依附到某条路径之上。将文
本附加到路径后，该路径会暂时失去其笔触、填充及滤镜属性。随后应用的任何笔触、填
充和滤镜属性都将应用到文本，而不是路径。如果之后将文本从路径分离出来，该路径会
重新获得其笔触、填充及滤镜属性。

要将文本附加到路径，首先输入一行文本，然后使用钢笔工具或其他的路径构造工具
创建路径，选中路径和文本内容，单击主菜单中的"文本|附加到路径"菜单项，文本将
按照路径的方向进行排列，效果如图 14.39 所示。

图 14.38　水平或垂直方向设置　　　　　　　图 14.39　按路径排列文本内容

按路径排列的文本保持与水平排列的文本相似的特性，可以应用任何的格式化属性。
如果不想要文本按路径排列，可以单击主菜单中的"文本|从路径分离"菜单项，将恢复
按路径排列的方向。

14.3　应　用　特　效

与 Photoshop 类似，Fireworks 也有图层的应用，但是不同之处在于 Fireworks 中图层
面板中的一个层类似于 Photoshop 中的图层组，Photoshop 中的图层就好像是 Fireworks 中
个别的 Fireworks 对象。了解了这个概念就很容易理解 Fireworks 中的图层的应用。通过图
层面板可以创建蒙版效果。蒙版就是一块遮罩区域，用来提供特别的图像效果。无论是位
图还是矢量图，都可以应用 Fireworks 中的滤镜。Fireworks 提供了一些常用的图像处理滤
镜，在本节中将详细讨论。

14.3.1　使用图层

Fireworks 中的每个对象都驻留在一个图层上，它好像 Photoshop 中的图层组一样，在

创建一个 Fireworks 文档之后，默认情况下会自动创建一个层，也可以在绘制任何对象之前在图层面板上创建一个新的图层，在新的图层上绘制图层。

举例来说，当通过"文件"菜单中的"导入"子菜单导入一个位图图像时，会自动在默认创建的图层 1 上添加一个位图对象。如果使用矢量绘制工具绘制图像，则会分别为不同的图形创建图层对象。Fireworks 图层面板如图 14.40 所示。

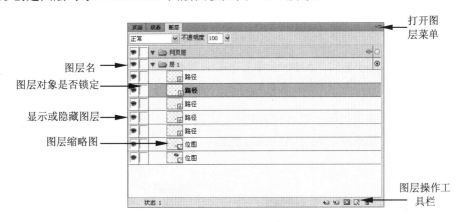

图 14.40　Fireworks 图层面板

在图层面板中选中某个层，或者单击不同的图形对象，都会切换不同的层成为当前层。可以使用"层"面板添加新层、删除多余的层及复制现有的层和对象，图层面板底部的工具栏作用如下所示。

新建或复制图层：在创建新层时，会在当前所选层的上面插入一个空白层。新层成为活动层，且在"层"面板中高亮显示。创建复制层时会添加一个新层，它包含当前所选层所包含的相同对象。复制的对象保留原对象的不透明度和混合模式。可以对复制的对象进行更改而不影响原对象。

删除层：将图层对象删除，在该层上面的层成为活动层。

新建子层：基于当前图层创建一个子层。

添加蒙版：创建基于当前图层的蒙版，用来显示对象或图像的某些部分。

新建位图图像：添加一个位图图像的图层，要绘制位图时，可以使用这个工具添加单独的位图图像。

Fireworks 中的图层对象就好像是 Photoshop 中的一个个层，可以通过图层前面的眼睛图标 显示或隐藏图层。单击图层面板眼睛图标右侧区域可以对图层进行锁定，锁定的图层将会显示一个锁形图标 。

注意：图层一旦被锁定后，就无法通过选择来作为当前层，不仅不能选择画布，而且不能选择图层面板中被锁定的图层对象。

14.3.2　创建蒙版

蒙版是一块遮罩区域，通过裁剪这个区域可以产生一些有趣的混合效果，比如图像裁切的效果或雾窗效果。在 Fireworks 中，既可以从矢量图创建矢量蒙版，也可以从位图对象创建位图蒙版，还可以使用多个对象或组合对象来创建蒙版。

蒙版的创建方式灵活多样，使用位图蒙版，可以创建模糊阴影的混合效果。使用矢量图蒙版，可以创建不规则的形状显示效果。蒙版的创建方法很灵活，可以根据现有对象来创建蒙版，还可以通过图层面板创建一个全新的蒙版。

从现有的对象创建蒙版类似于矢量蒙版，比如笔者导入了一幅位图图像，然后用矢量绘图工具绘制了一个白色的五角星，如图 14.41 所示。

🔔**注意**：与 Photoshop 类似，在 Fireworks 中蒙版使用白色表示显示区域，使用黑色表示遮罩区域。

在图层面板或画布面板上通过鼠标选中这两个对象，然后单击主菜单中的"修改｜蒙版｜组合为蒙版"菜单项，就可以轻松地创建一个矢量的蒙版效果，如图 14.42 所示。

图 14.41　应用图层蒙版前　　　　　图 14.42　矢量蒙版效果

在图层面板上会同时添加一个具有蒙版的图层，如图 14.43 所示。通过单击蒙版缩略图可以选中蒙版，在属性窗口中可以对蒙版进行进一步的设置。

如果仔细观察，会发现主菜单中的蒙版子菜单包含了多个用来组织蒙版的菜单项，粘贴为蒙版也是一种比较常用的设置蒙版的方式，粘贴为蒙版既可以创建矢量蒙版，也可以创建位图蒙版。当将矢量对象用作蒙版时，将使用矢量对象的路径轮廓来裁剪被遮罩的对象，当用于位图蒙版时，使用位图对象的灰度颜色值影响被遮罩对象的可见度。

举例来说，在图 14.44 所示的图中，导入了一幅位图图像，在该位图图像的前面绘制了两个矢量圆图像。

图 14.43　具有蒙版的图层　　　　　图 14.44　应用粘贴为蒙版之前

下面选中两个矢量圆形，按 Ctrl+X 快捷键剪切这个圆周，然后选中位图图层，单击主菜单中的"修改｜蒙版｜粘贴为蒙版"菜单项，或者是使用 Ctrl+Alt+V 快捷键，Fireworks

将自动产生圆形裁剪的蒙版效果，如图 14.45 所示。

另一种常见的使用蒙版的地方是文字蒙版。由于 Fireworks 中的文字本来就是一种矢量图像，因此可以使用"粘贴为蒙版"或"组合为蒙版"菜单项来添加文字蒙版效果。文字蒙版的使用效果如图 14.46 所示。

图 14.45　使用粘贴为蒙版的图像效果　　　　图 14.46　使用文字蒙版效果

除了根据现有的图像创建蒙版外，还可以从头开始创建蒙版。可以通过"刷子"、"铅笔"、"颜料桶"或"渐变"工具来填充白和黑之间的颜色，以达到渐隐渐现的效果。下面在 Fireworks 画布上导入了两幅位图，在图层面板中选中顶部的位图，然后单击图层面板的 图标创建一个新的空白蒙版。然后就可以用黑色填充创建透明区域，白色填充创建不透明区域。笔者用画刷工具随意地进行了绘制，产生的位图蒙版效果如图 14.47 所示。

图 14.47　使用位图蒙版效果

蒙版的使用确实为图像增添了不少特性，让图像可以具有更加吸引人的效果。同样，可以随时禁用或删除蒙版。主菜单中的"修改｜蒙版"中包含了"禁用蒙版"和"删除蒙版"这两个菜单项，选中蒙版后使用这两个菜单项就可以禁用或彻底删除蒙版。

14.3.3　使用样式

Fireworks 中的样式类似于 Photoshop 中的动作，用于将一系列需要重复操作的过程保存为步骤以便重用，这样可以提高设计的效率。Fireworks 样式可以保存填充、笔触、滤镜和文本的属性。当为对象设置了样式后，在样式面板中可以看到这些定义的样式，稍后就可以重用这些样式。Fireworks 本身已经预定义了很多种风格各异的样式，很多图像的设计可以基于这些样式进行进一步优化，或者直接使用这些样式定义的效果来达到图像处理的目的。

📢注意：Fireworks 提供的这些样式只能应用于矢量图像，不能应用于位图图像。

样式的应用比较简单，选中要应用样式的矢量图像，从样式面板中选择一种样式，单击即可将样式应用到选定的图像上。样式的使用效果如图 14.48 所示。

Fireworks 的样式面板用来创建、保存样式及将样式应用于对象或文本。如果当前窗口没有显示样式面板，单击主菜单中的"窗口｜样式"菜单项，通过单击样式面板中的下拉列表框，可以找到很多可供使用的预定义样式。例如镶边样式提供了很多丰富多彩的镶边效果，适用于创建网页的按钮，如图 14.49 所示。

图 14.48　样式的使用效果

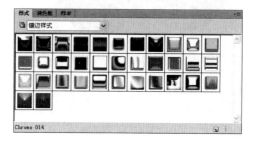

图 14.49　使用样式面板

除使用这些预定义的样式外，在样式面板中还可以创建自己的样式，单击样式面板底部的 图标，Fireworks 将弹出如图 14.50 所示的"新建样式"对话框。

在"名称"文本框中，输入样式的名称，在"属性"复选框组中，可以指定要保存为样式的属性信息。在样式中可以保存如下所示的属性。

图 14.50　"新建样式"对话框

- ❑ 填充类型和颜色，包括图案、纹理及角度、位置和不透明度等矢量渐变属性。
- ❑ 笔触类型和颜色。
- ❑ 滤镜。
- ❑ 文本属性，如字体、字号、样式（粗体、斜体或下划线）、对齐方式、消除锯齿、自动字距调整、水平缩放、范围微调及字顶距等。

在单击"确定"按钮之后，就可以为图形对象设置样式信息，所设置的样式信息会出现在"当前文档"样式列表中，选中样式，单击样式工具栏中的 可以将样式移除。

14.3.4　应用滤镜

类似 Photoshop，Fireworks 还提供了一系列的滤镜，在主菜单的"滤镜"子菜单列表中，可以看到 Fireworks 提供的各种滤镜，包括斜角和浮雕、纯色阴影、投影和光晕、颜色校正、模糊和锐化，还可以直接从属性面板中将动态滤镜应用于所选对象，因为选择不同的对象时，Fireworks 会自动更新可应用的滤镜。

📢注意：滤镜不仅可以用于位图图像，还可以用于矢量对象和文字以增强效果。

当在属性面板中为对象应用了滤镜之后，可以在属性面板中看到所应用的滤镜效果，属性面板如图 14.51 所示。

图 14.51　属性面板中的滤镜

常用的滤镜菜单的作用如下。

❏ 斜角和浮雕：斜角边缘赋予对象一个凸起外观，浮雕动态滤镜使图像、对象或文本凹入画布或从画布凸起，这两个滤镜可以用来创建立体图像效果，应用效果如图 14.52 所示。

图 14.52　使用斜角和浮雕滤镜效果

❏ 阴影和光晕：用来将纯色阴影、投影、内侧阴影和光晕应用于对象，通过指定阴影的角度用来模拟照射在对象上的光线角度。阴影和光晕滤镜子菜单中的滤镜效果如图 14.53 所示。

图 14.53　阴影和光晕效果

其他的模糊、杂点、调整颜色和锐化如果应用于位图图像，可以提升图像的整体质量，比如调整颜色滤镜可以调整图像的亮度、对比度，使用类似 Photoshop 中的曲线来调整色阶等。

14.4　网页图像优化

Fireworks 的强大之处在于网页图像设计。如果从图像处理角度来看，它不及 Photoshop 那样强大，但是对于网页设计来说，它提供了灵活的切片和热点工具，可以优化网页图像的输出，并且可以在 Fireworks 中直接创建网页中使用的按钮和菜单及网页动画。Fireworks 提供了灵活的导出工具，用来将网页图像以最优化的格式进行输出，可以大大提升网站的浏览速度。

14.4.1　使用切片工具

当使用 Fireworks 设计了一幅完整的设计效果图之后，如果要将这份完美的网页放到网上，浏览器下载一幅较大的图像需要较长的时间，会造成用户不必要的等待。通过将这个大的图像切割为多个容易下载的小块，可以加速网页的响应时间，提升网页的响应速度。

在 Fireworks 中，被切片的图形的每一部分都会作为一个单独的图像进行保存，切片输出时会保存为一个 HTML 文件以引用这些被切割的图形。举例来说，在 Fireworks 的模板的 Web 项中有一些设计好的网页原型，这些原型使用 Fireworks 的矢量绘图工具进行绘制，网页设计人员在需要保留布局的同时，又能去除图像中的文本部分，用 HTML 文本进行替代。例如图 14.54 就是一个完整设计的网页图像。

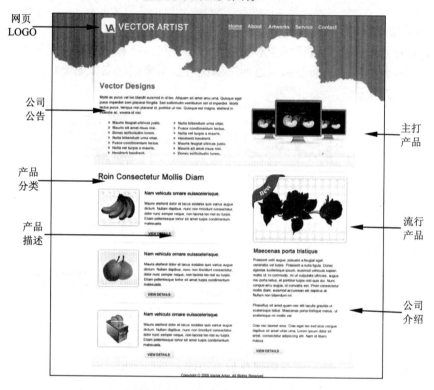

图 14.54　网页设计原型图

在 Fireworks 中，可以创建如下两种切片类型。

❑ 矩形切片：这是比较常用的切片方式，用于按矩形对图像进行切分。

❑ 多边形切片：用来创建不规则形状的切片，比如试图为非矩形的图形添加图像交互式效果时，可以通过非矩形切片来创建切片效果。

对于网页图像的切片来说，一般还是以矩形切片为主，要创建矩形切片，单击绘图工具栏中的 工具，选择该工具后，在需要进行切片的地方绘制矩形，就可以创建一个切片对象。

注意：从切片对象延伸的线是切片辅助线，它确定导出时将文档拆分成的单独图像文件的边界。默认情况下，这些辅助线为红色。

切片的辅助线用于定位和对齐切片，这个功能非常实用，否则切片就会显示得比较混乱。当拖动以绘制切片时，可以调整切片的位置。在按住鼠标按钮的同时，只需按住空格键，然后将切片拖动到画布上的另一个位置。释放空格键以继续绘制切片，切片效果如

图 14.55 所示。

　　除了直接绘制切片外，还可以选择某一个图像区域，比如选择文字内容，然后单击主菜单中的"编辑｜插入｜矩形切片"菜单项，来根据选择的区域创建一个矩形切片，这样就可以根据内容的大小来精确地创建切片区域。例如图 14.56 中根据选择工具创建了多个选择内容的切片。

图 14.55　使用切片效果

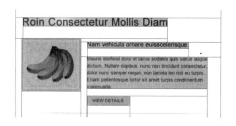

图 14.56　根据选择内容创建切片

　　如果选择了多个绘图区域，单击菜单中的插入矩形切片，Fireworks 会弹出如图 14.57 所示的对话框，询问用户是创建单一的切片还是多重切片。

图 14.57　多个选择区域切片询问

　　单一切片是指将所选的区域合并为单一的矩形，而多重切片将为每一个选区创建一个切片。在设置了切片之后，使用选择工具选择切片，在属性面板中可以设置切片的类型和链接，如图 14.58 所示。

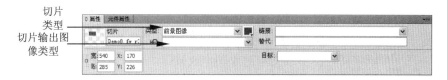

图 14.58　切片属性面板

　　默认情况下，切片显示为淡绿色，通过切片的属性面板，可以更改切片的颜色。切片的默认类型为前景图像，这是指切片在输出 HTML 时，HTML 代码的编写方式。可以将其调整为 HTML 背景，比如对于颜色比较接近的图像，就可以调整为切片的背景图像。HTML 类型的切片指定浏览器中出现普通 HTML 文本的区域。HTML 切片不导出图像，它导出出现在由切片定义的表格单元格中的 HTML 文本。

多边形切片用来创建具有多边形效果的切片图像，它实际上是通过 JavaScript 代码来实现的多边形效果。选择多边形切片工具，在要创建多边形热点的图像上进行单击以创建多边形的点，多边形切片的创建效果如图 14.59 所示。

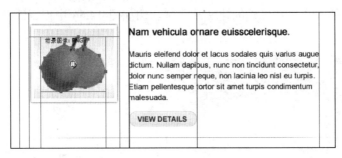

图 14.59　创建多边形切片

切片创建完成后，要查看和编辑网页上的切片，可以通过图层面板中的网页层实现。层面板上可以显示和隐藏切片，更改切片和切片辅助线，图层面板的显示如图 14.60 所示。

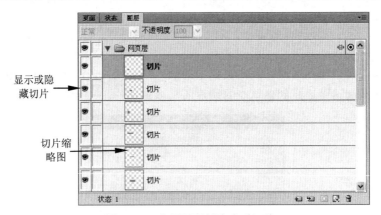

图 14.60　在图层面板中查看切片

14.4.2　创建交互式按钮

使用 Fireworks 还可以创建一些网页的交互式效果，比如交互式的变换图像或按钮和菜单。通过可视化的设计工具，即使用户没有学习过 JavaScript 或 CSS 语言的知识，也可以创建具有丰富效果的 JavaScript 按钮和 JavaScript 弹出式菜单。在 Fireworks 中创建按钮非常简单，几乎可以将任何图形或文本对象制作成按钮，可以从头开始创建或导入已经创建好的按钮。为了创建按钮的交互式效果，必须理解按钮的几种状态，每种状态表示该按钮在响应各种鼠标事件时的外观。在 Fireworks 中按钮的 4 种状态分别如下。

- □　"弹起"状态是按钮的默认外观或静止时的外观。
- □　"滑过"状态是当指针滑过按钮时该按钮的外观。此状态提醒用户单击鼠标时很可能会引发一个动作。
- □　"按下"状态表示单击后的按钮。按钮的凹下图像通常用于表示按钮已按下。此按钮状态通常在多按钮导航栏上表示当前网页。
- □　"按下时滑过"状态是在用户将指针滑过处于"按下"状态的按钮时按钮的外观。

此按钮状态通常表明指针正位于多按钮导航栏中当前网页的按钮上方。

通过使用按钮编辑器，可以创建所有这些不同的按钮状态及用来触发按钮动作的区域。通过单击主菜单中的"编辑 | 插入 | 新建按钮"菜单项，将打开如图 14.61 所示的编辑窗口。

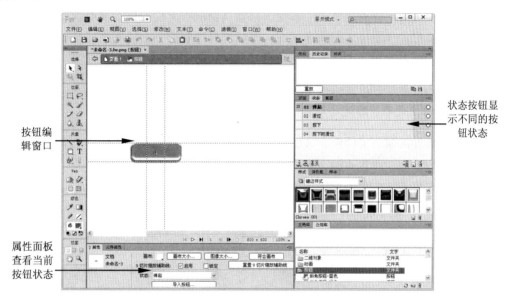

图 14.61　按钮编辑器

在按钮编辑器面板中，可以使用矢量绘图工具创建面板，也可以单击属性面板中的"导入按钮"按钮，从元件库中导入一个已经存在的按钮，单击"导入按钮"按钮之后，Fireworks 将显示如图 14.62 所示的选择元件的对话框。

图 14.62　导入按钮窗口

元件库中的按钮包含了按钮的 3 种或 4 种状态，在创建按钮时，除了"弹起"状态和"滑过"状态之外，可能还需要添加"按下"状态和"按下时滑过"状态。这些状态为网页用户提供了额外的可视化提示。通过单击窗口右上角的 ▷ 图标可以播放按钮的各种状态。

如果从头开始创建按钮，可以通过状态面板切换到不同的按钮状态设置按钮的样式。一般将在按下状态创建的按钮复制到滑过或弹起等状态中，然后对其应用不同的样式。

在按钮编辑器中编辑完成之后，单击编辑器顶部的"页面 1"按钮 📄页面1，即可切换到普通页面。要查看动态的按钮特效,可以单击文档工具栏的 按钮切换到预览模式查看交互式的按钮。

　　按钮成功创建后,为了便于重用,一般会将按钮转换为元件。在页面上选中按钮,单击主菜单中的"修改 | 元件 | 转换为元件"菜单项,将弹出如图 14.63 所示的对话框。

　　在对话框中选择元件的类型为"按钮",默认情况下元件会保存到当前文档的元件库中。如果按钮要在多个图像之间共享使用,可以勾选"保存到公用库"复选框,将元件保存到公用库中,以便于在多个文档之间使用。

🔔注意:Fireworks 的公用元件库中已经保存了很多可以直接使用的各种元件,可以直接以
　　　拖动的方式来使用这些元件。

　　因此通过查看页面的文档库和公用库,可以找到所创建的元件或由 Fireworks 提供的元件,文档库和公用库面板如图 14.64 所示。

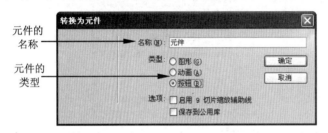

图 14.63　将按钮转换为元件　　　　　　图 14.64　使用 Fireworks 的元件库

14.4.3　创建交互式菜单

　　除了创建动态的按钮外,还可以创建具有交互式效果的菜单。在网页中经常需要创建网页的主菜单来实现页面的导航效果。例如,可以使用弹出菜单来组织与导航栏中的某个按钮相关的若干个导航选项。也可以根据需要在弹出菜单中创建任意多级子菜单。例如比较常见的是类似于微软公司下载网页的这种下拉式菜单,如图 14.65 所示。

图 14.65　微软下载中心的弹出式菜单

要创建交互式的菜单，首先必须要选中一个切片或热点，这个切片或热点用来弹出菜单。选中之后单击主菜单中的"修改｜添加弹出菜单"菜单项，Fireworks 将弹出如图 14.66 所示的菜单设置向导窗口。

可以看到菜单编辑器由 4 个标签页组成，内容标签页用来设置菜单项的内容，通过 **+** 或 **–** 按钮，可以添加或减少菜单项，■ 或 ➔ 按钮用来左缩进或右缩进菜单项，比如右缩进用来创建菜单项的子菜单列表。在菜单项输入表格中的 3 列所需要输入的内容如下所示。

图 14.66　添加弹出式菜单窗口

- ❑ "文本"指定该菜单项的文本。
- ❑ "链接"确定该菜单项的 URL。可以输入自定义链接，也可以从"链接"弹出菜单中选择一个链接（如果存在链接）。如果已经为文档中的其他网页对象输入了 URL，则这些 URL 将出现在 "链接"弹出菜单中。
- ❑ "目标"指定 URL 的目标。可以输入自定义目标，也可以从"目标"弹出菜单中选择一个预设目标。

设置好了菜单内容之后，单击"继续"按钮，将显示到外观设置窗口，在该窗口中指定菜单将显示的外观，如图 14.67 所示。在该选项卡中，可以选择使用 HTML 代码设置外观还是提供一组精选的图形图像样式来设置外观，可以指定是水平菜单还是垂直菜单，也可以创建自定义的弹出菜单样式，在预览窗口中可以看到菜单外观的设置效果。

图 14.67　设置菜单外观

设置好了菜单外观后单击"继续"按钮，将切换到如图 14.68 所示的"高级"页面，在该页面用来提供控制菜单单元格大小、边距和间距、文字和缩进、菜单消失延时及边框宽度、颜色、阴影和高亮。

设置完菜单的高级选项后，最后一步用来设置菜单的弹出式的位置，如图 14.69 所示。可以通过菜单外面的几个按钮来设置菜单弹出时的位置，可以指定 X 和 Y 坐标来使弹出式菜单的左上角和触发它的切片或热点的左上角对齐，最后单击"完成"按钮，则成功完成了弹出式菜单的设计。

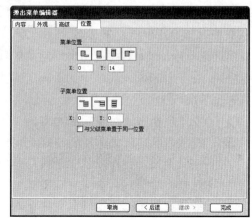

图 14.68　设置菜单的高级选项　　　　　图 14.69　设置弹出式菜单的位置

弹出式菜单设计完成后，可以单击主菜单中的"文件｜在浏览器中预览"菜单项，选择所要预览的浏览器，Fireworks 将使用指定的浏览器来打开图像。示例中笔者实现的弹出式菜单效果如图 14.70 所示。

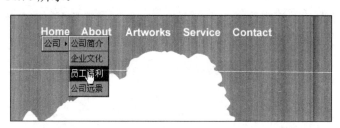

图 14.70　弹出式菜单运行效果图

14.4.4　优化图像输出

为了让网站用户获得流畅的浏览体验，同时又具有较佳的视觉体验，就需要网页设计者在最大限度地保持图像品质的同时，选择压缩质量最高的文件格式，通过对网页图像的优化，找到图像的质量和图像大小的最佳组合。Fireworks 提供了简单导用的优化向导工具，同时对于有经验的优化人员来说，可以通过 Fireworks 工作区中的优化选项对图像进行优化设置。

最简单的优化方式是使用导出向导工具，单击"文件｜导出向导"菜单项，将弹出如图 14.71 所示的"导出向导"对话框。

在该对话框中，如果想要更改文件的导出格式，可以选择第 1 项，如果要优化目标文件的大小，则勾选"目标导出文件大小"菜单项，单击"继续"按钮之后，导出向导将进入到选择目标窗口，如图 14.72 所示。在该窗口中指定图片要应用的地方，比如是用于网站还是用于 Dreamweaver，由于一般 Fireworks 都用于网络图像处理，因此使用默认的"网站"复选框，单击"继续"按钮。

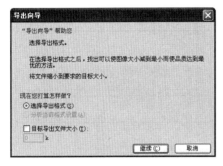
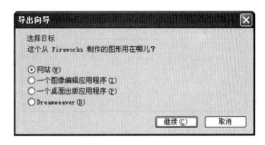

14.71　导出向导窗口　　　　　　　图 14.72　选择目标对话框

Fireworks 对图像进行分析之后，会显示一个分析结果窗口，该窗口建议网页图像采用 GIF 或 JPEG 格式，对于需要具有透明背景的图像选择 GIF 格式，如图 14.73 所示。

在分析结果中单击"退出"按钮后，将进入图像预览窗口。图像预览显示当前图像的建议的优化导出选项，图像预览的预览区域所显示的文档或图形与导出时的完全相同，该区域还估算当前导出设置下的文件大小和下载时间，如图 14.74 所示。

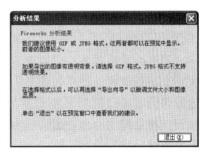

14.73　导出向导分析结果

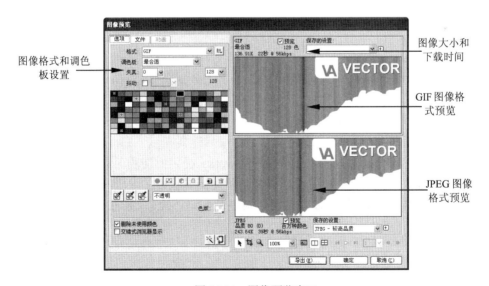

图 14.74　图像预览窗口

由图 14.74 中可以看到，图像预览窗口显示了 GIF 和 JPEG 两种图像格式的预览窗口，通过选择不同的格式，可以查看在不同的图像格式下图像显示的品质和图像的大小，同时可以对图像的质量进行微调以适应网页的需要。图像预览面板的"文件"选项卡用于设置要导出的目标文件的大小，如图 14.75 所示。

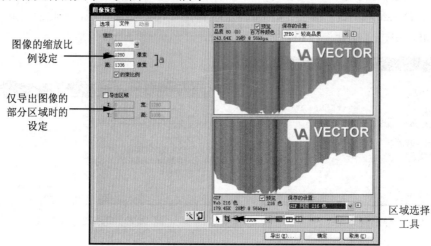

图 14.75 调整导出的文件大小

通过缩放滑动条，可以设置导出图像的缩放比例，不同的缩放比例会产生不同的图像大小和下载速度。如果勾选了"导出区域"复选框，可以仅导出图像的某一区域。可以通过图像预览窗口的 ⛏ 图标设置导出区域范围。在图像预览窗口中设置完成后，单击"导出"按钮，将会弹出一个导出文件对话框，指定保存的目标位置后，就可以按照指定的优化格式将图像导出到目标区域。

14.5 小   结

本章讨论了 Fireworks 如何设计并优化网页图像。首先讨论了 Fireworks 的界面和工作区，讨论了如何使用 Fireworks 创建图像文件，接下来分别介绍了 Fireworks 的绘图，讨论了如何使用绘图工具栏中的位图工具和矢量图工具创建 Fireworks 的位图和矢量图，同时简要介绍了如何通过 Fireworks 提供矢量图工具创建矢量图效果。在应用特效部分讨论了如何使用图层、蒙版和 Fireworks 中的样式工具，最后简要介绍了 Fireworks 中的滤镜的用法。在网页图像优化部分，讨论了如何使用 Fireworks 提供的切片工具切割图片，然后介绍了如何创建交互式的菜单和按钮，最后介绍了优化图像输出的导出向导用来将已经创建好的图像以最优化的格式进行输出，以便提供流畅的网络体验，又能获得较好的图像质量。

第 15 章　使用 Flash 设计网页动画

Flash 动画是目前互联网上最流行的网页动画工具,最初是由 Macromedia 公司推出的,现在成为 Adobe 公司的主打的网页动画设计工具。Flash 可以将音乐、声效、动画及富有新意的界面融合在一起,通过提供高品质的声音和动画的效果来提升网页的吸引力。

15.1　Flash 简介

Flash 是一种矢量图动画格式。Flash 动画具有体积小巧,功能丰富、交互性强及独有的流式传输方式等优点,使得设计人员和开发人员可以用来创建演示文稿、基于 Flash 的应用程序及基于 Flash 的视频播放网站和 Flash 游戏等。可以说 Flash 动画仍然是网页多媒体设计的主要工具。

⌂注意:浏览器必须安装 Flash Player 插件才能播放 Flash 动画,一般的浏览器都会自动提示用户下载安装 Flash 插件。

15.1.1　认识 Flash 主界面

Flash 动画使用 Adobe 的 Flash CS 工具进行创建和编辑,该工具提供了强大的设计时的矢量图形绘制和动画创造功能,同时提供了强大的动画脚本编程语言 ActionScript,允许设计人员和开发人员使用该工具创建演示文稿、应用程序及交互式界面和游戏等。借助于 Flash 插件,可以在浏览器上播放 Flash 动画,使得 Flash 动画得以迅速传播并流行。在谈到 Flash 时,一般会提到如下两种与之相关的文件格式。

- ❑ FLA 文件:是使用 Adobe Flash CS 工具创建的 Flash 源文件,它可以在 Flash 软件中打开、编辑和保存,有些类似于 Photoshop 的 PSD 文件。在 FLA 文件中包含所有的动画设计的原始素材,比如音视频、动画图片等,因为包含所有素材的原始信息,所以一般文件的体积较大。
- ❑ SWF 文件:是 FLA 文件编辑完成后输出所得的成品文件,这种文件主要用来在网页上显示 Flash 动画,只会包含必需的少量信息,经过较大比率的压缩,可以在保证动画质量的情况下具有较小的文件体积。

一般使用 Flash 软件会创建 FLA 文件,通过 Flash 工具输出为 SWF 文件来插入到网页中进行播放。Flash 软件的安装类似于前面介绍的 Adobe 系列的其他软件,比如 Photoshop 或 Fireworks。可以参考本书 1.2.4 小节中的介绍。

　　与 Adobe 公司的其他软件一样，首次启动 Flash 时，会显示如图 15.1 所示的 Flash 欢迎窗口，在该窗口中包含了创建 Flash 动画文件的快捷方式，以及 Flash 的在线学习资源。

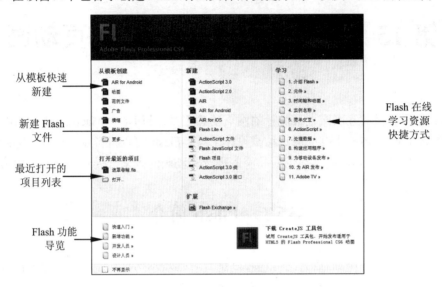

图 15.1　Flash 的欢迎界面

　　在欢迎窗口中，提供了常见的创建 Flash 文件的快捷方式。对于初学者来说，可以通过学习栏中的 Flash 学习链接快速地掌握 Flash 动画创建的基础知识。这些快捷方式会导航到 Adobe 公司的相关网页，通过这些网页可以了解到最新的 Flash 资讯和学习资源。

　　一旦通过欢迎窗口新建或打开了一个 Flash 文件后，将呈现出如图 15.2 所示的 Flash 主界面。

图 15.2　Flash 主界面

　　除了常见的菜单栏之外，可以看到在 Flash 的主界面中包含了一些较新的界面组成部分，其作用分别如下：

❑　舞台：用来放置动画元素，比如图形、视频、按钮等在回放过程中需要显示的部分，类似于 Photoshop 中的文档窗口。

❑ 时间轴：用来控制影片中的元素出现在舞台中的时间，在不同的时间轴中设置不同的舞台显示元素以便达到动画效果。时间轴有点类似于 Photoshop 中的层，每一层代表一个动画图形，可以调整时间轴中层的顺序，使得高层图形显示在低层图形的上方。

❑ 工具面板：提供了在舞台中选择对象和绘制矢量图形的常见工具。

❑ 属性面板：提供了选择的对象的可编辑信息。

❑ 库面板：用于存储和组织媒体元素和元件。

Flash 还提供了功能强大的动画脚本编辑窗口，允许为文档中的元素添加交互性的代码，比如单击某个按钮时会显示一个新的图像，这是通过 Flash 中的动作面板来实现的。在动作面板中允许使用 ActionScript 为 Flash 动画添加逻辑，以便根据不同的操作表现出不同的行为。单击主菜单中的"窗口 | 动作"菜单项，或者是使用快捷键 F9 将弹出如图 15.3 所示的动作面板。

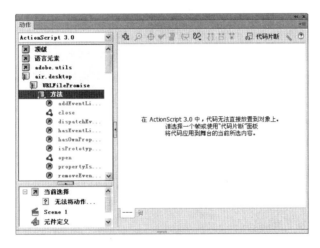

图 15.3 动作面板

在动作面板中可以创建和编辑对象或帧的 ActionScript 代码，这个面板会根据选择的内容而发生变化。比如当选择一个按钮时，动作面板的标题也会变为"按钮动作"，选择影片剪辑时会变为"影片剪辑动作"或"帧动作"。

🔔注意：ActionScript 与 JavaScript 一样均基于 ECMA-262 标准，熟悉 JavaScript 的开发人员应该很快会熟悉 ActionScript。该语言主要用来向应用程序添加复杂的交互性、回放控制和数据显示。

15.1.2 创建第一个 Flash 动画

创建自己的 Flash 动画前，需要对动画要表达的效果有一个基本的计划，一般的创建方式分为如下 6 步。

（1）规划动画效果，确定 Flash 动画的效果样式，以及要完成的基本任务。

（2）添加动画元素，在 Flash 软件中导入媒体元素，比如图像、声音、视频、文本等，也可以使用 Flash 的绘图面板绘制矢量图形动画。

（3）在舞台和时间轴中排列元素，确定动画在特定时间点的显示方式。

（4）应用特殊的效果，可以根据需要应用图形滤镜、混合和其他特殊的效果。

（5）使用 ActionScript 脚本控制动画元素的行为方式，包括这些元素对用户交付的响应方式。

（6）测试 Flash 动画，在测试无误后将 FLA 源文件发布为可以在网页上显示或使用 Flash 播放器进行播放的 SWF 文件。

为了更容易地理解一个 Flash 动画的创建过程，下面将创建一个简单的 Flash 动画。这个动画将演示如何在网页上显示一个运动的小球，动画的规划部分假定这个小球可以按照既定的轨道运动，并且能够通过按钮控制动画的停止和播放。在 Flash 软件中的实现步骤如下所示。

（1）打开 Flash 软件，单击主菜单中的"文件｜新建"菜单项，Flash 将弹出如图 15.4 所示的"新建文件"对话框，切换到"常规"标签页，可以看到 Flash 软件提供的可以创建的 Flash 文件类型。选择 ActionScript 3.0 类别。

可以看到当选中了 AcrionScript 3.0 之后，在右侧的面板中会显示一些 Flash 动画的配置参数，其中宽度和高度用来设置舞台的大小，标尺单位用来设置 Flash 设计面板中的标尺所使用的单位。帧频指定动画播放的帧的数量，默认为 24fps，表示每秒播放 24 帧，对于网站动画来说，一般 8fps 到 12fps 就能够满足需求。在这里命名用默认值，单击"确定"按钮后，Flash 就会创建一个未命名的动画。

（2）为了让舞台背景变得丰富一些，可以在图 15.4 所示对话框中选择"背景颜色"菜单项设置一个舞台背景色，也可以在新建动画之后通过属性面板设置背景色。最常见的方式是通过主菜单中的"修改｜文档"菜单项，将弹出如图 15.5 所示的窗口，该窗口可以对文档的设置进行进一步的修改。

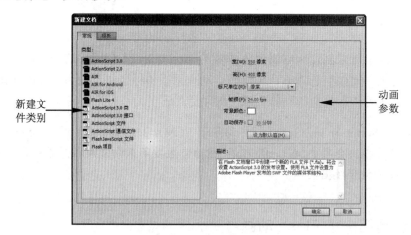

图 15.4　新建动画窗口

（3）选中绘图工具栏中的椭圆形工具（长按绘图工具栏中的矩形，从弹出的子菜单中选择椭圆形），按住 Shift 键在舞台上绘制一个正圆形。在属性面板中可以设置圆的填充色和边框色，这里使用了渐变填充，并且取消了边框色，如图 15.6 所示。

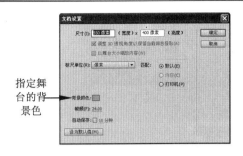

指定舞台的背景色

图 15.5　修改文档窗口

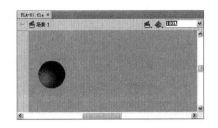

图 15.6　具有渐变效果的圆

（4）由于稍后还要重用该圆形，因此在此将其转换为 Flash 元件以便稍后重用。使用选择工具选中圆形，单击主菜单中的"修改 | 转换为元件"菜单项，将弹出如图 15.7 所示的窗口。

🔲注意：元件是 Flash 中的一种可重用的媒体资源，无须重新创建就可以在文档的任何位置重复使用。元件中可以包含图像、声音及其他动画内容。

在"名称"窗口中指定元件的名称，类型下拉列表框用来指定如下元件类型。

❑ 图形元件：表示用来保存静态图形的元件，不具有动画时间轴。

❑ 按钮元件：会将元件创建为具有单击、滑过或其他动作的交互式按钮。

❑ 影片剪辑：可以创建可重用的动画片段，拥有各自独立于主时间轴的多帧时间轴。

在示例中选择默认的影片剪辑元件，单击"确定"按钮成功创建元件之后，就可以在 Flash 的库面板中查看到新创建的元件，如图 15.8 所示。

图 15.7　转换为元件窗口

图 15.8　Flash 的库面板

（5）将元件移动到舞台外部，以便于动画开始时只是具有舞台而没有任何元素，右击圆形，从弹出的快捷菜单中选择"创建补间动画"菜单项，在时间轴上可以看到 Flash 自动添加了 24 帧，这是因为在创建动画时指定了 24fps，表示一秒钟的动画时长。

（6）在时间线上单击第 24 帧位置，时间轴的红色播放头切换到 24 帧位置，然后舞台中拖动圆形元件到舞台右侧。可以看到补间动画会出现动画的运行轨迹线条，表示动画将沿着指定的轨迹进行运动，如图 15.9 所示。

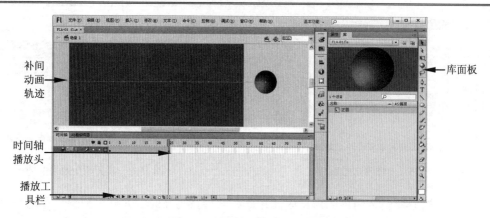

图 15.9　创建圆形的补间动画

🔍**注意**：通过单击时间轴底部播放工具栏中的▶按钮，可以播放动画以观察动画运行的效果。

（7）除了由 Flash 自动创建补间动画的轨迹外，通过鼠标单击轨迹线选中轨迹，可以拖动以便调整补间动画的运行轨迹。例如笔者通过拖动的方式调整了补间动画的轨迹，使其具有曲线运动的效果，如图 15.10 所示。

单击时间线中的某个帧，可以看到圆球的运行位置，通过拖动圆球到不同的位置可以改变运行的轨迹。

现在一个简单的 Flash 动画就创建完成了，为了在真实的环境中预览这个完成的 Flash 动画，可以单击主菜单中的"文件｜预览"菜单项，从弹出的子菜单中可以选择要预览的环境，可以在浏览器中预览或在 Flash Player 中预览，在 Flash Player 播放器中的预览效果如图 15.11 所示。

图 15.10　调整动画轨迹线

图 15.11　在 Flash Player 中预览动画

动画的创建过程中可能需要多次并且在不同的环境中进行预览以便了解动画的最终效果，在动画的效果满足需求之后，可以通过主菜单中的"文件｜发布设置"中设置发布参数，最后单击"文件｜发布"按钮发布创建的动画，根据在发布设置中指定的输出位置，在发布完成之后，可以看到一个 SWF 文件成功地生成，双击该文件可以使用 Flash Player 文件进行播放。

15.1.3　使用 ActionScript 控制动画播放

在上一小节中创建了一个简单的 Flash 动画，这个动画在预览时会不停地循环播放，这是 Flash 动画的默认特性。通常在创建自己的动画时，会希望动画在结束后能够停止播放，最好有一个按钮能够提示用户单击重新播放。为了达到上面所说的效果，需要添加一些控制动画运行的 ActionScript 代码。下面的步骤演示了如何通过 ActionScript 脚本来控制动画的播放。

（1）在 Flash CS 中打开 15.1.2 小节中创建的 Flash 动画，定位到时间线面板，ActionScript 代码既可以写到时间轴上的关键帧中，也可以写到各种按钮事件中。在为时间轴中的关键帧（即时间轴上的小黑点）编写 ActionScript 代码时，一般建议将 ActionScript 脚本写在一个单独的 Action 图层上。因此右击图层面板，从弹出的快捷菜单中选择"插入图层"菜单项，Flash CS 将会在当前选中的图层上方添加一个新的图层。

（2）右击新建的图层，从弹出的快捷菜单中选择"属性"菜单项，Flash CS 将弹出图层属性窗口，为新的图层命名为"脚本"，同时将原来的"图层 1"更改为"动画"，为图层取有意义的名称非常便于以后的维护，否则当图层过多的时候，查找和维护起来将会变得非常困难。

（3）为了在"脚本"层中添加 ActionScript 代码，首先定位到第 24 帧位置，使用 F6 键或右击鼠标，从弹出的快捷菜单中选择"插入关键帧"菜单项，图层面板如图 15.12 所示。

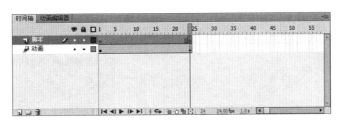

图 15.12　插入关键帧之后的图层面板

（4）选中脚本图层中新插入的关键帧，右击鼠标，从弹出的快捷菜单中选择"动作"菜单项，Flash CS 将弹出动作面板，在编辑器中直接输入如下代码：

```
/* 在此帧处停止
Flash 时间轴将在插入此代码的帧处停止/暂停，
也可用于停止/暂停影片剪辑的时间轴。
*/

stop();
```

这行代码将告诉 Flash 播放器，在播放到该关键帧时停止动画的播放。实际上在动作面板的代码片段中已经内置了时间轴动画中的停止动作，如图 15.13 所示。

💬**注意**：默认情况下使用代码片段插入时，会自动添加一个名为 Actions 的图层，可以通过代码片段的弹出式菜单先将代码复制到剪贴板来避免插入一个新的图层。

现在预览动画，可以发现应用了 ActionScript 脚本之后，果然在动画播放完之后便停止了而不是继续循环地播放。

（5）为了让用户可以选择重复播放动画。下面在动画结束后显示一个"重新播放"的按钮，以便用户可以单击进行重放。在图层面板中插入一个新的层，命名为"按钮"。切换到"按钮"图层的第 24 帧，使用 F6 键插入一个关键帧。

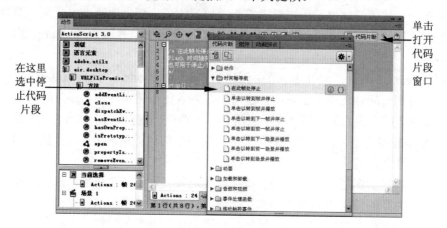

图 15.13　使用代码片段插入预定义的代码

（6）单击主菜单中的"窗口｜组件"打开 Flash 的组件面板，从组件面板中拖一个 Button 控件到舞台上，或者是双击 Button 图标，将会在舞台中间产生一个按钮。组件面板如图 15.14 所示。在成功插入按钮之后，选中该按钮，切换到属性面板，在实例名称中为按钮输入一个实例名，以便在 ActionScript 脚本中引用。这个名称建议为英文名称，以便可以在代码中进行调用，如图 15.15 所示。

图 15.14　使用 Flash 的组件面板

图 15.15　设置按钮的属性

（7）定位到"脚本"层的 24 帧，使用 F9 键打开动作面板，在第 4 步中的 Stop()语句后面添加如下所示的鼠标单击事件代码：

```
/* Mouse Click 事件
单击此指定的元件实例会执行您可在其中添加自己的自定义代码的函数。
说明：
1. 在以下"// 开始您的自定义代码"行后的新行上添加您的自定义代码。
单击此元件实例时，此代码将执行。
*/
btn_reply.addEventListener(MouseEvent.CLICK, fl_MouseClickHandler);
```

```
function fl_MouseClickHandler(event:MouseEvent):void
{
    // 此示例代码在"输出"面板中显示"已单击鼠标"。
    gotoAndPlay(1);
}
```

上面的代码使用了代码片段中的事件处理函数类别下面的 Mouse Click 事件来生成代码框架，在 fl_MouseClickHandler 事件处理代码中，添加 gotoAndPlay 来跳转到第 1 帧进行播放，以便重新开始播放动画。

在添加完代码之后，测试并预览动画，可以看到在动画播放完成之后果然显示了一个"重新播放"的按钮，单击该按钮将重新开始进行动画的播放，效果如图 15.16 所示。

本节演示了 ActionScript 脚本的作用。互联网

图 15.16　具有播放按钮的 Flash 动画

上很多眩目的动画都是通过简单动画和 ActionScript 的配合来实现各种复杂的效果，一些交互式的动画比如课件、展示动画都会使用 ActionScript 来控制播放的方式，灵活掌握 ActionScript 是每个 Flash 专业人员必须具备的基本功。

15.2　设计动画图形

Flash 动画的实现包含图形的绘制或导入。Flash CS 本身提供了一整套的矢量图像绘制工具，可以直接在 Flash 中设计自己的动画图像。如果习惯于使用其他的矢量绘图工具，可以使用 Flash 的导入工具，将 Illustrator 和 Photoshop 文件导入到 Flash 中，Flash 还支持从 Fireworks 及 FreeHand 导入矢量图形，并且可以保留图层、页面和文本块的选项。在本节中将了解如何在 Flash 中进行图形的绘制和处理，了解 Flash 动画的基础知识，如何将现有的图形转换为动画效果。

15.2.1　在 Flash 中绘制图形

编制优秀动画效果的第 1 步是了解 Flash 中的各种绘图工具的使用。在 Flash 的绘图工具面板中提供了多种矢量绘图工具，图形设计者可以利用这些工具绘制出相当精彩的图形效果。

在开始使用这些矢量工具进行绘图之前，必须了解 Flash 上的两种绘图模型，这两种绘制模型为绘图提供了极大的灵活性。它们的作用分别如下。

❑ 合并绘制模型：这是默认的绘制模式，当绘制重叠的图形时，会自动进行合并，也就是说图形的重叠部分会改变其下方的图形。比如如果先绘制一个矩形，然后在矩形的上方绘制一个叠加的圆形。则会创建一个合并的图形，移动圆形会删除矩形中的重叠区域，效果如图 15.17 所示。

❑ 对象绘制模型：图形会被绘制为独立的对象，这些对象在叠加时不会自动合并，
以便于分别对图像进行处理。要使用这种模式，选中绘图工具后，单击绘图工具
栏底部的  图标，将切换为对象绘制模型模式，绘制效果如图 15.18 所示。

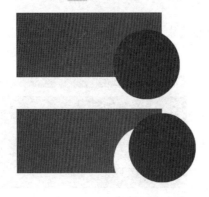

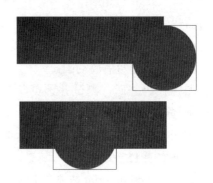

图 15.17　合并绘图模式效果　　　　　　图 15.18　对象绘制模型效果

使用合并模式时，当使用选择工具选中图形时，会选择图形中所有的部分。可以进行
局部选择图形对象的某一部分进行编辑。而使用对象绘制模型时，选择工具会选中所有的
图形对象，在图形周围添加矩形边框，可以使用指针工具移动该对象，以便于对整个图形
进行编辑。

图形绘制完成后，也可以在这两种绘图模式之间进行转换，对于合并模型，只能将两
个图形进行联合，首先选中要进行合并的两个对象，单击主菜单中的"修改 | 合并对象 |
联合"菜单项，会将两个图形进行合并并转换为图形对象，将图 15.17 中的合并绘图模式
的图形进行联合后的选择效果如图 15.19 所示。

对于在图形对象绘制模型下绘制的对象，使用选择工具选中之后，可以通过主菜单中
的"修改 | 分离"菜单项，更改为合并模型绘制的效果，将图 15.18 中的对象绘制模式更
改为合并模式之后的效果如图 15.20 所示。

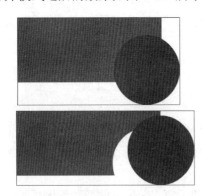

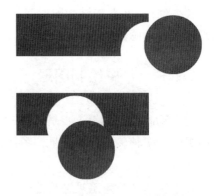

图 15.19　将合并模式的图形进行联合　　　图 15.20　图形对象的打散效果

当图像处于合并模式时，当在图形上使用铅笔、钢笔、线条、椭圆、矩形或刷子工具
绘制一条与另一条线或形状层叠时，会在交叉处分成多个线段或多个形状，此时就可以单
独进行选择，效果如图 15.21 所示。

图 15.21 中在合并模型下绘制了一个圆形和两条线段，可以看到层叠部分将这三个对

象分解为多个不同的子线段和扇形。

Flash 提供的矢量绘图工具与 Fireworks 的使用方式非常相似，必须密切注意属性窗口的设置。当选中或选择不同的绘图工具时，属性检查器会发生变化。

图 15.21　图像层叠效果

15.2.2　使用绘图工具

Flash 的绘图工具栏虽然看似简单，但是灵活使用可以创建出很多意想不到的效果。目前很多优秀的 Flash 动画都是通过 Flash 中的绘图工具，比如钢笔、铅笔等工具绘制出来的。但是在 Flash 中通常不会进行非常复杂的绘制，因为 Flash 本身在绘画方面的功能比较有限，一些动画设计师会借助于 Illustrator 或 FreeHand 设计工具手工绘制矢量图形，再导入到 Flash 软件中。

Flash 的绘图工具面板按其作用分为如图 15.22 所示的 6 个部分。

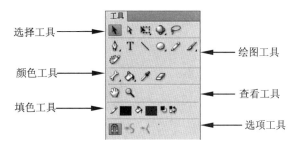

图 15.22　Flash 绘图工具面板

在选择工具部分，可以看到与 Fireworks 中相似，包含如下几个工具。

全部选择工具：也称为指针工具，单击某个对象或者是通过鼠标拖动一个区域来选择该范围内的对象。

部分选择工具：类似于 Fireworks，可以选择形状的部分轮廓进行操作，比如对图形进行变形，选择效果如图 15.23 所示。

任意变形工具：可以对图形进行旋转、缩放、扭曲、倾斜及封套，使用如图 15.24 所示。

图 15.23　使用部分选择工具

图 15.24　使用任意变形工具

3D 旋转和平移工具：用来为图形提供 3D 效果，它只能在影片剪辑类的元件上进行操作，要应用 3D 效果，可以通过将图形转换为影片剪辑类的元件来实现。

套索工具：套索工具可以创建不规则的选择区域，这个工具主要用于位图的选择。不过也可以选择不规则的矢量图形。

绘图工具栏部分包含用来进行图形绘制的主要工具，这些工具分别是：

钢笔工具系列：使用钢笔工具可以通过绘制精确的路径比如直线或平滑流畅的曲线。这个工具是用来进行矢量图形绘制的重要工具，长按该工具可以弹出与钢笔工具相关的几个处理钢笔锚点的工具，通过控制钢笔的锚点来绘制想要的。对象钢笔工具的绘制如图 15.25 所示。通过长按钢笔工具，可以选择不同的锚点编辑工具，可以增加新的锚点或删除锚点，也可以转换锚点。

T 文本工具：使用文本工具可以向舞台中添加单行或多行文本，最简单的文本工具的使用方法是选中文本工具，然后在舞台上进行单击，Flash CS 将出现一个文本输入界面，然后在该文本输入界面中输入文本。文本一旦添加完成之后，可以通过属性面板更改文本的字体和样式，也可以在选择文本工具之后先通过属性窗口设置文本字体和样式后再输入文本，文本输入如图 15.26 所示。

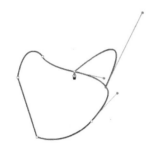

图 15.25　使用钢笔工具绘图　　　　图 15.26　使用文本绘制工具

直线工具：用来在舞台上绘制直线，可以通过属性面板设置线条的颜色、笔触大小、样式及端点，在绘制时按住 Shift 键可以绘制规则的直线或以 45 度角旋转的直线。

矩形和其他规则形状绘制工具：通过长按矩形绘制工具，可以显示其他的几种规则形状的绘制工具。在 Flash 中可以绘制矩形、椭圆或正圆、多边形和星形。

通过属性面板，可以轻松地更改绘制的外观，比如在绘制矩形时可以指定圆角的度数，用来创建出圆角矩形。在使用多边形星形工具时，可以指定边数来创建多个边角的多边形。基本形状的绘制效果如图 15.27 所示。

图 15.27　基本形状绘制工具

注意：在绘制面板中，基本矩形工具和基本椭圆工具将会使用对象模型进行绘制，它会将图形的绘制作为一个整体。

铅笔工具：铅笔工具用来绘制线条和形状，这个工具就好像使用真实的沿笔一样，用来绘制动画轮廓。很多有经验的设计人员会使用铅笔工具来绘制动画人物或景观的外形。选中沿笔工具后，在绘图工具面板底部会显示铅笔模式图标。可以选择伸直、平滑或墨水这 3 种模式来绘制图形，效果如图 15.28 所示。

刷子工具：使用刷子工具可以绘制出刷子一般的笔触，就好像在使用真实的画笔涂色一样，这个工具可以创建一些特殊的效果。在选中了刷子工具后，在绘图工具面板中会显示刷子模式图标 ，刷子笔触大小图标 和刷子形状图标 ，通过这些设置可以设置刷子的绘制外观。不同的画刷模式、笔触大小和刷子形状的绘制效果如图 15.29 所示。

图 15.28　不同铅笔模式的绘制效果　　　图 15.29　不同的画刷模式、画刷大小和笔触样式效果

Deco 绘画工具：可以对舞台上的选定对象应用装饰性的绘图工具绘制图案，在 Flash 的属性面板中可以选择不同的装饰性效果。

颜色填充工作面板提供了填充颜色的几个工具，其中比较常用的是颜料桶工具 和吸管工具 及橡皮擦工具 。

颜料桶工具该工具用来填充舞台上的闭合对象一种颜色，在选中该工具后，既可以通过属性面板指定要填充的颜色，也可以通过绘图工具栏底部的填充颜色来设置要填充的颜色。不过这两种方式都只能填充纯色颜色，如果要填充渐变色，需要通过主菜单中的"窗口｜颜色"菜单项打开如图 15.30 所示的颜色面板来设置渐变填充色。

在颜色面板中可以选择不同的填充方式，默认填充方式为纯色，通过选择"线性渐变"、"径向渐变"及位图填充可以创建样式丰富的填充效果，例如图 15.31 演示了如何使用不同的填充模型来填充图形的效果。

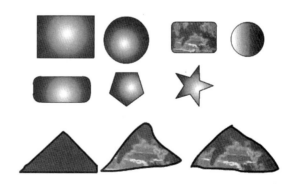

图 15.30　使用颜色面板　　　　　　图 15.31　不同的填充方式的填充效果

本小节简要地讨论了各种绘制图工具的使用方法。要想掌握绘图工具的使用，不仅需要动画设计者具有较强的美工基础，也需要不断尝试以便得出理想的效果，因此除非专业的设计人员，很多网站动画设计人员会考虑导入一些由专业设计人员设计好的图形来进行动画的设计。

15.2.3　创建文本对象

在动画的设计过程中，不可避免地要添加各种各样的文本，比如演示文稿的说明性文本、动画的字幕文本、各种描述性文本等。

在 Flash 中，可以在属性面板中设置文本的类型，也可以在文本中嵌入字体等。在 Flash 的最新版本中，提供了 TLF 文本引擎。相较于 Flash CS5 以前版本的传统文本，TLF 将支持更多更丰富的文本布局功能和对文本属性的精细控制，TLF 文本引擎提供了很多增强的功能，它包含更多的字符样式和段落样式，可以为文本应用 3D 旋转和色彩效果等。

可以在如图 15.32 所示的文本面板中选择传统文本或 TLF 文本，当切换为 TLF 文本时，可以看到更多的文本设置选项，如图 15.33 所示。

图 15.32　在属性面板选择文本类型

图 15.33　使用 TLF 文字引擎

在 Flash 的最新版本中，默认情况下使用的是传统文本，除非对文本的控制具有更精细的要求，否则传统的文本已经可以满足需要。在 Flash 中传统的文本分为如下 3 类。

- ❏ 静态文本：文本内容固定不会动态改变，一般用于内容比较固定的文字内容。
- ❏ 动态文本：文本内容可以动态更新，比如新闻资讯或天气预报。
- ❏ 输入文本：用户可以在表单或调查表中输入的文本。

文本的创建非常简单，一般情况下是选中文字工具，在舞台上想要添加文本的位置单击鼠标，Flash 将显示文本输入光标，直接输入文本即可。默认情况下，文本的内容会水平地进行排列。如果要改变文本的方向，可以单击属性面板中的  图标切换文本的排列方式。文本的水平与垂直排列效果如图 15.34 所示。

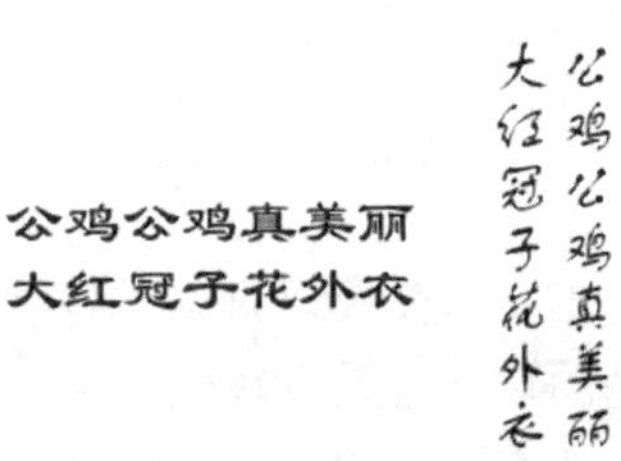

对于静态文本，只需要直接输入文本内容即可，而输入文本和动态文本，则需要指定实例名称。动态文本可以在 ActionScript 代码中为其赋值，而输入文本则允许用户直接进行数据的录入，3 种文本效果如图 15.35 所示。

图 15.34　文本的水平和垂直排列效果

静态文本只是纯粹地显示文本信息，动态文本由于具有实例名称，因此可以在 ActionScript 代码中引用来动态更改其文本内容。最有趣的是输入文本，它的呈现类似于一个输入框，用户可以在里面输入文本，与动态文本类似，它具有实例名称，可以编写 ActionScript 代码来获取或设置其显示内容。

在选中文本后，在属性面板中可以看到滤镜设置项，这个设置项可以用来为文本添加丰富多彩的滤镜效果。文字滤镜面板如图 15.36 所示。

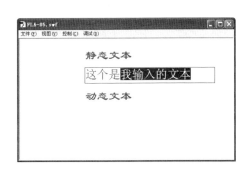

图 15.35　不同类型的文本显示效果

图 15.36　使用文本滤镜

在滤镜菜单中可以看到 Flash 提供的多种滤镜，滤镜面板会列出当前选中的文本已经应用的滤镜。通过调整滤镜面板中的参数可以对滤镜效果进行微调以便能适应各自不同的需要。各种不同的滤境的使用效果如图 15.37 所示。

可以看到通过为文字应用滤镜效果，让原本复杂的文字特效操作变得非常简单。通过灵活地组合各种不同的滤镜参数，可以实现很多有趣的效果。

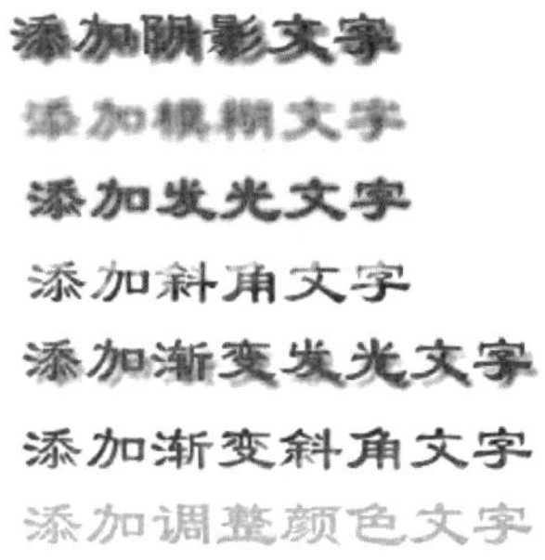

15.2.4　对象的操作

图 15.37　各种文字滤镜的使用效果

多数 Flash 动画都是由多个 Flash 对象组合而成的，理解对象的操作是提升动画设计效能的重要部分。对象的操作包含对对象的移动、复制、删除、组合、变形、联合及分离等操作。下面分几个小节对对象的操作进行讨论。

1．移动、复制和删除对象

要移动对象，必须先使用指针工具选中要移动的对象，通过鼠标拖动或使用键盘上的上、下、左、右键对对象进行移动。

⚠注意：使用方向键移动对象时，每按一次按键就会移动 1 个像素。

如果要精确地控制对象的位置，可以使用属性面板中的 X 或 Y 坐标位置进行调整，属性面板中的位置和大小设置位置如图 15.38 所示。

X 和 Y 的坐标单位是相对于舞台左上角而言的，以舞台的左上角为坐标原点进行偏移设置。

在 Flash 中复制对象比较简单，可以选中对象，按 Ctrl+D 快捷键来复制一个对象，也可以选中对象，按住 Ctrl 键拖动对象来复制一个新的对象。比较传统的办法是使用 Ctrl+C、Ctrl+X 和 Ctrl+V 快捷键来进行复制、剪切和粘贴。Flash 允许将剪贴板中的图形粘贴到舞台中心位置或当前鼠标位置。通过使用主菜单中的"编辑｜粘贴到中心位置"或"编辑｜粘贴到当前位置"可完成不同位置的粘贴操作。

删除舞台上的图形对象也很简单，选中对象直接按 Delete 键或回退键，还可以使用主菜单中的"编辑｜清除"菜单项删除图形对象。

2．组合和合并对象

当舞台上的图形越来越多时，经常需要对一类图形进行分组处理，Flash 的组合功能可以将多个对象作为一个对象来处理，而且不改变它们各自的属性。比如可以对多个对象同时进行移动、缩放和旋转，对象组合后使用指针工具单击任何一个对象都会选中所有的对象。

要组合多个图形，首先使用 Shift 和指针工具选中多个图形，使用主菜单中的"修改｜组合"菜单项，或者是使用 Ctrl+G 快捷键，例如图 15.39 中使用组合命令将 3 个熊猫头像合并为一个对象进行缩放。

图 15.38　在"位置和大小"选项组中精确调整对象的位置　　图 15.39　图形组合效果

当选中了一个组合的图形时，属性面板只会显示一个组名称，通过双击单个对象可以切换到单个对象进行处理。可以通过 Ctrl+Shift+G 快捷键取消组合，也可以通过"修改｜取消组合"菜单项来取消组合。

组合功能是将多个对象合在一起编辑，实际上图形依然是单个图形，而合并操作会将多个图形合并为 1 个图形。合并形状其实是将多个图形设置为合并绘制模式的工具所绘制的形状。可以创建如下 4 种类型的合并。

❑ 联合：合并两个或多个形状的可变部分，删除形状上的不可见的重叠部分。
❑ 交集：创建两个或多个图形的交集对象。
❑ 打孔：删除选定绘制对象与另一个对象重叠部分的图形部分，形成打孔的效果。
❑ 裁切：使用一个绘制对象的轮廓裁切另一个对象。

下面使用基本矩形工具和基本椭圆形工具绘制重叠的矩形和圆形，通过主菜单中"修改｜合并对象"菜单项下的子菜单项，分别对这两个图形进行联合、交集、打孔和裁切，效果如图 15.40 所示。可以看到不同的合并方式会产生不一样的图形效果。

合并后的图形就变成了单个绘图对象。可以通过使用分离命令将图形对象进行打散，分离会完成如下的行为：

- ❏ 切断元件实例到其主元件的链接。
- ❏ 放弃动画元件中除当前帧之外的所有帧。
- ❏ 将位图转换成填充。
- ❏ 在应用于文本块时，会将每个字符放入单独的文本块中。
- ❏ 应用于单个文本字符时，会将字符转换成轮廓。

🔔注意：不要将"分离"命令和"取消组合"命令混淆。"取消组合"命令可以将组合的
对象分开，并将组合的元素返回到组合之前的状态。它不会分离位图、实例或文
字，或将文字转换成轮廓。

3. 变形

除了使用工具栏的任意变形工具对图形进行缩放、旋转、据曲和封套之外，如果要对
图形进行精确的变形操作，还可以使用 Flash 提供的变形面板和主菜单中的"修改 | 变形"
菜单项下的子菜单。要打开变形面板，可以使用 Ctrl+T 快捷键或通过主菜单中的"窗口 |
变形"命令，将弹出如图 15.41 所示的面板。

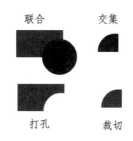

图 15.40 图形合并效果　　　　图 15.41 使用变形面板

由图 15.41 中可以看到，变形面板可以精确地控制缩放、旋转、倾斜及 3D 旋转的比例，
窗口底部的 按钮用于复制变形，它可以基于前一幅图像不停地应用变形并复制自身。例
如为了旋转多个熊猫头像，首先选中熊猫，使用工具面板中的自由变形工具 选中熊猫，
调整熊猫的中心点到底部的位置，如图 15.42 所示。在变形面板中设置旋转角度为 45 度，
并且在缩放处将 X 和 Y 分别缩放为 125%的百分比。然后反复多次单击 按钮，图像显示
结果如图 15.43 所示。

将中心点
移动到这
个位置

图 15.42 调整图像中心点　　　　图 15.43 复制变形效果

按钮可以清除变形，它可以将任何变形设置恢复为原始模式。主菜单中的变形子菜单可以单独对某一项进行变形设置，它可以加速变形的效果，比如水平和垂直的翻转或者是顺时针和逆时针的旋转可以通过菜单来轻松地进行变形应用。

15.3　创建 Flash 动画

动画实际上是通过快速连续地播放一系列静止的图像，来达到图形运动的效果。医学研究证明，人的眼睛具有"视觉暂留"的特性，也就是说人的眼睛看到一幅图像或特体后，在 24 秒内不会消失，通过在前一幅画面还没有消失前来播放下一幅画面，让人感觉到一种流畅的动画效果。在过去动画需要由专业人士绘制连续的多幅不同的图像来实现动画效果，Flash 通过引入多种动画类型，大大简化了动画创作的复杂性，一经推出便广受欢迎。

15.3.1　Flash 动画的种类

在 Flash 中创建和管理动画面板的核心部分是时间轴，通过 15.1 节的介绍可以知道时间轴由很多帧组成，如果使用传统的逐帧创建动画的方式，需要花费大量的时间和精力，对于非专业动画设计人员来说，会变得相当困难。Flash 提供了几种不同的动画类型，它会根据一系列算法来创建补间的动画效果。

在 Flash 中可以创建如下的几类动画。

❑ 逐帧动画：为时间轴中的第一个帧指定不同的动画图形来创建动画。这个技术可以创建与电影胶片效果相同的动画，一些复杂的人物动画可以使用这种动画技术来实现。在图 15.44 所示的界面中，通过为每一帧添加一个奔跑的豹子动画，创建了运动中的豹子动画效果，它显示了逐帧动画的时间轴定义方式。

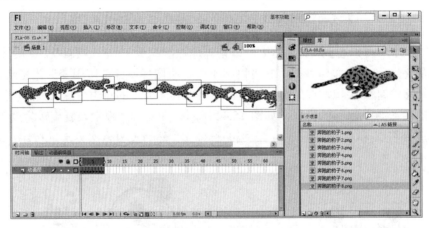

图 15.44　创建奔跑的豹子逐帧动画

❑ 补间动画：补间动画是指只需要指定开始帧和结束帧的效果，由 Flash 根据特定的补间算法计算中间动画。补间动画制作简单，而且能实现很多有趣的效果，比逐帧动画体积小。在 Flash 中可以创建基于属性的补间动画或基于形状的补间动画等。图 15.45 演示了形状补间动画的创建效果，它将数字形状 1（通过将文字分离的形状）变成数字形状 2，由 Flash 自动计算补间形成的形状补间动画。

图 15.45　形状补间动画效果示例

逐帧动画的工作量比补间动画大，而且动画的体积较复杂。在创建奔跑的豹子动画时，使用逐帧动画需要导入 8 幅 PNG 格式的位图，同时需要在每一帧中添加位图来添加逐帧的效果。但是这种动画具有较逼真的效果，它可以创建类似电影胶片的动画效果。补间动画只需要绘制出开始和结束两个帧之间的内容，中间的过渡部分由 Flash 根据特定的补间算法计算出来。补间的开始和结束帧由关键帧组成，中间由 Flash 计算出来的部分为普通帧，也可以称为过渡帧，这种补间动画有时也称为过渡动画或变形动画。

15.3.2　使用时间轴和帧

在 Flash 中动画控制的主要位置是时间轴窗口，在该窗口中包含图层、与图层对应的时间轴和帧。时间轴类似电影胶片，胶片中的每一幅图像由帧组成，在时间轴中由帧来组织和控制内容，时间轴中帧的放置位置决定了动画的播放顺序。

Flash 中时间轴面板主要由两部分组成，分别是图层面板和时间轴面板。时间轴面板如图 15.46 所示。

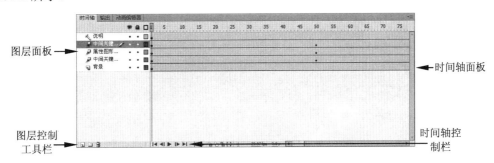

图 15.46　时间轴面板

图层的操作与 Photoshop 中类似，用户可以通过图层工具栏的 图标创建新的图层，也可以创建图层文件夹。图层文件夹类似于图层组，用来组织多个图层。右击图层面板，从弹出的快捷菜单中选择"属性"菜单项，将会弹出如图 15.47 所示的图层属性面板。

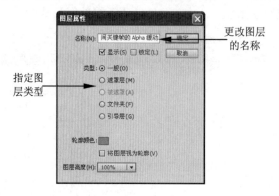

图 15.47　图层属性窗口

在属性面板中可以更改图层的显示或隐藏，指定是否对图层进行锁定等。在图层的类型部分，可以更改当前选中图层的类型，默认情况下 Flash 会创建一般性的图层，如果要创建遮罩动画或沿路径运动的动画，则需要创建引导层。在本章后面介绍遮罩动画和沿路径运动的动画时将会详细讨论这两类层的具体作用。

每一个图层都包含一个时间轴，通过灵活控制图层和时间轴，能够混合多个图形来创建真实的动画效果。每一个时间轴又由多个帧组成，帧是 Flash 中最小的时间单位。在 Flash 中，帧表示某个时间点上的动画显示效果，按其作用又可以分为如下 3 种类型。

❑ 普通帧：在时间轴上显示实例对象，但不能对实例对象进行编辑的帧。使用 F5 键添加普通帧。

❑ 关键帧：有关键内容的帧，定义了动画的关键画面，每个关键帧可以是相同的画面，也可以由不同的画面组成。不同的关键帧分布在时间轴的不同位置，就会呈现出动态的视觉效果。可以使用 F6 键添加关键帧。

❑ 空白关键帧：是关键帧的一种，它不包含任何内容，如果要插入不包含任何内容的帧，就可以使用空白关键帧。使用 F7 键添加空白关键帧。

🔔注意：只有在关键帧中才能添加 ActionScript 脚本，普通帧无法添加脚本代码。

不同类型的帧在时间轴上的显示方式如图 15.48 所示。

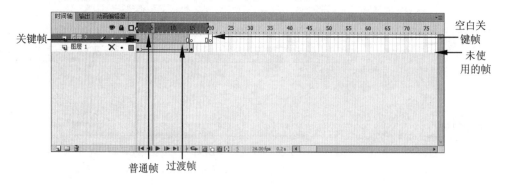

图 15.48　帧显示方式

由图 15.48 中可以看到，关键帧在时间轴上显示为实心的圆点，空白关键帧在时间轴上显示为空心的圆点，普通帧在时间轴上显示为灰色填充的小方格。同一层中，在前一个关键帧的后面任一帧处插入关键帧，是复制前一个关键帧上的对象，并可对其进行编辑操作；如果插入普通帧，是延续前一个关键帧上的内容，不可对其进行编辑操作；插入空白关键帧，可清除该帧后面的延续内容，可以在空白关键帧上添加新的实例对象。

帧是整个动画设计的核心单位，通过使用 Flash 提供的上下文菜单，可以选择帧的显示状态、移动和复制帧、删除和清除帧或更改帧的显示状态。

15.3.3　元件、实例和库

元件是 Flash 中相当重要的一个概念，它用来创建可重复使用的图片、动画或按钮。元件可以在当前影片或其他影片中重复使用，每个元件都可以有自己的时间轴、场景和完整的图层。

元件一旦被创建就会放入库面板中去，当把元件从库面板拖入舞台时，就增加了该元件的一个实例，可以通过库面板反复重用某个元件以达到重用的目的。通过复用元件，可以显著地减小文件的大小，因为保存一个元件的实例比保存元件内容的多个副本占用的存储空间要小。元件和实例的区别如图 15.49 所示。

图 15.49　元件和实例的区别

元件可以重复使用，这为元件的修改与更新带来了极大的便利，便于在后期对动画进行进一步的修改。在 Flash 中元件分为 3 种类型，分别是图形元件、影片剪辑元件和按钮元件。在本章 15.1.2 节中曾经讨论过这 3 种元件的区别。其中影片剪辑允许创建独立于主时间轴的单独的动画，比如创建一个旋转的车轮元件，在主动画中只需要创建一个移动补间动画的汽车，就可以让汽车具有飞速行驶的效果。图 15.50 演示了一个旋转的轮子的影片剪辑元件，它具有自己独立的时间轴，还可以通过 ActionScript 来控制动画的播放。

有多种方法可以用来创建一个元件。

❑ 可以在舞台上选择一个图形对象，使用该选定的对象来创建一个元件。
❑ 可以根据现有的动画转换成元件。
❑ 可以从头开始创建一个空白元件，在元件编辑器中创建元件，对于影片剪辑来说就像创建一个普通的动画一样。

这里将显示正在
编辑元件

元件独立的时
间轴

图 15.50　影片剪辑元件的编辑界面

要将一个现有的对象转换为元件，只需要使用指针工具选中该图像，使用 F8 键或使用主菜单的"修改 | 转换为元件"菜单项，将弹出"转换为元件"对话框，如图 15.51所示。

如果要从头开始创建一个元件，可以单击主菜

单中的"插入 | 新建元件"菜单项，将弹出类似图15.51 所示的"新建元件"对话框，选择了元件的类型并单击"确定"按钮后，Flash 将进入到元件编辑窗口，根据选择的元件的类型，比如影片剪辑类型的元件可以像编辑普通动画一样，而按钮元件则会进入到按钮编辑窗口。

图 15.51　"转换为元件"对话框

如果要把舞台上现有的动画转换为元件，就可以重用已经制作好的动画。要将一个现有的动画转换为元件，需要使用 Shift 键和鼠标选中时间轴，通过复制或剪切将帧复制到剪贴板中，然后创建一个新的影片剪辑，将剪贴板中的帧插入到元件时间轴中，这样就可以将已经创建好的动画转换为动画元件。

15.3.4　逐帧动画

创建逐帧动画就好像创建传统的动画片一样，可以一帧一帧地绘制，也可以通过导入外部的动画文件来实现逐帧运行。下面演示如何创建奔跑的豹子动画，这是一个经典的用逐帧动画实现的 Flash 动画的例子。奔跑的豹子所使用的动画素材来自互联网，可以在本书的配套光盘中找到原始的动画素材。这个逐帧动画的实现过程如下所示。

（1）打开 Flash CS 软件，单击主菜单中的"文件 | 新建"菜单项，从弹出的新建文档窗口中选择常规标签类，选择类型为 ActionScript 3.0 动画文件，单击"确定"按钮创建一个空白的 Flash 动画。使用 Ctrl+S 快捷键将该动画保存为 FLA-8.fla 文件。

（2）选择主菜单中的"文件 | 导入 | 改入到库"菜单项，选择本章的素材奔跑的豹子1～8 这 8 张 PNG 格式的图片素材，如图 15.52 所示。

（3）当将图片导入到库中之后，可以从库面板找到这些素材图片，将第 1 幅图片拖动到舞台上，它会在默认的图层 1 中插入一个关键帧来放置图片。每隔 2 帧按 F7 键插入关键帧，从库中将相应编辑的图片依次插入，图层面板如图 15.53 所示。

图 15.52　导入图片素材到库中

图 15.53　向时间轴中插入图片素材

（4）由于现在图片的排列比较混乱，接下来单击时间轴工具栏中的绘图纸外观工具 ，将会显示所有帧的影像，播放头所在的帧会高亮显示，其他的帧用半透明显示。

注意：在工具栏中的绘图纸工具又称为"洋葱皮"工具，它由洋葱填充模式、洋葱皮外轮廓模式、多帧编辑模式和修改洋葱皮标记组成，可以同时编辑多个帧的内容或查看多个帧的影像，以便了解动画的运行轨迹。

选中了绘图纸工具后，在播放头的左右出现洋葱皮的起使点和终止点，位于洋葱皮之间的帧在工作区中由深入浅显示出来，当前帧的颜色最深，如图 15.54 所示。

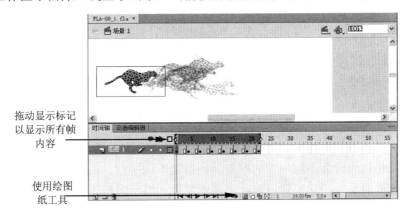

图 15.54　使用绘图纸工具

（5）在绘图纸模式下，对每一帧的图片位置进行调整，以便能够模拟出豹子跑动的样式。笔者的调整效果如图 15.55 所示。

在设置完成图片的位置后，再次单击绘图纸按钮 ，进入到常规模式下。

（6）单击图层 1 选中所有的帧，在选中状态下右击鼠标，从弹出的快捷菜单中选择"剪切帧"菜单项，将所有的帧剪切到剪贴板中。然后单击主菜单中的"插入|新建元件"菜单项，创建一个名为"奔跑的豹子"的影片剪辑元件，再将剪贴板中的帧粘贴到新元件的时间轴中，

图 15.55　在绘图纸模式下调整图像的位置

用来根据现有的动画创建影片剪辑。

（7）切换到场景 1，单击主菜单中的"文件｜导入到舞台"菜单项，导入一幅位图背景文件，将图层 1 命名为"背景"，并在 25 帧位置按 F5 键插入一个普通帧。

（8）新建一个图层，将图层命名为"豹子"，在第一帧位置处从库面板拖一个跑动的豹子元件，放在舞台外面，在第 25 帧处按 F6 键添加一个复制的关键帧，将豹子元件移动到右侧。选中豹子图层中所有的帧，右击鼠标，从弹出的快捷菜单中选择"创建传统补间"，用来创建移动的补间动画。选中图层工具栏中的绘图纸外观 和编辑多个帧 之后的设计界面如图 15.56 所示。

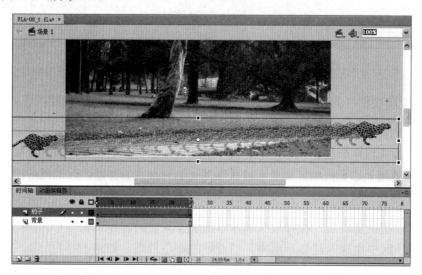

图 15.56　奔跑的豹子设计界面

由图 15.56 中可以看到豹子的移动轨迹。实际上豹子本身是一个逐帧动画的影片剪辑，因此动画运行的时候，可以看到一只正在奔跑中的豹子沿着公园的路飞快地跑过去。

15.3.5　补间动画

补间动画是指通过为不同帧中的对象属性指定不同的值，由 Flash 软件计算两个帧之间的属性过渡值而实现，它不像逐帧动画那样需要一帧一帧地进行手工定义，补间动画可以大大加速动画的设计。

在 Flash 中可以创建 3 种类型的补间动画。

❑ 补间动画：这是在 Flash CS4 中引入的功能强大的补间动画，可以对补间的动画进行最大程度的控制。

❑ 传统补间：这是在 Flash 早期版本中创建的补间，比如用来在两个关键帧之间创建移动补间动画，或者是改变角度的补间动画。

❑ 形状补间：用来创建由一个物体向另一个物体的变化过程，比如由三角形变成四方形等，形状补间属于补间动画的一种。

补间动画与传统补间的区别在于定义方式，在上一小节的奔跑的豹子的示例中，已经演示了如何通过创建传统补间来实现奔跑的豹子。传统补间动画的制作顺序如下。

（1）先在时间轴上的不同时间点定好关键帧⑬每个关键帧都必须是同一个影片剪辑。

（2）在关键帧之间选择传统补间，则动画就形成了。传统补间动画是最简单的点对点平移，也就是一个影片剪辑从一个点匀速移动到另外一个点。没有速度变化，没有路径偏移或弧线效果，一切效果都需要通过后续的其他方如引导线或动画曲线去调整。

下面的示例演示如何创建一个移动的小球，这个小球具有缓动的弹跳的效果，步骤如下所示。

（1）新建一个 Flash 动画，命名为 FLA-11.fla，使用绘图工具绘制一个具有径向渐变填充的椭圆形，并将之转换为元件。

（2）在 20 位置处按 F6 键添加一个关键帧，拖动圆到不同的位置。选中图层中的第 1 帧，右击鼠标，从弹出的快捷菜单中选择"创建传统补间"菜单项。一个简单的传统补间动画就创建完成了。

（3）为了让动画具有缓入缓出的类似动画弹跳的效果，选中时间轴中的任意一帧，在属性面板中可以看到"编辑缓动"按钮 ，单击该按钮将弹出如图 15.57 所示的"自定义缓入/缓出"对话框。

该对话框显示了一个表示运动程度随时间而变化的坐标图。水平轴表示帧，垂直轴表示变化的百分比。第一个关键帧表示为 0%，最后一个关键帧表示为 100%。通过鼠标拖动线条可以调整动画运动的速率，可以通过预览观察到小球运动的效果。

（4）在 35 帧位置处按 F6 键添加一个新的关键帧，使用与第（2）步相同的方法创建传统的补间动画，使用与第（3）步相同的方法编辑缓入缓出，至此一个具有动画弹跳效果的小球就成功创建出来了。

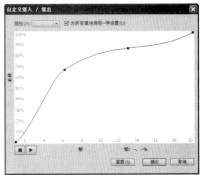

图 15.57　"自定义缓入/缓出"对话框

下面来了解一下如何使用补间动画来实现传统补间动画类似的效果。补间动画不需要在两个关键帧之间创建，只需要在时间轴的某个位置放一个关键帧，就可以开始创建补间动画，通过在指定的帧位置移动影片剪辑，可以创建动画的移动效果，并且可以编辑动画的移动轨迹。

（1）新建一个 Flash 动画文件，命名为 FLA-12.fla，从 FLA-11.fla 中复制圆球元件到图层 1 的第 1 帧中。右击该关键帧，从弹出的快捷菜单中选择"创建补间动画"菜单项，Flash 会自动添加 24 帧普通帧，默认情况下是每秒 24fps，表示 1 秒钟的动画时长。

（2）在第 20 帧位置单击鼠标，然后在舞台上拖动圆球，Flash 会显示出动画运动的轨迹线，在第 35 帧位置处按 F5 键插入一个普通帧，并且拖动圆球到一个其他的位置，Flash 产生的动画轨迹及时间轴效果如图 15.58 所示。

补间动画的形态可以通过选择工具进行拖动而改变，补间中的属性关键帧将显示为路径上的控制点，通过部分选择工具可以选中控制点进行拖动调整。

还可以通过调整属性窗口的缓动百分比来调整补间动画的缓动频率和旋转次数。可以看到补间动画的创建比传统补间更容易且具有更多的调整选项。

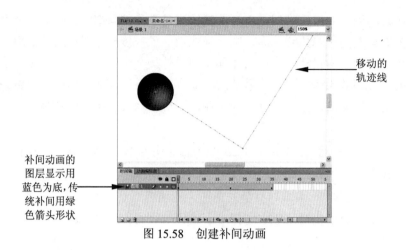

移动的轨迹线

补间动画的图层显示用蓝色为底,传统补间用绿色箭头形状

图 15.58　创建补间动画

15.3.6　图层遮罩动画

在 Flash 中可以创建一个遮罩层,这个遮罩层类似于 Photoshop 中的遮罩,不过通过让这个遮罩层中的元素运动,可以创造出具有遮罩感的动画效果。在 Flash 中遮罩动画用两个图层来表示,一个用来遮盖的层和一个被遮盖的层,被遮住的东西会被显示出来。下面演示如何创建一个文字遮盖的动画效果,如以下步骤所示。

（1）新建一个名为 FLA-13.fla 的动画文件,在动画中添加两个层,在图层面板中位于上面的层命名为"遮罩",位于下面的层命名为"被遮罩"。

（2）在"被遮罩"层中添加一行文字,在示例中添加了"FLASH 遮罩动画"文本,在"遮罩"层中使用绘图工具栏中的椭圆工具绘制一个圆形,并转换成影片剪辑类型的元件。

（3）选中"遮罩"层中的圆形元件,选中第 1 帧右击鼠标,从弹出的快捷菜单中选择"创建补间动画",选中第 24 帧,将圆形拖动到文字右侧,并且在被遮罩层的 24 帧位置插入一个普通帧,如图 15.59 所示。

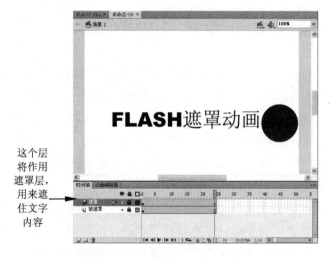

这个层将作用遮罩层,用来遮住文字内容

图 15.59　添加两个图层并应用补间动画

（4）选中"遮罩"图层，在图层面板右击
鼠标，从弹出的快捷菜单中选择"遮罩层"菜
单项，会将这个普通的图层变为遮罩层，可以
看到圆形内部会显示文字内容，而圆形外部的
所有文字内容都被遮盖，动画运行效果如图
15.60 所示。

遮罩层有以下几个特点。

图 15.60　遮罩动画的运行效果

- □ 由于将在遮罩层中的形状内部显示被遮罩的内容，因此遮罩层的形状决定了可视
  区的内容，因此应该注意该图层的形状。
- □ 遮罩层被作为遮罩后不会显示形状的颜色，因此遮罩层形状的颜色无关紧要。
- □ 如果不再需要遮罩层，只需要右击鼠标，取消选择"遮罩层"即可。

使用遮罩层可以完成很多有趣的效果，比如灯光效果、放射线效果等，可以参考相关
的资料了解更多关于遮罩动画的信息。

15.3.7　沿路径运动的动画

沿路径运动的动画主要是对引导层的利用。引导层是图层的一种，可以用来设定运动
对象运动的某一路径。在引导层中画好运动路径，在引导层中的下一层中使运动物体与路
径吸附在一起形成按路径运动的效果。

下面通过一个简单的示例演示如何创建一个沿路径运动的小球。首先创建一个名为
FLA-14.fla 的 Flash 动画，使用如下的步骤来实现沿路径运动的动画效果。

（1）在舞台上绘制一个具有渐变填充效果的小球，并将其转换为影片剪辑类型的元件。
接下来选择图层 1，将其重命名为"被引导"图层。

（2）插入一个新的图层，将该图层命名为"引导"图层，选中时间轴中的第 1 个关键
轴，使用钢笔工具绘制一条平滑的曲线。然后将圆形小球拖动到引导线的起始端。

（3）在"被引导"层的第 30 帧处插入一个关键帧，在该帧中将小球拖动到曲线的终
止端，将小球的中心点与曲线的末稍自动吸附。然后在"引导"层的 30 帧位置按 F5 键插
入一个普通帧。

（4）在"被引导"层的第 1 帧上右击鼠标，从弹出的快捷菜单中选择"创建传统补间
动画"菜单项，创建传统的补间动画。

（5）右击"引导"层，从弹出的快捷菜单中选择"引导层"菜单项。这会将一个普通
的图层转变为引导层。然后将"被引导"层拖动到引导层下方，形成被引导的效果，设计
界面如图 15.61 所示。

按 Ctrl+回车键预览动画，可以看到小球果然沿着绘制的路径进行移动。引导层中的线
条在运行时会不可见。引导层可以绘制路径、补间实例、文本块等，可以将多个层放到引
导层下面作为被引导层，使得多个对象沿同一条路径作运动。

🔔注意：只能对传统的补间动画创建运动路径，不能将补间动画作为被引导层，补间动画
　　　　可以直接编辑运动路径来实现引导效果。

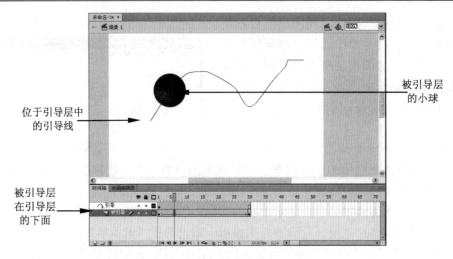

位于引导层中
的引导线

被引导层
的小球

被引导层
在引导层
的下面

图 15.61　沿路径运动的动画设计效果

15.4　小　　结

　　本章介绍了 Flash 动画设计的相关知识，首先讨论了 Flash 的主界面，了解了界面上各个元件的组成，接下来讨论了如何使用 Flash 创建第一个动画并且使用 ActionScript 来控制动画的播放。Flash 提供了强大的矢量图形编辑功能，在 15.2 节中介绍了如何在 Flash 中绘制文本和图形。最后讨论了 Flash 动画的种类，与 Flash 动画创建紧密相关的时间轴和帧的概念，以及如何使用元件、实例和库管理动画元素。最后通过实例介绍了逐帧动画、补间动画、遮罩动画和沿路径运动的动画这几种常见动画的制作方法。

第 3 篇　动态网站开发

▶▶▶　第 16 章　使用 PHP 开发动态网站

▶▶▶　第 17 章　操纵 MySQL 数据库

▶▶▶　第 18 章　用 Dreamweaver 创建 PHP&MySQL 动态网站

第 16 章　使用 PHP 开发动态网站

　　到目前为止，所介绍的网站建设技术只能用于创建静态的网站。静态网站并非静止不动的文字，它可以包含图表、动画、声音、视频等多媒体内容，但是这些网站的内容在创建网站时就被确定了，除非网页设计人员更新网页内容并重新上传到服务器空间，否则内容无法自动更新。而动态网站是指内容可以动态更新的网站，最常见的例子是动态网站可以通过后台程序动态地更新网页的内容，而不用专门的网页设计人员通过编辑 HTML 并上传网站源文件来更新网页。

16.1　动态网站基础

　　静态网站只需要通过浏览器进行解析即可，因此网站建设好后可以离线打开查看。动态网站需要通过一个额外的编译解析过程，它通常由数据库、服务器端解析程序和前端 HTML 网页 3 部分组成。目前互联网上的论坛、电子商务网站、留言本、相册等都属于动态网站。

16.1.1　什么是动态网站

　　随着网络的普及和网民的增长，单纯的静态网页已经不能满足企业或个人的内容展现需求。举个例子，公司的产品展示网站能够提供打分和评论的功能，允许浏览者评论产品并能为产品进行打分，以便公司的管理人员能够了解到产品的真实反馈从而进一步优化产品。个人网站站长要求能够在网页上直接编辑信息并呈现在网站上，能够动态地更新网页的内容而不用重新编辑网页。这些需求普通的静态网页无法实现，需要使用动态网站技术。

　　图 16.1 是经典的 PHP 开源论坛 Discuz!的首页，通过论坛，任何人都可以在网页上发表信息内容，其他的人看到这些内容后可以发表评论，从而形成一种类似真实的讨论效果。

　　动态网站的含义是网站内容的动态化，而不仅仅是网页上是否具有动画。静态网页是创建动态网页的基础，静态网页由网页设计师产生可供浏览器浏览的内容，而动态网页由网站程序设计人员编写程序来动态产生网页。静态网页一般以.html 作为扩展名，而动态的网站一般是由 ASP、JSP、PHP 或 ASP.NET 等服务器端编程语言构建的，网站的内容由后台数据库保存，因此扩展名一般是.asp、.jsp、.php 或.aspx，图 16.2 演示了动态网站的一般架构图。

　　可以看到，客户端浏览器请求动态网页内容时经过了如图 16.2 所示的 4 个步骤：

　　（1）客户端浏览器通过 HTTP 请求服务器端的网站。

　　（2）网站服务器将请求转给动态网站服务器组件。

图 16.1　动态网站示例：论坛

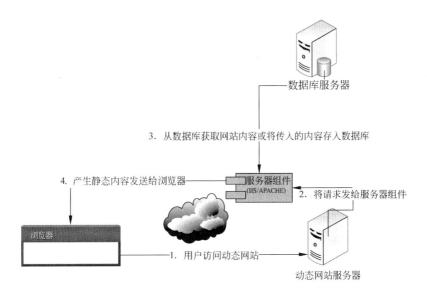

图 16.2　动态网站的结构图

（3）动态网站服务器运行服务器网站程序，与数据库服务器交互查询或存储数据库中的网站内容。

（4）服务器组件将产生静态的网站内容，发送回浏览器进行呈现。

可以看到，对于网站建设人员来说，编写静态网页只是为了让浏览器中呈现出想要的效果，而编写动态网站是需要编写能够让网站服务器自动生成网页的网站程序，因此动态网站有时也被称为 Web 应用程序。

16.1.2　PHP 语言简介

动态网页需要在服务器端创建服务器端的脚本，以便能够产生静态的 HTML 页面，同时又能够与数据库进行交互。目前常用的技术有 ASP.NET、JSP 和 PHP 等，其中又以开源的 PHP 最为流行。

　　PHP 是一种服务器端的脚本语言，它内嵌在 HTML 标记中，语言风格类似于 C 语言，用来在服务器端执行，实现动态网页，生成各种交互式效果。

　　相较于其他的服务器端脚本，PHP 具有如下几个优点：

- ❑ PHP 是开放源代码的，可以从 http://www.php.net/网站了解和下载最新的 PHP 源代码。
- ❑ PHP 完全免费，因此不需要任何投入成本就可以开发服务器端程序。
- ❑ PHP 语法简洁，运行速度快，由于这种语言是嵌入到 HTML 中的，因此编辑较简单，实用性强。
- ❑ PHP 是跨平台的，可以在 Windows、Linux 和 UNIX 上运行。
- ❑ PHP 是面向对象的编程语言，在最近的版本中面向对象等方面得到了很大的改进。

　　PHP 最初是 Person Home Page 的缩写，由 Rasmus Lerdorf 在 1994 年创建，最初只是为了维护个人网页而制作的一个简单的用 Perl 语言编写的程序，后来其他的一些天才程序员们重新编写了 PHP 的解析器，并且将 PHP 的全称更改为：PHP: Hypertext Preprocessor。PHP 的 Logo 如图 16.3 所示。

　　PHP 当前的稳定版本是 PHP 5.4.7，可以从如下的网址下载并获取 PHP 的源代码和详细的开发文档：

```
http://www.php.net/downloads.php
```

　　幸运的是国内的开发人员翻译了 PHP 的帮助文档，通过这份文档可以了解更详细的 PHP 信息，文档网址如下：

图 16.3　PHP 的 Logo

```
http://www.php.net/manual/zh/
```

16.1.3　安装 PHP 环境

　　为了能在电脑上开发 PHP 程序，需要安装 PHP 的开发环境。一般来说运行 PHP 环境需要安装如下几个组件。

- ❑ Apache 服务器软件：类似于 Windows 中 IIS 的一个服务器程序，用来解析 PHP 脚本的运行。
- ❑ MySQL 数据库：用来存储数据的小型关系型数据库管理系统。
- ❑ PHP 语言编译环境：以便 Apache 可以识别并解析 PHP 文件。
- ❑ PHPMyAdmin：用来管理 MySQL 的一个管理环境。

　　由于 PHP 的跨平台特性，一般来说 PHP 的本地平台分为如下两类。

- ❑ LAMP：是 Linux、Apache、MySQL 和 PHP 的前缀缩写，用来在 Linux 平台上开发 PHP 程序。
- ❑ WAMP：是 Windows、Apache、MySQL 和 PHP 的前缀缩写，用来在 Windows 平台上开发 PHP 程序。

　　由于单独安装和配置这些组件比较复杂，互联网上的一些社区和组织整合了这些组件，提供了一些整合的安装包。考虑到目前 Windows 操作系统仍然是开发人员的主流平台，因此下面将以 Windows 平台为例介绍如何安装 PHP 的开发环境。

目前有多种整合的工具包可以实现一键安装 PHP 环境，比较流行的是 XAMPP，这是一个功能强大的集成软件包，它具有 Linux、Windows 及 Mac OS 等多种平台上的版本。可以从如下的网址下载：

```
http://www.apachefriends.org/zh_cn/xampp.html
```

在该网页中选择适用于 Windows 的 XAMPP，该版本支持 Windows 2000、XP、Vista 和 Windows 7 等版本，集成了 MySQL、PHP、Perl 和 Apache 发行版。

从网站上下载回来的是一个近 100MB 的可执行的.exe 文件，笔者下载的文件名为 xampp-win32-1.8.1-VC9-installer.exe，双击该文件，将会进入安装欢迎界面，如图 16.4 所示。

单击 "Next" 按钮，将进入到 XAMPP 安装包的选择组件窗口。可以看到 XAMPP 集成了 Apache、MySQL、FileZilla FTP Server 等，在程序语言部分集成了 PHP 和 Perl，Tools 部分有 phpMyAdmin 和其他相关工具，基本上开发 PHP 的平台已经完全包含，如图 16.5 所示。

图 16.4　XAMPP 的安装欢迎界面

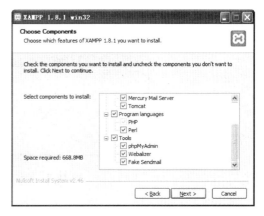

图 16.5　选择组件窗口

选定了所需要安装的组件之后，单击 "Next" 按钮，将进入到安装位置选择窗口，选择所要安装的目标文件夹，建议使用默认的安装位置，单击 "Install" 按钮，将开始各个组件的安装过程。

在安装完成之后，XAMPP 会提示用户是否打开 XAMPP 控制面板来查看各个组件的配置情况，如图 16.6 所示。

由于笔者计算机的 80 端口已被 IIS 占用，因此在日志面板中会提示 Apache 出现了问题：

```
7:13:35  [Apache]   Problem detected!
7:13:35  [Apache]   Port 80 in use by "system"!
7:13:35  [Apache]   Apache WILL NOT start without the configured ports free!
7:13:35  [Apache]   You need to uninstall/disable/reconfigure the blocking
application
7:13:35  [Apache]   or reconfigure Apache to listen on a different port
```

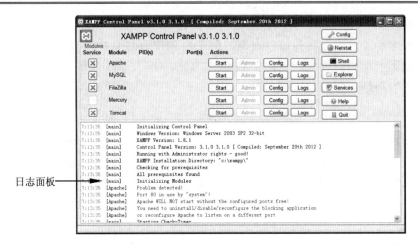

日志面板

图 16.6　使用 XAMPP 的控制面板

该日志提示 80 端口已被占用，可以通过停用 IIS 释放 80 端口，不过一般情况下会通过 XAMPP 控制面板中 Apache 的配置按钮来重新配置一个新的端口。单击 Apache 右侧的 "Config" 按钮，从弹出的下拉菜单中选择 "Apache(httpd.conf)" 菜单项，将在记事本中打开 httpd.conf 配置文件。在该配置文件中找到 Listen 配置项，修改为 8080，如图 16.7 所示。

图 16.7　修改 Apache 的默认端口

在配置完 Apache 的默认端口后，单击 XAMPP 控制面板中 Apache 和 MySQL 右侧的 "Start" 按钮，启动 Apache 和 MySQL 数据库，启动后的配置面板如图 16.8 所示。

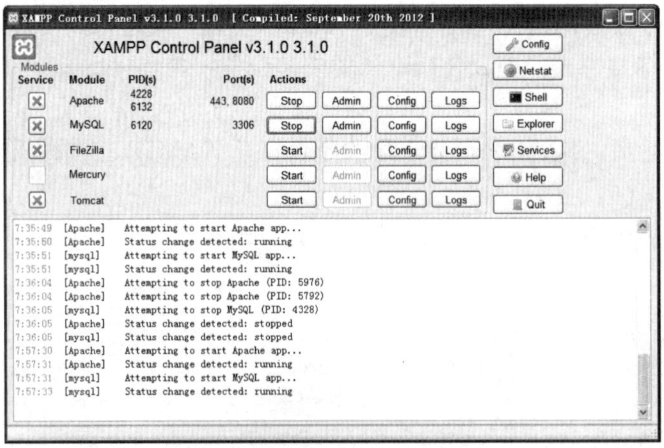

图 16.8　在 XAMPP 中启动 Apache 和 MySQL

至此 PHP 平台就搭建完成了，可以看到借助于集成化安装包，将原本需要复杂的配置过程变得简单化，让很多 PHP 的初学者不再望而却步。

由于默认情况下，Apache 的网站根目录是在 C:\xampp\htdocs 文件夹下，一般情况下出于项目管理的需要，自己的项目会创建在其他的文件夹下。比如笔者在 C 盘下创建了一个 PHPSite 文件夹，为了让 Apache 以该文件夹作为文档根目录，需要打开 Apache 的配置文件进行配置。

打开 XAMPP 配置面板，先单击 Apache 右侧的"Stop"按钮停止 Apache 服务器的运行，然后单击 Apache 右侧的"Config"按钮，将用记事本打开 Apache 的 httpd.conf 文件。使用记事本的搜索功能找到 DocumentRoot，将 DocumentRoot 后面的参数指定为要存放 PHP 网站的目录，如图 16.9 所示。

图 16.9　修改 DocumentRoot 更改网站根目录

向下拖动进度条找到 Directory 配置项，设置 Directory 为要存放 PHP 网站的目录。笔者也指定了 C：\PHPSite 文件夹，如图 16.10 所示。

图 16.10　修改 Directory 指定为网站目录

16.1.4　一个简单的 PHP 示例

可以使用多种工具作为 PHP 的编辑器，不过笔者建议使用 Dreamweaver，它提供了 PHP 的模板，具有代码高亮和提示功能，可以大大减少出现代码输写的错误，而且提供了网站建设的整套体验。下面的步骤演示如何在 Dreamweaver 中创建一个 PHP 网站，并开始编写自己的第 1 个 PHP 网页。

（1）打开 Dreamweaver，单击主菜单中的"站点 | 新建站点"菜单项，从弹出的新建站点窗口中设置站点名称为"PHP 示例站点"，本地站点文件夹为"C:\PHPSite"，如图 16.11 所示。

（2）在图 16.11 所示的站点设置窗口中单击服务器选项，在服务器设置面板中单击 ✚ 按钮添加一个新的服务器，如图 16.12 所示，在服务器名称中指定"Apache 服务器"，连接方式选择"本地网络"，服务器文件夹指定为 C:\PHPSite，设置 Web URL 为 Apache 的网站根目录：

```
http://localhost:8080/
```

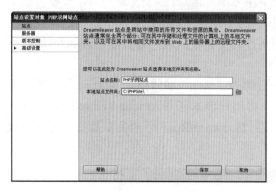

图 16.11　新建 PHP 示例站点

图 16.12　新建服务器

单击"高级"按钮，在高级设置面板中，指定测试服务器为 PHP MySQL，如图 16.13 所示。

图 16.13　指定服务器模型

指定之后单击"保存"按钮，成功地设置了用来测试 PHP 的 Apache 服务器。切换到服务器面板中后，需要勾选"测试"复选框。

（3）在成功地创建了网站之后，单击主菜单中的"文件 | 新建"菜单项，从弹出的窗口中选择"空模板 | PHP"文件模板，单击"确定"按钮，一个 PHP 文件就成功创建了。使用 Ctrl+S 快捷键，在弹出的保存文件窗口中将该文件保存到 C:\PHPSite 文件夹中，并指定文件名为"Demo_01.php"。

（4）在 Demo_01.php 的<body>区中输入如下的 PHP 代码，用来在网页上输入一行文本，如代码 16.1 所示：

代码 16.1　使用 PHP 输出欢迎信息

```
<!DOCTYPE HTML PUBLIC "-//W3C//DTD HTML 4.01 Transitional//EN"
"http://www.w3.org/TR/html4/loose.dtd">
<html>
<head>
<meta http-equiv="Content-Type" content="text/html; charset=utf-8">
<title>第 1 个 PHP 示例</title>
</head>
```

```
<body>
 <!--使用 PHP 的 echo 函数输入一行消息-->
 <?php echo '<p>欢迎进入 PHP 的世界</p>'; ?>
</body>
</html>
```

可以看到，PHP 代码是直接嵌入到 HTML 中的，以"<?php"开头，并且最后使用"?>"结尾。在代码中使用 echo 输入了一行 HTML 代码，用来显示欢迎信息。

（5）使用 F12 键在浏览器中打开预览，可以看到浏览器会请求 Apache 服务器的文件，然后显示输出结果，如图 16.14 所示。

图 16.14　PHP 网页输出效果

可以看到浏览器的输出结果中，"<?php"和"?>"之间的内容被 Apache 解析并产生了 HTML 代码，这也就是说 PHP 标记在服务器端被正确地执行并产生了要求的结果。至此一个非常简单的 PHP 网页就成功地创建并运行了，接下来将开始介绍 PHP 的语法，了解了语法后就可以开始编写 PHP 的动态网站了。

16.2　PHP 语言入门

类似于 HTML 标记，PHP 中的标记以"<?php"开始，以"?>"结束，在 PHP 标记中可以定义变量、常量，使用各种不同的数据类型，使用程序控制语句进行逻辑处理，连接并查询数据库等。本节将简要介绍 PHP 的基本语法结构，后面的内容会继续讨论 PHP 中的各种语言结构。

16.2.1　PHP 标记

在编写 PHP 标记时，"<?php"和"?>"之间的内容都会被 Web 服务器处理，而标记之外的任何文本都会被认为是常规的 HTML 标记。在 PHP 中可以使用如下 4 种不同风格的标记书写方法。

  ❑ XML 风格：这是 PHP 推荐使用的标记风格，可以在 XML 文档中使用。通常建议使用这种风格。XML 风格示例如下：

```
<?php echo '<p>欢迎进入 PHP 的世界</p>'; ?>
```

  ❑ 短标记风格：可以直接以"<?"开始以"?>"结束，这种风格比较简单，但是必须在 php.ini 配置文件中启用 short_open_tag 选项，这种风格的可移植性较差，一般不推荐使用。短标记风格示例如下：

```
<? echo '短标记的 PHP 风格'; ?>
```

❑ **脚本风格**：使用类似 JavaScript 或 VBScript 脚本的方式来编写 PHP 脚本。这也是 PHP 默认可以使用的风格，不需要进行额外的配置。示例语句如下：

```
<script language="php">
    echo '这是类似于 JavaScript 脚本编写方式';
</script>
```

❑ **ASP 风格**：这种风格与微软的 ASP 类似，必须要在 PHP.ini 中设定启用 asp_tags 选项才可以使用，一般不需要使用这种风格来写 PHP 代码。ASP 风格的书写方式如下：

```
<% echo '这是 ASP 风格的 PHP 脚本编写方式'; %>
```

这 4 种编写风格的效果都是相同的，XML 风格和脚本风格不需要额外的配置，直接就可以使用，而 ASP 和短标记需要在 PHP.ini 文件中进行配置。

🔔**注意**：PHP 网站建议最好使用 XML 风格，使用短标记风格代码可移植性较差。

位于标记内部的是 PHP 语句，PHP 语句的语法类似于 C 或 Java，使用分号作为语句分隔符，可以看到前面的几种写法的最后面都使用了分号表示语句结束，丢失分号容易出现语法错误，因此应该具有在语句结束时添加分号的习惯。

在 PHP 语句内部的注释风格支持 C、C++或 Per 风格，可以使用//、/*和*/、#来创建注释，其中//和#一般用于单行注释，而/*和*/用于多行注释，不要嵌套使用，能避免很多问题。注释示例如代码 16.2 所示：

代码 16.2　在 PHP 中使用注释

```
<!DOCTYPE HTML PUBLIC "-//W3C//DTD HTML 4.01 Transitional//EN"
"http://www.w3.org/TR/html4/loose.dtd">
<html>
<head>
<meta http-equiv="Content-Type" content="text/html; charset=utf-8">
<title>PHP 中的注释</title>
</head>
<body>
<?php
    echo "PHP 是完全面向对象的"; //这是单行 C++风格的注释
    /* 这是多行注释，一般用来流释掉一系列代码段
        也可以是添加代码修改历史部分 */
    echo "PHP 是最流行的 Web 编程语言";
    echo '学习 PHP 其实很简单'; #这是 Shell 风格的单行注释
?>
</body>
</html>
```

在这个示例中同时使用了 3 种注释风格，无论何种风格的注释，在注释符号（#或//）之后行结束之前的内容都是注释，如果行中包含 PHP 结束标记，在 PHP 结束标记之前的内容是注释，但之后的内容会被当作是 HTML，因为位于关闭标记之外。

16.2.2　变量和类型

变量是指其值在运行过程中会发生变量的量，是任何编程语言都具有的一个非常重要的组成部分。在 PHP 中，定义一个变量必须要以$作为变量的前缀。

🔔**注意**：*在 PHP 中变量的命名是区分大小写的。*

在定义变量时，必须指定其初始值，否则其内容为空值。在 PHP 中，变量的赋值是通过等于符号来实现的，常见的 PHP 变量定义和赋值方式如代码 16.3 所示：

代码 16.3　变量的定义和赋值

```
<body>
<?php
$var = '你好';              //定义变量并赋值
$Var = 'PHP';              //变量定义区分大小写
echo "$var, $Var<br/>";    //输出 "你好,PHP"
echo '$var, $Var';         //输出 "$var,$Var"
?>
</body>
```

在代码中定义了两个变量$var 和$Var，由于 PHP 的变量定义区分大小写，因此这两个变量并不会引起命名错误。但是注意在 echo 输出时，第 1 个输出使用双引号，会将变量的值输出到网页，第 2 个变量使用单引号，直接将变量名称进行输出。

在 PHP 中，双引号中的变量将被变量值替代，而单引号中变量或者其他文本都会不经任何处理发送到浏览器中进行显示。

PHP 中的变量命名规则如下：

❑　变量要以美元符号作为其第一个字符。
❑　第 2 个字符必须为字母或下划线，不能为数字。
❑　第 2 个字符后的字符可以是下划线、大小写英文字母、数字或 ASCII 码。

在 PHP 中，可以将一个变量的值赋给另一个变量，这种赋值是传值引用，也就是说当 a 变量被赋给 b 变量后，a 变量的值被赋给 b 变量，对 a 变量的改变不会对 b 变量的值产生影响。下面的示例演示了变量赋值的效果：

```
<?php
  $var1="你好, PHP";         //定义变量赋值
  $var2=$var1;              //使用一个变量赋给另一个变量
  echo "$var1";            //输出第 1 个变量的值
  echo "<br/>";
  $var1="PHP, 你好吗? ";     //改变第 1 个变量的值
  echo "$var2";            //输出第 2 个变量的值
?>
```

在这个例子中，定义了两个变量 var1 和 var2，将 var1 作为 var2 变量的值，后面的代码更改了 var1 的值，然后输出 var2 的结果。可以看到尽管 var1 的值发生了改变，但是 var2 的值仍然保持了先前的值。

PHP 4 提供了引用赋值的方式，使得对 var1 的改变会影响 var2，只需要将一个&符号

添加到要赋值的变量之前即可。因此如果将对 var2 的赋值更改为如下的语句：

```
$var2=&$var1;                    //使用一个变量赋给另一个变量
```

在运行时可以看到对 var1 的更改会影响到 var2 的输出结果。

在定义变量时，不需要指定变量的类型，这与 JavaScript 类似，由 PHP 根据该变量值用的值在运行时决定。在 PHP 中支持 8 种原始数据类型，如表 16.1 所示。

表 16.1 PHP数据类型

类型名称	类型描述	示　　例
boolean	布尔类型，其值可以为 TRUE 或 FALSE	$foo = True;

integer	整数类型	$a = 1234; //十进制数
		$a = -123; //一个负数
		$a = 0123; //八进制数（等于十进制的 83）
		$a = 0x1A; //十六进制数（等于十进制的 26）

float	浮点类型，也作"double"	$a = 1.234; $a = 1.2e3; $a = 7E-10;
string	字符串类型	$beer = 'Heineken';
array	数组类型	$arr = array("foo" => "bar", 12 => true);
object	对象类型	$object1 = new stdClass();
resource	外部资源类型	$result = mysql_connect("localhost", "username", "pass");
NULL	Null 类型，表示尚未被赋值	$var = NULL;

由表 16.1 可以看到，对于整型值来说，既可以用十进制、十六进制或八进制符号指定，也可以加上+或者是-表示正数或负数。如果使用八进制符号，数字前面必须加上 0；如果使用十六进制符号，数字前面必须加上 0x。

在 PHP 中，string 用来存储一系列的字符，和字节一样共有 256 种不同字符的可能性。PHP 没有字符串大小的限制，字符串可以变得非常大。字符串既可以用单引号括起来，也可以用双引号。如果要在字符串中包含双引号或单引号，需要使用转义字符。下面的示例演示了如何在字符串中使用单引号来定义字符串。如代码 16.4 所示：

代码 16.4 在字符串变量中使用转义字符

```php
<?php
  $var1="一个简单的字符串";                    //双引号字符串
  $var2='使用单引号括起来的字符串';              //单引号字符串
  $var4='I\'ll be back';                     //使用转义字符\保留单引号
  $var5="是否要删除 C:\\*.*?";                //使用转义字符\保留斜线
  $var6= '转入到一个新的行 \n 这里是新行';       //在单引号中使用转义字符
  $var7= "转入到一个新的行 \n 这里是新行";       //在双引号中使用转义字符
  echo $var4."<br/>";
  echo $var5."<br/>";
  echo $var6."<br/>";
  echo $var7."<br/>";
?>
```

在示例中既使用了单引号，也使用了双引号。如果要在字符串中包含单引号或反斜线，可以添加一个反斜线（\）进行转义，输出效果如下：

```
I'll be back
是否要删除 C:\*.*?
转入到一个新的行 \n 这里是新行
转入到一个新的行 这里是新行
```

注意到 var6 中使用了\n 来进行回车，这个转义符在单引号中被保留，但是在双引号中被应用。尽管在 HTML 中并不会识别 PHP 中的这种换行符，但是在双引号中会被解析。在使用双引号定义字符串时，可以使用多种转义字符，如表 16.2 所示。

表 16.2　在PHP中使用转义字符

序　　列	含　　义
\n	换行（LF 或 ASCII 字符 0x0A（10））
\r	回车（CR 或 ASCII 字符 0x0D（13））
\t	水平制表符（HT 或 ASCII 字符 0x09（9））
\\	反斜线
\$	美元符号
\"	双引号
\[0-7]{1,3}	此正则表达式序列匹配一个用八进制符号表示的字符
\x[0-9A-Fa-f]{1,2}	此正则表达式序列匹配一个用十六进制符号表示的字符

通过在双引号中使用转义字符，可以包含更多更丰富的文本内容。前面曾经说过，在单引号中出现的变量和转义序列不会被变量的值替代，因此在单引号中使用这些转义字符或在单引号中包含变量时，会被直接作为直接量进行输出。

每个变量在其生存期间都有作用域，变量的作用域又称为变量的范围，比如在函数体内定义的变量在函数结束时会被释放，这种变量称为局部变量。而在函数体外部定义的变量通常称为全局变量，如果在函数体内部定义的变量与函数体外部定义的变量同名，则函数体内部定义的变量具有最高优先级，但是可以通过 global 关键字引用全局变量，示例如代码 16.5 所示：

代码 16.5　在函数体中使用全局变量

```php
<?php
$a = 1;                    //定义全局变量
$b = 2;
function Sum()
{
    global $a, $b;         //引用全局变量 a 和 b
    $b = $a + $b;          //对全局变量相加
}
Sum();                     //调用函数
echo $b;                   //输入变量值
?>
```

在示例中定义了两个全局变量 a 和 b，在函数 Sum 内部，首先使用 global 关键字声明了全局变量 a 和 b,否则将会使用函数体内部的 a 和 b,而不会使用定义在函数外部的变量,最终的输出结果将显示为 3。

16.2.3　常量

常量是指其值一经定义就不会发生改变的量，有时也称为常数。常量的命名规则与变量相同。在 PHP 中常量分为默认常量与自定义常量。默认常量是指由 PHP 预先定义好的许多常量，比如获取 PHP 文件名的常量及程序行数的常量；自定义常量由用户使用 define() 函数定义，以便在程序中使用这些常量。

PHP 提供了几个用来返回 PHP 信息的常量，分别如下所示。

- ❏ PHP_VERSION：返回当前 PHP 的版本信息。
- ❏ PHP_OS：返回当前 PHP 执行的操作平台。
- ❏ TRUE：表示真值。
- ❏ FALSE：表示假值。
- ❏ E_ERROR：指向最近的错误位置。
- ❏ E_WARNING：指向最近的警告位置。
- ❏ E_PARSE：为解析语法有潜在问题的位置。
- ❏ E_NOTICE：发生异常的位置。
- ❏ __FILE__：PHP 程序文件名。
- ❏ __LINE__：PHP 程序行数。

默认常量的使用方式示例如下：

```php
<?php
  echo '当前 PHP 运行在'.PHP_OS.'<br/>';
  echo '当前 PHP 的版本：'.PHP_VERSION;
?>
```

在上面的示例代码中，分别输出了 PHP 当前运行的操作系统和 PHP 的当前版本，在 PHP 中，.符号表示连接两个字符串，因此运行的结果如下所示。

```
当前 PHP 运行在 WINNT
当前 PHP 的版本：5.4.7
```

自定义常量使用 define() 函数进行定义，常量一旦定义好后，作用域是全局性的，可以在任何地方访问常量值。define() 函数的使用格式如下：

```
define(常量名称，常量值,[case_insensitive]);
```

常量名称部分用来指定常量的标识符，常量值部分是常量的内容，第 3 个参数用来指定常量是否区分大小写。如果设置为 1 则表示不区分大小写，如果不填写则表示区分大小写。一般不需要设置。常量的定义与使用示例如代码 16.6 所示：

代码 16.6　常量的定义与使用

```php
<body>
<?php
//定义一个常量
define("CONSTANT", "欢迎进入多姿多彩的 PHP 世界");
echo CONSTANT;              //输出常量的内容
```

```
//echo Constant;          //常量区分大小写，所以这个调用是错误的
?>
</body>
```

可以看到，与变量的区别在于常量在使用的时候并不需要使用美元符号$。除此之外，常量在如下方面与变量具有明显的区别：

- ❑ 常量只能用 define()函数定义，而不能通过赋值语句；
- ❑ 常量可以不用理会变量范围的规则而在任何地方定义和访问；
- ❑ 常量一旦定义就不能被重新定义或取消定义；
- ❑ 常量的值只能是标量。

在为常量命名时通常指定大写字母，以便与变量区别开来。常量经常用来维护一些较少变化的数据，比如公司版权信息或公司标识等。相较于使用直接量，使用常量使得代码更容易维护。

16.2.4　运算符和表达式

表达式是指可以通过求值来产生一个结果的 PHP 组成部分。最简单的表达式是直接量和变量，因此可以说在 PHP 中几乎任何东西都可以看作是表达式，比如下面的赋值语句：

```
$var=100; //5 是一个直接量表达式
$var1=$var//变量 var 是一个变量表达式
```

除此之外，还可以通过算术运算、布尔运算、字符串运算等其他的运算符组成复合表达式，这些表达式会计算一个结果，可以用来赋给变量。除此之外还可以将函数作为表达式为变量赋值，表达式示例如代码 16.7 所示：

代码 16.7　使用 PHP 表达式

```
<!DOCTYPE  HTML  PUBLIC  "-//W3C//DTD  HTML  4.01  Transitional//EN"
"http://www.w3.org/TR/html4/loose.dtd">
<html>
<head>
<meta http-equiv="Content-Type" content="text/html; charset=utf-8">
<title>使用表达式</title>
</head>
<body>
<?php
//定义一个函数作为表达式
function double($i)
{
    return $i*2;
}
$b = $a = 5;           /* 为$a 和$b 这两个变量分别赋值为 5 */
$c = $a++;            /*将$a 赋给 5 再递增 1*/
$e = $d = ++$b;   /* 先将$b 递增，然后再将结果值赋给$d 和$e,因此$d 和$e 的结果为 6 */
$f = double($d++);
                 /* 在递增之前先调用 double 函数计算$d 的 2 倍数，再赋给$f，结果为 13 */
$g = double(++$e); /* 先递增$e 再调用 double 方法*2，结果为 14 */
$h = $g += 10;     /* 先将$g 加上 10,因此$g 为 24，再将结果赋给$h，因此结果为 24 */
```

```
?>
</body>
</html>
```

在 PHP 代码中定义了 1 个函数 double，这个函数将作为表达式被调用来赋值。在赋值语句中可以看到多种不同的赋值方式，比如有使用++运算符进行递增运算、同时对多个变量进行赋值运算、通过函数调用进行赋值运算、使用+=先运算后赋值，这些都是 PHP 中的表达式。PHP 是一种面向表达式的语言，可以说一切都是表达式。

可以使用运算符组成各种各样的表达式，比如通过比较运算符来组成比较表达式、通过递增或递减运算符组成运算表达式。在 PHP 文档中对运算符的定义是：运算符是可以通过给出的一或多个值（用编程行话来说，表达式）来产生另一个值（因而整个结构成为一个表达式）的东西。也就是说通过运算符组合多个值，来构成一个表达式。

在 PHP 中，根据运算的参数个数，可以分为如下 3 种。

❑ 一元运算符：只运算一个值，例如++或--只需要一个值就可以完成递增或递减运算。

❑ 有限二元运算符：这种方式用来对两个值进行运算，这是 PHP 中最常见的一种运算符。

❑ 三元运算符：是指?:运算符，可以用来根据一个表达式的结果在另外两个表达式中选择一个。一般称为二选一运算。三元运算符的使用示例如下：

```php
<?php
 $myvar=true;
 echo ($myvar ? "欢迎进入 PHP 的世界" : "");
     //当 myvar 为 true 时，输出第 1 个字符串，否则输出第 2 个
?>
```

在这个示例中，如果 myvar 的值为 true，将输出第 1 个字符串，否则将输出一个空格，它将常见的 if 和 else 条件控制语句写在一行中，可以节省代码量，提供较好的阅读体验。

在 PHP 中，运算符根据运算的类型又可以分为多种运算符，比如常见的算术运算符、字符串运算符、赋值运算符、递增/递减运算符等，比较常见的运算符的介绍如下面的小节所示。

16.2.5　算术运算符

算术运算符用来完成加、减、乘、除及取余等操作，它是最基本的数学运算符，主要用于进行四则运算和取余。算术运算符如表 16.3 所示。

表 16.3　算术运算符列表

算术运算符	描述	示例
+	加法运算	$a + $b
−	减法运算	$a − $b
*	乘法运算	$a * $b
/	除法运算	$a / $b
%	取余运算	$a % $b

除法运算的结果总是返回浮点数，即便两个运算数都是整数。另外如果$a%$b 在$a 为负值时结果也为负值。算术运算示例如代码 16.8 所示：

代码 16.8　使用算术运算符

```
<body>
<?php
$a = pow(2, 31);
$b = ($a / 2) - 1;
//调用 implode 将数组元素组合为 1 个字符串
//在数组中定义多个算术运算操作
echo implode('<br />', array(
    $a + $b,   //加法运算=>3221225472
    $a - $b,   //减法运算=>1073741825
    $a * $b,   //乘法运算=>2.3058430070662E+018
    $a / $b,   //除法运算=>2.0000000018626
    $a % $b    //取余运算=>-2
));
?>
</body>
```

在这个例子中，定义了变量$a 和变量$b，其中变量$a 调用了数学函数 pow 计算 2 的 31 次方。$b 是一个普通的算术表达式，在 echo 中通过数组组合了加、减、乘、除和取余，并且调用 implode 将数组中的多个元素组合为一个字符串，彼此之间使用
进行分隔，输出结果如下：

```
3221225471
1073741825
2.3058430070662E+18
2.0000000018626
-2
```

16.2.6　赋值运算符

赋值运算符使用=号，在前面已经多次见到过该运算符的用法，例如下面的语句：

```
$a = 3
```

表示将 3 赋给$a，而不是表示$a 等于 3。除了这种基本的赋值运算之外，还可以使用 +=、-=这种组合运算符，可以将赋值与运算进行组合，例如下面的赋值语句：

```
$a += 3;
```

它实际上等同于：

```
$a = $a + 3;
```

常见的赋值运算符的使用示例如代码 16.9 所示：

代码 16.9　使用赋值运算符

```
<body>
<?php
$a = ($b = 4) + 5;          //$a 现在成了 9，而$b 成了 4
$a = 3;
$a += 5;                    //返回 8，表示 5+3 赋给$a
$b = "你好 ";
```

```
$b .= "PHP!";                   //.=表示连接符，输出为：你好 PHP!
?>
</body>
```

代码中第 1 个赋值运算使用了组合赋值的方式，先将 4 赋给$b，再用$b 加上 5 赋给$a，因此结果变成了 9。在 PHP 中，"."符号用来连接两个字符串，因此.=表示连接两个字符串并将结果赋给$b，因此最终输出：你好 PHP!。

16.2.7　比较运算符

比较运算符用于比较两个值，它返回布尔运算值 TRUE 或 FALSE，比如比较两个值是否相等或不等，一个数字是否大于另一个数字。常见的比较运算符如表 16.4 所示。

表 16.4　使用比较运算符

例子	名称	结　　　果
$a == $b	等于	TRUE，如果 $a 等于 $b
$a === $b	全等	TRUE，如果 $a 等于 $b，并且它们的类型也相同（PHP 4 引进）
$a != $b	不等	TRUE，如果 $a 不等于 $b
$a <> $b	不等	TRUE，如果 $a 不等于 $b
$a !== $b	非全等	TRUE，如果 $a 不等于 $b，或者它们的类型不同（PHP 4 引进）
$a < $b	小于	TRUE，如果 $a 严格小于 $b
$a > $b	大于	TRUE，如果 $a 严格大于$b
$a <= $b	小于等于	TRUE，如果 $a 小于或者等于 $b
$a >= $b	大于等于	TRUE，如果 $a 大于或者等于 $b

可以看到，可以使用比较运算符应用等于、不等、全等与非全等、大于、小于等运算。如果是对两个字符串进行比较，相比较的关系是按字典中字母的顺序进行处理，比较后将返回一个布尔值。如果一个整数和一个字符串进行比较，则字符串会被转换成整数进行比较，如果是比较两个数字字符串，则会将两个数字字符串转换成整数进行比较。

比较运算符通常用在条件判断语句中，比如 if 或 case 语句。下面的代码演示了比较两个整数的大小，并输出结果，如代码 16.10 所示：

代码 16.10　使用比较运算符比较大小

```
<body>
<?php
$a=18;                       //定义两个变量
$b=15;
if ($a > $b) {               //比较两个变量的大小
    echo "a 大于 b";
    $b = $a;
}
?>
</body>
```

代码中使用了大于运算符>判断两个变量$a 和$b 的值，如果 a 大于 b，则输出消息并将 a 的值赋给 b。

16.2.8　逻辑运算符

逻辑运算符也称为布尔运算符，用来组合两个或多个表达式的比较结果转换为布尔值。比如在现实生活中，经常需要判断白菜的价格大于 1 元并且小于 5 元，这里实际上包含了两个比较运算符大于和小于的组合。PHP 中可供使用的逻辑运算符如表 16.5 所示。

表 16.5　逻辑运算符列表

例子	名称	结　　果
$a and $b	And（逻辑与）	TRUE，如果 $a 与 $b 都为 TRUE
$a or $b	Or（逻辑或）	TRUE，如果 $a 或 $b 任一为 TRUE
$a xor $b	Xor（逻辑异或）	TRUE，如果 $a 或 $b 任一为 TRUE，但不同时是
! $a	Not（逻辑非）	TRUE，如果 $a 不为 TRUE
$a && $b	And（逻辑与）	TRUE，如果 $a 与 $b 都为 TRUE
$a || $b	Or（逻辑或）	TRUE，如果 $a 或 $b 任一为 TRUE

表中的$a 和$b 可以是返回布尔值的任何表达式，通过使用与、或、非的组合，可以创建很多非常复杂的布尔表达式。可以看到逻辑与和逻辑或既可以使用 and、or，也可以使用&&和||来表示。使用逻辑运算符的示例如代码 16.11 所示：

代码 16.11　使用逻辑运算符

```php
<?php
    $x=6;
    $y=3;
    if ($x < 10 && $y > 1)
      {
          echo "x 小于 10 且 y 大于 1";
      }
?>
```

在代码中通过&&与运算符对两个布尔值进行运算，如果第 1 个比较运算符返回 TRUE 且第 2 个也返回 TRUE，则调用 echo 函数输出一条消息。

16.2.9　字符串运算符

对字符串进行操作多数情况下使用字符串函数，操作系只有一个用来连接两个字符串的 "." 操作符，它返回其左右参数连接后的字符串。还有一个连接赋值操作系 ".="，用来将左边的参数和右边的参数进行连接，并赋给左边的参数。

使用这两种字符串运算符的示例如代码 16.12 所示：

代码 16.12　使用字符串运算符

```php
<?php
    //定义 3 个字符串类型的变量
    $txt1="你好，";
    $txt2="欢迎进入 PHP 的世界！";
    $txt3="编程者，";
```

```
    //使用连接运算符连接两个字符串
    echo $txt1 . " " . $txt2."<br/>";
    //使用连接赋值运算符连接并赋值
    $txt3.=$txt2;
    echo $txt3;
?>
```

在上面的代码中定义了 3 个字符串类型的变量$txt1、$txt2 和$txt3，echo 函数后面通过使用"."运算符来连接$txt1 和$txt2，$txt3 使用.=连接赋值运算符将$txt2 与$txt3 变量值进行连接并输出结果，输出结果如下：

你好，欢迎进入 PHP 的世界！
编程者，欢迎进入 PHP 的世界！

16.2.10　递增/递减运算符

PHP 提供了类似 C 语言风格的递增/递减运算符，递增/递减用来给变量加 1 或减 1，主要用来简化加减运算的代码编写。递增和递减运算符如表 16.6 所示。

表 16.6　递增/递减运算符

例子	名称	效　　果
++$a	前加	$a 的值加一，然后返回 $a
$a++	后加	返回 $a，然后将 $a 的值加一
--$a	前减	$a 的值减一，然后返回 $a
$a--	后减	返回 $a，然后将 $a 的值减一

可以看到++和- -运算符放在变量的前面与后面会具有不同的效果。要理解它们的区别，最好通过案例。代码 16.13 演示了前置和后置递增与递减时的效果：

代码 16.13　使用递增和递减运算符

```php
<?php
echo "<h3>后置加</h3>";
$a = 5;
echo "结果为 5: " . $a++ . "<br />\n";
echo "现在变量已为 6: " . $a . "<br />\n";
echo "<h3>前置加</h3>";
$a = 5;
echo "结果已经加 1: " . ++$a . "<br />\n";
echo "输出为 6: " . $a . "<br />\n";
echo "<h3>后置减</h3>";
$a = 5;
echo "减后仍为 5,还没有减掉: " . $a-- . "<br />\n";
echo "已经减 1,结果为 4: " . $a . "<br />\n";
echo "<h3>前置减</h3>";
$a = 5;
echo "结果已经减 1,因此为 4: " . --$a . "<br />\n";
echo "最终结果为 4: " . $a . "<br />\n";
?>
```

通过这个示例可以看到前置和后置的明显区别。前置递增或递减运算符时，会先将结果加 1 或减 1 后再返回，后置的话会先返回结果后再加 1 或减 1，运行结果如下所示：

```
后置加
结果为 5：5
现在变量已为 6：6
前置加
结果已经加 1：6
输出为 6：6
后置减
减后仍为 5,还没有减掉：5
已经减 1,结果为 4：4
前置减
结果已经减 1,因此为 4：4
最终结果为 4：4
```

递增和递减运算符通常用于赋值，或者是用于循环处理。无论用在何处，需要密切注意前置和后置的区别，以免程序发生漏洞。

16.2.11　运算符的优先级

如果同一个表达式中包含了多个运算符，那么需要注意运算符的优先级，比如下面的代码：

```
$a=1+6*3;
```

根据四则运算法则，除法的优先级比加法高，因此先计算 6*3 得到 18，再用 18 加 1，最终结果为 19。相同类型的操作中，括号中的内容具有较高的优先级。如果使用如下的代码：

```
$a=(1+6)*3;
```

由于添加了括号，因此会先计算 1 加 6 的值，再乘以 3，因此结果为 21。

默认情况下，同级运算符会从左到右进行运算，除非具有不同的优先级。PHP 中的运算符优先级顺序如表 16.7 所示。

表 16.7　PHP中的运算符优先级顺序

优先顺序	运算符
1	! ~ ++ -- (int) (float) (string) (array) (object) @
2	* / %
3	+ -
4	<< >>
5	>>= <<=
6	== != ===
7	&
8	^
9	|
10	&&
11	||
12	?:

续表

优先顺序	运算符
13	=
14	And
15	Xor
16	Or

一些运算符在本章中并没有详细的介绍，是因为这些运算符较少被使用到，所以请感兴趣的读者参考 PHP 的官方文档。如果同一行中包含了不同的运算符，使用表 16.7 可以得知它们的运算的方向，可以看到取反!及递增/递减运算符具有较高的优先级，接下来是乘、除和取余，然后是加和减。

△注意：在同级运算符中使用括号可以提升运算的优先级。

运算符优先级的简单示例如代码 16.14 所示：

代码 16.14　运算符优先级示例

```php
<?php
    $a= 3*3%5;                  //平级运算符，类似于(3*3)%5 = 4
    $a= true?0:true?1:2;        //类似于(true?0:true)?1:2=2
    $a=1;
    $b= 2;
    $a=$b+=3;                   //类似于$a=($b+=3)->$a=5,$b=5
?>
```

在示例中演示了平级运算符时，运算顺序从左向右依次进行，类似于添加了括号，对于三元运算符的嵌套，会先计算第 1 个三元运算符，然后计算下一个运算符。可以看到，逻辑运算符具有较低的优先级，因此在表达式中包含逻辑运算符时，总是先分别对运算符两侧的表达式进行计算，再计算最后的逻辑结果。

16.3　流程控制语句

与其他任何程序语言一样，默认情况下，程序会一行一行地顺序执行，这种执行方式称为顺序程序流。现在的应用程序都需要能够添加很多业务逻辑，比如根据用户的信用决定是否可以优惠购买产品，这需要添加一些条件判断逻辑。有时候也需要循环执行某些相同的代码段来完成业务的处理，比如一次一行地处理 1000 张订单，由于每张订单的处理方式基本相同，可以放在一个循环控制语句中来执行。

16.3.1　使用 if 条件判断语句

条件判断语句用来根据输入的条件或条件表达式，执行相应的语句段，不符合条件则不能执行该语句段，这样可以用来添加一系列的业务逻辑。

if 语句用来执行条件判断，它的最简单的语法形式如下：

```
if (expr) { statement }
```

expr 为条件表达式，是比较运算符与逻辑运算符的组合，返回 TRUE 或 FALSE，expr 返回 TRUE 时，会执行 statement 语句中的代码段。

🔔 **注意**：默认情况下，if 语句后的条件需要用括号括起来，statment 需要使用花括号包围起来。如果 if 语句仅包含 1 行代码，则可以省略花括号。

下面的代码演示了简单的 if 语句的使用方式，如代码 16.15 所示：

代码 16.15　if 语句的使用方式

```
<body>
<?php
 $day=date("w");                                  //获取当前日期是周中的第几天
 if($day==0 || $day==6){                          //如果是星期六或星期天
     echo "今天是".date('l').",不用上班哦！";        //输出一行提示性的消息
 }
?>
</body>
```

代码调用 date 函数获取当前日期是一周中的星期几，然后判断返回的数值$day，如果是 0 或 6，则表示当前日期是周六或周日，代码调用 echo 函数，同时调用 date 函数输出当前星期几，显示一个提示性的消息，输出如下：

今天是 Sunday，不用上班哦！

上面的示例仅在当前日期是周六或周日时才会输出信息，如果网页出于需要，在不是周末时也需要显示友好的提示消息，可以在 if 语句后面使用 else 子句，即"如果发生了某件事的处理方式，否则如果未发生时该如何处理"。if…else 语句的语法如下：

```
if (expr) {
  statement1
} else {
  statement2
}
```

因此如果当前日期不是周末，也输出提示信息的语句如示例代码 16.16 所示：

代码 16.16　使用 if…else 语句

```
<?php
 $day=date("w");                                  //获取当前日期是一周中的第几天
 if($day==0 || $day==6){                          //如果是星期六或星期天
     echo "今天是".date('l').",不用上班哦！";        //输出一行提示性的消息
 }
 else                                             //否则如果仍然是工作日
 {
     echo "现在还没有到周末，需要继续努力工作哦";
 }
?>
```

通过使用 else 语句，使得现在程序具有了分支的逻辑，但是有时候需要能够分别判断多个条件，比如如果用户的信用额在 1～5 之间，则享有基本的优惠；如果信用额在 5～10

之间，则可享受贵宾优惠；如果大于 10，则可以享受 VIP 优惠。这种条件使用 if…else 就无法实现，需要使用 elseif 语句，创建递归的 if…else 机制，基本语法如下：

```
if (expr) {
  statement1
} elseif(expr) {
  statement2
elseif(expr) {
  statement3
}
...
else
{
  statementN
}
```

可以看到可以添加多个 elseif 语句来实现多个条件判断，只有当第一个表达式为 true 的 elseif 语句会执行，如果所有的条件都不满足，则会执行 else 语句中的代码。下面的代码演示了如何根据客户的信息等级来输出服务信息，如代码 16.17 所示：

代码 16.17　使用 elseif 语句

```php
<?php
  $in=8;          //定义一个变量，表示当前客户的信用等级
  //如果$in 在 0 和 5 之间
  if($in>=0 && $in<=5){
      echo "您是我行优惠用户，可享受我行优惠待遇！";
  }
  //否则如果等级在 5 和 10 之间
  elseif ($in>5 && $in<=10){
      echo "您是我行贵宾用户，可以享受多种贵宾服务！";
  }
  //否则如果等级大于 10
  elseif ($in>10){
      echo "您是我行 VIP 客户，可享受 VIP 级别的服务！";
  }
  //如果客户没有等级
  else{
      echo "您是我行的标准用户，请尽快升级到 VIP 服务";
  }
?>
```

在代码中，通过 elseif 添加了多组条件，用来判断当前客户的信用等级，以便根据不同的信用等级显示不同的帮助信息。如果所有的条件都不满足，最后会执行 else 语句中的代码。elseif 的语句仅在之前的 if 或 elseif 的表达式值为 false，而当前的 elseif 表达式值为 true 时执行。

16.3.2　使用 switch 语句

当一个变量需要与许多不同的值比较时，就好像代码 16.17 中的$in 变量，除了可以使用 if..elseif 之外，还可以使用 switch 语句，该语句可以把一个变量或表达式与很多不同的值比较，并根据它等于哪个值来执行不同的代码，其基本语法如下：

```
switch (expr) {
  case expr1:
    statement1;
    break;
  case expr2:
    statement2;
    break;
    :
    :
  default:
    statementN;
    break;
}
```

expr 是将要产生多种可能的结果值的表达式，比如$in 变量，可能是 5，也可能是 10 等。case 语句后面的 exprN 通常用来判断 expr 产生的值，可以看到每个 case 语句后面都包含了一个 break 语句，表示当 case 语句中的代码被执行后立即跳出 switch 语句，执行到结尾。

下面的代码使用 switch 语句来输出今天是一周中的星期几，如代码 16.18 所示：

代码 16.18　使用 switch 语句

```
<?php
switch (date("D")) {
  case "Mon":
    echo "今天星期一，新的一周开始了！";
    break;
  case "Tue":
    echo "今天星期二，工作要继续努力！";
    break;
  case "Wed":
    echo "今天星期三，工作要不辞劳苦！";
    break;
  case "Thu":
    echo "今天星期四，再辛苦一天就休息了！ ";
    break;
  case "Fri":
    echo "今天星期五，明天就是周末啦！";
    break;
  default:
    echo "周末啦，要好好休息下！";
    break;
}
?>
```

在 switch 语句的表达式中，调用 date，传入参数 D 来获取星期的简写表示法。然后使用了多个 case 语句判断 date("D")返回的值，如果匹配，则调用 echo 函数输出一条提示消息。如果所有的 case 语句都不满足，则执行 default 关键字中定义的语句。

16.3.3　使用 while 循环语句

循环语句用来根据指定的条件重复执行某段代码，直到指定的条件满足为止。在 PHP 中，可以使用多种循环控制语句，比如 while、do…while 及 for 语句，其中最简单的是 while

循环，用来根据指定的条件进行循环，语法如下：

```
while (expr) { statement }
```

其中 expr 为循环的判断条件，通常都是用比较运算符和逻辑运算符，当条件为 true 时，执行 statement 中的语句。while 循环会在循环语句的开始进行条件检查，因此有可能循环一次也不会得到执行。

⚲注意：在循环体内必须更改循环条件中的值，使得条件到达 false，以避免死循环。

下面的语句演示了如何循环输出从 1 到 10 的数字，如代码 16.19 所示：

代码 16.19　使用 while 循环输入数字

```php
<?php
/* 从 1 到 10 依次输出 10 个数字 */
$i = 1;
while ($i <= 10) {
    echo $i++;              //先输出结果，再将结果加 1
}
echo "<br/>例子 2<br/>";
$i = 1;
//使用流程替代语法
while ($i <= 10):
    print $i;               //输出结果值
    $i++;                   //将结果值加 1
endwhile;
?>
```

在这个示例中使用了两个循环语句，变量$i 的初始值被设置为 1，在 while 循环的表达式中判断变量 i 的值是否小于等于 10，如果条件满足，则执行循环体内部的语句。第 1 个 while 语句内部使用 echo 输出一个后置的递增表达式，将 i 的值输出之后再递增 1。第 2 个 while 语句使用了流程替代语句，它使用了 print 函数单独输出了变量 i 的值，然后使用后置递增语句将变量的值加 1。

⚲注意：PHP 对 if、while、for、foreach 和 switch 提供了一套流程替代语法，基本形式是把左花括号（{）换成了冒号（:），把右花括号（}）分别换成了 whdif、endwhile、endfor、endforeach 及 endswitch。

这两个 while 循环语句除了语法有些区别之外，其输出结果完全相同：

```
12345678910
例子 2
12345678910
```

while 循环会先判断循环语句的条件，这种循环方式有可能一次也不能得到执行，比如如果在赋初值时为$i 赋 11，那么循环语句一次也得不到执行。

有时候可能需要先执行一次循环体，再判断循环的条件。比如希望根据用户的输入判断是否需要继续提示用户输入，如果用户输入了正确的条件再退出循环，这种循环方式需要先进入循环体执行。PHP 的 do…while 循环就是这种循环方式，它的循环检测条件放在 while 中，循环执行时总会先执行一次 do 关键后的语句，语法如下：

```
do {
    statement;
  }
while (expr);
```

do…while 循环只有这一种语法，代码 16.20 演示了如何使用 do…while 语句至少执行一次循环体：

代码 16.20 使用 while 循环输入数字

```php
<?php
    $i = 1;
    do {
        echo "星期天的天是明朗的天<br/>";
        $i++;
    } while ($i < 5);  //如果 i 小于 5，继续循环直到 i 的值大于等于 5.
?>
```

在这个例子中，变量 $i 的初始值为 1，首先会至少输出一次信息，也就是说 do 关键字后的语句块至少会执行一次，在语句体中使用了后置递增对 i 进行累加。while 语句中的条件用来判断 i 的值，如果小于 5 则继续循环，如果条件满足则退出循环。

16.3.4 for 和 foreach 循环

for 循环相较于前面的 while 循环，具有较复杂的循环结构。for 循环就好像一个计数器，先设置计数器的起始与结束数，在条件表达式中不停地测试计数器，在循环结束时，修改计数器的内容。for 循环的语法如下：

```
for (expr1; expr2; expr3)
    statement
```

语法中的 expr1 为条件的初始值，expr2 为判断的条件，一般是比较运算符表达式，expr3 为当 statement 执行后要用来改变条件的执行部分，以供下次进行循环判断，如加 1 等。如果 expr2 条件符合，则执行 statement 中的代码。

下面的示例演示了如何使用 for 循环计数器来输出 1 到 10 之间的数字，如代码 16.21 所示：

代码 16.21 使用 for 循环输出数字

```php
<body>
<?php
//初始值为 1，条件判断为小于等于 10，i++ 为执行后的递增语句
for ($i = 1; $i <= 10; $i++) {
    echo "当前数字为".$i."<br/> ";
}
?>
</body>
```

在这个示例中，for 语句内部的初始值 $i 为 1，不需要显式地声明，在 for 语句内部可直接使用一个变量来赋初值。$i<=10 是要进行条件判断的表达式，当循环体中的 echo 执行完成后，会调用 $i++ 来递增循环计数器的值。可以见到，实际上 for 循环是在预先知道

循环次数的情况下的一种计数机制，相较于 while，更像是一个计数器。输出结果如下：

```
当前数字为 1
当前数字为 2
当前数字为 3
当前数字为 4
当前数字为 5
当前数字为 6
当前数字为 7
当前数字为 8
当前数字为 9
当前数字为 10
```

可以看到，for 循环果然按顺序输出了 1 到 10 之间的数字值。

foreach 是一种遍历数组的简单方法，仅能用于数组，本章后面的内容中会对数组进行详细的讨论。先来看看 foreach 如何实现对数组中的元素的遍历，foreach 的语法如下：

```
foreach (array_expression as $value)
    statement
```

array_expression 是一个数组，$value 是数组中的元素，这个语法表示遍历数组 array_expression，提取数组中的元素到$value 中，并且数组内部的指针前移一步，直到到达数组的结尾。

⌂**注意**：当 foreach 循环语句开始执行时，数组内部的指针会自动指向第一个单元。

下面的示例演示了如何使用 foreach 语句循环遍历数组中的元素，并输出到网页上，如代码 16.22 所示：

代码 16.22　使用 foreach 遍历数组元素

```php
<?php
    //定义具有 3 个元素的数组
    $books = array("PHP 从入门到精通","PL/SQL 从入门到精通","MySQL 从入门到
    精通");
    Echo "<b>从入门到精通系列丛书<br/>";
    //使用 foreach 循环输出数组元素
    foreach ($books as $book) {
    echo "《".$book."》<br/>";
}
?>
```

在代码中定义了一个具有 3 个元素的数组$books，foreach 循环将遍历这个数组，顺序地取出数组中的每个元素进行显示，输出结果如下：

```
从入门到精通系列丛书
《PHP 从入门到精通》
《PL/SQL 从入门到精通》
《MySQL 从入门到精通》
```

foreach 语法可以简化编写数组循环的代码，是进行数组遍历循环的首选。

16.3.5　使用 break 和 continue

break 语句允许从循环或 switch 语句中跳出。在介绍 switch 时提到过 break 语句，如果在循环中也使用 break 语句，则程序的执行立即跳出循环，执行循环体后面的第 1 条语句。如果希望跳到下一次循环的开始处，可以使用 continue 语句。

下面的代码演示了如何使用 break 语句，在一个本来应该循环 15 次的循环中，通过使用 if 语句使之循环到第 8 次时就立即中断，示例如代码 16.23 所示：

代码 16.23　使用 foreach 遍历数组元素

```php
<?php
 $i=1;                                    //定义一个变量
 while($i<=15)                            //循环的条件是 i 小于等于 15
 {
     echo "当前的数字是: ".$i."<br/>";     //输出当前数字
     $i++;
     if ($i>8){
         break;                           //循环到 8 时退出循环
     }
     $i++;
 }
?>
```

由输出结果可以看到，最终只输出了 8 条信息，因为在代码中使用 if 条件语句判断，当$i 大于 8 时，使用 break 语句退出了循环。

continue 与 break 的区别在于它并不会跳出循环，而是立即停止执行当前循环的代码，跳转到循环的开始处重新开始循环的执行。continue 语句的执行示例如代码 16.24 所示：

代码 16.24　使用 continue 继续执行循环

```php
<?php
 //使用 for 循环输出 5 以内的数字
 for ($i = 0; $i < 5; ++$i) {
     if ($i == 2)        //如果循环计数变量$i 为 2 则不用输出
         continue;       //停止循环代码的执行跳到循环开始处
     print "$i\n";
 }
?>
```

上述代码中使用 for 循环依次输出 0 到 5 之间的数字，在循环过程中使用 if 语句检测，当$i 的值为 2 时，使用 continue 停止循环的执行并继续开始下一次循环，也就是说使用了 continue 循环之后，会停止循环体内部后续代码的执行，而跳到循环的第一行进行执行。因此输出如下：

```
0 1 3 4
```

可以看到，循环果然跳过了 2 的输出，仅输出了 0、1、3、4。

16.4　函数和数组

函数是一个命名的代码块，一般用来反复地执行。在网站建设过程中，一些代码可能需要反复多次执行，比如数据查询、字符操作等。PHP 中可以创建自定义的函数来封装重复的代码块，也可以使用 PHP 内置的很多功能强大的预定义函数。在 PHP 中数组是一组数据的集合，形成一个可操作的整体，通过灵活使用数组，可以将相同分类的数据进行统一处理。

16.4.1　定义和使用函数

函数是创建规范化程序非常重要的部分，如果不定义函数，则每次都需要重新输入这些代码，不仅使得程序变得不可维护，也大大增加了程序的体积。在 PHP 中创建函数的语法与其他语言非常相似，也是以 function 关键字开始：

```
function 函数名(参数1,参数2,....){
    函数体(代码块);
}
```

语法关键字的含义如下。
- ❏ function 关键字：表示将要创建一个自定义函数。
- ❏ 函数名：函数的名称，可以是字母、数字或下划线，但必须以字母或下划线开头。
- ❏ 参数 1..参数 N：函数的传入参数，通过传入不同的参数来改变函数的执行行为。
- ❏ 函数体：当调用函数时执行的代码块。

函数的参数是可选的，可以传入一个或多个参数，也可以不传入任何参数。代码 16.25 定义了两个简单的函数，一个带有参数，一个不带任何参数。

代码 16.25　创建自定义的函数

```
<body>
<?php
 //定义输出应用程序名称的函数
 function WriteAppName()
 {
 echo "基于 PHP 的个人相册管理系统";
 }
 //定义输出应用程序作者的函数
 function WriteAuthorName($authorName)
 {
 echo "基于 PHP 的个人相册管理系统<br/>";
 echo "作者名称: ".$authorName;
 }
 //调用并执行函数
 WriteAppName();
 echo "<br/>";
 WriteAuthorName("张三");
?>
```

```
</body>
```

在代码中定义了两个函数，WriteAppName 不带任何参数，在函数体内部使用 echo 向网页上输出了应用程序的名称。WriteAuthorName 接收一个参数，用来传入作者的姓名，函数体内部调用 echo 分别输出应用程序的名称和作者姓名。函数定义完成之后，就可以调用这个函数。调用的操作十分简单，指定函数的名称并为函数的参数赋正确的值即可完成函数的调用。示例的运行效果如图 16.15 所示。

图 16.15　定义并使用函数的运行效果

16.4.2　函数的参数

函数定义时可以不带任何参数，也可以传递一个或多个参数，多个参数之间以逗号分隔。在函数中定义的参数称为形式参数，而调用函数时具体传入的值称为实际参数。

在 PHP 中将实际参数传递到函数的形式参数位置称为参数的传递。参数传递的方式有传值传递、引用传递和默认传递 3 种。

默认情况下，传递给函数的形式参数（简称形参）的实际参数（简称实参）会被复制给形式参数，这种传递方式称为传值引用。下面的代码演示了传值引用的效果，如代码 16.26 所示：

代码 16.26　值传递参数示例

```php
<?php
    function WriteName($input)
    {
        //更改传入变量的值
        $input="作者的姓名是：".$input;
        //输出形式参数的值
        echo $input;
    }
    $myName="张大三";              //定义一个变量并赋值
    WriteName($myName);            //将该变量作为实际参数传给形式参数
    echo "<br/>".$myName;
?>
```

示例中定义了函数 WriteName，该函数接收一个传入的参数，可以看到在函数体中对 $input 进行了重新赋值，让其值发生了变化。在函数定义结束后，代码定义了一个名为 myName 的变量，将该变量作为实际参数传给 WriteName，尽管在 WriteName 函数内部对形式参数进行了重新赋值，但是由于值是由实际参数复制到形式参数，因此改变赋值并不会更改$myName 变量的值，输出结果如下：

作者的姓名是：张大三
张大三

另外一种传值方式是引用传递，这种传递是指在定义函数时在形式参数前面加一个&符号，引用传递只是添加对实际参数的引用，函数内部对形式参数的任何更改都会影响到实际参数的值。引用参数的使用如代码 16.27 所示：

代码 16.27　按引用传递参数示例

```php
<?php
    function WriteMyAppName(&$input)        //加上&符号表示参数按引用传递
    {
        //更改传入变量的值
        $input="应用程序名称: ".$input;
        //输出形式参数的值
        echo $input;
    }
    $myName="基于 PHP 的相册";               //定义一个变量并赋值
    WriteMyAppName($myName);                 //将该变量作为实际参数传给形式参数
    echo "<br/>".$myName;
?>
```

在这个例子中，WriteMyAppName 函数接收一个输入参数，在参数名称前使用&指定该参数是一个引用参数，在函数体内部也对形式参数进行了重新赋值。由于是引用传递方式，因此在函数体内部对形式参数的更改会导致$myName 的值也发生改变，因为形式参数 $input 和$myName 实际上是指向一个相同的值，因此由输出结果可以看到，$myName 的值果然已经发生了变化。

可以为输入参数指定默认值，如果调用函数时没有指定参数值，形式参数将会使用默认值来作为参数的值。

🔔注意：参数的默认值必须位于参数列表尾部，参数的默认值必须为直接量，不能是变量或非常量值。

下面的代码创建了一个函数，在函数的形式参数中指定了一个参数的默认值，示例如代码 16.28 所示：

代码 16.28　参数默认值示例

```php
<body>
<?php
  //定义函数并指定最后一个参数的默认值
  function WriteBookPrice($bookName,$bookPrice=50)
  {
      echo "当前图书: 《".$bookName."》, 价格: ".$bookPrice;
  }
  //调用函数, 只传递一个参数, $bookPrice 将使用默认值
  WriteBookPrice("网站建设从入门到精通");
?>
</body>
```

在示例中，$bookPrice 定义了一个默认的图书价格，因此在调用函数时，如果没有为

$bookPrice 指定值，它就会使用默认值中设置的价格，输出结果如下：

当前图书：《网站建设从入门到精通》，价格：50

通过参数默认值的这种形式，还可以创建可选参数。可选参数如其名称所示，是指可有可无的参数。通过为参数的默认值指定一个空的参数值，就可以创建可选的参数。可选参数的使用如代码 16.29 所示：

代码 16.29　可选参数使用示例

```php
<?php
  //指定了 3 个可选的价格参数
  function
WriteBookAvgPrice($bookName,$bookPrice1="",$bookPrice2="",$bookPrice3="
")
  {
      //计算并输出当前图书的平均价格
      echo "当前图书：《".$bookName."》，平均价格: ".ceil(($bookPrice1+
      $bookPrice2+$bookPrice3)/3);
  }
  //调用函数，只传递一个参数，$bookPrice 将使用默认值
  WriteBookAvgPrice("PHP 从入门到精通",50,"",80);
?>
```

在示例中定义了 3 个可选的参数，分别表示 3 个可能的图书价格，这 3 个参数都指定了空的默认值，因此可以可选地为这 3 个参数指定具体的值。未指定值的位置使用双引号留空，因此调用后将计算传入的值的平均数，输出如下：

当前图书：《PHP 从入门到精通》，平均价格：44

16.4.3　函数的返回值

使用函数除了完成一定的操作之外，还可以向调用方返回函数的结果。要向调用方返回一个结果值，可以使用 return 语句。return 可以向函数的调用者返回任何确定的值，然后退出函数体，将程序的执行返回给调用者。

代码 16.30 创建了一个函数 getBookPrice，该函数将根据传入的不同的图书名称返回图书的价格：

代码 16.30　使用 return 语句返回函数值

```php
<?php
  //定义一个获取图书价格的函数
  function getBookPrice($bookName)
  {
      $bookPrice=0;              //返回图书价格的变量
      //根据传入的不同图书名设置返回价格
      if($bookName=="PHP 从入门到精通"){
          $bookPrice=65.5;
      }elseif ($bookName=="PL/SQL 从入门到精通"){
          $bookPrice=89;
      }elseif ($bookName=="ASP.NET 从入门到精通"){
          $bookPrice=79;
```

```
    }else{
        $bookPrice=50;
    }
    return $bookPrice;            //设用 return 语句返回值
}
//调用函数返回输出结果
echo "《PL/SQL 从入门到精通》的价格是：".getBookPrice("PL/SQL 从入门到精通");
?>
```

getBookPrice 函数接收一个参数，该参数用来传入图书的名称，在函数体内部判断传入的参数名称，将返回的价格临时保存在局部变量$bookPrice 中，最后调用 return $bookPrice 将图书的价格返回给函数的调用方。

return 后面可以是静态值也可以是一个表达式，用来将表达式的计算结果返回给调用方。由于函数具有返回值，因此调用 echo 时会自动计算函数的结果。此外具有返回值的函数还可以作为表达式的一部分进行计算，如以下语句所示：

```
echo "<br/>";
$AvgPrice=(getBookPrice("PL/SQL 从入门到精通")+getBookPrice("PHP 从入门到精通"))/2;
echo $AvgPrice;
```

示例中将函数的调用作为表达式的一部分来计算平均值，可以看到函数的使用有些类似于变量。

16.4.4　字符串函数

除了创建自定义的函数之外，PHP 本身提供了很多功能强大的内置函数，通过借助这些内置函数提供的功能，可以直接使用许多现成的功能来完成自己的应用程序。在前面的例子中多次使用了 echo 函数来在网页上输出字符串，PHP 中还可以使用很多与字符串相关的函数来处理字符串，常见的函数如表 16.8 所示。

表 16.8　PHP常用的字符串函数列表

函 数 名 称	描　　　述	语　　　法
echo	输出一个或多个字符串	echo(strings)
print	与 echo 类似，输出一个或多个字符串，速度比 echo 要慢一些	print(strings)
chr	根据 ASCII 值返回字符	chr(ascii)
ord	字符串第一个字符的 ASCII 值	ord(string)
trim	从字符串的两端删除空白字符和其他预定义字符	trim(string,charlist)
rtrim	从字符串的末端开始删除空白字符或其他预定义字符	rtrim(string,charlist)
ltrim	从字符串左侧删除空格或其他预定义字符	ltrim(string,charlist)
addcslashes	在指定的字符前添加反斜杠	addcslashes(string,characters)
addslashes	在指定的预定义字符前添加反斜杠	addslashes(string)

续表

函　数　名　称	描　　　述	语　　　法
strlen	返回字符串的长度	strlen(string)
strpos	返回字符串在另一字符串中首次出现的位置（对大小写敏感）	strpos(string,find,start)
strrchr	查找字符串在另一个字符串中最后一次出现的位置	strrchr(string,char)
strstr	搜索字符串在另一字符串中的首次出现（对大小写敏感）	strstr(string,search)
strrev	反转字符串	strrev(string)
strtolower	把字符串转换为小写	strtolower(string)
strtoupper	把字符串转换为大写	strtoupper(string)
substr	返回字符串的一部分	substr(string,start,length)
substr_compare	从指定的开始长度比较两个字符串	substr_compare(string1,string2,startpos,length,case)
substr_count	计算子串在字符串中出现的次数	substr_count(string,substring,start,length)
substr_replace	把字符串的一部分替换为另一个字符串	substr_replace(string,replacement,start,length)
implode	把数组元素组合为一个字符串	implode(separator,array)

上面列出的仅仅是 PHP 提供的字符串函数的一部分，建议读者参考 PHP 的官方文档，或者使用下面的网址从 W3School 网站上获取关于字符串函数的详细列表：

```
http://www.w3school.com.cn/php/php_ref_string.asp
```

下面对表 16.8 中最最常用的一些函数进行讨论。

1．输出字符串

echo 和 print 是两个用来输出字符串的函数，它们实际上并不是 PHP 中的函数，因此可以不必对它们的参数使用括号。在本书前面的示例中大量使用了 echo，因为它的速度比 print 稍快。echo 和 print 的参数 strings 表示的是一个或多个字符串。

echo 可以使用逗号分隔的方式来一次性输出多个字符串，print 一次只能输出一行文本。代码 16.31 演示了如何使用 echo 和 print 输出相同的文本内容。

代码 16.31　使用 echo 和 print 输出字符串

```php
<body>
<?php
$str = "你好，欢迎来到 PHP 的世界";
//使用 echo 输出字符串
echo $str," PHP 是非常流行的编程语言","开源跨平台";
echo "<br />";
echo $str."<br />入门也很简单";
//使用 print 输出字符串
print $str." PHP 是非常流行的编程语言"."开源跨平台";
print "<br />";
print $str."<br />入门也很简单";
?>
</body>
```

代码中使用 echo 输出了 3 行文本，可以看到第 1 个 echo 使用逗号分隔的语法同时输出多句文本内容，而 print 中使用字符串连接操作符"."将多个字符串合并为单一字符串进行输出，echo 和 print 都没有使用括号，程序运行时产生了正确的输出效果。

2. 添加和还原转义字符串

addslashes 函数会在字符串中的单引号（'）、双引号（"）、反斜线（\）与 NUL（NULL 字符）字符前添加反斜线，这个功能特别适用于向数据库中的字段插入包含这些特殊字符的字符串时，需要对其进行转义，这样就可以将数据放入数据库中。下面的代码演示了 addslashes 如何为特殊的字符插入反斜线转义符号：

```php
<?php
  $str = "O'reilly是世界知名的'出版社'";
  echo addslashes($str);
?>
```

代码中将会为语句中的 3 个单引号分别添加转义字符，输出如下：

```
O\'reilly是世界知名的\'出版社\'
```

在 PHP 中还有另外一个 addcslashes，该函数要求传入两个参数，如下所示：

```
addcslashes(string str,string charlist)
```

str 是要添加反斜线转义字符的字符串，charlist 用来指定要添加转义的字符，addcslashes 将会在指定的字符前面添加转义反斜线。

📖 注意：在对 0，r，n 和 t 应用 addcslashes()时要小心。在 PHP 中，\0，\r，\n 和\t 是预定义的转义序列。

addcslashes 函数的使用如以下代码所示：

```php
<?php
$str = "Welcome to learn PHP language";        //要添加反斜线的字符串
echo $str."<br/>";                              //输出原始字符串
echo addcslashes($str,'e')."<br/>";             //在所有 e 前面加反斜线
echo addcslashes($str,'P');                     //在所有 P 前面添加反斜线
?>
```

可以看到，可以通过为 charlist 指定一个或多个字母来添加反斜线，还可以使用 A..Z 之类的格式对多个字母添加反斜线，输出如下：

```
Welcome to learn PHP language
W\elcom\e to l\earn PHP languag\e
Welcome to learn \PH\P language
```

可以看到指定的字符前果然应用了反斜线，通常在存入数据库时会使用转义斜线，但是在从数据库中读出时，需要进行反向转义，也就是将反斜线取消。可以使用 stripslashes 和 stripcslashes 来实现还原转义字符。

3. 获取字符串长度

使用 strlen 可以获取字符串长度，它接收要计算长度的字符串，返回字符串长度整数

值，使用示例如下：

```php
<?php
$str = "Welcome to learn PHP language"; //要添加反斜线的字符串
echo "字符串长度为: ".strlen($str);
?>
```

输出结果如下：

字符串长度为: 29

4．字符串截取函数

substr 函数用来截取字符串的子串，这个函数的使用频率相当高，语法如下：

```
substr(string,start,length);
```

string 是要截取的字符串。start 表示要从哪里开始截取，可以是正数，也可以是负数。
如果是 0，表示从第 1 个字符开始截取。length 表示要返回的字符串的长度。如果指定为
正数，表示从 start 参数所在的位置开始计算长度。如果是负数，表示从字符串的结尾开始
计算长度。如果不指定长度，表示从 start 开始直到字符串末尾。substr 的使用以下代码
所示：

```php
<?php
    echo substr('abcdef', 1)."<br/>";        //输出 bcdef
    echo substr('abcdef', 1, 3)."<br/>";      //输出 bcd
    echo substr('abcdef', 0, 4)."<br/>";      //输出 abcd
    echo substr('abcdef', 0, 8)."<br/>";      //输出 abcdef
    echo substr('abcdef', -1, 1)."<br/>";     //输出 f
?>
```

可以看到，不同的起始位置和长度会得到不一样的截取字符串，如果 start 是–1，则表
示从最后开始截取。如果 start 为 0，表示从第 1 个字符开始截取。

5．检索子字符串的位置

strpos 可以获取一个子字符串在另一个字符串中的位置，在循环处理时经常使用这个
函数来处理字符串，其语法如下：

```
strpos(string,find,start)
```

string 指定要被搜索的字符串，find 是要查找的字符串的子串，start 是可选的参数，用
来指定开始搜索的位置。该函数会返回整数值，并且会区分大小写。

🔔注意：如果要进行不区分大小写的查找，可以使用 strpos 函数。

strpos 的使用示例如下：

```
echo strpos("Hello world!","wo");
```

这行代码从第 1 个字符串开始查找 wo 在字符串 "Hello world" 中的位置，并输出从 0
开始的位置数，示例中输出 6。

本小节简要介绍了常见的字符串函数的用法。要完全介绍这些函数，可能需要一整章

篇幅，幸运的是 PHP 的官方文档提供了详细的函数介绍，建议读者要定期地阅读并记忆这些函数的用法，以免在遇到相关的问题时走弯路。

16.4.5　日期时间函数

PHP 的日期时间函数允许用户获取和设置日期信息。在网页开发中处理日期时间是必不可少的一部分，通过使用日期时间函数，可以在日期时间的处理上灵活自如。表 16.9 列出了在 PHP 中常用的日期时间函数。

表 16.9　PHP的日期时间函数

函数名称	描　　述
checkdate	验证一个格里高利日期
date_default_timezone_get	取得一个脚本中所有日期时间函数所使用的默认时区
date_default_timezone_set	设定用于一个脚本中所有日期时间函数的默认时区
date_sunrise	返回给定的日期与地点的日出时间
date_sunset	返回给定的日期与地点的日落时间
date	格式化一个本地时间 / 日期
getdate	取得日期 / 时间信息
gettimeofday	取得当前时间
gmdate	格式化一个 GMT/UTC 日期 / 时间
gmmktime	取得 GMT 日期的 UNIX 时间戳
gmstrftime	根据区域设置格式化 GMT/UTC 时间 / 日期
idate	将本地时间日期格式化为整数
localtime	取得本地时间
microtime	返回当前 UNIX 时间戳和微秒数
mktime	取得一个日期的 UNIX 时间戳
strftime	根据区域设置格式化本地时间 / 日期
strptime	解析由 strftime() 生成的日期 / 时间
strtotime	将任何英文文本的日期时间描述解析为 UNIX 时间戳
time	返回当前的 UNIX 时间戳

在这些函数中，date 函数已经使用过多次，该函数将获取当前时间的特定格式的表示形式，比如可以返回当前日期是星期几。在实际工作中主要使用该函数来获取当前日期，其语法如下：

```
string date ( string format [, int timestamp] )
```

该函数返回特定格式的字符串。format 用来指定格式字符，可选的 timestamp 表示指定的时间，如果省略则返回当前时间。下面的代码演示了如何使用 date 返回当前的日期，如代码 16.32 所示：

代码 16.32　使用 echo 和 print 输出字符串

```php
<?php
date_default_timezone_set("PRC");   //设置当前时间为北京时间
echo date('Y-m-j');                 //YYYY-MM-JJ输出年月日
echo "<br/>";
```

```
echo date('Y/m/j');                  //YYYY/MM/JJ 输出年月日
echo "<br/>";
echo date('y-n-j');                  //输出年月日
echo "<br/>";                              ·
echo date('Y-m-j'.' '.'h:i:s');      //年月日、时分秒
?>
```

代码中使用 date_default_timezone_set 设置脚本中所有的日期时间函数的默认时区为 RPC 表示北京时间，接下来多次调用了 date 函数，并且传入了不同的参数，这些参数用来以特定的格式输出当前的时间，比如 Y 表示 4 位年份、m 表示 2 位月份、j 表示 2 位天数、h 表示 2 位小时数、i 表示 2 位分钟数、s 表示 2 位秒数。因此最终的输出如下：

```
2012-10-16
2012/10/16
12-10-16
2012-10-16 05:41:57
```

可以看到 date 函数果然输出了指定的格式。

除了 Y、m、j 之类的格式化字符之外，date 还可以使用多种字符格式，比如获取星期值，判断当前年份是否是闰年，以及星期几的完整表示形式等，这些格式字符如表 16.10 所示。

表 16.10　PHP 日期格式化字符列表

格式字符	描　　述	调用后的返回值例子
日期字符		
d	月份中的第几天，有前导零的两位数字	01 到 31
D	星期中的第几天，文本表示，3 个字母	Mon 到 Sun
j	月份中的第几天，没有前导零	1 到 31
l（"L"的小写字母）	星期几，完整的文本格式	Sunday 到 Saturday
N	ISO-8601 格式数字表示的星期中的第几天（PHP 5.1.0 新加）	1（表示星期一）到 7（表示星期天）
S	每月天数后面的英文后缀，两个字符	st, nd, rd 或者 th。可以和 j 一起用
w	星期中的第几天，数字表示	0（表示星期天）到 6（表示星期六）
z	年份中的第几天	0 到 366
星期字符	---	---
W	ISO-8601 格式年份中的第几周，每周从星期一开始（PHP 4.1.0 新加的）	例如：42（当年的第 42 周）
月份字符	---	---
F	月份，完整的文本格式，例如 January 或者 March	January 到 December
m	数字表示的月份，有前导零	01 到 12
M	三个字母缩写表示的月份	Jan 到 Dec
n	数字表示的月份，没有前导零	1 到 12
t	给定月份所应有的天数	28 到 31
年份字符	---	---
L	是否为闰年	如果是闰年为 1，否则为 0

续表

格式字符	描　　述	调用后的返回值例子
o	ISO-8601 格式年份数字。这和 Y 的值相同，只除了如果 ISO 的星期数（W）属于前一年或下一年，则用那一年（PHP 5.1.0 新加）	Examples: 1999 or 2003
Y	4 位数字完整表示的年份	例如：1999 或 2003
y	2 位数字表示的年份	例如：99 或 03
时间字符	---	---
a	小写的上午和下午值	am 或 pm
A	大写的上午和下午值	AM 或 PM
B	Swatch Internet 标准时	000 到 999
g	小时，12 小时格式，没有前导零	1 到 12
G	小时，24 小时格式，没有前导零	0 到 23
h	小时，12 小时格式，有前导零	01 到 12
H	小时，24 小时格式，有前导零	00 到 23
i	有前导零的分钟数	00 到 59>
s	秒数，有前导零	00 到 59>
时区字符	---	---
e	时区标识（PHP 5.1.0 新加）	例 如： UTC， GMT，Atlantic/Azores
I	是否为夏令时	如果是夏令时为 1，否则为 0
O	与格林威治时间相差的小时数	例如：+0200
T	本机所在的时区	例如：EST，MDT（【译者注】在 Windows 下为完整文本格式，例如 "Eastern Standard Time"，中文版会显示 "中国标准时间"）
Z	时差偏移量的秒数。UTC 西边的时区偏移量总是负的，UTC 东边的时区偏移量总是正的	-43200 到 43200
完整的日期 /时间字符	---	---
c	ISO 8601 格式的日期（PHP 5 新加）	2004-02-12T15:19:21+00:00
r	RFC 822 格式的日期	例如：Thu, 21 Dec 2000 16:01:07 +0200
U	从 UNIX 纪元（January 1 1970 00:00:00 GMT）开始至今的秒数	参见 time()

　　由表 16.10 中可以看到，这些字符可分为日期字符、星期字符、月份字符、年份字符、时间字符、时区字符和完整的日期时间字符，通过应用这些字符可以得到想要的日期格式。

　　很多其他的 PHP 函数可以用来完成特定的日期时间计算功能，比如对日期时间的比较和计算，时区的更改和验证等，限于篇幅，请读者参考官方 PHP 文档。

16.4.6　创建和使用数组

　　前面讨论了各种类型的标量变量，这些变量一次只能存储一个值。PHP 中的数组是一种复合的数据结构，一次可以存储一组或一系列的变量。数组中的变量称为数组元素。数组元素也可以是一个数组，这样的数组称为多维数组。

在 PHP 中，数组分为如下两种类型。

❑ 数字索引数组：类似于 C 或 Perl 中的数组，使用数字下标进行数组的索引。

❑ 关联数组：类似于哈希散列、使用字符串进行数组的检索，类似于哈希表的 key 和 value 结构。

在 PHP 中声明数组有如下两种方法。

❑ 使用 array()函数声明数组。

❑ 通过为数组元素赋值的方式声明数组。

其中使用 array 函数声明数组的语法如下：

```
array array([mixed…])
```

可以使用逗号分隔的方式添加多种数组元素，下面的代码演示了如何创建数字索引的数组，如代码 16.33 所示：

代码 16.33　定义和使用数字索引数组

```
<body>
<?php
    $a=array("PHP","JSP","ASP","ASP.NET");      //定义 4 个元素的数组
    $a[]="PERL";                                //在尾部追加一个元素
    print_r($a);                                //显示数组元素的内容
    echo "<br/>";
    echo $a[2]."<br/>";                         //输出第 3 个元素的值
    foreach ($a as $value) {
        echo "语言名称: ".$value."<br/>";        //使用 foreach 遍历数组
    }
?>
</body>
```

示例中使用 array 函数创建了具有 4 个元素的数组，接下来使用$a[]在数组尾部添加一个新的元素，使用 print_r 打印出数组的内容。数组的数字下标从 0 开始，因此代码中$a[2]实际上是访问第 3 个元素。最后使用 foreach 语句依次输出数组中的内容，输出结果如下：

```
Array ( [0] => PHP [1] => JSP [2] => ASP [3] => ASP.NET [4] => PERL )
ASP
语言名称: PHP
语言名称: JSP
语言名称: ASP
语言名称: ASP.NET
语言名称: PERL
```

关联数组使用键值对，使用键作为其下标，键名可以是数值或字母，就好像是哈希表一样。在一个数组中，只要键名中有一个不是数组，那么这个数组就成为关联数组。下面的代码演示了如何定义和使用关联数组，如代码 16.34：

代码 16.34　定义和使用关联数组

```
<?php
  //定义关联数组元素
  $newarray = array("first"=>1,"second"=>2,"third"=>3);
```

```
echo $newarray["second"];
$newarray["third"]=8;                          //更新数组元素值
echo "<br/>";
echo $newarray["third"];                       //输出数组元素值
echo "<br/>";
//使用 foreach 语句输出键值信息
foreach ($newarray as $i => $value) {
    echo "键: ".$i."<br/>";
    echo "值: ".$value."<br/>";
}
?>
```

在代码中，关联数组元素需要指定键值对，使用=>符号进行分隔，对关联数组的访问方式是通过键来访问值，最后通过 foreach 语句，在 foreach 语句中也包含了$i 来访问值信息，输出结果如下：

```
2
8
键: first
值: 1
键: second
值: 2
键: third
值: 8
```

可以看到，在输出结果中，果然已经正确地输出了数组的键和值信息。关联数组在访问数据库中的记录时非常有用。

如果数组的元素也是数组，则可以创建多维数组。除此之外，PHP 提供了与数组相关的多种函数，用来灵活地操作数组，例如 explode 将具有分隔符的字符串转换为数组，或者使用 implode 函数将数组转换为一个字符串，请感兴趣的读者参考 PHP 官方文档。

16.5 小　　结

本章讨论了 PHP 的基础知识，首先介绍了动态网站与传统静态网站的区别，然后介绍了 PHP 语言的来龙去脉。接下来介绍如何使用 XAMPP 来搭建 PHP 和 MySQL 的开发环境，并通过一个简单的示例带领读者进入 PHP 的大门。在 PHP 语言入门部分，通过对 PHP 标记、变量、常量、类型、运算符和表达式这些语言基础元素的讨论，让读者对 PHP 的组成结构有个基本的认识。在流程控制语句部分，详细介绍了 PHP 的分支和循环两种控制结构的使用语法。本章最后讨论了函数和数组，介绍了用户如何创建自定义的函数，如何使用函数的参数和返回值，然后介绍了 PHP 提供的内置函数如处理字符串的字符串函数和处理日期的日期函数，由于 PHP 提供了 1000 多个种类各异的函数，建议大家参考 PHP 的相关文档获取内置函数更多的信息。最后讨论了 PHP 中数组的使用，了解了如何创建数字索引数组和关联数组。

第 17 章 操纵 MySQL 数据库

MySQL 是一个轻量级的、中小型的关系型数据库管理系统，它体积小巧、速度快，具有免费版和商业版。与 PHP 一样，MySQL 也是开源性质的，一般在选择 PHP 建站时都会首选 MySQL 作为网站数据库，就好像在过去使用 ASP 时选择 SQL Server 作为其首选数据库一样。MySQL 的 Logo 如图 17.1 所示。

图 17.1 MySQL 的 Logo

17.1 MySQL 数据库基础

MySQL 是一个轻量级的关系型数据库管理系统，在现实世界中，大量的数据都是具有一些相关性的，关系型数据库系统就是根据数据的关系对数据进行结构化的组织和存储。对关系型数据库的定义简而言之就是：使用关系或二维表存储信息。本节讨论关系型数据库管理系统的基础知识，然后介绍两种用来操作 MySQL 数据库系统的方式。

17.1.1 数据库基础知识

随着网站规模的日益增长，网民对网站交互性要求的增加，必须要有一种方式能够有效、快速地存储和读取数据，关系型数据库应运而生。关系型数据库系统将数据分解为二维表格的形式，通过将大的数据库结构分解为多个表，在表与表之间建立关联关系，既可以节省数据存储的体积，节省存储空间，又抑制了重复性数据，加快了数据检索的时间。

例如图 17.2 是一份简单的人员集息列表 Excel 文件，它是没有使用信息管理系统时常见的存储数据的一种方式。

这种 Excel 存储数据的方式，将人员的所有信息都包含在一张表中，当 Excel 中的栏位和记录数越来越多时，要修改这份人员信息表会变得越来越繁杂。这种存储数据的方式称为平面文件数据结构模型。

根据关系型数据库系统的原理，对数据的相关性进行分析，可以得知部门与人员信息之间有如图 17.3 所示的关系。

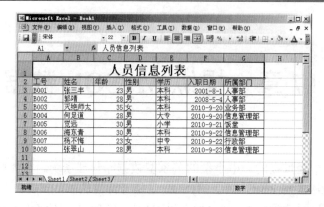

图 17.2　Excel 人员信息列表

为了简化修改与维护的复杂性，关系型数据库设计人员通过使用实体关系模型进行数据库建模，例如人员信息表可以分为人员表和部门表，通过部门编号进行关联，ER 模型如图 17.4 所示。

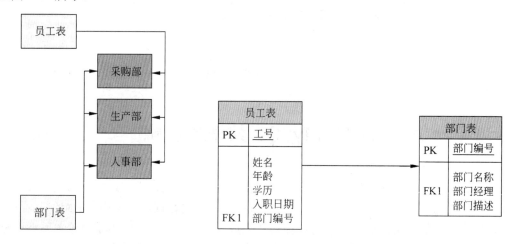

图 17.3　部门与员工关系图　　　　　17.4　人员信息表 ER 关系模型

由图 17.4 中可以看到，通过将员工和部门分别存储在不同的二维表格中，使用主键（PK）和外键（FK）进行关联，使得获取和维护数据会变得更容易。上述 ER 图的三个关键组件分别如下。

- ❏　实体：需要了解的信息，比如部门和员工信息。
- ❏　属性：一般也称为列或字段，描述实体必须或可选的信息，比如员工表中的工号和姓名等。
- ❏　关系：实体之间指定的关联，比如员工的部门编号关联到了部门表的编号属性。

🔊 注意：关系型数据库的理论是由 IBM 公司的研究员 E.F.Codd 博士在 1970 年 6 月发表了名为"大型共享数据库的关系模型"的论文，受到了学术界和产业界的高度重视和广泛响应，使得关系型数据库系统很快成为数据库市场的主流。

关系型数据库管理系统是基于关系型数据库理论而建立的软件系统，用来建立、运用和维护关系型数据库，提供统一管理、统一控制，是数据库与用户之间的操作接口。目前常用的关系型数据库管理系统有 Oracle、SQL Server、MySQL、Access 等，它将完成如图 17.5 所示的管理职责。

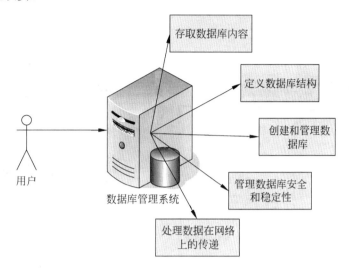

图 17.5　数据库管理系统的职责

有了关系型数据库管理系统，开发人员就可以在数据库中创建数据库、创建表、存取数据库内容、对数据库进行备份和管理，只需要理解常用的系统相关的操作，而不用去研究关系型数据库系统内部深奥难懂的数据方面的理论知识。

17.1.2　MySQL 简介

MySQL 最初是由瑞典的 MySQL AB 公司开发的，后来被 Oracle 收购，成为 Oracle 公司旗下的产品。与 Oracle 系统类似的是 MySQL 也是开源免费并且跨平台的，可以在 Linux、UNIX 和 Windows 操作系统上运行 MySQL。由于 MySQL 体积小巧，总体拥有成本低，而且速度快，因此目前已经成为许多中小型网站后台数据存储的首选。

由于 MySQL 的跨平台和开源的特性，它的学习资料和学习代码相当丰富，可以通过下面的网址访问 MySQL 公司的网站：

```
http://dev.mysql.com/
```

通过 MySQL 的官网，可以获取关于 MySQL 更多更详细的信息，比如可以在线阅读 MySQL 各个版本的文档，下载最新的 MySQL 版本等。官方网站如图 17.6 所示。

可以通过 Documentation 导航进入到 MySQL 的官方文档页面，在该页面中可以查看和下载最新的 MySQL 手册。幸运的是现在 MySQL 也提供了简体中文版的文档可供下载，大大方便了非英语系的用户。

用户可以选择从 MySQL 官网下载适用于其平台的安装包单独进行安装配置，不过一个简单的方法是使用 XAMPP 的集成安装功能。如果是使用 XAMPP 的默认安装方式进行安装，MySQL 就已经安装到了当前的系统中，通过 XAMPP 的配置面板可以直接启动和停止 MySQL。XAMPP 的 MySQL 控制如图 17.7 所示。

图 17.6　MySQL 开发者官方网站

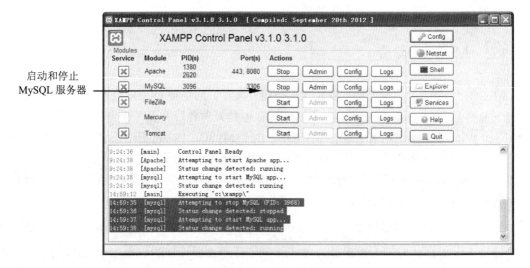

图 17.7　使用 XAMPP 整合安装 MySQL

可以通过单击配置按钮 🔧 Config，从弹出的配置窗口中单击 "Services and Port Settings" 按钮，在弹出的窗口中可以配置 Apache 的端口和 MySQL 的监听端口，默认情况下，MySQL 使用 3306 作为其主要的监听端口。

通过单击 XAMPP 中 MySQL 面板右侧的 "Admin" 按钮，可以打开 phpMyAdmin 工具使用 Web 的方式控制和操作 MySQL 数据库，可以使用 phpMyAdmin 通过网页来执行创建、复制和删除数据等操作，还可以通过命令提示符在命令行下管理数据库。

17.1.3　MySQL 的命令操作

MySQL 提供了命令行的管理工具，在服务器启动后，在命令行界面通过命令行操作 MySQL，可以创建新的数据库、创建表、管理用户和权限、执行查询等。虽然命令行工具没有提供图形化的便利性，但是性能快捷，不需要安装额外的工具，适合本地的 MySQL 数据库管理员。

单击 XAMPP 配置面板中的"Shell"按钮，将打开控制台窗口，直接在该窗口中输出 MySQL，由于 XAMPP 默认情况下会以当前操作系统管理员的身份登录，因此在服务器上可以直接通过 MySQL 命令进入到 MySQL 命令提示符界面。否则可能需要提供用户名和密码。如果是在一台与 MySQL 服务器位于不同位置的主机上登录，还需要指定主机名称或 IP 地址，如以下语句所示：

```
mysql -h host -u user -p
```

-h 后面的 host 指定主机名称，-u 后面的 user 指定登录用户名称，-p 指定输入密码，MySQL 会显示 Enter password:提示输入密码。

一般进行 MySQL 管理时都会直接登录安装 MySQL 的服务器，因此笔者的命令提示界面如图 17.8 所示，笔者使用 mysql –u root 进行了登录。

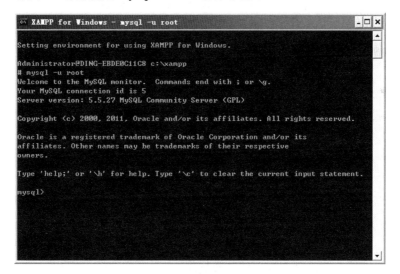

图 17.8　MySQL 控制台界面

在 mysql>命令提示符的后面，就可以输出 MySQL 的各种命令来操纵数据库了。比如下面使用 MySQL 命令来显示当前的数据库信息：

```
mysql> SHOW DATABASES;
+--------------------+
| Database           |
+--------------------+
| information_schema |
| cdcol              |
| mysql              |
| performance_schema |
```

```
| phpmyadmin         |
| test               |
| webauth            |
+--------------------+
7 rows in set (0.00 sec)
```

可以看到当前的 MySQL 数据库系统中有两个数据库，可以在命令行中直接发送 SELECT 语句来查询数据库。例如要查询当前 MySQL 的版本信息，可以使用下面的语句：

```
mysql> SELECT VERSION(), CURRENT_DATE;
+-----------+--------------+
| VERSION() | CURRENT_DATE |
+-----------+--------------+
| 5.5.27    | 2012-10-16   |
+-----------+--------------+
1 row in set (0.03 sec)
```

可以看到，在命令提示窗口中向 MySQL 发送命令，必须在随后跟一个分号。当一个命令发送成功后，这个命令将被发送到 MySQL 数据库服务引擎执行，然后显示一个结果。

注意：在命令提示窗口可以使用大小写格式，并不影响查询的结果。

在命令提示窗口中可以创建自己的数据库、添加一个或多个数据表、使用 SELECT、INSERT、UPDATE 和 DELETE 更新表中的内容，下面演示如何在命令提示窗口创建一个 BookLib 的数据库，用来存放图书馆的图书信息，如以下步骤所示。

（1）在 mysql>命令提示窗口，输入如下命令创建一个新的 BookLib 数据库：

```
mysql> CREATE DATABASE BookLib;
Query OK, 1 row affected (0.02 sec)
```

可以看到通过调用 CREATE DATABASE 命令，创建了一个新的 BookLib 数据库。必须注意在 Linux 和 UNIX 中具有大小写的区别。

（2）使用 USE 命令切换到新创建的 BookLib 数据库，如以下命令所示：

```
mysql> USE BookLib;
Database changed
```

（3）通过 SHOW TABLES 命令可以查看这个数据库中包含有哪些数据表，如下所示：

```
mysql> SHOW TABLES;
Empty set (0.00 sec)
```

可以看到，当前数据库中不包含任何数据表。

（4）下面使用 CREATE TABLE 命令创建一个 Books 数据表，用来存放图书信息。它包含图书编号、图书名称、ISBN 号、库存数量、单价字段，语句如下：

```
mysql> CREATE TABLE Books(BookId int,BookName VARCHAR(100),ISBN
VARCHAR(20),Qty
int,Price double);
Query OK, 0 rows affected (0.09 sec)
```

可以看到通过 CREATE TABLE 语句成功地创建了一个表。现在通过 SHOW TABLES 可以看到这个新创建的表，如下所示。

```
mysql> SHOW TABLES;
+--------------------+
```

```
| Tables_in_booklib |
+-------------------+
| books             |
+-------------------+
1 row in set (0.00 sec)
```

（5）在具有了一个空白的 Books 表之后，下面使用一条 INSERT 语句向表中插入一本
图书，如以下语句所示：

```
mysql> INSERT INTO Books VALUES(1,"PL/SQL 从入门到精通","00001",100,69);
Query OK, 1 row affected, 1 warning (0.05 sec)
```

可以看到，INSERT 语句成功地向表 Books 中插入了一条记录。

（6）现在有了一个具有一条记录的数据表，可以使用 SELECT 语句查询数据库，如以
下代码所示：

```
mysql> SELECT * FROM Books;
+--------+-------------------+-------+------+-------+
| BookId | BookName          | ISBN  | Qty  | Price |
+--------+-------------------+-------+------+-------+
|   1    | PL/SQL 从入门到精通 | 00001 | 100  |   69  |
+--------+-------------------+-------+------+-------+
1 row in set (0.00 sec)
```

可以看到数据库表 Books 中果然已经包含了一条新的图书记录。

使用命令提示符工具需要用户具备较强的数据库知识，对于数据库新手来说这会造成
使用的困难。对于网站建设者来说，可能并不需要太深的数据库知识，所幸的是现在有很
多图形化的 GUI 管理工具可以代替手工操纵 MySQL 的麻烦。

17.1.4　使用 phpMyAdmin 管理 MySQL 数据库

phpMyAdmin 是开源的基于 Web 方式的用来控制和操作 MySQL 数据库的工具，它使
用 PHP 编写，可以在网页上远程操作 MySQL 数据库，比如可以建立、复制、删除数据等。
它使得对 MySQL 数据库的操作变得很简单，不需要理解命令行方式下的 MySQL 命令，
特别适合网页新手操作。

可以通过 XAMPP 配置面板中 MySQL 右侧的"Admin"按钮来打开 phpMyAdmin 首
页，如图 17.9 所示。

注意：通过设置 config.inc.php 中的 auth_type 为 cookie 模式，可以将登录模式更改为远
程访问方式，会提示输出用户名与密码，本节出于演示的目的，使用默认的 config
模式。

phpMyAdmin 主界面的左侧列出的是最近使用的数据库列表，单击某个数据库名称就
可以切换到该数据库的管理窗口。可以通过 phpMyAdmin 下面的导航快捷按钮切换到主页
或切换到数据库列表。

在 phpMyAdmin 的数据库窗口中，可以执行创建新的数据库、管理数据库中的表、对
数据库中的数据进行导入和导出、管理数据库用户、使用 SQL 语句查询数据库等操作，对
SQL Server 比较熟悉的用户会发现，phpMyAdmin 提供了类似 SQL Server 企业管理器的图

形化操作功能。

图 17.9　使用 phpMyAdmin 管理 MySQL 服务器

尽管 phpMyAdmin 提供了简易的可视化数据库操作方式，但是作为一名网站开发人员来说，熟练掌握相关的数据库语法是非常有必要的。本章后面的内容将会介绍如何操作 phpMyAdmin 以可视化的方式操作数据库，同时也会简单介绍这些操作涉及的 MySQL 命令。

17.2　MySQL 数据库操作

MySQL 允许创建和管理数据库及相应的数据库用户，对于网站项目来说，基本上每个涉及动态应用的网站都需要创建一个单独的数据库。MySQL 的访问权限管理机制建议每个程序、每位用户都具有自己的用户账户。在实际工作中一般是对每一个应用程序对应用一个数据库和一个专属的数据库用户。

17.2.1　更改用户密码

使用 XAMPP 安装了 phpMyAdmin 软件之后，会默认安装一个映射到操作系统管理员的 root 账户，该账户没有密码，因此可以直接用来登录，并具有最大的系统管理权限，这对于放置到互联网上的 MySQL 数据库来说，是非常危险的，phpMyAdmin 会提示用户更改 root 账户的密码。

要更改 root 账户的密码，进入 phpMyAdmin 主界面之后，单击导航工具栏上的"用户"按钮，将进入如图 17.10 所示的用户管理窗口。

通过该窗口可以看到，"用户概况"列表中，系统预置了 6 条记录，这个列表中的字段含义如下所示。

- ❑ 用户：指定当前系统中具有的用户名，其中用户名为红色的"任意"表示可以使用任何用户名进行登录。
- ❑ 主机：是指可以登录到 MySQL 数据库的主机名称，localhost 表示本机，如果指定

%表示可以使用网络上任何的一台计算机进行登录。

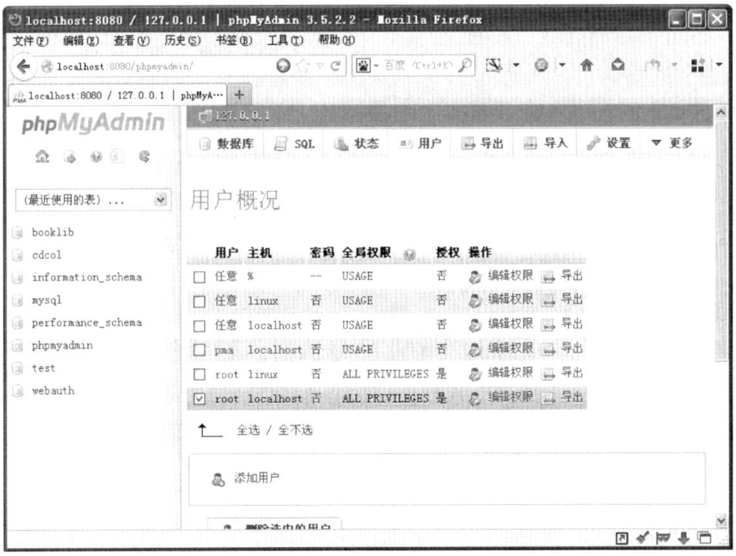

图 17.10 用户管理窗口

❑ 密码：指定是否已经设置了用户密码，为否表示未指定密码。

❑ 授权：表示用户所具有的权限，可以看到两个 root 账户的授权是"ALL PRIVILEGES"，指定可以访问任何数据库对象。

❑ 主机：指定可以进行登录的主机的名称，指定%表示网络上的任何主机都可以登录 MySQL 数据库。

可以看到 root 仅允许 localhost 和 Linux 这两台主机进行登录，并且都没有设置密码。应该为 root 账户设置一个密码，以便于用户增强系统的安全性。下面的步骤演示了如何为 localhost 主机访问的 root 账户指定密码：

（1）单击主机为 localhost 的 root 账户列表中的"编辑权限"按钮，将进入到权限编辑窗口，向下拉动进度条，找到"修改密码"设置项，如图 17.11 所示。

在"密码"输入框和"重新输入"文本框中分别输入要修改的密码，最后单击右下角的"执行"按钮，将完成密码的修改。

（2）root 密码修改之后，必须修改 phpMyAdmin 的配置文件 config.inc.php，添加更改后的密码，以便于 phpMyAdmin 能够使用新密码进行正确的登录，配置项如下：

```
/* Authentication type and info */
$cfg['Servers'][$i]['auth_type'] = 'config';        //指定验证模式为配置模式
$cfg['Servers'][$i]['user'] = 'root';               //登录用户
$cfg['Servers'][$i]['password'] = 'password';       //指定密码
$cfg['Servers'][$i]['extension'] = 'mysql';
$cfg['Servers'][$i]['AllowNoPassword'] = false;     //不允许空白密码
$cfg['Lang'] = '';
```

配置完成后再次查看用户名列表，现在 phpMyAdmin 显示已经正确地配置了 root 的密码，如图 17.12 所示。

注意：应该总是把没有用的用户名删掉，对有用的用户名设置严格的密码。

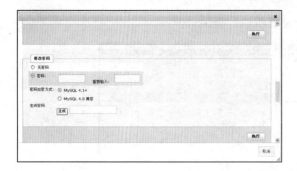

图 17.11　修改 root 密码　　　　　　　　　图 17.12　已经修改密码后的列表

要删除不再使用的用户，可以勾选前面的复选框，然后单击页面底部的"删除选中用户"分组栏内部的执行按钮，phpMyAdmin 会提示用户已经成功删除。

17.2.2　创建新用户

出于安全性考虑，root 用户应该仅用于系统管理，在 PHP 程序中连接 MySQL 并操作数据库时，应该创建一个专门的用户来管理，并且只具有刚好完成任务的权限，比如新用户只能读取和修改某个特定的数据库。

在 phpMyAdmin 中创建新的用户有如下两种方式。

❑ 创建新用户并同时创建一个与新用户同名的数据库，这种方式会使用新的用户管理与之同名的新数据库，这是比较常见的一种创建数据库的方式。

❑ 创建新用户，不分配任何数据库，可以在数据库权限窗口中为新的用户分配权限。

如果要为已经创建好的数据库创建新的用户，可以进入到特定的数据库管理界面，通过"权限"面板添加新的用户，这样就可以指定这个新用户仅用于该数据库的管理。以在 17.1.3 节中使用 MySQL 命令行工具创建的 BookLib 数据库为例，默认情况下 root 账户自动具有管理该数据库的所有权限，下面将创建一个新的用户，让该用户仅具有管理 BookLib 数据库的权限，步骤如下所示。

（1）单击 phpMyAdmin 左侧的"最近使用的表"下拉列表框下面的列表项中的 booklib 数据库，将进入到该数据库的管理界面。单击导航栏中的"权限"按钮，将看到 booklib 中可以进行管理的用户列表，如图 17.13 所示。

单击列表底部的"添加用户"链接，将进入到如图 17.14 所示的添加用户窗口，在登录信息中允许用户设置一个新的用户。各个输入项的含义如下所示。

❑ 用户名：右侧的下拉列表框默认选择"使用文本域"，表示允许用户输入一个用户名，如果选择"任意用户"，则表示任何网络用户都可以使用任何用户名进行登录，这让数据库的危险系数增大，一般很少使用。

❑ 主机：指定哪些主机可以登录到数据库，一般选择"本地"，将会自动在文本框中添加"localhost"，表示只能由本机进行登录，对于 Apache 与 MySQL 位于一台服务器的情况来说，本地主机已经足够。

❑ 密码：默认的"使用文本域"表示允许用户输入一个密码，在"重新输入"文本框中重新确认输入一次密码。

图 17.13　booklib 的用户权限列表

图 17.14　添加用户窗口

❑　生成密码：单击"生成"按钮，将自动产生一个随机数密码，一般较少使用。

在本步骤中添加一个用户名为"bookuser"、密码为"books"的用户，使用主机为"本地" localhost。

（2）在用户数据库部分，默认会勾选"授予数据库"booklib"的所有权限"，这表示该用户将用来管理 booklib 数据库。

（3）在"全局权限"部分，列出了 bookuser 用户可以使用的权限，比如可以使用 SELECT、INSERT、UPDATE 和 DELETE 之类的 SQL 语句对数据库表进行修改，或者是对表结构进行修改，单击"全局权限"旁边的"全选"链接选择所有的权限，如图 17.15 所示。

图 17.15　指定用户权限

（4）在"资源限制"部分，指定连接到 MySQL 的资源设置，比如可以指定每小时查询数、每小时更新数、每小时连接数、用户最大的连接数等，如果不进行限制，使用默认的值 0 即可。

设置完成之后，单击"添加用户"链接，一个新的用户就添加到了用户列表中，可以看到新增加的用户权限为"ALL PRIVILEGES"，表示具有所有的权限。在 phpMyAdmin

中还会显示出创建这个新用户的 SQL 语句，如图 17.16 所示。

添加新用户的 SQL 语句

数据库用户列表

添加新用户链接

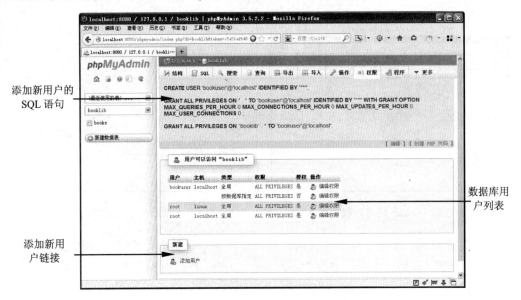

图 17.16　成功添加新用户

新的用户创建之后，在 PHP 中连接 MySQL 数据库时，就可以使用这个新的用户来管理 booklib 数据库，相比直接使用 root 用户会大大增强网站数据的安全性。

17.2.3　创建数据库

前面演示了使用 MySQL 的命令行工具创建数据库，在 phpMyAdmin 管理工具中创建数据库要更为容易。下面将新建一个名为 erpdb 的数据库，使用该数据库来存放 ERP 系统的数据信息，步骤如下所示。

（1）打开 phpMyAdmin，单击导航栏的"数据库"按钮，将进入到如图 17.17 所示的数据库管理面板。在该界面上，列出了当前 MySQL 服务器上存在的所有数据库。

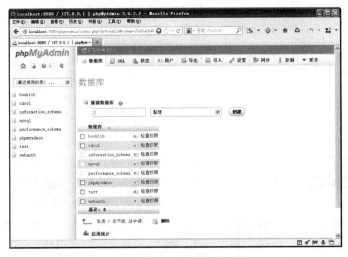

图 17.17　phpMyAdmin 的数据库管理界面

注意：具有灰色复选框的数据库是 MySQL 系统数据库，这些数据库是 MySQL 正常运行所必需的，因此不要随意更改系统数据库的数据。

（2）在图中可以看到"新建数据库"项，在文本框中输入"erpdb"，右侧的下拉列表框用来指定数据库的排序规则。选择一种排序规则其实就是挑选一种字符集，默认的选项"整理"表示由系统自动选择一种排序方式，一般是与服务器使用相同的排序方式。

（3）设置完创建数据库的基本信息后，单击"创建"按钮，一个新的数据库就创建成功了，在数据库列表中立即就显示出了数据库信息。

在数据库管理界面，单击新创建的数据库，可以查看更详细的数据库信息，比如查看表结构，使用 SQL 查询分析器，查看数据库的权限设置，使用导入和导出工具等。

17.2.4　管理数据库

在上一节的示例中创建了一个空白的 erpdb 数据库，该库中不包含任何的数据表，如果要修改数据库定义，比如更改数据库的字符串、重命名数据库或操作数据库，可以使用选定数据库下的操作面板对数据库进行管理。

选中 erpdb 数据库，单击导航栏中的"操作"按钮，将进入到如图 17.18 所示的操作面板。

图 17.18　数据库操作面板

在该窗口中，提供了如下的几个功能允许对数据库进行进一步的修改。

❏ 数据库注释：提供对数据库作用的描述性文字。

❏ 新建数据表：允许向数据库中添加数据表。

❏ 将数据库改名为：可以重命名数据库。

❏ 删除数据库：将数据库和其包含的数据从 MySQL 服务器中彻底移除。

❏ 复制数据库到：可以将数据库的结构或数据复制到一个新的数据库，这个功能允许创建当前数据库的一个副本。

❑ 整理：重新设置 MySQL 的数据库字符集。

下面调整一下 erpdb 数据库，为其添加注释：存储公司的 ERP 核心数据，在"数据库注释"下面的文本框中输入前面的文字，单击"执行"按钮，就成功地添加了数据库的注释。

重命名数据库可以将 MySQL 数据库从一个名称更改为另一个名称。重命名数据库会给整个应用系统带来较大的影响，因此应该谨慎考虑。在操作面板中，直接在"将数据库改名为"下面的文本框中输入 erpdb1，单击"执行"按钮，将弹出如图 17.19 所示的对话框：

单击"确定"按钮后，phpMyAdmin 将显示重命名所要执行的 SQL 语句，如图 17.20 所示。

图 17.19　重命名数据库对话框　　　　图 17.20　重命名数据库执行的 SQL 语句

根据数据库的大小实现重命名的时间也不同，重命名执行完成后，phpMyAdmin 会提示是否重新加载数据库，单击"确定"按钮，数据库就被重命名为 erpdb1。

"将数据库复制到"允许创建当前数据库的一个新的副本，在文本框中输入一个新的数据库名称，选择所要复制的单选按钮。

❑ 仅结构：表示仅复制数据库的结构，不复制数据库数据。

❑ 结构和数据：既包含数据库的结构，又包含数据库的数据。

❑ 仅数据：仅复制数据库的数据，并不复制数据库的结构。

单选按钮下面的几个复选框用于指定复制数据库的选项，默认勾选了"复制前创建数据库（CREATE DATABASE）"，表示在复制前会先创建新的数据库。如果要将数据复制到一个已经存在的数据库，可以不用勾选该选项。"切换到复制的数据库"用来指示当数据复制完成之后，将切换到新复制的数据库。

下面创建 erpdb1 的一个幅本，创建一个新的 erpdb_bk 数据库，并将 erpdb1 中所有的数据复制到 erpdb_bk 中，在文本框中输入 erpdb_bk，单击"执行"按钮。复制操作完成之后，将自动切换到 erpdb_bk 数据库中。

"整理"用来指定数据库的字符集，MySQL 数据库表在创建时会使用这里指定的字符集作为字段的排序规则，对于简体中文来说，建议选择 UTF-8、GBK 和 GB2312 字符集：

- ❑ GB2312 是简体中文的码。
- ❑ GBK 支持简体中文及繁体中文。
- ❑ BIG5 支持繁体中文。
- ❑ UTF-8 支持几乎所有字符。

为了避免所有的乱码问题，建议使用 UTF-8，将来要支持国际化也比较方便。下面将 erpdb1 数据库更改为 utf8_general_ci，用来支持国际化字符，单击"执行"按钮，完成对整理的更改。

17.2.5　删除数据库

删除数据库会彻底移除所有的数据，除非对数据库有备份，否则不建议轻易地删除整个数据库。数据库的删除既可以在数据库的"操作"面板中进行，也可以单击导航工具栏中的"数据库"列表，单击要删除的数据库前面的复选框，单击底部的"删除"按钮。例如为了删除 erpdb_bk，在数据库列表中选中该库，单击"删除"链接，phpMyAdmin 将显示一个删除确认对话框，如图 17.21 所示。

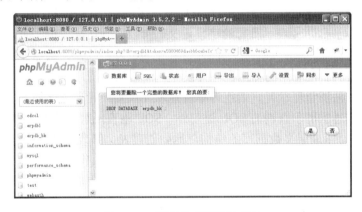

图 17.21　删除数据库确认窗口

在确认窗口中可以看到，删除数据库的操作实际上是执行了如下的 SQL 语句：

```
DROP DATABASE 'erpdb_bk';
```

单击"是"按钮之后，erpdb_bk 就成功地从数据库中删除了。

17.3　定义数据表

表是关系型数据库中最基本的对象，它对应到现实世界中的实体对象，比如书或手机，这些都可以用表来进行存储。在数据库管理系统中，数据库表是一个二维表，由表行和表列组成。表中的行存储了现实世界中的一些对象或关系，比如人事信息数据表中的每一行都存储了每一个职员信息，列用来存储现实世界对象详细的属性信息，比如人的姓名或性别等。在本节将讨论如何定义 MySQL 中的表，本节除介绍 phpMyAdmin 工具定义表之外，还将讨论如何使用 SQL 语句定义表结构。

17.3.1　SQL 语言简介

SQL 的全称是"结构化查询语言"，英文全称是 Structured Query Language，取每个单词的首字母，简称 SQL。SQL 语言是一种用来与数据库沟通的语言，它具有一系列精简的、类似自然语言的语法来操纵数据库，简化了客户端的管理工作。

举个例子，要从 booklib 数据库的 books 表中查询图书馆的图书列表，可以编写如下的 SQL 语句轻松实现：

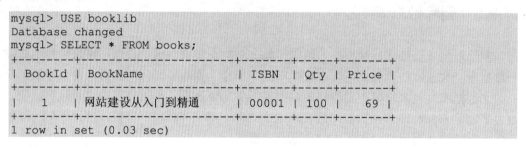

```
mysql> USE booklib
Database changed
mysql> SELECT * FROM books;
+--------+------------------------+-------+-----+-------+
| BookId | BookName               | ISBN  | Qty | Price |
+--------+------------------------+-------+-----+-------+
|   1    | 网站建设从入门到精通    | 00001 | 100 |   69  |
+--------+------------------------+-------+-----+-------+
1 row in set (0.03 sec)
```

上面的示例中在 MySQL 的命令提示窗口发出了一个 SELECT 语句，该语句要请求 books 表中所有的记录，*号表示所有的字段定义。可以看到这样的编写方式非常类似于英语中的语句，简洁易懂。SQL 语言是一门非过程化的编程语言，是数据库服务器与客户端进行沟通的重要工具。在现今的应用程序开发中，SQL 广泛应用于各种类型的数据库系统中，比如企业人事薪资管理软件、销售订单管理软件及生产管理软件等。

除了前面所述的用于查询的 SQL 语句外，SQL 语言还有如下几个作用。

❏ 数据定义：用来定义数据库的结构，比如创建表、修改表结构、创建视图等。

❏ 数据操作：用来对表进行新增、修改和删除数据等操作。

❏ 查询数据：使用复杂的 SQL 查询语句来获取数据库中的数据。

❏ 安全和验证：用来创建和管理用户或角色，为用户分配用户权限等。

SQL 语言按照其功能可以分为如下 4 类。

❏ 数据定义语言（DDL）：主要用于创建、修改和删除数据库对象，比如数据库表、视图和索引等。主要的 SQL 语句是 CREATE、ALTER 和 DROP 语句。

❏ 数据查询语言（DQL）：主要用来查询数据库中的数据，其主要的 SQL 语句只有 1 个，就是 SELECT 语句，但是 SELECT 语句包含了 5 个常用的子句，分别是指向查询目标表的 FROM 子句、指定查询条件的 WHERE 子句、用来进行数据分组的 GROUP BY 子句及 HAVING 和 WITH 子句。

❏ 数据操作语言（DML）：主要用来向表中增加、修改和删除数据，主要的语句是 INSERT、UPDATE 及 DELETE 语句。

❏ 数据控制语言（DCL）：主要用来授权或取消授权，主要的语句是 GRANT、REVOKE 语句。

phpMyAdmin 工具在后台实际上就使用了这些 SQL 语句来完成对数据库的创建和维护、数据库表的管理和设置等功能。对于 PHP 程序员来说，掌握基本的 SQL 技巧是非常有必要的，本节后面的部分将讨论如何使用 phpMyAdmin 完成表的创建和管理，同时也会介绍与之相关的 SQL 语句。例如可以使用 phpMyAdmin 提供的 SQL 查询窗口，在该窗口中输入查询语句来查询数据。对 books 的查询如图 17.22 所示。

图 17.22　在 phpMyAdmin 中执行 SQL 语句

17.3.2　设计数据表

在 phpMyAdmin 中创建表非常简单，只需要几个简单的设置步骤，需要认真考虑的是表的设计，以避免出现表数据的冗余或无法精确的定义表。在设计数据库表时，必须遵循关系型数据库的 3 个范式。

- ❑ 第 1 范式（1NF）：字段必须具有单一属性特性，不可再拆分。
- ❑ 第 2 范式（2NF）：表要具有唯一性的主键列。
- ❑ 第 3 范式（3NF）：表中的字段不能包含在其他表中已出现的非主键字段。

范式是一个升级的过程，也就是说只有在满足了第一范式的情况下，第二范式才能继续进行。因此对于范式的实现过程可以如图 17.23 所示。

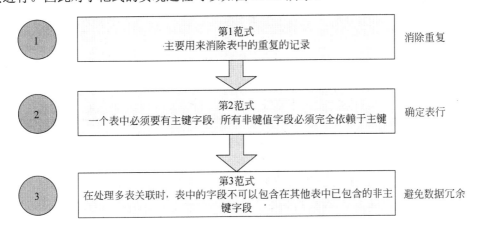

图 17.23　范式的升级过程

通过对数据库对象应用范式，消除了数据的冗余，使得整个数据库的设计具有最佳效率和性能，它会带来如下一些好处。

- ❑ 使得数据变得更有组织。

□ 将数据的修改量变得更少，比如当一个表的具体字段记录更新时，其他引用到该表中字段的表会自动得到更新。

□ 需要存储数据的物理空间变得更少。

在本章前面创建的示例数据库 booklib 中，存在一个数据库表 books，这个表用来表示图书馆的图书。接下来创建一个新的 borrows 表，这个表用来存储图书借阅信息。出于关系型范式的考虑，下面的实体关系图显示了 borrows 表的结构及该表和 books 表的关系，如图 17.24 所示。

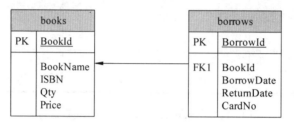

图 17.24　图书表与图书借阅表的关系模型图

books 表的表字段类型和含义如表 17.1 所示。

表 17.1　books表字段结构

字段名称	字段类型	是否 NULL	字段描述
BookId	INT	N　主键 PK	图书编号
BookName	VARCHAR(100)	Y	图书名称
ISBN	CHAR(20)	Y	ISBN 编号
Qty	INT	Y	库存数量
Price	DOUBLE	Y	图书价格

borrows 表的字段类型和含义如表 17.2 所示。

表 17.2　borrows表字段结构

字段名称	字段类型	是否 NULL	字段描述
BorrowId	INT	N　主键 PK	借阅编号
BookId	INT	Y　外键 FK	图书编号
BorrowDate	DATETIME	Y	借阅日期
ReturnDate	DATETIME	Y	归还日期
CardNo	CHAR(10)	Y	借书卡号

books 表存储图书馆的图书信息，它以 BookId 作为唯一识别的主键，符合数据库的第 2 范式，同时每个字段都是不可再拆分的个体，符合第 1 范式，borrows 表用来存储图书馆图书的借阅信息，它存储了 BookId 用来引用 books 表中的图书编号，通过 BookId 可以在 books 表中找到图书的详细信息，符合第 3 范式。borrows 表中的 BookId 称为外键，BorrowId 是该表的主键。

17.3.3　创建数据表

在 SQL 语言中，创建表属于 DDL 数据定义语句，MySQL 支持 CREATE TABLE 语句来创建一个表，但是 phpMyAdmin 提供的可视化表设计功能使得表的创建更加容易。下面演示如何在 phpMyAdmin 中创建 borrows 表，并且建立 books 表和 borrows 之间的主外键关系。

进入 phpMyAdmin 的首页，在"最近使用的表"下方的列表中单击 booklib 数据库链接，将进入 booklib 数据库管理控制台。在左侧的面板中列出了当前 booklib 数据库中所有的表，单击底部的"新建数据表"按钮可以开始创建一个数据库表，也可以通过右侧面板的"结构"标签页下面的"新建数据表"栏来创建新的数据表，如图 17.25 所示。

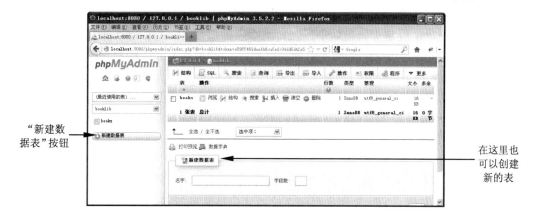

图 17.25　数据表管理界面

单击左侧的"新建数据表"按钮，phpMyAdmin 将切换到如图 17.26 所示的新建表窗口，在该窗口中可以输入表名、字段名称（也就是表的列名）、选择一种数据类型。

图 17.26　新建表页面

在"数据表名"文本框中，输入新表的名称，默认情况下"新建数据表"会显示 4 个字段输入框，通过单击"执行"按钮，可以继续添加新的字段，表字段的部分属性输入框的含义如下所示。

❑ 名字：数据列的名字。

❑ 类型：可在下拉列表框中选择数据类型。

❑ 长度/值：对于大多数数据类型来说是可选的，只有 VARCHAR 或 CHAR 列必须指定一个最大字符长度。

- ❑ 默认：这里为此数据列设置一个默认值。
- ❑ 整理：设置此数据列使用的字符集和排序方式，如不指定，将使用默认的字符集和排序方式。
- ❑ 属性：默认为空白，对于一个整数类型的列，如果它包含的值都是非负数，可以在该字段中填上 Unsigned。
- ❑ 空：指定此数据列是否可以包含空值 NULL。
- ❑ 索引：指定数据列的索引，比如可以创建主索引、普通索引等。
- ❑ A_I：表示字段是否为自增字段，自增字段的值由 MySQL 自动计算并填充。

在创建数据表的字段时，需要指定列的类型，在 phpMyAdmin 的"字段类型"下拉列表框中，可以看到很多的类型，其中主要又分为如下所示的 3 大类。

- ❑ 数值数据类型：用于存储数据型数据，比如整型、浮点型等。根据数值的范围，整型类型可分为 TINYINT、SMALLINT、MEDIUMINT、INT 和 BIGINT；浮点类型分为 FLOAT、REAL、DOUBLE PRECISION。
- ❑ 日期时间类型：用于存储日期和时间值。它包含存储日期的 DATE 类型，存储日期时间的 DATETIME 类型，TIMESTAMP 用来存储一个时间戳值，TIME 专用于存储时间数据，YEAR 用来存储 2 位或 4 位格式的年份。
- ❑ 字符串类型：用于存储字符串数据。字符类型分为很多种，其中比较常用的是用于存储定长数字节数据的 CHAR 和 VARCHAR 类型，这两种类型都必须指定一个字符长度。

注意：MySQL 的官方手册提供了每种不同类型的详细区别，通过该文档，还可以了解到每种类型的存储大小，以便可以计算表将要存储数据后的大小。

如果一些属性的值不能确认，只输入基本的字段的名称和类型，在稍后可以通过 phpMyAdmin 的表结构页进行修改。在成功添加 borrows 表的所有字段和类型之后，单击"保存"按钮，phpMyAdmin 就会成功地创建表并切换到 booklib 表清单窗口。

单击表清单中的 borrows 表的"结构"按钮，将进入到 borrows 表结构窗口，在该窗口中可以为 borrows 表设置主键、索引及表与表之间的关系。例如可以将 borrows 表中的 BookId 与 books 表中的 BookId 建立主外键关系。

注意：两个表之间要能创建主外键关系，必须是 InnoDB 存储引擎，外键字段必须有索引。

phpMyAdmin 的表设置导航栏上也有一个"操作"按钮，单击该按钮后可以对表进行全局的控制，比如为表指定自动增长字段、修改表的字符集和排序方式、对表进行优化或者是清空或移除数据表等。

17.3.4 CREATE TABLE 语句

phpMyAdmin 实际上是通过 SQL 的 CREATE TABLE 语句创建表。在介绍 MySQL 的命令行工具时讨论过如何使用 CREATE TABLE 语句创建 books 表，CREATE TABLE 语句

属于 SQL 语言中的 DDL 语句，用来定义表的结构，其基本语法如下：

```
CREATE [TEMPORARY] TABLE [IF NOT EXISTS] tbl_name
    [(create_definition,...)]
    [table_options] [select_statement]
```

语法关键字的含义如下所示。

- ❑ TEMPORARY：这个可选的关键字表示是否创建临时表，如果指定则会创建一个临时的表。
- ❑ IF NOT EXISTS：如果指定这个关键词，当表中存在时可以防止发生错误，也就是重新创建一个表。
- ❑ tbl_name：用于指定表的名称。
- ❑ create_definition：用于定义表列、主外键等。
- ❑ table_options：用于指定表的属性。
- ❑ select_statement：如果具有该语句，表示将使用 SELECT 语句中指定的查询来向表中插入数据。

以 borrows 表为例，通过 phpMyAdmin 表设置界面的导出功能，可以将创建表的 SQL 语句导出到一个单独的文件中。borrows 表的创建语句如下：

```
--
-- 表的结构 'borrows'
--
CREATE TABLE IF NOT EXISTS 'borrows' (
  'BorrowId' int(11) NOT NULL AUTO_INCREMENT,   --自动增长字段
  'BorrowDate' datetime NOT NULL,
  'ReturnDate' datetime NOT NULL,
  'CardNo' char(10) NOT NULL,
  'BookId' int(11) NOT NULL,
  PRIMARY KEY ('BorrowId'),                     --指定主键
  UNIQUE KEY 'BorrowId' ('BorrowId'),           --唯一性索引
  KEY 'BookId' ('BookId')                       --标准索引
) ENGINE=InnoDB DEFAULT CHARSET=utf8 COMMENT='存储图书借阅信息的表' AUTO_
INCREMENT=1 ;
```

可以看到，在 CREATE TABLE 语句中，通过指定字段名称、类型和字段的属性来定义表的结构，在表的属性部分，指定 ENGINE 为 InnoDB，表示表使用 InnoDB 作为存储引擎。AUTO_INCREMENT 指定自动增长字段的起始字段值。

🔊注意：每个表只能具有一个 AUTO_INCREMENT 列，该列不能有 DEFAULT 值，且 AUTO_INCREMENT 列的起始值不能为负数。

MySQL 的手册提供了关于 CREATE TABLE 语句更详细的信息，通过查阅手册可以了解各种存储引擎在创建表时的差别，以及各种更为详尽的建表方法。

17.3.5　修改数据表

phpMyAdmin 的"结构"标签页中，可以对任何已经创建的表进行修改，可修改的范围包含添加或删除表字段、添加索引、修改主键、还可以创建表与表之间的主外键关系。

表结构界面如图 17.27 所示。

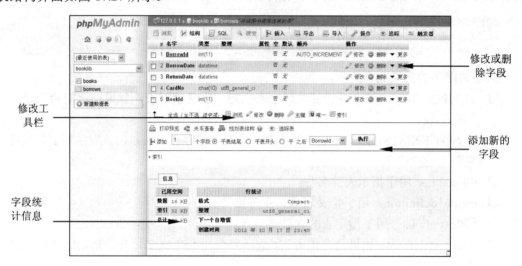

图 17.27 表结构设置窗口

这些修改方式非常简单易懂，在后台 phpMyAdmin 实际上会使用 ALTER TABLE 语句完成对表的修改。ALTER TABLE 语句的语法非常复杂，它可以更改表结构的方方面面，比如增加或删除列、创建或取消索引、更改列类型、重命名列或表，还可以更改表的注释和表的类型。phpMyAdmin 在修改表时会显示修改所使用的 ALTER TABLE 语句，例如将 borrows 表的 CardNo 字段的字段长度由 10 更改为 20，然后单击"保存"按钮后，在 phpMyAdmin 网页上会显示一条 ALTER 语句，如图 17.28 所示。

图 17.28 修改字段产生的 ALTER TABLE 语句

通过单击语句底部的"编辑"按钮，可以对这个 SQL 语句进行编译再执行，这对于学习与理解 MySQL 的 SQL 语言非常有帮助。

borrows 表的 BookId 字段将引用到 books 表的主键 BookId，可以在这两个表之间创建主外键关系。要能在 MySQL 中创建主外键关系，必须具备下面的条件：

❑ 所有表必须是 InnoDB 型，不能是临时表，因为只有 InnoDB 存储的表才支持外键。
❑ 要创建外键的列必须建立索引，在 borrows 表中为 BookId 列创建了索引。

下面单击"关系查看"链接，将进入到如图 17.29 所示的定义关系窗口，找到 borrows 表的 BookId 列，在外键约束中指定到 books 表的 BookId，其中 ON UPDATE 和 ON DELETE 用于指定级联更新和删除。

设置完成后，单击"保存"按钮，phpMyAdmin 将会显示如下所示的 ALTER TABLE 语句：

```
ALTER TABLE 'borrows' ADD FOREIGN KEY ('BookId' ) REFERENCES 'booklib'.
'books' (
'BookId'
) ON DELETE RESTRICT ON UPDATE RESTRICT ;
```

ADD FOREIGN KEY 用于指定添加一个外键，REFERENCES 指定所要引用到的表。主外键关系创建好后，可以使用数据库级别的设计器进行修改和调整，设计器窗口如图 17.30 所示。

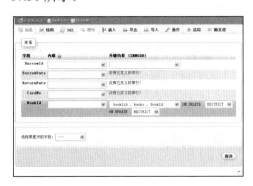

图 17.29　添加主外键关系

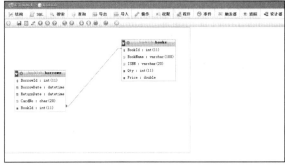

图 17.30　使用设计器修改表间关系

17.3.6　删除数据表

在 phpMyAdmin 中，可以通过数据库的表清单界面（单击 booklib 数据库级的"结构"按钮），单击表的操作栏中的"删除"链接，对表执行删除。删除表会调用 SQL 语言中的 DROP TABLE 语法。

注意：DROP TABLE 会永久地删除表的定义和表中的数据，因此在删除表时应该谨慎。

在 phpMyAdmin 中在表操作界面或数据库表清单界面上单击"删除"按钮之后，phpMyAdmin 会弹出一个删除提示，提示即将执行的 DROP TABLE 语句，如图 17.31 所示。

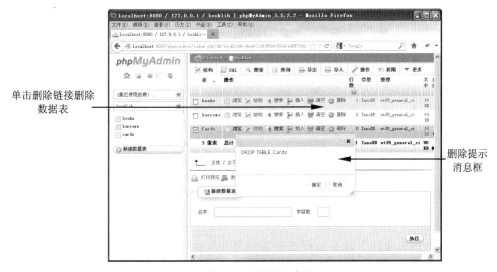

图 17.31　删除数据库表

当单击"确定"按钮之后，DROP TABLE 语句就会被执行，表 Cards 被成功移除，表 Cards 结构和所有的数据内容都会被删除。

如果一个表具有主外键约束，比如 books 表被 borrows 表引用，如果删除 books 表，将会弹出如图 17.32 所示的提示。

为了能正确地删除这个表，必须进入到 borrows 表中，将对 books 表的外键约束移除掉，然后才能正常删除。

图 17.32　删除有外键引用的表

不到万不得已不应该删除表，可以通过创建表的新版本来移除原来的表，或者在删除表前创建当前表的副本，以避免将来需要重新使用该表。

17.4　记录的增、删、改

在前面的内容中介绍了如何创建数据库，如何向数据库中添加表结构，本节将讨论如何使用 INSERT 语句向表中插入数据，使用 UPDATE 语句修改表中的数据或使用 DELETE 语句删除表中的数据。

17.4.1　插入数据

在 phpMyAdmin 中可以轻松地浏览表中所有的记录，例如选中 booklib 数据库中的 books 表，单击导航栏中的"浏览"按钮，就可以查看到 books 表中当前存储的所有图书，如图 17.33 所示。

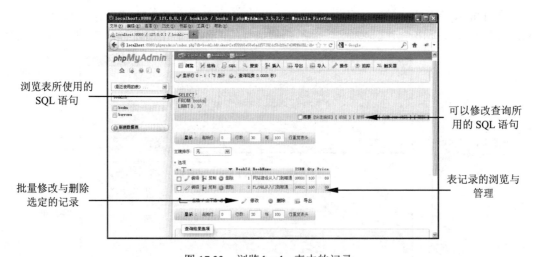

图 17.33　浏览 books 表中的记录

可以看到，浏览实际上就是执行查询语句来查询数据库中的数据，通过单击"编辑"按钮，可以更改查询语句，查询语句的详细信息将在 17.5 节中讨论。为了向数据库中插入记录，单击 phpMyAdmin 界面上的"插入"按钮，将进入到记录插入面板，如图 17.34 所示。

图 17.34　使用 phpMyAdmin 插入新记录

通过在字段值文本框中输入字段相应的值，就可以实现插入的操作。

🔍注意：自动增长字段 AUTO_INCREMENT 和 TIMESTAMP 属性的字段通常由 MySQL 自动提供数据，不需要用户手动输入。

还可以在"函数"下拉列表框中选择一个 SQL 函数，MySQL 将先用这个函数对输入的字符串进行处理，然后再把函数计算结果存到数据库表中。比如通过 PASSWORD 函数对要存储到数据库中的表进行加密。

下面向 books 表中插入一本新书《亮剑 ASP.NET》，库存 100 本，定价为 59 元，ISBN 编号 00003。单击"执行"按钮之后，phpMyAdmin 将向 MySQL 中插入一条记录，并且显示执行的 SQL 语句信息，如图 17.35 所示。

图 17.35　phpMyAdmin 产生的 INSERT 语句编辑窗口

可以看到，phpMySQL 根据输入的数据产生了一条 INSERT 语句来实现向数据库中插入记录，用户可以在这个窗口中编辑新生成的 SQL 语句，并且直接执行 SQL 语句来插入记录。要直接使用 SQL 语句，需要理解 INSERT 语句的语法，如下所示。

```
INSERT [INTO] table [(column1,column2,column3,...)] VALUES
(value1,value2,value3,...);
```

语法中的 table 用于指定要插入的表名称，column1..columnN 指定字段名称，这是可选择的，如果不指定列名称，表示将按表定义的顺序依次向表中插入字段值。VALUES 括号中的值就是与列定义匹配的值。

例如要向 books 表中再插入一本图书，可以直接在 SQL 标签页中执行下面的语句：

```
INSERT INTO 'books' VALUES(NULL,'网站建设开发大全','00003',10,90);
```

这条语句将向 books 表中插入一本名为《网站建设开发大全》的图书，在 books 表名后面没有指定列名，表示将要向表中所有的字段插入值。

💡注意：可以看到在 INSERT 语句中，books 使用了 "'" 符号（位于 ESC 键下面的符号）进行引用，用来将表名、列名与 MySQL 内置的关键字进行区别，这是可选的，出于代码健壮性的考虑，可以添加该符号与其他的 MySQL 或 PHP 元素区别开来。

在不指定表中的字段名时，VALUES 值的顺序必须要匹配在表结构中字段的定义顺序，否则就会出现插入错位而导致失败。可以通过在表名后面指定字段名称来提供更具语义的 SQL 语句，避免当表中字段的顺序发生改变时必须更改 SQL 语句，因此上面的语句也可以更改为：

```
INSERT INTO 'books' (ISBN,BookName,Qty,Price) VALUES('00005','零基础学
Oracle',4,78);
```

在这个示例中，通过在 books 表名后面指定字段名称，VALUES 中的值严格匹配在表名后指定的字段个数与顺序。如果只是插入部分字段，还可以使用 SET 语法，上面的 INSERT 语句也可以更改为：

```
INSERT INTO 'books'
        SET ISBN='00006',
            BookName='C#典型模块开发大全',
            Qty=1,
            Price=89;
```

可以看到，SET 语句后面可以仅为需要的字段指定插入值。

💡注意：如果在 INSERT 语句中未给字段指定值，将会使用在定义数据表时指定的默认值。如果未定义默认值且该字段不允许为 NULL，则 INSERT 语句会提示插入失败，必须为 NOT NULL 字段指定字段值。

INSERT 语句除了使用 VALUES 子句一次插入一行数据之外，可以通过将 VALUES 子句替换为 SELECT 子句，从另一个表或视图的查询结果中加载数据。下面在 phpMyAdmin 表中复制了一个新的表 books_bk，然后使用如下的 INSERT..SELECT 语句向该表中批量插入 books 表中的数据：

```
INSERT INTO 'books_bk' (BookName,ISBN,Qty,Price)
            SELECT BookName,ISBN,Qty,Price FROM 'books';
```

与 VALUES 子句类似，SELECT 语句后面的选择列表要匹配表中定义的列的顺序，即便名称不匹配，但是类型一定要相互兼容，否则 MySQL 会提示插入失败的错误消息。

在使用 INSERT 语句插入数据时，还可以在 INSERT 关键字后面使用如下的几个可选关键字。

- ❑ LOW_PRIORITY：当数据不是从表格中读出时，系统必须等待并且稍后再插入。
- ❑ DELAYED：插入的数据将被缓存，如果服务器比较繁忙，使用这个选项可以继续其他查询的运行而不用等待该 INSERT 操作的完成。
- ❑ IGNORE：如果尝试插入任何可能导致重复唯一键的记录行，这些记录行将被自动忽略。

如果出现了重复的主键值，还可以在 INSERT 语句的结尾指定 ON DUPLICATE KEY UPDATE 子句，指定当主键字段出现重复时所要进行的更新行为。关于这些关键字的表示，请感兴趣的读者参考 MySQL 的相关文档。

17.4.2　修改数据

应用程序需要多次的修改和更新，以便数据能够满足实际工作的需要。尽管在 phpMyAdmin 中可以非常方便地更改数据，但是对于普通的使用 MySQL 存储数据的应用程序来说，通常很少会在 phpMyAdmin 管理界面上对数据进行编辑，而是通过 UPDATE 语句完成对数据库的更新。在 MySQL 中 UPDATE 可以更新一行或多行数据，可以直接对单个表进行更新，也可以同时对多个表的字段进行更新。单表更新的 UPDATE 语句的语法如下：

```
UPDATE [LOW_PRIORITY] [IGNORE] tbl_name
SET col_name1=expr1 [, col_name2=expr2 ...]
[WHERE where_definition]
[ORDER BY ...]
[LIMIT row_count]
```

语法中的各个关键字的含义如下所示。

- ❑ tbl_name：要进行更新的单个表的表名。
- ❑ col_name：要更新的表的列。
- ❑ exprN：要更新的列的值。
- ❑ where_definition：用于更新的查询条件，在介绍 SELECT 查询语句时会详细讨论。
- ❑ ORDER BY 子句：指定排序更新方式。
- ❑ LIMIT 子句：指定限制可以被更新的行的数目。

语法中的各个关键字的含义如下所示。

- ❑ tbl_name：要进行更新的单个表的表名。
- ❑ col_name：要更新的表的列。
- ❑ exprN：要更新的列的值。
- ❑ where_definition：用于更新的查询条件，在介绍 SELECT 查询语句时会详细讨论。
- ❑ ORDER BY 子句：指定排序更新方式。

❑　LIMIT 子句：指定限制可以被更新的行的数目。

举个例子，要将 books 表中 BookId 为 1 的记录的库存数量更改为 40，因为部分图书已经被借出，可以编写如下的 UPDATE 语句：

```
UPDATE books SET Qty = 40 WHERE BookId =1;
```

SET 语句后面指定了 Qty 值为 40，WHERE 条件指定只对 BookId 为 1 的值进行更新，没有 WHERE 将会导致所有的行都被更新，必须小心对待。如果在 SET 子句中指定的字段值就是表中的当前值，MySQL 会注意到这一点，但不会进行更新。

下面的示例语句演示了如何更新 BookId 为 1 的图书的 Qty 和 Price 字段值，如以下代码所示：

```
UPDATE books SET Qty=60,Price=79 WHERE BookId=1;
```

可以看到通过逗号分隔符，一条语句同时更新了库存数量和单价，还可以将列恢复到其初始值，如果把被已定义为 NOT NULL 的列更新为 NULL，则该列被设置到与列类型对应的默认值，并且累加警告数。对于数字类型，默认值为 0；对于字符串类型，默认值为空字符串（""）；对于日期和时间类型，默认值为 "zero" 值。

如果 WHERE 子句返回多个行，可以使用 LIMIT 语句指定要更新的行的范围。LIMIT 子句是一个与行匹配的限定，如果条件满足 WHERE 子句和 LIMIT 子句的 row_count 行，则进行更新。下面的示例将更新图书列表中 Price 大于 60 的前 2 行：

```
UPDATE books SET Qty=60,Price=79 WHERE Price>60 LIMIT 2;
影响了 2 行。（查询花费 0.0027 秒）
```

如果在 WHERE 子句后面指定 ORDER BY 子句，可以改变更新时的排序方式，ORDER BY 与 LIMIT 配合使用，就可以灵活地根据各种排序规则进行有限制的更新了。

17.4.3　删除数据

要删除表中的数据记录，可以使用如下两种方法。

❑　使用 DELETE 语句：使用 DELETE 语句可以利用 WHERE 子句删除特定的行，如果不指定 WHERE 子句，则会将所有的行删除。

❑　使用 TRUNCATE 语句：该语句会一次性将表中所有的数据清空，比 DELETE 的速度要快。

DELETE 语句可以一次性删除一个或多个表中的数据，不过常用的是对一个表的删除，关于多表删除的语法有兴趣的读者可以参考 MySQL 的手册，基本的单表删除语法如下：

```
DELETE [LOW_PRIORITY] [QUICK] [IGNORE] FROM tbl_name
   [WHERE where_definition]
   [ORDER BY ...]
   [LIMIT row_count]
```

可以看到 DELETE 语句的语法与前面介绍的 UPDATE 非常相似。tbl_name 用来指定要删除的表，where_definition 用来指定要删除的 WHERE 条件，ORDER BY 用来指查询结果的排序，LIMIT 用来限制 WHERE 子句返回的结果中要删除的行。

下面的代码演示了如何删除 books 表中 BookId 为 1 的图书记录：

```
DELETE FROM books WHERE BookId=1;
```

⚠️注意：DELETE 语句如果不添加 WHERE 条件，则会将表中所有的记录删除，因此必须要小心谨慎，以避免误删除了数据。

TRUNCATE 是另外一种清除表的格式，该语句在逻辑上就等同于不带 WHERE 子句的 DELETE，但是 TRUNCATE 用于完全清空一个表，并且会重新设置 AUTO_INCREMENT 计数器。TRUNCATE 语句的语法如下：

```
TRUNCATE [TABLE] tbl_name
```

tbl_name 表示要清空的表的名称，习惯性地会加上可选的 TABLE 关键字，比如要清空 borrows 表，可以使用如下所示的 TRUNCATE 语句：

```
TRUNCATE TABLE borrows;
```

与 DELETE 相比，TRUNCATE 有如下几点不同之处：
- ❑ TRUNCATE 操作会取消并重新创建表，这比一行一行地删除行要快很多。
- ❑ TRUNCATE 操作不能保证对事务是安全的；在进行事务处理和表锁定的过程中尝试进行删减，会发生错误。
- ❑ 被删除的行的数目没有被返回。

如果只是要删除表中的部分数据，只能选择 DELETE 语句。如果要快速地清除表中的数据，并且初始化递增计数器，则可以使用 TRUNCATE TABLE 语句来完成。

17.5　查询数据表

查询是任何关系型数据库非常重要的一个部分，关系型数据库系统往往存储着大量重要且复杂的数据，它也提供了简单且有效的方法来获取其中的数据，查询的关键是 SQL 中的 SELECT 语句的灵活应用，本节将讨论一些常见的 SELECT 语言的查询方式，实际的工作中应该注重积累经验，才能写出精炼且高效的查询语句。

17.5.1　SELECT 语句

phpMyAdmin 的浏览功能就是使用了最简单的 SELECT 语句，它直接将表中所有的数据分页（通过 LIMIT 子句指定要显示的行）显示在页面上。如果要获取 books 表中所有的数据，最简单的查询语法如下：

```
mysql> USE booklib
Database changed
mysql> SELECT * FROM books;
+--------+-----------------------------------+--------+------+-------+
| BookId | BookName                          | ISBN   | Qty  | Price |
+--------+-----------------------------------+--------+------+-------+
|      1 | PL/SQL 从入门到精通                | 00001  | 100  |    69 |
|      2 | 网站开发建设大全                  | 00005  | 80   |    90 |
```

```
|      3 | PHP&MySQL 网站建设大全                          | 00006 |   80 |   90 |
+-------+----------------------------------------------+-------+------+------+
3 rows in set (0.00 sec)
```

在 SELECT 语句后的 "*" 表示要取回表中所有的字段内容，FROM 后面的指定要从哪个表中获取数据。所以这个查询将从 books 表中取出所有的记录，同时会依照表中定义的字段顺序来显示其内容。

SELECT 语句本身由多个部分组成，灵活地组合这些部分就可以创建非常强大的 SQL 查询语句。SELECT 语句的语法如下：

```
SELECT
  [ALL | DISTINCT | DISTINCTROW ]           --是否是唯一字段值
  field_list|*                              --字段列表，*表示取回所有的字段值
  [INTO file_details]
  FROM table_references                     --所要查询的一个或多个目标表
  [WHERE where_definition]                  --WHERE 过滤条件
  [GROUP BY {col_name | expr | position}
    [ASC | DESC], ... [WITH ROLLUP]]        --分组查询
  [HAVING where_definition]                 --分组过滤
  [ORDER BY {col_name | expr | position}    --排序
    [ASC | DESC] , ...]
  [LIMIT {[offset,] row_count | row_count OFFSET offset}]   --限制返回行
  [PROCEDURE procedure_name(argument_list)]
  [FOR UPDATE | LOCK IN SHARE MODE]]
```

其中位于中括号的部分是选的组成部分，可以看到一个 SELECT 的核心组成部分包含 SELECT、字段列表 fieldlist 或使用*、FROM 子句，这 3 部分缺一不可，其他的可选项可以根据需要进行添加。在本节后面的部分将会详细讨论这些组成部分的内容。

在 SELECT 语句的字段列表中，除了使用 "*" 选择所有的字段内容之外，还可以通过逗号分隔的字段列表来取回选定的字段。字段的顺序与表中定义的顺序不一定要相同，例如下面的查询语句仅获取图书名称和价格：

```
mysql> SELECT BookName,Price From books;
+----------------------------------------+-------+
| BookName                               | Price |
+----------------------------------------+-------+
| PL/SQL 从入门到精通                     |    69 |
| 网站开发建设大全                        |    90 |
| PHP&MySQL 网站建设大全                  |    90 |
+----------------------------------------+-------+
3 rows in set (0.00 sec)
```

可以看到，指定逗号分隔的字段名之后，现在查询语句果然按要求取回了图书名称和价格信息。

在定义字段时指定的字段名称是为了满足计算机能够读取的需要，在实际工作中需要为查询的字段指定良好语义的字段名，此时可以使用列别名，如以下示例所示：

```
mysql> SELECT BookName AS 图书名称,Price AS 图书价格 FROM books;
+----------------------------------------+----------------+
| 图书名称                               | 图书价格       |
+----------------------------------------+----------------+
| PL/SQL 从入门到精通                     |       69       |
```

```
| 网站开发建设大全                                    |       90     |
| PHP&MySQL 网站建设大全                              |       90
+------------------------------------------------+--------------+
3 rows in set (0.01 sec)
```

通过在列名后面使用 "AS 别名称" 这样的语法形式，就指定了字段的列别名，可以看到，现在的查询结果已经具有很好的可读性了。

SELECT 语句的选择列表还可以应用各种 MySQL 表达式，比如可以调用内置的函数完成一些计算，例如下面的查询将 BookName 和 ISBN 这两个字段连接在一起显示在一个字段中：

```
mysql> SELECT CONCAT(BookName,ISBN) 图书信息 FROM books;
+----------------------------------------------+
| 图书信息                                      |
+----------------------------------------------+
| PL/SQL 从入门到精通 00001                      |
| 网站开发建设大全 00005                          |
| PHP&MySQL 网站建设大全 00006                    |
+----------------------------------------------+
3 rows in set (0.00 sec)
```

CONCAT 函数用来连接两个字符串，通过该函数将两个字段合并在一起显示，可以看到查询结果果然在一个字段中显示了来自两个字段的内容。

17.5.2 DISTINCT 抑制重复行

可以通过 DISTINCT 关键字要求查询语句仅取出唯一的不重复的记录，例如在前面的查询中，图书价格有两个 90 元的重复价格值，如果要求了解图书的价格清单，那么就要去掉重复的价格，DISTINCT 可以实现抑制重复行的需求，使用示例如下：

```
mysql> SELECT DISTINCT price AS 图书价格列表 FROM books;
+------------------+
|    图书价格列表   |
+------------------+
|        69        |
|        90        |
+------------------+
2 rows in set (0.00 sec)
```

DISTINCT 必须紧随在 SELECT 语句的后面，而且它是对整个行进行唯一性区别的，比如如果 SELECT DISTINCT deptno,dname，将会判断部门编号与部门名称两个字段与其他行的这两个字段是否都重复，如果重复，将会移除一个重复行，否则会认为是不相同的两个行。

17.5.3 WHERE 条件查询

通过在 SELECT 语句中包含 WHERE 子句，可以指定查询的条件，只有满足查询条件的记录才会被查询出来。WHERE 关键字后面的 where_definition 用来定义一个布尔表达式，可以使用任何比较运算符和逻辑运算符，仅仅满足条件的记录会被查询出来。

要查询 books 表中价格大于 80 元的图书，可以使用如下的 WHERE 子句：

```
mysql> SELECT BookName,Qty,Price FROM books WHERE Price>80;
+----------------------------------+--------+--------+----------+
| BookName                         | Qty    | Price  |
+----------------------------------+--------+--------+----------+
| 网站开发建设大全                 | 80     | 90     |
| PHP&MySQL 网站建设大全            | 80     | 90     |
+----------------------------------+--------+--------+----------+
2 rows in set (0.00 sec)
```

由示例中可以看到，为了取回价格大于 80 的记录，使用了大于比较运算符，WHERE 子句中的条件子句由如下的形式组成：

列名+比较条件+列名、常量或值列表。

可以在条件子句中比较列值、文字值、算式表达式或函数。对于简单的比较条件，可以直接使用 SQL 的比较运算符，如表 17.3 所示。

表 17.3　SQL比较运算符

运　算　符	名　　称	描　　述
<	小于	测试一个值是否小于另一个值
<=	小于等于	测试一个值是否小于等于另一个值
>	大于	测试一个值是否大于另一个值
>=	大于等于	测试一个值是否大于等于另一个值
=	等于	测试一个值是否等于另一个值
<>或!=	不等于	测试一个值是否不等于另一个值
IS NOT NULL		测试字段是否有值
IS NULL		IS NULL 测试字段是否为 NULL，即不包含值
BETWEEN		BETWEEN 测试一个值是否大于或等于最小值并且小于或等于最大值，也就是测试两个值之间的值
IN		测试一个值是否在特定的集合里
NOT IN		测试一个值是否不在特定的集合里
LIKE	模式匹配	用简单的 MySQL 模式匹配检查一个值是否匹配于一个模式
NOT LIKE		检查一个值是否不匹配于一个模式
REGEXP		REGEXP 常规表达式检查一个常规表达式是否匹配另一个常规表达式

除了使用比较运算符之外，还可以通过 AND、OR 和 NOT 逻辑运算符组合多个布尔表达式，例如要查询价钱大于 50 块且库存大于 80 本的图书记录，就可以使用 AND 逻辑运算符，如以下查询所示：

```
mysql> SELECT BookName 图书名,Qty 库存数,Price 价钱 FROM books
    -> WHERE Price>50 AND Qty>80;
+----------------------------------+--------+--------+----
| 图书名                           | 库存数 | 价钱   |
+----------------------------------+--------+--------+----
| PL/SQL 从入门到精通              | 100    | 69     |
| HTML 5 从入门到精通              | 100    | 60     |
+----------------------------------+--------+--------+----
2 rows in set (0.01 sec)
```

　　AND 表示当两边的条件都为 True 时，结果就为 True，因此图书的价钱大于 50 匹配并且库存数量大于 80 匹配的记录才会出现在列表中。

　　当多个逻辑运算符组合使用时，必须要了解这几个运算符的优先级，常用的优先级顺序如表 17.4 所示。

表 17.4　WHERE 子句中的运算符优先级

计算顺序	运　算　符
1	算术运算符，例如+、−、*、/运算符
2	连接运算符，例如||运算符
3	比较运算符，例如>、<、>=、<=、<>运算符
4	IS [NOT] NULL, LIKE, [NOT] IN
5	[NOT] BETWEEN
6	NOT 逻辑条件
7	AND 逻辑条件
8	OR 逻辑条件

　　可以看到，逻辑运算符的优先级在表中处于较低的位置，有时候为了使代码具有良好的可读性，使用括号来改变优先级并提供良好的优先级。当包含了括号之后，根据括号的层次结构，从左至右依次进行运算。

17.5.4　ORDER BY 查询排序

　　排序可以将零散的数据整理为直观的、便于查看的结果记录。排序有升序排序和降序排序两种，要对查询的结果进行排序，可以使用 SQL 中的 ORDER BY 子句，在 ORDER BY 子句的后面可以是一个字段名、一个表达式。

　　注意：ORDER BY 子句必须为 SELECT 语句中的最后一个子句，无论 SELECT 语句多么复杂，应该总是确保 ORDER BY 子句位于最后，否则 SELECT 查询将执行失败。

　　ORDER BY 排序有如下两种排序方式。

　　❑　升序：使用 ASC 关键字，比如数字值按从小到大的顺序排列，这是默认的排序方式。

　　❑　降序：使用 DESC 关键字，比如数字值按从大到小的顺序排列。

　　如果不指定 ASC 或 DESC，默认使用升序进行排序，例如要按价格高低显示图书列表，可以使用如下的排序语句：

```
mysql> SELECT BookName,Price FROM books ORDER BY Price;
+--------------------------------+-------+
| BookName                       | Price |
+--------------------------------+-------+
| 零基础学 Oracle                 |    78 |
| 网站建设从入门到精通             |    79 |
| PL/SQL 从入门到精通             |    79 |
| C#典型模块开发大全              |    89 |
| 网站建设开发大全                |    90 |
+--------------------------------+-------+
5 rows in set (0.03 sec)
```

可以看到查询结果的价格从低到高进行排序，如果要按库存数从高到低排序，则可以
使用带 DESC 的排序语句：

```
mysql> SELECT BookName 图书名,Price 价格,Qty 库存 FROM books ORDER BY qty DESC;
+-------------------------+-------+------+
| 图书名                  | 价格  | 库存 |
+-------------------------+-------+------+
| 网站建设从入门到精通    |    79 |   60 |
| PL/SQL 从入门到精通      |    79 |   60 |
| 网站建设开发大全        |    90 |   10 |
| 零基础学 Oracle         |    78 |    4 |
| C#典型模块开发大全       |    89 |    1 |
+-------------------------+-------+------+
5 rows in set (0.03 sec)
```

由查询结果可以看到，通过添加 DESC 关键字，库存数量果然按照由高到低的顺序进
行了降序排列。在 ORDER BY 语句后面，还可以使用逗号分隔的方式添加多个字段值，
每个字段值后面可以跟 ASC 或 DESC。例如要将价格升序排列，但是库存降序排列，可以
使用如下的语句：

```
mysql> SELECT BookName 图书名,Price 价格,Qty 库存 FROM books ORDER BY
Price,Qty DESC;
+-------------------------+-------+------+
| 图书名                  | 价格  | 库存 |
+-------------------------+-------+------+
| 零基础学 Oracle         |    78 |    4 |
| 网站建设从入门到精通    |    79 |   60 |
| PL/SQL 从入门到精通      |    79 |   60 |
| C#典型模块开发大全       |    89 |    1 |
| 网站建设开发大全        |    90 |   10 |
+-------------------------+-------+------+
5 rows in set (0.00 sec)
```

在 ORDER BY 中进行排序时需要了解一定的规则，不同的数据类型的一些排序规则
如下所示。

❑ 日期类型：按日期先后进行排列，比如按升序，1982 年 1 月 1 日会排在 1983 年 1
月 1 日的前面，否则排在其后面。

❑ 字符类型：按字母顺序表进行排序，即 ABCDE...Z 字母口诀表，如果字符中包含
大小写字符，则根据 MySQL 的数据库系统的排序规则进行排序。

❑ NULL 值：升序排序时，NULL 值的列显示在最后面；降序排序时，NULL 值的列
显示在最前面。

17.5.5　GROUP BY 分组查询

分组类似于现实世界中的物品分类，以图书为例，假定 Books 表中有一个表示图书类
别的字段，分别用来记录图书属于计算机、小说、文学等类别，分组查询则可以按类别分
别取出这些类别的数据，然后进行统计计算，比如汇总计算机类小说的书本数，或者是计
算小说类图书的库存总量等。

　　分组查询在一些统计类的报表中比较常用，它的主要工作就是完成按类别的统计计数工作，因此需要与分组函数搭配使用。分组查询的基本语法如下：

```
SELECT 统计函数, 字段列表 FROM 表名 [WHERE 条件] GROUP BY 字段列表
```

💬**注意**：使用分组函数 GROUP BY 并不一定要使用分组函数，查询依然可以通过，但是没有现实意义。

　　为了完成分组查询的示例，在本小节使用下面的语法为 books 表添加了一个名为 BookCategory 的字段：

```
ALTER TABLE 'books' ADD 'BookCategory' VARCHAR( 20 ) NOT NULL ;
```

　　然后分别为不同的图书指定不同的分类，查询结果如下：

```
mysql> SELECT BookName 图书名,BookCategory 分类 FROM books;
+----------------------------------+--------+
| 图书名                           | 分类   |
+----------------------------------+--------+
| 网站建设从入门到精通             | 网站建设 |
| PL/SQL 从入门到精通              | 数据库  |
| 网站建设开发大全                 | 网站建设 |
| 零基础学 Oracle                  | 数据库  |
| C#典型模块开发大全               | 编程语言 |
+----------------------------------+--------+
5 rows in set (0.00 sec)
```

　　GROUP BY 分组统计需要与分组函数一起使用。下面列出了常用的几个分组函数及其用法。

- ❏ SUM 函数：计算特定字段的总和。
- ❏ AVG 函数：计算特定字段的平均值。
- ❏ MIN 函数：查找字段中的最小值。
- ❏ MAX 函数：查找字段中的最大值。
- ❏ COUNT 函数：计算字段中的值的数目。

　　下面通过示例演示如何创建分组统计查询，首先统计每类图书现有的库存数量，使用如下所示的查询语句：

```
mysql> SELECT SUM(Qty) 库存数量,BookCategory 图书分类 FROM books GROUP BY BookC
ategory;
+----------+----------+
| 库存数量 | 图书分类  |
+----------+----------+
|    64    | 数据库    |
|     1    | 编程语言  |
|    70    | 网站建设  |
+----------+----------+
3 rows in set (0.00 sec)
```

　　分组查询中，在 SELECT 语句的字段列表中至少存在一个统计函数，除了应用了统计函数的字段之外，其他的字段将作为分组依据必须出现在 GROUP BY 子句中。查询结果

果然按照图书分类统计出了库存的数量。

统计图书分类中价格最贵的图书，并按价格进行排序，SQL 语句如下：

```
mysql> SELECT MAX(Price) 最贵价格,BookCategory 图书分类 FROM books GROUP BY Book
Category ORDER BY MAX(Price);
+--------------+--------------+
| 最贵价格     | 图书分类     |
+--------------+--------------+
|      79      | 数据库       |
|      89      | 编程语言     |
|      90      | 网站建设     |
+--------------+--------------+
3 rows in set (0.00 sec)
```

通过 SQL 语句可以看到，在 ORDER BY 子句中可以直接使用分组函数的结果进行排序。

下面的例子将统计图书分类中，均价大于 80 块的图书类别， SQL 语句如下：

```
mysql> SELECT AVG(Price) 均价,BookCategory 图书分类 FROM books GROUP BY BookCate
gory HAVING AVG(Price)>80;
+-----------+--------------+
| 均价      | 图书分类     |
+-----------+--------------+
|   89      | 编程语言     |
|   84.5    | 网站建设     |
+-----------+--------------+
2 rows in set (0.01 sec)
```

在示例中,由于要对分组统计之后的均价进行过滤,不能使用 WHERE 语句,在 WHERE 语句中不能使用分组函数,只能通过 HAVING 子句来实现。HAVING 子句主要用于根据分组的结果进行过滤,而 WHERE 子句主要用于对数据库表进行直接过滤。

17.6　小　　结

本章讨论了如何使用 MySQL 数据库存储和管理数据，首先讨论了关系型数据库系统的基础知识，然后介绍了 MySQL 的历史由来及 MySQL 的作用。在 MySQL 的命令操作部分介绍了如何使用命令控制台窗口连接和操纵 MySQL 数据库。在实际的工作中主要还是通过图形化的管理工具来管理数据库。本章贯穿全章地介绍了 phpMyAdmin 管理 MySQL。在第 2 部分 MySQL 数据库操作部分，讨论了如何通过 phpMyAdmin 更改密码、创建用户、创建、管理和删除数据库。第 3 部分讨论了如何创建和管理数据表，介绍了如何使用 SQL 中的 DDL 语句来创建和修改表。在创建了数据库表之后，需要向表中插入数据，在第 4 部分讨论了如何通过 INSERT、UPDATE 和 DELETE 语句添加、修改和删除数据，最后一节详细介绍了如何使用 SQL 中的 SELECT 语句查询数据库中的数据，讨论了简单查询、条件查询、唯一性查询、查询排序和分组查询等功能。

第 18 章　用 Dreamweaver 创建 PHP&MySQL 动态网站

PHP 世界的编辑器非常多，不过大都是基于文本形式的，需要开发人员编写不少的代码来实现网页设计、数据库连接、编写代码、测试页面。自从 Dreamweaver 出现后，很多网页设计者放弃了记事本编写方式，转到所见即所得的设计环境上来。后来 Dreamweaver 开始支持 ASP 动态网页的可视化设计，真的非常方便，它帮助用户生成了大量的代码。笔者曾经使用 Dreamweaver+ASP 完成了很多项目。现在，在 Dreamweaver 中也可以可视化地开发 PHP 网页，可以使用可视化的方式连接 MySQL，生成动态数据集，以鼠标拖动的方式生成动态用户界面，实在大大方便了动态网页的设计。

18.1　Dreamweaver 与 PHP 的整合

在 Dreamweaver 中可以直接创建一个基于 PHP 和 MySQL 的网站，在本书第 16 章曾经演示过如何使用 Dreamweaver 创建 PHP 站点，除此之外，它还整合 PHP 的组件到组件插入面板。使用 Dreamweaver 的数据库面板可以创建 MySQL 连接，通过动态数据集来创建与网页上的其他 HTML 元素的绑定。这些功能曾经使得 ASP 程序员轻松地创建 ASP 动态网页，现在也可以用于 PHP 技术。

18.1.1　在 Dreamweaver 中开发 PHP 网站

关于在 Dreamweaver 中创建网站，本书 16.1.3 节中曾经详细地介绍过，不太了解的用户可以先阅读这部分的内容，了解 PHP 测试服务器的设置。在创建了 PHP 站点后，用户就可以直接通过 Dreamweaver 测试动态网页了。按 F12 键即可打开浏览器，所编辑的网页会自动请求目标 Apache 服务器进行测试。

Dreamweaver 中提供了 .php 文件的代码高亮和错误验证编辑器，如果输入错误，会自动提示代码错误信息，减少了非法输入导致的异常，如图 18.1 所示。

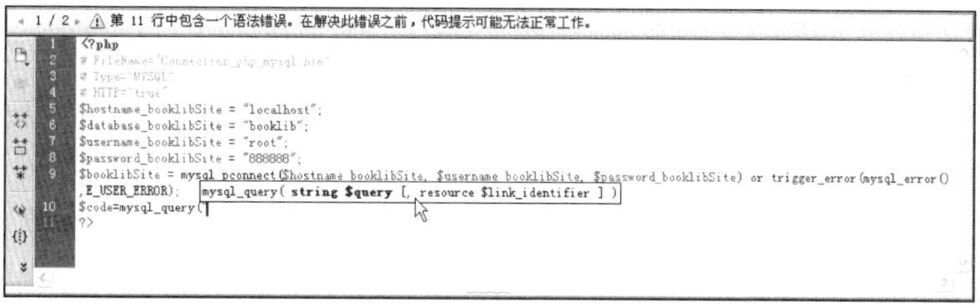

图 18.1　PHP 代码错误提示

由图 18.1 中可以看到，在代码编辑器的顶部会提示错误代码产生的具体位置，并且在行号部分会高亮显示错误位置。同时可以看到，在输入代码时，对于 PHP 内置的函数，Dreamweaver 产生了友好的代码提示信息，有助于用户输入正确的参数。

Dreamweaver 提供了代码编辑模板，可以通过"文件丨新建"菜单项，从弹出的窗口中选择 PHP，如果要使用 Dreamweaver 默认创建 PHP 文件，可以单击"编辑丨首选参数"菜单项，从弹出的窗口中选择"新建文档"设置项，指定默认文档为 PHP 即可，如图 18.2 所示。

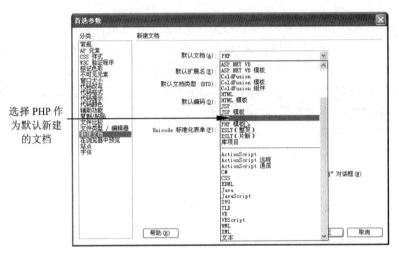

图 18.2　指定默认新建 PHP 文档

指定了默认文档为 PHP 之后，如果在站点管理器或新建菜单中创建新的文档时，将自动创建以.php 结尾的文档。Dreamweaver 提供了 PHP 的插入工具栏，允许通过鼠标拖动的方式插入 PHP 中的变量和代码块，插入面板如图 18.3 所示。

Dreamweaver 更强大的特性在于 PHP 用户可以不用写一行代码就能编写一个简单的具有新增、修改和删除功能的网页。对于 PHP 初学者来说，可以通过学习 Dreamweaver 的这个特性来学习一个具有后台数据库的 PHP 动态网站的实现过程。对于有经验的 PHP 用户来说，也可以通过自动生成的代码来学习 PHP 的标准实现代码。

图 18.3　使用 PHP 插入面板插入 PHP 元素

18.1.2　连接 MySQL 数据库

一般网站考虑使用服务器端的编程语言时，都会考虑使用数据库存储数据，对于一个 PHP 和 MySQL 的网站来说，数据库的设计与表的创建可能是首先要考虑的工作。当表结构设定完成后，就可以开展 PHP 的编码与实现了。数据库连接是动态网站建设中非常重要的一个组成部分，尽管到目前为止本书并没有详细讨论 PHP 数据库实现的具体细节，但是通过 Dreamweaver 提供的可视化的数据库连接工具，可以自动帮助用户连接到 MySQL 数据库，并且产生用于数据库连接的 PHP 代码，通过学习生成的代码，可以了解 PHP 连接数据库的基本步骤。

下面演示如何在 Dreamweaver 中创建到 MySQL 数据库 booklib 的连接，然后通过分析生成的代码了解 PHP 中数据库的连接代码，步骤如下所示。

（1）使用第 16 章中的 PHP 网站建设步骤创建一个 Dreamweaver 网站，然后在网站中添加一个名为 books.php 的空白 PHP 网页，单击"窗口 | 数据库"菜单项，Dreamweaver 将打开数据库面板，如图 18.4 所示。

图 18.4　PHP 数据库面板

在该面板中，可以创建到各种数据库的连接。对于 PHP 网站来说，目前仅支持 MySQL 数据库的连接方式。要能成功地使用数据库面板创建连接，必须满足面板中指定的 3 个条件：首先得创建一个站点，然后选择一种文档类型（比如 PHP），并且勾选站点设置面板中的测试服务器。

（2）单击 ✚ 图标，从弹出的下拉菜单中选择"MySQL 连接"菜单项，将弹出如图 18.5 所示的数据库连接对话框。

各个连接输入框的含义如下所示。

❑ 连接名称：输入一个命名的连接名称，一般建议使用数据库名称。

❑ MySQL 服务器：MySQL 服务器的位置，如果 MySQL 服务器在本地，可以指定 localhost 或者是 IP 地址，如果位于远程位置，则可以指定域名或 IP 地址。

❑ 用户名：访问 MySQL 数据库的用户名称。

❑ 密码：访问 MySQL 数据库的用户密码。

❑ 数据库：输入或者是通过右侧的选择按钮选择所要连接到的目标数据库。

（3）连接信息设置完成后，单击"测试"按钮可以测试数据库的连接是否成功。如果设置成功，在数据库面板中就可以看到新创建的连接和数据库结构的基本信息，如图 18.6 所示。

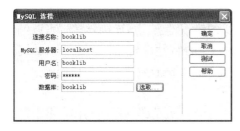

图 18.5　连接到 MySQL 数据库对话框

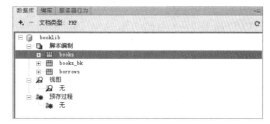

图 18.6　已创建的数据库连接

Dreamweaver 同时在网站根目下生成一个 Connections 文件夹，包含一个以数据库连接名称命名的.php 文件，这个文件保存了数据库的连接信息。站点管理页面如图 18.7 所示。

Dreamweaver 自动生成的连接文件

图 18.7　Dreamweaver 自动添加的 MySQL 连接文件

booklib.php 中包含用于连接 MySQL 数据库的 PHP 代码，如代码 18.1 所示：

代码 18.1　PHP 连接数据库的代码

```php
<?php
# FileName="Connection_php_mysql.htm"
# Type="MYSQL"
# HTTP="true"
# 数据库连接信息
$hostname_booklib = "127.0.0.1";
$database_booklib = "booklib";
$username_booklib = "booklib";
$password_booklib = "888888";
$booklib = mysql_pconnect($hostname_booklib, $username_booklib, $password_
booklib) or trigger_error(mysql_error(),E_USER_ERROR);
$code=mysql_query("SET NAMES utf8");
                    //用于以 UTF-8 编码方式处理数据库查询，解决乱码问题
?>
```

可以看到，连接 MySQL 数据库的核心是对 mysql_pconnect 函数的调用。该函数用于创建一个到 MySQL 服务器的持久连接，基本语法如下：

```
mysql_pconnect(server,user,pwd,clientflag);
```

各个参数的作用如下所示。

❑ server：指定要连接的服务器的名称和端口号，MySQL 的默认端口号是 3306，如果使用默认端口，可以不用指定。

❑ user：指定用来连接数据库服务器的用户名。

❑ pwd：指定连接数据库的密码。

❑ clientflag：指定连接选项，这是可选的参数。

mysql_pconnect 如果连接成功，将返回一个连接持久标识符，如果出错则返回 False。语句中的 or trigger_error()函数用于创建用户自定义的错误消息，当连接异常时可以触发一条错误消息。之所以使用 or 运算符，是由于 or 的左结合特性，当 mysql_pconnect 连接成功后，就不会执行 or trigger_error()，否则会使用 triger_error()函数来显示错误消息。PHP 中很多地方都会使用这种语法。

$code=mysql_query()这行代码是笔者为了解决 PHP 网页乱码问题而写的，由于笔者的 MySQL 使用 UTF-8 字符集，因此在这里使用该语句可以解决乱码问题。

在 PHP 中还有一个 mysql_connect 函数可以用来创建一个非持久的连接，它与 mysql_pconnect 非常相似，但是有如下两个主要的区别。

（1）当连接的时候 mysql_pconnect 函数将先尝试寻找一个在同一个主机上用同样的用户名和密码已经打开的（持久）连接，如果找到，则返回此连接标识而不打开新连接。

（2）其次，当脚本执行完毕后到 SQL 服务器的连接不会被关闭，此连接将保持打开以备以后使用（mysql_close() 不会关闭由 mysql_pconnect() 建立的连接）。

在创建自己的 PHP 网站时，一般会优先考虑使用 mysql_pconnect 创建一个持久的连接，除非连接只应用一次并且马上关闭。

18.1.3　Dreamweaver 动态网站开发流程

Dreamweaver 允许网站开发人员不用编写一行代码就能轻松地设计出自己的动态网站，这实在是大大降低了网站开发的门槛，但是要求用户了解 Dreamweaver 实现动态网站的一般步骤。通过鼠标拖动的操作，Dreamweaver 会自动产生用来完成操作的 PHP 代码，初学者可以将这些代码作为学习的资料，了解 PHP 实现动态网站的一般代码。有经验的用户通过修改这些代码，可以大大提升网站建设的效率。Dreamweaver 动态网站开发的一般流程如图 18.8 所示。

下面的步骤介绍了这几个流程的具体工作内容。

（1）设计页面外观：这一步用来设计网页的视觉效果，通常是由网页设计人员使用 Photoshop 或 Fireworks 绘制外观，然后拆分成 HTML 网页内容。设计外观时预留出动态内容的位置，以便后台程序人员根据这些预留的位置来放置数据内容。

（2）创建网站数据源：数据库设计人员设计网站数据库，在 MySQL 数据库中创建好数据表和相关的数据库对象，后台程序员根据 MySQL 数据库在 Dreamweaver 中创建数据库连接，并且将要在网页上显示的数据表添加到 Dreamweaver 的动态记录集中。这些记录集将存在于 Dreamweaver 的绑定面板中。图 18.9 显示了在 Dreamweaver 中为 books 表创建的绑定数据集。

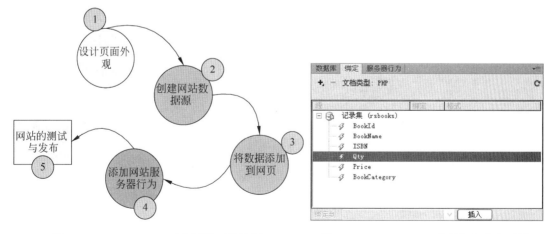

图 18.8　Dreamweaver 动态网站开发流程　　　图 18.9　Dreamweaver 的数据集绑定面板

在绑定面板中除了可以添加来自数据库的记录集外，还可以添加表单变量、URL 变量、阶段变量、Cookie 变量等多种动态数据源类型。

（3）当将记录集或其他数据源添加到"绑定"面板后，可以将该记录集所代表的动态内容插入到页面中。可以通过在"绑定"面板中拖动动态数据源，也可以通过 Dreamweaver 的插入面板插入数据源，Dreamweaver 会自动产生相应的 PHP 服务器端代码进行页面的显示或处理。

（4）向页面添加服务器行为：服务器行为是 Dreamweaver 预定义的服务器端的代码片段，这些代码用来向网页添加应用程序逻辑，从而提供更强的交互性能和功能。通过将服务器行为添加到 PHP 页面，可以为应用程序应用复杂的程序逻辑。

（5）使用 Dreamweaver 的网站管理工具测试并且发布 Web 站点。

这些步骤操作起来非常简单，几乎可以不用编写一行代码就能完成一个比较专业的 PHP 站点，但是有经验的 PHP 程序设计人员仍然会对生成的代码进行较多的修改以便符合软件工程规范。PHP 初学者可以通过生成的代码学到很多函数和方法的应用，在有了一定的使用经验后，就可以改写生成的代码以达到最优的网页效果。

18.2　创建图书管理动态网站

本节通过一个例子来演示如何通过 Dreamweaver 创建一个图书管的图书馆理网站，这个网站用来显示来自 MySQL 数据库中的图书列表、查看图书详细信息、查看图书的借阅信息、添加和删除图书。这个示例将完全使用 Dreamweaver 和动态记录集进行开发，在实现的过程中将介绍 Dreamweaver 产生的关键代码，以便于理解 PHP+MySQL 网站开发的一般流程。

18.2.1　网站结构设计

本小节中以 17 章中创建的 booklib 数据库作为示例。booklib 中包含了两个表 books 和 borrows，books 记录图书详细信息，borrows 记录图书借阅信息，它们之间的关系如图 18.10 所示。

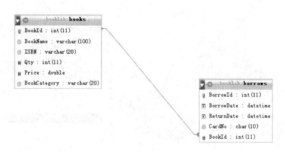

图 18.10　books 和 borrows 表间的关系

读者可以通过本书配套光盘中第 17 章的源代码文件来安装这个数据库，以便于开始本网站的学习。任何网站在开始实现之前，都需要有良好的规划和相应的规划文档，否则随着需求的日益变更，网站的维护会变得越来越困难，网站的性能会日益低下。网站的规划包含网站的物理规划和逻辑规划，物理规划包含服务器位置和性能、带宽需求等，逻辑规划包含网站本身的站点地图、网站代码的设计规范等。本节的示例比较简单，分为 5 个页面，网站结构如图 18.11 所示。

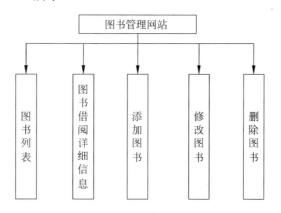

图 18.11　图书管理网站的结构

根据这个网站结构，将创建如下 5 个网页文件。

❑ books.php：用来显示图书列表页面。

❑ borrowsdetail.php：用来显示图书借阅详细信息。

❑ addbook.php：添加图书。

❑ editbook.php：编辑图书。

❑ delbook.php：删除图书。

这个示例将使用在 18.1.2 小节中的步骤创建到 booklib 数据库的连接，通过这个示例，可以了解动态内容源、记录集及各种服务器行为的使用。通过学习 Dreamweaver 生成的 PHP 代码，可以掌握 PHP 操纵 MySQL 的相关知识。

18.2.2　创建图书列表记录集

本节假定用户已经在 Dreamweaver 新建了一个图书管理的 PHP 网站，并且使用 18.2.1 节的步骤创建了到 booklib 数据库的连接。下面的步骤将演示如何将 booklib 表中的数据显示在 books.php 图书列表网页。

（1）打开网站中的 books.php 文件（记录集 PHP 代码将产生在该文件内部，因此要选定该文件），如果绑定面板没有显示，单击"窗口｜绑定"菜单项，显示绑定面板，如图 18.12 所示。

（2）单击绑定面板上的 ⊞ 图标，Dreamweaver 将弹出系统可供创建多种内容源，可以是记录集，也可以是表单变量等。在本示例中选择"记录集（查询）"菜单项，将弹出如图 18.13 所示的创建记录集窗口，各个字段的含义如下所示。

❑ 名称：为记录集命名，该命名将被作为生成的 PHP 代码中的记录集变量名，一般建议以 rs 作为前缀以表明是一个记录集。

❑ 连接：指定在数据库面板中创建的连接，可以通过右侧的"定义"按钮创建新的数据库连接。

❑ 列：选择"连接"后，此处将显现该数据库连接中所有的数据表，以及所选数据表内的所有字段。

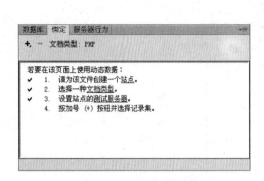

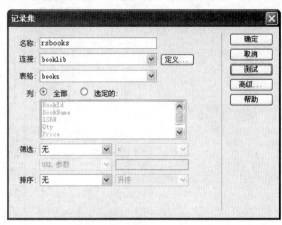

图 18.12　Dreamweaver 绑定面板　　　　图 18.13　创建记录集

- ❑　筛选：是否依据条件筛选记录。
- ❑　排序：是否依照某个字段值进行排序。比如，在留言版中需要把新的留言放到前面位置，就可以使用排序的功能。

　　记录集实际上就是通过查询数据库从数据库中提取的信息记录的子集，实际上它是在向 MySQL 数据库发送一个 SELECT 查询语句来获取记录结果集。在示例中，指定数据库为 booklib，数据表为 books，然后查询所有的列。

🔔注意：在实际的工作中，由于数据库中的数据可能达成千上万条，如果一次性在网页上显示所有的数据，可能会导致网站性能变得极其缓慢，因此应该尽可能保持网页上显示的数据刚刚好。

　　（3）如果要编辑更加复杂的 SELECT 查询语句，可以单击"高级"按钮，则记录集创建窗口将切换到高级模式窗口，该窗口提供了更加灵活的设置查询语句的方式，如图 18.14 所示。

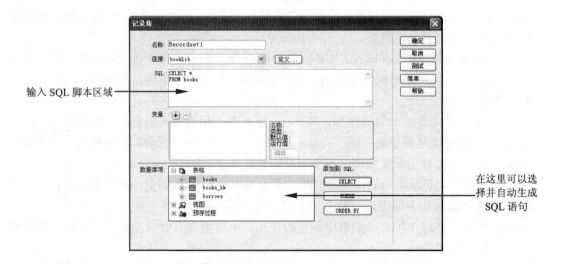

图 18.14　高级记录集定义窗口

在该窗口中,可以手动输入 SQL 语句,或者通过底部图形化的数据库项,选择 SELECT、WHERE、ORDER BY 按钮来创建 SQL 语句。

(4)在设置完成后,单击"测试"按钮,Dreamweaver 将弹出一个窗口,该窗口在网格中显示了 SQL 语句执行结果,通过该执行结果可以进一步调整 SQL 语句。如果一切测试无误,单击"确定"按钮,Dreamweaver 将在 books.php 中添加生成 PHP 记录集的代码,并且在绑定窗口中将会显示新创建的记录集。

下面来分析一下 books.php 中生成的记录集的代码,它包含了连接数据库、查询数据库表、获取查询结果集最后释放记录集等几个步骤,实现过程如下所示。

(1)首先出现的是对 MySQL 数据库连接的引用,如以下语句所示:

```php
<?php require_once('Connections/booklib.php'); ?>
```

require_once 函数用来在当前页面包含另一个网文件中的代码,由于定义记录集需要使用 Connection 文件夹中的 booklib.php 中的数据库连接,因此使用了 require_once 进行包含。

(2)检查函数 GetSQLValueString 是否存在,这里调用了 function_exists 函数,传入函数名称,如果函数不存在,代码接下来创建了一个自定义的 GetSQLValueString 函数,用来根据传入的值和类型获取相应类型的值,如代码 18.2 所示:

代码 18.2　GetSQLValueString 定义代码

```php
//如果函数不存在
if (!function_exists("GetSQLValueString")) {
//定义一个函数
function GetSQLValueString($theValue, $theType, $theDefinedValue = "",
$theNotDefinedValue = "")
{
  if (PHP_VERSION < 6) {                  //如果 PHP 版本小于 6
    //命名用三元运算判断字符串中是否有引号,如果存在则去除
    $theValue = get_magic_quotes_gpc() ? stripslashes($theValue) :
    $theValue;
  }
  //转义 SQL 语句中使用的字符串中的特殊字符,并考虑到连接的当前字符集
  $theValue = function_exists("mysql_real_escape_string") ? mysql_
  real_escape_string($theValue) : mysql_escape_string($theValue);
  //判断传入的值的类型,根据不同的类型返回最终的结果
  switch ($theType) {
    case "text":
      $theValue = ($theValue != "") ? "'" . $theValue . "'" : "NULL";
      break;
    case "long":
    case "int":
      $theValue = ($theValue != "") ? intval($theValue) : "NULL";
      break;
    case "double":
      $theValue = ($theValue != "") ? doubleval($theValue) : "NULL";
      break;
    case "date":
      $theValue = ($theValue != "") ? "'" . $theValue . "'" : "NULL";
      break;
    case "defined":
      $theValue = ($theValue != "") ? $theDefinedValue : $theNotDefinedValue;
      break;
  }
```

```
  return $theValue;
}
}
```

GetSQLValueString 主要用来将传入的字符串转换成 SQL 语言易理解的字符串，代码的实现逻辑如下所示。

通过使用 function_exists 判断 GetSQLValueString 是否存在，如果不存在则创建该函数。

- ❑ GetSQLValueString 接收具体的值、类型、定义的值和未定义时的值（指查询结果集为 NULL 或不为 NULL 的值），在函数体内部，使用 PHP_VERSION 判断当前的 PHP 的版本，如果版本小于 6 则通过 get_magic_quotes_gpc() 函数获取环境变量 magic_quotes_gpc 判断是否自动为 GPC（get、post、cookie）传来的数据中的\\\"\"\\ 加上反斜线，如果添加则调用 stripslashes 去掉字符串中的转义符号。
- ❑ 调用 mysql_real_escape_string 将传入的值应用转义字符。
- ❑ 根据$theType 变量的值，将传入的字符串转换为相应的类型。
- ❑ 最后返回变量$theValue 的值。

实际上如果仅仅是显示来自数据集中的数据，这个函数根本应用不到，但是理解这个函数中出现的一些函数和方法的应用是很有必要的，这个函数会被 Dreamweaver 多次生成。

（3）接下来将开始使用 PHP 语句连接数据库并且执行 SQL 语句，如代码 18.3 所示：

代码 18.3　创建数据集

```
//选择 MySQL 数据库连接上的 booklib 数据库
mysql_select_db($database_booklib, $booklib);
//定义要执行的 SQL 语句
$query_rsbooks = "SELECT * FROM books";
//调用 mysql_query 执行 SELECT 查询并返回查询结果集 rsbooks 记录集
$rsbooks = mysql_query($query_rsbooks, $booklib) or die(mysql_error());
//获取记录集中的数据行
$row_rsbooks = mysql_fetch_assoc($rsbooks);
//返回记录集总行数
$totalRows_rsbooks = mysql_num_rows($rsbooks);
```

上面的代码调用了 mysql 开头的各种函数，实现如下所示。

- ❑ 用 mysql_select_db 选择 booklib 数据库，$query_rsbooks 用来定义 SQL 语句。
- ❑ 调用 mysql_query 向 MySQL 数据库发送 SQL 语句，将查询结果赋给$rsbooks 变量。
- ❑ 使用 mysql_fetch_assoc 函数提取记录集中的一行记录，保存到$row_rsbooks 变量中。
- ❑ 调用 mysql_num_rows 函数获取记录集中的记录条数。

这些函数的具体使用方式在本章后面的内容中会专门进行讨论，可以看到 Dreamweaver 已经帮助用户查询数据库、获取记录集并且将记录的条数存到了变量中。

（4）在页面尾部调用 mysql_free_result 释放记录集，如以下代码所示：

```
<?php
mysql_free_result($rsbooks);  //释放记录集占用的内存
?>
```

通过对 Dreamweaver 生成的代码进行分析，可以看到 Dreamweaver 节省了开发人员撰写重复代码的时间。基本上动态网站有很大部分时间都在处理数据库连接查询之类的问题，通过 Dreamweaver 自动代码生成功能，就可以很容易地创建数据库页面了。

18.2.3　显示图书列表

现在已经有了数据集，并且提取了图书列表数据集的第 1 行记录，接下来就可以创建网页元素来显示来自数据库中的数据了，如以下步骤所示。

（1）在 books.php 中，插入一个 2 行 4 列的表格，指定表格边框为 1 像素，并且使用 CSS 设置表格边框折叠为单一边框，显示效果如图 18.15 所示。

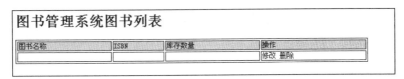

图 18.15　插入 2 行 4 列的表格

由图 18.14 中可以看到，在表格第 1 行添加了各个列的字段标题，将用来显示图书的列表信息，操作列用来对选中的图书进行操作，在后面将会详细讨论这一列的具体实现。

（2）切换到 Dreamweaver 的"绑定"面板，展开 rsbooks 记录集，拖动相应的字段到表格第 2 行的各个单元格下。拖动完成之后，Dreamweaver 会自动生成用来显示行记录中各个字段值的 PHP 代码，如下所示：

```
<td><?php echo $row_rsbooks['BookName']; ?></td>
<td><?php echo $row_rsbooks['ISBN']; ?></td>
<td><?php echo $row_rsbooks['Qty']; ?></td>
```

PHP 通过 echo 将关联数组中的值输出到网页上，现在通过 F12 键查看运行的效果，可以看到果然显示出了数据库中的单行记录，如图 18.16 所示。

图 18.16　显示数据库中的记录

如果显示的数据出现乱码，请确保 MySQL 数据库中的字符集为 UTF-8，在 Dreamweaver 中指定的页面编码格式也为 UTF-8，并在 booklib.php 文件中的连接下面添加如下的代码：

```
$code=mysql_query("SET NAMES utf8");
```

（3）虽然现在网页上已经成功地显示了数据库中的记录，但是目前仅显示 1 条。为了一次显示多条，需要使用服务器行为来添回循环逻辑循环提取记录集中的数据。使用 Dreamweaver 的标签选择器选择显示数据行的哪一行<tr>标签。单击"服务器行为"面板，可以看到上一步添加的数据库字段已经加入到了服务器行为列表中，如图 18.17 所示。

单击服务器行为面板的 ➕ 图标，从弹出的菜单中选择"重复区域"菜单项，Dreamweaver 将弹出如图 18.18 所示的添加重复区域配置对话框。在该对话框中，指定要进行重复的记录集，显示部分用于指定是一次显示所有的记录还是分页进行显示，如果所要显示的记录数太多，一般建议进行分页显示。选中第 1 个单选按钮，在文本框中先输入要在页面上显示的记录条数，在本示例中使用默认值 10，单击"确定"按钮。

Dreamweaver 将会在页面上添加更多用于进行重复和分页的代码，其中用于循环的代码如代码 18.4 所示：

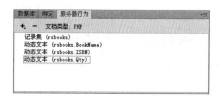 

图 18.17　使用服务器行为面板　　　　图 18.18　添加重复区域对话框

代码 18.4　循环提取记录集

```php
<!--循环提取记录集中的记录-->
<?php do { ?>
  <tr>
    <td><?php echo $row_rsbooks['BookName']; ?></td>
    <td><?php echo $row_rsbooks['ISBN']; ?></td>
    <td><?php echo $row_rsbooks['Qty']; ?></td>
    <td>修改　删除</td>
  </tr>
  <?php } while ($row_rsbooks = mysql_fetch_assoc($rsbooks)); ?>
```

可以看到，代码使用了 do..while 循环，反复多次调用 mysql_fetch_assoc 提取记录，到提取到记录结尾时，该函数会返回 false，退出循环体。按 F12 键进行预览，可以看到现在果然显示出了 10 行记录，如图 18.19 所示。

图 18.19　显示图书列表

（4）现在记录集本身已经有分页的功能，但是没有办法切换到下一页查看 10 条以外的记录,此时需要使用服务器行为添加分页按钮。添加一个 1 行 4 列的表格,放在图书列表表格的下面,单击服务器行为面板的"添加"图标,从弹出的下拉菜单中选择记录集分页,将记录集分页的 4 个子菜单依次拉到新添加的表格的 4 个单元格中,如图 18.20 所示。

图书管理系统图书列表

图 18.20　添加记录集分页链接

按 F12 键运行网页,可以看到现在具有了分页链接,单击"下一页"链接时,果然会显示余下的记录信息,如图 18.21 所示。

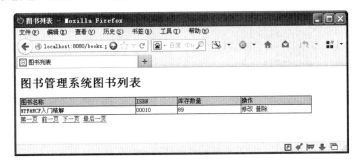

图 18.21　记录集分页显示效果

(5)尽管现在具有了分页的功能,但是分页链接显示仍然不太理想,如果当切换到第 1 页时,仅显示"下一页"和"最后一页",切换到最后一页时仅显示"第一页"和"前一页"链接,就会比较完善。Dreamweaver 的服务器行为提供了这个功能。

在 Dreamweaver 的设计视图选中"第一页"链接,单击服务器行为面板的"添加"按钮,从弹出的菜单中选择"显示区域 | 如果不是第一页则显示"行为,Dreamweaver 将添加条件判断代码,仅在当前页面是第一页时才会显示。以此方式依次添加其他的分页链接的显示方式,添加规则如下。

❑ "第一页"和"前一页":如果不是第一页则显示。

❑ "下一页"和"最后一页":如果不是最后一页则显示。

运行效果如图 18.22 所示。

Dreamweaver 内置了导航条的功能,使得用户可以一步到位地创建分页链接,非常方便。单击插入面板的"数据 | 记录集分页 | 记录集导航条"菜单项,Dreamweaver 将弹出如图 18.23 所示的"记录集导航条"配置对话框。在该对话框中指定要创建导航条的记录集,显示方式可以选择文本或图像导航条,单击"确定"按钮,Dreamweaver 自动创建了用于分页的导航条,文本导航条类似于 18.2.1 节创建的导航链接,图像导航条会使用图像链接作为导航按钮。

(6)在列表顶部显示记录数有助于用户更容易地了解当前图书列表信息,这个功能也可以通过服务器行为功能来实现。将鼠标放在图书列表表格的上面,单击插入面板的"数据 | 显示记录计数 | 记录集导航状态"菜单项,将显示一个记录集导航状态窗口,用来选择要插入记录集导航状态的记录集。使用默认的 rsbooks,单击"确定"按钮,Dreamweaver

将自动创建计数显示标签，运行效果如图 18.24 所示。

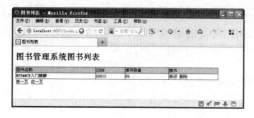

图 18.22　添加显示区域服务器行为　　　　　　图 18.23　插入记录集导航条

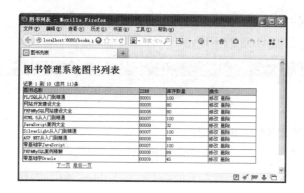

图 18.24　具有分页导航信息的图书列表页面

现在，一个具有基本功能的图书列表页面已经实现，没有编写一行代码，就完成了一个数据库页面的创建，它能显示多行记录，具有分页和分页信息提示的功能。下面继续使用 Dreamweaver 的强大的动态内容与功能完成其他的几个页面。

18.2.4　显示图书借阅详细信息

如果用户单击图书列表中的图书名链接时，能够跳转到一个显示图书借阅详细信息的页面，这个比较常见的需求使用 Dreamweaver 的动态记录集功能可以非常轻松地实现。下面的步骤演示了如何实现图书借阅详细信息页面，很多步骤与 18.2.1 节中的实现相同，因此在本小节会跳过一些已经介绍过的窗口。实现步骤如下所示。

（1）新建一个名为 borrowsdetail.php 的网页，指定标题栏为"图书借阅信息"菜单项，在绑定面板上单击 ➕ 按钮，创建一个 rsbooks 记集，如图 18.25 所示。

rsbooks 记录集与上一小节创建的记录集有些不同，这里使用了"选定的"单选按钮，选定了除 BookId 之外的字段，同时在筛选部分选中了 BookId 等于 URL 参数 BookId，这表示要从 URL 中获取一个名为 BookId 的参数。在 URL 中传递参数的方式通常如下：

```
http://localhost:8080/books.php?BookId=1
```

在"?"号后面的名值对就是 URL 参数，多个 URL 参数使用#号隔开，在后面的步骤中将演示如何为图书列表的图书名称添加链接并设置 URL 参数。

（2）在创建了 rsbooks 记录集后，还要创建一个名为 rsborrows 记录集，设置对话框如图 18.26 所示。在这个记录集中选定 borrows 数据表，使用所有的字段，并且同样设置了使用 URL 参数 BookId 来筛选 borrows 表的 BookId。

图 18.25　创建 rsbooks 记录集　　　　　　图 18.26　创建 borrows 记录集

（3）单击主菜单中的"插入 | 表格"菜单项，插入一个 2 列 4 行的表格，插入面板如图 18.27 所示。

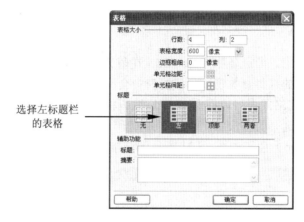

图 18.27　插入一个 4 行 2 列的表格

使用下面的 CSS 代码指定表格标题部分的样式：

```css
<style type="text/css">
body,td,th {
    font-size: 9pt;
}
th{
    width:100px;              /*指定标题宽度*/
    background:#CFF          /*指定标题背景*/
}
</style>
```

这个表格将用来显示图书的详细信息，由于 borrows 记录集中只有 BookId，为此在图书借阅页面具有图书的详细信息显得特别有必要。在表格标题栏中依次输入图书字段信息，比如"图书名称"、ISBN 等。

（4）为了显示图书借阅信息，插入一个 3 列 2 行的表格，选择无标题的表格，并指定表格边框为 1 像素，然后在第 1 行依次填入字段信息，设计视图如图 18.28 所示。

（5）从绑定面板中将各个字段分别拉到单元格中，图书信息请从 rsbooks 记录集中拉入，图书借阅信息请从 rsborrows 记录集中拉入。选中借阅历史中的显示记录的行，在服务器行为中插入"重复区域"行为，选中 10 条进行分页显示。然后分别插入"记录集导航状态"和"记录集导航条"，记录集导航条使用图像导航。设置结果如图 18.29 所示。

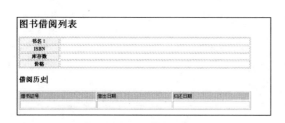

图 18.28 图书借阅列表

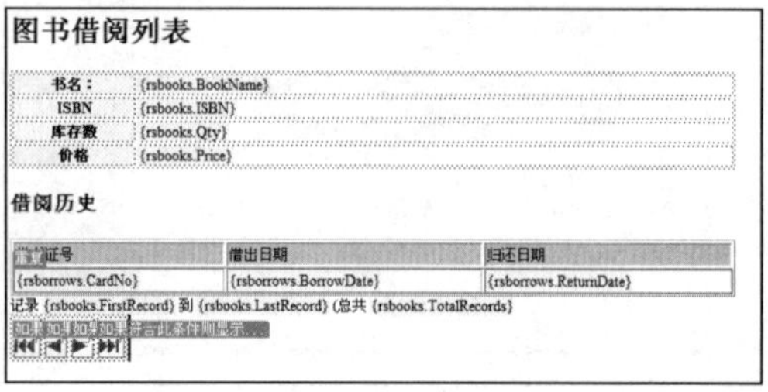

图 18.29 插入记录数据

（6）切换到 books.php 网页，选中图书列表表格中的"{rsbooks.BookName}"栏，然后单击属性面板链接右侧的 图标，Dreamweaver 将弹出选择链接文件对话框，选择网站中的 borrowsdetail.php，然后单击窗口中的"参数"按钮，将弹出一个编辑参数的对话框，如图 18.30 所示。

在链接参数窗口中，指定名称为 BookId，在值设置文本框中，单击右侧的 图标，将弹出如图 18.31 所示的选择参数窗口。该窗口中会列出各种在绑定窗口中定义的数据源，选择 BookId 字段，在格式中可以指定 HTML 编码格式，在这里使用默认的无格式编码。在代码区域可以看到选择的字段将产生的 PHP 代码。一路单击"确定"按钮确认所做的更改之后，Dreamweaver 产生了如图 18.31 所示的链接代码：

图 18.30 设置链接参数

图 18.31 选择参数值

```
<td><a href="borrowsdetail.php?BookId=<?php echo $row_rsbooks
['BookId']; ?>" target="_blank"><?php echo $row_rsbooks
['BookName']; ?></a></td>
```

选中 books.php 页面，按 F12 键进行预览，可以看到现在图书名称具有了链接下划线，单击某本图书，会弹出一个窗口显示图书借阅详细页面，如图 18.32 所示。

可以看到，这个页面果然显示了图书的详细信息，并且将图书的借阅历史记录显示在了列表中。

18.2.5　添加图书

添加图书需要创建一个 Web 表单，使用 PHP 的表单控制函数提取或设置表单数据。

下面将创建一个名为 addbook.php 的网页，演示如何创建一个用来添加图书的 Web 表单。

（1）打开新创建的 addbook.php 网页，单击主菜单中的"插入｜表单｜表单"菜单项，在页面上插入一个新的表单。在表单内部单击鼠标，单击主菜单中的"插入｜表格"菜单项，从弹出的插入表格窗体中设置插入一个 5 行 2 列的 HTML 表格，如图 18.33 所示。

图 18.32　显示图书借阅详细信息　　　　　图 18.33　插入一个表格

（2）使用如下的 CSS 代码设置表格的边框为单线边框，使得表格标题栏具有醒目的显示样式。

```
<style type="text/css">
body,td,th {
    font-family: "宋体", "宋体-方正超大字符集", "新宋体";
    font-size: 9pt;
}
table
  {
  border-collapse:collapse;          /*定义表格边框折叠为单一边框*/
  font-size:9pt;
  }
th
{
  background-color:#9CF;             /*指定表格标题背景*/
  width:150px;                      /*指定表格标题宽度*/
}
</style>
```

然后输入标题文本，设计视图如图 18.34 所示。

（3）在 Dreamweaver 的插入面板中切换到标签面板，从中选择"文本字段"依次插入到表单标题栏右侧的单元格，在为文本字段命名时，使用与数据库中的字段名称相同的命名。例如图书名称文本字段命名为 BookName 等。然后在最底部的表格行中添加两个按钮，一个用于提交；一个用于重置。设置结果如图 18.35 所示。

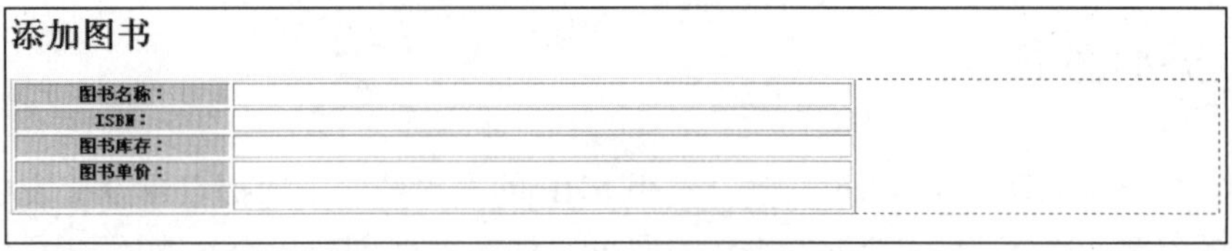

图 18.34 表单输入设计界面

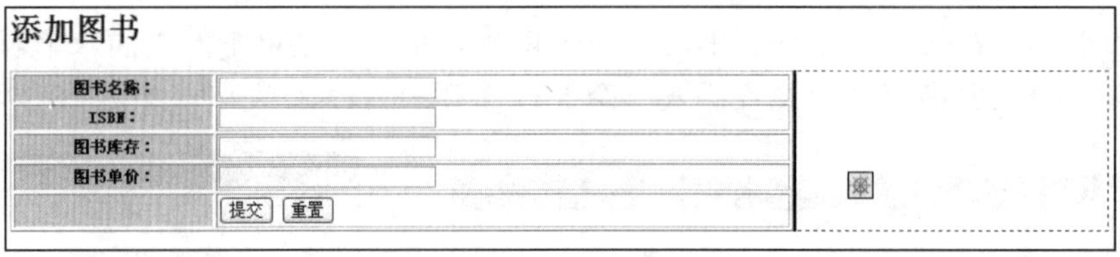

图 18.35 插入表单元素界面

注意：当将表单元素的命名与记录集中的字段命名相同时，在使用服务器行为进行新增记录和更新记录时，Dreamweaver 会自动将表单元素与记录集字段相匹配。

输入界面中的"提交"按钮，其 type 属性指定为 submit，用来将页面提交到服务器；"重置"按钮的 type 为 reset，用来清空表单输入域的值，可以在选中按钮后，通过 Dreamweaver 的属性面板来设置按钮的动作是"提交表单"或"重置表单"。

（4）表单设置完成后，切换到服务器行为面板，单击面板上的 图标，从弹出的下拉菜单中选择"插入记录"菜单项。Dreamweaver 将弹出如图 18.36 所示的配置窗口，用来配置表单插入字段。

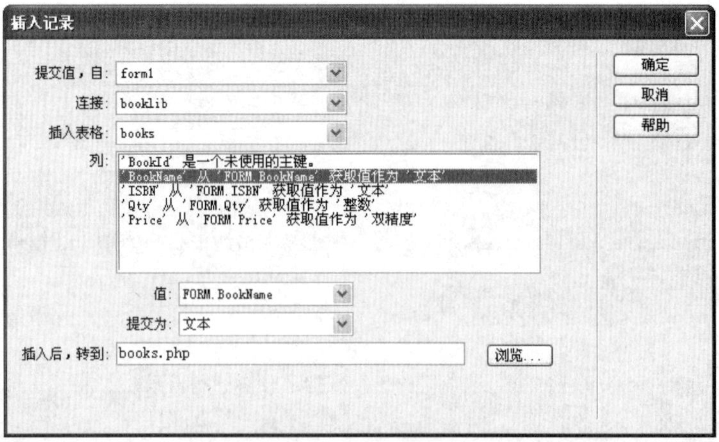

图 18.36 插入记录配置窗口

窗口上的各个字段的作用如下所示。

❑ 提交值，自：用来指定要提交表单的表单名称，默认值指定为 form1。

❑ 连接：指定用于提交表单数据的数据库连接。

- 插入表格：指定数据库连接下的表格，Dreamweaver 将产生向这个表插入数据的 INSERT 语句。
- 列：这里用来指定数据库表中的列与表单字段的匹配，如果表单域中的输入文本框的 id 属性与字段名相同，Dreamweaver 会自动完成匹配。否则可以通过"值"下拉列表框进行选择。
- 提交为：指定选定的表单字段的提交值类型，比如 BookName 提交为文本，Qty 提交为整数，Price 提交为双精度。
- 插入后，转到：指定插入完成后页面要转向的位置。

配置完成后，单击"确定"按钮，Dreamweaver 将产生用于提交表单的代码，如代码 18.5 所示：

代码 18.5　表单提交代码

```php
<?php require_once('Connections/booklib.php'); ?>
<?php
if (!function_exists("GetSQLValueString")) {
function GetSQLValueString($theValue, $theType, $theDefinedValue = "",
$theNotDefinedValue = "")
{
   //该函数的定义请参考代码 18.2
}
}
//获取当前的页面，表单将自动提交到该页面
$editFormAction = $_SERVER['PHP_SELF'];
//判断 URL 是否带有参数，如果带有参数，则调用 htmlentities 转换为 HTML 格式
if (isset($_SERVER['QUERY_STRING'])) {
 $editFormAction .= "?" . htmlentities($_SERVER['QUERY_STRING']);
}
//判断提交的类中是否包含 MM_insert 隐藏域，MM_insert 用来区分表单
if ((isset($_POST["MM_insert"])) && ($_POST["MM_insert"] == "form1")) {
  //调用 sprintf 返回一个格式化后的 INSERT 插入语句，VALUES 中的值来自$_POST 变量中
  的值
  $insertSQL = sprintf("INSERT INTO books (BookName, ISBN, Qty, Price) VALUES
(%s, %s, %s, %s)",
                     GetSQLValueString($_POST['BookName'], "text"),
                     GetSQLValueString($_POST['ISBN'], "text"),
                     GetSQLValueString($_POST['Qty'], "int"),
                     GetSQLValueString($_POST['Price'], "double"));
  //选择数据库
mysql_select_db($database_booklib, $booklib);
  //执行插入语句
  $Result1 = mysql_query($insertSQL, $booklib) or die(mysql_error());
  //执行跳转
  $insertGoTo = "books.php";
  if (isset($_SERVER['QUERY_STRING'])) {
    $insertGoTo .= (strpos($insertGoTo, '?')) ? "&" : "?";
    $insertGoTo .= $_SERVER['QUERY_STRING'];
  }
  //调用 header 发送跳转 URL 的 HTTP 头
  header(sprintf("Location: %s", $insertGoTo));
}
?>
```

在代码中出现了很多用于控制表单的函数和变量，表单在默认情况下使用 POST 方式

进行提交，这是通过指定表单的 method 属性为 POST 来控制的，如果指定 method 为 GET，则会使用不同的表单提交办法。下面是代码的具体实现过程。

（1）$editFormAction 变量将用来保存提交的当前页面，它使用了预定义的变量 $_SERVER 数组中的 PHP_SELF，$_SERVER 包含很多用来获取服务器信息的变量，可以查询 PHP 手册的"预定义变量"来了解更多详细的信息。

（2）$editFormAction 变量还会保存当前 URL 中的参数，通过使用 QUERY_STRING 来判断当前 URL 中是否带有 URL 参数，然后调用 htmlentities 对参数进行了 HTML 编码。

（3）MM_insert 是一个 HTML 隐藏域，该域由 Dreamweaver 自动添加，用来标识当前操作的表单名称，如以下代码所示：

```
<input type="hidden" name="MM_insert" value="form1">
```

在代码中通过判断 MM_insert 表示是一个要插入数据的表单的提交，因此代码会使用 sprintf 函数返回一个格式化后的 INSERT 插入字符串。在代码中使用了$_POST 预定义变量来获取表单的输入域的值。当使用 POST 方式提交表单时，该关联数组中的每个元素都包含当前提交的值。

（4）代码使用 mysql_select_db 切换到 booklib 数据库，调用 mysql_query 执行 INSERT 语句将数据插入到数据库中。

（5）在成功地插入了数据后，代码调用 header 函数，向浏览器发送一个用于跳转 location 的 HTTP 头，跳转到 books.php 网页。

（6）为了让用户可以进入 addbook.php 网页添加新的图书，切换到 books.php 网页，在该网页上添加一个链接，指向 books.php 的网页，代码如下：

```
<h1>图书管理系统图书列表</h1>
<p><a href="addbook.php" title="添加新图书">添加新图书</a></p>
```

现在添加图书的网页已经完成了，可以看到只需很少的几个步骤，Dreamweaver 帮助用户产生了大量的 PHP 代码，当然 Dreamweaver 的服务器行为依然很简单，但是已经可以满足一般性的要求。下面演示如何添加一本新书。打开 addbook.php 网页，如图 18.37 所示。

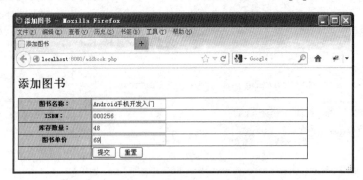

图 18.37　添加新图书页面

单击"提交"按钮之后，会将表单中输入的数据插入到 MySQL 数据库中。切换到 books.php 网页，进入列表的最后一页，就可以看到新增加的记录，如图 18.38 所示。

由图 18.38 中可以看到，在表单中输入的图书果然已经成功地添加到了图书列表中。

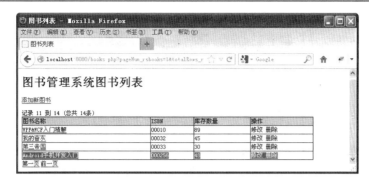

图 18.38　已经成功添加的图书

18.2.6　修改图书

修改操作与插入操作一样，都涉及表单的操作。修改操作用来更改数据库中现有的记录，它使用 UPDATE 语句来更新数据库表，并且在页面初始化时要能显示出数据库中选定记录的当前值。

在 books.php 图书列表网页上，图书列表表格最后一列有一个用于"修改"数据的文本，下面的步骤将演示如何创建一个 editbook.php 的网页来对图书列表中的图书进行修改。

（1）新建一个名为 editbook.php 的网页，在该网页上使用 18.2.5 小节的步骤创建一个用来编辑图书的表单，请参考 18.2.5 小节的第（1）步到第（3）步。

（2）切换到"绑定"面板，在该面板中单击 ＋ 图标，添加一个新的记录集，设置界面如图 18.39 所示。

该记录集使用了 URL 参数 BookId，这是由于修改仅对已存在的记录进行编辑，因此需要知道要编辑的图书的 BookId。

图 18.39　新建 rsbook 记录集

（3）展开绑定面板的 rsbook 记录集，将字段拖动到相应的文本框中，Dreamweaver 会自动生成代码指定文本框中显示的数据。以图书名称文本框为例，它产生了如下的代码：

```
<input name="BookName" type="text" id="BookName" value="<?php echo $row_
rsbook['BookName']; ?>">
```

Dreamweaver 设计界面如图 18.40 所示。

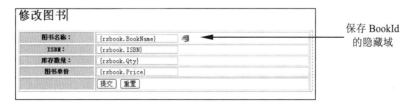

图 18.40　修改图书设计界面

注意到在页面上放了一个名为 BookId 的隐藏域，在属性窗口中，设置该隐藏域的值绑定到 BookId 字段，代码如下所示：

```
<input name="BookId" type="hidden" id="BookId" value="<?php echo $row_
Recordset1['BookId']; ?>">
```

因为 Dreamweaver 的插入行为要求至少必须提交一个主键字段，BookId 字段是一个自增字段，不能由用户编辑，因此在这个示例中放置了一个隐藏域。

（4）完成了网页表单的设计后，接下来单击服务器行为面板中的 ➕ 图标，选择"更新记录"菜单项，弹出如图 18.41 所示的对话框用来添加服务器行为。

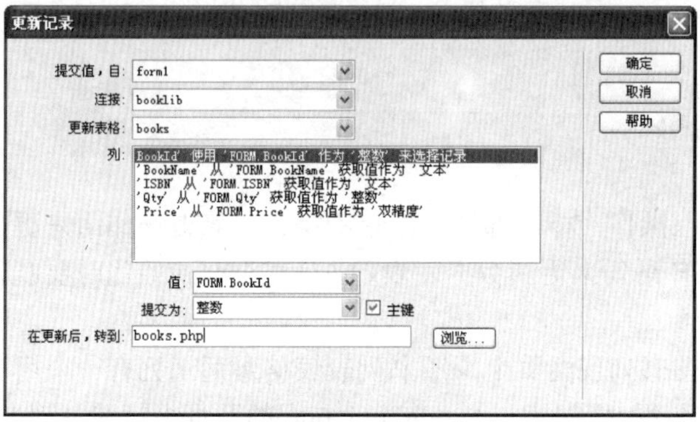

图 18.41　更新记录服务器行为窗口

在该对话框中，可以看到 BookId 作为一个主键被提交，其他的数据库表字段与同名的表单字段会自动匹配。单击"确定"按钮之后，Dreamweaver 会自动产生用来更新表单数据的代码，它也额外添加了一个名为 MM_update 的隐藏域用来标识表单名称，以便于确定提交数据的表单。

（5）切换到 books.php 网页，选中表格中的"修改"文本，在属性面板中添加一个链接，链接到 editbook.php，并指定参数 BookId 绑定到当前记录的 BookId 字段，定义代码如下：

```
<td><a href="editbook.php?BookId=<?php echo $row_rsbooks['BookId']; ?>">
修改</a> 删除</td>
```

至此就完成了这个修改记录的页面，editbook.php 中由 Dreamweaver 添加了一些用来更新记录的代码，生成的代码大部分与 INSERT 相同，仅仅是在更新语句 UPDATE 部分与 INSERT 有所区别，如代码 18.6 所示：

代码 18.6　表单更新代码

```php
<?php require_once('Connections/booklib.php'); ?>
<?php
//......
//获取当前脚本 URL
$editFormAction = $_SERVER['PHP_SELF'];
if (isset($_SERVER['QUERY_STRING'])) {
  $editFormAction .= "?" . htmlentities($_SERVER['QUERY_STRING']);
}
//判断当前表单是否为更新表单，然后创建 UPDATE 语句
```

```php
if ((isset($_POST["MM_update"])) && ($_POST["MM_update"] == "form1")) {
  $updateSQL = sprintf("UPDATE books SET BookName=%s, ISBN=%s, Qty=%s,
  Price=%s WHERE BookId=%s",
                    GetSQLValueString($_POST['BookName'], "text"),
                    GetSQLValueString($_POST['ISBN'], "text"),
                    GetSQLValueString($_POST['Qty'], "int"),
                    GetSQLValueString($_POST['Price'], "double"),
                    GetSQLValueString($_POST['BookId'], "int"));
  //选择 booklib 数据
  mysql_select_db($database_booklib, $booklib);
  //执行更新语句
  $Result1 = mysql_query($updateSQL, $booklib) or die(mysql_error());
  //跳转到的目标 URL 地址
  $updateGoTo = "books.php";
  if (isset($_SERVER['QUERY_STRING'])) {
    $updateGoTo .= (strpos($updateGoTo, '?')) ? "&" : "?";
    $updateGoTo .= $_SERVER['QUERY_STRING'];
  }
  //执行跳转
  header(sprintf("Location: %s", $updateGoTo));
}
//使用$_GET 获取 BookId 的值
$colname_rsbook = "-1";
if (isset($_GET['BookId'])) {
  $colname_rsbook = $_GET['BookId'];
}
//查询数据库
mysql_select_db($database_booklib, $booklib);
$query_rsbook = sprintf("SELECT * FROM books WHERE BookId = %s",
GetSQLValueString($colname_rsbook, "int"));
//返回单条记录的记录集
$rsbook = mysql_query($query_rsbook, $booklib) or die(mysql_error());
//提取第 1 条记录
$row_rsbook = mysql_fetch_assoc($rsbook);
//返回记录集中的行数
$totalRows_rsbook = mysql_num_rows($rsbook);
?>
```

在代码中包含一个记录集的定义和一个 UPDATE 语句的执行，实现如下所示。

（1）$editFormAction 变量调用预定义的$_SERVER 获取当前脚本的执行页面，也就是 editbook.php 页面，使用$_SERVER 的 QUERY_STRING 判断是否带有参数，在 editbook.php 中会附带 BookId 查询字符串，因此，$editFormAction 的实际 URL 取值类似：editbook.php?BookId=1 这种格式。

（2）isset 判断指定的变量是否被赋值，在代码中调用 isset($_POST["MM_update"])判断是否定义了隐藏域 MM_update，如果定义了则判断隐藏域的值是否为 form1，条件成立则定义了一个$updateSQL 变量用来保存 UPDATE 语句，它使用了 sprintf 函数来格式化 UPDATE，代入在$_POST 中保存的值。可以看到代码使用了来自隐藏域 BookId 中保存的当前记录的主键值，代入到 WHERE 子句中，用来更新特定的记录。

（3）使用 PHP 的 mysql_select_db 切换到 booklib 数据库，然后调用 mysql_query 执行该查询。最后命名用 header 来跳转到 books.php 网页。

现在可以测试一下更新记录，运行 books.php 网页，在图书列表中单击"修改"链接，将进入到图书编辑明细窗口，如图 18.42 所示。

图 18.42　修改图书页面

修改完成后单击"提交"按钮，将成功地将更改发送到数据库，并跳转到 books.php 页面。

18.2.7　删除图书

现在来实现小小的图书管理系统的最后一步：删除记录，这一步不需要显示具体的内容，因此不会创建记录集，只需要一个服务器行为即可，实现步骤如下所示。

（1）新建一个 delbook.php 的网页，由于该网页主要用来执行 SQL，因此不需要任何外观设计。在服务器行为面板中，选择"删除记录"行为，Dreamweaver 将弹出如图 18.43 所示的窗口。

图 18.43　删除记录窗口

该窗口的字段功能描述如下所示。

- ❑ 首先检查是否已定义变量：在下拉列表框中选择要检查的变量类型，主键值指定检测数据库是否定义了主键，其他类型的参数在文本框中进行输入。
- ❑ 连接：指定数据库连接。
- ❑ 表格：选择要删除的数据库的数据表。
- ❑ 主键列：选择数据表的主键，删除语句 DELETE 的 WHERE 子句将使用这里指定的主键列。
- ❑ 主键值：指定主键值的数据来源。
- ❑ 删除后，转到：当成功删除之后，将转向的目标网页。

设置完成后单击"确定"按钮，Dreamweaver 将产生用于删除的代码，用来处理传入的 BookId 值的记录的删除工作。

（2）切换到 books.php 网页，选中表格中的"删除"文本，在属性面板中添加到 delbook.php 的网页，指定 URL 参数 BookId 的值绑定到记录集中的 BookId 字段，如以下代码所示：

```
<a href="delbook.php?BookId=<?php echo $row_rsbooks['BookId']; ?>">删除
</a>
```

当单击该链接时，将进入 delbook.php，传入 BookId 参数，delbook.php 将执行 DELETE 语句完成删除工作，并且马上跳转到 books.php 页面，整个过程不会显示 delbook.php 网页。delbook.php 核心就是对 MySQL 数据库执行 DELETE 语句，Dreamweaver 产生的代码如 18.7 所示：

代码 18.7　删除记录源代码

```php
//检查 URL 参数 BookId 是否已经被设置值，仅在设置了值的情况下才能进行删除
if ((isset($_GET['BookId'])) && ($_GET['BookId'] != "")) {
  //定义删除 DELETE 语句
  $deleteSQL = sprintf("DELETE FROM books WHERE BookId=%s",
                   GetSQLValueString($_GET['BookId'], "int"));
  mysql_select_db($database_booklib, $booklib);     //选择数据库
  $Result1 = mysql_query($deleteSQL, $booklib) or die(mysql_error());
                                                   //执行数据库
  //进行网页跳转
  $deleteGoTo = "books.php";
  if (isset($_SERVER['QUERY_STRING'])) {
    $deleteGoTo .= (strpos($deleteGoTo, '?')) ? "&" : "?";
    $deleteGoTo .= $_SERVER['QUERY_STRING'];
  }
  header(sprintf("Location: %s", $deleteGoTo));
}
```

代码实现过程如下所示。

（1）首先使用 if 语句检测$_GET['BookId']是否被赋值，$_GET 获取 URL 字符串中的参数值，仅在 URL 中包含 BookId 值时，才会进行删除。

（2）定义一个 DELETE 语句，WHERE 子句使用来自 URL 中的参数 BookId 中的值。

（3）调用 mysql_select_db 切换到 booklib 数据库，调用 mysql_query 执行删除语句。

可以看到，删除操作在执行完成后就立即使用 header 函数重定向到了 books.php，就可以显示出最新被删除的结果的图书列表。

至此完成了基于增、删、改功能的图书管理网站，如果再配上良好的美工，这个示例可以拿来当作一个正式网站来测试和部署了。

18.3　用 PHP 操纵 MySQL

通过对图书管理系统创建的学习，相信读者已经了解了 PHP 进行 MySQL 数据库开发的一般流程。一个数据库驱动的网页开发一般分为如下的几个步骤：

（1）创建一条到 MySQL 数据库服务器的连接。

（2）选择要使用的数据库。

（3）构建一条用来查询或增、删、改的 SQL 语句。

（4）向 MySQL 数据库服务器发送 SQL 语句。

（5）如果是 SELECT 语句，执行结果将返回一个记录集，循环提取记录集来显示结果。

PHP 中用于访问数据库的函数是以扩展的形式加载的，Dreamweaver 使用的是早期版本的 MySQL 扩展，在 PHP 5 和 MySQL 4.1 后的版本中，不仅可以使用 MySQL 数据库扩展，还可以使用 mysqli 扩展来访问数据库。本节将介绍如何使用 mysqli 扩展来实现一个数据库驱动网页的 5 个步骤。

18.3.1 连接数据库

mysqli 扩展相较于 mysql 扩展具有更快的执行速度，而且 PHP 的 mysqli 被封装到一个类中，可以使用面向对象的方式连接数据库，当然它也提供了传统的基于过程的编程方式，类似 Dreamweaver 生成的代码那样。

要使用传统方式连接 MySQL 数据库，可以使用 mysqli_connect 函数，该函数尝试连接到 MySQL 服务器，返回一个数据库的连接对象，如果连接失败将返回 Flase，过程化的语法如下：

```
mysqli mysqli_connect ( [string host [, string username [, string passwd
[, string dbname [, int port [, string socket]]]]]] )
```

mysqli_connect 参数的含义如下：

❑ host：指定要连接的目标主机名或 IP 地址，如果传递 NULL 值，表示连接本地数据库。

❑ username：指定要使用的 MySQL 数据库的用户名。

❑ password：指定要使用的 MySQL 的密码。

❑ dbname：如果提供了该参数表示使用查询时的默认数据库。

❑ port 和 socket：用来指定如何连接到数据库，其中 port 指定端口号，socket 用来指定 socket 或命名管道名。

下面的代码演示了如何使用 mysqli_connect 来创建一个到 booklib 数据库的连接，如代码 18.8 所示：

代码 18.8 使用过程化语法连接 MySQL

```php
<?php
$link = mysqli_connect("localhost", "booklib", "888888", "booklib");
/* 检查连接是否成功 */
if (!$link) {
    printf("连接到 booklib 数据库失败: %s\n", mysqli_connect_error());
    exit();
}
printf("数据库连接成功! <br/>");
printf("数据库主机信息: %s\n", mysqli_get_host_info($link));
/* 关闭数据库连接 */
mysqli_close($link);
?>
```

示例实现如以下过程所示。

（1）调用 mysqli_connect 创建一个到数据库的连接，如果连接成功，变量$link 将保存连接对象，如果连接失败，则返回 False。

（2）如果连接失败，调用 printf 打印出失败信息，一旦连接失败，mysqli_connect_error()函数会返回最后一次连接失败的错误字符串。

（3）如果连接成功，调用 mysqli_get_host_info 返回 MySQL 数据库服务器主机信息。

（4）调用 mysqli_close 关闭连接。

过程化的调用以 mysqli 开头，每次调用都需要传入连接对象的名称，比如 mysqli_close 就需要传入$link 连接对象对其进行关闭。

面向对象的编程方式将所有的操作封装在 mysqli 这个对象中，通过调用 mysqli 这个对象的属性和方法来连接数据库，执行 SQL 语句等。代码 18.9 演示了如何通过 mysqli 构造函数的方法来创建一个到 booklib 数据库的连接：

代码 18.9　面向对象语法连接 MySQL

```php
<?php
/*使用构造函数创建一个mysqli 对象，并且使用构造函数中的参数连接MySQL 数据库*/
$mysqli = new mysqli("localhost", "booklib", "888888", "booklib");
/* 如果连接失败，则mysqli_connect_errno()会返回错误编号*/
if (mysqli_connect_errno()) {
    printf("数据库连接失败： %s\n", mysqli_connect_error());
    exit();
}
printf("数据库主机信息： %s\n", $mysqli->host_info);
/* 关闭数据库连接 */
$mysqli->close();
?>
```

代码的实现如下所示。

（1）PHP 中，对象使用 new 关键字进行构建，new mysqli()用来创建一个 mysqli 对象的实例，在传入了用于连接数据库的参数后，会连接到 MySQL 数据库并返回 mysqli 对象实例。

（2）如果构造函数中连接 MySQL 数据库失败，mysqli_connect_errno()函数会返回连接错误的编号，代码通过 mysqli_connect_error()输出了错误消息，并退出语句的执行。

（3）如果连接成功，则使用$mysqli->host_info 这样的语法，来访问 host_info 主机信息。在 PHP 中，要访问一个对象的属性和方法，使用->运算符。最后调用 close 方法关闭了连接。

可以看到，使用面向对象的方式不用每次传入连接对象，面向对象的语法也减少了出错的机会。在实际的工作中，不建议用户使用过程化的语法，使用面向对象的语法能提供良好的可维护性，因此在本章后面的内容中将重点以面向对象的语法来介绍 mysqli 的使用。

18.3.2　选择要使用的数据库

当连接成功创建后，可以使用 mysqli 的 select_db 选择与默认设置不同的数据库。下面的示例演示了构造函数中可以不指定任何参数，通过 mysqli 对象的 connect 方法连接到 MySQL 数据库，并且使用 select_db 连接到 booklib 数据库，如代码 18.10 所示：

代码 18.10　连接并选择数据库

```php
<?php
    //实例化 mysqli 对象
    $mysqli=new mysqli();
    //使用 connect 方法连接到 MySQL 数据库
    $mysqli->connect("localhost", "booklib", "888888");
    //如果连接失败，则 mysqli_connect_errno() 会返回错误编号*
    if (mysqli_connect_errno()) {
        printf("数据库连接失败：%s\n", mysqli_connect_error());
        exit();
    }
    //选择 booklib 数据库
    $mysqli->select_db("booklib");
?>
```

在这一行代码中并没有在构造函数中传递连接参数，而是将其写在了 mysqli 的 connect 方法中，该方法将连接 MySQL 数据库，在连接参数中并没有指定默认的数据库，因此代码调用了 select_db 选中 booklib 数据库。

18.3.3　执行 SQL 语句

当连接了数据库、选择了所要操作的数据库后，就可以向 MySQL 数据库发送 SQL 命令了。mysqli 中提供了几种执行 SQL 命令的方法，最常用的是 query 方法，该方法在执行 INSERT、UPDATE、DELETE 时，成功会返回 True，如果是执行 SELECT 语句，则会返回一个结果集对象。

下面的示例演示了如何使用 mysqli 对象的 query 方法执行 SQL 语句，代码将向 books 表中插入一本新的图书，并且使用 SELECT 语句查询 books 表，输出 books 表的记录数，如代码 18.11 所示：

代码 18.11　连接并选择数据库

```php
<?php
$mysqli = new mysqli("localhost", "booklib", "888888", "booklib");
//检查连接是否成功
if (mysqli_connect_errno()) {
    printf("数据库连接失败：%s\n", mysqli_connect_error());
    exit();
}
//设置默认的客户端编码
mysqli_set_charset($mysqli,'utf8');
//向表中插入一行记录
if ($mysqli->query("INSERT INTO books(BookName,ISBN,Qty,Price) VALUES('软件开发指南','00042',100,100 )") === TRUE) {
    printf("成功的插入了一行记录.\n");
}
//查询数据库并返回结果
if ($result = $mysqli->query("SELECT BookName FROM books LIMIT 10")) {
```

```
    printf("查询语句返回 %d 行.\n", $result->num_rows);
    $result->close();
}
//关闭数据库连接
$mysqli->close();
?>
```

程序的实现如下所示。

（1）首先实例化了一个新的 mysqli 对象，保存为变量$mysqli，如果连接失败则显示错误消息，这是编写自己的数据库连接时必备的一段代码。

（2）调用 mysqli_set_charset 设置连接的客户端字符集，以避免使用中文时出现乱码。

（3）调用 mysqli 的 query 方法，向数据库发送一条 INSERT 语句，如果插入成功，则返回 True，向用户发送一条成功插入的消息。

（4）使用 mysqli 的 query 方法，执行一条 SELECT 语句，这将会返回一个结果集合 mysqli_result 对象实例，通过调用该对象的 num_rows 来获取记录行数。

注意：query 方法一次只能执行一条 SQL 命令，要执行多条 SQL，可以使用 mysqli 对象的 multi_query()方法。

mysqli_result 类包含一些用来获取返回的记录集的属性和方法，使得用户可以操作最终的结果集。比如 num_rows 函数会返回查询返回的行数，表 18.1 列出了 msqli_result 常见的用来操作结果集的方法和属生。

表 18.1 mysqli_result方法和属性列表

方 法 名 称	描 述	类型
Close()	释放内存并关闭结果集	方法
Data_seek()	明确改变当前结果记录顺序	方法
Fetch_field()	从结果集中获得某一个字段的信息	方法
Fetch_fields()	从结果集中获得全部字段的信息	方法
Fetch_field_direct()	从一个指定的列中获得类的详细信息,返回一个包含列信息的对象	方法
Fetch_array()	将以一个普通索引数组和关联数组两种形式返回一条结果记录	方法
Fetch_assoc()	将以一个普通关联数组的形式返回一条结果记录	方法
Fetch_object()	将以一个对象的形式返回一条结果记录	方法
Fetch_row()	将以一个普通索引数组的形式返回一条结果记录	方法
Field_seek()	设置结果集中字段的偏移行数	方法
$current_field	获取当前结果中指向的字段偏移位置，是一个整数	属性
$field_count	从查询的结果中获取列的个数	属性
$lengths	返回一个数组,保存在结果集中获取当前行的每一个列的长度	属性
$num_rows	返回结果集中包含记录的行数	属性

由表 18.1 可以看到，mysqli_result 对象的方法不仅可以用来获取记录行信息，还可以获得字段的信息。下面的代码演示了如何查询 booklib 数据库中的 books 数据表，然后使用 mysqli_result 的方法和属性输出表的内容，如代码 18.12 所示。

代码 18.12　查询并输出表记录

```
<!DOCTYPE HTML PUBLIC "-//W3C//DTD HTML 4.01 Transitional//EN" "http://
www.w3.org/TR/html4/loose.dtd">
<html>
<head>
<meta http-equiv="Content-Type" content="text/html; charset=utf-8">
<title>查询结果</title>
<style type="text/css">
body,td,th {
    font-family: "宋体", "宋体-方正超大字符集", "新宋体";
    font-size: 9pt;
}
table
  {
  border-collapse:collapse;    /*定义表格边框折叠为单一边框*/
  font-size:9pt;
  }
</style>
</head>
<body>
<?php
    //实例化 mysqli 对象
    $mysqli=new mysqli();
    //使用 connect 方法连接到 MySQL 数据库
    $mysqli->connect("localhost", "booklib", "888888");
    //如果连接失败，则 mysqli_connect_errno() 会返回错误编号*
    if (mysqli_connect_errno()) {
        printf("数据库连接失败： %s\n", mysqli_connect_error());
        exit();
    }
    //选择 booklib 数据库
    $mysqli->select_db("booklib");
    //设置查询的字符串编码
    $mysqli->query("SET NAMES utf8");
    //查询 books 表中的前 10 条记录
    $rsbooks = $mysqli->query("SELECT * FROM books LIMIT 10");
    //提取结果记录的首行到 row_rsbooks 关联数组中
    $row_rsbooks = $rsbooks->fetch_assoc();
    //调用 num_rows 获取记录集中的记录条数
    $totalRows_rsbooks = $rsbooks->num_rows;
?>
<?php echo $totalRows_rsbooks ?>条记录
<table width="600" border="1">
  <tr>
    <td bgcolor="#99CCFF">图书名称</td>
    <td bgcolor="#99CCFF">ISBN</td>
    <td bgcolor="#99CCFF">库存数量</td>
    <td bgcolor="#99CCFF">操作</td>
  </tr>
  <!--下面的代码循环 rsbooks 中的记录数，输出到 HTML 的表格中-->
  <?php do { ?>
    <tr>
      <td><?php echo $row_rsbooks['BookName']; ?></td>
      <td><?php echo $row_rsbooks['ISBN']; ?></td>
      <td><?php echo $row_rsbooks['Qty']; ?></td>
      <td><a href="editbook.php?BookId=<?php echo $row_rsbooks
      ['BookId']; ?>">修改</a> <a href="delbook.php?BookId=<?php echo
```

```
      $row_rsbooks['BookId']; ?>">删除</a></td>
   </tr>
   <?php } while ($row_rsbooks = $rsbooks->fetch_assoc()); ?>
</table>
<?php
  $rsbooks->close();    //关闭记录集，释放内存
  $mysqli->close();     //关闭数据库连接
?>
</body>
</html>
```

页面的实现如下所示。

（1）实例化 mysqli 对象，然后调用 connect 方法连接到指定的 booklib 数据库，并检查连接是否成功，如果连接失败则调用 exit 退出。

（2）使用 mysqli 的 select_db 函数选取 booklib 数据库，调用 query 方法设置查询的字符串编码为 utf-8，以免出现查询乱码，然后调用 query 方法查询 books 表中的前 10 条记录。

（3）调用 mysqli_result 对象的 fetch_assoc 方法获取第 1 行记录，该方法会返回一个关联数组，可以通过名值对的方式访问数组中的元素。使用 mysqli_result 的 num_rows 属性获取查询的结果集。

（4）接下来创建了一个 HTML 表格，这个表格用来循环记录集中的记录并输出到表格行中。可以看到循环条件中通过反复地调用 fetch_assoc 获取下一条记录，当记录指针到记录集结尾时，返回 False，循环退出。

（5）在输出完成后，通过 mysqli_result 的 close 方法和 mysqli 的 close 方法关联记录集和数据库连接，以节省系统内存。

这个示例与前一节使用 Dreamweaver 完成的图书列表示例的代码比较相似，只不过换成了 mysqli 的面向对象的编程语法，初学者可以借鉴 Dreamweaver 生成的代码来完成自己的功能，运行时的输出结果如图 18.44 所示。

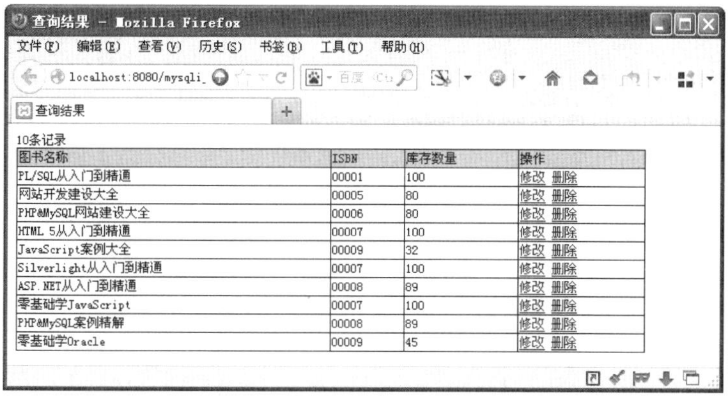

图 18.44　使用 mysqli_result 遍历记录集

通过这个例子可以看到，只要掌握了 mysqli 对象的使用和 mysqli_result 对象的使用，就可以编写出自己的基于数据库的动态 PHP 网页，在操作完成之后要记得随时调用 close 方法释放记录集和连接，以便节省服务器资源。

18.4　小　　结

本章的重点在于如何使用 Dreamweaver 创建 PHP+MySQL 的动态网站，使用 Dreamweaver 的动态内容源，网站建设人员基本上不用编写代码，使用鼠标拖拉的方式就可以创建一个非常专业的 PHP 网页。本章首先讨论了 Dreamweaver 提供的用于开发 PHP 的特性，然后介绍了连接 MySQL 数据库的一些知识，并且详细介绍了在 Dreamweaver 中开发 PHP+MySQL 网站的一般流程。本章第 2 部分通过一个图书管理网站，演示了如何使用 Dreamweaver 开发一个基于 PHP 和 MySQL 的动态网站，从网页结构设计开始，引导读者一步一步地实现图书列表、图书详细信息，增加、删除和修改图书这些页面，详细介绍了 Dreamweaver 的数据库面板、绑定面板和服务器行为面板的使用。在本章最后一部分，通过介绍 mysqli 的面向对象的数据库操作语法，介绍了常见的 PHP 操作 MySQL 的语法细节。通过本章的学习，相信读者对于如何使用 PHP 操纵 MySQL 数据库有了一个清晰的理解。

第 4 篇　网站维护与优化

第 19 章　网站的测试与发布

网站的测试是发布前的一个非常重要的环节，任何网站如果不经过测试就直接发布，可能导致网站上线后造成不可估量的损失。网站的测试包含浏览器兼容性测试、网页链接有效性测试、网页下载速度的测试，以及网站本身的业务逻辑的测试。本章将讨论如何在 Dreamweaver 中测试已经创建好的网站，并且使用内置的上传工具来发布自己的网站。

19.1　站点的测试

根据网站类型的不同，测试可能需要制定不同的步骤。比如一个复杂的电子商务站点，除了常规的页面显示测试外，还要考虑到购物逻辑的测试，比如加入购物车、结算、支付等功能的测试，任何一个环节出现问题将导致直接的经济损失。因此除了要进行页面的外观测试外，还需要制定详细的业务逻辑测试计划。网站的测试的一般性流程如图 19.1 所示。

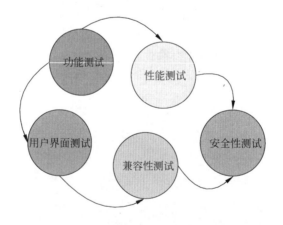

图 19.1　网站测试一般性流程

由于网站的测试没有一个既定的模式，不同规模的网站需要制定不同的测试方案。本章将介绍一些常见的网站测试方式。

19.1.1　功能测试

网站的功能测试用于测试网站各个组成部分的功能是否达到用户要求的功能，这个测试包含如下的几个部分。

- ❑ 链接有效性测试：确定每一个链接都对应到具体的页面，防止出现失效的链接。
- ❑ 表单功能测试：对表单的操作是否会出现异常，比如防止用户重复提交、表单输入内容验证、各个按钮功能是否正常。

❑ 数据校验测试：验证功能数据的正确性和有效性，如果一个设计精美的网站数据不准确，那么再多的努力也是白费力气。

❑ cookies 测试：用于验证用户是否可以正确地使用 Cookie，Cookie 是否正常保存了数据等。

❑ 数据库测试：数据库的连接性测试和数据库数据的准确性，通过在网页上操作数据，判断数据库中是否正常产生了正确的数据。

一些测试要求用户编写测试代码，另一些测试可以借助于一些测试工具。对于链接有效性来说，可以使用 Dreamweaver 提供的链接检查器来检查网站的有效性链接。要测试网站的有效性链接，单击 Dreamweaver 主菜单的"站点 | 检查站点范围的链接"菜单项，Dreamweaver 将在属性面板下面显示"链接检查器"面板，如图 19.2 所示。

图 19.2　Dreamweaver 链接检查器

链接检查器可以检查如下 3 种不同范围的链接。

❑ 检查当前文档中的链接：仅对当前在文档视图中打开的文档进行链接的检查。

❑ 检查整个当前本地站点的链接：对站点管理器中当前网站的所有文件进行链接检查。

❑ 检查站点中所选文件的链接：对选中的文件进行链接检查。

在检查完成后，在状态栏中会显示检查结果统计信息，通过显示下拉列表框，可以切换显示如下 3 种有问题的链接。

❑ 断掉的链接：链接的目标文件在本地磁盘上没有找到。

❑ 外部链接：链接到站点外的页面，不能检查是否有效。

❑ 孤立的文件：没有进入链接的文件。

要修复无效的链接，可以在链接检查器中双击列表项，Dreamweaver 将在文档视图上显示链接所在的网页位置，然后就可以通过属性面板更改链接位置来修复链接。

如果要检测 Cookies 的可用性，可以使用 Cookies Manager 软件。Cookies 又称小甜饼，是网站保存在客户端的一系列的文本文件，用来保存用户的信息。通过使用 Cookies Manager 可以动态地观测 Cookies 的生成情况，查看本机的 Cookies，如图 19.3 所示。

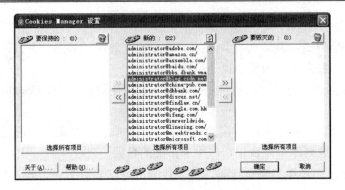

图 19.3　使用 Cookies Manager 管理监视 Cookies

19.1.2　性能测试

网站性能测试用来检测网站的下载性能，比如网站响应速度是快还是慢，是否允许多个用户同时在线，能否处理大量用户对同一个页面的请求。

对于普通的网站建设者来说，可以借助于 Dreamweaver 的连接速度和窗口大小查看网页下载的时间和页面大概的大小，这对于开发静态网站非常有用。例如用户可以单击 Dreamweaver 主菜单中的"编辑｜首选项"菜单项来编辑网页窗口的大小，如图 19.4 所示。

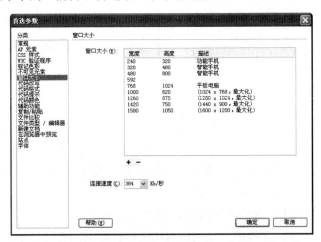

图 19.4　指定网页窗口大小和连接速率

在网页编辑的过程中，可以通过状态栏看到页面的下载时长和大小，了解网页的基本的运行时长。如果要了解能允许多少个用户同时在线或了解网页能承受多少用户对同一个页面的请求，需要使用一些专业的测试工具，比如 Loadrunner、WAS 或 weblod 等工具。对这些软件的详细介绍超出了本书的范围，请感兴趣的读者参考相关的图书资料。

Google 公司有一个有趣的用来分析在线网页的工具，使用该工具可以分析出当前网站，并给出有用的优化建议，网址如下：

https://developers.google.com/speed/pagespeed/insights

该网页上有一个文本框允许用户输入要进行性能分析的网址，显示界面如图 19.5

所示。

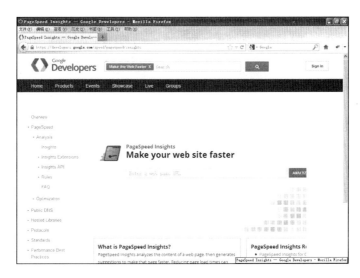

图 19.5　Google 的网站分析网站

当输入了网址并单击"Analyze"按钮后，将开始分析网址，并显示到建议优化的窗口，如图 19.6 所示。

图 19.6　网站分析结果

由图 19.6 中可以看到，在 Suggestion Summary 中提供了网页优化的几个建议的链接，单击进入就可以了解到更详细的网页加载信息，根据这些信息可以实现对网页性能的进一步优化。

19.1.3　用户界面测试

网站用户界面的测试比较重要，因为良好的用户界面会吸引很多潜在的客户，相反，一个制造粗糙的网站会流失不少已有的用户。网站的用户界面测试包含如下几个方面：

（1）页面导航是否清晰可见。

（2）页面的图标和 Logo 是否美观大方。

（3）页面的颜色是否协调。

（4）页面清单是否完整，是否已经将所需要的页面全部列出来。

（5）页面是否显示，比如在不同的分辨率下页面的显示是否正常，在不同浏览器中能否显示出页面。

（6）页面的特效是否能在不同的浏览器和分辨率下正常显示。

（7）页面上的各个元素比如按钮、单选按钮、复选框、超链接及输入框是否能正常使用。

（8）页面元素是否正确且是否在正常位置显示。

用户界面通常由前端的测试人员或最终用户来实现，有时候网站建设者或 Web 程序员很难改变思维进行详细的设计。

19.1.4　兼容性测试

浏览器兼容性检测可以了解网站在不同浏览器中的呈现效果，然后再进行进一步的微调，由于不同的浏览器在核心方面的差异，一些 JavaScript、HTML 和 CSS 在呈现时具有不同的效果。为了保持网站的整体风格，需要对 Web 页面进行兼容性测试。

Dreamweaver 提供了网站的兼容性检查功能，可以自动对网站中的页面进行测试以便发现 CSS 和 HTML 错误，并能输出格式良好的兼容性报表。

要检查网页的浏览器兼容性，在 Dreamweaver 中打开网页，然后单击主菜单中的"文件｜检查页｜浏览器兼容性"菜单项，将打开如图 19.7 所示的浏览器兼容性检查窗口。

图 19.7　浏览器兼容性检查窗口

单击窗口左上角的 ▶ 图标可以开始检查当前文档的兼容性，也可以选择"设置"菜单项，对目标浏览器的类型进行设置，如图 19.8 所示。

通过窗口右侧的下拉列表框，可以选择不同的浏览器版本进行测试，这使得网站建设人员可以了解不同浏览器下网站的兼容性效果。

在兼容性窗口中右击已经检测的兼容性项，选择"更多信息"菜单项，Dreamweaver 将会打开浏览器，连接到

图 19.8　设置目标浏览器类型

Adobe 网站显示相关的兼容性问题的详细信息。还可以单击兼容性面板的 图标在浏览器中显示兼容性报表，它将会打开浏览器，显示一份 HTML 的报表，如图 19.9 所示。

图 19.9　浏览器兼容性检查报表

19.1.5　安全性测试

安全性测试主要用来检查网站的整体安全性，以防止任何可能的漏洞导航网站被入侵。网站安全性测试包含表单输入验证、用户身份验证、授权、配置管理、敏感数据的管理、会话数据的管理等。

网站的安全性测试主要有如下的几个方面。

❑ 对于保密的资料，要求用户必须使用用户名和密码进行登录，并且对可登录次数进行限定，并要求用户输入验证码。

❑ 保密性的资料必须进行加密处理。

❑ 网站是否有超时限制。

❑ 记录网站的日志文件。

❑ 随时关注修补最新的安全漏洞，阻止因为漏洞造成的攻击。

在进行安全性的测试时，要对软件中的功能模块进行安全性测试，查找是否有漏洞，比如用户密码不要以明文存储，不要给 Guest 用户过多的权限，网络是否使用 SSL 进行加密等，主要是验证网站的功能性方面是否符合安全性的要求。其次是进行安全漏洞扫描，以发现网站主机的漏洞，最后进行模拟的攻击实验，以加强网站的安全性。

19.2　网站的发布

网站的最终目的是供网络上的其他用户进行访问，因此网站必须发布以供世界上任何地方的网民进行浏览。网站要能供外部用户访问，必须有一个外部可以访问的 IP 地址。IP 地址通常由 ISP 提供商提供，比如各地的电信会提供固定的 IP 地址以便搭建网络服务器。其次，需要一个友好的域名，以便于用户能够通过熟悉的英文单词访问网站。最后需要一个网页空间，用来存放在本地开发的网站。本节将介绍如何获取这些条件来发布已经创建好的网页。

19.2.1 网站空间

网站的空间用来存放已经创建好的网站内容，网站空间要能够被外部用户访问，必须具有能够让外部访问的 IP 地址，同时有一个具有良好语义的域名。一般来说获取网站空间有 3 种方式。

（1）自行购置服务器：通过向本地 ISP 服务商申请一个固定的 IP 地址，然后向域名注册中心申请一个域名，让域名与 ISP 提供的 IP 地址进行绑定即可让自己的服务器供外部用户访问。自行购置服务器及服务器软件的安装与部署需要投入较多的人力物力，而且网站的安全性也不能得到保障，因此仅适合于大型的企事业单位或者是对服务器要求较高的网站。

（2）租用虚拟主机：虚拟主机其实上就是在一台服务器上虚拟出很多个可以单独使用的网页空间，每一台虚拟主机都有其独立的域名和 IP 地址，具有完整的互联网服务器，就好像是一台独立的主机一样。由于多个用户共用一台真实的服务器，由每个用户承担的硬件费用、网络维护费用及通信线路的费用就会大幅降低，因此是中小型网站的首选方案。虚拟主机的组成结构如图 19.10 所示。

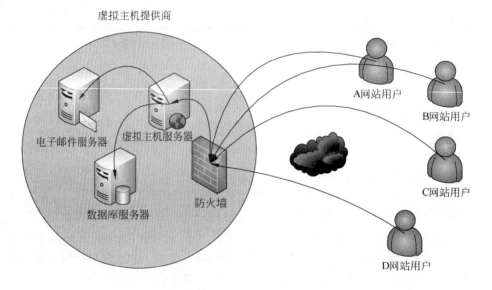

图 19.10 虚拟主机示意图

图 19.10 中展示了当不同网站用户访问网站时，浏览的都是同一台真实服务器上的不同虚拟主机的应用，它们之间彼此隔离，就好像是访问独立的服务器一样。

（3）主机托管方案：依然要自行购置服务器，但是不需要申请固定 IP 地址，而是把服务器交给经营整机托管的运营商，由运营商的技术人员进行管理和维护，并且使用运营商的网络线路和安全设施。使用这种方式仍然需要投入较多的资金，因此适合于中等规模的网站或者是对网络要求较高的网站。

网站空间的选择要依据网站的规模、人力和资金的成本规划等多方面考虑，对于中小型企业来说，建议首选租用虚拟主机，当网站发展到一定规模后可以考虑主机托管方案。

下面以中国万网为例，了解如何通过网络向虚拟主机提供商申请虚拟空间，步骤如下所示。

（1）进入中国万网首页，网址为 http://www.net.cn/，万网提供了多种类型的虚拟主机可供选择，对于普通的网站来说，选择 M 展示型虚拟主机即可。万网提供了一份选择虚拟主机的文档，通过该文档可以了解如何选择虚拟主机，如以下网址所示：

```
http://www.net.cn/static/discount/choose_hosting.asp
```

单击万网导航菜单的"云主机｜云虚拟主机"菜单项，将进入到如图 19.11 所示的虚拟主机介绍界面。

图 19.11　万网虚拟主机介绍页面

（2）选择虚拟主机需要了解虚拟主机的操作系统和虚拟主机的类型，比如对于 PHP+MySQL 网站来说，主流的虚拟主机操作系统是 Linux 操作系统，支持的网页类型要包含 PHP 类型，同时数据库类型一定要为 MySQL。比如万网提供的 L1 型虚拟主机是使用 Linux RedHat 5.4 操作系统，支持 PHP 4.3.11 或 5.2.14，空间大小为 1GB，数据库为 MySQL 1.48，能满足一个中型展示网站的需求。

（3）万网的虚拟主机提供了免费试用的功能，单击"试用"按钮，将进入到登录窗口，如果还没有注册用户，可以单击"注册"按钮注册一个新的用户名。当注册新用户并单击"试用"按钮后，万网会提供产品试用确认页面，如图 19.12 所示。

在成功提交了试用请求后，需要等待万网客服开通用于测试的虚拟主机。

（4）在成功申请了网站的空间后，可以阅读万网网站备案的相关知识，如以下网址所示：

```
http://www.net.cn/service/faq/ba/baflow/201006/4259.html
```

图 19.12　万网虚拟主机试用确认页面

注意：网站备案是信息产业部 2005 年 2 月 8 日发布的《非经营性互联网信息服务备案管理办法》的要求，对从事非经营性互联网信息服务的网站进行备案登记，否则将会进行关站或罚款处理。

19.2.2　申请域名

域名用来标识虚拟主机的位置，在申请虚拟主机时，主机服务商会提供一个虚拟主机的 IP 地址，但是一般很少有用户会通过 IP 地址来访问网站，因为 IP 地址难于记忆。域名由一串用点分隔的名字组成，它与 IP 地址一一对应，用来唯一地标识一个主机。域名又分为多种类型，在申请域名时域名提供商会详细地列出不同级别的域名。万网提供了域名的查询与注册功能，可以单击万网主页的"域名注册"导航按钮进入到如图 19.13 所示的域名注册页面。

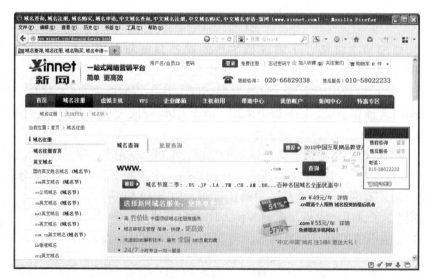

图 19.13　域名查询页面

首先查询所要注册的域名，比如某学校图书管理域名，可以查询 www.xxxbooklib.com
是否被注册，如果没有被注册，则可以单击"立即购买"按钮注册一个新的域名。

域名在申请成功后，可以通过虚拟主机的控制面板与虚拟主机进行绑定，这样就能通
过域名访问新申请的虚拟主机了。关于更多绑定域名方面的信息，不同的虚拟主机提供商
有不同的设置方式，可以咨询虚拟主机提供商客服了解详细的绑定方法。

19.2.3　发布网站

在申请了虚拟主机，完成了备案和绑定工作之后，就可以实现网站内容的发布了。一
般虚拟主机会提供一个 FTP 地址，以便用户可以通过 FTP 客户端上传网页。Dreamweaver
的网站管理工具内置了 FTP 上传工具，可以直接在 Dreamweaver 中发布网页。

要在 Dreamweaver 中向远程 FTP 站点上传文件，必须在站点管理器中设置远程站点信
息。单击"站点|管理站点"打开站点管理窗口，打开站点管理窗口的"服务器"配置项，
指定远程服务器的连接方法为 FTP（不同的虚拟主机商会提供不同的 FTP 连接方式，比如
有的通过 SFTP 即安全文件传输协议来传递），然后输入由虚拟主机提供商提供的用户名
和密码，如图 19.14 所示。

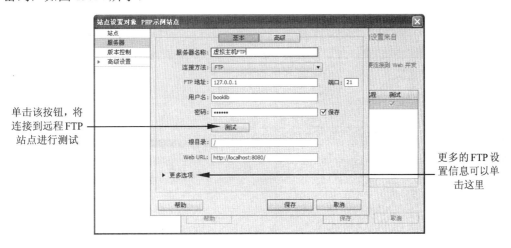

图 19.14　设置虚拟主机 FTP 地址

在连接方法中，指定 FTP 连接方式，FTP 地址及用户名和密码从虚拟主机提供商处获
取，单击"测试"按钮，可以测试到 FTP 服务器的连接是否成功。根目录指定本网站位于
FTP 的哪个目录下，比如/MyWebSite/或者是 FTP 根位置/，单击"保存"按钮，成功地设
置了远程服务器的 FTP。

如果站点文件面板没有显示在 Dreamweaver 主界面，按 F8 键或者是使用主菜单中的
"窗口|文件"菜单项，在文件面板中可以切换到远程视图查看远程 FTP 服务器上的文件。
可以通过工具栏上的按钮进行上传和下载，如图 19.15 所示。

在工具栏上，有如下的几个按钮可以用来进行网站服务器文件的管理。

　　按钮：连接远程服务器，如果已连接，则该图标会切换为　　允许用户单击断开远程
服务器。

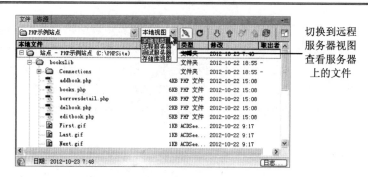

图 19.15　使用远程服务器视图查看远端文件

🔁 按钮：刷新本地或远程 FTP 上的服务器文件。

⬇ 按钮：从远程服务器获取最新的网站文件。

⬆ 按钮：向远程服务器上传最新的网站文件。

🔄 按钮：与远程服务器进行同步。

🔲 按钮：显示本地与远程站点。

一般会选择使用显示本地与远程站点按钮，显示一个对比视图，以便于查看本地和远程的网站文件明细，单击 🔲 按钮后，将显示如图 19.16 所示的本地与远程站点窗口。

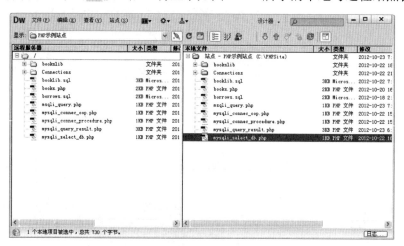

图 19.16　本地与远程站点窗口

在该窗口中实时显示了本地和远程服务器文件的对比。选中本地或远程的某个文件，可以单击上传或下载按钮，将本地与远程服务器文件进行同步，也可以单击同步按钮，一次性地在本地和远程服务器之间进行网站的同步。该按钮被单击后会弹出如图 19.17 所示的选项设置对话框。

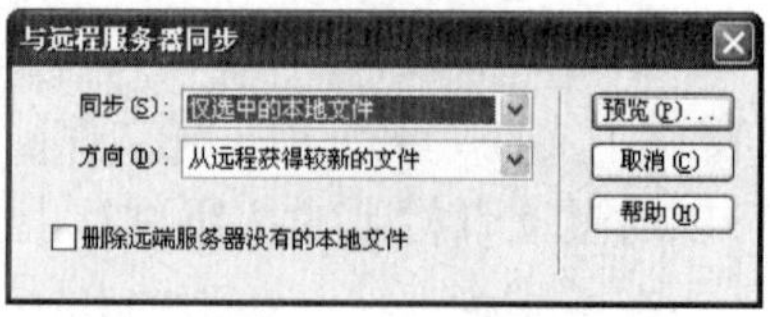

在"同步"下拉列表框中，可以选择是对选中的本地文件进行同步还是对本地整站文件进行同步，"方向"下拉列表框可以指定是将新的本地文件上传到远端还是将远端的文件下载到本地。单击"预览"按钮可以查看本次同步操作将要上传或下载的文件。网站上传完成之后，可以单击 🔲 按钮查看 FTP 日志，如图 19.18 所示。

图 19.17　远程服务器同步窗口

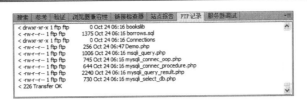

图 19.18 查看 FTP 日志

在 FTP 日志窗口列出了上传或下载的网站历史记录，以及处理成功或失败的状态。网站文件一旦上传到远程服务器之后，就可以开始测试网页是否正常运转，以避免本地测试成功但是上传到远端之后出现各种各样的问题。

19.2.4 使用 CuteFTP 上传网站

不少虚拟主机建议用户使用 CuteFTP 或其他的一些 FTP 工具，比如 LeapFTP 上传网站。CuteFTP 是功能强大且小巧的 FTP 工具之一，它具有友好的用户界面，并且传输速度比较稳定，是目前最流行的 FTP 客户端程序之一。

可以从 CuteFTP 官方网站或国内的软件下载站点找到 CuteFTP 简体中文的安装程序下载 CuteFTP，例如国内的天空软件站的下载地址如下：

http://www.skycn.com/soft/2088.html

该软件的安装过程非常简单，不需要任何设置，启动安装程序后直接单击"下一步"一直到安装完成即可。

🔔注意：CuteFTP 是一款收费的共享软件，需要支付一定的软件使用费才能正常使用，否则在每次启动时会提示用户输入注册码进行注册。

安装好 CuteFTP 并首次启动时，CuteFTP 将会弹出设置向导，要求用户设置 FTP 账号信息，如图 19.19 所示。

在该对话框中输入远程 FTP 的地址之后，单击"下一步"按钮，向导要求用户输入 FTP 的账号和密码，如图 19.20 所示。接下来向导提示用户指定本地和远程的路径，本地默认路径指定本地网站存储的文件夹，远程路径指定远端 FTP 的子路径，以"/"根目录开始，比如"/booklib/"即可，如图 19.21 所示。

图 19.19 使用 CuteFTP 的连接向导

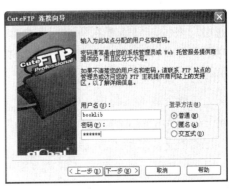

图 19.20 输入 FTP 账号和密码

在设置完成后，CuteFTP 提示被设置完成，将开始进入 CuteFTP 的主窗口，单击"完成"按钮即可，如图 19.22 所示。

图 19.21 指定本地和远程的默认文件夹

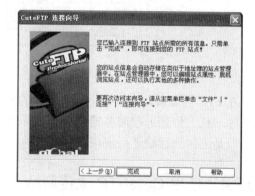

图 19.22 向导设置完成对话框

CuteFTP 的主窗口将会连接到远端的 FTP 服务器，并且显示出本地和远端的文件对比视图。可以通过鼠标拖动的方式进行文件的上传或下载，如图 19.23 所示。

图 19.23 CuteFTP 的主界面

CuteFTP 提供了很多有用的功能，比如目录比较、目录上传和下载、远端文件编辑，以及 IE 风格的工具条，可让用户按顺序依次下载或上传同一站台中不同目录下的文件。对于普通用户来说，只需要在两个视图之间拖动文件就可以实现文件的下载或上传，而且 CuteFTP 支持断点续传，如果因为网络故障导致下载或上传失败，在网络恢复后 CuteFTP 会从失败的位置开始继续上传或下载。

在上传或下载的过程中，CuteFTP 的队列窗口会显示当前上传或下载的进度，这对于上传或下载较大型的文件来说非常实用。队列窗口如图 19.24 所示。

CuteFTP 支持多种 FTP 服务器类型，可以通过 FTP 服务器信息工具栏的 ⚙ 设置图标打开如图 19.25 所示的设置对话框，在该对话框中设置要使用的 FTP 服务器类型。总而言之，FTP 是一个较为全面的 FTP 服务软件，非常适合企业用户用来管理一个或多个网站。

图 19.24 使用队列窗口查看进度　　　　图 19.25 设置 FTP 服务类型

19.2.5 使用 FileZilla 上传网站

FileZilla 是一款免费且开源的 FTP 客户端，它也具有相应的服务器端版本，称为 FileZilla Server。在笔者安装 XAMPP 时，该整合包已经附带了一个 FileZilla Server 服务器端软件，可以使用 FileZilla Server 在电脑上设置一个 FTP 服务器。XAMPP 控制面板上的 FileZilla Server 如图 19.26 所示。

单击该面板 FileZilla 右侧的"Start"就可以开始启动 FileZilla 服务器端，单击"Admin"按钮，将弹出 FileZilla Server 的配置窗口，在该窗口中可以配置 FileZilla 服务器。FileZilla Server 服务器配置面板如图 19.27 所示。

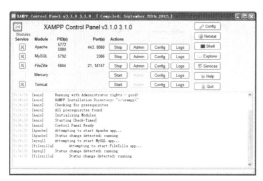

图 19.26 XAMPP 整合的 FileZilla 服务器端　　　图 19.27 FileZilla 服务器配置面板

笔者在 FileZilla 创建了一个 booklib 的 FTP 用户，指定该用户的本地文件夹为 booklib 网站的存放位置。单击 FileZilla Server 主菜单的"Edit | Users"菜单项，在弹出的窗口中选择"Share Folders"配置项，可以添加新的 FTP 用户，以及该用户可供访问的本地共享文件夹，设置对话框如图 19.28 所示。

配置完成后，就可以使用 FileZilla 客户端或任何其他的客户端来访问 FileZilla Server 服务器了。FileZilla 客户端尽管是一款免费且开源的 FTP 客户端软件，但是其功能丝毫不逊色于 CuteFTP，可以通过如下的网址下载 FileZilla 软件：

```
http://filezilla-project.org/index.php
```

首次启动 FileZilla 后，需要先通过站点管理器设置一个 FTP 连接站点。单击主菜单中的"文件 | 站点管理器"菜单项，在弹出的站点管理器对话框中，可以设置 FileZilla 将要连接到的 FTP 服务器信息，如图 19.29 所示，设置完成后，单击"连接"按钮，将会进入到 FileZilla 的主窗口，在该窗口中显示了本地和远程的文件视图，同时包含了 FTP 连接状态和队列面板，如图 19.30 所示。

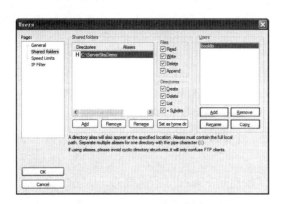

图 19.28　配置用户和共享文件夹

图 19.29　设置 FileZilla 客户端连接

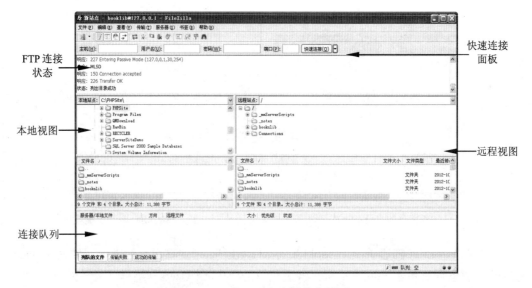

图 19.30　FileZilla 客户端的主界面

在该界面上可以通过鼠标拖拉的方式上传和下载 FTP 文件，队列面板会显示出当前正在进行上传和下载的文件队列，基本操作与 CuteFTP 非常相似。FileZilla 比 CuteFTP 体积小巧，最重要的是它是免费且开源的，是很多网站开发人员首选的 FTP 上传工具。

19.3　小　　结

网站在开发完成后，必须制定严格的测试计划，以免在发布到服务器之后出现任何可能的问题。本章讨论了进行网站测试的几个方面。由于网站测试需要根据网站的规模和网站的类型制定具体的测试方案，本章第 1 部分综合性地介绍了网站测试的几个全局的测试点，包含功能测试、性能测试、用户界面测试、兼容性测试及安全性测试，介绍了Dreamweaver 内置的一些用于测试的工具，比如链接检查和浏览器兼容性检查等工具。在网站发布部分，本章讨论了如何申请空间和域名，然后使用 Dreamweaver 内置的网站管理工具向远端的 FTP 空间发布网站，同时也介绍了比较常用的两个 FTP 工具 CuteFTP 和FileZilla 的使用，这两个工具是目前比较流行的用于发布网站文件的 FTP 客户端。

第 20 章　网站的日常维护

网站创建并发布后，就进入到了网站维护阶段。不少公司和企业认为网站建设完成后，并不需要维护就能获得较好的收益，这种观念是不正确的。网站的建设不是一劳永逸的，必须经过网站维护人员后期精心的维护才能取得良好的网络效益。

20.1　理解网站维护

很多网站并不注重网站的维护，甚至很多公司的网络负责人没有认识到网站维护重要性，导致网站建成之后长期无人打理，造成网页内容滞后，网站样式陈旧，网页访问效率低下。网站维护的作用就是为了让网站能够长期地在互联网上稳定运行，不断地吸引新的网络用户，同时随时用新的风格和内容吸引老的用户。

20.1.1　网站维护的内容

网站的维护分为硬件和软件方面，不过很多网站使用由虚拟主机提供商提供的虚拟主机后，在硬件方面有专业的人来维护，只需要对软件进行管理即可。从全局上来说，网站的维护分为 5 个方面，如图 20.1 所示。

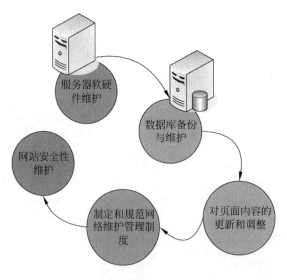

图 20.1　网站维护的内容

下面是对这些维护内容的简要介绍。

- ❑ 服务器软件和硬件的维护：用于确保服务器能够 7×24 小时不间断地运行，它包含定期检测服务器硬件设备、制定良好的设备更新计划、定期备份服务器配置，比如定期对服务器操作系统进行克隆，以便在出现紧急故障时恢复服务器。
- ❑ 数据库的备份与维护：这是非常重要的一个环节，数据库的内容往往保存了网站重要的内容信息，必须定期地备份数据库，以防止数据出现可能的丢失情况，同时要对数据库定期进行优化和调整，以便数据库具有较快的访问速度。
- ❑ 对页面内容的更新调整：这是日常工作中工作比较多的一个维护内容，网站的内容必须不断地更新，才能留住更多的客户，同时也会不断地吸引潜在的客户加入。同时网站的样式也应该适应潮流，有规律性地进行更新，以便能从视觉上带给用户更多更新的感受。
- ❑ 制定和规范化网站维护管理制度：企业应该有一套网站维护和管理规范，并且要不断地完善和规范化，以减少网站维护人员工作变动时的交接时间，避免可能的故障导致没有可接手的工作人员。
- ❑ 网站安全性维护：安全性对于一个网站是非常重要的，而且互联网上的安全威胁层出不穷，网站维护人员必须要随时了解各种安全性问题，找到合适的解决补丁或解决办法，同时对代码进行进一步的优化，以避免程序的问题导致黑客的乘虚而入。

很多公司往往不会聘请专门的网站维护人员，因为他们没有认识到网站维护的重要性，往往是由本公司的 IT 维护人员同时对网站进行维护。当网站规模日益增大时，必须要有专业的维护人员对网站进行维护，或者也可以委托第三方的网站维护公司进行网站方面的维护，保障网站的正常运行。

20.1.2　网站维护的作用

网站维护并不是一个立竿见影的工作，因此很多公司会花费大量的资金去创建网站，却不愿意花费成本进行网站维护。好的网站维护会随着时间的递增凸显其网站的效果。下面从 4 个方面来了解网站维护的作用。

- ❑ 经常更新的内容能吸引人们长期浏览网页：网站的内容只有经常更新，才能吸引住新老用户，这一点通过博客的例子可以见证，比如博客作者经常更新一些生动有趣的内容，自然就有很多人愿意天天去访问查看，反之如果博主一年半载更新一次，那么网站的人气自然就变得稀少，最后淹没在成千上万的网站中，没有发挥网站应有的作用。
- ❑ 网站的样式跟随时代的潮流：网站的样式也要跟随时代的发展，互联网建站技术总是日新月异，各种各样新的技术和新的应用总是会吸引网民的眼球，网站应该紧随潮流的发展提供一些具有新意的样式，并且根据用户的反馈合理地调整现有网站的风格，因为没有人愿意天天盯着一幅画看几年。
- ❑ 网站安全稳固：如果网站非常不稳定，经常出现错误提示，或者经常被人入侵，那么这样的网站会让网民没有安全感，他们肯定会将该网站加入黑名单。相反，如果网站安全稳固，自然会吸引很多的用户访问。
- ❑ 网站响应快速：很多网民在网页打开 3 秒内没有出现页面内容就会立即关闭网站，

因此哪怕网站的内容再新颖别致，但是加载速度太慢也会让人无法忍受。好的响应速度的网站总能吸引大批的用户，比如过去的 Google 搜索，因轻便快速，一经推出便大受欢迎。

一个新创建的网站可能速度快、网站风格新颖，随着时间的流逝如果不进行维护更新，必然无法达到网站建立的效果，合理的网站维护需要时间的考验，防患于未然，避免网站故障导致的任何损失。

20.1.3　网站维护的方法

关于网站维护任务如何展开没有一个既定的标准，一般建议网站成立一个站点管理员来专门打理网站，站点管理员必须熟悉网站建设技术和服务器管理技术，并且制定一个详细的网站维护管理制度。

公司在设置了网络管理员以后，就可以从如下的几个方面来入手维护网络。

（1）定期更新网站的资讯：网站在建设初期，不可能考虑得面面俱到，在后期肯定要对网站的内容进行更新、补充，网站管理员要定期组织要更新的内容发布到网上，这样会吸引已经访问过网站的用户的兴趣。

（2）及时回答网民的问题：网站提供了网络管理员的联系方式，比如邮箱或电子邮件地址，当用户通过联系方式提交后，网站管理员要能够及时地回答用户的提问，有助于为网站建立良好的形象，进一步增加网站的回头访问量。

（3）定期对网站资料进行备份整理：网站管理员应该定期备份整个网站或某些访问或更改比较频繁的页面，以便当网站遭遇黑客攻击或被恶意篡改后能够尽快恢复。

（4）定期备份和维护数据库数据：数据库中的数据在使用了一段时间后，会出现数据量增大、访问速度变慢问题，网络管理员要能够对旧的冗余的数据进行备份或清除，并且定期优化数据库，对数据库中的重要数据进行备份处理。

（5）对网站进行安全监控：网站管理员要定期检查网站安全性，比如对网站服务器安装补丁程序，添加防火墙设备等，同时要对网站上敏感数据进行加密，避免被恶意用户盗取。

（6）定期对网站的访问数据进行分析：统计网站页面的浏览量和独立访问数，制作网站访问图表，了解访问量和访问时段，以便制定合适的推广方式。

可以看到，网站维护的工作是非常多而且繁杂的，对网站管理员的要求也比较高，既要懂得网站建设技术，又要懂得网络管理技术，同时要具有良好的道德品质和职业素养，只有这样，网站建设的前期投入才能慢慢看到效率，网站也才会慢慢地积累人气，进而吸引大量客户。

20.2　网页内容管理

网站内容管理是网站维护过程中非常重要的一环，由于网站一般分为静态网站和动态网站，因此网站内容管理上对这两种网站的维护方式有一些区别。静态网页内容是由网站建设人员使用 HTML、CSS 或 Flash 及图像固定排列好的，要更新网站内容，必须涉及对网页的更新，动态网站的内容通常由后台数据库取得，因此需要通过特定的程序比如

phpMyAdmin 对网站进行内容的维护。

20.2.1 静态网站的更新

静态网站的内容全部是由 HTML 代码、CSS 样式、图片、动画静态组合而成的，每一个静态网页均有一个固定的网址，并且文件名均以 htm、html、shtml 等作为文件的后缀。由于每个网页均是一个静态存在的文件，因此如果要更新多个网页的内容，必须对每个网页进行更新，工作量较大，而且要求内容维护者具有 HTML、CSS、Photoshop、Dreamweaver 等软件的使用知识。

静态网页的更新需要掌握较多的知识，并且对于更新后造成的影响也要进行仔细的评估，比如静态的产品展示网页，当产品 A 不再需要后，将 ProductA.html 网页从网页服务器上移除后，必须要同时更新引用了该网页的所有链接，因此会同时影响到多个页面，造成了坏链，如示意图 20.2 所示。由图中可以看到，当将产品 A.html 移除后，会可能导致多个链接的断开，当然，可以使用 Dreamweaver 的链接检查工具修复外链，但是这个示例意味着静态网站的更新需要密切注意造成的影响。

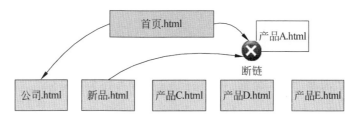

图 20.2 链接断开示意图

静态网站仅适用于规模较小的网页，如果网站规模较大，比如多达数百个静态页面，维护的工作量会非常大，而且出错的机会将会大幅增加，为此网站管理员应该考虑重构网站，转换成动态网站。

如果静态网站已经上传到了虚拟主机服务器上，那么静态网站在每次维护时，需要先通过 FTP 下载网页到本地，在本地进行编辑，然后将编辑好的内容上传到服务器上，因此一般的流程图如图 20.3 所示。

如果网站只是一个人来维护，这种方式不存在问题，如果网站由多人维护，会导致一个用户的更改被其他的用户覆盖，因此在静态网站规模扩大时会导致各种各样的维护问题。

20.2.2 动态网站的更新

动态网站是指内容可以动态变化的网站，这也预示着动态网站的内容是可以自我维护的，很多动态网站都会开发后台管理页面，允许用户对网站的显示内容进行更新。动态网站的内容一般来自于数据库，或者是 XML 数据源，因此网站建设人员可以开发一个网站后台程序，专门用来管理对网站内容的设定，动态网站只需要读取数据库的内容即可，因此动态网站的维护结构通常如图 20.4 所示。

可以看到，对于动态网站，在创建网站的同时，还需要创建一个后台的管理网站，会导致前期的投入成本增加，但是后期的维护基本上都在网页上进行，不需要用户具有任何的 HTML 或 CSS 方面的网站建设的知识，这大大降低了网站维护的成本。

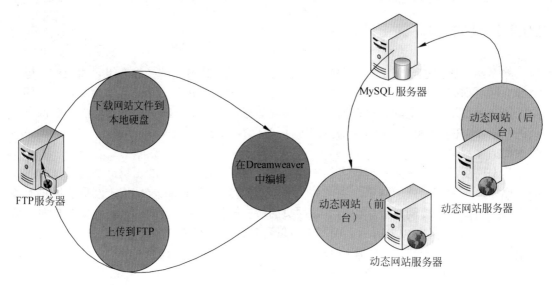

图 20.3　静态网页的维护流程　　　　　图 20.4　动态网站的维护示意图

举例来说，很多的博客站点，由于内容来自博主的更新，因此博客网站往往会设置功能强大的后台，可以让用户添加博客内容，一些博客站点允许用户添加图片和博客栏位，使得完全可以定制博客页面的显示。例如图 20.5 是国内知名的博客站点博客园的后台管理页面，在该页面上可以添加照片、文章，设置博客标题和描述等。还可以指定配置是否邮件通知，所要使用的编辑器等，如图 20.6 所示。

图 20.5　博客网站的后台管理　　　　　图 20.6　博客后台选项设置

在网站的后台，可以对当前已经呈现的信息进行管理，比如新增、修改或删除文章，添加完成后，直接刷新网页就可以看到所做的修改，这种后台修改的方式方便实用，无须具备太多网站建设方面的知识，是目前网站后台内容更新技术的首选。

对于动态网站的维护来说，由于网站呈现的内容主要存放在后台数据库或 XML 文件中，因此必须要对数据库进行定期的整理和优化，特别是要定期备份，避免因为数据的丢失而导致网站的瘫痪。对于静态网站来说，由于没有后台数据库，因此不需要对数据库进行管理。

20.3　PHP 页面安全性管理

安全性是网站管理人员必须非常重视的一个部分。网站的安全性涉及的方面比较多，比如服务器安全性、操作系统安全性、Web 服务器配置安全性、数据库的安全性及代码本身的安全性。Web 站点管理员必须制定详尽的安全性维护计划，定期进行安全性的检查。本节将讨论代码安全性部分，介绍在进行 PHP 编程时要了解的一些安全性问题。

20.3.1　预防 SQL 注入

SQL 注入是一种非常危险的攻击方式，它的攻击原理是指通过把 SQL 命令插入到 Web 表单或页面请求的查询字符串，最终欺骗数据库服务器执行恶意的 SQL 命令，比如删除数据或更改网站信息等。

举个例子，图书管理系统中，当用户单击"删除"链接删除一本图书时，将会向服务器发送如下的请求：

```
http://localhost:8080/bookslib/delbook.php?BookId=3
```

由于是通过 GET 方式发送 BookId，不怀好意的用户可能会对 URL 进行修改，比如发送如下的请求：

```
http://localhost:8080/bookslib/delbook.php?BookId=3 OR 1=1;
```

OR 1=1 是不怀好意的用户所添加的，PHP 程序员假定编写了如下用来执行删除的代码：

```
//检查 URL 参数 BookId 是否已经被设置值，仅在设置了值的情况下才能进行删除
if ((isset($_GET['BookId'])) && ($_GET['BookId'] != "")) {
  //定义删除 DELETE 语句，这一句容易引起 SQL 注入
  $deleteSQL = "DELETE FROM books WHERE BookId=".$_GET['BookId']);
  //选择数据库
  mysql_select_db($database_booklib, $booklib);
  //执行数据库
  $Result1 = mysql_query($deleteSQL, $booklib) or die(mysql_error());
```

此时这个要执行的 SQL 语句便变成了如下的样子：

```
DELETE FROM books WHERE BookId=3 OR 1=1;
```

结果导致 books 表中所有的记录都被删除，造成非常严重的后果。

Dreamweaver 在自动生成 PHP 代码时，使用了 sprintf 和 GetSQLValueString，可以避免 SQL 注入的攻击，因此如果将上面的代码更改为如下语句：

```
if ((isset($_GET['BookId'])) && ($_GET['BookId'] != "")) {
  //定义删除 DELETE 语句
  $deleteSQL = sprintf("DELETE FROM books WHERE BookId=%s",
                GetSQLValueString($_GET['BookId'], "int"));
  //选择数据库
  mysql_select_db($database_booklib, $booklib);
```

```
//执行数据库
$Result1 = mysql_query($deleteSQL, $booklib) or die(mysql_error());
```

那么在执行时 sprintf 和 GetSQLValueString 函数搭配使用，便能避免前面所说的 SQL 注入式的攻击。

mysqli 的 prepared 语句也可以避免 SQL 注入攻击，同时还可以缓存具有相同查询结构的语句，以便加快 SQL 的执行速度。举例来说，在前面演示过使用如下的代码向 books 表中插入记录：

```
//向表中插入一行记录
if ($mysqli->query("INSERT INTO books(BookName,ISBN,Qty,Price) VALUES('
软件开发指南','00042',100,100 )") === TRUE) {
    printf("成功地插入了一行记录.\n");
```

这种书写格式可以更改为 mysqli 的预准备格式：

```
//构造一条 SQL 语句,其中插入值部分用占位符? 代替
$query="INSERT INTO books(BookName,ISBN,Qty,Price) VALUES(?,?,?,?)";
//调用 prepare 对 SQL 语句进行预处理
$stmt=$mysqli->prepare($query);
//绑定占位符中的参数
$stmt->bind_param('ssid',$bookname,$isbn,$qty,$price);
//为参数赋值
$bookname="设计思想";
$isbn="00328";
$qty=100;
$price=50;
//执行插入记录
if ($stmt->execute()==TRUE){
    printf("成功地插入了一行记录.\n");
}
```

prepare 将向 MySQL 发送一个需要执行的查询模板，然后再发送查询的数据，bind_param 方法将告诉 PHP 哪些变量应该替换问号的占位符。第一个参数用于指定参数的类型，其中 s 表示字符串，i 表示整型，d 表示 double 或 float 类型。因此 ssid 分别表示 $bookname 和$isbn 为字符串类型，$qty 为整型，$price 为浮点类型，这避免了任何可能的 SQL 注入攻击。最后调用 execute 方法执行这个 SQL 语句。

可以看到，无论是 PHP 还是其他的服务器端编程语言，都提供了很多可以避免 SQL 注入式攻击的方法，要求开发人员认真仔细地编写程序代码，避免可能出现的任何 SQL 攻击。

针对代码漏洞产生的攻击行为层出不穷，网站管理员应该要密切关注一些提供安全信息的网站，了解新的漏洞和补救的办法，避免亡羊补牢。这也要求网站管理员对于网站后台编程语言有深入的理解，并且定期地对网站的代码进行检查和分析，在发现问题时可以立即找出解决方案。

20.3.2　会话数据的安全管理

用户使用浏览器访问 Web 网站是通过 HTTP 协议进行的。HTTP 协议是一种无状态的协议，意味着每次点击不同的链接进行请求时，浏览器通过 HTTP 向网站服务器发送一个

请求，服务器立即通过 HTTP 产生一个回应，响应结束后便结束了通信，下一次请求时又是一个全新的用户请求。这种通信方式无法保存用户的信息，比如一个会员管理网站，用户登录后切换到其他页面时，HTTP 协议不会保存用户的任何信息，而用户的登录信息是保存在服务器端称为 Session 的对象里。Session 也称为会话，因此常见的用户访问结构如图 20.7 所示。

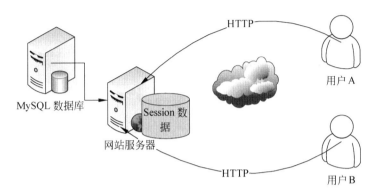

图 20.7　使用 Session 管理用户数据示意图

使用 Session，可以限制非法用户对于敏感网页的访问。普通用户一般难以对 Session 数据进行更改，会话数据一般用于用户权限管理或购物车管理等方面，这些敏感的数据通过 Session 对象，可以保证不被其他的用户非法获取。

Session 中的数据通常在用户登录成功时写入，这样就可以登记该用户的信息，当用户在多个页面之间跳转时，通过 Session 来控制用户是否可以访问指定的页面。

下面通过为第 17 章在 Dreamweaver 中创建的图书管理网站创建一个登录页面，来演示如何使用 Session 控制页面的安全，实现步骤如下所示。

（1）在 MySQL 数据库的 booklib 中创建一个新的表 users，该表具有 username 和 password 这两个列，专门用来保存用户名和密码信息，定义如代码 20.1 所示：

代码 20.1　创建新的 users 表

```
--定义 users 表，用来保存用户信息
CREATE TABLE IF NOT EXISTS 'users' (
  'userId' int(11) NOT NULL AUTO_INCREMENT,    --自增字段
  'username' varchar(20) NOT NULL,             --用户名
  'password' varchar(20) NOT NULL,             --密码
  PRIMARY KEY ('userId')
) ENGINE=InnoDB  DEFAULT CHARSET=utf8 AUTO_INCREMENT=2 ;
--向表中插入一条用户信息
INSERT INTO 'users' ('userId', 'username', 'password') VALUES
(1, 'bookuser', '888888');
```

（2）打开 Dreamweaver，打开 booklib 网站，在网站中添加一个新的名为 login.php 的网页，在网页中添加一个表单，用来输入用户名和密码，设计界面如图 20.8 所示。

（3）在设置好表单后，单击服务器行为面板的"增加服务器行为"按钮，从弹出的下拉菜单中选择"用户身份验证｜登录用户"菜单项，将弹出如图 20.9 所示的设置对话框。在该对话框中设置用户名和密码文本输入框，设置对数据库表的哪两个字段进行验证，验

证成功后要跳转到 books.php 网页，验证失败后跳转到 login.php 网页。

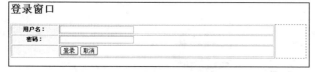

図 20.8　用户登录界面　　　　　　　　　　図 20.9　Dreamweaver 登录配置

完成设置后单击"确定"按钮，Dreamweaver 产生了用于登录验证的代码，可以看到主要包含了对$_SESSION 这个超级全局变量的使用，如代码 20.2 所示：

代码 20.2　验证用户并保存登录信息到会话中

```php
<?php
//判断$_SESSION 是否启用，否则调用 session_start 启动会话
if (!isset($_SESSION)) {
  session_start();
}
//判断是否存在 accesscheck 这个 URL 参数，如果存在则添加到$_SESSION 数组中
$loginFormAction = $_SERVER['PHP_SELF'];
if (isset($_GET['accesscheck'])) {
  $_SESSION['PrevUrl'] = $_GET['accesscheck'];
}
if (isset($_POST['username'])) {           //检查表单提交时提交的用户名和密码信息
  $loginUsername=$_POST['username'];
  $password=$_POST['password'];
  $MM_fldUserAuthorization = "";
  $MM_redirectLoginSuccess = "books.php";   //登录成功时的跳转的网页
  $MM_redirectLoginFailed = "login.php";    //登录失败时的跳转的网页
  $MM_redirecttoReferrer = false;
  mysql_select_db($database_booklib, $booklib);
  $LoginRS__query=sprintf("SELECT username, password FROM users WHERE
username=%s AND password=%s",
    GetSQLValueString($loginUsername, "text"), GetSQLValueString(
    $password, "text"));
//查询数据库，检查所传入的用户名和密码是否存在
$LoginRS = mysql_query($LoginRS__query, $booklib) or die(mysql_error());
$loginFoundUser = mysql_num_rows($LoginRS);
if ($loginFoundUser) {
    $loginStrGroup = "";
 //由于是新的用户注册，产生一个新的 SessionId 值来唯一地标识一个会话
  if (PHP_VERSION >= 5.1) {session_regenerate_id(true);} else
  {session_regenerate_id();}
  //将用户名和密码保存到$_SESSION 数组
  $_SESSION['MM_Username'] = $loginUsername;
  $_SESSION['MM_UserGroup'] = $loginStrGroup;
  //根据验证的结果，重定位网页
  if (isset($_SESSION['PrevUrl']) && false) {
```

```
      $MM_redirectLoginSuccess = $_SESSION['PrevUrl'];
    }
    header("Location: " . $MM_redirectLoginSuccess );
  }
  else {
    header("Location: ". $MM_redirectLoginFailed );
  }
}
?>
```

这里可以看到多个对$_SESSION 全局变量的使用，这个变量是一个关联数组，可以保存多种信息，在 PHP 中每个会话都会有一个 SessionId，用来与特定的用户相关联。上面的代码实现如以下步骤所示。

（1）每次使用$_SESSION 之前必须进行启动或注册，代码首先判断$_SESSION 是否被启动，如果没有成功则调用 session_start 启动会话。

（2）代码判断当前的 URL（通过$_SERVER['PHP_SELF']获取当前的 URL）中是否包含 accesscheck 参数，如果包含则把该参数的值赋给会话数组中的 PrevUrl，用来保存前一次访问的 URL，以便登录成功后返回到该页面。

（3）代码将开始进行身份验证，这个过程主要用来访问数据库，查询 users 表确定指定的用户名和密码是否存在，如果存在表示验证通过，否则表示验证失败。

（4）当验证成功后，会调用 session_regenerate_id 产生一个新的会话 Id 值，用来唯一地标识当前登录的用户，并且将用户名保存到会话数组的 MM_Username 中。MM_UserGroup 用于保存用户组信息，这里并未指定用户组。

（5）如果登录成功，则跳转到 books.php 网页，否则跳转回 logoin.php 网页。

> 🔔注意：每次使用$_SESSION 之前，必须先调用 session_start 函数进行启动，该函数会查找已经存在的 SessionId 值来恢复用户的会话数据。

可以看到，登录成功后，会在$_SESSION 中保存当前登录的用户名和用户组，如果用户登录失败，这些信息并不存在，出于安全性的考虑，对于一些敏感的页面，应该仅允许具有用户名和密码的用户登录，比如 books.php 仅有安全登录的用户进入，否则会跳转到 login.php 网页。

Dreamweaver 提供了"限制对页访问"的行为，可以将这个行为应用到 books.php 网页。该行为可以生成代码判断$_SESSION 中的 MM_Username 是否存在用户名信息，如果存在，则允许进入，否则会跳转到其他页面，设置对话框如图 20.10 所示。

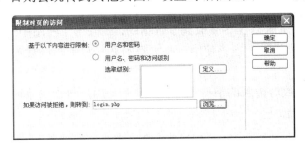

图 20.10　限制对页访问行为配置对话框

该窗口指定验证用户名和密码，如果没有验证通过，则跳转到 login.php 页面，这主要是对会话中的内容进行判断。Dreamweaver 会产生一个 isAuthorized 来验证用户是否通过身份验证，主要是通过判断$_SESSION['MM_Username']是否存在相应的值来确定的。如果不存在，则跳转到 login.php 网页，以避免非法用户访问该页面，请参考本章配套代码。

　　会话给用户提供一种灵活的方式来增强应用程序本身的安全权限控制，网站维护人员需要理解这种安全性机制，以便在维护网站的过程中通过 Session 来进一步控制非法用户的访问。

20.3.3　常见 Web 安全预防

　　引起 Web 网页安全的原因很多，比如病毒、木马、各种黑客攻击等，对于网站建设人员来说，在建站时就要考虑到各种各样的安全性问题，做到事前预防。下面是常见的一些安全性的建议。

　　（1）表单必须创建表单验证机制，用来过滤恶意用户的输入。过去一些表单中可以输入代码并执行，很多网站遭恶意用户侵入。为了避免这一问题，应该过滤用户的输入，比如对表单输入中的 HTML 字符进行过滤，对发送给数据库服务器的字符串添加转义字符，比如使用 mysql_escape_string，mysqli::real_escape_string 或 mysqli_real_escape_string 函数及 htmlentities 函数进行 HTML 字符串的编码或解码。

　　（2）在 PHP 文件内部避免使用明文密码，比如在创建数据库的连接时，不要在每个页面上都包含用于连接数据库的 mysqli_connect 连接语句，因为该语句需要明文的数据库连接字符串，例如下面的语句就比较危险：

```
/*使用构造函数创建一个 mysqli 对象，并且使用构造函数中的参数连接 MySQL 数据库*/
$mysqli = new mysqli("localhost", "booklib", "888888", "booklib");
```

　　如果黑客看到了任何一个.php 源文件，就可以获得用户名和密码来访问数据库，因此不要将保存用户名和密码的文件放在分散的文件中。一般建议单独写在一个连接文件中，然后在每个页面引用这个数据库连接，如以下代码所示：

```
<?php require_once('Connections/booklib.php'); ?>
```

　　这样可以在一定程度上增加安全系数，除非黑客获取了 booklib.php 文件。

　　（3）确保所有的代码都进行了安全性评估，因此要制定一些代码测试方法，以便发现在代码中出现的安全性问题。

　　（4）不要在数据库中存储明文密码。前面在创建示例时直接使用了明文密码来保存数据库，这是非常危险的，一旦黑客获取到了数据库，就取得了网站中所有用户的信息资料，因此在创建注册用户模块时，应该使用一些加密的算法对密码进行加密，在提取时再使用解密算法进行解密。

　　例如使用 md5 函数对传入的字符串进行加密后，用户每次登录时比较加密密文，就可以避免明文密码的存储。

```
if (md5($str) == '8b1a9953c4611296a827abf8c47804d7')
 {
 echo "<br />用户成功登录!";
 exit;
 }
```

以上仅列出了网站建设人员应该要注意的安全性要点，除此之外，网站管理员应该定期分析访问日志和报表，找出异常的登录访问记录，对这些非法访问进行及时的处理。

20.4　MySQL 数据库维护

网站管理员除了要定期对网站进行维护和安全性检查外，还必须重点对后台数据库进行维护与优化。动态网站的所有核心的数据资料都存储在后台数据库中，数据库一旦瘫痪，会导致严重的损失。维护数据库应该要制定详尽的维护计划，比如定期的备份、检查数据库表和索引、对数据库进行优化工作。

20.4.1　检查数据表

MySQL 本身提供了很多方法可以检查并修复表中的错误，可以使用 MySQL 提供的一系列 SQL 语句对表进行检查，以便在表损坏之前发现表中出现的问题并进行修复。phpMyAdmin 整合了几个用于检查表的工具，这使得网站管理员不用去记忆太多的 SQL 语句就能轻松地对表进行维护。

进入到 phpMyAdmin 提供的表维护界面，以 booklib 的 books 为例，选中 booklib 数据库，并进入 books 表的操作界面，单击"操作"按钮，进入到表操作面板，在表操作面板中有一个"表维护"分组，提供了如下 4 个用于管理数据表的工具。

1．检查表

检查表和视图是否有错误，它主要调用 CHECK TABLE 语句来实现对表的检查，可以检查表是否被正确关闭，或者是索引损坏导致表无法使用，一般在数据库服务器意外断电或非正常关机时会导致该表的错误，使用 CHECK TABLE 可以检查这些可能的错误。

在 phpMyAdmin 中单击检查表之后，会显示成功执行 SQL 的提示信息，并且显示执行的结果，如图 20.11 所示。

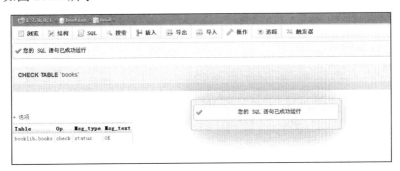

图 20.11　phpMyAdmin 中检查表运行效果

检查表会返回一个结果集，如果同时检查多个表，每个表都会有一行记录。例如在图 20.12 中，笔者手动在 SQL 执行面板中编写了一个 CHECK TABLE 语句，将会返回 3 条记录。

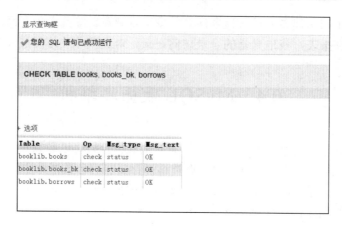

图 20.12　使用 CHECK TABLE 检查多个表

CHECK TABLE 语句返回的记录集用来告之用户表检查的结果，其中 Table 指定表名称，Op 指定对表进行检查，Msg_Type 返回消息的类型，比如有状态消息、错误消息、信息或错误之一。Msg_text 表示检查结果信息，如果表没有问题，则返回 OK，如果表存在问题，则可以对表进行修复。

注意：对于存储引擎为 InnoDB 的表，不能直接通过 REPAIR TABLE 进行修复，MyISAM 支持进行在线修复，通过更改 MySQL 配置文件 my.ini 中 nnodb_force_recovery 为非 0 数字来强制修复，请参考 MySQL 手册。

在 phpMyAdmin 中可以看到，对于不同的存储引擎，提供了不同的表维护方法，如果将表切换到 MyISAM，就可以使用修复表命令，如图 20.13 所示。

图 20.13　针对 MyISAM 存储引擎的表维护命令

2．整理表碎片

当连续地对数据库中的表执行删除或插入操作时，会造成数据文件中大量零散的碎片空间，导致数据库表操作变慢，此时可以使用"整理表碎片"功能对表进行碎片整理。对于 InnoDB 存储引擎来说，实际上是执行了如下的一行 SQL 语句：

```
ALTER TABLE 'books' ENGINE = InnoDB
```

看起来好像是一行表修改命令，但是并未对表进行任何变更，MySQL 实际上会重新整理碎片，它会重建整个表，删除未使用的空白空间。

3．优化表

phpMyAdmin 中的优化表命令会执行 OPTIMIZE TABLE 语句，该语句用来对表中的碎片进行删除，减小文件的尺寸，加快文件的读写操作。对于 InnotDB 存储引擎来说，优化表命令与 ALTER TABLE 语句的作用基本相似，它会重建表，更新索引统计数据并释放未使用的空间。

注意：在 OPTIMIZE TABLE 运行过程中，MySQL 会锁定表。

4．刷新表

刷新表会调用 FLUSH TABLE 语句，该语句用来关闭数据表文件，将内存中的信息写入到磁盘。

上面的表维护方式是针对 InnoDB 存储引擎的表，对于 MyISAM 存储引擎表类型，除了可以检查表、优化表和刷新表之外，还提供了分析表和修复表的功能。

5．修复表

修复表主要执行 REPAIR TABLE 语句，它可以修复被破坏的表，并找回所有的数据。与 CHECK TABLE 一样，该语句执行后会返回一条修复记录，其中 Msg_text 显示了修复的状态信息。

6．分析表

分析表通过执行 SQL 语句 ANALYZE TABLE 来实现。该语句主要用来收集表的相关信息，供 MySQL 优化器使用来提升表操作的性能。分析表会返回一个分析后的结果集，比如对 booklib 中的 books_bk 进行分析后，Msg_text 显示 "Table is already up to date"，这个结果表示表信息已经处于最新的状态，MySQL 优化器会使用分析表产生的统计数据来使用优化的执行路径操作表，提升表操作的性能。

了解了与表维护相关的命令后，可以执行一个定期的表维护计划，定期对表进行整理和优化，以便确保资料的稳定性，并使得表总是处于最优化的状态。

20.4.2　备份数据库

定期备份和恢复数据库或某些特定的数据表是网站管理员必须定期完成的工作，创建对数据库的备份副本后，当出现任何数据库故障时，可以通过恢复来将故障降到最小。

MySQL 数据库的备份和恢复方式有多种，可以通过命令行工具 mysqldump 进行数据库数据的导出，还可以使用 mysqlhotcopy.pl 这个 Perl 脚本进行备份。

mysqldump 工具的使用语法如下：

```
shell> mysqldump -u 用户名 -p 数据库名 > 导出的文件名
```

　　例如要备份 booklib 数据库到 C:\booklib.sql 文件中，先在 XAMPP 控制面板中单击
"Shell" 图标打开命令提示行窗口，然后执行如下的命令：

```
Administrator@DING-EBDE0C11C8 c:\xampp
# cd c:\xampp\mysql\bin
Administrator@DING-EBDE0C11C8 C:\xampp\mysql\bin
# mysqldump -u root -p booklib >c:\booklibbk.sql
Enter password: ******
```

　　在 Shell 提示符中先切换到 mysqldump.exe 文件所在的文件夹，然后调用 mysqldump –u
用于指定用户名，-p 用于提示输入密码，booklib 是要备份的数据库，"->" 符号后面指定
要备份的 SQL 文件名称。执行完成后，将在 C 盘根目下产生一个包含所有数据库表和数
据库数据的建库脚本。

　　phpMyAdmin 提供了导入和导出工具，可以使用该工具选择一次性导入和导出多个数
据库，并且提供了详细的导出设置选项，基本的导出界面如图 20.14 所示。

图 20.14　使用快速导出选项

　　快速导出可以指定导出的格式，比如 PDF、CSV 等格式，默认使用 SQL 格式，表示
要导出一个 SQL 文件名。选择"自定义"单选按钮，phpMyAdmin 将会显示出导出的多种
选项，如图 20.15 所示。在自定义页面，可以选择一个或多个数据库，指定导出文件的格
式和字符集，使用许多格式设置项来控制导出的格式。

　　与使用 mysqldump 类似，使用 phpMyAdmin 不仅可以导出整个完整的数据库，还可以
导出数据库中的表。以便于在某些特定的表出现故障后可以即时进行恢复。在 phpMyAdmin
中进入到特定的表操作界面后，可以对表进行导出和导入工作。

20.4.3　恢复数据库

　　当数据库出现故障时，就必须对数据库数据进行修复，如果存在使用 mysqldump 命令

备份的脚本，则可以使用该命令。必须先进入 MySQL 数据库控制台，选择所要导入的数据库，然后通过如下语句：

图 20.15 使用自定义格式选项

```
mysql>source 文件名；
```

即可实现对整个数据库的完整恢复。下面的示例将以 C:\booklibbk.sql 文件中的备份恢复到 booklib 数据库：

```
mysql> use booklib;
Database changed
mysql> source c:\booklibbk.sql;
```

执行完成后就成功地完成了数据库的恢复。

使用 phpMyAdmin 的导入工具也可以实现对数据库或数据表的恢复。单击数据库导航栏的"导入"按钮，将进入到如图 20.16 所示的导入窗口。

图 20.16 导入数据库进行恢复

在图 20.16 中选择一个本地的导出文件，然后设置导入的各种选项后，单击"执行"按钮，将开始进行数据库内容的导入。导入完成后显示成功导入的结果信息，如图 20.17所示。

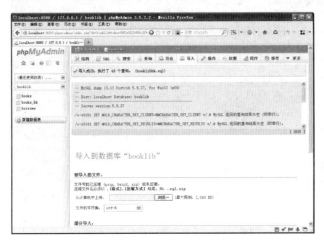

图 20.17　导入成功后显示导入结果

关于备份和恢复的工作还可以借助于一些第三方的自动化工具，定期将数据库数据备份到特定的位置，并且网站管理员要定期对数据库中的数据进行整理，一旦有任何意外，可以立即使用最新的备份进行恢复。

20.5　小　　结

本章讨论了网站建设成功后，如何通过对网站进行日常的更新和维护将网站的作用最大化。首先讨论了网站维护的内容和作用，然后对网站维护的几种方法进行了简要的介绍。网站维护是一个综合性的主题，要求每个网站管理员必须依据网站的具体情况制定详尽的维护计划。本章也讨论了网站安全性管理的基本内容。在网页内容管理部分，详细介绍了静态网站更新和动态网站更新的差点，并且介绍了两种网站更新的具体方式。接下来介绍了 PHP 页面上的一些安全性的注意事项，以确保 PHP 代码本身尽量减少漏洞。最后对MySQL 表和数据库维护的基础知识进行了讨论，介绍了如何维护数据表，对表或完整的数据库进行备份与恢复处理。

第 21 章　网站的推广与优化

网站建设完成后，除了定期进行维护之外，还必须进行不断的推广与优化，否则网站就会淹没在成千上万的网站中不为用户所知。用户访问量寥寥无几，网站建设的收益自然也就无法得到体现了。网站必须由专业的网站推广人员进行推广，就好像产品推广一样，要让更多的人知道网站。网站推广的形式也有很多种，比如电子邮件、广告、电视，报刊等，其中最主要的还是搜索引擎推广，比如通过百度或 Google 搜索引擎，让用户可以很容易地就找到网站。需要网站推广人员持续不断的努力才能达到推广的效果。

21.1　使用网站推广

网站推广是指以网络为手段，让网站具有更多的人气，从而达到网站建设的收益。很多公司在创建了自己的网站后，如果不重视网站的推广，那么这些网站的实际效率便难以发挥，特别是对于一些购物性质的网站来说，网站的推广会带来直接的经济效率，因此现在网站推广已经成为一份较为重要的工作。

21.1.1　网站推广的目的

网站推广的最终目的仍然是经济效率，但是这种体现不像商品推广那样可以直接看到经济效率。虽然大家都知道网站推广是为了让更多的人去浏览网站，但是必须对推广的目的有个具体的认识，并且要有一个具体的规划，比如是要让更多的人来网站上买东西，还是要通过网站推广来提高网站知名度。

对于一个经营性质的网站来说，网站推广的目的基本上分为如下 6 类，这 6 类目的需要制定特定的推广方案，以便推广能够达到最大的效果。

1. 提升品牌知名度

网站在规划时必须建立自己的网站品牌，或者是企业网站突出公司的品牌，当网站访问量日增时，品牌知名度也会越来越大，例如现在大家一提起淘宝，就想到购物网站，提起天猫，就自然想到网上商城等。由于要提升品牌的效率，这类推广往往要付出更多的努力，比如编写软文、进行付费的品牌广告、与其他知名网站的合作推广、定期举办营销活动等。

2. 提升商品交易额

这类网站通常是一些电子商务类的网站，让更多的用户来买网站上的产品，这比起简单地积累人气要更加努力，因为需要融入销售的概念。对于这类网站的推广，需要特别注重诚信和口碑，让潜在的客户对网站具有一种信任感，这时候可以通过软文、博客或权威网站的广告来树立信誉与口碑。比如网上购物，过去很多人都不信任，但是通过电子商务网站的努力及各方面技术的发展，如今已经成为商品买卖的一个主要的方式。

3. 提升网站访问量

对于绝大多数网站来说，提升网站的访问量才是根本，网站访问量增加，流量也就增加。这种推广方式有多种方法，但是必须要根据网站的最终目标来制定合理的推广方案。

4. 吸引更多会员注册

社区论坛类的网站主要是吸引更多的用户注册来积累人气。由于现在互联网上的多数网站都开设了互动讨论区，因此用户早已经习惯了注册访问的方式，但是要吸引用户注册，网站必须提供极有吸引力的内容或资源，比如一些比较难找的电子书或比较新颖的视频资源。网站推广人员不断地发布一些稀缺的资源，自然就能吸引更多的人来加入注册，否则很多用户极有可能放弃注册的过程。

5. 提高Alexa的排名

Alexa 是美国 Amazon 公司的一个子公司，专门用来发布网站的排名信息，它是世界上拥有网址链接数量最庞大、排名信息发布最详细的网站。Alexa 每三个月公布一次新的网站综合排名。排名的依据是用户链接数（Users Reach）和页面浏览数（Page Views）三个月累积的几何平均值。Alexa 网站的排名用来衡量网站的最终访问量，它的主要用处是针对网络公司的，对于一般的个人站点，Alexa 排名并没有任何实际的用途。可以通过如下的网址访问 Alexa 中国区的网站排名情况：

```
http://www.alexa.com/topsites/countries/CN
```

Alexa 网站的排名如图 21.1 所示。

图 21.1　Alexa 的网站排名列表

6．提升网站的PR值

PR 全称为 PageRank，是 Google 对网页重要性评估的一种运算法则，PR 值的值分别从 1 级到 10 级，10 级为满分，PR 值越高说明网页越受欢迎。影响 PR 值排名的因素有网站外部链接的数量和质量、Google 在网站上可抓取的页面数，数量越大 PR 值也就会越高。推广人员可以多与 PR 值高、排名高的知名网站交换链接来提升 PR 值，但是要注意外链数量最多不超过 50，对方页面的 PR 值不应该低于外链页的 PR 值。要判断对方的 PR 值是否真实，是否被搜索引擎惩罚过，并且尽量用交叉链接的方式进行链接交换。

PR 值可以通过如下的网址进行查询：

```
http://pr.chinaz.com/
```

查询界面如图 21.2 所示。

图 21.2　PR 值查询界面

网站的推广是一个循序渐进的过程，它需要站长或企业有足够的耐性，持续不断地投入时间和精力来进行推广，把网站推广作为一个持久性的项目，制定详细的推广计划，如此随着时间的流逝便能渐渐地看到网站推广带来的效果。

21.1.2　网站推广的特点

网站推广是一个常常容易被忽视的工作，而且网站推广在企业中常常不能得到重视，这是因为很多公司或站长的理解是只要网站做得漂亮，网站内容丰富，自然就会有人来访问。实际上网站的推广在网站策划阶段就要开始进行规划，考虑网站的代码容易被搜索引擎收纳，对网站的功能和内容进行合理的规划以便于网站推广。

一般来说，网站推广具有如下的特点。

- ❏ 网站推广不是网络营销：网站推广的目的是给网站带来访问流量、注册量和提升排名，以及扩大网站的知名度和影响力，而网络营销偏注于营销，重视产生的实际经济效率，比如通过网络的产品推广。
- ❏ 网站推广不仅仅是对网址和网站首页的推广，也是为了获得更多潜在的用户，直到增加企业品牌知名度和收益。它是一个全方位的推广过程，它的作用如同现实生活中的媒体广告，而不仅仅是对网址和某个页面的推广。
- ❏ 网站推广的作用表现在多个方面。网站推广取得的效率来自多个方面，比如通过访问量的增长带来品牌竞争力的提升、销售的增长、用户资源的增加等。

❑ 对网站推广的效果影响来自多个方面，网站推广不能立竿见影，需要一定的时间才能看到效果，而且网站推广受到企业对网站推广的重视程度，资金和人力的预算、网站本身的结构的影响，比如网站的结构、网站提供的内容和网站的功能都可能影响到网站的推广。

总而言之，推广具有技术性、时效性、超前性、持久性、交互性及跨时空、整合性等特色，网站推广人员除了要能从技术上把握好推广的步骤，还要通过各种方式让企业或站长实质地重视网站推广，理解网站推广的步骤和目的，才能渐渐地取得推广的效益。

21.1.3　网站推广的方式

对于一个网站推广人员来说，要着手进行网站的推广，首先必须理解网站推广具体目的，制定不同的推广方案。常见的网站推广的目的如下所示。

（1）推广品牌：以建立品牌形象为主的推广，用来提高品牌的知名度，树立良好的产品形象，一般通过正规的网站推广渠道，比如在各大门户网站发表付费广告，撰写软文等进行推广。

（2）流量推广：主要以流量推广为主的积聚人气，可以使用任何的网站推广方法。

（3）销售推广：这类推广主要用来提升销售收入，可以通过电子邮件、商品定期打折优惠等方式来推广。

（4）会员推广：对于注册性质的网站来说，可以通过提供热门稀缺资源、内部奖励及推荐注册的方式来积累人气。

明确了网站推广的目的后，需要拟定详细的推广计划，比如网站推广的初期目标和终级目标，制定一个半年计划或一年计划，循序渐进地开始推广工作。

网站推广的方式灵活多样，有免费推广方式，也有付费推广方式，可以通过电子邮件、短信、软文、电视广告等多种方式进行网站推广工作。常见的网站推广方式有如下几种。

1. 电子邮件推广

通过发送电子邮件作为推广手段，比如定期发送电子期刊、优惠信息及电子邮件广告等。举个例子，笔者的邮箱会定期收到 Toolbox.com 这个网站发送的电子杂志，邮件会将该网站最新的资讯简介发送到各个订阅者，通过单击网站就可以进行浏览，这种方式既使得用户可以了解最新的资讯，又推广了公司的网站，如图 21.3 所示。

图 21.3　使用电子邮件发送杂志信息

相反，一些网站会发送大量无用的垃圾邮件、毫无头绪的产品推广信息，让用户反感，甚至会直接加入黑名单，不仅起不到推广的效果，反而会适得其反。

2．搜索引擎推广

搜索引擎推广是进行网站推广必备的方式之一，研究表明，有超过 50%以上的网站访问量来自于搜索引擎，因此网站必须要对搜索引擎进行优化。向 Google、百度、新浪、搜狐等知名网站提交自己的网站，以便网站被收录进入搜索引擎，例如图 21.4 是向百度手动提交网站的页面。

图 21.4　百度搜索引擎的网址提交页面

该提交页面的网址如下：

```
http://www.baidu.com/search/url_submit.html
```

百度会提醒提交的用户，百度不保证一定能收录，网址只要符合相关的标准，会在 1个月内按百度的搜索引擎标准被处理。

3．软文推广

软文就是文字性的广告，它是通过发布一系列的文章，在文章中隐性地包含广告的方式来进行网站的推广，比如对时事热点的分析、专家的观点等，通过编写软文，可以让用户阅读这些文字信息，又提供了广告效果。相对于硬性的广告来说，软文的广告并不那么直接，因此很容易被用户接受。

4．论坛和留言推广

到一些极具人气的网络平台发布留言和论坛，介绍网站的精品或热门内容，吸引相关用户进行访问。相信读者经常见到过这种类型的广告，在发布时如果注意技巧，会产生良好的宣传效果，比如对于热点适当发表自己的观点然后添加少量的广告，既起到了宣传效果，也不会让人过于反感。相反，如果只是纯粹地发布广告信息，很容易被管理员拉入黑名单。

5．网站活动推广

通过定期举办一些活动，比如实现有奖调查、有奖参与等活动，会吸引大量的用户参与。还可以定期举办线下活动，让更多的人了解网站的作用，比如国内知名的 Itpub 网站，早期会经常举办一些技术性的活动，分发免费电子刊物等，取得了不错的成果。

6．网站联盟推广

加入网站联盟或与其他网站交换链接，是一种不错的推广方式。举例来说，对于行业性的网站，可以加入到各种行业性的综合平台中。以中国铸造网为例，在该网站上有不少用来发布网站链接的广告位，铸造行业的用户可以将网址发布到该网站来提升人气，如图21.5 所示。

图 21.5　在行业网站上发布网站链接

网站也可以加入各种联盟来提升网站的人气，比如 http://union.sogou.com/这个网站是一个综合性的中国站点联盟性质的网站，会提供不少关于网站联盟相关的信息。图 21.6 是搜狗联盟的注册页面，注册成功后就可以成为联盟中的一员，通过联盟的影响力来推广自己的网站。

图 21.6　加入联盟提升网站人气

7. 目录网站推广

在一些网址导航类的目录网站发布自己的网站，这些导航类的网页会深入整合到用户的电脑中，如果将自己的网址发布在这类网站上，会提升网站的访问量。图 21.7 是 114 啦这类分类导航的网页，可以看到它提供了按类别的网址链接，单击即可进入网站。

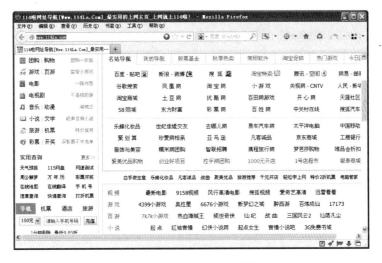

图 21.7　使用目录类导航网站推广网站

8. 博客和微博营销

随着微博和博客的火热，也可以将其用于网站推广工作。用户可以在新浪、腾讯等网站注册自己的微博，然后定期更新微博，比如发表大家感兴趣的话题，每天与大家交流，也可以达到网站推广的目的。

网站推广的方式灵活多样，网站推广人员一定要本着网站推广的目的有规划地进行，不要盲目推广，以免弄巧成拙，比如胡乱发送垃圾邮件使得网站被加入黑名单，造成不可挽回的损失。

21.2　认识搜索引擎优化 SEO

根据研究表明，有超过 50% 的用户会通过搜索引擎来访问网页，用户使用搜索引擎一般只会关注前面的几个条目进行浏览。搜索引擎优化的目的是让自己的网站能够很容易地被搜索引擎发现并排在比较靠前的位置，以便用户可以找到并浏览网站。

21.2.1　什么是搜索引擎

搜索引擎是指根据一定的算法，使用计算机程序从互联网上搜集信息并呈现给用户，是目前在网络上查找有用资料的最主要的工具。目前比较常用的搜索引擎有百度（Baidu）、谷歌（Google）、新浪搜索等。

1.　百度搜索引擎

百度是全球最大的中文搜索引擎,它基于字词结合信息处理方式,解决了中文信息理解问题,提高了搜索准确性和查全率。百度支持主流的中文编码标准,包括 GBK(汉字内码扩展)、GB2312(简体中文)和 BIG5(繁体中文)搜索,并且能够在不同的编码之间转换。百度搜索引擎的地址为:

```
http://www.baidu.com
```

百度使用了相关检索词智能推荐技术,在用户第一次检索后会提供相关的检索关键词,并且支持在已经搜索的结果上进行二次检索。百度的检索结果非常人性化,符合中文用户的搜索习惯。百度具有拼音提示、英汉互译、计算器和度量衡转换及专业文档的搜索功能,并且还可以查询股票、列车时刻表和飞机航班,非常适合中文用户进行搜索。百度搜索首页如图 21.8 所示。

图 21.8　百度搜索首页

2.　谷歌搜索引擎(Google)

谷歌(英文全称 Google)是全球规模最大的搜索引擎,它提供简单易用的搜索服务。该公司成立于美国,目前已经成为全球最大并且最为热门的搜索引擎。谷歌提供了基本的常规搜索和高级搜索两种服务,信息条目数量巨大,并且支持多种语言搜索。谷歌搜索引擎速度快,网页数量在搜索引擎中很有优势,支持多达 132 种语言,搜索结果的准确率相当高,网址如下所示。

```
http://www.google.com.hk/
```

谷歌具有独到的图片搜索功能和种种功能强大的网络附加应用,比如谷歌在线翻译、谷歌地图及新闻组和目录服务等,是搜索国外信息资讯的首选。谷歌首页如图 21.9 所示。

图 21.9　使用谷歌搜索引擎

谷歌和百度搜索引擎从互联网提取各个网站的信息，主要以文字为主，建立起网页数据库，当用户在输入文本框中输入了搜索关键词后，会按用户指定的查询条件检索结果集，并按一定的排列条件顺序返回结果。用户根据搜索引擎返回的结果链接进行网站浏览。

21.2.2　理解搜索引擎优化 SEO

由于绝大部分的网民会通过搜索引擎来找到所需要的网站，因此要想让搜索引擎从成千上万的网站中快速发现网站内容并且将搜索排名排在前列，以增加用户单击的可能性，就需要让网站针对搜索引擎进行优化处理，称为搜索引擎优化，英文全称是：Search Engine Optimization，简称 SEO。

在开始理解掌握搜索引擎优化之前，先来了解一下搜索引擎是如何查找发现一个网页的，如图 21.10 所示。

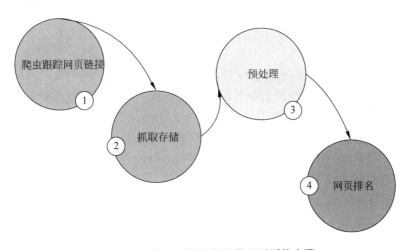

图 21.10　搜索引擎查找并发现网页的步骤

下面是对这几步的简单介绍。

（1）爬虫跟踪网页链接，搜索引擎使用一种称为"网络爬虫"的算法从一个链接爬行到另一个链接，就好像是蜘蛛在网上爬行一样，因此也被称为网络蜘蛛或网络爬虫。网络爬虫遵循一定的规则来发现网页的链接。

（2）抓取存储：搜索引擎通过网络蜘蛛跟踪链接爬行到某个网页，将爬行的数据存入到原始的页面数据库，其中存储的页面数据与用户浏览器显示的 HTML 数据基本一致，爬虫会进行一定的重复性检测，对于有大量抄袭或复制内容的网页，如果权重很低，便不会收录。

（3）预处理：搜索引擎将网络爬虫抓回来的页面进行各种预处理，包含提取文字、中文分词、去停词、消除噪音、去重、正向索引等。

（4）用户在搜索引擎中输入关键词后，排名程序调用索引库数据，对搜索出来的结果进行排列，显示给用户。

搜索引擎优化的工作让网站可以被搜索引擎快速查找，它需要从网站的策划、网站的搭建和网站维护全程参与优化工作，是网站设计人员、开发和推广人员都必须参与的一项工作。

搜索引擎的算法不可能让普通的用户获取，因此搜索引擎的优化也是建立在猜测的基础上，进行优化、观察、总结、预算和逐步验证，是一个长期的过程。优化的目的是为了在搜索引擎上获得好的排名。由于优化的效果不可能有 100% 的把握，因此 SEO 的工作就是在已知的因素上进行网站的变化，使得网页能够跃入搜索引擎返回列表的前列。

21.2.3　网站对 SEO 的影响

一个设计和规划糟糕的网站，自然不那么容易被搜索引擎发现，比如下面就是一个搜索引擎不友好的网页。

- ❑ 大量使用图片或 Flash 等格式的网页，搜索引擎并不支持搜索图片和 Flash 内容，因此无法检索到任何可搜索的文字信息。
- ❑ 网页没有标题，或没有包含有效的搜索关键字。
- ❑ 网页正文中没有包含有效的搜索关键词。
- ❑ 网站导航系统使用了图像导航，搜索引擎无法发现其他的链接。
- ❑ 动态网页内容太多，让搜索引擎无法检索网页内容。
- ❑ 没有被其他已经被搜索引擎收录的网站提供的链接。
- ❑ 网站中充斥大量欺骗搜索引擎的垃圾信息，如"过渡页"、"桥页"、颜色与背景色相同的文字等。

这些都会导致搜索引擎无法发现网站上的信息，变成了 SEO 不友好的网页，在本章下一节中将会详细讨论如何设计搜索引擎友好的网页。除此之外，网站的域名也直接对搜索引擎有影响，因此在申请域名时，一个简洁、明了、好记和含义深刻的域名也有利于搜索引擎发现，比如好的域名 www.163.com，简单易记，当然这样的域名一般较难注册，不过注册域名时只要了解如下的规则即可。

（1）域名要简单易记，英文要具有一定的意义，或者是网站的拼音字母，例如 www.baidu.com，就比较容易记忆，相反，www.mywangzhande.com 则是一个不太容易理解的域名，一般用户很难记得住。

（2）域名最好不要超过 6 个字符，否则难以记忆。

（3）域名中的字符，最好少出现多音节的字母，比如 w 或 x。简单易拼写的域名可以很容易说出口，比如 www.21cn.com。

（4）如果在域名中包含多个单词组合，使用"-"符号而不要使用"_"符号，因为底横线会被搜索引擎去除从而变成一串难以理解的字母。

通过这些讨论可以看到，SEO 还真的不是网络营销人员的工作，与网站的整个生命周期息息相关，因此网站在策划初期，就要规划好 SEO 友好的网站建设，在网站建设，网站发布和网站维护阶段，都要做好 SEO 的相关工作。

21.2.4　理解搜索引擎关键字

当用户在搜索引擎输入框中输入搜索关键字，搜索引擎根据网页中的关键字定义来找到查询的网页，关键字在 HTML 的 head 部分的<meta>标签中定义，在制定关键词时，应该从关键词的选择、关键词出现的频率和关键词分布的方式 3 个方面进行良好的规划，并且关键词要符合准确、相关性和符合搜索习惯的三原则来进行制定。

1．关键词的选择

搜索引擎在关键词的选择上要使用普通用户容易理解、容易想到的词汇，避免出现太多专业词汇，比如使用关键词"电脑"就比使用"计算机"要频繁，因此对电脑设备整机类，可以使用关键字"电脑"。各大搜索引擎提供了热门的关键词列表，比如百度搜索风云榜，网址如下：

```
http://top.baidu.com/
```

通过了解这些热门的关键词来学习关键词的选择方式。分析用户进入网页的关键词，对热度较高的关键词进行优化，同时将关键词进行多重排列组合，比如同义词、拼错音、拼音、位置颠倒、增加辅助词等。总而言之，关键词的选择对于搜索引擎发现非常重要，应该从各方面权衡之后再拟定关键词。

2．关键词的密度

关键词的密度是指页面上关键词数量占所有页面中词数量的百分比，这个百分比在 5%～8%比较合适，超过或低于该值都不利于搜索引擎优化。互联网上有一些工具可以用来检测网页上的关键词的密度，比如下面的站长工具箱，网址如下：

```
http://tool.chinaz.com/Tools/Density.aspx
```

在网页上指定要分析的网址和关键词后，就会自动检索并统计出关键词的密度，如图 21.11 所示。

网站关键词不仅出现在 Meta 标签中，在网站链接、网站内容、图片的 alt 及域名和文件名中均可以出现网页搜索关键词，所有这些元素与页面上总的词汇量的比较，就形成了关键词的密度。通过网页最下面的统计信息可以了解到关键词的总密度，笔者的查询如下：

图 21.11　检索网站的关键词的密度

页面文本总长度	关键字总长度	关键字总密度
3580 字符	546 字符	15.3 %

网站建设人员要合理根据密度信息来调整关键词出现的频率，以避免出现过量或太少现象，使得网页不能达到最优的搜索状态。

3. 关键词的分布位置

网页中关键词的分布位置可以位于网页的链接、内容、网页标题、网页描述、网页链接、图像的 alt 属性及文件的注释中，都有利于搜索引擎进行收纳并排名。但是这些位置的随意分布也会导致令人苦恼的结果，因此在处理关键词的分布时，也必须不断尝试和积累，找出最优的关键词分布方式。

关键词是搜索引擎的核心，网站的优化过程也与关键词的优化息息相关，可以说 SEO 的核心就是对关键词的优化，因此 SEO 必须认真对待网页关键词的使用，分析并制定完善的关键词使用方案。

21.3　搜索引擎友好的网页设计

在 21.2.3 节曾经讨论过网页的设计对搜索引擎发现网页具有很大的影响，因此对于网页设计师来说，不仅要从美观、创意和易用的角度来考虑网站的设计，还需要考虑搜索引擎的优化规则，让设计的网站不仅设计出色，还具有较高的可搜索性，这也是衡量一个网页设计师出色的另一项标准。

21.3.1　标题和元数据

网页要能被搜索引擎找到，必须要有一个外部的链接，搜索引擎首先会对网页 head

区中的内容进行检索，最先检索标题信息，然后是关键字信息和描述信息，接下来会对网页中的内容进行检索。所以对网页标题和元数据的定义是创建搜索引擎友好页面的首要注意事项。

网站的标题一定要能代表网站的主旨，例如对于公司网站来说，一般网站的标题为：

```
<title>信息科技有限公司</title>
```

除了包含公司的信息外，还可以包含几个搜索关键字，一般 3 个词组以内即可。关键词语言精炼，要能高度概括，比如下面的网站标题：

```
<title>排程 车间管理 信息软件公司</title>
```

搜索引擎便能发现标题中的搜索关键字了，注意总字数不要超过 30 个汉字。

HTML 的 meta 用来保存网页内容的关键字，meta 标签包含包值对的属性，其中用于搜索引擎发现的关键字特性为 Keywords，如下代码所示。

```
<meta name="keywords" content="ERP 系统,信息管理软件,车间制程管理软件,客户管理软件,文档管理软件">
```

keywords 书写的关键在于每个词都能在内容中找到相应的匹配才有利于搜索引擎排名，不过最近搜索引擎已经对 keywords 的权重降低，使得其不如原先那般重要了。

另一个与搜索引擎紧密相关的是 description 元数据属性，搜索引擎会先对 keywords 进行检索，然后检索 description 中的值，将其加入搜索引擎数据库，再根据关键词的密度进行排序。description 的使用如下：

```
<meta name="description" content="业界领先的工厂软件管理系统，自主研发，工厂物料管理，财物管理，采购管理，排期管理，车间制程，总账">
```

描述中出现的内容，要与正文内容相关，因为这部分内容是用户看得到的，所以要写得详细、吸引人，以增加点击率，另外也要遵循简短原则，字符数含空格在内不要超过 120 个汉字，并且作为在 title 和 keywords 中未能充分表述的说明。

除这几个比较常用的标签外，还有一个与搜索引擎密切相关的 robots 机器人向导属性，用来告诉搜索机器人哪些页面需要索引，哪些页面不需要索引，语法如下：

```
<meta name="robots" content="all|none|index|noindex|follow|nofollow|
noarchive">
```

各个属性值的含义如下所示。

- ❑ all：文件将被检索，且页面上的链接可以被查询。
- ❑ none：文件将不被检索，且页面上的链接不可以被查询。
- ❑ index：文件将被检索。
- ❑ follow：页面上的链接可以被查询。
- ❑ noindex：文件将不被检索，但页面上的链接可以被查询。
- ❑ nofollow：文件被检索，页面上的链接不被查询。
- ❑ noarchive：文件不被缓存。

其中默认值为 all，例如如果不希望文件被检索，则可以使用 none 属性，如以下代码所示：

```
meta name="robots" content="none"⑯
```

标题和网页的元数据是编写搜索引擎优化的网页的重要组成部分，基本上也被广大网站建设人员所重视，但是很多网站在元数据部分的编写不规范，不能表达网站本身的意义，因此搜索引擎的效果并不是特别好，只有设计良好的标题和元数据，才能够容易被搜索引擎缓存并排名靠前。

21.3.2　Url 结构优化

网站通过 Url 被外部用户访问，在规划网站时，网站层次结构不可以过深，以免搜索引擎无法找到过深的网页，比如一些小型的网站，一般只有二层结构，例如如下的 Url 地址：

```
http://www.domain.com/product/producthome.html;
```

product 目录为第一层，producthome.html 为第二次 Url 结构，这样的 Url 便于被搜索引擎索引，但是一般的网站特别是一些网站内容较丰富的网站都不会只有一层结构，需要创建多级目录，例如图 21.12 是一个典型的多层结构的网站结构：

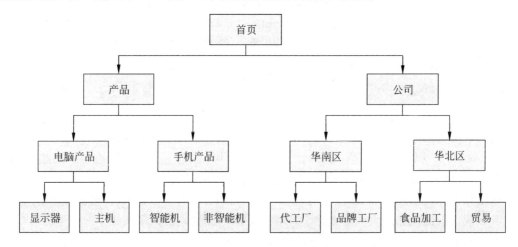

图 21.12　网站的多层结构

这样的结构会使得搜索引擎去抓取 2 层到 3 层子目录下的文件，如果超过 3 层，搜索引擎就很难去抓取这个最深的页面，如下面的页面：

```
http://www.domain.net/dir1/dir2/dir3/dir4/page.htm
```

会使得搜索引擎抓不到页面，自然也无法达到搜索引擎优化的目的，因此在进行网站规划时，不要试图让网站的 Url 层次超过 3 层，除非更深的层次页面有大量的网站外链，或者是在首页上直接有链接可以到达该页面。

除了网站层次结构以外，网页和网站文件夹的命名也必须要特别注意，根据关键字的分布原则，可以在目录名和文件名中使用搜索关键词，如果要使用由多个关键词使用的词组，可以使用连字符 "-" 进行分隔。由于 Google 搜索引擎不认同下划线 "_"，因此一般情况下尽量避免用下划线进行分隔。例如下面的文件命名包含了搜索关键字：

```
china_video_card.html
toys_car_china.html
```

这样的命名方式会使得搜索引擎解析为 china video card 或 toys car china，达到了搜索的目的。当然这样的书写方式会使得 Url 命名变长，应该尽量避免过长的 Url，Url 越短越好，不要为了增加关键字而改变目录的结构。搜索引擎并不主要依赖 Url 中的关键字来提升排名，相反，过长的 Url 会引起搜索引擎的反感而不被收纳。

21.3.3　避免使用页框架

网页的框架结构即 Frame，可以在一个网页内部显示来自多个页的内容，使得页面的整体保持一致，并且更新非常方便。当网站规模较大时，使用框架可以使网站的维护变得相对较容易。下面的代码是一个经典的框架结构的实现：

```
<!--创建框架集-->
<frameset rows="*,80" cols="*" frameborder="NO" border="0" framespacing=
"0">
  <!--在框架集中嵌套框架集-->
  <frameset cols="80,*" frameborder="NO" border="0" framespacing="0">
    <!--框架页-->
    <frame src="topleft.html" name="leftFrame" scrolling="NO" noresize
    title="leftFrame">
    <frame src="frameset.html" name="mainFrame" title="mainFrame">
  </frameset>
  <frame src="topleft.html" name="bottomFrame" scrolling="NO" noresize
  title="bottomFrame">
</frameset>
<!--当不支持框架时的显示区域-->
<noframes>
<body>
</body>
</noframes>
```

框架虽然对于大型网站来说非常方便，便是搜索引擎却无法识别框架中的内容，也不会去抓取框架中的内容，而且很多浏览器也渐渐地不支持框架页面。因此在设计和规划网页时，应该尽量避免使用框架来设计网站。

如果现有网站已经使用了框架，并且无法对网站结构进行大规模的修改，那么可以在代码中使用 noframes 标签进行优化，在 noframe 标签内部也有 body 标签，因此可以将之看作是一个普通的文本内容的页面。可以在 noframes 区域中包含 frame 页面的链接及带有关键词的描述文本，同时在框架外的区域中也出现关键词的文本，这样使得搜索引擎可以检索到框架内的信息。

```
<body>
<!--创建内联嵌套-->
<iframe src=index.html width=500 height=400 scrolling=yes frameborder=
yes></iframe>
</body>
```

这段代码在<body>内部嵌入了一个 index.html 的网页，对搜索引擎来说，搜索引擎将 iframe 中的内容看作一个单独的页面，与内嵌的页面无关，它可以跟踪到链接指向的目标页面，因此也提供了搜索引擎友好的内容。

总而言之，在能不使用框架的地方不要考虑框架，毕竟搜索引擎不能正常地检索到框架页面。因此现今很多曾经使用过框架的网页都已经取消了框架，改为使用 DIV+CSS 进行重新布局。

21.3.4　网站导航的 SEO 优化

网站的导航结构是网站用户浏览网页核心且重要的部分，其主要的功能在于引导用户方便地访问网页的内容，是评价网站专业度、可用度的重要参数，对于搜索引擎优化来说，网站的导航对搜索引擎也有很多提示作用，使得搜索引擎便于发现网页并能进行良好的排名。

在过去，网站设计师们非常重视网站导航的美观性与易用性，比如使用图像导航栏或 Flash 导航栏，但是这种类型的导航不能被搜索引擎发现，因此从搜索引擎优化的角度来说，应该尽量避免使用图像或 Flash 导航栏。

出于搜索引擎优化的目的，网站的导航系统设计应该注意如下的几个方面。

1．使用文字导航，避免使用图片或Flash导航

如果留意一下各大企业网站的导航设计，会发现现在基本上都使用了普通的 HTML 文字导航，比如通过 HTML 标签 ul 和 li 再加上 CSS 构建导航条，这样的导航既美观又能很容易被搜索引擎识别。如果使用图片或 Flash，则无法正确被搜索引擎收录，从而影响了搜索排名与权重。

2．导航链接层次不宜太深

这与网站层次结构设计紧密相关，导航链接应该使用所有的页面与首页通过内部链接连接起来，并且越近越好。一般来说保持内页与首页不超过 4 次的点击次数，因此网站的层次结构设计也影响到导航的搜索引擎优化。

3．使用面包屑导航

面包屑导航可以让用户了解当前所处的位置，是目前很多流行的网站都使用的导航结构。图 21.13 是中国互动出版网的面包屑导航，可以让用户很容易地切换到同栏目下的其他子栏目。

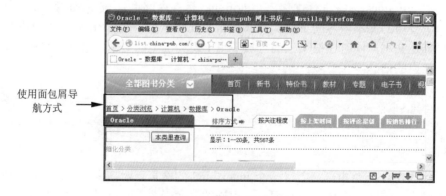

图 21.13　面包屑导航

对于一个大型复杂的网站来说，通过面包屑导航可以让用户很清晰地知道网站的逻辑结构，因此无论是大型还是中小型的网站，都应该考虑在自己的网站中添加面包屑导航功能。

4．在链接和锚文字中最好包含页面关键词

导航链接通常是分类页面获得内部链接的重要来源，一个网站的链接数量非常多，因此在链接或锚中加入搜索关键字，会对目标页面的相关性与权重产生重大的影响，网站应该尽量多地使用锚链接，并且要注意在保证用户体验的情况下，不要过多地使用关键词，尽量使其保持在 2～4 个为宜，示例如下所示。

```
<p><a href="index.html" title="LED,LCD 显示器">显示器分类</a></p>
<p><a href=#页首 title="专业硬件维修,LCD,LED 显示器">返回</a></p>
```

通过在链接中加入关键词，可以增加搜索引擎的相关性和权重。

5．页脚避免堆积过多关键词

随着 SEO 的普及，很多网站设计人员在页脚堆积了过多的关键词，导致搜索引擎对其反感并成为网站被惩罚的原因，因此应该尽量避免在页脚堆积过多网站关键词。

网站建设人员除了设计好美观的导航条之外，考虑 SEO 优化方面问题也至关重要。现如今主流的网站都会使用 HTML 和 CSS 创建导航条，让网站的导航既美观大方，又能够被搜索引擎接受，因此建议网站设计人员采用这种方式。

21.3.5　图像和 Flash 优化

由于搜索引擎只能识别文字内容，对于图像和 Flash 内容会被忽略掉，因此对于想使用图像和 Flash 的网站来说，如何才能创建搜索引擎优化的网页需要额外的注意事项。

图像文件在下载时会延缓页面的加载时间，因此搜索引擎在访问时有可能在网页没有加载完成时就离开了这个页面。因此在创建要大量使用图像的网页时，应该使用 Photoshop 或 Fireworks 切割工具将图像切割为小图片，以节省网页下载的时长。如果非要使用大量的图像内容，必须遵照如下的几条规则。

（1）尽可能压缩图像文件的大小，节省网络流量。

（2）HTML 的 img 元素有一个 alt 属性，用来在图像无法显示时显示替代的内容。搜索引擎会读取该属性了解图像的相关信息，因此在所有的插入图像的部分都使用 alt 属性来添加文字描述，并且在描述中添加搜索关键字，示例如下：

```
<img src="images/Windows8.png" width="260" height="130" alt="Window 软件,
操作系统">
```

（3）尽量使用文字链接链接到这个图片，在图片的上方或下方添加一些包含关键词的描述性文本。

做到这几点，这个网页就基本上达到了 SEO 优化的标准，能够容易被搜索引擎接纳，但是无论如何，能不使用图片的地方，就不要大量使用图片。

Flash 是广大网站建设者比较喜欢的动画设计工具,在网页设计和网络广告中应用得非常广泛，有的网站甚至全部都用 Flash 进行设计。但是 Flash 中的信息无法被搜索引擎识别，为了既使用 Flash 动画又能被搜索引擎识别，可以从如下的 3 个方面来考虑。

（1）保留原来的 Flash 网页，再设计一个 HTML 格式的版本，使得搜索引擎可以通过 HTML 版本来发现网站，很多 Flash 大站都会提供一个 HTML 版本的链接，既可以让不支持 Flash 浏览器的用户使用，又能够让搜索引擎通过。

（2）只在页面上需要的地方嵌入 Flash，不要创建整站 Flash 内容。比如将一些网络广告之类的 Flash 内容嵌入到 HTML 页面中，即使得页面美观，又能够让搜索引擎通过 HTML 发现网页中的内容。

（3）通过付费登录搜索引擎或搜索引擎关键词广告，也可以让用户发现网页，不过需要支付一定的费用。

很多站点都会选择第 2 种方案，在保证网页的美观性的同时，又增强了搜索能力。不过如果网页需要通过 Flash 来增强创意，也可以使用第 1 种或第 3 种设计方案。

21.3.6　压缩网页尺寸

网页的大小直接影响到网页的打开速度，是网页优化的一部分，同时也是搜索引擎优化的一部分。正常情况下，一个页面文件的大小最大不要超过 50KB，如果有太多冗余的代码，应该要通过一些方式缩减网页的大小。

无论是网页设计还是 SEO 优化，保持一个合理的网页大小都是非常重要的，如果一个网页充斥着太多空行、不必要的代码片段、无用的表格会导致网页显得臃肿，特别是使用 Word 工具或一些其他的自动生成的网页。

下面简单介绍几种进行网页减肥的方式。

1. JavaScript减肥

首先不要在网页的开始放置大量的 JavaScript 代码，这不仅会造成网页的肥大，而且减慢了网页加载的速度。JS 优化可以从如下两个方面进行。

- ❏ 将 JS 脚本放在页面的最后：放在后面不但不会影响到 JS 代码的作用，而且可以让搜索引擎更快地抓取到网页的内容。
- ❏ 将 JS 代码放在外部的以.JS 结尾的文件中，通过在页面上添加对该文件的引用来减小网页大小，代码如下：

```
<script type="text/javascript" src="external.js"></script>
```

2. 使用HTML减肥软件

可以使用一些第三方的 HTML 压缩软件，将无用的标签移除，来减小 HTML 的大小，比如 HTML Cleaner 软件就是一款常见的用来对 HTML 网页进行减肥的软件，如图 21.14 所示。

HTML Cleaner 可以从文档中删除不必要的字符，比如多余的空格、引号可选的结束标记等，这可以进一步缩减网页的大小。

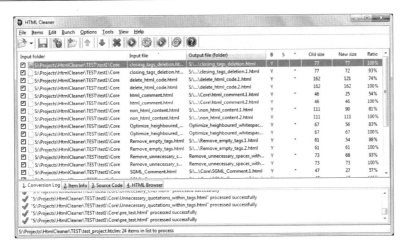

图 21.14　使用 HTML Cleaner 来为网页减肥

3．使用CSS为网页减肥

传统的在 HTML 中嵌入格式化的代码应该被取消，不仅不利于统一格式化，而且还会显著地增加网页的尺寸。可以将 CSS 代码放在一个单独的.css 文件中，这样可以进一步缩小网页的尺寸。

网页的大小不仅直接影响到网页的打开速度，而且使得网络爬虫无法抓取到网页的内容，因此影响到搜索引擎的优化。通过对网页减肥，不仅可以提升用户的浏览体验，还能将搜索引擎优化做到最佳，因此网页设计人员在制作网页时应该密切注意单个页面的大小。

21.4　小　　结

网站的推广和网页的 SEO 优化是网站建设完成后必须重视的工作。本章介绍了实现网站推广和搜索引擎优化的一般步骤。首先介绍了网站推广，讨论了为什么要进行网站推广。网站推广的目的和特点，以及进行网站推广的一般方法。在搜索引擎优化 SEO 部分，介绍了搜索引擎优化对于网站的影响和搜索引擎优化的作用，然后讨论了搜索引擎优化的核心"关键字"的定义和使用。在搜索引擎友好的网页设计部分，对于如何创建一个具有搜索引擎友好的网站进行了举例介绍，理解了这些基本的内容，就可以让自己的网站更容易被搜索引擎发现，并能够带来更多的网站访问量。

第 5 篇　综合案例

第 22 章　设计制作企业门户网站

如果读者从本书第 1 章开始顺序阅读到本章，相信已经迫不急待地想要创建一个网站项目了，不仅能消化前面所学的知识，更重要的是可以积累一定的网站开发经验。本章将开发一个公司门户网站，用来向外界展示公司的资讯、团队、最新的研发成果及联系的方式等，相信这是很多网站建设新手必须要完成的工作项目。这个网站是一个纯静态的 HTML 网页，公司要求网站简洁大方，能够体现一个具有深厚技术功底的年轻软件的形象。本章将从网站结构、配色选择及功能实现几个方面深入介绍其实现过程。

22.1　网站前期策划

网站在建设之前必须认真理解客户的需求，将客户对网站的构想落实成网站需求文档，并与客户逐一讨论可行性，在需求确认后，网站策划人员开始进行前期的网站规划，网站策划人要根据网站需求说明书设计网站的整体风格和网站结构，并提供网站的设计策划方案与客户探讨，在客户认可了网站策划书后，就可以开始对网站进行设计了。

22.1.1　网站设计需求

"网民互动"软件开发有限公司是一家由留学博士创建的专注于信息软件开发的科技公司，应该公司的要求为他们创建一个企业形象展示的网站。经过与企业负责人的多次沟通后，得出该公司的网站需求如下所示。

1. 建立网上的品牌展示系统

网民互动公司希望通过互联网展示公司最新的产品发展动向，能够让用户快速找到所需要的信息，以了解公司的产品是否适合需要，或者发出询问意见及反馈意见，使得网站可以快速了解变化中的市场需求，把握商机。

2. 让用户了解公司的团队成员

网民互动公司的团队非常专业，同时又具有相当强的凝聚力。该公司希望通过互联网展示公司具有竞争力的人才结构，以便可以吸纳更多有发展经验的人员加入。

3. 展示公司技术实力和成功案例

在过去的很多年里，网民互动公司的技术团队完成了很多极具挑战性的解决方案，在客户群中树立了较高的形象，公司希望通过网站展现出网民互动的项目成功案例，让具有相同背景的公司成为其潜在的客户群体。

4．清晰简洁的网站界面展现公司稳步发展的企业形象

该公司的相关负责人希望网站能够大气简洁、风格统一，并要求网站的建设具有搜索引擎友好的特性。

网民互动公司的门户网站的需求与大多数企业网站一样，重点在于展示公司内部的形象，网站的目的客户是有相关需求的潜在客户或了解公司最新动向的现有客户。在设计风格上要时尚、现代、简洁，同时又要表现出大气，需求人员与客户进行多次沟通后，网站建设人员便可以开始进行网站的策划与实现了。

22.1.2　定义网站结构

网站策划人员根据了解的需求说明，确定网站的目的与技术解决方案，将网站定位于展示型的企业网站。网站的内容分为公司简介、解决方案、合作伙伴、顾问咨询及联系我们这几大页面。网站要符合企业的 CI 规范，重点注重网页的色彩统一，少量应用图片，版面要统一和简洁。

由于网站的规模小巧，因此出于对搜索引擎优化的目的，将网站划分为扁平式的物理网站结构，网站的组成如图 22.1 所示。

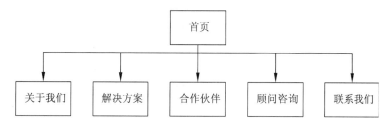

图 22.1　网站结构定义

各个页面的功能如下所示。

- ❏ 首页：展示公司的最新新闻和焦点信息，比如公司的团队结构和公司的合作伙伴等，让用户进入网站既能获取到最新的信息，也能了解最近的企业组织结构。
- ❏ 关于我们：包含公司的简要介绍、公司发展的历程和公司的领导人及与公司相关的图库展示。
- ❏ 解决方案：公司提供的产品解决方案，将公司的核心产品的相关信息及产品特色进行简要的概括。
- ❏ 合作伙伴：与公司成功合作过的伙伴列表，使客户能够了解公司过去的成功案例。
- ❏ 顾问咨询：对公司的顾问团队的简要介绍，让客户了解公司的顾问咨询方向及客户对于这个团队的赞誉。
- ❏ 联系我们：用户可以通过该页面发送电子邮件，并且了解公司的联系方式和办公地点。

整体而言，网站的结构包含了一个企业网站必需的几个基本页面，网站的内容使用静态的 HTML 技术，利用流行的 DIV+CSS 进行页面布局。在网站发布方面，由该公司购买虚拟主机空间，使用 FTP 客户端定期更新网站。

22.1.3　网站风格定位

网站风格用来主导网站的整体视觉感受。网站的风格确立的过程是一个循序渐进的过程，要求客户与网站建设人员参考，通过让客户参考各种风格类型，除了给客户良好的建议外，要求客户确认网站的统一风格。时下很多网站因为客户方对风格的不满意、不确定造成网站建设多次返工。因此网站策划人员必须以客户为中心，然后加入设计人员的设计理念进行统一的规划。

网站的风格一般包含如下几个方面。

- ❑ 网站的布局：使用流行通用的布局还是网站特有的布局方式，一般常用的布局方式有"厂"字型、"田"字型或"品"字型等，可参考本书第 7 章关于网站布局的介绍。
- ❑ 网站的颜色选择：网站的颜色是访问者视觉感观的第一要素，网站的颜色选择要符合网站的目的和企业的形象，比如网民互动公司的 CI 主调为淡蓝色，Logo 为深蓝色，网站为了符合公司的 CI 形象，将以淡蓝为主调进行设计。
- ❑ 网站的导航风格：网站的导航是网站用户访问其他页面的入口，导航要醒目并且美观，以吸引用户的单击。
- ❑ 网站的内容风格：网站的内容要展现出企业的形象，因此在内容的布局和安排上面，也要进行统一细致的规划。

策划人员对网站风格的定位也要形成网站策划文档，与客户共同探讨，在这个过程中策划人员可能需要提供网站设计的原型图案，供客户参考，在网站风格确定之后，就可以交由网站设计人员开始进行网站的实现了。

22.1.4　网站预览

在开始介绍如何实现该网站之前，下面首先对网站的几个页面进行预览，以了解网站将要实现的效果。

首次进入网站 index.html，将显示网民互动软件开发公司的首页，该页面包含公司的最新产品资讯和公司的新闻列表，以及公司重要产品的介绍，如图 22.2 所示。

可以看到，这个标准的企业门户网站包含网站的 Logo、网站的导航工具栏、宣传图片和栏目的主要分类的介绍，其中在宣传图片的右侧又包含网站的核心产品资讯及网站的新闻列表，该门户性的网站结构简洁大方，通过配色和构图，展现出企业高科技行业的底蕴，同时又展现了公司的产品资讯。

单击导航栏上的"关于我们"链接，进入公司介绍页面，该页面要展现公司团队成员的青春活跃，同时又能体现年轻的高科技公司的自强不息，因此在图片的选择上使用了颜色鲜艳的人物构图，如图 22.3 所示。

在该页面上使用了三栏式的布局结构，左侧是分类导航栏，中间为图文混排的企业信息介绍，右侧介绍公司的最近努力目标。清爽的图文混排效果让整个页面显得大方且温馨。

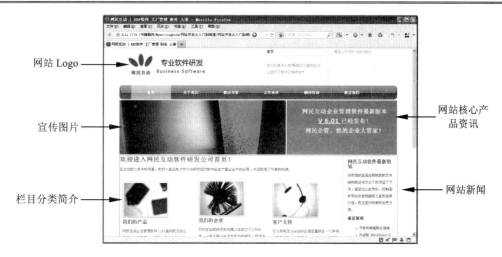

网站 Logo

宣传图片

栏目分类简介

网站核心产品资讯

网站新闻

图 22.2 企业门户网站首页

分类导航栏

企业文化介绍

团队的最近目标

图 22.3 关于我们页面

在"解决方案"页面，同样使用了三栏式布局结构，但是使用了不同的版面布局方式，即保持网站整体风格的同时，又能让用户具有不同的感观体验。解决方案部分主要突出公司的产品为客户带来的便利性，因此使用了一些代表客户的图片，如图 22.4 所示。

可以看到，网站提供了关于解决方案的简短介绍，同时将客户的赞誉显示在右侧，以便用户看到客户对于解决方案的赞赏。

在"合作伙伴"页面，使用了统一的三栏式布局，通过简洁的图文混排效果提供关于公司合作伙伴和最新合作信息的简要介绍，如图 22.5 所示。

在"顾问咨询"页面，通过简单的布局方式，介绍公司的顾问团队和咨询服务。该页面采用一内容区使用单列布局,利用图文混排的方式展现出顾问咨询的相关信息,如图 22.6 所示。

最后是"联系我们"页面，在该页面上除了提供公司的联系方式外，还创建了一个简单的表单输入界面，允许用户输入一些留言提交到公司的邮箱，如图 22.7 所示。

不同行业
的解决方
案链接

行业解决
方案简介

客户的
赞誉

图 22.4　解决方案页面

合作伙伴
链接

合作历程
介绍

最新合作
信息

图 22.5　合作伙伴页面

图 22.6　顾问咨询页面

图 22.7 联系我们页面

整个网站采用扁平式的结构，页面结构简洁，实现了超出客户方要求的页面效果。本网站使用 Dreamweaver 作为开发工具，使用 HTML、DIV、CSS、Photoshop 进行设计与开发，预计开发时长 2 周。通过灵活地使用 DIV+CSS，并且保持网站建设过程的规范性和可维护性，以便于将来在网站更新时，可以更快、更有效地进行页面的维护。

22.1.5 在 Dreamweaver 中创建网站

当网站策划完成并与客户确认后，网站建设人员就可以开始创建网站了。下面的步骤介绍如何在 Dreamweaver 中创建一个网站，创建好网站后就可以开始进行网站页面的实现了。

（1）打开 Dreamweaver 软件，单击主菜单中的"站点 | 新建站点"菜单项，在弹出的窗口中设置站点名称为"企业门户网站-网民互动"，同时指定网站的存储位置。

（2）单击"服务器"设置项，指定服务器信息为"本地/网络"，设置服务器路径为网站文件夹，如图 22.8 所示。

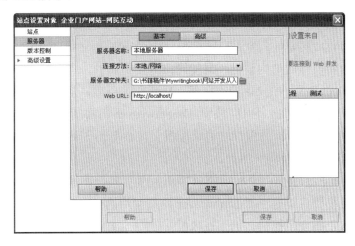

图 22.8 指定网站服务器信息

在设置完成后单击"保存"按钮，完成网站的创建，下一节将开始依次对网站中几个重要的页面实现过程进行详细的讨论。

22.2　设计网站首页

从网站的结构上来分析，所有页面均使用了统一的 Logo、导航栏及页脚栏，出于简化网页设计和可重用性的目的，在设计网页时，先创建一个 Dreamweaver 的模板页，在模板页中对页面的整体布局进行规划，然后让所有其他的页面使用这个模板页，在模板页中对每个页面进行布局设计，使得代码风格统一，同时又保持了较好的可维护性。

22.2.1　网站布局结构

网站的整体结构由 Logo 栏、导航栏、内容区域和页脚部分组成，其中内容区域的布局根据展示内容的不同而单独定义，整体布局结构如图 22.9 所示。

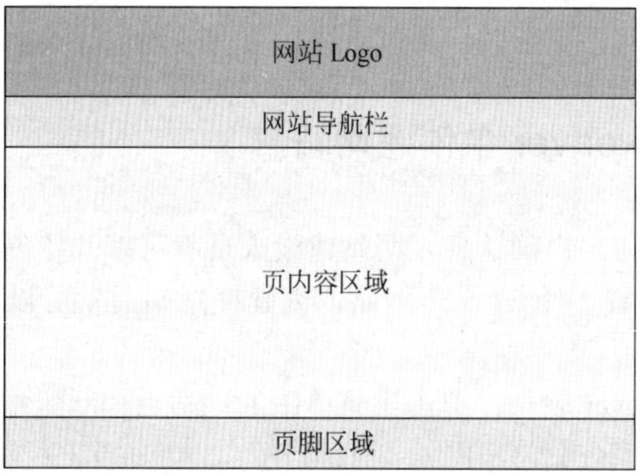

图 22.9　网页整体布局结构

由于 HTML 的 div 元素默认时会以块方式呈现，因此可以想象，对于这样的布局方式只需要排列几个 div 元素即可。为了实现重用，将首先创建一个 Dreamweaver 模板页，既可以让其他页面重用整体的结构设计，又能简化维护更新的工作，实现步骤如下所示。

（1）单击 Dreamweaver 主菜单的"文件｜新建"菜单项，从弹出的窗口中选择"空模板｜HTML 模板｜无"项，单击"创建"按钮，Dreamweaver 在网站目录下创建一个 Templates 的文件夹，使用 Dreamweaver 的保存功能将模板文件命名为 SiteTemplate.dwt，保存到该文件夹中。

（2）模板网页实际上就是一个标准的 HTML 网页，只是添加了一个 Dreamweaver 特定的模板标签，而且模板只能是在 Dreamweaver 内部使用的一个特性，离开了 Dreamweaver 的编辑环境将无法正确使用模板。下面在模板文件中的 HTML 头中添加页面元数据信息，如代码 22.1 所示：

代码 22.1　添加 HTTP 头信息

```
<!DOCTYPE  HTML  PUBLIC  "-//W3C//DTD  HTML  4.01  Transitional//EN"
"http://www.w3.org/TR/html4/loose.dtd">
<html>
<head>
<meta http-equiv="Content-Type" content="text/html; charset=utf-8">
<link rel="shortcut icon" href="images/favicon.ico" />
<!-- TemplateBeginEditable name="doctitle" -->
<title>网民互动有限公司</title>
<!-- TemplateEndEditable -->
<!-- TemplateBeginEditable name="head" -->
<!--页面元数据设置区-->
<meta name="keywords" content="软件开发,工厂管理,商场管理,零售业管理,网站建设,
系统集成">
<meta name="description" content="网民互动是一家专业的企业软件开发公司,提供企业
ERP,财务管理,物流管理等软件业务,广泛用于金融、制造、财务、流通等行业。">
<!-- TemplateEndEditable -->
<link href="../css-content.css" rel="stylesheet" type="text/css">
</head>
```

可以看到，在 HTML 的 head 部分，除了包含常见的 HTML 标签外，还包含一些模板标签，如下所示。

（1）link rel 标签用来指定为网站添加一个显示的图标，在网站加入收藏夹时会显示该个性化的图标。

（2）位于 HTML 注释中的 TemplateBeginEditable 表示要创建一个模板的可编辑区域，name 属性指定了区域的名称，其中 doctitle 表示标题区可以使用模板的其他页面编辑，head 可编辑区添加了页面的关键词和说明性信息，这些信息都可以使用模板的页面更改。

默认情况下，模板中的任何内容都不允许其他使用模板的页面进行更改，除非显式地添加了模板的可编辑区。因此通过 TemplateBeginEditable 和 TemplateEndEditable 可以创建可编辑的模板，提供让子页面更改模板的区域。

在模板的 body 部分，使用多个 div 来实现图 22.9 所示的布局结构，首先是 Logo 部分的 div，然后是导航 div，接下来是主要内容区的 div 和页脚 div，这些 div 用来实现页面布局用，它们不会在页面上呈现出外观，实现如代码 22.2 所示：

代码 22.2　页面的布局结构

```
<body>
<!--顶部信息区，包含 Logo 和公司简介与联系方式-->
 <div id="top-information">
    <div id="logo"><img src="../images/logo.jpg" width="293" height=
     "112" alt="网民互动 软件开发"></div>
    <div id="top-information-home">
       <a href="index.html">首页</a>
       <br/>
       <br/>
       我们已经为全世界超过 30 家知名企业进行了软件定制开发!
    </div>
    <div id="top-information-phone">
   电话: 0755-0000000</div>
 </div>
 <!--导航模板区-->
```

```
<div id="navplace">
    <!-- TemplateBeginEditable name="navArea" -->导航区域<!--
    TemplateEndEditable -->
</div>
<!--主要内容区-->
<div id="mastercontent">
    <!-- TemplateBeginEditable name="contentarea" -->内容区域<!--
    TemplateEndEditable -->
 </div>
<!--页脚区-->
<div id="footer">
    Copyright &copy; 2012 网民互动软件开发有限公司
    <div> </div>
</div>
<div id="footer-sub">
  <ul class="nav">
    <li><a href="index.html">首页</a>|</li>
    <li><a href="about-us.html">关于我们</a>|</li>
    <li><a href="solutions.html">解决方案</a>|</li>
    <li><a href="partners.html">合作伙伴</a>|</li>
    <li><a href="consulting.html">咨询顾问</a>|</li>
    <li><a href="contact-us.html">联系我们</a></li>
  </ul>
</div>
</body>
```

由代码可以看到，页面上放置了多个 div 元素，每个元素都使用 id 属性进行区分。添加 id 属性的目的除区分之外，还会被 CSS 作为选择器来设置样式外观，代码实现如下所示。

（1）在代码第 1 行的 id 属性值为 top-information 的 div 元素中，添加了一幅图片和一个 id 为 top-information-home 及 id 为 top-information-phone 的子元素，这两个元素的命名尽可能地用具有意义的名称，这也能提供搜索引擎优化的效果。

（2）导航模板区和主要内容区是两个可编辑的模板。之所以将导航模板区中的导航放到内容页设置，是因为考虑到将来导航栏的变化。当然如果是在实现，也可以去掉导航区域这几个字，用具体的导航内容来取代。

在 Dreamweaver 中，要添加可编辑的模板，只需要将鼠标放到 div 元素的内部，单击主菜单中的"插入 | 模板 | 可编辑区域"菜单项，将弹出如图 22.10 所示的插入模板窗口。

添加了可编辑区域后，如果在 Dreamweaver 中使用模板创建新页面，这里设定的区域就可以进行编辑，而不可编辑区域将设置为保护状态。

图 22.10　在 Dreamweaver 中插入可编辑模板区域

（3）页脚部分由两个 div 组成，一个用来显示页面的版权信息（如果网站有备案，可以在这里显示网站的备案信息），一个用来在页面底部显示简易导航栏，以便用户浏览到页脚时，可以直接通过底部的导航栏切换到其他页面。

通过在模板页中定义整体的布局方式，可以节省很多重复创建相似页面的时间，Dreamweaver 会对应用模板页的网页自动更新，比如要更换网站的 Logo 图片，只需要在模板页中进行调整，就可以让所有引用模板的页面使用最新的网站 Logo。

22.2.2　使用 CSS 控制布局显示

在使用 div 元素定义页面的布局时，要通过 CSS 来控制这些页面内容的具体显示方式，否则显示出的内容会比较混乱。为此在网站中定义了一个名为 css-content.css 的 CSS 文件。在该文件中根据页面的布局的区域定义了多个 CSS 样式，用来控制具体的页面元素的显示。

首先是对 Logo 显示区的显示样式，该 div 中包含了多个嵌入的子 div 元素，通过使用 CSS 属性 left 和 right 来控制这些 div 的具体呈现位置，如代码 22.3 所示：

代码 22.3　Logo 区的 CSS 定义

```
/*Logo 区容器 div 的 CSS 样式*/
#top-information {
    height:112px;                        /*容器高度*/
    margin-left:auto;
    margin-right:auto;                   /*左右 auto 表示居中显示*/
    margin-bottom:3px;                   /*距离导航栏 3px*/
    color:#999999;
    font-size:.85em;
    position:relative;
    width:950px;                         /*宽度为 950px*/
    }
/*放置 Logo 图像的 div 的显示样式*/
#logo {
    position: absolute;                  /*在 Logo 内部使用绝对对齐控制进行定位*/
    top: 3px;
    left: 16px;
    height:30px;
    padding: .1em 0 .2em 0;
    font-variant: small-caps;
    }
/*Logo 中的链接文本的显示样式*/
#logo a {
    color:#4A6BB3;
    text-decoration:none;
    }
/*链接的首页的链接和文字的显示样式*/
#top-information-home {
    text-align:left;
    border-bottom:1px dashed #CACACA;
    position:absolute;
    top:0;
    right:25.5%;
    height:2em;
    width:20%;
    font-size:9pt;
    padding:0 1.5% 0 0;
    }
/*联系电话显示区的样式*/
#top-information-phone {
    text-align:center;
    border-left:1px dashed #CACACA;
    position:absolute;
```

```
    top:0;
    left:75%;
    font-size:9pt;
    height:100%;
    padding:0 0 0 2%;
    }
```

由代码可以看到，容器 top-information 将用来放置 Logo 和公司介绍性的信息，它高
112px，宽 950px，通过 margin-left 和 margin-right 控制居中显示。容器内部的 logo、
top-information-home 和 top-information-phone 分别使用了绝对定位的方式来控制其显示的
具体位置，使得在容器中这些 div 可以固定显示在指定的位置。

两个用来控制模板可编辑区域的 div 元素，将使之居中显示并具有 950px 的宽度，用
来控制页面的整体风格，CSS 如下所示：

```
/*容器区域的显示样式*/
#mastercontent,#navplace{
    margin:0px auto;              /*水平居中显示*/
    width:950px;                  /*宽度为 950px*/
}
```

模板的页脚部分由两个 div 组成，用来显示版权信息的 footer 和用来显示页脚的导航
信息的 footer-sub，可以发现用来显示版权信息的 footer 使用的是圆角的矩形背景，这是通
过在 div 中应用了两幅具有圆角的矩形图案作为背景来实现的，footer 这个 div 内部包含了
一个 div，两个 div 的圆排列形成了圆角的矩形条效果。CSS 代码如代码 22.4 所示：

代码 22.4　footer 区的 CSS 定义

```
/*页脚版权信息区容器的 div 样式*/
#footer {
    /*显示背景图案*/
    background:#608fc8 url(images/bg-nav.png) bottom left no-repeat;
    margin-top:3px;
    margin-left:auto;
    margin-right:auto;                          /*使之居中显示*/
    width:950px;                                /*div 宽度*/
    padding:.8em 0 1em 0px;
    position:relative;
    color:#a9c0db;
    font-size:9pt;                              /*版权信息字体*/
}
/*版权区内嵌的 div 元素的显示样式*/
#footer div {
    background:#4b6cb5 url(images/bg-nav-side.png) bottom right no-repeat;
    width:25%;
    _width:25.5%;
    position:absolute;
    top:0;
    right:0;
    padding:.8em 0 1em 0;
}
/*页脚链接的样式*/
#footer a:link,
#footer a:visited {
    color:#FFFFFF;
```

```
    text-decoration:none;
}
#footer a:hover {
    color:#D4E7F8;
    text-decoration:none;
}
#footer a:active {
    color:#FFFFFF;
}
/*页脚链接区容器的样式*/
#footer-sub{
    margin 0px auto;
    width:950px;
}
/*页脚链接区导航的 ul 和 li 的样式*/
#footer-sub .nav {
    text-align:center; padding-bottom:30px;
}
#footer-sub .nav li {
    display:inline;
    font-size:9pt;
}
/*导航链接的样式*/
#footer-sub .nav li a {
    color:#000000; padding:0 20px 0 20px;
}
```

代码的定义如下面几部分的描述。

（1）由代码定义可以看到，页脚容器的 footer 使用了 background 属性来指定 CSS 样式，它表示在左侧和底部显示一个不重复的背景图像，其他区域使用颜色值作为背景。代码通过 margin-left 和 margin-right 属性值为 auto 来让 div 进行水平具中，指定宽度为 950px，字号大小为 9pt。

（2）footer 中嵌入的 div 元素使用了#footer div 这样的元素选择器，指定背景颜色和图像，宽度为整个容器的 25%，绝对对齐方式，通过 right 指定为 0 值来让该 div 居右显示。

（3）footer 中的文字样式通过使用伪类选择器 link、visited、hover 和 active 来定义，注意这几个元素的定义顺序。

（4）在 footer-sub 这个 div 中放置了一个项目列表 ul 和 li 标签，这是通常用来创建导航菜单的 HTML 元素，通过 CSS 样式 display:inline 使其内联显示，从而使它们水平排列。

在这里可以看到很多 CSS 样式的精彩应用，比如相对定位、绝对定位、链接样式、CSS 选择器及显示方式的设置，通过了解在代码中使用的 CSS 可以巩固在本书前面学到的 CSS 的知识。

22.2.3　CSS+DIV 导航结构

在构建好了模板之后，就可以在 Dreamweaver 中引用模板来创建网站的首页了。单击 Dreamweaver 主菜单中的"文件｜新建"窗口，弹出"新建文档"对话框，从对话框中选择"模板中的页"，在"站点"项目列表中选择当前网站，然后找到新创建的 SiteTemplate 模板，如图 22.11 所示。

选择完成后，单击"创建"按钮，使用当前的模板创建一个新的网页，命名为 index.html，保存到网站根目录下。

图 22.11　使用模板创建网页

从使用模板新建出来的网页可以看到，除了能对网页标题、网页元数据及可编辑的模板区域进行编辑外，其他的区域都被 Dreamweaver 冻结了，很好地保护了网站的其他区域，以免被无意修改。

注意：Dreamweaver 在保护模板中不可编辑区域时，不仅对设计视图中的页面元素进行保护，而且对代码编辑视图的不可编辑代码也进行了保护。

首先要在网页中创建导航栏。现如今导航栏一般都是使用 ul、li 和 CSS 进行设计的，这不仅样式和网页的结构得以分离，而且还有利于进行搜索引擎的优化。在新创建的 index.html 页面，添加如下的代码用来创建导航栏，如代码 22.5 所示：

代码 22.5　导航栏的 HTML 定义

```
<!--导航栏容器div-->
<div id="nav-main">
    <!--导航面板-->
    <div id="nav-box">
    <!--导航栏左侧的圆角形状显示-->
    <div class="left">
    <!--导航栏右侧的圆角形状显示-->
        <div class="right">
        <!--用于导航的ul和li-->
        <ul>
            <li><a href="index.html" class="current"><em><b>首页</a></li>
            <li><a href="about-us.html"><em><b>关于我们</a></li>
            <li><a href="solutions.html"><em><b>解决方案</a></li>
            <li><a href="partners.html"><em><b>合作伙伴</a></li>
            <li><a href="consulting.html"><em><b>顾问咨询</b></em>
            </a></li>
            <li><a href="contact-us.html"><em><b>联系我们m</a></li>
```

```
            </ul>
         </div>
      </div>
   </div>
</div>
```

在代码中可以看到，示例使用了几个 div 进行重叠，这样做的目的是为了在网页上显示左侧和右侧的圆角效果，通过为 left 和 right 的 div 应用圆角背景图来实现网页的圆角，然后在内部添加 ul 和 li 标签。导航栏效果如图 22.12 所示。

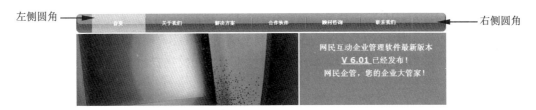

左侧圆角 ——   —— 右侧圆角

图 22.12 导航栏和宣传图片

除了使用 CSS 应用背景外，导航栏的每一项都使用了图像进行美化，为了创建这个导航栏，需要在 Photoshop 中创建用于导航效果的相关图片，然后应用 CSS 来将这些图片填充到导航栏的相应位置。这个过程需要网页美化人员花费大量的精力来进行页面的美化，部分 CSS 如代码 22.6 所示。

代码 22.6 导航栏的 CSS 定义

```
/*导航容器面板*/
#nav-main {
    margin:0px auto;                /*水平居中显示*/
    width:950px;                    /*宽度为 950px*/
    position:relative;              /*相对定位方式*/
}
/*指定导航栏显示的背景图案*/
#nav-box {
    background:url(images/nav-box-bg.gif) left top repeat-x; width:100%;
}
/*显示左侧的圆角背景图案*/
#nav-box .left {
    background:url(images/nav-box-left.gif) no-repeat left top;
}
/*显示右侧的圆角背景图案*/
#nav-box .right {
    background:url(images/nav-box-right.gif)    no-repeat    right    top;
height:47px;
}
/*导航样式定义*/
#nav-box ul {
    font-family:Arial, Helvetica, sans-serif;
}
/*使用内联样式使其水平显示*/
#nav-box ul li {
    display:inline;
}
...
```

nav-main 是导航主面板，它是用于导航的容器，因此在这里指定了 margin 为水平居中对齐，同时指定容器为相对对齐方式，这是因为 top-information 的 CSS 样式同为相对对齐方式，接下来 nav-box 指定了水平滚动的背景色。nav-box 将用来显示左右圆角，CSS 代码中为 left 指定背景图案 nav-box-left.gif，并且不重复，为 right 指定 nav-box-right.gif，同样不重复，以实现背景的显示。在对 ul 和 li 的设置中，指定 li 的 display 属性为 inline，以便导航栏的水平显示。

细心的读者会发现每一个导航项的左侧和右侧都具有类似软件一样的分隔条，这是通过 CSS 应用样式来实现的，而且鼠标经过时，会显示不同的背景颜色，另外，当选中某一页后，会高亮这一页的显示，鼠标经过时可以为链接使用 a:hover 样式来更改显示的背景图片，而当前选中的项需要应用 class=current 属性来指定当前选择的项，就如下面的 HTML 代码所示。

```
<li><a href="about-us.html" class="current"><em><b>关于我们</b></em></a></li>
```

可以看到，只要将当前页的 li 的 class 指定为 current，就可以让当前显示页面的导航栏高亮显示。下面是导航中每一项的控制代码，如代码 22.7 所示：

代码 22.7　导航栏中导航项的 CSS 定义

```
/*指定导航链接的样式*/
#nav-box ul li a {
    display:block;    /*链接用块显示方式*/
    float:left;        /*向左浮动*/
    color:#fff;
    text-decoration:none;
}
/*对于链接中的内容，应用左分隔符号*/
#nav-box ul li a em {
    display:block;
    float:left;
    font-style:normal;
    background:url(images/divider-left.gif) no-repeat left 10px;
}
/*对于链接中的 b 加粗标签，应用右分隔符号*/
#nav-box ul li a em b {
    display:block;
    float:left;
    height:47px;
    line-height:47px;
    width:137px;
    text-align:center;
    background:url(images/divider-right.gif) no-repeat right 10px;
    cursor:pointer;
}
/*下面的代码在鼠标经过链接时更改图像显示的样式*/
#nav-box ul li a:hover {
    background:url(images/nav-act.gif) left top repeat-x;
}
#nav-box ul li a:hover em {
    background:url(images/divider-left-act.gif) no-repeat left 10px;
}
```

```
#nav-box ul li a:hover b {
    background:url(images/divider-right-act.gif) no-repeat right 10px;
}
/*在将 CSS 设为 current 时，使用高亮显示的背景图像*/
#nav-box ul li a.current {
    background:url(images/nav-act.gif) left top repeat-x;
}
#nav-box ul li a.current em {
    background:url(images/divider-left-act.gif) no-repeat left 10px;
}
#nav-box ul li a.current b {
    background:url(images/divider-right-act.gif) no-repeat right 10px;
}
```

下面是对 CSS 代码实现的具体描述。

（1）每个 li 内部都包含<em>和<b>标签，它们的目的并不是为了显示的样式，而是为了占位符。通过 CSS 代码可以看到，通过为<em>标签和<b>标签分别应用不同的背景图片，可以让导航具有左分隔符和右分隔符的图像效果。

（2）同样，对于链接伪类选择器 hover，分别为<em>和<b>应用了不同的图片来高亮显示分隔符，并且指定 a:hover 为高亮显示的背景色以高亮鼠标经过时的效果。

（3）current 样式类与 a:hover 的定义基本相似，用于在选中某一项时就应用高亮的效果。

通过这个例子可以看到对 background 的大量应用，实际上目前大量的网站图像效果都用到了这个 CSS 属性，比如网站 Logo、工具栏等，它可以让图像尽可能地小，或者是通过显示一幅大图像的不同部分来减少浏览器在后台请求的次数。

22.2.4　首页布局的实现

在 Dreamweaver 可编辑模板 mastercontent 这个 div 元素中，主要用于内容页的呈现。首页包含网站的宣传图片，以及 2 列式布局的内容页，其中在内容页中，又包含了一个 3 栏式的布局结构，用来显示网站首页上的图文混排的内容。

整个首页从结构上说，由多个 div 组成，下面分为两部分讨论首页的布局实现。首先是宣传图片和文字的 2 栏式布局结构，可以参考图 22.12 的结构，它包含在一个容器 div 中，它的 HTML 定义如代码 22.8 所示：

代码 22.8　网站宣传图片和文字定义代码

```
<!--网站的宣传图片和文字容器-->
<div id="poster-photo-container">
    <!--宣传图片显示-->
    <img src="images/photo-poster.jpg" alt="" ss="poster-photo-image" />
    <!--宣传文字内容-->
    <div id="feature-area-home">
        网民互动企业管理软件最新版本<br/>
        <a href=#>V 6.01 </a>已经发布！<br />
        网民企管，您的企业大管家！
```

```
        </div>
</div>
```

poster-photo-container 容 器 div 包 含 了 一 个 <img> 标 签 和 一 个 内 嵌 的 名 为 feature-area-home 的 div 元素，在 CSS 文件中对这 3 个元素进行了设置，poster-photo-container 居中显示并且设置 950px 的宽度，而内嵌的 div 元素使用绝对定位的方式显示在最右侧，并指定其 font-size 属性为 15pt，设置较大的文字大小，CSS 如代码 22.9 所示：

代码 22.9 网站宣传图片和文字的 CSS 定义代码

```
/*宣传容器 div 的样式*/
#poster-photo-container {
    margin-top:3px;
    margin-left:auto;
    margin-right:auto;          /*让容器水平居中对齐*/
    width:950px;                /*指定宽度与导航和 Logo 的 div 一样*/
    background:#608fc8;
    position:relative;          /*容器同样使用相对对齐方式*/
    }
/*宣传图片的显示方式*/
.poster-photo-image {
    border-right:3px solid #FFF;
    display:block;              /*块状显示方式*/
    }
/*宣传文字的显示方式*/
#feature-area-home {
    position:absolute;          /*绝对定位方式*/
    top:0;
    right:0;
    width:34%;                  /*指定宣传文字的宽度*/
    text-align:center;
    padding:2%;
    color:#FFFFFF;
    font-size:15pt;             /*文字字体大小*/
    font-weight:bold;
    line-height:160%;
    }
```

可以看到，这个 CSS 的控制方式与 Logo 部分的控制方式比较相似，用一个相对定位的 div 元素作为容器，内部包含一个绝对定位的 div 和一个具有块级显示方式的图片。feature-area-home 这个 div 的 right 属性指定为 0，表示该元素将显示在屏幕的右侧，而且其宽度设为 34%，用一个百分比使得其恰好自动填充除图像之外的其余的宽度。

网站的内容区为 2 栏式的左右显示结构，左侧用于显示网站的主要内容，右侧用于显示网站的边栏，比如网站的新闻列表等信息。在网站主要内容显示部分又通过 div 划分为 3 栏式的结构，内容区如图 22.13 所示。

下面的代码演示了这种布局结构的 div 标签的组织方式，它由一个容器 div 组成，内嵌了主要内容的 div 和侧边栏的 div 元素，然后在主要内容区的 div 元素中再次进行嵌套，放置 3 个子 div 元素，如代码 22.10 所示：

图 22.13　网站内容页的布局结构

代码 22.10　内容区布局的 HTML 代码

```
<!--主内容容器-->
<div id="content-container-two-column">
    <!--内容主要显示区域-->
    <div id="content-main-two-column">
        <!--3栏式的显示容器-->
        <div id="three-column-container">
            <div id="three-column-side1">
                <!--第1栏-->
            </div>
            <div id="three-column-side2">
                <!--第2栏-->
            </div>
            <div id="three-column-middle">
                <!--第3栏-->
            </div>
        </div>
    </div>
    <!--内容侧边栏显示区域-->
    <div id="content-side-two-column">
        <!--侧边栏新闻显示部分-->
    </div>
    <!--清除浮动显示区域-->
    <div class="clear">
    </div>
</div>
```

通过代码的层次结构或 div 元素的 id 名称,可以很清楚地观察到首页的网站层次关系。

（1）容器 content-container-two-column 内部含了两个 div 子元素，用来进行左右布局。

（2）位于左侧的容器 content-main-two-column 包含了 3 个嵌套子 div 元素，用来进行 3 栏式布局排列。

　　2 列布局结构使用了 CSS 的浮动特性，通过指定 CSS 属性 float 为 left，可以让页面实现向左浮动，改变页面容器的默认布局模型。CSS 的 2 栏式布局实现如代码 22.11 所示。

代码 22.11　CSS 的 2 栏式布局实践

```
/*2 栏式容器布局样式*/
#content-container-two-column {
    margin-top:3px;
    margin-left:auto;
    margin-right:auto;              /*使容器水平居中显示*/
    width:950px;                    /*容器的宽度为 950px*/
    border:1px solid #818181;       /*容器具有 1px 的边框*/
    /*容器显示出分割背景图*/
    background:url(images/bg-content-side.png) repeat-y right;
    position:relative;              /*与其他页面主元素一样相对对齐方式*/
    }
/*左侧分栏*/
#content-main-two-column {
    width:80%;                      /*占用 80%宽度*/
    float:left;                     /*向左浮动*/
    }
#content-side-two-column {
    float:right;                    /*向右浮动，占用 17%的宽度*/
    width:17%;
    padding:10px;                   /*间隔区约占用 3%的宽度*/
    }
```

代码实现如下所示。

　　（1）名为 content-container-two-column 的容器 div 指定容器的宽度为 950px，并且设置了背景图片，为了保证与页面上其他的 div 的排列顺序，position 指定了相对定位方式。

　　（2）content-main-two-column 是左侧的 div 元素，它占用容器 80%的空间，并且向左浮动。

　　（3）content-side-two-column 是居右显示的 div 元素，它占用容器 17%的剩余空间。float 属性指定为 right 表示向右浮动，padding 指定容器内部的间距，占用了 10px 的间距。

　　content-main-two-column 是一个内部容器，容纳 3 个并行排列的 div 元素来放置竖直排列的内容，组成的 div 的结构如代码 22.12 所示：

代码 22.12　主页面的 3 栏式布局代码

```
<div id="content-main-two-column">
    <!--3 栏式的内容布局结构-->
    <div id="three-column-container">
    <!--第 1 栏-->
    <div id="three-column-side1">
    </div>
     <!--第 2 栏-->
    <div id="three-column-side2">
    </div>
    <!--第 3 栏-->
    <div id="three-column-middle">
    </div>
    </div>
```

```
</div>
```

可以看到，在 content-main-two-column 内部包含一个容器 div，该容器内部包含了 3 个布局 div 元素，其中 three-column-side1 和 three-column-side2 用于表示左侧的列和最右侧的列，three-column-middle 将定位到中间列，CSS 使用了浮动布局结构来实现这 3 列的布局效果，如代码 22.13 所示：

代码 22.13　使用 CSS 进行 3 栏式布局

```
#three-column-container {
    padding:0;
    margin:20px 0 10px 0;        /*指定三栏式容器的边界*/
    }
#three-column-side1 {
    float:left;                  /*第一列向左浮动*/
    width:30%;                   /*宽度占总宽度的 30%*/
    padding:10px;
    }

#three-column-side2 {
    float:right;                 /*第二列向右浮动*/
    width:30%;                   /*宽度占据总宽度的 30%*/
    padding:10px;
    }
#three-column-middle {
    width:30%;                   /*中间列占据 30%的剩余空间*/
    margin:0px 32% 0px 35%;
    padding:5px;
    }
```

由 CSS 定义可以看到，容器 three-column-container 没有指定宽度或高度，它将自动占据 2 栏式容器 div 的宽度，高度依据子容器栏目内容的高度而定。three-column-side1 向左浮动，占用容器空间的 30%空间，three-column-side2 向右浮动，同样占用 30%的容器空间，three-column-middle 居中显示，它占用剩余的 30%空间。

还注意到在对 3 栏式进行布局时使用了如下的一个 div：

```
<!--清除浮动显示区域-->
  <div class="clear">
  </div>
```

CSS 类 clear 对应如下的代码：

```
.clear {
    clear:both;
    }
```

浮动清理主要实现高度自适应，当浮动栏的高度变化时，容器的高度会自动适应高度变化，否则可能发现容器不会改变，浮动的栏则会出现排列混乱的效果。

22.2.5　首页内容的实现

有了布局结构的实现，就可以在结构内部置入图像和文字。网站的文字力求简洁生动，很多网站在页面的布局和构图上做得非常美观，但是文字内容却异常华而不实，这使得很多用户无心再次关注网站。因此在设计网站首页时，网站的内容必须认真考虑，将最有吸引力的文字和图片放到首页，同时定期保持对首页的更新。

在首页的内容设计上，首先，在宣传栏右侧的 div 中，添加了对公司最新的软件产品版本的发布信息，使用公司产品的老客户可以了解到最新的软件信息，而潜在的新客户可以通过了解最新的版本和软件特性信息，找到他们最需要的部分。

其次，在首页的 3 栏式结构中，分别规划出"我们的产品"、"我们的企业"和"客户支持"这 3 类，实际上是对网站中其他页面内容的概要性总结，侧边栏的内容主要是公司的最新新闻，很多网站用户进入网站并不会太过关心公司的产品新闻资讯，只有当了解了产品和企业之后，如果仍然保留高度兴趣，就会高度关注公司的最新新闻及公司的合作伙伴等信息。因此在进行内容规划时，要注意以用户作为切入点，将焦点停留在用户最感兴趣的方面，以便可以吸引到更多潜在的客户。

以右侧的新闻列表为例，它包含简短的焦点资讯和新闻的列表，使用了 ul 和 li 的列表样式，通过 CSS 来控制样式的显示方式，定义如代码 22.14 所示：

代码 22.14　定义新闻列表内容

```
<div id="content-side-two-column">
    <h2>
        网民互动软件最新资讯</h2>
    <p>
        网民互动最新产品发布，提供了 Android 和 IOS 客户端版本，同时在软件性能方面进行
        了优化，功能块上，提供了高度定制的功能</p>
    <h3>
        <a href="about-us.aspx">最近新闻 </a>
    </h3>
    <ul class="list-of-links">
        <li><a href="#">平板和电脑购买指南</a></li>
        <li><a href="#">升级到 Windows 8 </a></li>
        <li><a href="#">Windows 8 和 Windows RT 入门指南。 </a></li>
        <li><a href="#">Windows 8 和 Windows RT 如何助你完成任务。 li>
    </ul>
</div>
```

可以看到，标题栏使用<h2>标题，h2、h3 等在 CSS 文件中已经被重新定义显示样式，会被搜索引擎收纳，因此没有考虑使用图片标题。新闻列表部分使用了 ul 和 li 标签，ul 使用了 list-of-links 样式，用来修改显示的列表风格。CSS 会更改项目符号的图像，并且添加虚线边框线来美化新闻的显示效果，如代码 22.15 所示：

代码 22.15　定义新闻列表 CSS 样式

```
/*列表样式，显示边框虚线，形成分隔效果*/
ul.list-of-links {
    border-bottom:1px dotted #B2B2B2;
}
/*在每个列表项上面显示边框虚线*/
ul.list-of-links li{
    border-top:1px dotted #B2B2B2;
    list-style-image:url(images/list-bullet-01-link.gif);
}
```

可以看到，在 ul 级别定义了下边框虚线，在 li 元素级别为每个元素指定了上边框虚线，并且使用 list-style-image 来指定显示的图像，形成了具有良好排列的新闻列表显示样式。

到目前为止，已经基本上完成了主页的设计和实现。主页的设计和实现是整个网站中非常重要的部分，它决定了网站的制作路径和方向，同时确定了网站的模板，基本上明确了网站大的框架，后续的页面就比较容易处理了。

22.3　设计解决方案页

解决方案的呈现是每个公司都特别注重的一部分，公司希望将解决方案提供给用户，可以达成与潜在用户合作的可能性。解决方案页面既要保持与主页面风格的一致，在页面布局上又可以突出风格，使用不同的图片或布局方式。

22.3.1　页面布局

解决方案页面包含网站的标题部分和内容展现部分，内容展现部分使用了 3 栏式的布局结构，它要既能表达出公司丰富的解决方案内容，又能提供整体的布局风格。解决方案网页结构如图 22.14 所示。

图 22.14　解决方案页面结构

可以看到，解决方案内容实际上由左侧的目录、中间的解决方案内容和右侧的侧边栏组成，中间的解决方案又进一步进行了布局。下面详细介绍解决方案页的布局方式，步骤如下所示。

（1）在 Dreamweaver 中新建一个网页，应用模板 SiteTemplate.dwt，在 navArea 区域中，复制主导航栏的 ul 和 li 代码，将 class=current 设置为解决方案项，代码如下：

```
<li><a href="solutions.html" class="current"><em><b>解决方案</b></em>
</a></li>
```

（2）接下来放置一个 div 元素用来设置标题栏，目的是为了更加醒目，如以下代码所示：

```
<div id="pagetitle">解决方案页面</div>
```

CSS 文件中的 pagetitle 样式设置了标题栏的外观，让它具有深蓝色的底色和较大的字体。CSS 定义如以下代码所示：

```
#pagetitle {
    margin-top:2px;                    /*顶部边距 2px*/
    margin-left:auto;
    margin-right:auto;                 /*水平居中显示*/
    width:915px;                       /*宽度 915px*/
    background:#608fc8;
    position:relative;                 /*相对对齐方式*/
    color:#d5e8ff;
    font-size: 15pt;
    padding:.5em 15px .7em 15px;       /*内部间距定义*/
}
```

标题作为页面中的一个布局元素，它使用相对对齐的方式，水平居中对齐显示，同时指定了 color 和 font-size 来设置颜色和样式。

（3）创建 3 列布局的 div 元素，在中间用来放置解决方案内容区的 div 中，根据网页内容的规划再嵌入其他的 div 元素。代码 22.16 列出了 div 元素的布局方式：

代码 22.16　解决方案 div 布局

```
<!--3 栏式容器 div-->
<div id="content-container-three-column">
    <!--左侧解决方案目录 div-->
    <div id="content-side1-three-column">
    </div>
    <!--中间解决方案内容 div-->
    <div id="content-main-three-column">
        <h1>我们提供的解决方案</h1>
        <hr />
        <br/>
    <!--中间内容区又嵌入了一个 3 栏式的 div 结构-->
    <div id="three-column-container">
      <div id="three-column-side1">
          <!--栏目 1-->
      </div>
        <div id="three-column-side2">
            <!--栏目 2-->
        <div id="three-column-middle">
            <!--中间栏目-->
        </div>
    </div>
</div>
    <!--侧边栏 div 元素-->
    <div id="content-side2-three-column">
    </div>
    <!--清除浮动的 div 元素-->
    <div class="clear">
```

```
    </div>
</div>
```

出于节省篇幅的考虑，省略了内容代码部分的内容，可以看到在容器 div 中，包含了如下 3 个 div 元素。

- ❑ content-side1-three-column：显示解决方案目录的 div 元素。
- ❑ content-main-three-column：显示解决方案主要内容的 div 元素。
- ❑ content-side2-three-column：显示侧边栏公告区的 div 元素。

还包含了一个 class 为 clear 的类，这个类主要用来清除浮动，让容器 div 的高度可以自动适应。可以看到在主要内容的 div 元素中，又包含了用来进行布局的 3 栏式布局结构，如下所示。

- ❑ three-column-side1：居左显示的 div 元素。
- ❑ three-column-side2：居右显示的 div 元素。
- ❑ three-column-middle：居中显示的 div 元素。
- ❑ three-column-container：包含内部 3 栏式布局的容器。

这种嵌套式的层次结构,让网页可以首先进行大范围的布局,然后在细微部分嵌入 div,可以实现对内容丰富的布局效果。

在创建了网页的布局结构以后，接下来就可以通过 CSS 来控制布局的显示方式，在布局的风格基本确认后，就可以填入所需要放置的解决方案的内容。

22.3.2　CSS 控制布局显示

content-container-three-column 是解决方案内容的核心容器，它的命名与 index.html 页面的布局容器相同，因此共用相同的 CSS 代码。容器内部的 3 个 div 子元素的布局如代码 22.17 所示：

代码 22.17　3 栏式布局 CSS 的代码

```css
/*指定中间的div元素的宽度为560px，向左浮动，左外边距25px*/
#content-main-three-column {
    width:560px;
    float:left;
    margin-left:25px;
    }
/*指定居左和居右的div的宽度和字体大小*/
#content-side2-three-column,
#content-side1-three-column {
    width:160px;
    font-size:9pt;
    }
/*指定该div元素向右浮动*/
#content-side2-three-column {
    float:right;
    }
/*向左浮动的div元素*/
#content-side1-three-column {
    float:left;
    }
```

content-main-three-column 是 3 栏式布局的内容区域，具有 560px 的宽度，并且本身向左浮动。因为 content-side1-three-column 作为布局中的第 1 个 div 元素向左浮动，而 content-side2-three-column 向右浮动，因此 content-main-three-column 会占据中间的 560px 的位置。

content-main-three-column 本身又是一个 3 栏式布局的容器，在它内部包含了 4 个 div 来完成 3 栏式的布局，CSS 的实现可以参考代码 22.13，它使用的布局 div 与 index.html 中的布局方式完全相同，可以看到通过布局代码放在不同的容器中，可以实现相同的布局代码实现多个位置的布局。

22.4　设计"联系我们"页

企业门户网站的多数网页使用了相同的布局结构，目的是为了保持网站风格的高度统一，这对于科技类的网站是非常必要的，毕竟企业网站不同于个人网站，个人网站风格可以随意，但是企业网站必须显示出企业的厚重和专业。"联系我们"页面除了会展示公司的联系信息外，还包含了一个表单，允许客户发送留言信息电子邮件。

22.4.1　页面布局

与其他页面的创建方式类似，"联系我们"页也使用 SiteTemplate.dwt 模板进行创建，它会更改导航工具栏的当前项为"联系我们"，整个页面的布局结构如图 22.15 所示。

图 22.15　联系我们页面布局

当基于模板创建页面后，首先要做的工作是在 navplace 可编辑的模板位置设置导航栏，基本上就是将 index.html 中的导航代码复制到该位置，并更改 CSS 的当前项设置，如代码 22.18 所示：

代码 22.18　导航栏代码

```
<div id="nav-main">
    <!--在这里添加导航链接-->
```

```
    <div id="nav-box">
     <div class="left">
     <div class="right">
         <ul>
             <li><a href="index.html"><em><b>首页 m></a></li>
             <li><a href="about-us.html"><em><b>关于我们 m></a></li>
             <li><a href="solutions.html"><em><b>解决方案 m></a></li>
             <li><a href="partners.html"><em><b>合作伙伴 m></a></li>
             <li><a href="consulting.html"><em><b>顾问咨询 m></a></li>
             <!--将 current 类指向联系我们导航栏-->
             <li><a href="contact-us.html" class="current"><em>
             <b>/b></em></a></li>
         </ul>
         </div>
     </div>
   </div>
</div>
```

　　关于在导航栏中使用的 div 和 ul、li 的样式，可以参考 22.2.3 节的导航栏代码设置，在这里需要注意的是 class=current 设置在"联系我们"这一栏，表示将高亮显示"联系我们"。可以看到，导航栏的设置是 HTML 与 CSS 完全分离的，HTML 标签的格式化功能已经完全被 CSS 样式取代，但是这些标签对搜索引擎优化却十分有用。了解了搜索引擎优化的网页需要的标签后，就可以灵活地应用 HTML 标签和 CSS 来更改页面的样式了。

```
<div id="pagetitle">联系我们</div>
<h1><a href=#>欢迎有需求的用户进行联系：</a></h1>
<p>公司办公室地址：<br/>
    广东省深圳市 xxxxx 路中信大厦 40 楼 网民互动有限公司<br/>
    联系电话：123456789
</p>
```

　　id 为 pagetitle 的 div 元素用来显示一个标题，其 CSS 样式可以参考 22.3.1 节中关于网页标题栏的讨论。代码首先使用标题标签<h1>显示一条欢迎信息，然后使用段落标签<p>显示公司的地址信息。

　　可以见到，"联系我们"页面的布局设计非常简单，并没有使用 DIV+CSS 的浮动布局结构，目的是简洁明了，一般用户来到这个页面除了迫切了解公司的地址、电话及电子邮件，会通过通信工具联系外，就会考虑通过表单提交留言。

22.4.2　创建表单

　　由于这个示例性的企业门户网站不包含任何后台程序，因此用户在表单中的留言会作为电子邮件被提交。当将表单的 action 属性指定为"mailto:要发送的电子邮件地址"时，单击"提交"链接就会自动打开当前电脑的电子邮件客户端，允许用户发送留言。示例在这里构建了一个表单，原来的构思是创建一个 PHP 的动态页面，将用户的表单信息作为留言提交到 MySQL 数据库，但是出于服务器空间的考虑，在此省略了 PHP 和 MySQL 的实现，表单的布局如代码 22.19 所示：

代码 22.19　表单布局代码

```
<form id="contacts-form" action="mailto:webmaster@domain.com" ctype=
"text/plain "">
  <fieldset>
    <div class="field"><label>姓名:</label><input type="text" ue=""/>
    </div>
    <div class="field"><label>E-mail:</label><input type="text" ue=
""/></div>
    <div class="field"><label>留言标题:</label><input type="text" ue=
""/></div>
    <div class="field"><label>留言内容:</label><textarea cols="" s="">
    </textarea></div>
    <div class="alignright"><a href="#" class="button"
        lick="document.getElementById('contacts-form').submit()">
        <em><b>提交您的留言</b></em></a></div>
  </fieldset>
</form>
```

由代码可以看到；代码创建了一个名为 contacts-form 的表单，action 指定为 mailto 属性，enctype 指定表单 MIME 类型，这里指定为 text/plain，表示纯文本类型。

表单内部使用了 fieldset 元素，这个元素也是一个布局元素，可以将表单内的相关元素进行分组。在 fieldset 内部，为每个表单项创建了一个 div 元素，在内部使用 label 元素定义表单项的标题。label 元素与普通的文本效果完全相同，它的好处是具有鼠标可操作的特性，用户单击标签时，就会自动将焦点转移到标签相关的表单控制上。在表单的最后使用了一个链接，这个链接的 onclick 事件关联了一行代码，这行代码通过调用 document.getElementById 方法获取表单对象实例，然后调用其 submit 方法向服务器端提交表单。

表单通过 div 布局方式，有助于页设计人员进行 CSS 布局，在过去网站设计大多使用表格式布局方式，虽然简单可行，但不利于布局的维护和更改，而使用 DIV+CSS 的方式则更加灵活。

22.4.3　表单样式

表单中使用了多个 div 及 fieldset 和链接，这些都将通过 CSS 进行外观的控制，代码 22.20 演示了表单的样式定义，可以看到 CSS 代码为表单中出现的所有元素都应用了样式，以控制表单各个控件的具体呈现效果：

代码 22.20　表单布局 CSS 外观代码

```
/*表单容器的外观*/
#contacts-form {
    clear: right;              /*清除右浮动*/
    width: 100%;               /*宽度*/
```

```
        overflow: hidden;               /*溢出部分隐藏*/
}
#contacts-form fieldset {
        border: none;
        float: left;                    /*向左浮动*/
}
#contacts-form .field {                 /*表单字段的样式*/
        clear: both;
        padding-bottom: 7px;
        width: 100%;
        overflow: hidden;
}
#contacts-form label {                  /*表单标签的样式*/
        float: left;
        width: 79px;
        color: #2cb6e9;
        font-weight: bold;
}
#contacts-form input {                  /*输入控件的样式*/
        width: 240px;
        padding: 2px 0 2px 3px;
        border: 1px solid #d9d9d9;
        background: none;
}
#contacts-form textarea {               /*多行文本框的样式*/
        width: 790px;
        height: 192px;
        border: 1px solid #d9d9d9;
        background: none;
        padding: 2px 0 2px 3px;
        margin-bottom: 15px;
        overflow: auto;
}
#contacts-form .button {                /*链接的样式*/
        width: 150px;
        float: right;
}
```

　　首先是为表单容器本身 contacts-form 定义了显示的样式，使用了 clear 属性指定浮动清除方式为向右，以使表单可以占满右侧的区域。表单内部的 fieldset 指定为向左浮动，它是表单的容器，在表单内部，field 是 div 项容器，它使用了 clear:both 进行浮动清除，同时 overflow:hidden 指定当内容溢出元素框时，将隐藏内容的显示。这是指容器内部的元素设置超过容器的大小时将隐藏部分元素的显示。接下来的 CSS 为表单中的每种表单控件分别指定了样式，用户也可以修改这些样式来达到满意的效果。

　　目前互联网上多数的表单都应用了适用于表单的独特的样式，比如为表单添加水印、添加初始文本等，通过 CSS 和 JavaScript 来控制表单的外观样式，同时从安全性来说表单输入应该添加表单验证代码，可以使用 Dreamweaver 的"行为"功能来为表单输入添加"表单检查"行为，或者是自行编写 JavaScript 代码来控制表单的行为，读者在编写表单页面时必须要注意。

22.5　小　　结

本章通过一个基于 HTML+DIV+CSS 的企业门户网站，讨论了静态网站建设的一般步骤。首先介绍了网站的前期策划，讨论了网站的需求、网站的结构及网站的风格定位。在网站预览部分先对网页的效果进行了预览，让读者了解网站最后的效果，以便根据这个效果规划网页的结构。然后讨论了如何在 Dreamweaver 中创建这个网站。网站使用了 Dreamweaver 的模板进行统一外观的设计。在设计网站首页部分，讨论了如何定义网站的布局结构。网站使用 DIV+CSS 进行外观设计，因此重点介绍了 CSS 代码如何控制页面的布局，以及 CSS+DIV 的导航结构的实现。接下来分别对网站的首页、解决方案页和"联系我们"页进行了重点介绍，讨论了页面的布局、CSS 代码的实现及表单的定义和样式控制。通过本示例的学习，可以消化本书前面学到的关于 HTML、CSS 及 JavaScript 的知识。

第23章 基于 PHP+MySQL 的内容管理网站

如今很多网站通过后台管理页面操纵数据库来更新网页内容，比如更新网站的新闻和文章，更换网站的图片和链接等。相对于传统的静态网页的更新，这种更新方式具有成本低、效率高、维护相对简单等优势，因此是各大网站进行内容更新的首选。随着网站规模的增长，对内容的更新和管理的要求也更高。由此互联网上产生了专门用于内容管理的网站。本章将介绍一个简单的内容管理网站的实现过程，了解如何使用 PHP+MySQL 实现内容管理系统。

23.1 网站前期策划

内容管理系统，英文全称为 Content Management System（CMS），是加速网站开发，降低开发成本的一种网站管理工具。它通过强大的后台配置程序来配置显示内容、网站布局和图片，让用户不用进行任何编程，通过配置就能创建出比较专业的网页内容。网站的内容管理功能由于操作简单、可用性强，一直备受网站站长的青睐。

23.1.1 内容管理系统的作用

CMS 其实是一个很广泛的称呼，比如一般的博客程序、新闻发布程序及综合性的网站管理程序都可以称为内容管理系统。CMS 用来加快网站开发的速度，降低网站开发的成本。

内容管理系统是目前企业级信息化管理中的一个非常重要的组成部分，如下的 3 个方面使得企业越来越重视建设优秀的 CMS 系统。

1. 企业对知识越来越重视，收集知识成为企业销售策略的重要参考部分

在 Internet 交互过程中，只有十分之一涉及销售，其他十分之九都和信息交互有关。员工的知识获取越来越依赖于互联网，特别是在电子商务的个性化环境中，客户为了做出购买决定，需要智能化地获取信息，不仅仅是商品的数量和价格，更重要的可能是产品的手册、安全保证、技术指标、售后服务、图片文件等。

2. 企业需要具有及时的信息传递功能

无论在企业内网还是外网，信息的更新越来越快，企事业单位的信息生产量越来越多，且呈现成倍增长的趋势。企事业单位更需要的是功能强大、可扩展、灵活的内容管理技术来满足不断的信息更新、维护，这时，如何保证信息的准确性和真实性显得越来越重要。

3．企业对网站的需求越来越大

随着企事业单位信息化的建设，内网和外网之间的信息交互越来越多，优秀的内容管理系统对企业内部来说，能够很好地做到信息的收集、重复利用及信息的增值利用。对于外网来说，更重要的是真正交互式和协作性的内容。

CMS 的一个特色是重视基于模板的可配置设计，这可以加快网站开发的速度，降低开发的成本。CMS 的设计和内容是分开的，页面的设计存储在模板里，内容放在数据库中，这样分开存储有利于搜索引擎的抓取，打开页面的时间也会减少。一个 CMS 应该要有的 3个要素：文档模板、脚本语言或标记语言、数据库集成。文档模板是内容将呈现的页面样式；脚本语言或标记语言是用来呈现内容的替代标签，比如 PHP、ASP 等服务器端的语言；数据库用来保存网站具体的后台内容。

23.1.2　网站功能架构

目前有很多专业的内容管理软件公司，提供了全套的内容管理解决方案，并且为内容管理系统赋予了知识管理的能力。但是对于普通的建站人员来说，简而言之的一套内容管理系统是通过服务器端的脚本编程语言和数据库，打造一个动态的网页前端页面和后台数据库管理页面，整个结构如图 23.1 所示。

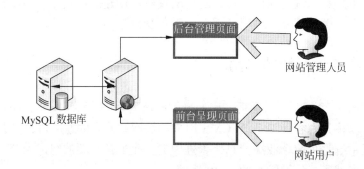

图 23.1　网站内容管理结构

由图 23.1 中可以分析出，一个 CMS 系统由如下两大部分组成。

- ❑ 用户使用部分：用户可以查看网站的所有文章，可以指定显示的外观，普通用户登录后可以在网站上添加事件日志。
- ❑ 系统管理部分：由管理员来设置网站的外观、缓存、添加和管理文章等功能。
- ❑ 目前基于 PHP 的开源内容管理系统非常多，比如国内的 DeDeCMS、Discuz!，国外有 Joomla 等可以用来进行二次开发，从而打造出自己的 CMS 网站，不过这类开源的系统一般比较复杂，可定制项也较多，很多公司依然希望能开发一套属于自己的 CMS 管理网站或带 CMS 部分功能的企业网站，为此笔者选择了 PHPaa 这套轻量级的开源内容管理网站，通过对该网站的实现过程的学习，来了解如何使用 PHP+MySQL 打造自己的内容管理系统。

🔔**注意：** PHPaa CMS 系统是由国人开发的一款开源的内容管理系统，它适用于简单的、对内容管理要求不高的企业或个人使用，本章内容基于 PHPaa CMS 进行深入的详解，原作者保留对于源代码的所有权益。

PHPaa CMS 系统（以后统称为 PHPCMS 系统），由前台用户浏览页面和后台管理页面两部分组成，其中前台部分分为如图 23.2 所示的几个组成部分。

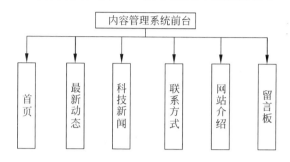

图 23.2　内容管理系统前台组成页面

🔔**注意：** 实际上除了"首页"和"留言板"之外，PHPCMS 的其他栏位都是通过后台管理界面来定制的，也就是说，可以创建不同的栏目内容并进行管理，这对于需要不同栏位的网站需求来说非常灵活。

一些比较专业的内容管理系统甚至可以对前台页面进行定制设计，比如定义前台显示的 CSS 样式和显示的图片等，这样的 CMS 系统在读者具备了一定的编程能力后也可以对 PHPCMS 进行定制开发，以达到想要的效果。

在后台，主要是对前台的内容进行增加和管理，它分为如下 3 大类。

❑ 文章管理：对网站各栏位下的文章进行新增、修改和删除，对网站的栏目进行新增、修改和删除。

❑ 网站管理：对网站的页面、公告、友情链接、留言和网站的文件进行统一的管理。

❑ 系统管理：管理后台的登录账号和网站信息的设置。

网站后台管理的各个页面的组成如图 23.3 所示。

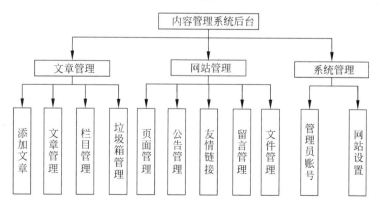

图 23.3　网站管理后台组成页面

可以看到，网站的后台页面包含了对于前台的方方面面的管理，比如文章、栏目、页面、公告、留言及网站的文件，这些后台页面通过操纵 MySQL 数据库，达到为前台提供内容的效果。

在开发工具的选择上，网站使用 PHP 作为服务器端编程语言，后台使用 MySQL 数据库，通过 Dreamweaver 可以提供所见即所得的编辑模式。本章将使用 Dreamweaver 作为网站的编辑工具，讨论 PHPCMS 的具体实现过程。

23.2 定义与访问数据库

数据库的设计是网站实现过程中非常重要的一步，数据库可以由专门的数据库管理员（DBA）负责设计与实现。不过对于一般的网站来说，都是由网站建设人员自己实现，网站建设人员可以使用一些数据库建模工具比如 Visio 或 PowerDesigner 对数据库进行建模，然后评估数据库设计的可行性，最后再开始具体地创建表。

23.2.1 网站数据库设计

CMS 网站的核心是后台数据库的存储，因为前台页面主要通过访问数据库来获取动态更新的内容源，后台通过向数据库添加、修改数据来更改网页的内容，因此数据库的设计要包含 CMS 所提供的内容管理的方面。根据对图 23.2 和图 23.3 的分析，不难看出网站应该具有的数据表个数。在 PHPCMS 中一共定义了 8 个表，如表 23.1 所示。

表 23.1 PHPCMS表及描述

表　　名	表　　述
cms_article	存储网站的文章内容
cms_category	存储网站的文章栏目分类
cms_file	存储网站的文件内容
cms_friendlink	存储网站的友情链接
cms_message	存储网站的留言
cms_notice	存储网站的公告
cms_page	存储网站的页面
cms_users	存储网站的用户和密码

这些表的字段描述如表 23.2～表 23.9 所示。

表 23.2 cms_article表字段及描述

字段名称	类　　型	是否主键	字　段　描　述
id	int(11)	Y	文章编号，自动增长字段
cid	int(11)	N	所属栏目 id
title	varchar(200)	N	文章标题
subtitle	varchar(200)	N	文章子标题
att	set('a','b','c','d','e','f','g')	N	文章属性
pic	varchar(200)	N	缩略图
source	varchar(200)	N	文章来源

续表

字段名称	类　　型	是否主键	字　段　描　述
author	varchar(20)	N	文章作者
resume	varchar(500)	N	文章摘要
pubdate	varchar(40)	N	文章发表日期
content	text	N	文章内容
hits	int(11)	N	点击次数
created_by	int(11)	N	创建者
created_date	datetime	N	创建时间
delete_session_id	int(11)	N	删除人 id

表 23.3　cms_category 表字段及描述

字段名称	类　　型	是否主键	字　段　描　述
id	int(11)	Y	栏目编号，自动增长字段
pid	int(11)	N	当前栏目的父栏目 id
name	varchar(50)	N	栏目名称
description	text	N	栏目描述
seq	int(11)	N	栏目排序

表 23.4　cms_file 表字段及描述

字段名称	类　　型	是否主键	字　段　描　述
id	int(11)	Y	文件编号，自动增长字段
filename	varchar(200)	N	文件名
ffilename	varchar(200)	N	原始文件名称
path	varchar(250)	N	文件路径
ext	varchar(10)	N	文件扩展名
size	int(11)	N	文件大小
upload_date	datetime	N	文件上传日期

表 23.5　cms_friendlink 表字段及描述

字段名称	类　　型	是否主键	字　段　描　述
id	int(11)	Y	友情链接编号，自动增长字段
name	varchar(200)	N	网站名称
url	varchar(200)	N	网站地址
description	varchar(400)	N	站点简介
logo	varchar(200)	N	网站 Logo
seq	int(11)	N	排列顺序

表 23.6　cms_message 表字段及描述

字段名称	类　　型	是否主键	字　段　描　述
id	int(11)	Y	留言编号，自动增长字段
title	varchar(200)	N	留言标题
name	varchar(50)	N	留言者称呼
qq	varchar(15)	N	QQ 号码
email	varchar(50)	N	E-mail 或 MSN 号码

续表

字段名称	类　　型	是否主键	字 段 描 述
content	text	N	留言内容
reply	Text	N	回复内容
ip	varchar(20)	N	留言人 IP
validate	int(11)	N	是否验证，0 为未验证；1 为已验证
created_date	datetime	N	留言日期
reply_dates	datetime	N	回复日期

表 23.7　cms_notice表字段及描述

字段名称	类　　型	是否主键	字 段 描 述
id	int(11)	Y	公告编号，自动增长字段
title	varchar(200)	N	公告标题
content	text	N	公告内容
state	int(11)	N	状态（0 发布；1 禁用）

表 23.8　cms_page表字段及描述

字段名称	类　　型	是否主键	字 段 描 述
id	int(11)	Y	页面编号，自动增长字段
code	varchar(20)	N	页面别名
title	varchar(100)	N	页面名称
content	text	N	页面内容
created_date	datetime	N	创建日期

表 23.9　cms_users表字段及描述

字段名称	类　　型	是否主键	字 段 描 述
userid	int(11)	Y	用户编号，自动增长字段
username	varchar(20)	N	用户名称
password	varchar(100)	N	用户密码

可以看到，这些以 cms_开头的数据库表存储了一个网站所需的多数的内容，在网站源代码的 install 文件夹下，所有表的建表脚本都位于 install.sql 文件中，该文件也包含了一些样例数据插入的 INSERT 语句。

23.2.2　网站数据库安装

PHPCMS 提供了一个很有用的功能，就是可以自动创建和插入数据库样例数据。这个功能大大简化了网站建设人员部署站点的复杂性。用户首次进入网站的首页时，系统会进行检查，判断用户是否安装数据库，如果没有安装则显示一个提示，要求用户安装网站。单击"马上开始安装"链接，会显示如图 23.4 所示的页面。

图 23.4　安装 CMS 数据库

该网页各字段的作用如下所示。

❑ 服务器地址：在该页面中指定要安装的 MySQL 数据库服务器地址，如果是本地服务器，指定 localhost 即可。

❑ 数据库名：数据库名指定要创建的数据库名称，可以输入一个适用于本网站的有意义的名称。勾选"创建新数据库"复选框表示将创建一个新的数据库。

❑ 数据库用户名和数据库用户密码：指定要连接数据库的用户名和密码，一般是具有管理员权限的用户名和密码，否则可能因为权限问题无法成功创建数据库。

❑ 数据表编码：指定数据库表的编码，使用默认的"UTF-8"即可。

单击"下一步"按钮，开始检测并创建数据库，它会执行 install.sql 文件中的 SQL 脚本，用来创建数据库表。当表创建成功后，会在网站的 data 文件夹创建一个名为 database.inc.php 的网站文件，在后续对首页请求时会检测 database.inc.php 文件，如果存在，则表示数据库已经创建，会自动使用该文件中的数据库信息来连接数据库。

23.2.3　定义数据库访问类

在介绍 PHP 数据访问时曾经了解到，每次要对 MySQL 数据库进行查询或插入时，总是需要先连接到数据库、向数据库发送 SQL 语句、关闭数据库连接等步骤。如果每一次访问数据库都执行这些步骤，需要程序员编写大量的代码，而且容易出现错误，特别是如果以后要更改数据库驱动，会造成大量网页的修订，为此 PHPCMS 实现了一个数据库访问类 db_mysql.php，位于 include 文件夹下，该类封装了访问和操作 MySQL 数据库的方法和属性。

在 PHP 中，可以创建对象，为对象定义属性和方法。在 PHP 中，类的定义以 class 开头，后跟类的名称，基本的定义语法如下：

```
class classname [可选属性]{
 public $property [=value];…
                //用 public 声明一个公共标识，然后给予一个变量，变量也可以赋值
 function functionname ( args ){ //类的方法里的成员函数
     代码} …
 //类的方法（成员函数）
 }
}
```

在定义好类后，就可以使用如下的语法实例化一个类的实例，称为对象：

```
$对象名=new classname( );
```

要访问类中的成员或方法，可以使用 "->" 符号，比如下面的语句调用类中定义的方法：

```
$对象名=new classname( );
$对象名->functionname(args);
```

可以看到，必须先对类进行实例化，然后才能访问类中定义的属性和方法。在 db_mysql.php 中，使用 PHP 的类定义语法定义了一个名为 db_mysql 的类，它将访问 MySQL 数据库的语句进行了封装，使得网页的其他需要访问数据库的地方调用该类中的成员就可以完成功能，这些方法的作用如表 23.10 所示。

表 23.10 db_mysql 类的成员方法

表 名	表 描 述
connect	连接到参数指定的 MySQL 服务器，并且切换到指定的数据库
query	执行查询数据库的语句，并返回一个查询的活动记录集
insert	向指定的表中插入一条记录
getInsertId	获取插入的数据的 id 值
update	向数据库发送 UPDATE 语句，更新特定的表记录
delete	删除指定的数据库记录
getList	调用 query 查询数据库，并提取数据库中的数据到一个数组中
selectLimit	查询指定的数据库数据，它使用了 SELECT 的 LIMIT 子句来限制返回的结果数
getOneRow	查询数据库，并返回单行记录
getRowsNum	返回查询的记录行数
getOneField	返回查询结果的第一个字段的值
getCol	获取数据库的字段列表
close	关闭数据库连接
getVersion	获取数据库版本信息
errorMsg	向页面显示数据库错误信息

可以看到，db_mysql 类封装了连接数据库、查询数据库表、插入、更新或删除数据库记录的方法，同时包含了几个辅助方法来获取单行或单列的字段信息或数据库版本信息。下面分别从连接、数据库查询与数据库操作几个方面了解下该类的实现。

23.2.4 连接和关闭数据库

连接数据库使用 connect 方法，与之对应的是 close 方法来关闭数据，其中 connect 允许用户根据传入的参数创建永久或非永久的数据库连接，并且根据数据库的版本来设置连接的字符集合，如代码 23.1 所示：

代码 23.1 连接和关闭数据库

```
/**连接数据库*
```

```
 * param  string  $dbhost            数据库主机名<br />
 * param  string  $dbuser            数据库用户名<br />
 * param  string  $dbpw              数据库密码<br />
 * param  string  $dbname            数据库名称<br />
 * param  string  $dbcharset数据库字符集<br />
 * param  string  $pconnect          持久链接,1 为开启,0 为关闭
 * return bool
 **/
function connect($dbhost, $dbuser, $dbpwd, $dbname = '', $dbcharset = f8',
$pconnect = 0) {
    if ($pconnect) {                      //如果是要创建持久连接
        //调用 mysql_pconnect 创建一个持久连接
        if (! $this->link_id = mysql_pconnect ( $dbhost, $dbuser, pwd )) {
            $this->ErrorMsg ();         //如果连接创建失败则输出错误消息
        }
    } else {                              //如果不是创建持久连接
        //调用 mysql_connect 来创建一个非持久连接
        if (! $this->link_id = mysql_connect ( $dbhost, $dbuser, $dbpwd, )
{
            $this->ErrorMsg ();         //如果连接创建失败则输出错误消息
        }
    }
    //获取连接的版本信息
    $this->version = mysql_get_server_info ( $this->link_id );
    //如果 MySQL 的版本大于 4.1
    if ($this->getVersion () > '4.1') {
        if ($dbcharset) {
            //下面的代码用来设置连接的字符集类型
            mysql_query ( "SET character_set_connection=" . $dbcharset .
            character_set_results=" . $dbcharset . ", racter_set_
            client=binary", $this->link_id );
        }
        //如果版本大于 5.0.1, 则设置 sql_mode
        if ($this->getVersion () > '5.0.1') {
            mysql_query ( "SET sql_mode=''", $this->link_id );
        }
    }
    //选中指定的数据库
    if (mysql_select_db ( $dbname, $this->link_id ) === false) {
        $this->ErrorMsg ();
    }
}
```

代码的实现如以下过程所示。

（1）首先判断传入的$pconnect 参数是否指定了一个具体的值，如果为大于 0 的值，则表示要创建持久连接，因此调用 mysql_pconnect 来创建数据库持久连接，否则调用mysql_connect 来创建一个非持久的连接。

🔔注意：在 PHP 的对象中，$this 表示对象自身，因此$this->link_id 表示为对象自身的 link_id属性赋值。

（2）在成功创建了到 MySQL 数据库的连接后，$this->link_id 属性就保存了连接实例信息，接下来调用 mysql_get_server_info 获取指定连接的版本信息。对于版本大于 4.1 的数据库连接，设置连接的字符集为 UTF-8，同时设置 sql_mode 为空，在这种情形下 MySQL

执行一种不严格的检查，如果要插入的字段长度超过列定义的长度，那么 MySQL 不会终止操作，而是会自动截断后面的字符继续插入操作。

（3）代码调用 mysql_select_db 方法为连接指定要操作的数据库，如果切换数据库失败，则调用 ErrorMsg 方法显示错误信息。

与连接对应的是关闭数据库，该方法的定义十分简单，调用 mysql_close 传入指定的连接即可，如以下代码所示：

```
/**
 * 关闭数据库连接（通常不需要，非持久连接会在脚本执行完毕后自动关闭）
 */
function close() {
    return mysql_close ( $this->link_id );
}
```

实际上多数情况下并不需要关闭连接，如果是持久连接，则连接会保留，因此需要注意关闭。对于非持久连接，会在脚本执行完毕后自动关闭，因此需要注意两者之间的区别。

23.2.5　查询数据库数据

db_mysql 类的 query 方法用来向数据库发送一个查询 SELECT 语句，该方法会返回一个查询的结果记录集，定义如代码 23.2 所示：

代码 23.2　query 方法查询数据库

```
/**
 * 发送一条 MySQL 查询
 *
 * @param string $sql    所要执行的 SQL 语句
 * @return bool          如果查询执行成功，则返回查询结果集，否则返回 false
 */
function query($sql) {
    if ($this->debug) echo "<pre><hr>\n" . $sql . "\n<hr></pre>";
                            //如果设置成调试模式，将打印 SQL 语句
    if (! ($query = mysql_query ( $sql, $this->link_id ))) {
        $this->ErrorMsg ();
        return false;
    } else {
        return $query;
    }
}
```

query 方法接收要查询的 SQL 语句，然后调用 mysql_query 方法来执行查询语句。如果 SQL 语句执行成功，则返回查询的结果集，否则返回 false。可以看到代码判断类成员变量 debug 的值，如果该值指定为 true 表示处于代码调试模式，因此会输出所执行的 SQL 语句，这对于调试 SQL 的具体执行效果来说非常有用。

query 方法会被 db_mysql 类中的其他成员方法调用来查询数据库，获取查询结果。比如 getList 方法将查询的结果集保存为数组并返回到客户端，它调用了 mysql_fetch_assoc 提取查询结果集中的每 1 行，然后将行数据作为数组元素保存，并返回保存了查询结果的数组，如代码 23.3 所示：

代码 23.3　getList 查询数据库并返回结果集列表

```
/**
 * 获取数据列表
 *
 * @param string $sql      查询语句
 * @return array           二维数组
 */
function getList($sql) {
    $res = $this->query ( $sql );              //调用 query 查询数据库并返回查询结果
    if ($res !== false) {                      //如果查询执行成功
        $arr = array ();                       //定义一个数组
        $row = mysql_fetch_assoc ( $res );     //提取第 1 行数据
        while ($row) {                         //如果成功提取到数据
            $arr [] = $row;                    //将行赋给数组中的元素
            $row = mysql_fetch_assoc ( $res );
        }
        return $arr;                           //执行完成，返回数组
    } else {
        return false;                          //否则返回 false
    }
}
```

代码首先调用了 query 方法返回一个查询结果集，然后使用循环语句循环调用 mysql_fetch_assoc 方法提取记录集中的数据，将记录集结果赋给数组，并返回给客户端。

与 getList 同样的有 selectLimit、getRowNum、getOneRow 等方法分别调用了 query 来查询数据库数据，请参考 db_mysql.php 中的相关代码。

23.2.6　插入、更新和删除数据库数据

insert 方法用来向表中插入一行数据，它接收要插入的表名和要插入的行数据数组，会首先调用 getCol 方法获取指定表的描述信息，主要用来获取列的字段，然后循环提取数组中要插入的值，使用字段与值匹配调用 INSERT 语句进行插入，实现如代码 23.4 所示：

代码 23.4　insert 方法插入表数据

```
/**
 * 插入数据
 *
 * @param string $table          表名<br />
 * @param array $field_values     要插入的值数据数组<br />
 * @return id                    返回最后插入 ID
 */
function insert($table, $field_values) {
    $field_names = $this->getCol ( 'DESC ' . $table );
                                              //使用 DESC 名查询表字段信息
    $fields = array ();                       //定义字段数组
    $values = array ();                       //定义值数组
    foreach ( $field_names as $value ) {      //循环字段结果集
        //如果指定的字段已经存在于$field_values 关联数组的键或索引中
        if (array_key_exists ( $value, $field_values ) == true) {
            $fields [] = $value;              //将该值赋给字段数组元素
```

```
            $values [] = "'" . $field_values [$value] . "'";
                                    //将值添加到值列表
        }
    }
    if (! empty ( $fields )) {              //如果字段列表不为空
    //根据字段数组和值数组中的元素构建 INSERT 语句，implode 用来将数组元素变成以逗号
        分隔的字符串
    $sql = 'INSERT INTO ' . $table . ' (' . implode ( ', ', $fields ) . ')
    VES (' . implode ( ', ', $values ) . ')';
    }
    if ($sql) {
        $this->query ( $sql );                   //执行查询
        return $this->getInsertId ();            //返回自增字段的值
    } else {
        return false;
    }
}
```

代码的实现如以下过程所示。

（1）代码接收一个表名和要插入的字段与值的关联数组，以字段作为键，以字段值作为数组元素。在代码的第 1 行首先调用 getCol 执行 DESC 命令获取$table 表名的字段名列表。

（2）可以看到代码定义了$fields 和$values 数组，分别用来保存字段信息和值信息。

（3）通过 foreach 语句循环$field_names 中的字段元素，使用 array_key_exists 判断字段名是否存在于$field_values 的键中，如果存在，则将字段名添加到$fields 数组中，并将$field_values 中指定字段名下标的值代入到 values 数组中。

（4）判断$fields 是否存在数组元素，如果存在，则使用 implode 将数组元素转换成以"，"号分隔的值列表，构建 INSERT 语句。

（5）当成功构建了 INSERT 语句之后，调用 query 成员方法执行 INSERT 语句。

（6）成功执行了 INSERT 语句后，最后调用 getInsertId 方法返回插入后的自增字段的最新值。

可以看到，完成这个示例使用了关联数组来分解要插入的字段和字段值，构建 INSERT 语句再进行插入。

更新过程实现了与 INSERT 的基本相同的步骤，update 方法先获取传入的表的字段列表，然后循环提取传入的字段名和字段值，构建用于更新的 UPDATE 语句，最后调用 query 方法执行更新，如代码 23.5 所示：

代码 23.5　update 方法更新数据

```
/**
 * 更新数据
 *
 * @param string $table                要更新的表<br />
 * @param array $field_values
    要更新的数据，传递字段和值关联数组:array('1'=>'字段值 1','字段 2'=>'字段值 2')
 * @param string $where               更新条件
 * @return bool
 */
function update($table, $field_values, $where = '') {
```

```
$field_names = $this->getCol ( 'DESC ' . $table );   //获取字段列数组
$sets = array ();                        //定义更新数组
foreach ( $field_names as $value ) {     //循环字段列数组
    //如果字段存在于传入的$field_values 的键中
    if (array_key_exists ( $value, $field_values ) == true) {
        //构建"字段=值"这样的语句数组格式
        $sets [] = $value . " = '" . $field_values [$value] . "'";
    }
}
if (! empty ( $sets )) {                        //判断是否构建了字段列表
    //构建 UPDATE 语句
    $sql = 'UPDATE ' . $table .' SET '. implode( ', ', $sets) . ' E ' .
    $where;
}
if ($sql) {
    return $this->query ( $sql );           //执行更新语句
} else {
    return false;
}
}
```

代码的实现如以下过程所示。

（1）首先代码调用 getCol 获取特定表名的字段列表，保存到$field_names 数组中，然后定义一个$sets 数组用来保存 UPDATE 语句的 SET 子句的名值公式。

（2）通过 foreach 循环$field_names 数组，使用 array_key_exists 判断特定的字段是否存在于$field_values 的键中，如果存在，则构建"字段＝值"这样的数组元素。

（3）通过使用 implode 分解数组元素，并合并一条 UPDATE 语句，赋给$sql 变量。

（4）通过调用 query 方法执行该 SQL 语句，完成更新的过程。

可以看到，update 接收一个$where 字段串参数，该参数默认值为空，如果存在该字符串参数，会在 UPDATE 语句后面添加 WHERE 条件子句进行条件更新，否则会更新整个表。

删除数据的方法 delete 的实现比较简单，因为无须构建字段列表，因此它只接收传入的表名和$where 子句，调用 DELETE FROM 语句进行表数据的删除，如代码 23.6 所示：

代码 23.6　delete 方法删除数据

```
/**
 * 删除数据
 *
 * @param string $table 要删除的表<br />
 * @param string $where 删除条件，默认删除整个表
 * @return bool
 */
function delete($table,$where=''){
    if(empty($where)){                         //如果没有传入$where 参数
        $sql = 'DELETE FROM '.$table;          //则对整个表进行删除
    }else{
        $sql = 'DELETE FROM '.$table.' WHERE '.$where;
                                               //否则仅删除指定条件的记录
    }
    if($this->query ( $sql )){                 //执行 SQL 语句并返回查询结果
        return true;
    }else{
```

```
            return false;
    }
}
```

可以看到实现的过程比较简洁，它判断$where 传入参数是否赋了值，如果未赋值，将对整个表的所有数据进行删除，否则会构建 WHERE 子句，对指定条件的记录进行删除。删除整个表是需要谨慎考虑的行为，因此在调用该方法时，应该总是考虑为$where 形式参数赋初始值。

23.2.7　网站配置文件 config.inc.php

在创建了数据库连接类后，必须要初始化 db_mysql，并且创建到数据库的连接，这个工作是在 include 文件夹下的 config.inc.php 文件中完成的。该文件将被所有需要操作数据库的页面包含，它本身也包含了来自 database.inc.php 页面的内容（该页面在安装数据库时自动生成，包含了数据库的连接字符串信息），同时包含 website.inc.php，这是一个用来定义网站全局信息的页面，config.inc.php 页面的实现如代码 23.7 所示：

代码 23.7　config.inc.php

```php
<?php
header('Content-Type: text/html; charset=utf-8');
define('ROOT_PATH',dirname(dirname(__FILE__)).'/');
                                                //网站所在根目录（绝对路径）
require_once ROOT_PATH.'data/website.inc.php'; //网站信息配置文件
require_once ROOT_PATH.'data/database.inc.php';//数据库配置文件
require_once ROOT_PATH.'include/db_mysql.php'; //数据库操作类
$db = new db_mysql();                          //构建数据库操作对象实例
$db->connect(DB_HOST,DB_USER,DB_PWD,DB_NAME,DB_CHARSET);
                                                //连接到数据库，保存连接为变量$db
/*防止 PHP 5.1.x 使用时间函数报错*/
if(function_exists('date_default_timezone_set'))
date_default_timezone_set('PRC');
?>
```

代码的实现如以下过程所示。

（1）PHP 中的 header 函数用于向浏览器发送一个 HTTP 头，这里指定 Content-Type 为 UTF-8，相当于 HTML 的 head 区指定的 Content-type 类型。

（2）使用 define 定义一个常量，其中__FILE__是 PHP 内置的一个魔术常量，用于返回完整的路径和文件名，__FILE__总是一个绝对路径，在示例中使用 dirname 返回路径中的目录部分，作为自定义常量 ROOT_PATH 的值。

（3）使用 require_once 包含网站根目录下的 3 个包含文件，其中 2 个包含文件中定义一些常量用来操作数据库、网站信息，db_mysql 则包含数据库访问类。

（4）接下来实例化 db_mysql 类，然后调用该对象的 connect 方法连接数据库。最后调用 date_default_timezone_set 方法将时区指定为 RPC，即中国时区，防止使用时间函数报错。

可以看到 config.inc.php 包含了很多常量的定义和数据库连接对象，该文件将被包含到每个页面中，它被根目录下的 header.php 包含，header.php 定义了网站的页面头，它类似于一个页面模板，被所有其他的页面所包含，因此所有的页面也就包含了 config.inc.php。

23.3　网站前台实现

至此已经讨论了网站的数据库结构和数据库类的实现，网站的前台部分，将页面的 Logo 和页脚部分别做成了 header.php 和 footer.php，然后所有的页面分别包含这两个文件，这有些类似于 Dreamweaver 中的模板效果，它使得整个页面保持统一的外观。在本节将讨论页面的实现过程，对于一些 UI 布局的 HTML 代码，限于篇幅，本章只是简要介绍，重点讨论与数据库交互的实现部分。

23.3.1　页眉和页脚的实现

位于根目录下的 header.php，会被前台的每个页面所包含，它包含了网站的 Logo、导航栏的设计，使用 Dreamweaver，可以像设计普通的 HTML 网页一样来设计 header.php，而且对于每个包含了 header.php 的页面，在 Dreamweaver 中都可以看到 header.php 中的内容，就好像是 Dreamweaver 的不可编辑模板一样。

在 header.php 中，使用了表格进行布局设计，PHPaa 这个版本发布的时间可能较早，有兴趣的读者可以重构为 DIV+CSS 的布局样式。在页面的导航部分，除了"首页"和"留言板"相对较固定外，其余的栏位都是在后台定制显示的，因此在表格的布局上，使用 PHP 循环语句来动态地产生页面的导航栏，在 Dreamweaver 中的页面效果如图 23.5 所示。

图 23.5　header.php 的界面设计

整个 header 页面的外观非常简单，header.php 中除了进行外观的定义外，最重要的是定义了一些包含文件，另外，它会在每次进入页面时检查 database.inc.php 的文件，判断是否已经安装了 CMS，这对于自动安装的网站来说，非常具有借鉴意义。页面头部的 PHP 代码如代码 23.8 所示：

代码 23.8　header.php 页面头代码

```php
<?php
//输入 UTF-8 文档类型
header('Content-Type: text/html; charset=utf-8');
//检测是否已经存在 database.inc.php 文件，以判断是否安装了数据库
if(!is_file(dirname(__FILE__).'/data/database.inc.php')){
    exit("<p align='center'>CMS 系统尚未安装！<br><br>
        <a href='./install/index.php'>马上开始安装 </a></p>");
```

```
}
//包含配置文件和功能文件
include_once 'include/config.inc.php';
include_once 'include/common.function.php';
?>
```

可以看到，程序首先使用 header 函数输出 HTTP 头 Content-Type 为 UTF-8，然后使用 if_file 判断在给定的文件夹下，database.inc.php 是否存在，如果文件存在且为正常的文件，表示数据库已经安装，否则会给出一个链接，链接到 install 文件夹的 index.php 进行数据库的安装。代码中使用 include_once 分别包含了 config.inc.php 这个全局配置文件，common.function.php 是一个函数单元，包含了在页面上访问数据库的具体的函数。本章后面的内容中将分别介绍这个文件中的函数实现。

header.php 的导航栏中，除了定义了"首页"与"留言板"这两个页面外，还包含了从 cms_category 表中获取的导航栏信息。导航页的代码如代码 23.9 所示：

代码 23.9　导航栏代码实现

```
<!--导航栏表格-->
<table width="100%" border="0" cellspacing="0" cellpadding="0" class=
"navBg">
  <tr>
    <td align="center" valign="top">
    <div class="nav"><a href="index.php">首　页</a></div>
    <!--使用 foreach 循环提取 getCategoryList 返回的数组-->
    <?php foreach(getCategoryList() as $list){?>
    <!--输出导航栏文本与链接-->
    <div class="nav"><a href="list.php?id=<?php echo $list['id']?>"><?php
echo $list['name']?></a></div>
    <?php }?>
     <!--使用 foreach 循环提取 getPageList 返回的数组-->
    <?php foreach(getPageList() as $list){?>
    <div class="nav"><a href="page.php?id=<?php echo $list['id']?>"><?php
echo $list['title']?></a></div>
    <?php }?>
    <div class="nav"><a href="message.php">留言板</a></div></td>
  </tr>
</table>
```

可以看到，除了"首页"与"留言板"页面外，导航栏调用了 getCategoryList 从 cms_category 表中获取在后台中定义的导航栏信息，同时调用了 getPageList 从 cms_page 表中获取页面信息。然后使用 foreach 循环语句循环数组中的元素，对于栏目信息链接到 list.php 页面，对于页面信息，链接到 page.php 页面。

GetCategoryList 和 GetPageList 定义在 common.function.php 文件中，它们将调用在 db_mysql 类中的函数来查询数据库，并返回查询结果数组。这两个函数的定义如代码 23.10 所示：

代码 23.10　导航栏代码实现

```
/**
 * 获取某个级别栏目列表
 * @param $pid 栏目 ID
 */
```

```
function getCategoryList($pid=0){
    global $db;
    return $db->getList("select * from cms_category where pid=".$pid);
}
/**
 * 获取页面列表
 */
function getPageList(){
    global $db;
    return $db->getList("select * from cms_page order by code asc");
}
```

cms_category 是一个具有层次结构的表，查询 pid=0 表示查询所有顶层结构的栏目列表，可以看到这两个函数都是使用 db_mysql 类中的 getList 函数，传入指定的 SQL 语句，然后返回包含结果集的数组。在页面上通过 foreach 循环数组以达到显示栏目内容的目的。

footer.php 包含了页面底部的页脚信息，在这里主要放置版权资料，源代码中包含了 PHPaa 的版权信息，当然在不侵犯版权的情况下，可以更改为自己网站的相关信息，以达到定制 CMS 的需要。

23.3.2　网站首页实现

网站的首页包含内容管理网站的概要性的信息，比如最新的文章资讯，最近的网站公告和友情链接等信息，网站的首页如图 23.6 所示。

图 23.6　index.php 的页面布局结构

可以看到，index.php 页面包含最新的公告、"联系我们"的信息，中间栏是用户自定义的栏目和页面的最新的 3 条记录，右侧包含在后台中定义的友情链接信息。首页使用表格式布局设计，有兴趣的读者也可以更改为上一章中介绍的 DIV+CSS 的布局结构，其中比较重要的部分就是通过访问数据库中的表来获取网站的最新公告、网站的最新栏目和页面的最新资讯部分。

网站的最新公告应用 HTML 的跑马灯效果，它将查询 cms_notice 表来获取网站中的最新资讯。最新公告放在一个 HTML 表格中，它的实现如代码 23.11 所示：

代码 23.11　首页最新公告实现代码

```
<!--最新公告面板-->
```

```
<table width="220" border="0" align="center" cellpadding="0" cellspacing=
"0">
 <tr>
  <td height="40" class="leftTitleBg">
  <img src="images/img_03.gif" width="114" height="35" /></td>
 </tr>
 <tr>
  <td height="40" style="padding-left:20px;">
  <!--网站最新公告的跑马灯效果-->
   <marquee scrollamount="1" scrolldelay="40" direction="up" ="220"
    height="120" onmouseover="this.stop()" seout="this.start()">
   <!--循环并输出最新公告-->
   <?php foreach(getNoticeList() as $list){?>
   <div class="divList">
    <a href="notice.php?id=<?php echo $list['id']?>"
       class="hui12" target="_blank"><?php echo ['title']?>..</a>
   </div>
   <?php }?>
   </MARQUEE>
  </td>
 </tr>
</table>
```

公告信息具有跑马灯向上滚动的效果，可以看到在代码中使用了 HTML 的<marquee>标签，指定 direction 为 up 则表示向上进行滚动，在<marquee>标签内部，调用 getNoticeList 返回新闻列表，然后使用 foreach 循环从数据库中查回的新闻列表，每一行用一个<div>元素进行显示。

位于中间的栏目显示区域，可以显示自定义栏目的前 3 条记录，它也是使用一个 HTML 表格进行布局，不同之处在于对它循环了栏目表中取出的栏目，使用循环的方式为每个栏目创建一个 HTML 表格，实现如代码 23.12 所示：

代码 23.12　显示栏目信息

```
<!--从数据库表中提取栏目信息-->
<?php foreach(getCategoryList() as $list){?>
 <!--循环显示栏目信息-->
 <table width="96%" border="0" align="center" cellpadding="0" lspacing="0" >
  <tr>
   <!--显示栏目标题-->
   <td width="82%" height="40" align="left" class="centerTitleBg">
      <?php echo $list['name']?>
   </td>
   <!--显示更多信息的图片-->
   <td width="18%" align="right" class="centerTitleBg">
    <a href="list.php?id=16">
    <img src="images/more.gif" width="39" height="7" border="0" />
    </a>  </td>
  </tr>
  <tr>
   <td colspan="2" align="left" valign="top" class="hui">
   <table width="99%" border="0" cellpadding="0" cellspacing="0"
   ss="news">
    </table>
   <table width="99%" border="0" cellpadding="0" cellspacing="0"
   ss="news">
    <!--调用 getArticleList 显示最近的文章列表-->
```

```
      <?php foreach(getArticleList("cid=".$list['id']."|row=3") as
    $list){?>
      <tr>
        <td height="25" align="left">
        <!--显示文章列表链接-->
        <a href="show.php?id=<?php echo $list['id']?>" t="_blank">
            <?php echo $list['title']?></a> </td>
        <td width="120" align="left">
            <?php echo $list['pubdate']?> </td>
      </tr>
      <?php }?>
    </table></td>
  </tr>
</table>
<?php }?>
```

代码的实现过程如下所示。

（1）使用 foreach 语句，循环 getCategoryList 方法返回的数组，该数组包含栏目信息，在循环体内部创建一个 HTML 的表格，用来对栏目信息进行布局。

（2）首先在一个单元格内部显示栏目标题信息，然后创建一个新的表格。

（3）在内嵌的表格内部，使用 foreach 语句，调用 getArticleList 方法，传递当前栏目的 cid 值，其中 row=3 表示仅获取 3 行数据进行显示，在稍后讨论文章列表时会详细介绍 getArticleList 的具体实现。

可以看到，通过 2 层循环，将特定栏目下的最新文章分别进行了显示，首页的友情链接使用了与此类似的语法，它调用 getFriendLinkList 方法返回友情链接数组，然后使用 foreach 循环显示到页面上，请读者参考具体的实现代码。

23.3.3 文章列表实现

文章列表由特定的网站栏目进入，也就是说每个栏位下都有自己的文章列表。每个栏目下的文章列表都用分页的形式显示当前文章的链接，单击进入将显示具体的网站文章，如图 23.7 所示。

图 23.7 内容管理系统文章列表

文章列表页面位于根目录下的 list.php 文件，该文件的结构非常简单，核心的代码都写在了 getArticleList 这个函数中。页面使用一个 HTML 表格进行布局，通过传入的栏目编号从数据库中提取文章表中的指定栏目下的文章数据，实现如代码 23.13 所示：

代码 23.13　文章列表布局页面

```html
<table width="99%" border="0" cellpadding="0" cellspacing="0" class=
"news">
  <!--提取数据库中的特定栏目下的文章列表，每页显示 10 行-->
  <?php foreach(getArticleList("cid=".$_GET['id']."|row=10") as $list){?>
  <tr>
    <td height="30" align="left">
      <!--显示文章标题-->
      <a href="show.php?id=<?php echo $list['id']?>" target="_blank">
        <?php echo $list['title']?></a> </td>
      <td width="120" align="left">
        <!--显示发布日期-->
        <?php echo $list['pubdate']?> </td>
  </tr>
  <?php }?>
  <tr>
    <!--显示栏目分页链接-->
    <td height="30" colspan="2" align="center" style="padding-right:20px">
    <?php echo getPagination("list.php?id=".$_GET['id']);?></td>
  </tr>
</table>
```

代码的实现如下所示。

（1）整个文章列表页面使用 HTML 表格进行布局，在表格内部，调用 getArticleList 返回指定行数的文章列表，通过 foreach 语句循环 getArticleList 返回的文章数组，显示文章列表链接。

（2）每个文章的标题都链接到 show.php 页面，并传入文章的编号 id 值，show.php 将显示文章详细信息。

（3）在循环结束后，调用 getPagination 方法来设置文章分页链接，用来显示文章分页内容。

可以看到，关键在于对 getArticleList 的应用和对 getPagination 的应用来显示文章和分页信息，这两个方法都位于 common.function.php 文件中。getArticleList 方法的实现如代码 23.14 所示：

代码 23.14　getArticleList 方法的实现代码

```php
/**
 * 获取文章列表
 * @param $str    获取条件
 * row           每页显示行数
 * titlelen      标题显示字数
 * keywords      关键字
 * type          文章类型（image 图片类型...）
 * cid           栏目 ID
 * order         排序字段
 * orderway      排序方式（asc desc)
 *
 */
function getArticleList($str=''){
```

```
    global $db;                     //使用全局的$db 数据库连接变量
    //获取当前页的查询字符串变量
    $curpage = empty($_GET['page'])?0:($_GET['page']-1);
    //定义默认的参数数据
    $init_array =array(
         'row'        =>0,
         'titlelen'   =>0,
         'keywords'   =>0,
         'type'       =>'',
         'cid'        =>'',
         'order'      =>'id',
         'orderway'   =>'desc'
    );
    //用获取的数据覆盖默认的参数数据
    $str_array = explode('|',$str);
    foreach($str_array as $_str_item){
         if(!empty($_str_item)){
              $_str_item_array = explode('=',$_str_item);

         if(!empty($_str_item_array[0])&&!empty($_str_item_array[1])){
              $init_array[$_str_item_array[0]]=$_str_item_array[1];
              }
         }
    }
    //定义要用到的变量
    $row         = $init_array['row'];
    $titlelen    = $init_array['titlelen'];
    $keywords    = $init_array['keywords'];
    $type        = $init_array['type'];
    $cid         = $init_array['cid'];
    $order       = $init_array['order'];
    $orderway    = $init_array['orderway'];
    //文章标题长度控制
    if(!empty($titlelen)){
         $title="substring(a.title,1,".$titlelen.") as title";
    }else{
         $title="a.title";
    }
    //根据条件数据生成条件语句
    $where = "";
    if(!empty($cid)){
         $where .= " and a.cid in (".$cid.")";
    }else{

    if(isset($_GET['id'])&&!empty($_GET['id'])&&is_numeric($_GET['id']))
{
              $where .= " and a.cid in (".$_GET['id'].")";
         }
    }
    if($type=='image'){
         $where .= " and a.pic is not null";
    }
    //如果包含查询关键字，则对查询关键字进行过滤
    if(!empty($keywords)){
         $where .= " and a.title like '".$keywords."%' or a.content like
'".$keywords."%'";
    }
    //构建查询 SELECT 语句
    $sql = "select
    a.id,b.id as cid,".$title.",a.att,a.pic,a.source,
```

```
    a.author,a.resume,a.pubdate,a.content,a.hits,a.created_by,a.created_
    date,
    b.name
    from cms_article a
    left outer join cms_category b on a.cid=b.id
    where a.delete_session_id is null ".$where." order by a.".$order."
    ".$orderway;
    //全局变量$pageList 数组
    global $pageList;
    //设置 pageList 中的所有记录数
    $pageList['pagination_total_number']   = $db->getRowsNum($sql);
    //设置每月显示的记录数
    $pageList['pagination_perpage']        = empty($row)?$pageList
    ['pagination_total_number']:$row;
    //查询指定页面的指定每页记录数的记录
    return $db->selectLimit($sql,$pageList['pagination_
    perpage'],$curpage*$row);
}
```

代码的实现核心就在于构建动态的 SQL 语句，要考虑到分页和每页显示的记录数，实现如以下步骤所示。

（1）在代码内部指定 global $db，表示将使用全局变量$db 作为数据库连接对象。$curpage 将获取当前页的页编号，通过获取 Url 参数中的 page 参数来得到当前所要显示的页面编号。

（2）在$init_array 中构建参数的默认值，使用 explode 方法将传入的$str 字符串参数合并为一个数组，然后循环$str_array 数组，查找出字符串中"="号表达式的字符串，合并为$_str_item_array 数组，然后将$init_array 中与指定键匹配的值赋给$init_array 作为数组的元素。现在数组中包含了参数的具体的值。

（3）接下来定义多参数变量，对这些参数变量使用数组中的值进行赋值，然后根据参数来产生 SQL 语句。在构建了 SQL 语句之后，代码还为全局数组$pageList 中的 pagination_total_number 数组元素赋值，用来返回当前查询的结果记录数数据。同时为 pagination_perpage 赋值，用来设置每页显示的记录行数。

（4）代码最后调用 selectLimit 方法，执行指定的 SQL，并返回从指定的分页记录数开始，偏移 10 行的记录。selectLimit 使用了 SELECT 的 LIMIT 子句来限制查询返回的结果数，这个子句一般用来进行分页设计。

可以看到，getArticleList 是一个综合性的方法，不仅可以显示文章列表，还可以根据特定的关键字进行页面的查询，返回搜索的结果，同时 getArticleList 也考虑到了分页的特性，在查询时会根据当前的页面进行向下查询，以便得到分页的查询结果。分页使用 getPagination 方法实现，限于本章的篇幅，请大家参考该方法的具体实现代码。

23.3.4　文章内容页实现

文章内容页位于页面根目录下的 show.php 文件，该文件接收传入的文章编号，查询数据库中的 cms_article 表来获取文章详细信息。show.php 页面的标题要求显示为文章的标题，因此在页面上除了包含 header.php 之外，还包含了 HTML 的 head 定义，用来显示页面标题。

文章内容页面使用 HTML 表格进行布局，它主要调用 getArticleInfo 方法来查询数据库，并返回一个记录集以进行显示，页面的布局如代码 23.15 所示：

代码 23.15　文章内容布局页面

```
<table width="990" align="center">
  <tr>
    <!--显示文章的标题-->
    <th height="40" style="color:#FFF""><?php echo $arc['title'];?>
     </th>
  </tr>
  <tr>
    <!--显示文章的内容-->
    <td align="left" class="white"><?php echo $arc['content'];?> 
    </td>
  </tr>
</table>
```

代码中的$arc 是由 getArticleInfo 方法返回的单行记录变量，getArticleInfo 定义在 common.function.php 文件中，它调用了 db_mysql 类的 getOneRow 成员方法，查询数据库并返回查询的单行结果，getArticleInfo 方法的实现如代码 23.16 所示：

代码 23.16　getArticleInfo 方法的实现

```
/**
 * 获取文章详细信息
 * @param  $id 文章编号字段
 */
function getArticleInfo($id=0){
    global $db;                      //全局数据库连接变量
    if($id==0){                      //如果未指定id值, 则从查询字符串变量中提取
        if(empty($_GET['id'])){//如果Url参数中未包含参数id, 则否回false
            return false;
        }else{
            $id = $_GET['id'];   //如果具有id参数, 则赋给$id变量
        }
    }
    //调用getOneRow查询cms_article表来获取指定文章编号的详细数据
    return $db->getOneRow("select * from cms_article where id=".$id);
}
```

getArticleInfo 接收一个传入的参数$id，表示如果指定了$id 传入参数，将不会从查询字符串中提取文章编号，一般情况下不需要指定该参数。在代码中如果$id=0 表示未指定参数，会从查询字符串中提取 id 参数的值，赋给$id 变量，然后调用 getOneRow 来获取 cms_article 表中指定文章编号的数据。

23.3.5　显示静态页面内容

静态内容与文章的区别在于静态内容没有列表区，只会显示静态的页面内容，不会有列表页显示，其他的方面基本上与文章类似。从技术上来说，静态页面需要在后台设置标题，它会显示在主页的导航栏上，静态页面适用于发布一些公司介绍或人员招聘之类的信

息，如果是文章内容，则使用文章更为合适。

静态内容的显示位于 page.php 文件，该文件的结构非常简单，它只包含内容部分，因为标题部分已经显示在导航栏上。它调用 getPageInfoById 方法，根据传入的页面 id 号来显示内容。在页面布局上，使用 HTML 表格进行布局，与文章详细页面非常类似。getPageInfoById 方法的实现如代码 23.17 所示：

代码 23.17　getPageInfoById 方法的实现

```
/**
 * 获取页面静态内容
 * @param $id 页面id参数
 */
function getPageInfoByID($id=0){
    global $db;
    return $db->getOneRow("select * from cms_page where id=".$id);
}
```

可以看到，代码调用 getOneRow 方法，查询 cms_page 表来获取指定页面 id 的内容。$id 传入参数由页面根据查询字符串的值传入，因此它会在 HTML 表格中显示用户选择的特定栏目的静态的页面。

23.3.6　留言页面的实现

留言页面允许网站用户发送留言信息，用户发送的留言必须要经过管理员的审核才能进行发布，否则恶意的用户可以发布一些不好的言论，给网站声誉造成影响。因此留言实际上由前台用户和后台管理员共同管理才被显示出来。PHPCMS 的留言管理界面如图 23.8 所示。

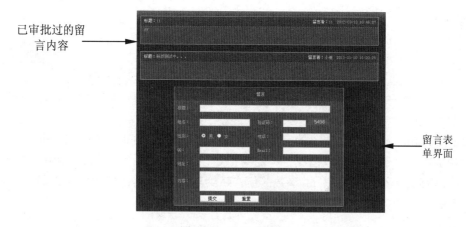

已审批过的留言内容

留言表单界面

图 23.8　CMS 留言板

可以看到，在留言板的顶部，显示了已由管理员验证过的留言消息，下面是一个表单的界面。关于表单界面的布局，请参考 PHPaa 的源代码。显示留言消息是通过查询数据库表 cms_message 来实现的，如代码 23.18 所示：

代码 23.18　显示验证过的留言内容

```php
?php
//查询 cms_message 中已经验证的留言消息
mlist = $db->getList("select * from cms_message where validate=1 y id desc");
//循环查询结果
foreach($mlist as $list){
?>
 <table width="700" border="0" cellpadding="0" cellspacing="0" guest">
   <tr>
     <!--输出留言者信息-->
     <th width="261" height="30" align="left" bgcolor="#364552">
     <span class="white">标题: </span>
       <?php echo $list['title']?></th>
     <th width="437" align="right" bgcolor="#364552">
     <span class="white">留言者: </span>
       <?php echo $list['name']?>  
       <?php echo $list['created_date']?> </th>
   </tr>
   <tr>
     <!--输出留言内容-->
     <td height="50" colspan="2" align="left" valign="top">
       <?php echo $list['content']?> </td>
   </tr>
 </table>
<?php
}
?>
```

可以看到，代码的第 1 行调用 getList 方法，传入对 cms_message 的查询，validate=1
表示只查询出已经经过验证的留言信息。getList 方法会返回一个包含记录行的数组，然后
循环这个数组，在表格中输出留言人的标题、留言者及创建日期，最后输出留言内容。

留言表单使用 POST 提交方式，action 指定为 message.php 页面，也就是留言页自身，
因此在页面加载时，会判断$_POST 中是否包含了提交的数据，如果包含了提交的数据，
则调用 insert 方法向数据库中插入一条留言消息，实现如代码 23.19 所示：

代码 23.19　提交留言内容的 PHP 代码

```php
<?php
session_start();                        //开启会话，用于获取会话中保存的验证码数据
include_once 'header.php';              //包含 header.php
if(isset($_POST['name'])){              //如果包含了提交数据
    if($_SESSION['cfmcode']!=$_POST['cfmcode']){    //判断验证码是否匹配
        echo "<script>
        alert('验证码输入错误！')
        window.history.go(-1)</script>";
        return;                         //如果验证码错误则返回
    }
    $record = array(                    //构造更新数组
        'title'        =>$_POST ['title'],
        'name'         =>$_POST ['name'],
        'sex'          =>$_POST ['sex'],
        'qq'           =>$_POST ['qq'],
        'phone'        =>$_POST ['phone'],
        'email'        =>$_POST ['email'],
        'address'      =>$_POST ['address'],
```

```
        'content'        =>$_POST ['content'],
        'ip'             =>$_SERVER["REMOTE_ADDR"],
        'created_date'  =>date ( "Y-m-d H:i:s" )
    );
    $id = $db->insert('cms_message',$record);  //调用 insert 方法进行更新
    if($id){
        echo "<script>alert('留言成功! 管理员审核才能看到! ')
        window.location='message.php';</script>";
    }
}
?>
```

代码的实现如以下步骤所示。

（1）调用 session_start 开启会话，因为在提交时包含了验证码信息，而产生的验证码数值保存在$_SESSION 中，因此要启用会话，然后使用 isset 函数判断$_POST 是否包含了提交的数据，如果是提交请求，则先对验证码进行验证。

（2）接下来构造一个用于插入数据的关联数组，键名称指定为字段的名称，值指定为表单提交的数据，然后调用 insert 方法插入到数据库中。

（3）insert 方法会返回插入后的自增字段的 id 值，通过判断该变量是否赋值来确定插入是否成功，如果插入成功，则显示留言成功的消息，并且重定向页面到 message.php。

可以看到，程序实现的核心首先在于对验证码的调用，然后是构造一个 insert 使用的插入关联数组，insert 被调用后会返回自增字段的新的值，通过判断该变量是否赋值来判断插入是否成功。

23.4　后台管理功能实现

在讨论了前台页面的呈现效果后，不难理解后台管理功能的实现。前台主要是从数据库中查询数据并显示在页面上，后台相对来说功能会比较复杂，它不仅需要查询数据，还需要对数据进行增、删、改，因此需要较多的后台处理代码。但是后台管理功能一经实现，对前台的维护工作就轻松很多，这也是 CMS 系统中相当核心的一个部分。

23.4.1　用户登录界面

所有的管理员文件都创建在 admin 文件夹中，该文件中的所有文件都不能匿名进行访问，因为所有的文件都包含一个 admin.inc.php 文件，该文件会验证用户是否已经登录。换言之，所有的用户必须登录才能访问管理员页面。用户可以单击首页右上角的"后台管理"链接，进入如图 23.9 所示的登录页面。

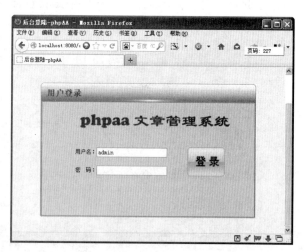

图 23.9　CMS 系统后台登录页面

后台登录页面是位于 admin 文件夹下的 login.php 文件，如果用户过去登录过，会有用户名信息保存在客户端的 Cookie 中，login.php 在页面开始时就会检测并读取 Cookie 中的

内容，如代码 23.20 所示：

代码 23.20　从客户端 Cookie 上获取用户登录信息

```php
<?php
if(isset($_COOKIE['username'])){         //判断 Cookie 中是否存在 username
    $username = $_COOKIE['username'];    //如果存在则赋给变量
}else{
    $username="";
}
//这行代码表示如果存在用户名，则会通过 js 代码设置文本框的焦点
$finput=empty($username)?"username":"password";
?>
```

可以看到，代码通过检测$_COOKIE 预定义变量中的 username 键是否存在来判断是否存在 Cookie 值，如果存在，则将值赋给$username 变量。在 HTML 代码中会使用$username 来获取已经登录过的用户名。

login.php 页面的表单行为定位到 login.action.php 文件，如以下代码所示：

```php
<form action="login.action.php" method="post">
```

logoin.action.php 将会获取表单提交的用户名和密码，然后使用用户名和密码作为 SELECT 语句的 WHERE 条件来查询数据库表，如果成功找到记录，则表示用户已通过验证，否则会要求用户重新登录，实现如代码 23.21 所示。

代码 23.21　验证用户名和密码

```php
<?php
session_start ();                                    //开启会话
header('Content-Type: text/html; charset=utf-8');   //输出文件头
include_once ("../include/config.inc.php");          //包含全局配置
if (isset ( $_POST ["username"] )) {        //检测是否输入了用户名
    $username = $_POST ["username"];
} else {
    $username = "";
}
if (isset ( $_POST ["password"] )) {        //检测是否输入了密码
    $password = $_POST ["password"];
} else {
    $password = "";
}
setcookie (username, $username,time()+3600*24*365);
                                            //在 Cookie 中存放用户名
if (empty($username)||empty($password)){    //检测用户名和密码
    exit("<script>alert('用户名或密码不能为空！');window.history.go(-1)
    </script>");
}
//在数据库中判断用户名和密码
$user_row = $db->getOneRow("select userid from cms_users
where username = '".$username."' and password='".md5 ( $password ) ."'");
if (!empty($user_row )) {                    //如果检索成功
    setcookie (userid, $user_row ['userid'] ); //在 Cookie 中存放用户名
    header("Location: index.php");          //定位到管理首页
}else{
```

```
    exit("<script>alert('用户名或密码不正确！');window.history.go(-1)
    </script>");
}
?>
```

代码的实现过程如以下步骤所示。

（1）调用 session_start 方法，然后输出 HTTP 头信息，接下来检测$_POST 中是否提交了用户名和密码，并将用户名保存到 Cookie 中，如果没有提交用户名和密码，将弹出验证页面并返回到登录页面。

（2）通过调用 getOneRow 方法，传入查询指定用户名和密码的 SELECT 语句，可以看到密码部分使用 md5 函数进行了加密。

（3）根据 getOneRow 返回的结果进行判断，如果成功地返回了行数据，表示用户名和密码经过了验证，将跳转到 admin 文件夹下的 index.php，否则会回退到登录页面。

可以看到用户输入的密码会经过 MD5 加密，因而在数据库中看到不再是明文密码，提供了较好的安全性。代码通过查询 cms_users 表，判断在该表中是否存在用户名和密码。如果验证通过，则跳转到 admin 文件夹下的 index.php 首页。

23.4.2　管理首页实现

位于 admin 文件夹下的 index.php 是一个框架页面，它包含一个框架集来构造管理的页面。在 Dreamweaver 中可以通过"窗口｜框架"菜单项打开框架面板，查看 index.php 的框架构造结构，如图 23.10 所示。

可以看到，位于顶部的 topFrame 用来放置网站的 Logo 及用户信息，左侧的 leftFrame 用来放置左边框，右侧的 rightFrame 是中间内容区域。因此后台管理页面的结构如图 23.11 所示。

　　图 23.10　管理页面的框架集结构　　　　　图 23.11　网站后台结构

可以看到左侧是导航的页面，上面的是网站的 Logo 和用户信息，以及一些常见的快捷链接，右侧的主要内容区域显示的是左侧导航菜单的链接内容，index.php 的 frameset 设置如代码 23.22 所示：

代码 23.22　index.php 的页面框架实现

```
<!--定义一个框架集-->
```

```
<frameset rows="40,*" cols="*" frameborder="no" border="0"
framespacing="0">
  <!--顶部框架，显示标题头，不可调整大小没有滚动条-->
  <frame src="header.php" name="topFrame" id="topFrame" scrolling="no"
  noresize="noresize"/>
  <!--嵌入的框架集，用来显示竖向的 2 栏式框架-->
  <frameset cols="162,*" frameborder="no" border="0" framespacing="0">
    <!--左侧框架，具有滚动条，不能调整大小-->
    <frame src="menu.php" name="leftFrame" id="leftFrame" scrolling="yes"
    noresize="noresize"/>
    <!--主要框架栏，滚动条设置为 auto-->
    <frame src="category.php" name="mainFrame" id="mainFrame" scrolling=
    "auto"/>
  </frameset>
</frameset>
<noframes>
<body>
<!--对于不支持框架的浏览器，在这里加入内容-->
</body>
</noframes>
```

可以看到，实际上整个框架结构是由 2 个嵌套的架组成的，外层的是 2 行式的框架集，内存的是 2 列式的框架集，在顶部会链接到 header.php 页面，在左侧会链接到 menu.php 页面，右侧将链接到 category.php 页面。当在 menu.php 中单击链接时，会将链接的页面载入到 mainFrame 框架中，也就是在内容页中显示。以文章管理链接为例，它使用了如下所示的链接代码：

```
<tr>
  <td height="26"><img src="images/ico_03.gif" width="7" height="7"
  <a href="article.php" target="mainFrame">文章管理</a></td>
</tr>
```

target=mainFrame 表示将在 mainFrame 框架中显示文章管理页面，使用框架使得页面具有统一的外观，并且对用户的可用性来说较佳，由于后台管理页面一般只是管理员使用，因此不需要考虑搜索引擎优化等方面的问题，对于后台结构来说使用框架是可行的。

23.4.3　栏目管理

CMS 中的栏目具有层次结构，也就是说栏目下面可以有子栏目，子栏目下面又可以再添加子栏目，形成树状的层次结构的效果。栏目管理如图 23.12 所示。

图 23.12　CMS 栏目管理

在栏目管理中，可以添加顶层栏目，也可以在某个栏目的右侧单击"添加子栏目"菜单项，添加当前栏目的下级栏目。可以看到，新闻列表的显示也具有树状的层次结构，并且显示了层次编号，这非常便于对栏目的层次结构进行维护。

在 cms_category 数据库表中，通过 id 和 pid 来创建栏目之间的层次关系，pid 表示当前栏目的上一层的栏目 id 号，由此形成了层次结构。在显示栏目列表时，使用了这种层次关系来显示树状层次结构的栏目信息，栏目列表的显示调用 getCategoryList 来实现。这是一个递归的方法，该方法定义在 category.php 文件中，实现如代码 23.23 所示：

代码 23.23　显示栏目列表内容

```
//在表格中显示栏目列表信息
function getCategoryList($id = 0, $level = 0) {
    global $db;                                //引用全局的数据库连接对象
    $level_nbsp="";                            //层次分隔符
    //调用 getList，查询 cms_category 获取指定传入 id 的栏目列表
    $category_arr = $db->getList ( "SELECT * FROM cms_category WHERE pid =
" . $id . " order by seq,id" );
    //根据传入的参数，构造栏目分隔空白区域
    for($lev = 0; $lev < $level * 2 - 1; $lev ++) {
        $level_nbsp .= "  ";
    }
    $level++;                                  //递增层次
    //构造显示层次的 HTML 代码
    $level_nbsp .= "<font style=\"font-size:12px;font-family:
wingdings\">".$level."</font>";
    //循环指定 id 的子栏目列表
    foreach ( $category_arr as $category ) {
        $id = $category ['id'];               //得到当前特定子栏目的栏目 id
        $name = $category ['name'];           //得到栏目的名称
        echo "
            <tr onMouseOver=\"this.className='relow'\"
                    onMouseOut=\"this.className='row'\" class=
                    \"row\">
                <td height=\"26\" ><a href=\"article.php?id=" . $id . "\">
                " .
                        $level_nbsp . "   " . $name . "</a> 
                         (cid: $id)</td>
                <td height=\"26\" align=\"center\" style=\
                "color:#FF0000\">" .
                        getArticleNumOfCategory ( $id ) . " 
                        </td>
                <td height=\"26\" align=\"center\">" . $category ['seq'] .
                " </td>
                <td height=\"26\" align=\"center\">
                    <a href='category.add.php?act=add&pid=" . $id . "'>添
                    加子栏目</a> |
                    <a href='article.add.php?act=add&id=" . $id . "'>添加
                    文章</a> |
                    <a href='category.add.php?act=edit&id=" . $id . "'>修
                    改</a> |
                    <a href=\"javascript:doAction('delete'," . $id . ")\">
                    删除</a></td>
            </tr> ";
        getCategoryList ( $id, $level );
                        //递归调用 getCategoryList 得到层次性的栏目列表
    }
}
```

程序代码的实现如以下过程所示。

（1）首先代码调用 getList 获取当前参数传入的 id 的栏目列表，保存到$category_arr 数组中，其中传入参数$level 表示栏目的层次数，通过循环$Level，来构造空白符以便进行层次展示。

（2）代码通过循环$category_arr 数组中的数组元素，提取当前特定栏目的子栏目的 id 和栏目的名称。然后构造表格单元格，输出栏目的标题和栏目的序列号。

（3）代码调用 getArticleNumOfCategory 获取指定栏目下的文章数，并且构造用于添加子栏目、添加文章、修改和删除栏目的功能链接。

（4）最后递归调用 getCategoryList，传入当前子栏目的 id 和层次位置，就实现了具有树状层次结构的显示。

可以看到，栏目显示核心部分在于对递归算法的运用，同时，对于每个子栏目，代码允许添加该栏目的子栏目，这个功能会链接到 category.add.php 文件。查询字符串参数 act 指定值为 add，表示要新增一个栏目，pid 指定当前要添加的栏目的父项 id。

category.add.php 页面的效果如图 23.13 所示。

图 23.13　添加子栏目页面

进入该表单时，会自动在下拉列表框中显示当前的父栏目，用户在"栏目名称"文本框中输入栏目名，单击"添加栏目"按钮，会自动将栏目添加为当前选中栏目的子栏目。该表单的 action 行为指向 category.action.php 页面，这是对栏目进行增、删、改的行为页面，包含根据传入的不同的 act 查询字符串参数来执行不同操作的行为，下面重点介绍该页面的实现。关于表单的实现细节，限于篇幅，请读者参考本章配套的源代码。

通过查看 category.action.php，可以看到它会根据传入的提交表单数据及提交的 act 类型来进行操作。对于 category.add.php 页面，可以同时进行更新和新增的操作，操作的类型保存在 act 隐藏域中。对于 delete 操作，它使用 jQuery 的 ajax 进行异步的提交，可以参考在 category.php 页面的 doAction 这个 JavaScript 函数。总而言之，增、删、改操作的类型都会使用 POST 方式，因此在 category.action.php 页面，就可以根据传入的 act 表单数据来处理增、删、改的操作，如代码 23.24 所示：

代码 23.24　栏目的增、删、改操作

```
require_once ("admin.inc.php");          //包含 admin.inc.php 页面
```

```php
$act = $_POST['act'];                    //从表单域中获取操作的类型
if($act=='add'){                         //如果是添加操作
    $pid = $_POST['pid'];                //获取父栏目的 id 号
    $record = array(                     //构建插入操作要使用的关联数组
        'pid'=>$_POST ['pid'],
        'name'=>$_POST ['name'],
        'seq'=>$_POST ['seq']
    );
    //调用 insert 方法向 cms_category 表中插入记录
    $id = $db->insert('cms_category',$record);
    header("Location: category.php");    //重定向到 category.php 页面
}
if ($act=='edit'){                       //如果是更新操作
    $pid = $_POST['pid'];                //获取父项 id
    $id  = $_POST['cid'];                //获取当前 id
    $record = array(                     //构建编辑数组
        'pid'=>$_POST ['pid'],
        'name'=>$_POST ['name'],
        'seq'=>$_POST ['seq']
    );
    //调用 update 方法更新 cms_category 表
    $db->update('cms_category',$record,'id='.$id);
    header("Location: category.php");
}
if ($act=='delete'){                     //如果是删除操作
    $id = $_POST['id'];
    $ids = getAllCatetoryIds($id);       //获取当前 id 的所有子 id
    $db->delete('cms_category','id in('.$ids.')');
                                         //从 cms_category 表中删除所有的子项 id
    //更新文章列表中的 delete_session_id 为当前删除的 userid
    $db->update('cms_article',array('delete_session_id'=>$_COOKIE['userid']),'cid in('.$ids.')');
    exit(1);                             //退出操作
}
```

代码的实现如以下过程所示。

（1）从$_POST 中获取 act 表单数据，得到所要操作的类型。

（2）如果$act=add，表示新增一条记录，将首先从提交的表单数据中获取父项的 id，即 pid，然后构建一个关联数组$record，用来为 insert 方法传入插入数据，当 insert 方法执行成功后，重定向到 category.php 页面。

（3）如果$act=edit，表示要编辑现有的一条记录，代码会从表单数据中获取父项的 id 和当前项的 id，然后构建一个编辑后的数据的数组，调用 update 方法完成更新操作。update 方法的第 3 个参数指定 SELECT 中的 WHERE 子句将更新特定的栏目 id 的记录。

（4）如果$act=delete，表示要删除一条记录，由于删除一个栏目会涉及对所有其下面的子栏目的删除，同时，还要对属于所有这些子栏目的文章更新其 delete_session_id，表示文章所在的栏目已删除，文章也不再进行显示。

由代码可以看到，增加和更新都只需要对单条记录调用 db_mysql 中的 insert 或 update 方法进行插入或更新操作，但是对于删除操作必须要注意，因为对当前栏目所涉及的层次子栏目及栏目下的所有文章都需要进行删除，因此代码在 WHERE 子句中构建了 in 语法，对所有相关的栏目进行删除，同时对所有与栏目关联的文章也进行批次的删除处理。

🔖注意：文章的删除并不是真的将其从数据库表中移除，而是将其 delete_session_id 字段的值指定为当前删除的用户 id，在获取文章列表时，通过查询 delete_session_id is null 来显示未经删除的文章。

23.4.4　文章管理

文章管理页面是整个内容管理的核心，它可以向指定栏位下添加新的文章，对现有的文章进行编辑或删除现有的文件，它不仅提供文章搜索的功能，还允许用户根据文章的栏位进行过滤。同时文章管理页面还提供了对文章的批量删除和批量更改栏目的功能。文章管理页面如图 23.14 所示。

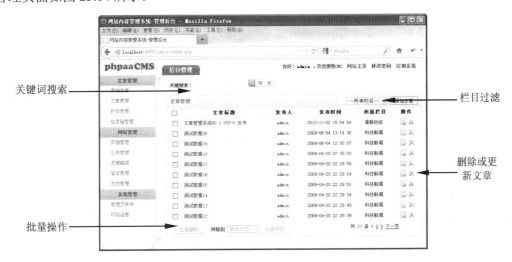

图 23.14　内容管理系统的文章管理页面

文章管理页面的代码量比较大，其中涉及的一些技术值得读者好好学习。下面就如何搜索文章和显示文章进行讨论。下一章将讨论如何添加或修改文章，关于文章的批量操作及删除文章的内容，请参考本 CMS 的源代码。

大多数内容管理系统都要提供允许用户快速查找文章的能力，关键词搜索是通过检索文章标题或内容中出现的词语来查找用户指定要求的文章。在 article.php 页面的顶部放置了一个 HTML 的表单，表单内部的文本框允许用户输入关键词。表单的定义如代码 23.25 所示：

代码 23.25　定义关键词搜索表单

```
<!--关键词搜索表单-->
<form method="get" action="article.php" style="margin:0">
    <!--在隐藏域中保存搜索的栏目编号-->
    <input type="hidden" name="cid" value="<?php echo $id;?>">
    关键搜索:
```

```
    <!--如果之前进行过搜索，则输出前一次搜索的关键字-->
 <input title="输入文章标题或文章内容" name="keywords" type="text"
     value="<?php echo $keywords;?>" onClick="this.select();">
    <!--使用图像按钮提交用户的搜索-->
 <input  type="image"  name="Submit5"  src="images/search.gif"
  style="border:none;height:19px; width:66px"/>
</form>
```

表单<form>标签的 action 指向当前页面 article.php，它内部包含了当前栏目的隐藏 id 值，同时在"关键字"文本框中，如果之前输入过关键字，它会显示前一次输入的关键字信息。当用户单击"搜索"按钮时，会重定向到 article.php 页面，在该页面顶部的 PHP 代码中，包含了获取表单数据并完成搜索的工作。

article.php 页面开始的 PHP 代码会从表单的提交数据中获取查询关键字和栏目编号，构造一个由当前用户创建的文章，也就是说当前登录的用户只能管理它自己的文章内容，然后进行分页查询并显示，实现如代码 23.26 所示：

代码 23.26　文章搜索代码

```php
<?php
require_once ("admin.inc.php");
require_once ("admin.function.php");               //包含管理函数单元
$id=0;
$keywords="";
$page=1;
if (isset($_GET['id'])){
  $id = trim ( $_GET ['id'] ) ? trim ( $_GET ['id'] ) : 0;
                                                   //获取传入的栏目 id
}
if (isset($_GET['keywords'])){                     //获取查询关键字
  $keywords= trim($_GET['keywords']);
}
if (isset($_GET['page'])){                         //获取检索的页面
   $page= $_GET ['page'] ? $_GET ['page'] : 1;
}
$page_size= 10;                                    //每页显示 10 条
$where="a.delete_session_id is null";              //只选择未被删除的文章
if($id){
    $where.=" and a.cid=" . $id;                   //检索特定的栏目 id
}
if($keywords){                                     //在标题和内容中检索关键字
    $where.=" and (a.title like '%".$keywords."%' or a.content like
    '%".$keywords."%')";
}
//构建 SQL 查询语句
$sql_string = "select a.*,b.name as cname,c.username from cms_article a
           left outer join cms_category b on a.cid=b.id
           left outer join cms_users c on a.created_by=c.userid
           where ".$where." order by a.id desc";
$total_nums = $db->getRowsNum ( $sql_string );      //返回查询结果数
$mpurl = "article.php?id=" . $id."&keywords=".$keywords;
                                                    //用于分页的链接
//执行 SQL 语句，并进行分页显示
$article_list = $db->selectLimit ( $sql_string, $page_size, ($page - 1) *
$page_size );
?>
```

代码的实现如以下过程所示。

（1）在页面开头不仅包含 admin.inc.php 页面，还包含 admin.function.php 页面，该文件包含一些管理性的函数，比如分页、栏目的树状分类下拉框和图片上传函数。

（2）接下来将从 Url 参数中获取栏目的 id 值，以便查询使用。同样，分别获取在 Url 中包含的 keywords 关键字及 page 分页页面。

（3）代码将开始构建 SQL 语句，首先构建 WHERE 子句，查询未被删除的、特定栏目和特定关键字的文章，最后构建 SQL 语句保存到$sql_string 变量中。

（4）代码调用 getRowNum 获取该查询的返回行数，主要用于分页计算。

（5）最后调用 selectLimit 查询指定分页的结果数据。

可以看到，在构建 SQL 语句时，使用了两表左联接查询，用于取出与 cms_category 表中匹配的文章，同时文章的创建者与指定的用户匹配的文章，由于是左外连接，因此即便 cms_article 中有不匹配的记录，仍然会取出 WHERE 条件匹配的文章列表。

栏目过滤使用了与代码23.26相同的代码，在选择项发生变化时，它会链接到 article.php 页面，并且传入选中的栏目 id 值，如以下代码所示：

```
<select name="select" onChange="window.location.href='article.php?id=
'+this.value">
<option value="0">--所有栏目--</option>
<?php getCategorySelect ($id)?>
</select>
```

可以看到，onChange 事件触发时，使用 window.location.href 重定向到当前页面，并传入当前选中的栏目 id 值。

23.4.5　添加和修改文章

单击文章列表右上侧的"添加文章"按钮，进入到添加文章界面，这是一个表单输入界面，允许用户输入文章标题、副标题、设置文章的属性，在 FCKeditor 编辑器中编辑文章内容。单击"提交"按钮，将新添加的文章增加到数据库中，添加文章界面如图 23.15 所示。

该表单不仅可以填写文字信息，还允许用户上传缩略图，因此表单既要能上传普通的文字内容，也要上传二进制的图像内容，在文件内容输入区域，使用了第 3 方的 FCKeditor 来输入格式化的文件内容。

由于表单要上传二进制数据，因此在声明表单时，指定了 enctype 类型为二进制表单类型，如以下代码所示：

```
<form action="article.action.php" method="post" enctype="multipart/
form-data" name="form1">
```

表单中 enctype="multipart/form-data"用于设置表单的 MIME 编码。默认情况下，这个编码格式为 application/x-www-form-urlencoded，不能用于文件上传；只有使用了 multipart/form-data，才能完整地传递文件数据，进行下面的操作。enctype="multipart/form-data"是上传二进制数据，因而 form 里面的 input 的值以二进制的方式传过去。

在页面上放置 FCKeditor 需要初始化 FCKeditor 类的一个实例，然后指定其 Value 属性为其设置初始值，如代码 23.27 所示：

图 23.15 添加文章页面

代码 23.27 构建 FCKeditor 编辑器

```php
<?php
    $oFCKeditor = new FCKeditor ( 'content' );          //实例化 FCKeditor
    $oFCKeditor->BasePath = "../include/fckeditor/";    //指定基础路径
    $oFCKeditor->ToolbarSet = 'MyToolbar';              //指定工具条
    $oFCKeditor->Value = $article ['content'];          //指定初始值
    $oFCKeditor->Height = 350;                          //指定高度
    $oFCKeditor->Create ();                             //构建 FCKeditor 编辑器
?>
```

这个构建的规则是 FCKeditor 本身的要求，基本上照着编写代码就可以将 FCKeditor 放在指定的位置，这里指定了其 Value 属性为$article ['content']数组值，表示在文章处于修改状态时，将获取这个关联数组中的值显示当前文档内容。

表单数据将会被提交给 article.action.php 文件，该文件既处理文件输入域中选择的图片文件，也处理用户输入的文章的内容。既处理新增的文章，也会处理用户更新的文章内容。对新增文章的处理如代码 23.28 所示。

代码 23.28 插入文章数据

```php
require_once ("admin.inc.php");
$act = trim($_POST ['act']);              //判断操作类型
if ($act=='add') {                        //如果是添加操作
    if(empty($_POST['title'])){           //标题不能为空
        exit("<script>alert('标题不能为空!');window.history.go(-1)
        </script>");
    }
```

```
if(empty($_POST['cid'])){                //用户必须选择一个栏目
    exit("<script>alert('栏目不能为空!');window.history.go(-1)
    </script>");
}
$record = array(                         //构建插入数组
    'cid'           =>$_POST ['cid'],
    'title'         =>$_POST ['title'],
    'subtitle'      =>$_POST ['subtitle'],
    'att'           =>is_array($_POST ['att'])?implode(',',$_POST
    ['att']):'',
    'source'        =>$_POST ['source'],
    'author'        =>$_POST ['author'],
    'resume'        =>$_POST ['resume'],
    'content'       =>$_POST ['content'],
    'pubdate'       =>date ( "Y-m-d H:i:s" ),
    'created_date'  =>date ( "Y-m-d H:i:s" ),
    'created_by'    =>$_COOKIE['userid']
);
if(!empty($_FILES['pic']['name'])){
    $upload_file = uploadFile('pic');    //上传图片，返回上传图片的地址
    $record['pic']=$upload_file;
}
$id = $db->insert('cms_article',$record);  //调用 insert 插入数据
header("Location: article.php?id=".$_POST['cid']);
                                         //重定向到 article.php 页面
}
```

程序代码的实现如以下步骤所示。

（1）表单中包含一个隐藏域 act，用来表示操作的类型，代码通过获取该隐藏域，判断是插入还是更新，对于$act=add 的操作，表示要插入一篇新的文章，代码将判断标题和栏目是否为空，如果不为空，则返回输入界面要求用户输入标题和栏目内容。

（2）接下来构建一个用于插入的关联数组，数组的键是字段名称，数组的值来自表单提交的数据。

（3）接下来代码会判断表单中的文件输入域中是否选择了要上传的文件，然后调用 uploadFile 方法进行文件的上传。uploadFile 方法定义在 admin.function.php 文件中，它会将文件上传到网站根目下的 data/attachment 下的指定日期文件夹，可以从 data/website.inc.php 的 attachment_dir 配置项中配置上传的目标位置，上传完成后，在$record['pic']中包含上传图片的地址，该地址将插入到数据库表中。

（4）调用 insert 方法向 cms_article 表中插入数据，最后调用 header 方法重定向回指定栏目的文章管理页面。

可以看到，只要布好了表单结构，在后台代码的插入还是比较简单的，关键在于 uploadFile 的使用，请读者参考 admin.funciton.php 文件中的上传代码。修改文章的操作基本上与插入操作相同，不同之处在于调用 update 方法来更新特定的文章编号的文章。update 语句如下所示：

```
$db->update('cms_article',$record,'id='.$id);
```

可以看到，在 update 方法中，除了传入 cms_article 和$record 记录外，在 WHERE 子句中传入了 id 查找值，用来更新特定文章 id 的文章。

23.4.6　页面管理

页面与文章比较类似，但是它不包含文章的属性、文章缩略图等功能，从技术上来看，页面的管理更像是文章管理的简化版，因此理解了文章的管理之后，就不难理解页面的管理理了。

由于一个网站的静态页面最好不要超过 5 页，因为页面会放到主要导航栏中，过多的静态页面会显得网站杂乱不堪，因此在 admin.php 文件夹下的 page.php 页面中，不包含分页处理，它会一次性地显示所有页面的标题，允许用户新增页面、修改或删除页面。页面管理如图 23.16 所示。

图 23.16　网站的页面管理

可以看到，网站的页面管理部分可以进行批量的删除，但是不像文章列表那样可以进行批量转移，页面的显示只是调用 getList 方法返回一个页面记录的数组，page.php 的头部包含如下所示的 PHP 代码：

```php
<?php
require_once ("admin.inc.php");
//查询并返回页面信息
$page_list = $db->getList("select * from cms_page order by id asc");
?>
```

可以看到页面的显示直接查询 cms_page 表中所有的页面内容，不包含分页查询和过滤部分，用户单击"添加新页面"按钮后，显示如图 23.17 所示的添加新页面窗口。

添加新页面位于 page.add.php 页面，页面是一个简单的表单界面，它也包含了一个 FCKeditor 编辑器，同时包含文章的标题和副标题两个文本输入框。该表单将提交到 page.action.php 页面用来完成添加和修改操作，表单定义如以下代码所示。

```
<form action="page.action.php" method="post" name="form1">
```

因而用户输入的数据都会用 POST 方式提交到 page.action.php 页面，表单中有一个隐藏域 act 包含了操作的类型，page.action.php 通过判断是添加、修改还是删除来完成对文章的增、删、改操作，以文章的增加为例，实现如代码 23.29 所示：

图 23.17　添加新页面窗口

代码 23.29　添加新页面代码

```
require_once ("admin.inc.php");
$act = $_POST ['act'];                          //获取操作类型
if ($act=='add') {                              //如果是添加新页面
    $record = array(                            //构造添加数组
        'title'             =>$_POST ['title'],
        'code'              =>$_POST ['code'],
        'content'           =>$_POST ['content'],
        'created_date'      =>date("Y-m-d H:i:s")
    );
    //调用 insert 方法插入新的页面
    $id = $db->insert('cms_page',$record);
    header("Location: page.php");       //重定向到 page.php 页面
}
```

与添加文章类似，代码构建了一个用于插入操作的 $record 数组，然后调用 insert 方法将该数组作为参数导入，最后重定向到 page.php 页面。

更新文章的代码除了调用 update 方法之外，其他的部分基本上与此相似。

页面的删除是通过 jQuery 的异步请求实现的，因此在执行完成后使用 exit()方法退出操作。删除代码如下所示：

```
if ($act=='delete') {                       //如果进行页面的删除操作
    $id = $_POST ['id'];                    //获取页面的 id 值
    $db->delete('cms_page','id in('.$id.')'); //调用 delete 方法进行删除
    exit();
}
```

可以看到，页面的删除只需要几行代码，主要是获取传入的页面 id 值，然后以该 id 值作为 delete 的 WHERE 参数，注意到它使用了 in 语句，意味着传递多个以逗号分隔的 id 值就可以一次性删除多个页面，这其实就是批量删除所需要实现的功能。

23.5 小 结

本章介绍了一个开源的内容管理系统 PHPaa 的实现过程，重点介绍了如何使用 PHP+MySQL 构建内容管理系统。首先在网站的前期策划中讨论了内容管理系统在企业中的作用和网站的整体功能架构。在定义与访问数据库部分，讨论了网站数据库的设计与各个表的功能与字段的描述。接下来介绍了 db_mysql 类的实现，这个类封装了对 MySQL 数据库的操作代码，使得在后续的操作中可以简化重复性的数据库代码的编写工作。在网站的前台部分，介绍了包含文件页眉和页脚的定义，网站首页、文章页、静态页面和留言部分的具体实现过程；后台管理部分详细讨论了用户登录、首页设计、栏目、文章和页面的管理。通过对本章的学习，相信读者对于如何在 Dreamweaver 中使用 PHP+MySQL 开发一个企业级的内容管理系统有了清楚的认识。

第24章　基于 HTML 5+CSS 3 企业网站开发

HTML 5 带来了很多强劲的功能，因此一经推出，便出现了大量的拥护者。由于现在 HTML 5 技术仍在完善中，需要用户使用较高版本的浏览器才能支持 HTML 5，因此在企业级应用方面，并不是特别突出。HTML 5 提供了强大的画布 Canvas 和内置的多媒体功能，不少开发人员主要使用 HTML 5 来开发游戏或一些基于 Web 的应用，但是除此之外，HTML 5 本身也提供了大量的语义化的标签可以实现网站的布局，借助于 CSS 3 的新增特性，可以完成很多原本需要额外处理的特效。

24.1　网站前期策划

本章将演示使用 HTML 5+CSS 3 实现的一个国外房产租售的网站，该网站包含一些房屋售卖和出租的信息，同时发布一些联系信息和房屋买卖方面的知识。本章将大量应用 HTML 5 中的语义性标签来实现网站的布局，同时使用 CSS 3 和 jQuery 来为网站添加有趣的特效。

24.1.1　理解 HTML 5 的语义性元素

在本书 11.2 节曾讨论过 HTML 5 的语义性元素，可以看到，如果使用 HTML 5 提供的布局元素，整个文档代码将具有更好的可理解性，便于被其他的应用程序分析和识别。

HTML 5 提供了如下 3 种类型的语义性元素。

- ❑ 结构性语义元素：用来处理网页的语义性布局，比如定义网页的页眉、页脚、导航、内容显示部分等，通过 CSS 的样式控制，可以达到布局的效果。
- ❑ 语义性块级元素：用来定义具有块级（block）效果的语义元素，比如显示图示、边栏及会话信息。
- ❑ 语义性内联元素：用来定义具有内联（inline）效果的语义元素，比如度量衡、进度条等。

结构化语义元素用来定义网页的结构,这与使用 DIV 进行布局非常类似,相关的 HTML 5 元素如下所示。

- ❑ header 元素：在页面上显示页眉信息，可以是标题栏、Logo 栏等。
- ❑ footer 元素：在页面上显示页脚信息，比如电子邮件签名、版权信息等。
- ❑ nav 元素：在网页上显示一组链接。
- ❑ section 元素：显示网页上的一个块，有自己的标题、页脚及内容区。
- ❑ article 元素：用来显示页面的主体内容，比如博客文章、新闻内容等。

语义性的块元素是指具有块级结构的 HTML 5 页面元素，在 HTML 5 中具有语义性的块元素如下所示。

- aside：与主内容无关，但是又可以独立的块内容，一般用于显示广告、引用或侧边栏等。
- figure：用来组合多个元素，一般用来在网页上显示图像及其标题，表示网页上的一块独立的内容，即便将其移除后也不会对网页上其他内容造成影响。
- dialog：用来显示谈话或会话信息，在内部使用 dt 和 dd 表示对话的内容。

块级元素总是会占据整行来显示，而内联元素则不会占据整行，通常用来在块级元素内部显示一些强调或特殊意义的信息。在 HTML 5 中提供了如下的几个具有语义性的内联元素。

- m：定义一段需要突出显示的文本内容。
- mark：定义需要进行标记的文本。
- time：显示日期时间，该元素有一个 datetime 属性用来标识能被电脑所识别的时间。
- meter：表达特定范围内的数值。可用于薪水、百分比、分数等。
- progress：表示进度。

相较于 DIV+CSS 的布局，页面上可以见到的基本上就是<div>元素，而使用 HTML 5 的语义性元素后，就可以看到页面内容的语义性提示，例如使用 aside 和 article 构建非主要内容的提示，如代码 24.1 所示：

代码 24.1　在 HTML 5 中使用语义标签

```
<aside class="grid_6">
  <div class="prefix_1">
  <article>
    <div class="box">
      <h2>如何找到我们</h2>
      <h3><a href="#">我们的工作理念</a></h3>
      <p>自以为聪明的人往往是没有上场的。世界上最聪明的人是最老实的人
                  因为只有老实人才能经得起事实和历史的考验。</p>
      <a href="#" class="button">Read More</a>
    </div>
    <!-- /.box -->
  </article>
</aside>
```

aside 在 HTML 5 中指明装载非正文类的内容，因此对于侧边栏或与主要内容相关的部分，可以使用 aside 进行声明，在 aside 内部放置了 article 标签，用来定义文章，可以是一篇新的文章或来自博客的文本内容，或其他的外部内容。article 标签的内容独立于文档的其余部分。在 article 标签的内部，可以看到各种格式化用的 HTML 标签，这些语义性标签和 CSS 样式搭配使用，也可以创建出非常有创意的网页。

24.1.2　CSS 3 的新增特性

CSS 3 是层叠式样式表的最新版本，它提供了很多新的功能，比如可以创建圆角形状、创建渐变的边框、灵活的背景控制、文字阴影效果及增强的颜色设置和自行调整 div 大小

的 resize 属性，除此之外，还增加了多种 CSS 选择器，对原有的 CSS 进行了较多的增强。

　　下面在 Dreamweaver 中新建一个名为 CSS 3Enhanced.html 的 HTML 5 页面，在页面上放两个 div 元素，id 值分别指定为 round 和 round1，接下来使用如代码 24.2 所示的 CSS 样式代码来设置边框圆角和不带边框的圆角矩形：

代码 24.2　圆角矩形 CSS 3 代码

```
<style type="text/css">
#round {
    padding:10px; width:300px; height:50px;
    border: 5px solid #dedede;          /* 指定边框*/
    -moz-border-radius: 15px;           /* 兼容 Firefox 浏览器*/
    -webkit-border-radius: 15px;        /* 兼容 Safari 和 Chrome 浏览器 */
    border-radius:15px;                 /* W3C 标准语法*/
}
#round1 {
    padding:10px; width:300px; height:50px;
    background:#FC9;                     /* 不指定边框，仅指定背景*/
    -moz-border-radius: 15px;           /* 兼容 Firefox 浏览器*/
    -webkit-border-radius: 15px;        /* 兼容 Safari 和 Chrome 浏览器 */
    border-radius:15px;                 /* W3C 标准语法*/
}
</style>
```

　　round 样式创建边框圆角样式，W3C 标准的语法是使用 border-radius 属性，不过在不同的浏览器中的支持又多有不同，因此通过-moz-前缀和-webkit-前缀可以支持 Firefox、Safari 和 Chrome 浏览器。

　　这个特性在 IE 9 中不被支持，不过可以使用微软提供的额外的办法来支持。在此可以通过微软提供的 PIE.htc 来解决（位于本章示例源代码中）。

　　注意：IE 6、7、8 三个版本的 IE 并不支持 CSS 3 的解析，只有 IE 9 以上的版本才能正常解析 CSS 3。

　　通过 PIE.htc，可以为 IE 6、7、8 应用一些 CSS 3 的效果。下面的代码加在 round1 和 round 样式之后，就可以看到 IE 中也具有了圆角效果：

```
behavior:url(../js/PIE.htc);    /*让 IE 的早期版本也支持*/
```

　　圆角效果如图 24.1 所示。

图 24.1　CSS 3 圆角效果

　　CSS 3 提供了样式，可以为文本和边框应用阴影效果，在过去这要通过 CSS 滤镜才能实现，不过多数浏览器并不支持滤镜效果。CSS 3 中的边框样式可以使用 box-shadow，文本样式使用 text-shadow，它们的写法基本相似。以 box-shadow 为例，其定义方式为：

```
box-shadow:Xpx Ypx Cpx #color;
```

其中 Xpx 表示 x 轴的位置，Ypx 表示 y 轴的位置，Cpx 表示投影的长度，#color 表示阴影的颜色。例如要为 round 这个 div 添加边框阴影效果，可以在代码 24.2 的样式后面添加如下所示的 3 行阴影设置代码：

```
-moz-box-shadow:-5px -5px 5px #999 inset;      /* 兼容 Firefox 3.6+ */
-webkit-box-shadow:-5px -5px 5px #999 inset;  /* 兼容 Chrome 5+, Safari 5+ */
box-shadow:-5px -5px 5px #999 inset;           /* 标准写法*/
```

可以看到与 border-radius 类似，分别指定了-moz 和-webkit 前缀，用来与其他浏览器保持兼容，运行效果如图 24.2 所示。

　　CSS 3 的出现，让原本需要用图片才能实现的一些效果只需要简单几行 CSS 代码就可以实现。限于篇幅，在这里只能为大家演示本章中常用的几个新增样式，更多的 CSS 3 的新特性，可以参考相关的资料。

24.1.3　房产租售网站结构

　　房产租售网站是笔者为了研究 HTML 5+CSS 3 而使用一套模板搭建的一套简单的网站，重点在于演示 HTML 5 中新的语义性标签在布局中的应用。目前房产租售一般是使用动态网站的形式，便于维护和推广，但是对于一些高端的房产租售，很多公司仍然会搭建专业的网站平台，以供潜在的客户查阅。整个网站由 7 个页面组成，其结构如图 24.3 所示。

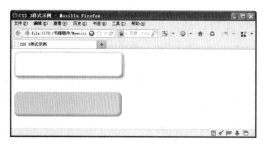

图 24.2　边框阴影效果

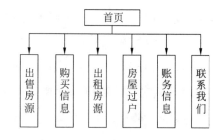

图 24.3　房产租售网站页面结构

　　该网站使用 Dreamweaver 作为开发工具，大量应用 CSS 样式来管理页面的结构，在页面的布局上，没有使用传统的 DIV+CSS 的布局方式，大量使用 HTML 5 的语义标签。在内容的布局上，该网站提供了大的分类样式，但是并不包含具体的页面内容。希望通过对该网站的学习，读者可以了解到如何使用 HTML 5+CSS 3 来创建自己的网站。

24.1.4　网站页面预览

　　网站的首页包含一些热门推荐的房源信息，同时提供最新装修的房产列表。网站定位于一些高端的房产资讯的展示，比如一些国外的热门别墅之类，当然由于笔者主要的目的是分析网站的组成，并非要真的构建一套适用于公司的房产展示平台，因此基本上保留了与原 HTML 5 模板相似的样式。网站的首页如图 24.4 所示。

图 24.4　房产网站首页

可以看到，首页包含 Logo、网站导航栏，然后是使用圆角矩形的图片宣传栏。单击右侧不同的房源会在图像显示区显示不同的图像。热门房产区域下面是网站的介绍性信息，包含欢迎信息及最新的房源列表，如图 24.5 所示。

图 24.5　首页欢迎和最新房产信息

在出售房源部分，保留了与图 24.4 相似的宣传页结构，在页面底部显示了与出售房源相关的一些信息，比如贷款事项和优质房源简介等，如图 24.6 所示。

图 24.6　出售房源页面

在购买信息页面，包含了关于房产购买的一些事项，以及购买的链接，如图 24.7 所示。出租房源、房屋过户和账务信息基本上保持了与图 24.6 和图 24.7 所示的页面布局。"联系我们"页面包含了一个 HTML 表单允许用户留言，同时还包含了网站的联系方式信息，其布局结构如图 24.8 所示。

图 24.7　房屋购买需求页面

很明显，这些页面的结构风格基本上统一，使用黑色的底色，白色文字和绿色修饰色，使页面既高贵大方，又适宜阅读，同时页面上的图片与背景形成鲜明的对比，使图片让人印象深刻。接下来将分析如何使用 HTML 5 和 CSS 3 来实现这种类型的网页。

图 24.8　"联系我们"页面

24.2　设计网站首页

网站的首页是整个网站的门户，从技术上来说，基本上完成了首页，就算完成了静态网站建设一半的工作，因为网站首页要实现网站的导航栏，搭建页面的布局结构，准备网站的图片，创建整个网站将要使用的 CSS 样式。后续的页面除了进行局部的更改外，可以复用首页实现的多种效果以便与首页保持统一的页面风格。

24.2.1　首页的布局

整个网站在结构上分为如下 3 个部分。

❑ 页头部分：包含网站的 Logo、导航栏和宣传页区域。

❑ 内容部分：包含首页的内容介绍，比如显示欢迎信息和热门的房源介绍。

❑ 页脚部分：包含网站的链接和网站的版权信息，如果进行了网站备案则包含网站的备案信息。

网站的这 3 大部分通过 HTML 5 的语义标签 header、section 和 footer 进行区分，它们都属于结构化语义元素，用来定义网站的结构。下面分别介绍这 3 个部分的组成结构。

1. 页头部分

页面头部包含了导航栏、Logo 和宣传广告栏，在<header>标签内部使用了 div 进行布局，导航栏部分使用 nav 语义性标签标识，它标识出该标签内的内容属于页面的导航区域。header 部分的实现如代码 24.3 所示：

代码 24.3 header 部分实现代码

```html
<!-- 页面头部分的内容 -->
<header>
  <div class="container_16">
     <!--网站 Logo 部分-->
    <div class="logo">
      <h1><a href="index.html"><strong>房产网站</strong></a></h1>
    </div>
    <!--网站的导航栏-->
    <nav>
      <!--导航 ul 区域，将在导航部分详细讨论-->
    </nav>
    <!-- 淡入淡出的图片显示区，使用 jQuery 控制 -->
    <div id="faded">
      <div class="rap">
        <a href="#"><img src="images/big-img1.jpg" alt="" width="571"
        ight="398"></a>
        <a href="#"><img src="images/big-img2.jpg" alt="" width="571"
        ight="398"></a>
        <a href="#"><img src="images/big-img3.jpg" alt="" width="571"
        ight="398"></a>
      </div>
    <!-- 宣传文字区域，单击可以淡入淡出图片区图片的显示-->
      <ul class="pagination">
        <li>
        <a href="#" rel="0">
            <img src="images/f_thumb1.png" alt="">
          <span class="left">
            ...
          </span>
          <span class="right">
            <!--省略了文字内容-->
          </span>
          </a>
        </li>
        <li>
        <a href="#" rel="1">
            <img src="images/f_thumb2.png" alt="">
          <span class="left">
           <!--省略了文字内容-->
          </span>
          <span class="right">
            ...
          </span>
          </a>
        </li>
        <li>
        <a href="#" rel="2">
            <img src="images/f_thumb3.png" alt="">
          <span class="left">
           <!--省略了文字内容-->
          </span>
          <span class="right">
           <!--省略了文字内容-->
          </span>
          </a>
        </li>
      </ul>
```

```
        <img src="images/extra-banner.png" alt="" class="extra-banner">
      </div>
   </div>
</header>
```

页面代码的布局结构如下所示：

（1）位于<header>标签下面的是一个 div 元素，它显示了页面的 Logo 信息。

（2）接下来使用了<nav>标签来创建导航栏，导航栏使用<ul>和<li>标签来实现，通过 CSS 来实现水平显示的导航效果。

（3）位于导航栏后面的是分页的宣传内容展示区，首先在<div>标签内放置了 3 幅用于淡入淡出的图片，然后放置了<ul>和<li>元素对文字内容进行布局。

可以看到，因为有了 HTML 5 的语义性元素的布局，整个代码变得清晰易懂、容易分析，相较于传统的 DIV 和 CSS 的布局设计，更容易阅读，并且也便于第三方的软件工具对页面的布局进行分析。

2．内容部分

内容部分使用 section 标签，section 显示网页上的一个块，有自己的标题、页脚及内容区，从布局结构上来说它是一个容器，在容器内部可以包含多个 article 或其他的语义性结构元素。在网站的内容区使用 section 和 article 构建主页的内容显示。以 section 作为主要容器，内部通过多个 article 来划分不同的文章内容，如代码 24.4 所示：

代码 24.4　首页内容区的布局代码

```
<section id="content">
   <div class="container_16">
   <div class="clearfix">
   <section id="mainContent" class="grid_10">
      <article>
         <!--省略部分文字内容-->
         <a href="#" class="button">了解更多</a>
      </article>
      <article class="last">
       <h2>最新装修的房屋列表</h2>
         <ul class="img-list clearfix">
            <li><a href="#"><img src="images/thumb1.jpg" alt=""></a></li>
            <!--省略部分相似内容-->
         </ul>
         <a href="#" class="button">了解更多</a>
      </article>
    </section>
   <aside class="grid_6">
      <div class="prefix_1">
      <article>
         <!-- .box -->
        <div class="box">
         <h2>5 步成为优秀的房产经纪人</h2>
         <dl class="accordion">
           <dt><img src="images/icon1.gif" alt=""><a href="#">了解用户需
              求<a></dt>
           <!--省略部分相似内容-->
         </dl>
        </div>
```

```
        <!-- /.box -->
      </article>
      <article class="last">
        <h2>我们的办公地点</h2>
        <p><img src="images/map.jpg" alt=""></p>
        <div class="wrapper">
          <ul class="list1 grid_3 alpha">
              <li><a href="#">北美</a></li>
            <li><a href="#">欧州</a></li>
            <li><a href="#">拉丁美州</a></li>
          </ul>
          <ul class="list1 grid_2 omega">
              <li><a href="#">亚州</a></li>
            <li><a href="#">澳州</a></li>
            <li><a href="#">南美州</a></li>
          </ul>
        </div>
      </article>
    </div>
  </aside>
 </div>
</div>
</section>
```

整个内容结构部分由一个<section>标签包含，在它内部，又包含了<section>标签指示主要内容区和辅助的<aside>侧边栏内容区，在主要内容部分和<aside>侧边栏内容部分均包含了<article>标签来显示文章内容，在<article>标签内部包含了普通的 HTML 格式化标签来显示格式化的内容。可以看到，<section>是一个包罗万象的标签，在里面还可以嵌套<section>标签，<section>内部的文字内容区通过<article>进行区分，用<aside>对侧边栏进行划分，使得程序员一眼就能理解网站的布局结构。

3．页脚部分

页脚部分主要显示页面底部的导航栏和版权信息，它使用<footer>进行标识，如代码 24.5 所示：

代码 24.5　首页页脚代码

```
<footer>
  <div class="container_16">
    <nav>
     <ul>
      <!--省略导航部分的代码-->
     </ul>
    </nav>
    <p class="copy"><span>房产网站</span>
         &copy;  2010    <a ef="privacypolicy.html">
        隐私宣言</a></p>
  </div>
</footer>
```

可以看到，通过<footer>标签，标明这块区域将作为页面的页脚进行显示，在页脚部分也包含了一个用来进行导航的<nav>标签，同时包含一些版权文字信息，构成在页面底部显示的页脚栏。

通过对首页的布局设计代码的了解，相信读者应该理解了 HTML 5 中结构性语义元素的使用。如果不应用 CSS 3 样式，页面的显示会比较混乱。下面将通过导航栏、内容显示布局等分别讨论如何让元素显示想要的效果。

24.2.2　导航栏的设计

在 HTML 页面上，导航栏使用\<ul\>和\<li\>标签，这基本已经成为导航栏设计的标准元素，重点在于 CSS 的设计，只有良好地运用 CSS 的功能才能让导航变得美观，吸引人。在首页中，导航栏定义在\<header\>标签内部的\<nav\>元素中，如代码 24.6 所示：

代码 24.6　网站导航栏的代码

```
<!--网站的导航栏-->
<nav>
  <ul>
    <li><a href="index.html" class="current">首页</a></li>
    <li><a href="selling.html">出售房源</a></li>
    <li><a href="buying.html">购买信息</a></li>
    <li><a href="renting.html">出租房源</a></li>
    <li><a href="moving.html">房屋过户</a></li>
    <li><a href="finance.html">账务信息</a></li>
    <li><a href="contacts.html">联系我们</a></li>
  </ul>
</nav>
```

可以看到，对于当前显示的页面，会使用 class=current 类，表示要应用特别的显示样式。在网站的 style.css 文件中，对\<nav\>标签和其内部的子元素分别应用了样式，以便使之显示水平的导航栏效果。导航栏的 CSS 如代码 24.7 所示：

代码 24.7　网站导航栏 CSS 定义

```
/* 导航栏显示样式 */
header nav {
    position:absolute;        /*绝对定位方式*/
    right:25px;               /*导航栏居右对齐*/
    top:97px;                 /*距离顶部 97px*/
}
header nav ul li {           /*导航顶的样式*/
    float:left;               /*于容器中向左浮动*/
    padding-left:6px;         /*左内边距 6px*/
}
header nav ul li a {
    float:left;               /*链接向左浮动*/
    color:#fff;
    text-decoration:none;
    width:80px;
    text-align:center;
    line-height:31px;
    font-size:14px;           /*链接文本*/
}
/*鼠标经过时与类 current 具有相同的样式*/
```

```
header nav ul li a:hover,
header nav ul li a.current {
    /*指定链接背景*/
    background:url(../images/nav-bg.gif) 0 0 repeat-x;
    /*使用圆角矩形*/
    border-radius:5px;
    -moz-border-radius:5px;
    -webkit-border-radius:5px;
}
```

CSS 代码的定义如下所示：

（1）nav 容器指定绝对定位方式，right 指定居右显示，位于右侧的 25px 靠齐；top 指定位于顶部的距离，因为是绝对定位，因此它总是固定在顶部 97px 的位置，并且与右侧保持 25px 的距离。

（2）<li>标签内的链接和<li>都会向左浮动，以便导航能够水平进行显示。其中链接部分指定了各种字体、对齐、行高等属性用于控制链接的显示方式。

（3）鼠标经过（a:hover）与 CSS 类 current 使用相同的样式，类 current 用于当前选中的链接，CSS 属性 background 指定链接的背景色，同时通过 border-radius 指定圆角外边框，因此使连接的显示具有圆角矩形的效果，显示如图 24.9 所示。

图 24.9　具有圆角矩形的链接

在过去要实现这种效果，必须嵌入多个 CSS，并且使用具有圆角效果的图片，使用了 CSS 3 以后，可以看到 3 行代码就轻松地实现了圆角的显示。

24.2.3　宣传广告栏

网站的宣传栏位于名为 faded 的 div 元素内部，它包含了用于淡入淡出显示的图片区域，位于名为 rap 的 div 元素内，以及一个文字栏 pagination 中，可以参考代码 24.3 中的定义。在页面上其显示效果如图 24.10 所示。

宣传广告栏的一个特色就是当单击图文混排区中的文字介绍时，会自动淡入淡出显示圆角矩形区的宣传图案，这是通过 jQuery 代码来实现的。代码 24.8 显示了宣传广告栏中的图片的 CSS 样式定义：

代码 24.8　宣传广告栏图片部分 CSS 样式定义

```
/* 广告宣传栏容器显示*/
#faded {
    position:absolute;
    left:0;
    top:161px;                          /*在距离顶部 161px 的位置显示*/
    padding-bottom:20px;
}
```

图 24.10　宣传广告栏显示效果

```
/*宣传图片显示样式*/
#faded .rap {
    /*背景图片*/
    background:url(../images/img-wrapper-bg.jpg) no-repeat 50% 0 #d92400;
    border:1px solid #e46b00;          /*边框*/
    width:589px;                       /*图片宽度和高度*/
    height:416px;
    border-radius:8px;                 /*圆角矩形*/
    -moz-border-radius:8px;
    -webkit-border-radius:8px;
    /*阴影设置区*/
    box-shadow:-2px 8px 5px rgba(0,0,0,.6);
    -moz-box-shadow:-2px 8px 5px rgba(0,0,0,.6);
    -webkit-box-shadow:-2px 8px 5px rgba(0,0,0,.6);
    z-index:10;                        /*指定 z 轴*/
    overflow:hidden;                   /*溢出区隐藏显示*/
}
#faded .rap img {
    margin:9px 0 0 9px;                /*图片外间距*/
}
```

下面是对代码中的定义方式的一些介绍：

（1）id 值为 faded 的 div 是整个外部容器，它使用绝对对齐方式，距离顶部 161px 的位置显示。faded 内部包含一个 class 为 rap 的 div 元素，用来放置多幅图片。rap 内部放置了 3 个<img>标签，分别对应到不同的图像。

（2）#faded .rap 用于定义图片容器的样式，可以看到使用 background 指定了红色的图片背景，同时使用 border_radius 和 box_shadow 指定了边框的圆角样式和阴影，将该 div 的 z-index 指定为 10，使其永远显示在其他 div 的前面。最后，当容器内部的图片超过容器的大小时，将被隐藏，使得容器内部的图片总是显示在圆角 div 的内部。

可以看到，通过 box_radius 和 box_shadow 使网站的宣传图片具有了圆角和阴影的显示，宣传文字栏是使用<ul>和<li>来实现的，它使用了 CSS 3 中的很多新增样式，比如圆角、阴影还有转换 transition 的控制。代码 24.9 演示了关于宣传文字栏的样式设置。

代码 24.9　宣传广告栏图文混排定义

```
/*宣传内容区的 CSS 样式定义*/
#faded ul.pagination {
    position:absolute;                  /*绝对定位方式*/
    left:537px;                         /*距离左边 537px 的位置显示*/
    top:10px;                           /*距离容器顶部 10px*/
    /*ul 的背景图片*/
    background:url(../images/pagination-splash.gif) no-repeat 0 0 #2a2a2a;
    border:1px solid #3a3a3a;           /*边框*/
    border-radius:8px;                  /*圆角矩形*/
    -moz-border-radius:8px;
    -webkit-border-radius:8px;
    /*显示边框阴影*/
    box-shadow:-2px 8px 5px rgba(0,0,0,.4);
    -moz-box-shadow:-2px 8px 5px rgba(0,0,0,.4);
    -webkit-box-shadow:-2px 8px 5px rgba(0,0,0,.4);
    z-index:9;                          /*z 轴为 9，显示在图片栏的下面*/
    padding:25px 0 25px 0;              /*内部间距*/
}
/*内容区单个文字项*/
#faded ul.pagination li {
    width:429px;
    position:relative;
    /*在背景处显示底部分隔栏*/
    background:url(../images/line-bot.gif) no-repeat 77px 100%;
    padding-bottom:1px;
    height:1%;
}
#faded ul.pagination li:last-child {
    background:none;                    /*取消最后一个元素的背景显示，取消最后的分隔线*/
}
/*每个项内部都是一个链接，在这里指定链接的样式*/
#faded ul.pagination li a {
    display:block;                      /*在页面内用块级显示*/
    padding:16px 40px 14px 77px;        /*指定页面内间距*/
    overflow:hidden;                    /*溢出方式显示为隐藏*/
    color:#7f7f7f;
    text-decoration:none;               /*取消链接的下划线*/
    font-size:9pt;                      /*字段为 9pt*/
    line-height:28px;
    height:1%;
    cursor:pointer;                     /*鼠标指针的显示方式*/
    /*控制链接第 0.3 秒淡出显示。*/
    -moz-transition:all 0.3s ease-out;
    /* FF3.7+ */
    -o-transition:all 0.3s ease-out;
    /* Opera 10.5 */
    -webkit-transition:all 0.3s ease-out;
    /* Saf3.2+,Chrome */
}
#faded ul.pagination li a:hover,#faded ul.pagination li.current a {
    background-color:#1d1d1d;           /*鼠标经过或者是被选中时，调整当前颜色*/
    color:#fff;
}
```

　　可以看到，在宣传文字的样式控制中，使用了 CSS 3 的很多新特性，包含圆角显示、阴影边框，还包含了 transition 转场效果的设置，下面是 CSS 代码的定义内容：

　　（1）样式类为 pagination 的 ul 使用绝对定位方式，left 指定左侧 527px 位置处显示列表内容，background 用于指定背景的图片 。整个 ul 使用 border-radius 显示 8px 的圆角，使用 box-shadow 显示整个 ul 的阴影区域。指定 z-index 为 9，它比图像区的 rap 的 z-index 属性要小，因此如果与之重叠会显示在图片的后面。

　　（2）ul.pagination li 用来设置每个列表项的样式，它使用相对对齐方式，background 指定了一个图片，这个图片用来在列表项的底部显示一条分隔线，由于在最后一个列表项下面显示分隔线很明显会影响显示，因此使用 CSS 选择器 li:last-child 为列表项中的最后一个元素指定 background:none，不显示背景分隔线。

　　（3）每个列表项内部是一个<a>标签组成的链接，#faded ul.pagination li a 样式指定了链接的显示方式，每个链接使用 display:block 指定块级显示方式，text-decoration:none 指定取消链接下划线的显示，这里使用了 CSS 3 的转场样式 transition。与 border-radius 类似，前缀-moz 和-webkit 用来指定不同的浏览器的兼容性方式。以-moz-transition:all 0.3s ease-out 这句为例，all 表示当<a>标签的任何属性发生更改时，将在 0.3s 的时间内淡出显示，因此只要<a>链接的属性方式更改，就会出现淡出的效果。

　　（4）由于为<a>标签定义了属性改变时的转场效果，接下来定义了 a:hover 样式改变<a>的 background-color 和 color 属性，因此鼠标经过时，就具有了转场的效果。

　　网站宣传栏的另一个有趣的特性是它除了用 CSS 3 的转场效果外，还会自动进行幻灯片播放，这是通过 jQuery 的插件 jquery.faded.js 来实现的。在 index.html 页面中包含了 jquery.faded.js 文件，同时在 script.js 中包含了用于设置 id 为 fade 的 div 的自动播放方式，如代码 24.10 所示。

代码 24.10　使用 jQuery 幻灯播放图片

```
$(function(){
    // 幻灯播放
    $("#faded").faded({
        speed: 500,                    //指定播放速度
        crossfade: true,               //是否循环播放
        autoplay: 5000,                //自动播放时间
        autorestart: 3000,             //自动重新播放时间
        autopagination:false           //自动翻页
    });
})
```

　　该函数要求<div>的命名与<ul>的命名符合规范，也就是代码 24.9 中的命名方式，在设置了这行代码后，在页面加载时调用 faded 方法就可以实现自动播放的效果，当鼠标悬停时会停在当前播放位置。

24.2.4　CSS 布局设计

　　网站的主要内容部分位于 id 为 content 的 section 区域中，实际上 section 主要是起语义性的作用，在 section 标签的内部创建了一个 class 类为 container_16 的容器，用来作为 section

中元素的布局容器。

　　该容器的 CSS 样式定义在 grid.css 文件中，这个文件实际上是由 Variable Grid System 在线的布局生成器来产生的 CSS 样式，通过下面的网址可以查看 Variable Grid System，可以学习这个在线生成器的使用方法：

```
http://grids.heroku.com/
```

container_16 的 CSS 实现如以下代码所示：

```
.container_16 {
    margin-left: auto;
    margin-right: auto;          /*水平和垂直居中显示*/
    width: 976px;                /*宽度 976px*/
}
```

　　在 container_16 内部包含了一个 class 为 clearfix 的 div，这个元素主要用于清除浮动，在该 div 内部才开始 mainContent 这个 section、aside 的布局实现。

　　在 div 内部包含一个 section，用来对首页的主要内容部分进行布局和一个 aside，用来对侧边栏的提示区进行布局。

　　可以看到，id 为 mainContent 的 section 元素，其 class 指定为 grid_10，该 CSS 类指定了 section 的布局样式和宽度，统一定义在 grid.css 文件中。在 mainContent 内部包含了两个 article 元素，第 1 个 article 用来显示文章内容，第 2 个 article 用来显示文章的链接。它们分别在 style.css 中指定了其显示的样式，如代码 24.11 所示：

代码 24.11　主要内容区的显示样式

```
.grid_1,
/*省略 gridxxx*/
.grid_16 {
    display:inline;                   /*使用内联显示方式*/
    float: left;                      /*向左浮动显示*/
    position: relative;               /*相对显示方式*/
    margin-left: 6px;                 /*左右外边距*/
    margin-right: 6px;
}
/*grid10 的宽度设置*/
.container_16 .grid_10 {
    width:598px;
}
/* 主要内容区的 article 的样式，定义在 style.css 文件
--------------------------------------------------------------------
------------- */
#mainContent article {                /*第 1 个 article 的显示样式*/
    padding:0 0 32px 0;               /*文章内边距的显示样式*/
    margin-bottom:30px;               /*底部外边距*/
    border-bottom:1px dashed #323232; /*显示底部边框*/
}
#mainContent article.last {           /*第 2 个 article 的显示样式*/
    padding-bottom:0;
    margin-bottom:0;                  /*底部内外边距都为 0*/
    border:none;                      /*不显示页面边框*/
}
```

可以看到，实际上这里的 CSS 已经非常简单了，grid_10 指定浮动的样式为 left，用于进行向左浮动，同时元素为内联显示，并且指定其宽度为 598px。几个 article 元素只需要设置内外边距和显示方式即可，grid_10 已经实现了向左浮动的显示方式。

在首页的"最新装修的房屋列表"菜单项中，包含了一个使用<ul>和<li>显示的图片列表，可以看到它们水平上下排列，并且具有圆角矩形边框，当鼠标经过时，边框会高亮并放大显示，如图 24.11 所示。

图 24.11　最新房源图片列表

在页面上的 HTML 定义如以下代码所示：

```html
<!--最新房源列表-->
<ul class="img-list clearfix">
  <!--房源图片列表-->
 <li><a href="#"><img src="images/thumb1.jpg" alt=""></a></li>
 ...
</ul>
```

ul 的 class 属性既指向 img-list，也指向 clearfix 类，clearfix 主要用于清除浮动，防止<ul>下面的内容跑到<ul>浮动占用区域的位置，形成重叠的效果。img-list 用来为图片布局，其样式设置指定圆角和鼠标经过时的显示样式，如代码 24.12 所示：

代码 24.12　最新房源列表样式

```css
/* 图像列表 */
.img-list {
    padding-bottom:9px;        /*底部间距为 9px*/
}
/*图像列表项样式*/
.img-list li {
    float:left;                /*向左浮动*/
    padding:0 9px 9px 0;       /*内部右和左 9px 间距*/
    width:109px;               /*每个图片宽 109px*/
    height:93px;               /*每个图片高 93px*/
}
/*列表内部的每个链接的样式*/
.img-list li a {
    float:left;                /*向左浮动*/
    padding:4px;               /*内部间距 4px*/
    background:#fff;           /*链接背景色*/
    position:relative;         /*相对对齐方式*/
    z-index:1;
```

```
    border-radius:6px;              /*圆角矩形*/
    -moz-border-radius:6px;
    -webkit-border-radius:6px;
    behavior:url(js/PIE.htc);    /*IE 兼容模式*/

    -webkit-transition-duration:0.5s;
    -moz-transition-duration:0.5s;
    -o-transition-duration:0.5s;
}
/*列表项链接的样式*/
.img-list li a:hover {
    z-index:2;                   /*指定 z 轴*/
    background:#ce2300;          /*指定背景*/
    /*使用 transform 指定缩放 1.5 倍*/
    -webkit-transform:scale(1.5);
    -moz-transform:scale(1.5);
    -o-transform:scale(1.5);
}
```

样式的实现内容如下所示：

（1）img-list 这个 class 本身只设置整个列表项的底部间距为 9px，但是它指定了内部的 li 样式为向左浮动，同时指定了每个列表项的宽度、高度及内间距。

（2）为列表内部的图片链接<a> 指定样式，这里指定浮动为向左浮动，间距为 4px，定位方式为相对定位，同时指定了 border-radius 为 6px，表示圆角为 6 个像素，指定了 behavior 为 PIE.htc，表示要让 IE 的 6、7、8 版本也支持这种样式。最后指定了 transition-duration，指定转场的时间数，只要<a>的属性发生变化，将会以 0.5s 进行转场变换。

（3）定义 a:hover 样式，当鼠标经过时，指定 z-index 为 2，以便图像放大时可以显示在最前面，不被其他的图像遮挡。接下来指定了 CSS 3 样式 transform 的 scale 将图像放大 1.5 倍。

注意：transform 的属性包括 rotate()、skew()、scale()、translate()等方法，分别实现旋转，倾斜、缩放和定位操作。

图 24.12　可折叠的侧边栏

经过上述的设置之后，房源列表会水平浮动显示，每个图像呈现为圆角矩形的显示样式，当鼠标经过的时候，会放大图像进行显示，鼠标离开又恢复图像的显示。

在首页的右侧，包含了一个可折叠的提示信息，用来提供成功经纪人必须具备的一些条件，如图 24.12 所示。

整个侧边栏使用 HTML 5 的 aside 作为容器，aside 用来显示与主要内容相关的侧边栏，每个列表项使用<dl>、<dt>及<dd>标签，这组标签用来定义项目列表，其中<dl>标签定义一个定义列表；<dt>标签定义列表中的项目；<dd>标签描述列表中的项目。侧边栏的布局如代码 24.13 所示：

代码 24.13　可折叠的侧边栏定义代码

```
<aside class="grid_6">
<div class="prefix_1">
```

```
    <article>
    <!--侧边栏方块位于一个 div 中, 该 div 显示为圆角矩形-->
    <div class="box">
       <h2>5 步成为优秀的房产经纪人</h2>
        <!--通过 accordion 设置内部的列表样式-->
        <dl class="accordion">
         <dt><img src="images/icon1.gif" alt=""><a href="#">了解用户/dt>
<dd>...</dd>
           <dt><img src="images/icon2.gif" alt=""><a href="#">约定见面</dt>
           <dd>...</dd>
           <dt><img src="images/icon3.gif" alt=""><a href="#">约定看房 t>
           <dd>...</dd>
           <dt><img src="images/icon4.gif" alt=""><a href="#">了解买家></dt>
           <dd>...</dd>
           <dt><img src="images/icon5.gif" alt=""><a href="#">成功完成</dt>
           <dd>...</dd>
        </dl>
    </div>
    <!-- /.box -->
    </article>
    <article class="last">
        <!--省略地址内容-->
    </article>
  </div>
</aside>
```

id 为 box 的 div 元素主要用来显示圆角的外边框, 它的命名用了圆角样式, 可折叠的项目定义在<dl>标签中, 它应用了样式 accordion 来设置列表项的样式, 以保持可折叠的效果。具体实现请读者参考 style.css 的样式定义代码。

通过首页的实现, 可以看到各种 HTML 5 标签的灵活运用, 比如 section、article、dl、dt、dd 等元素, 理解了这些元素的应用方式, 可以在规划页面时, 考虑如何使用这些语义性元素来增强页面的可理解性。

24.3　设计网站内容页

当主页实现完成后, 网页的其他页面, 除非有较大的风格变换, 否则一般的商业网站都会保持统一的页面格式。首页之外的内容页基本上保留与主页面相同的导航、Logo、类似的显示字体等, 但是在局部会有适用于不同页面的变化。本节将讨论首页之外的其他页面的设计, 讨论其他页面在实现上的一些改进的设计方面。

24.3.1　出售房源页面

出售房源位于 selling.html 页面, 该页面的布局基本上与 index.html 相似, 在导航栏部分, 指定 li 内容为 "出售房源" 的 class=current, 这样可以高亮显示当前出售房源页面, 如以下代码所示:

```
<li><a href="selling.html" class="current">出售房源</a></li>
```

出售房源在布局时，在 mainContent 这个 section 中，直接由两个 article 元素组成，可以看到，在这两个 article 内部使用了 figure 和 hgroup 用来进行布局。mainContent 的布局实现如代码 24.14 所示：

代码 24.14　mainContent 页面布局实现

```
<section id="content">
    <div class="container_16">
    <div class="clearfix">
    <section id="mainContent" class="grid_10">
        <article>
        <h2>优质房源</h2>
        <div class="wrapper">
            <!--figure 标签规定独立的流内容（图像、图表、照片、代码等）。-->
            <figure><img src="images/2page-img1.jpg" alt=""></figure>
            <h3>...</h3>
            <p>...</p>
            <a href="#" class="button">了解更多</a>
        </div>
        </article>
        <article class="last">
        <h2>抵押贷款中心</h2>
        <!--对网页标题进行组合显示-->
        <hgroup>
            <h5></h5>
            <h4></h4>
        </hgroup>
        <div class="img-box">
            <!--figure 标签规定独立的流内容（图像、图表、照片、代码等）。-->
            <figure><img src="images/2page-img2.jpg" alt=""></figure>
            <p>..</p>
        </div>
        <p>...</p>
        <a href="#" class="button">了解更多</a>
        </article>
</section>
```

可以看到名为 content 的 section 标签内部包含一个 container_16 的 div，该 div 与 index.html 中介绍的一样，是一个内容布局容器。在一个使用 clearfix 类进行清除浮动的内部包含了 id 为 mainContent 的 section 元素，可以看到布局基本上与首页类似，在 section 内部有两个 article，不同之处在于在对子元素布局时，使用 firgure 来显示图像，对于多个标题组合，使用了 hgroup 元素，这里演示了 HTML 5 的语义性元素在页面中的具体应用。

在 style.css 内部，分别为 hgroup 和 figure 定义了显示样式，figure 主要用来包含图像，hgroup 则是组合 HTML 中的<h1>..<h6>这样的样式。这两个 HTML 5 元素的样式如代码 24.15 所示：

代码 24.15　hgroup 和 figure 样式定义

```
/*图片部分样式设置*/
figure {
    margin:0 24px 0 0;            /*外边距*/
    float:left;                  /*向左浮动*/
    padding:4px;
    background:#fff;
```

```
    position:relative;                 /*相对对齐方式*/
    /*使用 CSS 3 定义圆角*/
    border-radius:6px;
    -moz-border-radius:6px;
    -webkit-border-radius:6px;
    /*IE 兼容模式*/
    behavior:url(js/PIE.htc);
}
 /*标题组样式设置*/
hgroup h5 {
    margin-bottom:4px;
}
hgroup h4 {
    margin-bottom:18px;
}
```

CSS 代码的实现如以下过程所示：

（1）figure 用来显示图像，在 CSS 代码中，它指定了 margin 属性用来设置图像的外边距，在进行图文混排时，经常使用这个属性来保持与文字内容的间距。

（2）图像使用 float:left 进行左浮动显示，并且使用相对对齐的方式。在 CSS 代码中可以看到 figure 使用 border-radius 指定图像进行圆角显示，并且通过 behavior 设置 IE 兼容性模式。

（3）hgroup 中的 h5 和 h4 分别定义了 margin-bottom 样式，实际上 h5 和 h4 在 CSS 中已经重新定义了显示的风格，因此在这里会继承样式设置，并应用 margin-bottom 的定义。

经过上述的设置，可以看到经典的图文混排结构，只是这里使用了 HTML 5 新的语义性标签。图文混排的效果如图 24.13 所示。

24.3.2　购买房源页面

购买信息页面的布局与首页和出售页的布局比较相似，细微之处在于右侧的市场调研，它包含两幅水平排列的图片和图文混排结构，这个结构中的图片也使用了 figure 元素进行标识，如图 24.14 所示。

图 24.13　出售房源的图文混排结构

图 24.14　市场调研侧边栏

整个侧边栏放在 aside 元素内部，市场调研的图文混排结构放在 article 元素内部，定义如代码 24.16 所示：

代码 24.16　市场调研侧边栏定义

```
<aside class="grid_6">
<div class="prefix_1">
    <article>
     <h2>市场调研</h2>
     <!--显示水平排列的图片-->
     <div class="wrapper">
        <figure class="alt">
           <img src="images/3page-img6.jpg" alt="">
        </figure>
        <figure class="last">
           <img src="images/3page-img7.jpg" alt="">
        </figure>
     </div>
     <!--显示文字内容-->
     <h4>....</h4>
     <p>......</p>
     <a href="#" class="button">了解更多</a>
   </article>
 </div>
</aside>
```

可以看到，图片包含在一个 class 为 wrapper 的 div 元素中，它们都包含在 aside 元素内部，表示作为网站侧边栏进行显示。由于 figure 类已经定义了 float:left 的向左对齐方式，因此图片会自动向左浮动。class 为 wrapper 的 div 定义了容器的基本样式。CSS 定义如代码 24.17 所示：

代码 24.17　市场调研 CSS 样式定义

```
/*图片容器样式*/
.wrapper {
    width:100%;                  /*宽度100%*/
    overflow:hidden;             /*溢出部分隐藏显示*/
}
/*alt 类的样式定义*/
figure.alt {
    margin-right:5px;
}
/*图片的 last 类的设置*/
figure.last {
    margin-right:0;
}
```

wrapper 样式指定宽度占据 aside 的 100%的宽度，对于子元素超过其宽度的部分隐藏显示，结合代码 24.15 的 figure 样式来看，figure 指定了图片的圆角显示，并且在 wrapper 元素中向左浮动，实现两幅图片水平排列的效果。figure 的 alt 样式类指定右边距 5px，它指定了与另一幅图片之间的间距，而 last 样式类指定右边距 0px，表示与 wrapper 容器之间的间距可为 0px。

24.3.3 出租房源页面

出租房源页面包含了房屋的租赁信息，位于 renting.html 页面，在导航栏中指定 class=current 为该页面，如以下代码所示：

```
<li><a href="renting.html" class="current">出租房源</a></li>
```

这表示将导航栏的当前项置为该页面，页面的其他部分与首页比较类似，比如宣传广告栏保持了与首页相同的风格。在布局方面不同之处在于资产管理部分，它包含了 hgroup 组成的标题组，并且通过<ul>和<li>构建了 3 栏式的导航项结构，如图 24.15 所示。

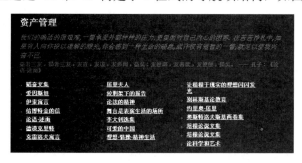

图 24.15 资产管理的导航结构

由图 24.15 中可以看到，导航栏 3 栏水平显示，它具有自定义的项目符号和显示样式。代码 24.18 显示了资产管理的布局代码，可以看到它的结构非常简单，由 hgroup 和常规的 ul 与 li 组成：

代码 24.18 资产管理布局代码

```
rticle class="last">
  <h2>资产管理</h2>
  <hgroup>
    <h5>标题文本内容</h5>
    <h4>副标题文本内容</h4>
  </hgroup>
  <div class="wrapper p2">
    <ul class="list1 grid_3 alpha">
    <li><a href="#">...</a></li>
      <li>省略其他列表项内容</li>
    </ul>
    <ul class="list1 grid_3">
    <li><a href="#">...</a></li>
      <li>省略其他列表项内容</li>
    </ul>
    <ul class="list1 grid_3 omega">
    <li><a href="#">...</a></li>
      <li>省略其他列表项内容</li>
    </ul>
  </div>
  <!--正文段落信息-->
```

```
<p>...</p>
<p>...</p>
<a href="#" class="button">了解更多</a>
</article>
```

　　整个布局内容包含在 article 元素中，可以看到，article 元素可以不拘一格地使用，只要是为了呈现与文章相关的页面都可以使用 article 元素。当为 article 指定 class=last 时，表示这是位于主内容容器中的后一段落。<h2>包含的资产管理用来指定内容，<hgroup>标签内的文本内容是副标题，它是由两个标题元素组成的组合。class 为 wrapper 的 div 元素包含了 3 个水平排列的 ul 元素，它们将水平显示，通过 CSS 来控制其显示的样式。代码 24.19 显示了控制这个布局的 CSS 样式：

代码 24.19　资产管理布局 CSS 定义代码

```
/*列表容器样式*/
.wrapper {
    width:100%;                    /*宽度100%*/
    overflow:hidden;               /*溢出部分隐藏显示*/
}
/*指定底部边距为18px*/
.p2 {
    margin-bottom:18px;
}
/*列表项的样式*/
.list1 li {
        /*列表项的背景*/
    background:url(../images/arrow1.gif) no-repeat 0 7px;
    padding:0 0 6px 15px;
    font-size:9pt;
    zoom:1;
}
/*列表项链接的样式*/
.list1 li a {
    color:#fff;
    font-weight:bold;
}
/*每个列表项布局的样式*/
.grid_3{
    display:inline;                /*使用内联显示方式*/
    float: left;                   /*向左浮动显示*/
    position: relative;            /*相对显示方式*/
    margin-left: 6px;              /*左右外边距*/
    margin-right: 6px;
}
.omega {
    margin-right: 0;
}
```

　　div 的 wapper 类指定宽度为 100%，且溢出设置显示为隐藏，p2 类指定 margin-bottom 为 18px，表示下外边距显示为 18px。list1 的列表项 li 指定了箭头背景，让列表项显示箭头，每个列表项内部是一个链接，通过指定.list1 li a 的样式来指定每个链接的字体和颜色。每个 ul 元素都使用了 grid_3 样式，因此每一个<ul>标签会使用内联显示方式。float:left 表示每个<ul>标签将向左浮动显示，并显示相对对齐方式。

可以看到，三栏式的 ul 元素的显示核心在于浮动式布局方式的使用，而整个网页布局中，大量的浮动式布局的应用和 CSS 盒模型样式的使用，使网页的效果既丰富，又容易理解，并且保持了良好的搜索引擎优化特性。

24.3.4　房产过户页面

房产过户页面 moving.html 包含了买房过户的一些信息，在页面的布局上中规中矩，与前面介绍的几个页面的布局基本相似。下面就从全局的角度对整个页面的布局实现进行一次回顾。由于页面的导航和 Logo 及宣传图片部分已经进行详细的讨论，下面看一下房产过户的内容部分的布局，如图 24.16 所示。

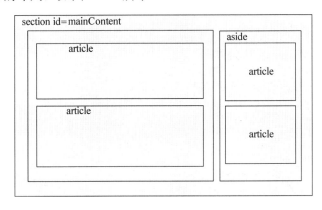

图 24.16　房产过户内容页布局

由图 24.16 中可以看到，语义性结构元素用来完成页面的布局设计，它构成了整个页面的主体。在语义性结构元素内部通过语义性块元素或传统的 DIV+CSS 布局方式，让整个页面不仅外观显示具有创造性，而且代码也具有可读性，因此可以说 HTML 5 的出现会统一在过去的 HTML 版本中的混乱性，无论从其本身增强的功能还是从这些语义性的标签来说，相较于过去的 HTML 版本都有了明显的变化。

将图 24.16 中的布局方式形成 HTML 代码，如代码 24.20 所示，出于简化的目的，取消了页面中出现的文本：

代码 24.20　房产过户内容页布局 HTML 代码

```html
<!-- 页面主要内容布局区域 -->
<section id="content">
   <div class="container_16">
   <div class="clearfix">
   <section id="mainContent" class="grid_10">
      <!--这里是第一段文字内容-->
      <article>
       <h2>关于过户手续</h2>
       <h3>子标题文字介绍 </h3>
       <h4>小标题文字介绍</h4>
       <p>这里用来放置较长的文本</p>
       <a href="#" class="button">了解更多</a>
```

```
        </article>
        <!--这里是第二段文字内容-->
        <article class="last">
          <h2>过户事项</h2>
          <div class="img-box">
            <figure><img src="images/5page-img1.jpg" alt=""></figure>
            <p>这里是图文混排的文字内容</p>
          </div>
          <h3>这里是纯标题文字</h3>
          <h4>这里是纯标题文字</h4>
          <a href="#" class="button">了解更多</a>
        </article>
      </section>
      <!--这里是侧边栏的显示，用 aside 标识-->
    <aside class="grid_6">
        <div class="prefix_1">
        <!--侧边栏的第 1 段-->
        <article>
          <h2>过户步骤</h2>
          <h4>简要的文字小标题</h4>
          <p>对过户信息的文字描述</p>
          <p>对过户步骤的文字描述</p>
          <a href="#" class="button">了解更多</a>
        </article>
        <!--侧边栏的第 2 段-->
        <article class="last">
          <!--创建一个基于 CSS 的盒子样式 -->
          <div class="box">
          <h2>帮助 &amp; 技巧</h2>
          <h3><a href="#">注意过户的骗局</a></h3>
          <p>帮助文本</p>
          <h3><a href="#">房屋买卖技巧</a></h3>
          <p>帮助文本</p>
          <a href="#" class="button">了解更多</a>
          </div>
        </article>
      </div>
    </aside>
  </div>
 </div>
</section>
```

　　基本上内容页都以 section 开始，id 都指定为 content，表示页面的内容页开始了，id 为 content 的 section 是与 header 和 footer 处于同级别的容器，用来对整个页面进行布局设计。在确定了全局范围的容器后，对于内容部分的页局，就可以考虑用 section 作为主内容，侧边栏的内容用 aside，这是很显然的考虑，aside 应该总是侧边栏，可以是左侧也可以是右侧。article 就是用来显示文本片段的，因此它可以放在 section 中，在 aside 中也可以在 article 中，不过从语义性考虑，通常不这么做。

　　关于布局的 CSS 内容，需要理解 CSS 中的盒模型和 CSS 选择器的使用，可以看到在完成示例的过程中，大量使用了浮动式的布局及内、外边距的设置。当 CSS 3 的栏式属性应用到页面上之后，可以看到原本需要大量使用图片和 DIV 实现的特性，现在只需要通过 CSS 就能轻松地实现。

24.3.5 "联系我们"页面

"联系我们"页面包含了公司的联系方式，以及一个发送留言的表单。从整体的布局结构来说，它的组织方式与图 24.18 并没有什么相同之处，但是它的联系方式使用了 figure、dl、dt 和 dd 标签，通过 CSS 来控制联系方式的显示，布局如代码 24.21 所示：

代码 24.21　联系方式布局代码

```html
<article>
  <h2>主要联系方式</h2>
  <div class="wrapper">
    <!--圆角显示的地址图片-->
    <figure><img src="images/7page-img1.jpg" alt=""></figure>
    <!--第 1 个联系方式-->
    <dl class="address">
     <dt>红岭中路<br />
       中信大厦 x 楼 x 座</dt>
       <dd><span>手机: </span>13888888888</dd>
       <dd><span>公司坐机: </span>07558888888</dd>
       <dd>电子邮件: <a href="#">webmaster@domain.com</a></dd>
    </dl>
    <!--第 2 个联系方式-->
    <dl class="address last">
     <dt>黄埔大道<br />
       富兴商贸大楼西塔</dt>
       <dd><span>手机: </span>13888888888</dd>
       <dd><span>公司坐机: </span>02058888888</dd>
       <dd>电子邮件: <a href="#">webmaster@domain.com</a></dd>
    </dl>
    <a href="#" class="button">了解更多</a>
  </div>
</article>
```

联系方式位于 mainContent 中的第 1 个 article 元素内部，因此它会显示在宣传广告下面。联系方式包含在 class 为 wrapper 的 div 中，wrapper 的样式可以参考前面的代码，它具有 100% 的宽度，溢出部分隐藏显示。接下来使用了一个 figure，显示图片相关的信息。figure 的样式会向左浮动，并且具有圆角的样式。在页面上放了两个联系方式，每个都使用 dl 和 dt 进行设置。在 HTML 中，dl 表示一个内容块，dt 指定了内容块的标题，dd 指定具体的内容项。第 1 个 dl 应用了 address 样式，它会指示元素向左浮动，用来与圆角图片保持水平显示。应用于地址显示的 CSS 如代码 24.22 所示。

代码 24.22　联系方式布局代码

```css
/*地址的显示样式*/
.address {
    float:left;
    margin:0 30px 10px 0;
}
/*地址中的 last 类的显示样式*/
.address.last {
```

```
    margin-right:0;
}
/*地址中的 dt 显示样式*/
.address dt {
    margin-bottom:4px;
    text-transform:uppercase;
}
/*地址中的 dd 显示样式*/
.address dd {
    clear:both;
}
/*地址中的 span 显示样式*/
.address dd span {
    float:left;
    padding-right:25px;
}
/*地址中的 a 显示样式*/
.address dd a {
    color:#c0c0c0;
}
```

　　address 样式的 float 属性指定为 left，表示在 wrapper 容器中向左浮动。在 address 中的 dd 指定了 clear:both，表示清除尾部的浮动，这使得后面的元素会换行显示。dd 内部的 span 标签也使用了浮动，但是清除浮动后，会使下面的项换行显示。通过这样的设置，使地址栏的显示样式既有水平浮动的效果，每个地址又能垂直显示。

　　至此，已经简要地介绍了这个房产管理网站的实现，讨论了很多 HTML 5+CSS 布局的方法，"联系我们"页面的其他部分的布局与前面讨论的几个页面共用相同的 CSS 代码，同时使用了相同的布局设计，请参考本章的源代码。

24.4　小　　结

　　本章讨论了基于 HTML 5 和 CSS 3 的房产管理网站。该网站使用 Dreamweaver 实现。首先讨论了 HTML 5 中提供的语义性元素的作用。在本章的内容中大量使用这些语义性的元素。然后讨论了 CSS 3 的一些新增特性，认识 CSS 3 中带来的部分改变。接下来介绍了网站的整体结构，并对网站的实现页面进行了预览。然后讨论了如何使用 HTML 5 的语义性标签设计首页，并讨论了 CSS 3 和 jQuery 为首页带来的新的效果，在这部分讨论了布局的设计、导航栏的设计及宣传广告栏的设计和实现。最后介绍了 CSS 在布局中的运用。在接下来的内容页部分，分别介绍了网站其他几个页面的实现过程，由于整个站点的风格比较统一，因此对这些页面的实现重点关注了不同的布局部分。通过对本章的学习，相信希望了解 HTML 5+CSS 3 具体应用的读者有了一个清楚的认识。